全国水利行业“十三五”规划教材（职业技术教育）
中国水利教育协会策划组织

水利工程施工

主　编　司效英
副主编　朱英明　郭　庆　田　园
　　　　高利琴　赵津霆
主　审　龙振华

黄河水利出版社
·郑　州·

内容提要

本书是全国水利行业"十三五"规划教材，是根据中国水利教育协会职业技术教育分会高等职业教育教学研究会制定的水利工程施工课程标准编写完成的。本书主要内容包括水流控制工程、爆破工程、建筑砌体工程、基础处理工程、土石坝施工、混凝土坝施工、地下工程施工、渠系建筑物施工及施工总布置等。

本书可供高职高专水利水电建筑工程专业、水利水电工程技术专业教学使用，也可供水利类相关专业教学使用及相关专业工程技术人员学习参考。

图书在版编目(CIP)数据

水利工程施工/司效英主编. —郑州：黄河水利出版社，2019.1

全国水利行业"十三五"规划教材. 职业技术教育

ISBN 978-7-5509-2210-5

Ⅰ.①水… Ⅱ.①司… Ⅲ.①水利工程-工程施工-高等职业教育-教材 Ⅳ.①TV5

中国版本图书馆 CIP 数据核字(2018)第 265488 号

组稿编辑：王路平　电话：0371-66022212　E-mail：hhslwlp@163.com
田丽萍　66025553　912810592@qq.com

出版社：黄河水利出版社　网址：www.yrcp.com
地址：河南省郑州市顺河路黄委会综合楼 14 层　邮政编码：450003
发行单位：黄河水利出版社
发行部电话：0371-66026940、66020550、66028024、66022620(传真)
E-mail：hhslcbs@126.com
承印单位：河南承创印务有限公司
开本：787 mm×1 092 mm　1/16
印张：24
字数：550 千字　印数：1—4 100
版次：2019 年 1 月第 1 版　印次：2019 年 1 月第 1 次印刷

定价：60.00 元

前 言

本书是贯彻落实《国家中长期教育改革和发展规划纲要(2010~2020年)》、《国务院关于加快发展现代职业教育的决定》(国发〔2014〕19号)、《现代职业教育体系建设规划(2014~2020年)》和《水利部 教育部关于进一步推进水利职业教育改革发展的意见》(水人事〔2013〕121号)等文件精神,依据《关于公布全国水利行业“十三五”规划教材名单的通知》(水教协〔2016〕16号),在中国水利教育协会精心组织和指导下,由中国水利教育协会职业技术教育分会组织编写的全国水利行业“十三五”规划教材。本套教材以学生能力培养为主线,具有鲜明的时代特点,体现了实用性、实践性、创新性的特色,是一套水利高职教育精品规划教材。

本书根据水利类专业的职业岗位要求,参照水利行业职业标准,按照行业水利工程施工新规范、新标准、新法规编写。本书内容强调理论联系实际,融“教、学、练、做”为一体,以项目为导向,将水利工程的施工项目按照先后顺序融入教学内容,着重阐述了水利工程施工中各主要工种的施工工艺及主要施工机械的适用条件,并结合几种典型水工建筑物的施工介绍建筑物的施工特点、施工程序与方法。通过案例分析,提高学生解决问题的能力,同时满足高职高专教育项目化教学要求。

本书编写人员及编写分工如下:内蒙古机电职业技术学院司效英编写绪论和项目一;安徽水利水电职业技术学院朱英明编写项目二和项目九;杨凌职业技术学院田园编写项目三的任务一、二、三和项目四;杨凌职业技术学院郭庆编写项目三的任务四、五和项目六;河南水利与环境职业学院高利琴编写项目五;辽宁水利职业学院赵津霆编写项目七和项目八。本书由司效英担任主编,并负责全书的统稿;由朱英明、郭庆、田园、高利琴、赵津霆担任副主编;由湖北水利水电职业技术学院龙振华担任主审。

本书在编写过程中,得到了各院校的专家、教授以及黄河水利出版社的支持、帮助,同时参考了不少相关资料、著作、教材,对提供帮助的同仁及资料、著作、教材的作者,在此一并致以诚挚的谢意!

由于编者理论和实践经验不足,加之编写时间仓促,书中难免存在错误和不足之处,恳请广大读者批评指正并提出宝贵意见,以便再版时修正。

编 者

2018年6月

目　录

绪 论

一、水利工程施工的概念

水利工程施工是一门理论与实践紧密结合的专业课。它是在总结国内外水利工程建设经验的基础上，从施工技术、施工机械、施工组织与管理三个层面，来研究水利工程建设基本规律的一门学科。水利工程建设，大致分为勘测、规划、设计和施工四个阶段，各个阶段环环相扣，互为检验。水利工程施工作为最后阶段，就是将水利工程的规划、设计方案转变为工程实体的过程，其主要任务是充分发挥施工技术人员的能动性和创造性，充分利用人、财、物等资源，运用先进的施工技术，达到以最短的时间、最合理的施工资源，将设计蓝图付诸实施。

二、我国水利工程施工的成就及施工技术的发展

在我国历史上，水利建设成就卓著。春秋战国时期修建的黄河堤防工程、秦代时期修建的都江堰工程、元代开通的京杭大运河等，都是劳动人民智慧的结晶。建于公元前256年的四川都江堰水利工程，按“乘势利导，因时制宜”的原则，灌溉面积现已突破2 000万亩(1 亩 =1/15 hm^2，余同)，发挥了防洪和灌溉的巨大效益。2008 年5 月12 日，都江堰水利工程又经受住了汶川8.0级特大地震的考验。用现代系统工程的观点来分析，该工程在结构布局、施工措施、维修管理制度等方面都是相当成功的。这些伟大的水利工程和独特的施工技术，目前仍发挥着巨大的作用，有力地促进了我国水利事业的发展。此外，在截流堵口工程多种施工中总结的竹笼、杩槎围堰和卵石砌筑经验，至今还为各地工程所沿用。

中华人民共和国成立以来，我国的水利事业更是迅猛发展，取得了辉煌的成就，有计划有步骤地开展了黄河、淮河、海河、辽河等大江大河的综合治理。建成了人民胜利渠、淠史杭灌区、内蒙古引黄灌区、林县红旗渠、宁夏扬黄灌区、东港供水、引滦入津、南水北调东线一期、引黄济青、万家寨引黄入晋等一些大型灌溉、输水工程。修建了新安江、三门峡、丹江口、刘家峡、葛洲坝、龙羊峡、二滩、小浪底、李家峡、天生桥等一大批综合利用的水利枢纽工程和大型水电站，中小型水利工程也得到了蓬勃的发展，同时还抓紧进行了病险水库的除险加固工程。21 世纪，结合国家西部大开发战略，对金沙江、雅砻江、大渡河、澜沧江、乌江、红水河、黄河上游的水电资源进行全面开发，形成南、中、北三条“西电东送”大通道，更是迎来了我国水利工程建设的高速持续发展时期，目前在建的特大型水电站有龙滩、小湾、糯扎渡、三峡、溪洛渡、向家坝、锦屏一级、锦屏二级、拉西瓦等。

随着水利事业的发展，施工机械的装备能力迅速增长，使用了斗轮式挖掘机、大吨位自卸汽车、重型碾压机械、全自动化混凝土搅拌楼、高架门机、大型塔机、缆式起重机、胎带机、塔带机、混凝土平仓振捣机、隧洞掘进机和盾构机等，已经具有实现高强度快速施工的

能力;施工技术水平不断提高,采用了垂直铺塑防渗、砂砾地基混凝土防渗墙、高压旋喷、振冲法加固地基、水力冲填筑坝、定向爆破、光面爆破、预裂爆破、岩塞爆破、喷锚支护、滑模施工、混凝土防渗面板、碾压混凝土、模袋混凝土及预应力混凝土等新技术、新工艺,进行了长江、黄河等大江大河的截流,土石坝工程、混凝土坝工程和地下工程的综合机械化组织管理水平逐步提高。水利工程施工学科的发展,为水利事业展示出一片广阔的前景。

在取得巨大成就的同时,应认识到我国施工水平与先进国家相比尚有较大差距。目前,大容量、高效率、多功能的施工机械的通用化、系列化、自动化程度还不高,中小型水利工程施工中施工机械利用率不充分,新技术、新工艺的研究推广和使用不够普遍,施工组织管理水平不高,还不能与我国水利建设事业的发展很好地相适应。因此,必须认真总结过去的经验和教训,努力学习和引进国外的先进经验,学习和借鉴其他领域的施工技术,把我国水利工程施工技术推向更高的水平。

三、水利工程施工的任务和特点

水利工程施工的主要任务有以下三个方面:

(1)依据设计、合同任务和有关部门的要求,根据工程所在地区的自然条件,当地社会经济状况,设备、材料和人力等的供应情况以及工程特点,编制切实可行的施工组织设计。

(2)按照施工组织设计,做好施工准备,加强施工管理,有计划地组织施工,合理使用建设资金,确保施工质量,加快施工进度,优质快速地完成施工任务。

(3)在施工过程中开展观测、试验、研究工作,以促进水利工程建设科学技术的发展。

水利工程施工具有以下特点:

(1)受水流影响较大。水利工程施工多在河流上进行,因而需要采取导流、截流、基坑排水、施工度汛、施工期通航及下游供水等措施,以保证工程施工的顺利进行。

(2)受地形地质及水文地质条件影响较大。水利工程施工经常遇到复杂的地形地质条件,如岩溶、软弱夹层、断层破碎等,因而要进行相应的地基处理,以保证施工质量。

(3)受水文气象条件影响较大。水利工程多为露天施工,需要采取适合冬季、夏季等不同季节的施工措施,保证工程施工质量和进度。

(4)质量安全问题突出。水利工程一般都是挡水建筑物或过水建筑物,这些建筑物的安全往往关系国计民生和下游千百万人民生命财产的安全,因此必须确保施工质量与安全。

(5)施工安全隐患多。水利工程施工中的爆破工程、高空作业、地下作业等常平行交叉进行,对施工安全很不利,所以施工中需要全方位注意施工安全,防止发生安全事故。

(6)施工组织复杂。水利工程由许多单项工程组成,工程量大、工种多、施工强度高、施工干扰大。因此,要统筹规划,重视施工现场的组织与管理,运用系统工程学原理,因时因地选择最优的施工方案。

(7)临时辅助设施多。水利水电工程往往在交通不便的地区,施工准备工作量大,需要修建为施工服务的场内外交通道路和辅助设施,还需要修建生活、办公用房等。

(8)涉及利益广。水利工程往往涉及其他许多经济部门的利益,所以水利工程施工必须全面规划、统筹兼顾、合理安排。

四、本课程的主要内容及学习方法

本课程具有很强的专业综合性,根据这一特点,本书以项目为导向,将水利工程的施工项目按照先后顺序融入教学内容,着重阐述了水利工程施工中各主要工种的施工工艺及主要施工机械的适用条件,并结合几种典型水工建筑物的施工介绍建筑物的施工特点、施工程序与方法。

通过学习,要求了解水利工程施工常用施工机械的主要组成部分、主要性能及其选择原则;掌握主要工种的施工过程、施工方法、操作技术、质量控制检查、施工安全技术,以及典型水工建筑物的施工特点、施工程序和施工技术要求、施工方法、质量控制检查方法。

根据全书内容和课程实践性很强的特点,学生应掌握基本概念、基本原理、基本方法,结合所学过的课程,循序渐进地进行。必须密切联系生产实际,通过生产实习、生产劳动、生产现场教学、项目化教学、多媒体教学、课程设计、毕业综合实习等教学环节,牢固掌握所学的施工知识。另外,我国幅员辽阔,而水利工程施工又具有鲜明的地方特色,因而需因地制宜地对具有当地特点的施工工艺、施工方法、施工管理经验等进行学习,注重理论和实践相结合,这样才能有效地掌握本课程的内容。

项目一 水流控制工程

【任务概述】

在江河上修建水工建筑物,需要解决工程施工与通航、渔业、供水、灌溉及水电站运行等水资源综合利用的矛盾,对施工过程中的水流进行控制。广义上可以概括为:采取"导、截、拦、蓄、泄"等工程措施,来解决施工和水流蓄泄之间的矛盾,把水流导向下游或拦蓄起来,避免水流对水工建筑物施工的不利影响,以保证水工建筑物的施工有一个良好的施工条件,在施工期内不影响或尽可能少影响水资源的综合利用。主要工作任务有:①施工导流;②截流工程;③施工过程水流控制;④基坑排水。

【知识目标】

1. 掌握施工导流的基本方法。

2. 掌握导流时段划分,熟悉导流建筑物设计方法,掌握围堰形式和构造,掌握导流建筑物封堵时间。

3. 掌握截流方法,减小截流难度的措施。

4. 了解施工度汛。

5. 掌握基坑排水。

【能力目标】

1. 能确定施工导流方案。

2. 能确定堰顶高程。

3. 能选择截流方式。

4. 能选择基坑排水方式并布置。

在江河上修建水工建筑物,需要解决水流对工程施工的影响,即如何创造一个干地施工条件,以及在工程施工过程中如何解决通航、渔业、供水、灌溉及水电站运行等水资源综合利用的矛盾,因此施工期对水流的控制贯穿于整个施工全过程。

施工过程中对水流的控制可以概括为:采取"导、截、拦、蓄、泄"等工程措施,来解决施工和水流蓄泄之间的矛盾,把水流导向下游或拦蓄起来,避免水流对水工建筑物施工的不利影响,以保证水工建筑物的施工有一个良好的施工条件,在施工期内不影响或尽可能少影响水资源的综合利用。

任务一 施工导流

河床上修建水利工程时,为了使水工建筑物能在干地上进行施工,需要用围堰围护基坑,并将河水引向预定的泄水建筑物泄向下游,这就是施工导流。

一、施工导流方案的确定

施工导流的方法大体上分为两类:一类是全段围堰法导流(即河床外导流),另一类是分段围堰法导流(即河床内导流)。

(一)全段围堰法导流

全段围堰法导流是在河床主体工程的上下游各建一道拦河围堰,使上游来水通过预先修筑的临时建筑物或永久泄水建筑物(如明渠、隧洞等)泄向下游,主体建筑物在排干的基坑中进行施工,主体工程建成或接近建成时再封堵临时泄水道。这种方法的优点是工作面大,河床内的建筑物在一次性围堰的围护下建造,如能利用水利枢纽中的永久泄水建筑物导流,可大大节约工程投资。全段围堰法导流按泄水建筑物的类型不同可分为明渠导流、隧洞导流、涵管导流等。

1. 明渠导流

上下游围堰一次拦断河床形成基坑,保护主体建筑物在干地上进行施工,天然河道水流经河岸或滩地上开挖的导流明渠泄向下游的导流方式称为明渠导流。

1)明渠导流的适用条件

如坝址河床较窄,或河床覆盖层很深,分期导流困难,且具备下列条件之一者,可考虑采用明渠导流:

(1)河床一岸有较宽的台地、垭口或古河道。

(2)导流流量大,地质条件不适于开挖导流隧洞。

(3)施工期有通航、排冰、过木要求。

(4)总工期紧,不具备挖洞经验和设备。

国内外工程实践证明,在导流方案比较过程中,如明渠导流和隧洞导流均可采用,一般倾向于明渠导流,这是因为明渠开挖可采用大型设备,施工进度较快,对主体工程提前开工有利。若施工期间河道有通航、过木和排冰要求,明渠导流更具有明显优势。

2)导流明渠的布置

导流明渠的布置分在岸坡上和在滩地上两种布置形式,如图1-1所示。

(1)导流明渠轴线的布置。导流明渠应布置在较宽台地、垭口或古河道一岸;渠身轴线要伸出上下游围堰外坡脚,水平距离要满足防冲要求,一般为50~100 m;明渠进出口应与上下游水流相衔接,与河道主流的交角以30°为宜;为保证水流畅通,明渠转弯半径应大于5倍渠底宽度;明渠轴线布置应尽可能缩短明渠长度和避免深挖方。

(2)明渠进出口位置和高程的确定。明渠进出口力求不冲、不淤和不产生回流,可通过水力学模型试验调整进出口形状和位置,以达到这一目的;进口高程按截流设计选择,出口高程一般由下游消能控制;进出口高程和渠道水流流态应满足施工期通航、过木和排冰要求。在满足上述条件下,应尽可能抬高进出口高程,以减少水下开挖量。

3)导流明渠的断面设计

(1)明渠断面尺寸的确定。明渠断面尺寸由设计导流流量控制,并受地形地质和允许抗冲流速影响,应按不同的明渠断面尺寸与围堰的组合,通过综合分析确定。

(2)明渠断面形式的选择。明渠断面一般设计成梯形,渠底为坚硬基岩时,可设计成

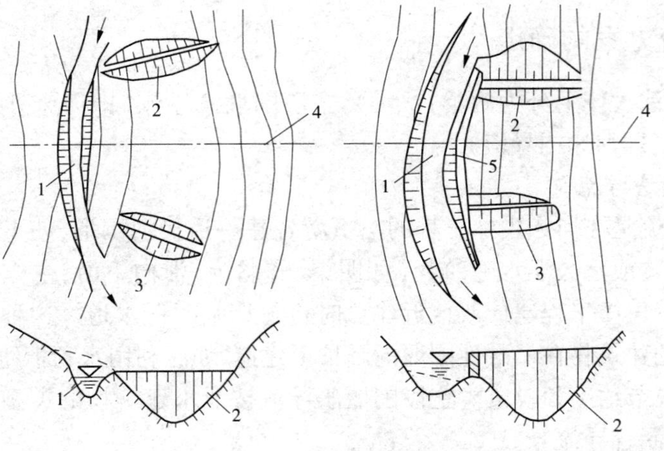

(a)在岸坡上开挖的明渠　　(b)在滩地上开挖并设有导墙的明渠

1—导流明渠;2—上游围堰;3—下游围堰;4—坝轴线;5—明渠外导墙

图 1-1　明渠导流示意图

矩形。有时为满足截流和通航不同要求,也有设计成复式梯形断面的。

(3)明渠糙率的确定。明渠糙率的大小直接影响明渠的泄水能力,而影响糙率大小的因素有衬砌的材料、开挖的方法、渠底的平整度等,可根据具体情况查阅有关手册确定。对大型明渠工程,应通过模型试验选取糙率。

4)明渠封堵

导流明渠结构布置应考虑后期封堵要求。当施工期有通航、过木和排冰任务,明渠较宽时,可在明渠内预设闸门墩,以利于后期封堵。当施工期无通航、过木和排冰任务时,应于明渠通水前,将明渠坝段施工到适当高程,并设置导流底孔和坝面口使两者联合泄流。

2. 隧洞导流

上下游围堰一次拦断河床形成基坑,保护主体建筑物在干地上进行施工,天然河道水流经由在河岸中开挖的导流隧洞宣泄的导流方式称为隧洞导流。

1)隧洞导流的适用条件

导流流量不大,坝址河床狭窄,两岸地形陡峻,如一岸或两岸地形地质条件良好,可考虑采用隧洞导流。

2)导流隧洞的布置

导流隧洞的布置如图 1-2 所示,一般应满足以下条件:

(1)隧洞轴线沿线地质条件良好,足以保证隧洞施工和运行的安全。

(2)隧洞轴线宜按直线布置,如有转弯,转弯半径不小于 5 倍洞径(或洞宽),转角不宜大于 60°,弯道首尾应设直线段,长度不应小于 3 ~ 5 倍洞径(或洞宽);进出口引渠轴线与河流主流方向夹角宜小于 30°。

(3)隧洞间净距、隧洞与永久建筑物间距、洞脸与洞顶围岩厚度均应满足结构和应力要求。

(4)隧洞进出口位置应保证水力学条件良好,并伸出堰外坡脚一定距离,一般距离应大于 50 m,以满足围堰防冲要求。进口高程多由截流控制,出口高程由下游消能控制,洞底按需要设计成缓坡或急坡,避免成反坡。

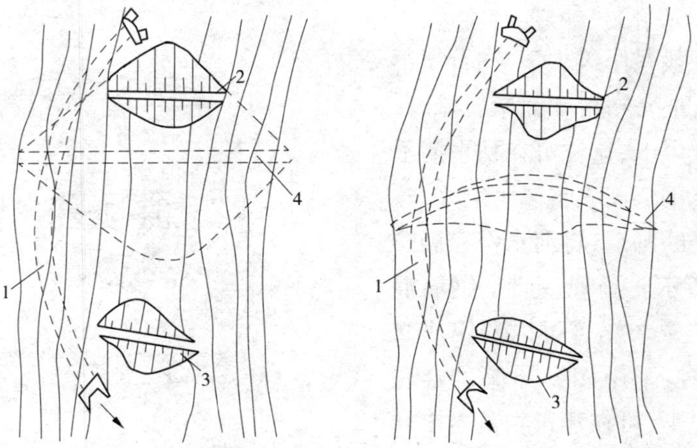

(a)土石坝枢纽　(b)混凝土坝枢纽

1—导流隧洞;2—上游围堰;3—下游围堰;4—主坝

图 1-2　导流隧洞的布置示意图

3)导流隧洞的断面设计

隧洞断面尺寸的大小,取决于设计流量、地质和施工条件,洞径应控制在施工技术和结构安全允许范围内,目前国内单洞断面面积多在 200 m^2 以下,单洞泄量不超过 200 ~ 2 500 m^3/s。

隧洞断面形式取决于地质条件、隧洞工作状况(有压或无压)及施工条件,常用断面形式有圆形、马蹄形、方圆形,如图 1-3 所示。圆形多用于高水头处;马蹄形多用于地质条件不良处;方圆形有利于截流和施工,国内外导流隧洞采用的较多。

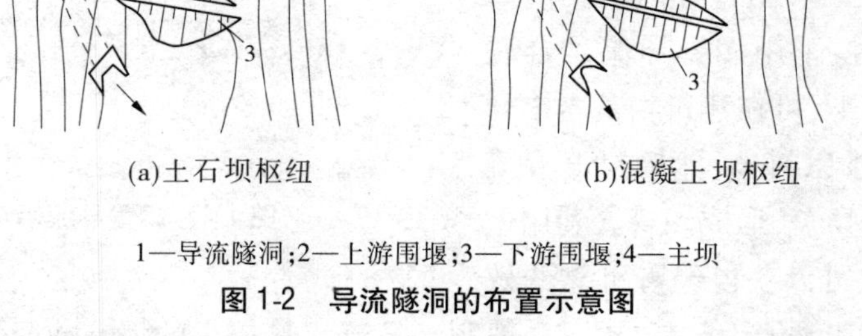

(a)圆形　(b)马蹄形　(c)方圆形

图 1-3　隧洞断面形式

洞身设计中,糙率 n 值的选择是十分重要的问题,糙率的大小直接影响到断面的大小,而衬砌与否、衬砌的材料和施工质量、开挖的方法和质量则是影响糙率大小的因素。一般混凝土衬砌糙率值为 0.014 ~ 0.017;不衬砌隧洞的糙率变化较大,光面爆破时为 0.025 ~ 0.032,一般炮眼爆破时为 0.035 ~ 0.044。设计时根据具体条件,查阅有关手册,选取设计的糙率值。对重要的导流隧洞工程,应通过水工模型试验验证其糙率的合理性。

导流隧洞设计应考虑后期封堵要求,布置封堵闸门门槽及启闭平台设施。有条件者,导流隧洞应与永久隧洞结合,以利于节省投资(如小浪底工程的三条导流隧洞后期改建为三条孔板消能泄洪洞)。一般高水头枢纽工程,导流隧洞只可能与永久隧洞部分相结合,中低水头枢纽工程则有可能全部相结合。

3. 涵管导流

涵管导流一般在修筑土坝、堆石坝工程中采用。涵管通常布置在河岸岩滩上,其位置在枯水位以上,这样可在枯水期不修围堰或只修小围堰而先将涵管筑好,然后再修上下游全断围堰,将河水引经涵管下泄,如图1-4所示。涵管一般是钢筋混凝土结构。当有永久涵管可以利用或修建隧洞有困难时,采用涵管导流是合理的。在某些情况下,可在建筑物基岩中开挖沟槽,必要时予以衬砌,然后封上混凝土或钢筋混凝土顶盖,形成涵管。利用这种涵管导流往往可以获得经济可靠的效果。由于涵管的泄水能力较低,因此一般用于导流流量较小的河流或只用来担负枯水期的导流任务。为了防止涵管外壁与坝身防渗体之间的渗流,通常在涵管外壁每隔一定距离设置截流环,以延长渗径,降低渗透坡降,减少渗流的破坏作用。此外,必须严格控制涵管外壁防渗体的压实质量。涵管管身的温度缝或沉陷缝中的止水必须认真施工。

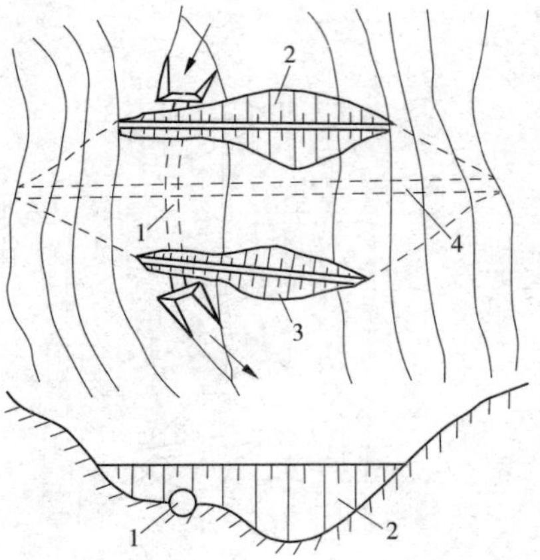

1—导流涵管;2—上游围堰;3—下游围堰;4—土石坝

图1-4　涵管导流示意图

(二)分段围堰法导流

分段围堰法导流,也称分期围堰法导流或河床内导流,就是用围堰将建筑物分段分期围护起来进行施工的方法。图1-5是一种常见的分段围堰法导流布置示意图。

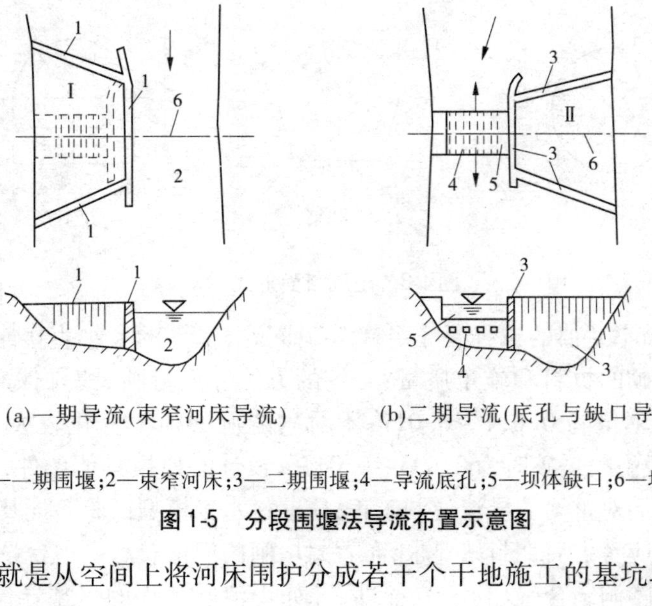

(a)一期导流(束窄河床导流)　　(b)二期导流(底孔与缺口导流)

1—一期围堰;2—束窄河床;3—二期围堰;4—导流底孔;5—坝体缺口;6—坝轴线

图1-5　分段围堰法导流布置示意图

所谓分段,就是从空间上将河床围护分成若干个干地施工的基坑段进行施工。所谓分期,就是从时间上将导流过程划分成阶段。如图 1-6 所示为导流分期和围堰分段的几种情况,从图 1-6 中可以看出,导流的分期数和围堰的分段数并不一定相同,因为在同一导流分期中,建筑物可以在一段围堰内施工,也可以同时在不同时段内施工。必须指出,段数分得愈多,围堰工程量愈大,施工也愈复杂;同样,期数分得愈多,工期有可能拖得愈长。因此,在工程实践中,二段二期导流法采用得最多(如葛洲坝工程、三门峡工程等都采用)。只有在比较宽阔的通航河道上施工,不允许断航或有其他特殊情况,才采用多段多期导流法(如三峡工程施工导流就采用二段三期的导流法)。

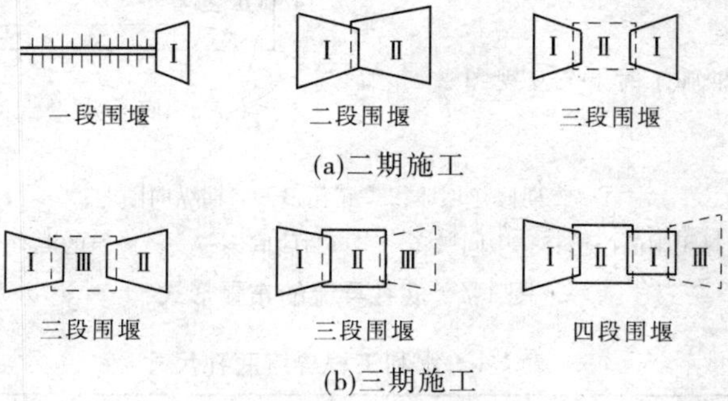

Ⅰ,Ⅱ,Ⅲ—施工分期

图 1-6　导流分期与围堰分段示意图

分段围堰法导流一般适用于河床宽阔、流量大、施工期较长的工程,尤其适用于通航河流和冰凌严重的河流。这种导流方法的费用较低,国内外一些大、中型水利工程采用较广。分段围堰法导流,前期由束窄的原河道导流,后期可利用事先修建好的泄水道导流,常见泄水道的类型有底孔、缺口等。

1. 底孔导流

利用设置在混凝土坝体中的永久底孔或临时底孔作为泄水道,是二期导流经常采用的方法。导流时让全部或部分导流流量通过底孔宣泄到下游,保证后期工程的施工。如系临时底孔,则在工程接近完工或需要蓄水时要加以封堵。底孔导流的布置形式如图 1-7所示。

采用临时底孔时,底孔的尺寸、数目和布置,要通过相应的水力学计算确定。其中,底孔的尺寸在很大程度上取决于导流的任务(过水、过船、过木和过鱼),以及水工建筑物结构特点和封堵用的闸门设备类型。底孔的布置要满足截流、围堰工程以及本身封堵等的要求。如底坎高程布置较高,截流时落差就大,围堰也高。但封堵时的水头较低,封堵措施就容易。一般底孔的底坎高程应布置在枯水位之下,以保证枯水期泄水。当底孔数目较多时,可把底孔布置在不同的高程,封堵时从最低高程的底孔堵起,这样可以减少封堵时所承受的水压力。

临时底孔的断面形状多采用矩形,为了改善孔周的应力状况,也可采用有圆角的矩形。按水工结构要求,孔口尺寸应尽量小,但某些工程由于导流流量较大,只好采用尺寸较大的底孔。水利工程导流底孔尺寸如表 1-1 所示。

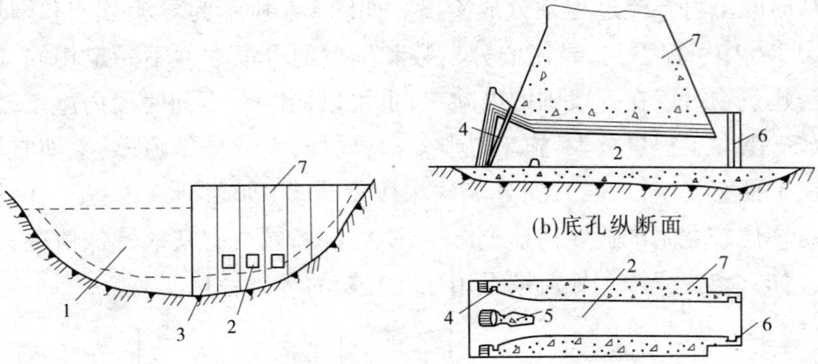

(a)二期施工时下游立视图

(b)底孔纵断面

(c)底孔水平剖面

1—二期修建坝体;2—底孔;3—二期纵向围堰;
4—封闭闸门门槽;5—中间墩;6—出口封闭闸门;7—已浇筑的混凝土坝体

图 1-7　底孔导流的布置形式

表 1-1　水利工程导流底孔尺寸　　（单位:m×m）

工程名称	底孔尺寸(宽×高)	工程名称	底孔尺寸(宽×高)
新安江(浙江省)	10×13	石泉(陕西省)	7.5×10.41
黄龙滩(湖北省)	8×11	白石(吉林省)	9×14.2

底孔导流的优点是:挡水建筑物上部的施工可以不受水流的干扰,有利于均衡连续施工,这对修建高坝特别有利。若坝体内设有永久底孔可以用来导流,则更为理想。底孔导流的缺点是:由于坝体内设置了临时底孔,使钢材用量增加;如果封堵质量不好,会削弱坝体的整体性,还有可能漏水;在导流过程中底孔有被漂浮物堵塞的危险;封堵时由于水头较高,安放闸门及止水等均较困难。

2. 坝体缺口导流

混凝土坝施工过程中,当汛期河水暴涨暴落,其他导流建筑物不足以宣泄全部流量时,为了不影响坝体施工进度,使坝体在涨水时仍能继续施工,可以在未建成的坝体上预留缺口,如图 1-8 所示,以便配合其他建筑物宣泄洪峰流量,待洪峰过后,上游水位回落,再继续修筑缺口。所留缺口的宽度和高度取决于导流设计流量、其他建筑物的泄水能力、建筑物的结构特点和施工条件。采用底坎高程不同的缺口时,为避免高低缺口单宽流量相差过大,产生高缺口向低缺口的侧向泄流,引起压力分布不均匀,需要适当控制高低缺口间的高差。根据湖南省柘溪工程的经验,其高差以不超过 4~6 m 为宜。在修建混凝土坝,特别是大体积混凝土坝时,这种导

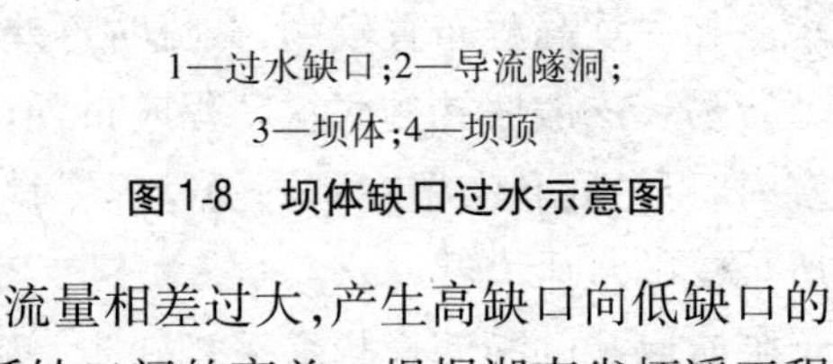

1—过水缺口;2—导流隧洞;
3—坝体;4—坝顶

图 1-8　坝体缺口过水示意图

流方法比较简单,因此常被采用。

上述两种导流方式,一般只适用于混凝土坝,特别是重力式混凝土坝。至于土石坝或非重力式混凝土坝,若采用分段围堰法导流,常与隧洞导流、明渠导流等河床外导流方式相结合。

上述两种导流方式,并不只适用于分段围堰法导流,在全段围堰法后期导流时,也常有采用;同样,隧洞导流和明渠导流,并不只适用于全段围堰法导流,在分段围堰法后期导流时,也常有应用。因此,选择一个工程的导流方式,必须因时因地制宜,绝不能机械地套用。

(三)导流方案选择应考虑的因素

水利枢纽工程的施工,从开工到完建往往不是采用单一的导流方法,而是几种导流方法组合起来配合运用的,以取得最佳的技术经济效果。例如,三峡工程采用分期导流方式,分三期进行施工。第一期土石围堰围护右岸汊河,江水和船舶从主河槽通过;第二期围护主河槽,江水经导流明渠泄向下游;第三期修建碾压混凝土围堰拦断明渠,江水经由泄洪坝段的永久深孔和22个临时导流底孔下泄。这种不同导流时段不同导流方法的组合,通常就称为导流方案。

导流方案的选择受各种因素的影响。合理的导流方案,必须在周密地研究各种影响因素的基础上,拟订几个可能的方案,进行技术经济比较后,从中选择技术经济指标优越的方案。

选择导流方案时需考虑如下主要因素。

1. 水文条件

河流的流量大小、水位变化的幅度、全年流量的变化情况、枯水期的长短、汛期洪水的延续时间、冬季的流冰及冰冻情况等,均直接影响导流方案的选择。一般来说,对于河床单宽流量大的河流,宜采用分段围堰法导流。对于水位变化幅度大的山区河流,可采用允许基坑淹没的导流方法,在一定时期内通过过水围堰和淹没基坑来宣泄洪峰流量。对于枯水期较长的河流,充分利用枯水期安排工程施工是完全必要的。但对于枯水期不长的河流,如果不利用洪水期进行施工,就会拖延工期。对于流冰的河流,应充分注意流冰的宣泄问题,以免流冰壅塞,影响泄流,造成导流建筑物失事。

2. 地形条件

坝区附近的地形条件,对导流方案的选择影响很大。对于河床宽阔的河流,尤其在施工期间有通航、过木要求的情况下,宜采用分段围堰法导流,当河床中有天然石岛或沙洲时,采用分段围堰法导流,更有利于导流围堰的布置,特别是纵向围堰的布置。例如,三峡工程的施工导流就曾利用了长江的中堡岛来布置一期纵向围堰;还有黄河三门峡水利枢纽的施工导流,巧妙地利用了黄河激流中的人门岛、神门岛及其他石岛来布置一期围堰,都取得了良好的技术经济效果。在河段狭窄、两岸陡峻、山岩坚实的地区,宜采用隧洞导流。至于平原河道,河流的两岸或一岸比较平坦,或有河湾、老河道可以利用时,则宜采用明渠导流。

3. 工程地质及水文地质条件

河流两岸及河床的地质条件对导流方案的选择与导流建筑物的布置有直接影响。若河流两岸或一岸岩石坚硬、风化层薄,且有足够的抗压强度,则有利于选用隧洞导流。如果岩石的风化层厚且破碎,或有较厚的沉积滩地,则适合于采用明渠导流。由于河床的束窄,减小了过水断面的面积,使水流流速增大,这时为了河床不受水流过大的冲刷,避免把围堰基础淘空,应根据河床地质条件来决定河床可能束窄的程度。对于岩石河床,抗冲刷能力较强,河床允许束窄程度较大,甚至可达到88%,流速可增加到7.5 m/s。但对覆盖层较厚的河床,抗冲刷能力较差,其束窄程度都不到30%,流速仅允许达到3.0 m/s。此外,选择围堰形式时,基坑是否允许淹没,能否利用当地材料修筑围堰等,也都与地质条件有关。水文地质条件则对基坑排水工作和围堰形式的选择有很大关系。因此,为了更好地进行导流方案的选择,要对工程地质和水文地质勘测工作提出专门要求。

4. 水工建筑物的形式及其布置

水工建筑物的形式及其布置与导流方案相互影响,因此在决定建筑物的形式和枢纽布置时,应该同时考虑并拟订导流方案,而在选定导流方案时,又应该充分利用建筑物形式和枢纽布置方面的特点。

如果枢纽组成中有隧洞、渠道、涵管、泄水孔等永久泄水建筑物,在选择导流方案时应该尽可能加以利用。在设计永久泄水建筑物的断面尺寸并拟订其布置方案时,应该充分考虑施工导流的要求。

采用分段围堰法修建混凝土坝枢纽时,应当充分利用水电站与混凝土坝之间或混凝土坝溢流段和非溢流段之间的隔墙作为纵向围堰的一部分,以降低导流建筑物的造价。在这种情况下,对于第二期工程所修建的混凝土坝,应该核算它是否能够布置二期工程导流建筑物(底孔、预留缺口)。例如,三门峡水利枢纽溢流坝段的宽度主要就是由二期导流条件所控制的。与此同时,为了防止河床冲刷过大,还应核算河床的束窄程度,保证有足够的过水断面来宣泄施工流量。

就挡水建筑物的形式来说,土坝、土石混合坝和堆石坝的抗冲能力小,除采用特殊措施外,一般不允许从坝身过水,所以多利用坝身以外的泄水建筑物(如隧洞、明渠等)或坝身范围内的涵管来导流,这时,通常要求在一个枯水期内将坝身抢筑到拦洪高程以上,以免水流漫顶,发生事故。至于混凝土坝,特别是混凝土重力坝,由于抗冲能力较强,允许流速可达到25 m/s,故不但可以通过底孔泄流,而且还可以通过未完建的坝身过水,使导流方案选择的灵活性大大增加。

5. 施工期间河流的综合利用

在施工期间,通航、筏运、渔业、供水、灌溉或水电站运转等的要求,使导流问题的解决更加复杂。如前所述,在通航河流上,大多采用分段围堰法导流。要求河流在束窄以后,河宽仍能便于船只的通行,水深要与船只吃水深度相适应,束窄断面的最大流速一般不得超过2.0 m/s,特殊情况需与当地航运部门协商研究确定。

对于浮运木筏或散材的河流,在施工导流期间,要避免木材壅塞泄水建筑物或者堵塞束窄河床。在施工中后期,水库拦洪蓄水时,要注意满足下游供水、灌溉用水和水电站运行的要求,有时为了保证渔业的要求,还要修建临时的过鱼设施,以便鱼群能洄游。

6. 施工进度、施工方法及施工场地布置

水利工程的施工进度与导流方案密切相关,通常要根据导流方案才能安排控制性进度计划。在水利枢纽施工导流过程中，对施工进度起控制作用的关键性时段主要有导流建筑物的完工期限、截断河床水流的时间、坝体拦洪的期限、封堵临时泄水建筑物的时间以及水库蓄水发电的时间等。但各项工程的施工方法和施工进度又直接影响各时段中导流任务的合理性和可能性。例如，在混凝土坝枢纽中，采用分段围堰施工时，若导流底孔没有建成，就不能截断河床水流和全面修建第二期围堰，若坝体没有达到一定高程和没有完成基础及坝体接缝灌浆以前，就不能封堵底孔和使水库蓄水等。因此，施工方法、施工进度与导流方案三者是密切相关的。

此外，导流方案的选择与施工场地的布置亦相互影响。例如，在混凝土坝施工中，当混凝土生产系统布置在一岸时，以采用全段围堰法导流为宜。若采用分段围堰法导流，则应以混凝土生产系统所在的一岸作为第一期工程，因为这样两岸的交通运输问题比较容易解决。

在选择导流方案时，除综合考虑以上各方面因素外，还应使主体工程尽可能及早发挥效益，简化导流程序，降低导流费用，使导流建筑物既简单易行，又适用可靠。

（四）导流方案案例

导流方案的比较选择，应在同精度、同深度的几种可行性方案中进行，首先研究分析采用何种导流方案，然后研究什么类型，在此全面分析的基础上，排除明显不合理的方案，保留可行的方案或可能的组合方案。

【案例1-1】 长江三峡工程施工导流方案。

长江三峡水利枢纽工程（简称三峡工程），位于长江干流三峡河段，三峡工程由大坝、水电站厂房、通航建筑物等主要建筑物组成。大坝坝顶高程185 m，正常蓄水位175 m，汛期防洪限制水位145 m，枯季消落最低水位155 m，相应的总库容、防洪库容和兴利库容分别为393亿m^3、221.5亿m^3和165亿m^3。安装单机容量70万kW的水轮发电机组26台，总装机容量1 820万kW，年发电量847亿kW·h。

选定的坝址位于西陵峡中的三斗坪镇。坝址地质条件优越，基岩为完整坚硬的花岗岩（闪云斜长花岗岩），地形条件也有利于布置枢纽建筑物和施工场地，是一个理想的高坝坝址。选定的坝线在左岸的坛子岭及右岸的白岩尖之间，并穿过河床中的一个小岛—中堡岛。该岛左侧为主河槽，右侧为支沟（称后河）。

施工导流方案：三斗坪坝址河谷宽阔，江中有中堡岛将长江分为主河床及后河，适于采用分期导流方案。长江为我国的水运交通动脉，施工期通航问题至关重要。分期导流方案设计必须结合施工期通航方案和枢纽布置方案一并研究。在可行性论证和初步设计阶段，对右岸导流明渠施工期通航和不通航两大类型的多种方案进行了大量的技术经济比较工作。1993年7月，经国务院三峡建设委员会批准，确定为“三期导流，明渠通航”方案。

第一期围右岸（见图1-9）。一期导流的时间为1993年10月至1997年11月，共计4年。在中堡岛左侧及后河上下游修筑一期土石围堰，形成一期基坑，并修建茅坪溪小改道工程，将茅坪溪水导引出一期基坑。在一期土石围堰保护下挖除中堡岛，扩宽后河修建导流明渠、混凝土纵向围堰，并预建三期碾压混凝土围堰基础部分的混凝土。水仍从主河床通过。

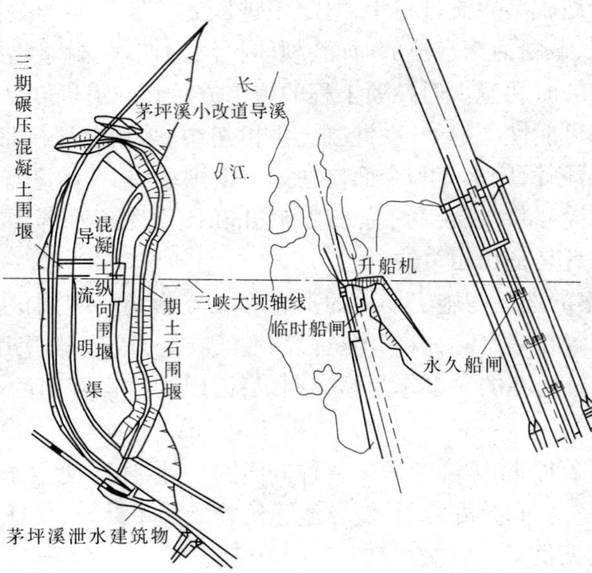

图 1-9　一期导流平面图

一期土石围堰形成后束窄河床约 30%。汛期长江水面宽约 1 000 m,当流量不大于长江通航流量 45 000 m^3/s 时,河床流速为 3 m/s 左右,因此船只仍可在主航道航行。一期土石围堰全长 2 502.36 m,最大堰高 37 m。堰体及堰基采用塑性混凝土防渗墙上接土工膜防渗型式,局部地质条件不良地段的地基采取防渗墙下接帷幕灌浆或高压旋喷桩柱墙等措施。混凝土纵向围堰全长 1 191.47 m,分为上纵段、坝身段与下纵段。坝身段为三峡大坝的一部分,下纵段兼作右岸电站厂房和泄洪坝段间的导墙。导流明渠为高低渠复式断面,全长 3 726 m,最小底宽 350 m;右侧高渠底宽 100 m,渠底高程 58 m(进口部位 59 m);左侧渠底宽 250 m,渠底高程自上至下分别为 59 m、58 m、50 m、45 m、53 m。

第二期围左岸(见图 1-10)。二期导流时间为 1997 年 11 月至 2002 年 11 月,共计 5 年。

1997 年 11 月实现大江截流后,立即修建二期上下游横向围堰将长江主河床截断,并与混凝土纵向围堰共同形成二期基坑。在基坑内修建泄洪坝段、左岸厂房坝段及电站厂房等主体建筑物。二期导流时,江水由导流明渠宣泄,船舶从导流明渠和左岸已建成的临时船闸通航。

二期上下游土石围堰轴线长度分别为 1 440 m、999 m,最大高度分别为 75.5 m、57.0 m,基本断面为石渣堤夹风化砂复式断面,防渗体为 1 ~ 2 排塑性混凝土防渗墙上接土工合成材料,基岩防渗采用帷幕灌浆。二期围堰是在 60 m 水深中抛填建成的,工程量大、基础条件复杂、工期紧迫、施工技术难度极高,是三峡工程最重要的临时建筑物之一。

第三期再围右岸(见图 1-11)。三期导流时间为 2002 ~ 2009 年,共计 6.5 年。总进度安排于 2002 年汛末拆除二期土石横向围堰,在导流明渠内进行三期截流,建造上下游土石围堰。在其保护下修建三期上游碾压混凝土围堰并形成右岸三期基坑,在三期基坑内修建右岸厂房坝段和右岸电站厂房。三期截流和三期碾压混凝土围堰施工是三峡工程施

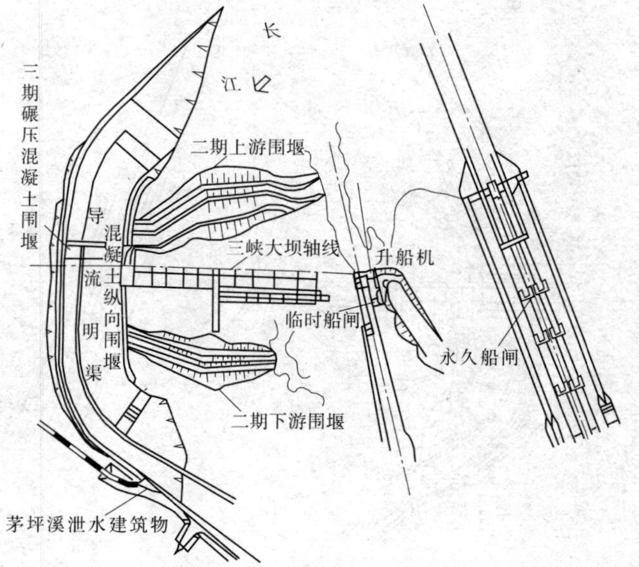

图1-10 二期导流平面图

工中的又一关键技术问题。在导流明渠中截流时，江水从泄洪坝段内高程56.5 m的22个6.5 m×8.5m的导流底孔中宣泄，截流最大落差达3.5 m，龙口最大流速6.13 m/s，技术难度与葛洲坝大江截流相当。碾压混凝土围堰要求在截流以后的120 d内，从高程50 m浇筑到140 m，最大月浇筑强度达39.8万m^3/月，最大日上升高度达1.18 m，且很快挡水并确保在近90 m水头下安全运行，设计和施工难度为世界所罕见。三期截流后到水库蓄水前，船只从临时船闸航行，当流量超过12 000 m^3/s、上下游水位差超过6 m时，临时船闸不能运行，长江断航。经测算断航时间发生在5月下半月至6月上半月内，共计33 d。断航期间设转运码头用水陆联运解决客货运输问题。三期碾压混凝土围堰建成后，即关闭导流底孔和泄洪深孔，水库蓄水至135 m，第一批机组开始发电，永久船闸开始通航。水库蓄水以后，由三期碾压混凝土围堰与左岸大坝共同挡水(下游仍由三期土石围堰挡水)，长江洪水由导流底孔及泄洪深孔宣泄。继续在右岸基坑内建造大坝和电站厂房。左岸各主体建筑物上部结构同时施工，直至工程全部完建。

【案例1-2】 龚嘴水电站工程施工导流方案。

龚嘴水电站位于大渡河中游，由拦河大坝、水电站厂房、溢洪道等组成。拦河大坝为混凝土重力坝，最大坝高85.5 m，在6号和10号坝段分设两个9 m×8 m的底孔，水电站厂房分设两处，右岸为坝后式厂房，装机4台，左岸为地上式厂房，装机3台，装机总容量77万kW。溢洪道布置在河床中部，做排沙、泄洪和放空水库用。主体工程中土石方开挖80%在水下，混凝土浇筑量的50%也在水下，工期5年。

河流流量充沛、稳定，洪峰高、水量大。实测最大流量为9 560 m^3/s，最枯流量为320 m^3/s。河道有漂木任务，且80% ~90%集中在汛期散漂。

坝址处为高山峡谷，岸坡陡峻、河床狭窄，枯水面宽130 m，洪水面宽200 m，河床比降约为2%，河床砂砾覆盖层深为20~30 m。两岸基岩裸露，多为震旦纪中粗花岗岩。

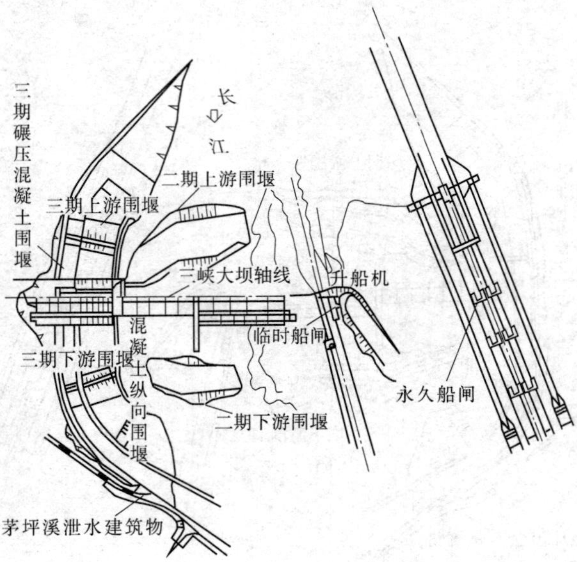

图 1-11　三期导流平面图

该工程为Ⅰ等工程，大坝属 1 级建筑物，根据《水利水电工程等级划分及洪水标准》(SL 252—2000)规定，临时建筑物按 5% 频率的洪水进行设计，2% 频率的洪水进行校核。

鉴于洪枯变幅不大，水下工程量大，河床狭窄，且覆盖层深厚，没有分期导流的条件，也没有采用过水围堰的条件，同时也没有采用不过水的低围堰条件，因此只有采用全段围堰法。导流建筑物的设计流量为 9 560 m^3/s，校核流量为 10 600 m^3/s。

鉴于流量大的特点，导流建筑物类型只有在明渠与隧洞两者之间选择。具体方案见表 1-2。

表 1-2　导流方案比较

方案	断面尺寸	条数	长度(m)	工程量(万 m^3)	
				土石方开挖	混凝土
隧洞导流	$B \times H = 18\ m \times 25\ m$	2	430 与 592	176	45.9
明渠导流	$B = 54\ m$	1	750	160	18.0

通过对导流建筑物的施工、漂木条件、主体工程完建期施工条件等方面的分析，左岸大明渠导流方案较右岸设两条大隧洞导流方案具有工程量小、漂木条件好、简单可靠、施工方便、对提前进行主体工程施工有利等突出优点。但会给地下厂房施工带来一定干扰，后期明渠坝段完建施工较紧张。不过，这时主体工程施工已处于后期，在技术力量得到提高、机械设备日趋完善的条件下，困难较易克服。因此，决定采用明渠导流。龚嘴导流明渠方案布置图如图 1-12 所示。

二、导流建筑物设计依据

导流设计流量是选择导流方案、设计导流建筑物的主要依据。导流建筑物的洪水设计标准是选择导流设计流量的标准，即是施工导流的设计标准。

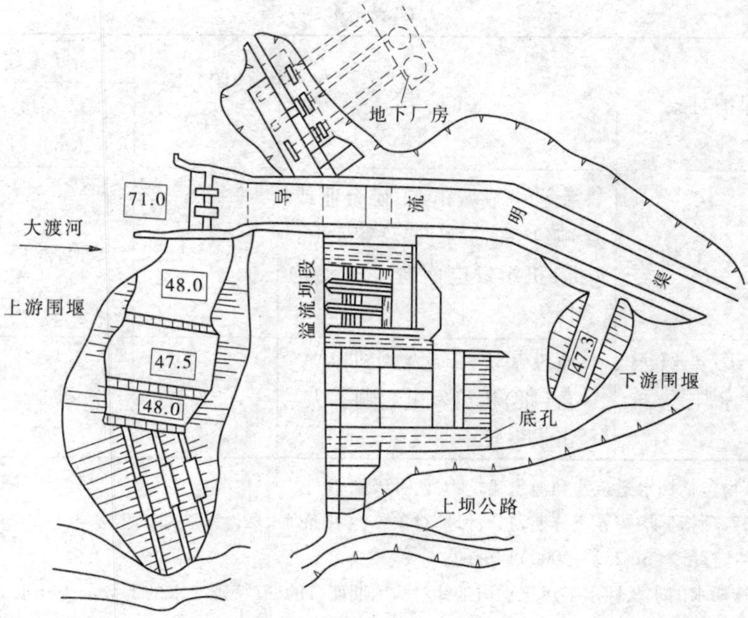

图1-12 龚嘴导流明渠方案布置

（一）导流建筑物的级别

导流建筑物是指枢纽工程施工期所使用的临时性挡水建筑物和泄水建筑物。根据规范《水利水电工程施工组织设计规范》（SL 303—2017），在确定导流设计标准时，首先根据导流建筑物所保护对象、失事后果、使用年限和围堰工程规模等因素划分为3～5级，具体按表1-3确定。然后根据导流建筑物级别及导流建筑物类型确定导流标准，见表1-4。

导流建筑物级别应根据不同的导流分期按表1-3划分，同一导流分期中的各导流建筑物的级别应根据其不同作用划分；同一导流分期各导流建筑物的洪水标准必须相同，一般以主要挡水建筑物的洪水标准为准。当导流建筑物根据表1-3指标分属不同级别时，应以其中最高级别为准，但列为3级导流建筑物时，至少应有两项指标符合要求。

导流建筑物设计洪水标准应根据建筑物的类型和级别进行选择，见表1-4，并结合风险度综合分析，使所选标准经济合理，对失事后果严重的工程，要考虑对超标洪水的应急措施。过水围堰的挡水标准应结合水文特点、施工工期、挡水时段，经技术经济比较后，在重现期3～20年选定。

表1-3 导流建筑物级别划分

级别	保护对象	失事后果	使用年限（年）	导流建筑物规模	
				围堰高度（m）	库容（亿 m^3）
3	有特殊要求的1级永久性水工建筑物	淹没重要城镇、工矿企业、交通干线或推迟工程总工期及第一台（批）机组发电，造成重大灾害和损失	>3	>50	>1.0

续表 1-3

级别	保护对象	失事后果	使用年限（年）	导流建筑物规模	
				围堰高度（m）	库容（亿 m^3）
4	1 级、2 级永久性水工建筑物	淹没一般城镇、工矿企业或影响工程总工期及第一台（批）机组发电而造成较大经济损失	≤3，≥1.5	≤50，≥15	≤1.0，≥0.1
5	3 级、4 级永久性水工建筑物	淹没基坑，但对总工期及第一台（批）机组发电影响不大，经济损失较小	<1.5	<15	<0.1

注：1. 导流建筑物包括挡水建筑物和泄水建筑物，两者级别相同。

2. 表中所列四项指标均按导流分期划分，保护对象一栏中所列永久性水工建筑物级别是按《水利水电工程等级划分及洪水标准》（SL 252—2000）划分的。

3. 有、无特殊要求的永久性水工建筑物均是针对施工期而言的，有特殊要求的 1 级永久性水工建筑物是指施工期不应过水的土石坝及其他有特殊要求的永久性水工建筑物。

4. 使用年限是指导流建筑物每一导流分期的工作年限，两个或两个以上导流分期共用的导流建筑物，如分期导流一期、二期共用的纵向围堰，其使用年限不能叠加计算。

5. 导流建筑物规模一栏中，围堰高度是指挡水围堰最大高度，库容指堰前设计水位所拦蓄的水量，两者应同时满足。

表 1-4　导流建筑物设计洪水标准划分

导流建筑物类型	导流建筑物级别		
	3	4	5
	洪水重现期（年）		
土石结构	50 ~ 20	20 ~ 10	10 ~ 5
混凝土、浆砌石结构	20 ~ 10	10 ~ 5	5 ~ 3

（二）导流时段划分

导流时段就是按照导流程序来划分的各施工阶段的延续时间。导流时段的划分与河流的水文特征、水工建筑物的形式、导流方案、施工进度有关。我国一般河流全年的流量变化过程线如图 1-13 所示。

土坝、堆石坝和支墩坝一般不允许过水，因此当工期较长、洪水来临前不能完建时，导流时段就要考虑以全年为标准，其导流设计流量就应为以导流设计标准确定的有一定频率的年最大流量。但如安排的施工进度能够保证在洪水来临前使坝体起拦洪作用，则导流时段即可按洪水来临前的施工时段为标准，导流设计流量即为该时段内按导流标准确定的有一定频率的最大流量。

当采用分段围堰法导流，后期用临时底孔导流来修建混凝土坝时，一般宜划分为三个导流时段：第一时段，河水由束窄的河流通过，进行一期基坑内的工程施工；第二时段，河

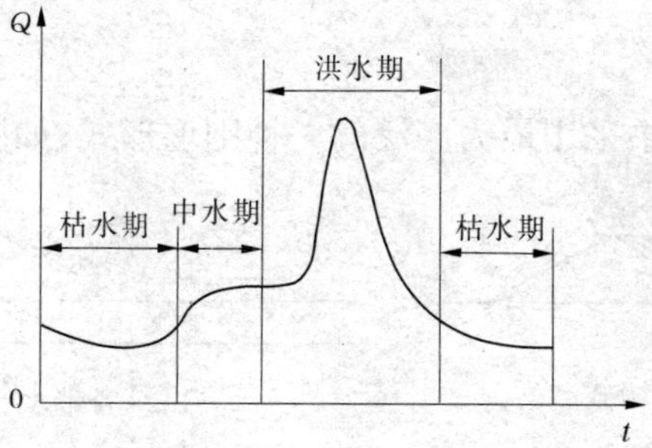

图 1-13　河流全年的流量变化过程线

水由导流底孔下泄，进行二期基坑内的工程施工；第三时段，进行底孔封堵，坝体全面升高，河水由永久性建筑物下泄，也可部分或完全拦蓄在水库中，直到工程完建。在各时段中，围堰和坝体的挡水高程和泄水建筑物的泄水能力，均应按相应时段内一定频率的最大流量作为导流设计流量进行设计。

总之，在划分导流时段时，要确保枯水期，争取中水期，尽力在汛期争取工期。既要安全可靠，又要力争工期。山区性河流特点是洪水流量大，历时短，枯水期流量最小。在这种情况下，经过技术经济比较后，可采用淹没基坑的导流方案，以降低导流费用。

三、围堰工程

围堰是导流工程中临时的挡水建筑物，用来围护施工中的基坑，保证水工建筑物能在干地上进行施工。在导流任务结束后，如果围堰对永久性建筑物的运行有妨碍或没有考虑作为永久性建筑物的一部分，则应予拆除。

（一）围堰的分类和构造

1. 围堰的分类

水利工程中经常采用的围堰，按其所使用的材料，可以分为土石围堰、混凝土围堰、钢板桩格形围堰和草土围堰等。

围堰按其与水流方向的相对位置，可以分为横向围堰和纵向围堰。

围堰按导流期间基坑淹没条件，可以分为过水围堰和不过水围堰。过水围堰除需要满足一般围堰的基本要求外，还要满足围堰顶过水的专门要求。

2. 围堰的基本要求

选择围堰形式时，必须根据当时当地的具体条件，在满足下述基本要求的原则下，通过技术经济比较加以选定：

（1）具有足够的稳定性、防渗性、抗冲性和一定的强度。

（2）造价低，构造简单，修建、维护和拆除方便。

（3）围堰的布置应力求使水流平顺，不发生严重的水流冲刷。

（4）围堰接头和岸边连接都要安全可靠，不至于因集中渗漏等破坏作用而引起围堰失事。

（5）有必要时应设置抵抗冰凌、船筏的冲击和破坏的设施。

3. 围堰的构造

1) 土石围堰

土石围堰是水利工程中采用最为广泛的一种围堰形式,如图1-14所示。

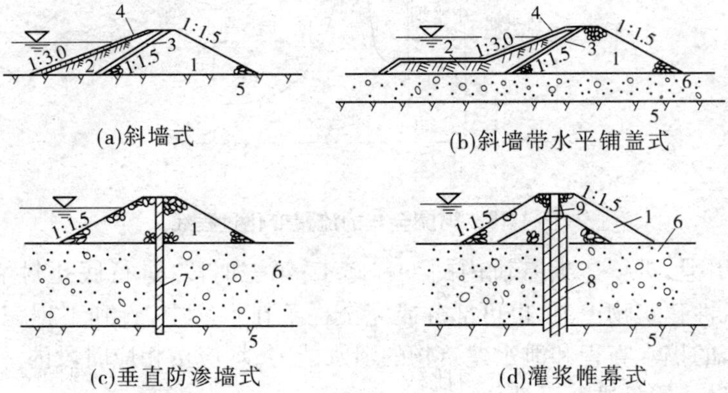

(a)斜墙式　(b)斜墙带水平铺盖式

(c)垂直防渗墙式　(d)灌浆帷幕式

1—堆石体;2—黏土斜墙、铺盖;3—反滤层;4—护面;5—隔水层;6—覆盖层;7—垂直防渗墙;8—灌浆帷幕;9—黏土心墙

图1-14　土石围堰

它是用当地材料填筑而成的围堰,不仅可以就地取材和充分利用开挖弃料做围堰填料,而且构造简单,施工方便,易于拆除,工程造价低,可以在流水中、深水中、岩基或有覆盖层的河床上修建。但其工程量较大,堰身沉陷变形也较大,如柘溪水电站的土石围堰一年中累计沉陷量最大达40.1 cm,为堰高的1.75%,一般为0.8% ~1.5%。

因土石围堰断面较大,一般用于横向围堰,但在宽阔河床的分期导流中,由于围堰束窄河床增加的流速不大,也可作为纵向围堰,但需注意防冲设计,以保围堰安全。

土石围堰的设计与土石坝基本相同,但其结构形式在满足导流期正常运行的情况下应力求简单,便于施工。

2) 草土围堰

草土围堰是一种以麦草、稻草、芦柴、柳枝和土为主要原料的草土混合结构。远在2 000多年前,草土围堰就已广泛使用于宁夏引黄灌渠的取水工程上,甘肃的盐锅峡、八盘峡、刘家峡,宁夏的青铜峡,南方的黄坛口工程及陕西的石泉水电站都先后应用过草土围堰。

草土围堰的断面一般为矩形或边坡很陡的梯形,坡比为1∶0.2 ~1∶0.3,是在施工中自然形成的边坡,如图1-15所示。根据实践经验,草土围堰的宽高比,在岩基河床上为2 ~3,在软基河床上为4 ~5,堰顶超高通常为1.5 ~2.0 m。草土围堰施工简单、速度快、取材容易、造价低、拆除也方便,具有一定的抗冲、抗渗能力,堰体的容重较小,特别适用于软土地基。但这种围堰不能承受较大的水头,所以仅限水深不超过6 ~8 m、流速不超过3 ~5 m/s、使用期2年以内的工程。草土围堰的施工方法比较特殊,就其实质来说也是一种进占法。

草土围堰的施工,由压草、铺散草、铺土等主要施工过程组成。压草时,首先沿河岸在整个围堰宽度范围内分层铺设草捆。铺草捆时,应将草绳拉直放在岸上,以便与后铺的草捆互相连接。铺草时,第一层草捆应浸入水中1/3,每层草捆应按水深大小搭接1/3 ~

1/2，这样逐层压放的草捆在迎水面形成一个 30°～45°的斜坡，直至高出水面 1.5～2.0 m。随后在草捆层的斜坡上铺一层厚 0.25～0.30 m 的散草，再在散草上铺一层 0.25～0.30 m 的土层（黄土、粉土、砂壤土或黏壤土等），铺好的土层只需用人工踏实即可，如此循环，堰体即向前进占，后部的堰体也渐渐沉入河底。埋体高出水面后，立即铺土夯实，将围堰加高至设计高程。

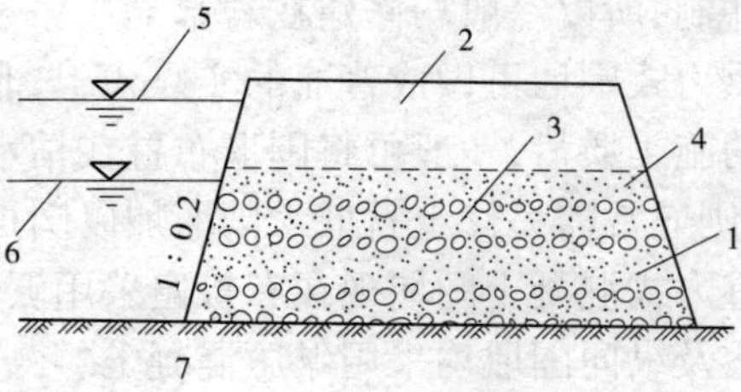

1—水下堰体；2—水上加高部分；3—草捆；4—散草铺土层；5—设计挡水位；6—施工水位；7—河床

图 1-15　草土围堰

3）混凝土围堰

混凝土围堰的抗冲与防渗能力强，挡水水头高，底宽小，易于与永久性混凝土建筑物相连接，必要时还可以过水，因此应用比较广泛。在国外，采用拱形混凝土围堰的工程较多。国内贵州省乌江渡、湖南省凤滩等水利工程也采用过以拱形混凝土围堰作为横向围堰，但多数还是以重力式围堰做纵向围堰，如我国的三门峡、丹江口、三峡工程的混凝土纵向围堰均为重力式混凝土围堰。

（1）拱形混凝土围堰。

拱形混凝土围堰如图 1-16 所示，一般适用于两岸陡峻、岩石坚实的山区河流，常采用隧洞及允许基坑淹没的导流方案。

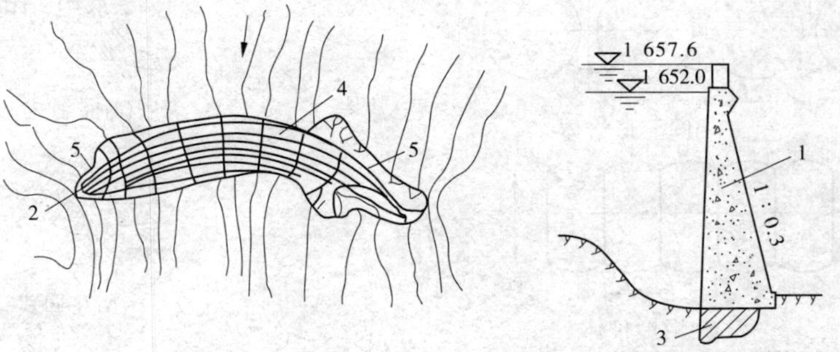

(a)平面图　　(b)横断面图

1—拱身；2—拱座；3—灌浆加固；4—溢流段；5—非溢流段

图 1-16　刘家峡水电站上游拱形混凝土围堰

一般情况下，围堰的拱座是在枯水期的水面以上施工的。对围堰的基础处理，当河床的覆盖层较薄时需进行水下清基；当河床的覆盖层较厚时，可灌注水泥浆防渗加固。堰身的混凝土浇筑则要进行水下施工，因此难度较高。在拱基两侧要回填部分砂砾料以利于灌浆，形成阻水帷幕，拱形混凝土围堰由于利用了混凝土抗压强度高的特点，与重力式围堰相比，断面较小，可节省混凝土工程量。

（2）重力式混凝土围堰。

采用分段围堰法导流时，重力式混凝土围堰往往可兼作第一期和第二期纵向围堰，两侧均能挡水，还能作为永久性建筑物的一部分，如隔墙、导墙等。纵向围堰需抗御高速水流的冲刷,所以一般均修建在岩基上。

重力式围堰可做成普通的实心式,与非溢流重力坝类似,也可做成空心式。为保证混凝土的施工质量,一般可将围堰布置在枯水期出露的岩滩上。如果这样还不能保证干地施工,则通常需另修土石低水围堰加以围护。

重力式混凝土围堰现在有普遍采用碾压混凝土浇筑的趋势,如三峡工程三期导流横向围堰及纵向围堰均采用碾压混凝土。

4)钢板桩格形围堰

钢板桩格形围堰是重力式挡水建筑物,由一系列彼此相接的格体构成。按照格体的平面形状,可分为圆筒形格体、扇形格体和花瓣形格体,如图1-17所示。这些形式适用于不同的挡水高度,应用较多的是圆筒形格体。

钢板桩格形围堰具有坚固、抗冲、防渗、围堰断面小、占地少、便于机械化施工且安全可靠等优点;钢板桩的回收率高,可达70%以上。尤其适用于束窄度大的河床段作为纵向围堰。我国长江葛洲坝工程成功地应用圆筒形格体钢板桩围堰作为纵向围堰的一部分。

圆筒形格体钢板桩格形围堰,一般适用的挡水高度小于15~18 m,可以建在岩基上或非岩基上,也可作过水围堰用。它是由许多钢板桩通过锁口互相连接而成为格形整体。钢板桩的锁口有握裹式、互握式和倒钩式三种,如图1-18所示。圆筒形格体的直径 D,根据经验一般取挡水高度 H 的0.9~1.4倍,平均宽度 B 为 $0.85D$。格体内填充透水性强的填料,如砂、砂卵石或石渣等。在向格体内进行填料时,必须保持各格体内的填料表面大致均衡上升,因高差太大会使格体变形。

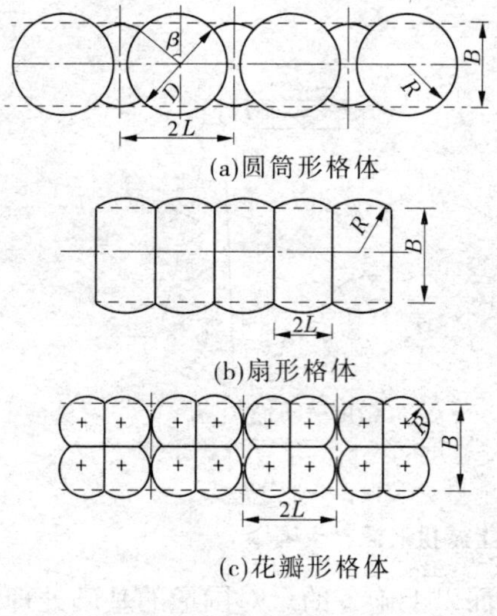

图1-17　钢板桩格形围堰形式

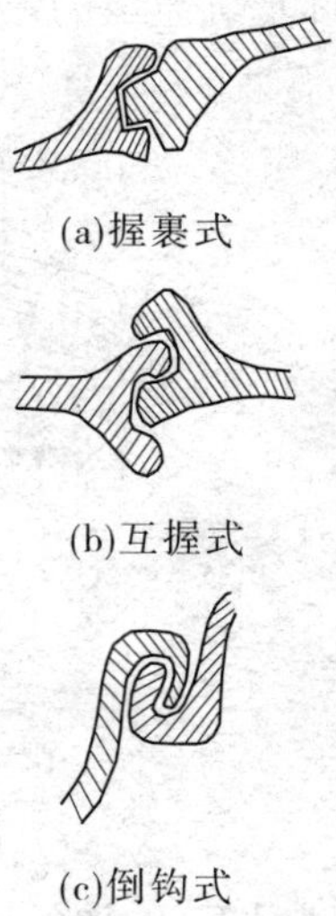

图1-18　钢板桩锁口示意图

圆筒形格体钢板桩格形围堰的修建由定位、打设模架支柱、模架就位、安插钢板桩、打设钢板桩、填充料渣、取出模架及其支柱和填充料渣到设计高程等工序组成。圆筒形格体钢板桩格形围堰一般需在流水中修筑,受水位变化和水面波动的影响较大,施工难度较大。

(二)围堰的平面布置及堰顶高程的确定

1.围堰的平面布置

围堰的平面布置主要包括围堰内基坑范围确定和分期导流纵向围堰布置两个问题。

1)围堰内基坑范围确定

围堰内基坑范围大小主要取决于主体工程的轮廓和相应的施工方法。当采用全段围堰法导流时,围堰基坑是由上下游围堰和河床两岸围成的。当采用分段围堰法导流时,围堰基坑是由纵向围堰与上下游横向围堰围成的。在上述两种情况下,上下游横向围堰的布置,都取决于主体工程的轮廓。通常基坑坡趾到主体工程轮廓的距离,不应小于20~30 m,以便布置排水设施、交通运输道路、堆放材料和模板等,如图1-19所示。至于基坑开挖边坡的大小,则与地质条件有关。

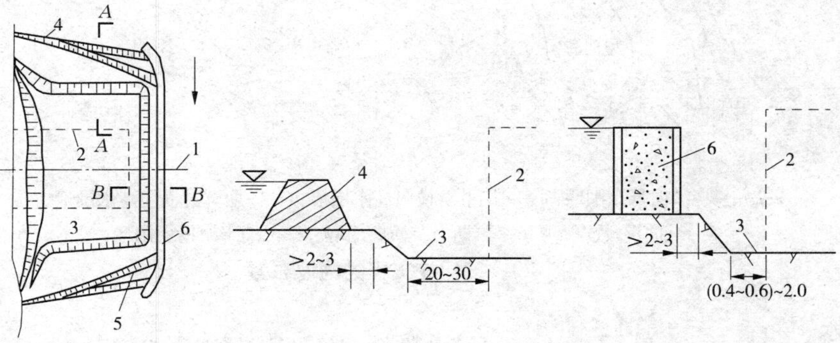

(a)平面图　(b) A—A 剖面　(c) B—B 剖面

1—主体工程轴线;2—主体工程轮廓;3—基坑;4—上游横向围堰;5—下游横向围堰;6—纵向围堰

图1-19　围堰布置与基坑范围示意图　(单位:m)

当纵向围堰不作为永久性建筑物的一部分时,基坑坡趾到主体工程轮廓的距离,一般不小于2.0 m,以便布置排水导流系统和堆放模板,如果无此要求,则只需留0.4~0.6 m,如图1-19(c)所示。

实际工程的基坑形状和大小往往是不相同的。有时可以利用地形以减小围堰的高度和长度;有时为照顾某些建筑物施工的需要或为避开岸边较大的溪沟,可以将围堰轴线布置成折线形。总之,为保证基坑开挖和主体建筑物的正常施工,基坑范围应当留有一定富余。

2)分期导流纵向围堰布置

在分期导流方式中,纵向围堰布置是施工中的关键问题,选择纵向围堰位置,实际上就是要确定适宜的河床束窄度。束窄度就是天然河流过水面积被围堰束窄的程度,一般可用下式表示:

$$K = \frac{A_2}{A_1} \times 100\% \tag{1-1}$$

式中　K——河床的束窄程度(%),一般取值为47%~68%;

A_1——原河床的过水面积,m^2;

A_2——围堰和基坑所占据的过水面积,m^2。

适宜的纵向围堰位置与以下主要因素有关:

(1)地形地质条件。

河心洲、浅滩、小岛、基岩露头等,都是可供布置纵向围堰的有利条件,这些部位便于施工,并有利于防冲保护。例如,三门峡工程曾巧妙地利用了河心的几个礁岛布置纵、横向围堰，如图1-20所示。葛洲坝工程施工初期，也曾利用江心洲葛洲坝作为天然的纵向围堰。三峡工程利用江心洲三斗坪作为纵向围堰的一部分。

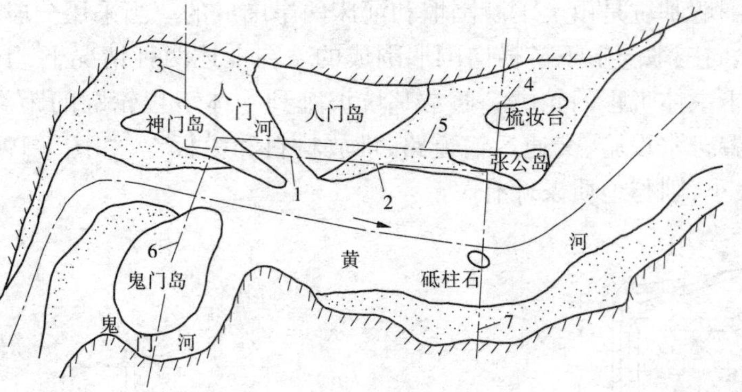

1，2——一期纵向低水围堰；3——一期上游横向高水围堰；4——一期下游横向高水围堰；
5—纵向混凝土围堰；6—二期上游横向围堰；7—二期下游横向围堰

图1-20　三门峡工程的围堰布置

（2）水工布置。

尽可能利用厂坝、厂闸、闸坝等建筑物之间的隔水导墙作为纵向围堰的一部分。例如，葛洲坝工程就是利用厂闸导墙，三峡、三门峡、丹江口则利用厂坝导墙作为二期纵向围堰的一部分。

（3）河床允许束窄度。

允许束窄度主要与河床地质条件和通航要求有关。对于非通航河道，如河床易冲刷，一般均允许河床产生一定程度的变形，只要能保证河岸、围堰堰体和基础免受淘刷即可。束窄流速常允许达到3 m/s左右，岩石河床允许束窄度主要视岩石的抗冲流速而定。

对于一般性河流和小型船舶，当缺乏具体研究资料时，可参考以下数据：当流速小于2.0 m/s时，机动木船可以自航；当流速小于3.0～3.5 m/s，且局部水面集中落差不大于0.5 m时，拖轮可自航；木材流放最大流速可考虑为3.5～4.0 m/s。

（4）导流过水要求。

进行一期导流布置时，不但要考虑束窄河道的过水条件，而且还要考虑二期截流与导流的要求。主要应考虑的问题是，一期基坑中能否布置下宣泄二期导流流量的泄水建筑物，由一期转入二期施工时的截流落差是否太大。

（5）施工布局的合理性。

各期基坑中的施工强度应尽量均衡。一期工程施工强度可比二期低些，但不宜相差太悬殊。如有可能，分期分段数应尽量少一些。导流布置应满足总工期的要求。

以上五个方面，仅仅是选择纵向围堰位置时应考虑的主要问题。如果天然河槽呈对称形状，没有明显有利的地形地质条件可供利用，可以通过经济比较方法选定纵向围堰的适宜位置，使一、二期总的导流费用最小。

分期导流时，上下游围堰一般不与河床中心线垂直，围堰的平面布置常呈梯形，既可使水流顺畅，同时也便于运输道路的布置和衔接。当采用全段围堰法导流时，上下游围堰不存在突出的绕流问题，为了减少工程量，围堰多与主河道垂直。

纵向围堰的平面布置形状，对于过水能力有较大影响。但是，围堰的防冲安全，通常比前者更重要。实践中常采用流线型和挑流式布置。

2. 堰顶高程的确定

围堰堰顶高程的确定主要取决于导流设计流量及围堰的工作条件，另外还要考虑河流的综合利用和主体工程工期。

上游围堰的堰顶高程为

$$H_{上} = h_d + Z + \delta \tag{1-2}$$

式中 $H_{上}$——上游围堰堰顶高程，m；

h_d——下游水面高程，m，可直接在原河流水位—流量关系曲线中查得；

Z——上下游水位差，m；

δ——围堰的安全超高，m，按表1-5选用。

下游围堰的堰顶高程为

$$H_{下} = h_d + \delta \tag{1-3}$$

式中 $H_{下}$——下游围堰堰顶高程，m；

h_d——下游水面高程，m；

δ——围堰的安全超高，m，按表1-5选用。

表1-5 不过水围堰堰顶安全超高下限值 （单位：m）

围堰形式	围堰级别	
	3	4~5
土石围堰	0.7	0.5
混凝土围堰	0.4	0.3

纵向围堰的堰顶高程，要与束窄河段宣泄导流设计流量时的水面曲线相适应。因此，纵向围堰的顶面往往做成阶梯形或倾斜状，其上游部分与上游围堰同高，下游部分与下游围堰同高。

（三）围堰的拆除

围堰是临时性建筑物，导流任务完成后，应按设计要求拆除，以免影响永久性建筑物的施工及运转。例如，在采用分段围堰法导流时，第一期横向围堰的拆除，如果不合要求，势必会增加上下游水位差，从而增加截流工作的难度，增大截流料物的质量及数量。这类经验教训在国内外是不少的，如苏联的伏尔谢水电站截流，上下游水位差是1.88 m，其中由于引渠和围堰没有拆除干净，造成的水位差就有1.73 m。又如，下游围堰拆除不干净，会抬高尾水位，影响水轮机的利用水头，浙江省富春江水电站曾受此影响，降低了水轮机出力，造成不应有的损失。

土石围堰相对来说断面较大，拆除工作一般在运行期限的最后一个汛期过后，随上游水位的下降，逐层拆除围堰的背水坡和水上部分，但必须保证依次拆除后所残留的断面能继续挡水和维持稳定，以免发生安全事故，使基坑过早淹没，影响施工。土石围堰的拆除一般可用挖土机或爆破开挖等方法。

钢板桩格形围堰的拆除，首先要用抓斗或吸石器将填料清除，然后用拔桩机起拔钢板桩。

混凝土围堰的拆除，一般只能用爆破法炸除，但应注意，必须使主体建筑物或其他设施不受爆破危害。

四、施工期围堰抢险措施

施工期，特别是在汛期来临时，在高水头作用下，围堰出现的主要险情有管涌、漫溢和漏洞等。

（一）管涌

管涌多发生在背水侧堰脚附近，带砂涌水。抢险措施可采用反滤围井法和反滤压盖法。反滤可采用砂石反滤、梢料反滤或土工布反滤。

（二）漫溢

当实际洪水位超过现有堰顶高程，或风浪翻过堰顶时，会产生不过水围堰的漫溢。可根据上游水情预报和气象预报，对可能发生的险情做好预防抢险措施，抓紧洪水到来之前的宝贵时间，在围堰顶部修筑子堤加以防护。

（三）漏洞

漏洞常发生在背水坡与堰脚附近，可通过以下方法进行判断：

(1)水面观察。漏洞形成初期，进水口水面有时难以看到漩涡，可抛撒纸屑、碎草、泡沫塑料等碎屑观察水面，若发现这些漂浮物在水面打漩或集中在一处，即表明此处水下有进水口。

(2)潜水探漏。若漏洞进水口水深流急，可采用潜水探摸，但应注意安全。

(3)投放颜料观察水色。

漏洞的抢护方法有：①塞堵法，可用软料如棉被、针刺无纺布、网包、草包、软楔加草捆等进行塞堵。②盖堵法，对于漏洞较多且集中的，可采用大面积复合土工膜排体或篷布盖堵。③戗堤法，对于临水坡漏洞多而小、范围又大的，在黏土备料充足的情况下，可用抛黏土填筑前戗或临水筑子堤的办法进行抢堵。

任务二　截流工程

施工导流过程中，当导流泄水建筑物建成后，应抓住有利时机，迅速截断原河床水流，迫使河水经完建的导流泄水建筑物下泄，然后在河床中全面展开主体建筑物的施工，这就是截流工程。

截流过程一般为：先在河床的一侧或两侧向河床中填筑截流戗堤，逐步缩窄河床，称为进占。戗堤进占到一定程度，河床束窄，形成流速较大的泄水缺口叫龙口。为了保证龙口两侧堤端和底部的抗冲稳定，通常采取工程防护措施，如抛投大块石、铅丝笼等，这种防护堤端叫裹头。封堵龙口的工作叫合龙。合龙以后，龙口段及戗堤本身仍然漏水，必须在戗堤全线设置防渗设施，这一工作叫闭气。所以，整个截流过程包括戗堤进占、龙口裹头及护底、合龙、闭气等四项工作。截流后,对戗堤进一步加高培厚,修筑成设计围堰。

由此可见,截流在施工中占有重要地位,如不能按时完成,就会延误整个建筑物施工,河槽内的主体建筑物就无法施工,甚至可能拖延工期一年,所以在施工中常将截流作为关键性工程。为了截流成功,必须充分掌握河流的水文、地形、地质等条件,掌握截流过程中水流的变化规律及其影响。做好周密的施工组织,在狭小的工作面上用较大的施工强度在较短的时间内完成截流。

一、截流方式

截流方式分戗堤法截流和无戗堤法截流两种。戗堤法截流主要有立堵法截流、平堵法截流和综合法截流。无戗堤法截流主要有建闸截流、水力充填法截流、定向爆破法截流、浮运结构截流等。

(一)戗堤法截流

1. 立堵法截流

立堵法截流(见图1-21)是将截流材料从龙口一端向另一端或从两端向中间抛投进占,逐渐束窄龙口,直至全部拦断。

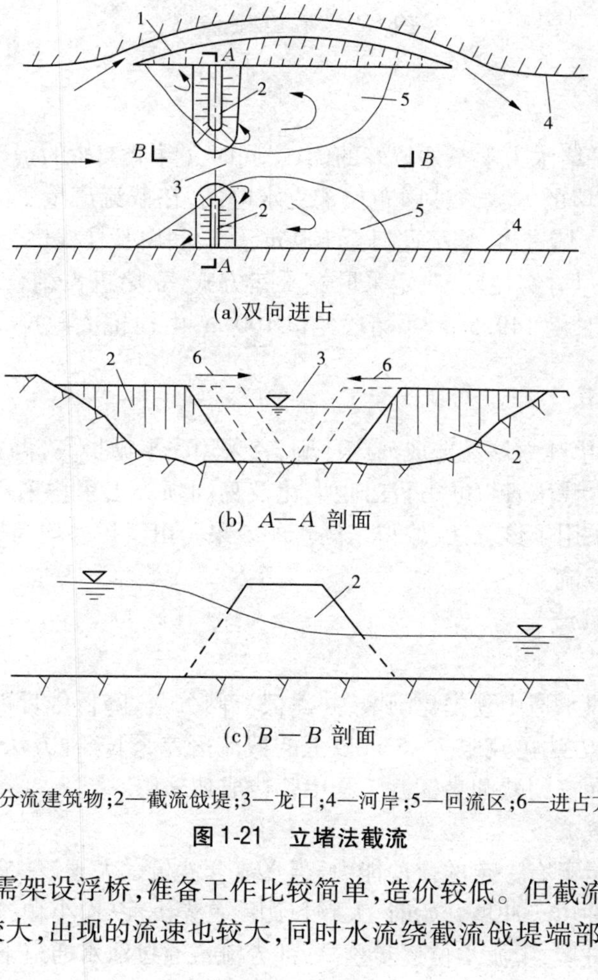

1—分流建筑物;2—截流戗堤;3—龙口;4—河岸;5—回流区;6—进占方向

图1-21　立堵法截流

立堵法截流不需架设浮桥,准备工作比较简单,造价较低。但截流时水力条件较为不利,龙口单宽流量较大,出现的流速也较大,同时水流绕截流戗堤端部使水流产生强烈的立轴漩涡，在水流分离线附近造成紊流，易造成河床冲刷，且流速分布很不均匀，需抛投单个质量较大的截流材料。截流时由于工作前线狭窄，抛投强度受到限制。立堵法截流适用于大流量、岩基或覆盖层较薄的岩基河床，对于软基河床应采取护底措施后才能使用。

立堵法截流又分为单戗、双戗和多戗立堵截流，单戗适用于截流落差不超过 3 m 的情况。

2. 平堵法截流

平堵法截流（见图 1-22）是沿整个龙口宽度全线抛投，抛投料堆筑体全面上升，直至露出水面。这种方法的龙口一般是部分河宽，也可以是全河宽。因此，合龙前必须在龙口架设浮桥。由于它是沿龙口全宽均匀地抛投，因此其单宽流量小，出现的流速也较小，需要的单个材料的质量也较轻，抛投强度较大，施工速度快，但有碍于通航，适用于软基河床、河流架桥方便且对通航影响不大的河流。

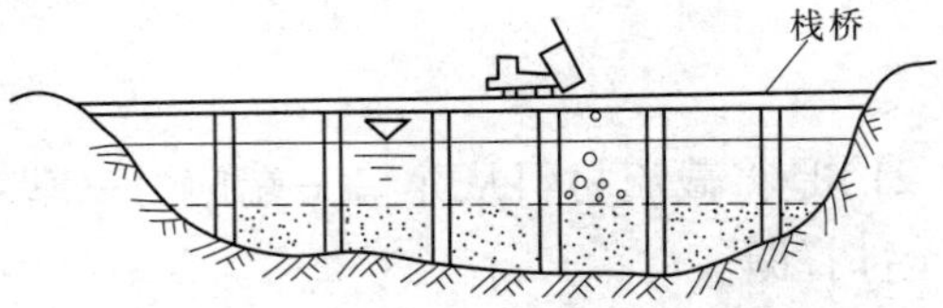

图 1-22　平堵法截流

3. 综合法截流

1）立平堵法

为了充分发挥平堵水力学条件较好的优点，同时又降低架桥的费用，有的工程采用先立堵，后在栈桥上平堵的方式。苏联布拉茨克水电站，在截流流量 3 600 m^3/s、最大落差 3.5 m 的条件下，先立堵进占，缩窄龙口至 100 m，然后利用管柱栈桥全面平堵合龙。多瑙河上的铁门工程，经过方案比较，决定采取立平堵方式，立堵进占结合管柱栈桥平堵。立堵段首先进占，完成长度 149.5 m，平堵段龙口 100 m，由栈桥上抛投完成截流，最终落差达 3.72 m。

2）平立堵法

对于软基河床，单纯立堵易造成河床冲刷，宜采用先平抛护底，再立堵合龙的方式，平抛多利用驳船进行。我国青铜峡、丹江口、大化及葛洲坝等工程均采用此法，三峡工程在二期大江截流时也采用了该方法，取得了满意的效果。由于护底均为局部性，故这类工程本质上同属立堵法截流。

（二）无戗堤法截流

1. 建闸截流

建闸截流是在泄水道中预先建闸墩，并建截流闸分流，降低戗堤的水头，待抛石截流后，再下闸截流。该方法可克服 7 ~ 8 m 以上的截流落差，但这种方法需要具备建闸的地形地质条件。该法在三门峡和乌江渡工程中曾被成功采用。

2. 水力充填法截流

河流在某种流量下有一定的挟沙能力，当水流含沙量远大于该挟沙能力时，粗颗粒泥沙将沉淀河底进行冲填。冲填开始时，大颗粒泥沙首先沉淀，而小颗粒则冲至其下游逐渐沉落。随着冲填的进展，上游水位逐步壅高，部分流量通过泄水通道下泄。随着河床过水断面的缩窄,某些颗粒逐渐达到抗冲极限,一部分泥沙仍向下游移动,结果使戗堤下游坡逐渐向下游扩展,一直到冲填表面摩阻造成上游水位更大壅高,而迫使更多水量流向泄水道,围堰坡脚才不再扩展,而高度急剧增加,直至高出水面。

3. 定向爆破法截流

在坝址处于峡谷地区、岩石坚硬、岸坡陡峻、交通不便或缺乏运输设备时,可采用定向爆破截流。利用定向爆破,将大量岩石抛入河道预定地点,瞬时截断水流。在合龙时,为了瞬间抛入龙口大量材料封闭龙口,除用定向爆破岩石外,还可在河床上预先浇筑巨大的混凝土块体,将其支撑体用爆破法炸断,使块体落入水中,将龙口封闭。1971 年 3 月,碧口水电站在流量 105 m^3/s 情况下,将龙口缩窄到 20 m 宽,在左岸布置三个药包实施定向爆破,抛投堆渣 6 800 m^3,平均堆高 10 m,截流成功。

4. 浮运结构截流

浮运结构就是将旧的驳船、钢筋混凝土等箱型结构托至龙口,在埽捆、柴排护底的情况下,装载土砂料充水使其沉没水中截流。木笼也是一种浮运结构,我国新安江水电站曾采用这种方式截流。

二、截流时间和设计流量的确定

(一)截流时间的确定

截流时间应根据枢纽工程施工控制性进度计划或总进度计划决定,至于时段选择,一般应考虑以下原则,经过全面分析比较而定:

(1)尽可能在较小流量时截流,但必须全面考虑河道水文特性和截流应完成的各项控制工程量,合理使用枯水期。

(2)对于具有通航、灌溉、供水、过木等特殊要求的河道,应全面兼顾这些要求,尽量使截流对河道综合利用的影响最小。

(3)有冰冻河流,一般不在流冰期截流,避免截流和闭气工作复杂化,如特殊情况必须在流冰期截流应有充分论证,并有周密的安全措施。

根据以上所述,截流时间应根据河流水文特征、气候条件、围堰施工及通航过木等因素综合分析确定,一般多选在枯水期初,流量已有显著下降的时候,严寒地区应尽量避开河道流冰及封冻期。

(二)截流设计流量的确定

截流设计流量是指某一确定的截流时间的截流设计流量,一般按频率法确定,根据已选定截流时段,采用该时段内一定频率的流量作为设计流量,截流设计标准一般可采用截流时段重现期 5 ~ 10 年的月或旬平均流量。

除频率法外,也有不少工程采用实测资料分析法。当水文资料系列较长,河道水文特性稳定时,这种方法可应用。至于预报法,因当前的可靠预报期较短,一般不能在初步设计中应用,但在截流前夕有可能根据预报流量适当修改设计。

在大型工程截流设计中,通常多以选取一个流量为主,再考虑较大、较小流量出现的可能性,用几个流量进行截流设计计算和模型试验研究。对于有深槽和浅滩的河道,如分流建筑物布置在浅滩上,对截流的不利条件要特别研究。

(三)龙口位置和宽度

龙口在截流戗堤的轴线上,戗堤轴线应根据河床和两岸地形、地质、交通条件、主流流向、通航、过木要求等因素综合分析选定,戗堤宜为围堰堰体组成部分。一旦截流戗堤轴线确定后,即可确定龙口位置。

龙口位置应视具体情况而定。从地形方面考虑,龙口周围应宽阔,距临时堆料场较近,且有足够的回车场地,以保证运输方便;从地质方面考虑,应力求将龙口布置在覆盖层较薄的部位,或有天然岛礁做裹头的部位,以抗水流冲刷;从水流条件考虑,龙口应设置在正对主流处,以利洪水宣泄。

龙口宽度的确定,主要取决于戗堤束窄河床后形成的水力条件,对龙口底部和两侧裹头部位的冲刷影响,截流期通航河流对通航安全的要求。合理的龙口宽度应是满足龙口水力及通航条件的最小宽度。例如,葛洲坝工程的龙口,由于考虑通航,流速不能大于3.0 m/s,因此龙口宽度达220 m。

若龙口段河床覆盖层抗冲能力低,可预先在龙口段抛石或抛铅丝笼护底,增大糙率和抗冲能力,减少合龙工作量,降低截流难度。

三、截流材料种类、尺寸和数量的确定

(一)材料种类的选择

截流时采用当地材料在我国已有悠久的历史,主要有块石、石串、装石竹笼等。此外,当截流水力条件较差时,还须采用混凝土块体。

石料容重较大,抗冲能力强;一般工程较易获得,而且通常也比较经济。因此,凡有条件者,均应优先选用块石截流。

在大中型工程截流中,混凝土块体的运用较普遍。这种人工块体的制作、使用方便,抗冲能力强,故被许多工程采用(如三峡工程、葛洲坝工程等)。

在中小型工程截流中,因受起重运输设备能力限制,所采用的单个石块或混凝土块体的质量不能太大。石笼(如竹笼、铅丝笼、钢筋笼)或石串,一般使用在龙口水力条件不利的条件下。大型工程中除石笼、石串外,也采用混凝土块体串。某些工程,因缺乏石料,或河床易冲刷,也可根据当地条件采用梢捆、草土等材料截流。

(二)材料尺寸的确定

采用块石和混凝土块体截流时,所需材料尺寸可通过水力计算初步确定,然后考虑该工程可能拥有的起重运输设备能力,做出最后抉择。

(三)材料数量的确定

1. 不同粒径材料数量的确定

无论是平堵截流还是立堵截流,原则上可以按合龙过程中水力参数的变化来计算相应的材料粒径和数量。常用的方法是将合龙过程按高程(平堵)或宽度(立堵)划分成若干区段,然后按分区最大流速计算出所需材料的粒径和数量。实际上,每个区段也不是只用一种粒径材料,所以设计中均参照国内外已有工程经验来决定不同粒径材料的比例。例如,平堵截流时,最大粒径材料数量可按实际使用区段($Z=0.42Z_{max}\sim0.6Z_{max}$)考虑,也可按最大流速出现时起,直到戗堤出水时所用材料总量的70%~80%考虑。立堵截流

时,最大粒径材料数量,常按困难区段抛投总量的1/3考虑。根据国内外十几个工程的截流资料统计,特殊材料数量占合龙段总工程量的10% ~30%,一般为15% ~20%。如仅按最终合龙段统计,特殊材料所占比例约为60%。

2. 备料量

备料量的计算,可以设计戗堤体积为准,另外还得考虑各项损失。平堵截流的设计戗堤体积计算比较复杂,需按戗堤不同阶段的轮廓计算。立堵截流戗堤断面为梯形,设计戗堤体积计算比较简单。戗堤顶宽视截流施工需要而定,通常取10 ~18 m者较多,可保证2 ~3辆汽车同时卸料。

备料量的多少取决于对流失量的估计。实际工程的备料量与设计用量之比多为1.3 ~1.5,个别工程达到2.0。例如,铁门工程达到1.35,青铜峡采用1.5,实际合龙后还剩下很多材料。因此,初步设计时备料系数不必取得过大,实际截流前夕,可根据水情变化适当调整。

(四)分区用料规划

在合龙过程中,必须根据龙口的流速流态变化采用相应的抛投技术和材料。这一点在截流规划时就应予以考虑。

在截流中,合理地选择截流材料的尺寸或质量,对于截流的成败和截流费用的节省具有重大意义。截流材料的尺寸或质量取决于龙口的流速。各种不同材料的适用流速,即抵抗水流冲动的经验流速列于表1-6中以供参考。

表1-6 截流材料适用流速

截流材料	适用流速(m/s)	截流材料	适用流速(m/s)
土料	0.5 ~0.7	ϕ0.8 ×6 m装石竹笼	3.5 ~4.0
20 ~30 kg块石	0.8 ~1.0	3 t重大石块或铅丝笼	3.5
50 ~70 kg重石块	1.2 ~1.3	4.5 t混凝土六面体	4.5
袋土(0.7 m×0.4 m×0.2 m)	1.5	5 t重大石块或铅丝笼	4.5 ~5.5
ϕ0.5 ×2 m装石竹笼	2.0	12 ~15 t混凝土四面体	7.5
ϕ0.6 ×4 m装石竹笼	2.5 ~3.0	ϕ1.0 ×15 m柴石枕	7 ~8

四、减小截流难度的技术措施

截流工程是整个水利枢纽施工的关键,它的成败直接影响工程进度。截流工程的难易程度取决于河道流量、泄水条件、龙口的落差、流速、地形地质条件、材料供应情况及施工方法、施工设备等因素。

减小截流难度的主要技术措施:加大分流量,改善分流条件;改善龙口水力条件;增大抛投料的稳定性,减少块料流失;加大截流施工强度等。

(一)加大分流量,改善分流条件

分流条件好坏直接影响到截流过程中龙口的流量、落差和流速。分流条件好,截流就容易,反之就困难。改善分流条件的主要措施有:

(1)合理确定导流建筑物尺寸、断面形式和底高程。导流建筑物不仅要满足导流要求,而且应满足截流的需要。

(2)确保泄水建筑物上下游引渠开挖和上下游围堰拆除的质量。这是改善分流条件的关键环节,不然泄水建筑物虽然尺寸很大,但分流却受上下游引渠或上下游围堰残留部分控制,泄水能力受到限制,增加截流工作的难度。

(3)在永久性泄水建筑物泄流能力不足时,可以专门修建截流分水闸或其他形式泄水道帮助分流,待截流完成后,借助于闸门封堵泄水闸,最后完成截流任务。

(4)增大截流建筑物的泄水能力。当采用木笼、钢板桩格式围堰时,也可以间隔一定距离安放木笼或钢板桩格体,在其中间孔口宣泄河水,然后以闸板截断中间孔口,完成截流任务。另外,也可以在进占戗堤中埋设泄水管帮助泄水,或者采用投抛构架块体增大戗堤的渗流量等办法减少龙口溢流量和溢流落差,从而减轻截流的困难程度。

(二)改善龙口水力条件

龙口水力条件是影响截流的重要因素,改善龙口水力条件的措施有双戗截流、三戗截流、宽戗截流、平抛垫底等。

1. 双戗截流

双戗截流采取上下游两道戗堤,协同进行截流,以分担落差。通常采取上下戗堤立堵。常见的进占方式有上下戗轮换进占、双戗固定进占和以上两种进占方式混合使用。也有以上戗进占为主,由下戗配合进占一定距离,局部壅高上戗下游水位,减少上戗进占的龙口落差和流速。

双戗进占,可以起到分摊落差,减轻截流难度,便于就地取材,避免使用或少使用大块料、人工块料的好处。但双线施工,施工组织较单戗截流复杂;双戗堤进度要求严格,指挥不易;软基截流,若双线进占龙口均要求护底,则大大增加了护底的工程量;在通航河道,船只需要经过两个龙口,困难较多,因此双戗截流应谨慎采用。我国三峡工程导流明渠的截流就是采取了“双戗双向(下游单向)立堵截流”的施工方法。

2. 三戗截流

三戗截流是利用第三戗堤分担落差,可以在更大的落差下用来完成截流任务。

3. 宽戗截流

宽戗截流是增大戗堤宽度,以分散水流落差,从而改善龙口水流条件。但是进占前线宽,要求投抛强度大,工程量也大为增加,所以只有当戗堤可以作为坝体(土石坝)的一部分时,才宜采用,否则用料太多,过于浪费。

4. 平抛垫底

对于水位较深,流量较大,河床基础覆盖层较厚的河道,常采取在龙口部位一定范围抛投适宜填料,抬高河床底部高程,以减少截流抛投强度,降低龙口流速,达到降低截流难度的目的。

(三)增大抛投料的稳定性,减少块料流失

增大抛投料的稳定性,减少块料流失的主要措施有采用特大块石、葡萄串石、钢构架石笼、混凝土块体等来提高投抛体的本身稳定。也可在龙口下游平行于戗堤轴线设置一排拦石坎来保证抛投料的稳定,防止抛投料的流失。

(四)加大截流施工强度

加大截流施工强度,加快施工速度,可减小龙口的流量和落差,起到降低截流难度的作用,并可减少投抛料的流失。加大截流施工强度的主要措施有加大材料供应量、改进施工方法、增加施工设备投入等。

任务三 施工过程水流控制

一、施工度汛

(一)坝体拦洪标准

当坝体填筑高程达到不需要围堰保护时,可采用汛期由坝体挡水度汛,其临时度汛的洪水标准应根据坝型和坝体升高后形成的拦洪库容确定,按表1-7的规定执行。洪水标准确定后,可通过调洪演算计算拦洪水位,再考虑安全超高,即可确定坝体临时拦洪高程。

表1-7 坝体施工期临时度汛洪水标准

坝型	拦洪库容(亿 m^3)			
	≥10.0	<10.0,≥1.0	1.0~0.1	0.1
	洪水重现期(年)			
土石坝	≥200	200~100	100~50	50~20
混凝土坝、浆砌石坝	≥100	100~50	50~20	20~10

(二)拦洪度汛措施

根据施工进度安排,汛期到来之前如果坝体不能修筑到拦洪高程,就必须要视采用的导流方法、坝体是否允许溢流、施工强度等方面考虑拦洪度汛措施。

1. 混凝土坝的拦洪度汛

混凝土坝一般是允许过水的,若坝身在汛前不能浇筑到拦洪高程,为了避免坝身过水时造成停工,可以在坝面上预留缺口度汛,待水位回落后再封堵缺口,并全面上升坝体。此外,如果根据混凝土浇筑进度安排,虽然在汛前坝身可以浇筑到拦洪高程,但一些纵向施工缝尚未灌浆封闭,可考虑用临时断面挡水,但必须提出充分论证,采取相应措施,以消除应力恶化的影响。如柘溪工程的大头坝为提前挡水就采取了调整纵缝位置、提高初期灌浆高程和改变纵缝形式等措施,以改善坝体的应力状态。

2. 土石坝的拦洪度汛

土坝、堆石坝一般不允许过水,若坝身在汛前不能填筑到拦洪高程,一般可考虑采用降低溢洪道高程、设置临时溢洪道并用临时断面挡水,或经过论证采取临时坝体保护过水等措施。土坝拦洪的临时断面如图1-23所示。

但应注意以下几点:

(1)断面顶部应有足够的宽度,以便在非常紧急的情况下仍有余地抢筑临时度汛断面。

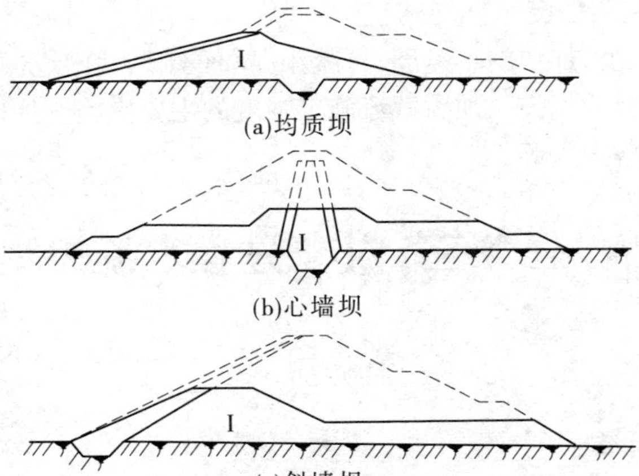

(a)均质坝

(b)心墙坝

(c)斜墙坝

Ⅰ—临时断面

图 1-23　土坝拦洪的临时断面

(2)度汛临时断面的边坡稳定安全系数不应低于正常设计标准。为防止坍坡,必要时可采取简单的防冲排水措施。

(3)斜墙坝和心墙坝的防渗体一般不允许采用临时断面。

(4)上游护坡应按设计要求修筑到拦洪高程,否则应考虑临时的防护措施。

二、施工后期水流控制

在导流泄水建筑物完成导流任务,整个工程进入完建期后,需有计划地进行导流建筑物的封堵和水库蓄水,使工程按期受益。

施工后期,水库蓄水应和导流泄水建筑物的封堵统一考虑,并分析以下条件:

(1)与蓄水有关工程项目的施工进度及导流工程封堵计划。

(2)库区征地、移民和清库的要求。

(3)水文资料、水库库容曲线和水库蓄水历时曲线。

(4)防洪标准、泄洪与度汛措施及坝体稳定情况。

(5)通航、灌溉等下游供水要求。

(6)有条件时,可考虑利用围堰挡水受益的可能性。

计算施工期蓄水历时应扣除核定的下游供水流量。蓄水日期按以上要求统一研究确定。水库蓄水通常采用 $P=75\%\sim85\%$ 的年流量过程线来制订。从发电、灌溉、航运及供水等部门所提出的运用期限要求,反推算出水库开始蓄水的时间,也就是封孔日期,据各时段的来水量与下泄量和用水量之差、水库库容与水位的关系曲线,就可得到水库蓄水计划,即库水位和蓄水历时关系曲线。它是施工后期进行水流控制、安排施工进度的重要依据。

封堵时段确定以后,还需要确定封堵时的施工设计流量,可采用封堵期 5 ~ 10 年重现期的月或旬平均流量,或按实测水文统计资料分析确定。封孔日期与初期蓄水计划有关,一般均在枯水期进行。

导流用的临时泄水建筑物，如隧洞、涵管、底孔等，都可利用闸门封孔，常用的封孔闸门有钢筋混凝土叠梁闸门、钢筋混凝土整体闸门、钢闸门等。最常用的封堵方式是首先下闸封孔，然后浇筑封堵混凝土塞。我国新安江和柘溪工程的导流底孔封堵，成功利用了多台5～10 t的手摇绞车，顺利沉放了重达321 t和540 t的钢筋混凝土整体闸门。

任务四　基坑排水

修建水利工程时，在围堰合龙闭气以后，就要排除基坑内的积水和渗水，以保持基坑处于基本干燥状态，以利于基坑开挖、地基处理及建筑物的正常施工。

基坑排水工作按排水时间及性质，一般可分为：

基坑开挖前的初期排水，包括基坑积水、基坑积水排除过程中的围堰堰体与基础渗水、堰体及基坑覆盖层中的含水量以及可能出现的降水的排除；

基坑开挖及建筑物施工过程中的经常性排水，包括围堰和基坑渗水、降水以及施工弃水量的排除。按排水方法分，有明式排水和人工降低地下水位两种。

一、初期排水

（一）初期排水量估算

初期排水主要包括基坑积水、围堰与基坑渗水两大部分。对于降雨，因为初期排水是在围堰或截流戗堤合龙闭气后立即进行的，通常是在枯水期内，而枯水期降雨很少，所以一般可不予考虑。除积水和渗水外，有时还需考虑填方和基础中的饱和水。

初期排水渗流量原则上可按有关公式计算。但是，初期排水时的渗流量估算往往很难符合实际。因为，此时还缺乏必要的资料。通常不单独估算渗流量，而将其与积水排除流量合并在一起，依靠经验估算初期排水总流量 Q

$$Q = Q_1 + Q_2 = k\frac{V}{T} \tag{1-4}$$

式中　Q_1——积水排除的流量，m^3/s；

Q_2——渗水排除的流量，m^3/s；

V——基坑积水体积，m^3；

T——初期排水时间，s；

k——经验系数，主要与围堰种类、防渗措施、地基情况、排水时间等因素有关，大中型工程采用4～10，小型工程采用2～3。

基坑积水体积可按基坑积水面积和积水水深计算，这是比较容易的。但是初期排水时间 T 的确定就比较复杂，初期排水时间 T 主要受基坑水位下降速度的限制，基坑水位的允许下降速度视围堰种类、地基特性和基坑内水深而定。水位下降太快，则围堰或基坑边坡中动水压力变化过大，容易引起坍坡。水位下降太慢，则影响基坑开挖时间。一般认为，土围堰的基坑水位下降速度应限制在0.5～0.7 m/昼夜，木笼及板桩围堰等应小于1.0～1.5 m/昼夜。初期排水时间，大型基坑一般可采用5～7 d，中型基坑一般不超过3～5 d。

(二)排水设备的选择及布置

根据初期排水量可确定排水设备容量,通常排水设备可用离心式水泵、潜水泵。在实际工作中,有时也采用试抽法确定抽水设备容量。试抽时如果水位下降很快,则显然是所选择的排水设备容量过大,此时应关闭一部分排水设备,使水位下降速度符合设计规定。试抽时若水位不变,则显然是设备容量过小或有较大渗漏通道存在。此时,应增加排水设备容量或找出渗漏通道予以堵塞,然后进行抽水。还有一种情况是水位降至一定深度后就不再下降了,这说明此时排水流量与渗流量相等,据此可估算出需增加的设备容量。

确定排水设备容量后,要妥善布置水泵站。一般初期排水可以采用固定的或浮动的水泵站,当水泵的吸水高度(一般为4.0~6.0 m)足够时,水泵站可布置在围堰上。水泵的出水管口最好设在水面以下,这样可以依靠虹吸作用减轻水泵的工作负担。在水泵排水管上应设置止回阀,以防止水泵停止工作时,倒灌基坑。

当基坑较深,超过水泵吸水高度时,需随基坑水位下降将水泵逐次下放,这时可以将水泵逐层安放在基坑内较低的固定平台上;也可以将水泵放在滑道移动的平台上,用绞车操纵逐步下放;还可以将水泵放在浮船上。

二、经常性排水

(一)经常性排水的排水量的确定

经常性排水的排水量,主要包括围堰和基坑的渗水、降雨、地基岩石冲洗及混凝土养护用废水等。设计中一般考虑两种不同的组合,从中选其大者,以选择排水设备。一种组合是渗水加降雨;另一种组合是渗水加施工废水。降雨和施工废水不必组合在一起,这是因为两者不会同时出现。

1. 降雨量的确定

在基坑排水设计中,对降雨量的确定尚无统一的标准。大型工程可采用20年一遇3日降雨中最大的连续6 h雨量,再减去估计的径流损失值(每小时1 mm),作为降雨强度。也有的工程采用日最大降雨强度,基坑内的降雨量可根据上述计算的降雨强度和基坑集雨面积求得。

2. 施工废水

施工废水主要考虑混凝土养护用水。其用水量,应根据气温条件和混凝土养护的要求而定。一般初估时可按每立方米混凝土每次用水5 L,每天养护8次计算。

3. 渗透量计算

通常,基坑渗透量包括围堰渗透量和基础渗透量两大部分。关于渗透量的详细计算方法,在水力学、水文地质和水工结构等书中均有介绍。

(二)排水布置

基坑开挖的降排水方式一般有两种:明式排水和人工降低地下水位。经常性排水系统布置通常分为两种情况:一种是基坑开挖过程中的排水系统布置,可考虑采用明式排水方法;另一种是建筑物施工过程中的排水系统布置,可采用人工降低地下水位的方法。

1. 明式排水

明式排水系统最适用于岩基开挖。对砂砾石或粗砂覆盖层,当渗透系数 $K>2\times10^{-1}$

cm/s,且围堰内外水位差不大时也可用。在实际工程中也有超出上述界限的,例如丹江口的细砂地基,渗透系数约为 2×10^{-2} cm/s,采取适当措施后,明式排水也取得了成功。不过,一般认为,当 $K_s<10^{-1}$ cm/s 时,以采用人工降低水位法为宜。

明式排水是通过一系列的排水沟渠,拦截堰体及堰基渗水,并将渗透水流汇集于泵站的集水井,再用水泵排出基坑外。

基坑开挖过程中的排水系统布置,应以不妨碍开挖和运输工作为原则。一般常将排水干沟布置在基坑中部,以利两侧出土,如图1-24所示。随基坑开挖工作的进展,逐渐加深排水干沟和支沟。通常保持干沟深度为1~1.5 m,支沟深度为0.3~0.5 m。集水井多布置在建筑物轮廓线外侧,井底应低于干沟沟底。但是,由于基坑坑底高程不一,有的工程就采用层层设截流沟、分级抽水的办法,即在不同高程上分别布置截水沟、集水井和水泵站,进行分级抽水。

建筑物施工时的排水系统,通常都布置在基坑四周,如图1-25所示。排水沟应布置在建筑物轮廓线外侧,且距离基坑边坡坡脚不小于0.3~0.5 m。排水沟的断面尺寸和底坡大小,取决于排水量的大小。一般排水沟底宽不小于0.3 m,沟深不大于1.0 m,底坡坡度不小于0.002。在密实土层中,排水沟可以不用支撑,但在松土层中,则需用木板或麻袋装石来加固。

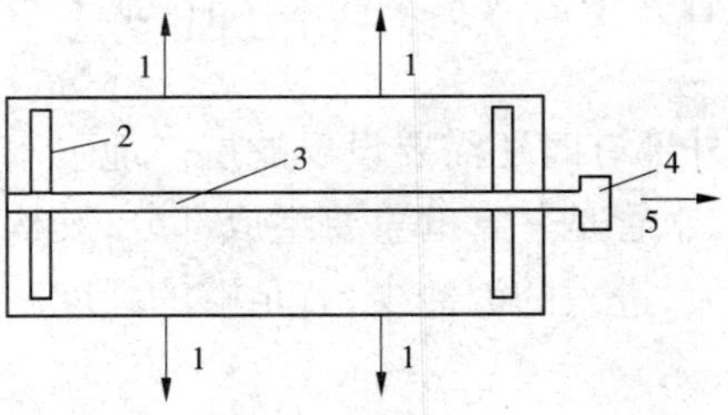

1—运土方向;2—支沟;3—干沟;
4—集水井;5—抽水

图1-24　基坑开挖过程中的排水系统布置

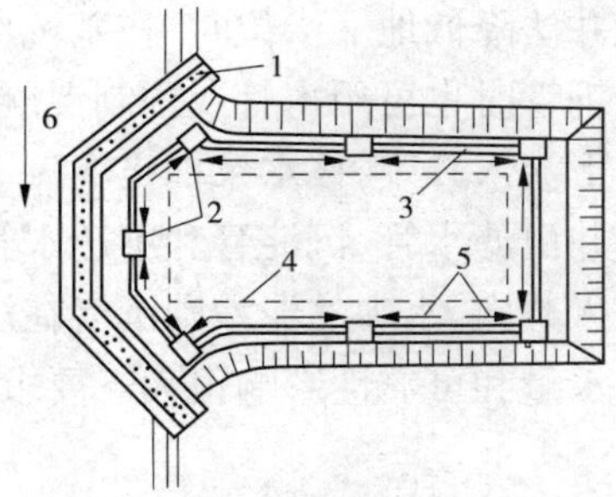

1—围堰;2—集水井;3—排水沟;
4—建筑物轮廓线;5—排水方向;6—水流方向

图1-25　修建建筑物时基坑排水系统布置

水经排水沟流入集水井后,利用在井边设置的水泵站,将水从集水井中抽出。集水井布置在建筑物轮廓线以外较低的地方,它与建筑物外缘的距离必须大于井的深度。井的容积至少要能保证水泵停止抽水10~15 min,井水不致漫溢。集水井可为长方形,边长为1.5~2.0 m,井底高程应低于排水沟底1.0~2.0 m。在土中挖井,其底面应铺填反滤料,在密实土中,井壁用框架支撑在松软土中,利用板桩加固。如板桩接缝漏水,尚需在井壁外设置反滤层。集水井不仅可用来集聚排水沟的水量,而且还应有澄清水的作用,因为水泵的使用年限与水中含沙量的多少有关。为了保护水泵,集水井宜稍为偏大、偏深一些。

为防止降雨时地面径流进入基坑而增加抽水量,通常在基坑外缘边坡上挖截水沟,以拦截地面水。截水沟的断面及底坡应根据流量和土质而定,一般沟宽和沟深不小于0.5 m,底坡坡度不小于0.002,基坑外地面排水系统最好与道路排水系统相结合,以便自流排水。为了降低排水费用,当基坑渗水水质符合饮用水或其他施工用水要求时,可将基坑排水与生活、施工供水相结合。丹江口工程的基坑排水就直接引入供水池,供水池上设有溢流闸门,多余的水则溢入江中。

2. 人工降低地下水位

在经常性排水过程中,为了保持基坑开挖工作始终在干地进行,常常要多次降低排水沟和集水井的高程,变换水泵站的位置,影响开挖工作的正常进行。此外,在开挖细砂土、砂壤土一类地基时,随着基坑底面的下降,坑底与地下水位的高差愈来愈大,在地下水渗透压力作用下,容易产生边坡脱滑、坑底隆起等事故,甚至危及邻近建筑物的安全,给开挖工作带来不良影响。

而采用人工降低地下水位,可以改变基坑内的施工条件,防止流砂现象的发生,基坑边坡可以陡些,从而可以大大减少挖方量。人工降低地下水位的基本做法是:在基坑周围钻设一些井,地下水渗入井中后,随即被抽走,使地下水位线降到开挖的基坑底面以下,一般应使地下水位降到基坑底部 0.5 ~ 1.0 m。

人工降低地下水位的方法,按排水工作原理可分为管井法和井点法两种。管井法是单纯重力作用排水,适用于渗透系数 $K_s = 10 \sim 250$ m/d 的土层;井点法还附有真空或电渗排水的作用,适用于 $K_s = 0.1 \sim 50$ m/d 的土层。

1) 管井法降低地下水位

管井法降低地下水位时,在基坑周围布置一系列管井,管井通常由下沉钢井管组成,在缺乏钢管时也可用木管或预制混凝土管代替。管井中放入水泵的吸水管,地下水在重力作用下流入井中,被水泵抽走。

管井由滤水管、沉淀管和不透水管组成,管井外部有时还需要设反滤层。地下水从滤水管进入井内,水中的泥沙则沉淀在沉淀管中。滤水管是井管的重要组成部分,其构造对井的出水量和可靠性影响很大。要求它过水能力大,进入的泥沙少,有足够的强度和耐久性。

井管埋设可采用射水法、振动射水法及钻孔法下沉。射水法下沉时,先用高压水冲土下沉套管,较深时可配合振动或锤击(振动水冲法),然后在套管中插入井管,最后在套管与井管的间隙中间填反滤层和拔套管,反滤层每填高一次便拔一次套管,逐层上拔,直至完成。

管井中抽水可应用各种抽水设备,但主要的是普通离心式水泵、潜水泵或深井水泵,分别可降低水位 3 ~ 6 m、6 ~ 20 m 和 20 m 以上,一般采用潜水泵较多。用普通离心式水泵抽水,由于吸水高度的限制,当要求降低地下水位较深时,要分层设置管井,分层进行排水。

在要求大幅度降低地下水位的深井中抽水时,最好采用专用的离心式深井水泵。每个深井水泵都是独立工作的,井的间距也可以加大,深井水泵一般深度大于 20 m,排水效果好,需要井数少。

2) 井点法降低地下水位

井点法和管井法不同,它把井管和水泵的吸水管合二为一,简化了井的构造。井点法降低地下水位的设备,根据其降深能力分轻型井点(浅井点)和深井点等。其中,最常用的是轻型井点,它是由井管、集水总管、普通离心式水泵、真空泵和集水箱等设备所组成的一个排水系统，如图 1-26 所示。

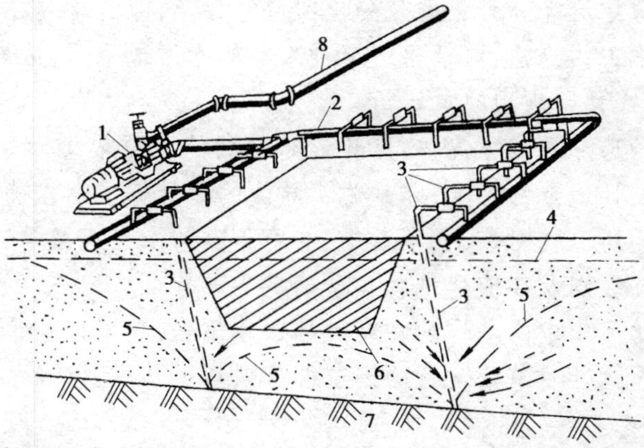

1—(带真空系和集水箱的)离心式水泵；2—集水总管；3—井管；4—原地下水位；
5—抽水后水面降落曲线；6—基坑；7—不透水层；8—排水管

图 1-26　井点法降低地下水位布置图

轻型井点系统的井点管为直径 38 ~ 50 mm 的无缝钢管，间距为 0.6 ~ 1.8 m，最大可到 3.0 m。地下水从井管下端的滤水管借真空泵和水泵的抽吸作用流入管内，沿井管上升汇入集水总管，流入集水箱，由水泵排出。轻型井点系统开始工作时，先开动真空泵，排除系统内的空气，待集水井内的水面上升到一定高度后，再启动水泵排水。水泵开始抽水后，为了保持系统内的真空度，仍需真空泵配合水泵工作。这种井点系统也叫真空井点。

井点系统排水时，地下水位的下降深度，取决于集水箱内的真空度与管路的漏气和水力损失。一般集水箱内真空度为 80 kPa(400 ~ 600 mmHg)，相应的吸水高度为 5 ~ 8 m，扣去各种损失后，地下水位的下降深度为 4 ~ 5 m。

当要求地下水位降低的深度超过 4 ~ 5 m 时，可以像管井一样分层布置井点，每层控制范围 3 ~ 4 m，但以不超过 3 层为宜。分层太多，基坑范围内管路纵横，妨碍交通，影响施工，同时也增加挖方量，而且当上层井点发生故障时，下层水泵能力有限，地下水位回升，基坑有被淹没的可能。

真空井点抽水时，在滤水管周围形成一定的真空梯度，加速了土的排水速度，因此即使在渗透系数小到 0.1 m/d 的土层中，也能进行工作。

布置井点系统时，为了充分发挥设备能力，集水总管、集水管和水泵应尽量接近天然地下水位。当需要几套设备同时工作时，各套总管之间最好接通，并安装开关，以便相互支援。

井管的安设，一般用射水法下沉。在距孔口 1.0 m 范围内，应用黏土封口，以防漏气。排水工作完成后，可利用杠杆将井管拔出。

项目小结

1. 施工导流

施工导流的方法大体上分为两类：一类是全段围堰法导流，即河床外导流，用围堰将河床上下游全部拦断,使上游来水通过预先修筑的导流建筑物泄向下游,导流方法有明渠导流、隧洞导流、涵管导流等。另一类是分段围堰法导流,即河床内导流,用围堰将河床一部分围护起来进行施工的方法,前期水流通过束窄的原河道下泄,后期可通过已修建好的泄水道下泄,如底孔或预留坝顶缺口。

导流设计流量是选择导流方案、确定导流建筑物的主要依据。导流建筑物的洪水设计标准是选择导流设计流量的标准,即是施工导流的设计标准。在确定导流设计标准时,首先根据导流建筑物所保护对象、失事后果、使用年限和工程规模等因素划分为3~5级,然后根据导流建筑物级别及导流建筑物类型确定导流标准。

围堰是用来围护河床中的基坑的临时性挡水建筑物,导流任务结束后,对于不能做永久性建筑物或妨碍永久性建筑物运行的围堰应予以拆除。

2. 截流

当导流泄水建筑物建好后,应抓住有利时机,迅速截断原河床水流,迫使河水经建好的导流泄水建筑物下泄。基本方法有立堵法、平堵法、立平堵法等方式。截流时间的选择应尽可能利用枯水期,尽量减小截流对通航的影响,在北方,尽量避开流冰期。截流材料可以采用块石、石串、柴捆、装石竹笼、土袋等。当截流水力条件较差时,可采用人工块石,如混凝土块体、钢筋混凝土构件等。

3. 施工后期水流控制

在导流泄水建筑物完成导流任务,整个工程进入完建期后,需有计划地进行导流建筑物的封堵和水库蓄水,使工程按期受益。封孔日期与初期蓄水计划有关,一般均在枯水期进行。

导流用的临时性泄水建筑物,如隧洞、涵管、底孔等,都可利用闸门封孔,常用的封孔闸门有钢筋混凝土叠梁闸门、钢筋混凝土整体闸门、钢闸门等。最常用的封堵方式是首先下闸封孔,然后浇筑封堵混凝土塞。

4. 基坑排水

基坑排水的主要任务是初期主要排除在围堰合龙闭气以后基坑内的积水,之后还要经常性地排除从围堰及地基渗入基坑的渗水、降水及施工过程中的弃水。

对于经常性排水,主要是计算基坑渗流量,确定水泵工作台数,布置排水系统。排水方式有明式排水和人工降低地下水位。

在经常性排水中采取人工降低地下水位的措施,即在基坑周围钻井,地下水渗入井内,随时抽走渗水,从而使地下水位降到基坑底部以下。可以减小流砂、滑坡和地基隆起等事故。

复习思考题

1. 施工导流方法有哪些?
2. 分段围堰法导流的分段与分期有何区别?
3. 分段围堰法选择河床束窄度应考虑哪几个方面的因素?
4. 什么是导流方案? 选择导流方案时需要考虑哪些因素?

5. 什么叫导流标准？如何确定导流标准？

6. 导流明渠的布置原则有哪些？

7. 平堵截流与立堵截流施工的区别是什么？分别适用于什么情况？

8. 截流材料有哪些？如何选择和安排材料的使用？

9. 施工后期水库蓄水时间如何确定？

10. 简述人工降低地下水位的方法。

11. 简述经常性排水系统的布置方法。

12. 大坝施工，用全段围堰、隧洞导流。土石围堰为3级。设计导流流量为160 m^3/s，下游水位为129.25 m。由隧洞导流与水位关系查得，160 m^3/s 泄流量时上游水位为136.65 m，此水位的波浪爬高为0.56 m，下游波浪爬高0.15 m，求上下游围堰的堰顶高程。

项目实训

【案例】 某装机容量50万kW的水电站工程建于山区河流上，拦河大坝为2级建筑物，采用碾压式混凝土重力坝，坝高60 m，坝体浇筑施工期近2年，施工导流采取全段围堰、隧洞导流的方式。

施工导流相关作业内容包括：①围堰填筑；②围堰拆除；③导流隧洞开挖；④导流隧洞封堵；⑤下闸蓄水；⑥基坑排水；⑦截流。

围堰采用土石围堰，堰基河床地面高程为140.0 m。根据水文资料，上游围堰施工期设计洪水位为150.0 m，经计算与该水位相应的波浪高度为2.8 m。

问题：1. 试指出上述施工导流相关作业的合理施工程序。

2. 试确定该工程围堰的建筑物级别并说明理由。计算上游围堰的堰顶高程。

项目二　爆破工程

【任务概述】

水利工程施工过程中,常需要采用爆破方法完成诸如基坑开挖、石料开采、截流、库区清理等工程。主要工作任务有:①装药量计算;②爆破材料与起爆方法;③爆破施工的技术;④爆破安全控制。

【知识目标】

1. 掌握爆破常用术语、爆破器材与起爆方法。
2. 掌握爆破药包装药量计算。
3. 熟悉预裂爆破和光面爆破技术。
4. 掌握爆破施工安全知识。

【能力目标】

1. 会确定炸药用量。
2. 能选择钻孔机具、爆破器材和起爆方法。
3. 能正确处理爆破安全技术问题。

任务一　爆破原理与分类

一、爆破概述

水利工程建设需要大量土石方开挖,爆破则是最有效的方法之一。爆破施工不仅施工简便、节省人力、加快施工进度、提高劳动效率、降低成本,而且施工还不受气候限制,并能完成许多机械和人工无法完成的工作。因此,爆破技术已被广泛应用于水利工程施工中。爆破必须满足工程的设计要求,同时还必须保证其周围的人和物的安全。

(一)爆破的定义与分类

1. 爆破的定义

爆破是炸药爆炸作用于周围介质的结果。埋在介质内的炸药引爆后,在极短的时间内,由固态转变为气态,体积增加数百倍至几千倍,伴随产生极大的压力和冲击波,同时还产生很高的温度,使周围介质受到各种不同程度的破坏,称为爆破。

2. 爆破的分类

1)按爆破规模分类

爆破工程按工程类别、一次爆破总药量、爆破环境复杂程度和爆破物特征,分 A、B、C、D 四个级别,实行分级管理。工程分级列于表 2-1 中。

表 2-1　爆破工程分级

作业范围	分级计量标准	单位	级别			
			A	B	C	D
岩石爆破	一次爆破总药量 Q	t	$Q \geqslant 200$	$50 \leqslant Q < 200$	$10 \leqslant Q < 50$	$1 \leqslant Q < 10$
拆除爆破	高度 H	m	$H \geqslant 70$	$40 \leqslant H < 70$	$15 \leqslant H < 40$	$H < 15$
拆除爆破	一次爆破总药量 Q	t	$Q \geqslant 2.0$	$1.0 \leqslant Q < 2.0$	$0.1 \leqslant Q < 1.0$	$Q < 0.1$
特种爆破	单张复合板使用药量 Q	t	$Q \geqslant 0.6$	$0.3 \leqslant Q < 0.6$	$Q < 0.3$	

注：1. 表中药量对应的级别指露天深孔爆破；露天洞室爆破相应级别对应的总药量应增大至 5 倍；地下深孔爆破相应级别对应的总药量应减半；地下洞室爆破相应级别对应的总药量应增大至 2 倍；复杂环境深孔爆破相应级别对应的总药量应减至 1/4；水下爆破相应级别对应的总药量应减至 1/20。

2. 表中高度对应的级别指楼房、厂房的拆除爆破；烟囱拆除爆破相应级别对应的高度应增大至 2 倍；水塔及冷却塔拆除爆破相应级别对应的高度应增大至 1.5 倍。

3. 拆除爆破按一次爆破总药量进行分级的工程类别包括桥梁、支撑、基础、地坪、单体结构等；城镇浅孔爆破也按此标准分级；围堰拆除爆破相应级别对应的总药量应增大至 20 倍。

2）按凿岩情况分类

爆破按凿岩情况可分为浅孔爆破、深孔爆破、裸露爆破、药壶爆破与洞室爆破等。

浅孔爆破，指在岩石上钻直径小于 75 mm、深小于 5 m 的圆柱形炮孔，装延长药包进行爆破。炮孔直径通常用 35 mm、42 mm、45 mm、50 mm 几种。

深孔爆破，指将药包放在直径大于 75 mm、深大于 5 m 的圆柱形深孔中爆破。爆前宜先将地面爆成倾角大于 55°阶梯形，钻孔用轻、中型露天潜孔钻。

3）按照爆破要求分类

按爆破要求可分为压缩爆破、松动爆破、标准抛掷爆破、加强抛掷爆破及定向爆破、光面爆破、预裂爆破、特殊物爆破等。

（二）爆破的常用术语

1. 爆破破岩作用机制

炸药的爆破反应是有机物的氧化还原反应，具有高温、高压和高速度的特点。炸药的爆炸过程是爆轰波的传播过程，也是爆炸生成气体和初始做功的过程，当炸药在岩土中爆炸时，爆轰波轰击岩面，以冲击波形式向岩体内部传播，形成动态应力场。冲击波的作用时间极短，能量密度极高，使炮孔周围岩石产生粉碎性破坏。爆炸气体静压和膨胀做功，有使岩石质点做远离药包中心运动的倾向，岩体受切向拉力，其强度达到岩石的抗拉强度时，则岩石破坏，产生径向裂隙。在爆炸约束的瞬间，随温度的下降，气体逸散，介质又因释放压缩能而回弹，从而有可能产生环向裂缝。在爆破力作用下，在偏离径向 45°的方向上还可能产生剪切裂缝。这些裂缝在交错切割和剩余爆破力的作用下，岩石被破碎和移位。

2. 爆破作用圈

当具有一定质量的球形药包在无限均质介质内部爆炸时，在爆炸作用下，距离药包中心不同区域的介质，由于受到的作用力有所不同，因而产生不同程度的破坏或振动现象。整个被影响的范围就叫作爆破作用圈，这种现象随着与药包中心间的距离增大而逐渐消失，按对介质作用不同可分为四个作用圈，如图 2-1 所示。

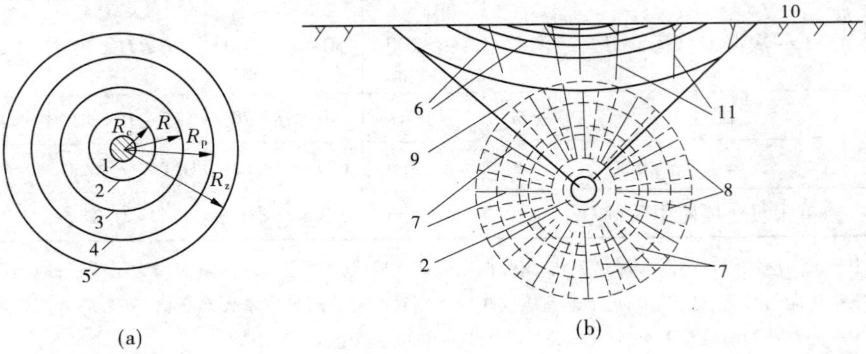

1—药包；2—压缩圈；3—抛掷圈；4—松动圈；5—震动圈；6—弧向裂缝；7—径向裂缝；8—环向裂缝；9—爆破漏斗；10—临空面；11—临空面裂缝

图 2-1　爆破作用范围示意图

1）压缩圈

如图 2-1 中 R_c 表示压缩圈半径，在这个作用圈范围内，介质直接承受了药包爆炸而产生的极其巨大的作用力，因而如果介质是可塑性的土壤，便会遭到压缩形成孔腔；如果是坚硬的脆性岩石便会被粉碎。所以，把 R_c 这个球形地带叫作压缩圈或破碎圈。

2）抛掷圈

围绕在压缩圈范围以外至 R 的地带，其受到的爆破作用力虽较压缩圈内的小，但介质原有的结构受到破坏，分裂成为各种尺寸和形状的碎块，而且爆破作用力尚有余力足以使这些碎块获得运动速度。如果这个地带的某一部分，处在临空的自由面条件下，破坏了的介质碎块便会产生抛掷现象，因而叫作抛掷圈。

3）松动圈

松动圈，又称破坏圈。在抛掷圈以外至 R_p 的地带，爆破的作用力更弱，除能使介质结构受到不同程度的破坏外，没有余力可以使破坏了的碎块产生抛掷运动，因而叫作破坏圈。工程上为了实用起见，一般还把这个地带被破碎成为独立碎块的一部分叫作松动圈，而把只是形成裂缝、互相间仍然连成整块的一部分叫作裂缝圈或破裂圈。

4）震动圈

在破坏圈范围外，微弱的爆破作用力甚至不能使介质产生破坏。这时介质只能在应力波的传播下，发生振动现象，这就是图 2-1 中 R_z 所包括的地带，通常叫作震动圈。震动圈以外爆破作用的能量就完全消失了。

3. 爆破基本概念

1）临空面

临空面又称自由面，是指暴露在大气中的开挖面。在假定的无限介质中爆破，抛掷和松动是无法实现的，而在有临空面存在的情况下，足够的炸药爆破能量就会在靠近临空面一侧实现爆破抛掷。

2)爆破漏斗

在有临空面的情况下,进行单孔爆破,当药包埋设较浅,爆破后将形成以药包中心为顶点的倒圆锥形爆破坑,称之为爆破漏斗,如图 2-2 所示。

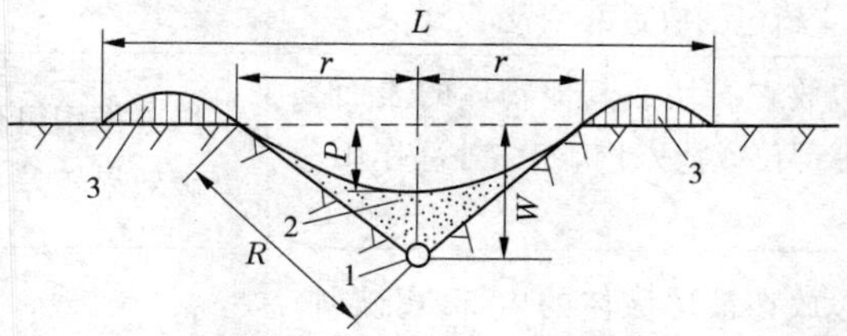

1—药包;2—回落的石渣;3—坑外堆积体

图 2-2 爆破漏斗示意图

爆破漏斗的几何参数有:药包中心至临空面的最短距离,即最小抵抗线长度 W;爆破漏斗底半径 r;爆破作用半径 R;可见漏斗深度 P;抛掷距离 L。

3)爆破作用指数

爆破漏斗底半径 r 与最小抵抗线长度 W 的比值称为爆破作用指数,它反应漏斗形状和爆破作用的强弱,即

$$n = \frac{r}{W} \tag{2-1}$$

爆破作用指数的大小可判断爆破作用性质及岩石抛掷的远近程度,也是计算药包量、决定漏斗大小和药包距离的重要参数。一般用 n 来区分不同爆破漏斗、划分不同爆破类型。

当 $n=1$ 时,$r=W$,称为标准抛掷爆破;

当 $n>1$ 时,$r>W$,称为加强抛掷爆破;

当 $0.75<n<1$ 时,$r<W$,称为减弱抛掷爆破;

当 $0.33<n\leqslant 0.75$ 时,称为松动爆破。

当 $n<0.2$ 时,爆破不会使临空面产生破坏,称为内部爆破。各种爆破类型有不同的应用,加强抛掷爆破用于定向爆破筑坝,标准抛掷爆破用于爆破试验,松动爆破用于采石场和保护层的开挖,内部爆破用于扩充药壶。

4)单位耗药量

单位耗药量指爆破单位体积岩石的炸药消耗量。

5)炸药换算系数 e

炸药换算系数 e 是某炸药的爆力 F 与标准炸药爆力之比(国内常以 $2^{\#}$ 岩石铵梯炸药为标准炸药,其爆力为 320 mL)。

(三)药包及装药量的计算

为了爆破某一物体而在其中放置一定数量的炸药,称为药包。药包的类型不同,爆破效果也各不相同。按形状,药包分为集中药包和延长药包,当药包的最长边与最短边之比小于 4 时,为集中药包;大于 4 时为延长药包。药包的分类及使用可见表 2-2。

爆破工程中的炸药用量计算,是一个十分复杂的问题,因为影响因素很多。实践证明,无论在何种情况下,炸药的用量是与被破碎的介质体积成正比的。而被破碎的单位体积介质的炸药用量称为单位耗药量,其最基本的影响因素又是与介质的硬度有关。

表 2-2　药包的分类及使用

分类名称		药包的放置部位及形状	作用效果
按爆破作用分类	裸露药包	药包放在石块或其他物体的表面上或裂隙部位或浅穴内,亦称外部作用药包	爆破作用可使被爆破体破碎或飞移。爆破效果较差,但设置方便,可省去钻孔
	抛掷药包	药包放在被爆破体的内部,爆破时,在表面形成漏斗形的破坏坑。 当 $n=1$ 时为标准抛掷爆破药包 当 $n<1$ 时为减弱抛掷爆破药包 当 $n>1$ 时为加强抛掷爆破药包	爆破后,被炸碎的岩石突破临空面部分或全部抛散在其周围,地面上形成一爆破漏斗
	松动药包	药包放在被爆破体的内部,爆破与抛掷药包相同。当 $r=W$(即 $n=1$)时,为标准破碎药包,即爆破作用使破碎部分成为直角倒立正圆锥体	破坏作用只从内部破坏到临空面,并不产生抛掷运动,仅在临空面有一定的松动和凸起,或较小距离的移动,即 $n=0\sim0.75$
	内部作用药包	药包在被爆破体内部爆破,与减弱抛掷爆破药包相同。破坏范围刚好达到临空面,成为最大内部作用药包	破坏作用仅限于地层内部的压缩,而不显露到临空面上,一般用于扩大药室
按形状分类	集中药包	形状为球形,高度不超过直径 4 倍的圆柱形或长边不超过短边 4 倍的直角六面体	爆破效率高,省炸药和减少钻孔工作量,但破碎岩石块度不够均匀。多用于大量和抛掷爆破
	延长药包	形状为球形,高度超过直径 4 倍的圆柱形或长边超过短边 4 倍的直角六面体。延长药包又有连续药包和间隔药包两种形式	在土石中可均匀分布炸药,破碎岩石块度较均匀。一般用于松动或破碎的炮孔爆破

目前,由于还不能较精确地计算出各种复杂情况下的相应用药量,因此一般都是根据现场试验方法,大致得出爆破单位体积介质所需的用药量,然后再按照爆破漏斗体积计算出每个药包的装药量。对于单个集药包,其药包质量 Q 可按下式计算:

$$Q = KV \tag{2-2}$$

式中　K——爆破单位体积岩石的耗药量,简称单位耗药量,kg/m^3,单位耗药量 K 值可根据试验确定,常见岩土的标准单位耗药量见表 2-3;

V——标准抛掷爆破漏斗内的岩石体积,m^3, $V \approx W^3$。

所以,标准抛掷爆破药包药量计算公式可以写为

$$Q = KW^3 \tag{2-3}$$

对于加强抛掷爆破

$$Q = (0.4 + 0.6n^3)KW^3 \tag{2-4}$$

对于减弱抛掷爆破

$$Q = (\frac{4 + 3n}{7})^3 KW^3 \tag{2-5}$$

对于松动爆破

$$Q = 0.33KW^3 \tag{2-6}$$

式中　W——最小抵抗线长度，m；

n——爆破作用指数。

表 2-3　常见岩土的标准单位耗药量

岩土种类	$K(kg/m^3)$	岩土种类	$K(kg/m^3)$
黏土	1.0~1.1	砾岩	1.4~1.8
坚实黏土、黄土	1.1~1.25	片麻岩	1.4~1.8
泥页岩	1.2~1.4	花岗岩	1.4~2.0
页岩、千枚岩、板岩、凝灰岩	1.2~1.5	石英砂岩	1.5~1.8
石灰岩	1.2~1.7	闪长岩	1.5~2.1
石英斑岩	1.3~1.4	辉长岩	1.6~1.9
砂岩	1.3~1.6	安山岩、玄武岩	1.6~2.1
流纹岩	1.4~1.6	辉绿岩	1.7~1.9
白云岩	1.4~1.7	石英岩	1.7~2.0

注：1. 表中数据是以 2#岩石铵梯炸药作为标准计算的，若采用其他炸药，应乘以炸药换算系数 e，见表 2-4。

2. 表中数据，是在炮眼堵塞良好的情况下确定出来的，如果堵塞不良，则应乘以 1~2 的堵塞系数。对于黄色炸药等烈性炸药，其堵塞系数不宜大于 1.7。

3. 表中 K 值是指一个自由面的情况。随着临空面的增多，单位耗药量随之减少：有两个临空面为 $0.83K$；有三个临空面为 $0.67K$。

表 2-4　炸药换算系数 e

炸药名称	型号	换算系数 e	炸药名称	型号	换算系数 e
岩石铵梯	1#	0.91	煤矿铵梯	1#	1.10
岩石铵梯	2#	1.00	煤矿铵梯	2#	1.28
岩石铵梯	2#抗水	1.00	煤矿铵梯	3#	1.33
露天铵梯	1#	1.04	煤矿铵梯	1#抗水	1.10
露天铵梯	2#	1.28	梯恩梯	三硝基甲苯	0.86
露天铵梯	3#	1.39	62%硝化甘油	—	0.75
露天铵梯	1#抗水	1.04	黑火药	—	1.70

对于延长药包，当药包与临空面垂直时，通常装药长度为孔深的 1/3，堵塞长度为 2/3，最小抵抗线长度为孔深的 5/6，如图 2-3 所示。

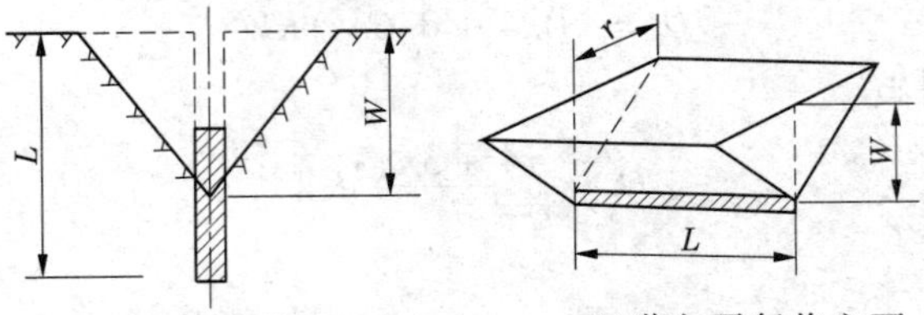

(a)药包垂直临空面　(b)药包平行临空面

图 2-3　延长药包爆破漏斗示意图

标准抛掷爆破的药包质量为

$$Q = KW^3 = \frac{125}{162}KL^3 \tag{2-7}$$

当药包与临空面平行时，延长药包爆破后形成的爆破漏斗为三棱柱体，其体积为

$$V = \frac{1}{2}(2rW)L = nW^2L \tag{2-8}$$

这时标准抛掷爆破的装药量为

$$Q = KW^2L \tag{2-9}$$

装药量的多少，取决于爆破岩石的体积、爆破漏斗的规格和其他有关参数。上述公式都是以单自由面集中药包为前提，在工程实际中，都采用成组药包，为了改善爆破效果，都利用更多临空面进行爆破，这样就使爆破漏斗形状和大小变得复杂，因此在实际计算中，要按具体情况确定每个药包所能爆破的体积和所需要的装药量进行累计，计算出总装药量。

二、爆破材料和起爆方法

（一）炸药

1. 炸药的基本性能

1）敏感度

炸药的敏感度简称感度，是指炸药在外能作用下起爆的难易程度。不同的炸药在同一外能作用下起爆的难易程度是不同的，起爆某炸药所需的外能小，则该炸药的敏感度高；起爆某炸药所需的外能大，则该炸药的敏感度低。

热敏感度，也称爆发的点，即使炸药爆炸的最低温度，它表示炸药对热的敏感度。

火焰感度，表示炸药对火焰的敏感度。有些炸药虽然对温度反应比较迟钝，但对火焰很敏感，如黑火药一接触明火星便燃烧爆炸。

机械感度，指炸药对机械能（撞击、摩擦）作用的敏感程度。一般来说，对撞击比较敏感的炸药，对摩擦也比较敏感。

爆轰感度，是指炸药对爆炸能的敏感程度。通常在起爆作用下，炸药的爆炸是由冲击波、爆炸产物流或高速运动的介质颗粒的作用而激发的。不同的炸药所需要的起爆能也不相同。

2）爆速

爆速是指爆炸时爆表波沿炸药内部传播的速度。爆速测定方法有导爆索法、电测法和高速摄影。不同成分的炸药有不同的爆速。一般来说,密度越大的炸药爆速越高。同一成分的炸药其爆速与其装填密实度、药量多少、含水量大小以及包装材料等因素有关。

3)爆力

爆力是指炸药爆炸时,对周围介质做功的能力。它的大小与炸药爆炸时释放出的能量大小成正比,炸药的爆热愈高,生成气体量愈多,爆力也就愈大。测定炸药爆力的方法常用铅柱扩孔试验法。

4)猛度

炸药的猛度是指炸药在爆炸瞬间对与药包接触的介质所产生的局部压缩、粉碎和击穿能力。炸药爆速愈高,密度越大,其猛度愈大。测量炸药猛度的方法是铅柱压缩法,以铅柱被爆炸压缩的数值表示。

5)殉爆距离

一个药包(主动药包)爆炸后,能引起与它不相接触的临近药包(被动药包)爆炸,这种现象称为被动药包的殉爆。发生殉爆的原因是主动药包爆炸产生的冲击波和高速物流,使相邻的药包在其作用下爆炸。是否发生爆殉,主要取决于主动药包的药量和爆力、被动药包的爆轰感度、主动药包与被动药包的敏感距离和介质性质。当主动药包、被动药包采用同性质的炸药的等直径药卷时,则用被动药包能发生殉爆的最大距离来表示被动药包的殉爆能力,称为殉爆距离。它也反映了主动药包的致爆能力。

工程爆破中,常采用柱状间隔(不连续)装药来减少炸药药量和调整装药集中度,但应注意药卷间距不大于殉爆距离。实际殉爆距离应由现场试验确定。

6)炸药的安定性

炸药的安定性是炸药在长期贮存中,保持原有物理化学性质的能力。有物理安定性与化学安定性之分。物理安定性主要是指炸药的吸湿性、挥发性、可塑性、机械强度、结块、老化、冻结、收缩等一系列物理性质。物理安定性的大小,取决于炸药的物理性质。化学安定性的大小,取决于炸药的化学性质及常温下化学分解速度的大小,特别是取决于贮存温度的高低。

2. 工程炸药的分类及性能

1)炸药分类

按其作用特点和应用范围,工程爆破常用的炸药类型见表2-5。

2)常用炸药的性能

常用的炸药主要有梯恩梯、硝铵类炸药、黑火药、胶质炸药等,其主要性能和用途见表2-6。

(二)钻孔机具

目前,在水利工程施工爆破中,广泛采用的钻孔机具有凿岩机、冲击式钻机、潜孔钻机、凿岩台车。其工作原理都是利用镶嵌在钻头体前端的凿刃反复冲击并转动破碎岩石而成孔,有的可通过调节冲击功的大小和转动速度以适应不同硬度的石质,以达到最佳的成孔效果。

表 2-5　工程爆破常用的炸药类型

分类	特点	品种	应用范围
起爆药	敏感度高、加热、摩擦或撞击易引起爆炸	主要有二硝基重氮酚、雷汞、叠氮化铅等	用于制作起爆器材，如火雷管、电雷管
单质猛炸药、混合猛炸药	爆炸威力大，破碎岩石效果好；同起爆药相比，猛炸药敏感度较低，使用时需用起爆药起爆	单质猛炸药有梯恩梯、黑索金、泰安、硝化甘油等；混合猛炸药有硝铵炸药、铵油炸药、铵沥蜡炸药、铵松蜡炸药、浆状炸药、水胶炸药、乳胶炸药、高威力炸药等	单质猛炸药是制造某种品种混合猛炸药的主要成分；混合猛炸药是工业爆破工程中用量最大、最基本的一类炸药；黑索金、泰安又常用作导爆索的药芯，黑索金也常用作雷管副起爆药
发射药	对火焰的敏感度极高，余火能迅速燃烧，在密闭条件下可转为爆炸	常用黑火药	用作导火索的药芯

表 2-6　常用炸药的主要性能及用途

名称	主要性能及特性	用途
梯恩梯（TNT）（三硝基甲苯）	有压榨的、鳞片的和熔铸的三种。淡黄色或黄褐色，味苦，有毒，爆烟也有毒。安定性好，对冲击和摩擦的敏感性不大。块状时不易受潮，威力大	1. 做雷管副起爆药。 2. 适于露天及水下爆破，不宜用于通风不良的隧洞爆破和地下爆破
硝铵类炸药	硝铵类炸药是以硝酸铵为主要成分的混合炸药，常用的有铵梯炸药（又分露天铵梯炸药、岩石铵梯炸药、煤矿安全铵梯炸药）、铵油炸药、铵松蜡炸药、浆状炸药、水胶炸药、乳化炸药等。浅黄或灰白色，粉末状。药质有毒，但爆烟毒气少，对热和机械作用敏感度不大，撞击摩擦不爆炸，不易点燃。易受潮，受潮后威力降低或不爆炸，长期存放易结块，能腐蚀铜、铅、铁等金属，起爆时，雷管插入药内不得超过一昼夜	应用较广。适于一般岩石爆破，也可用于隧洞或地下爆破
黑火药	一般由硝石（75%）、硫黄（15%）、木炭 10% 混合而成。带深蓝黑色，颗粒坚硬明亮，对摩擦、火花、撞击均较敏感，爆速低，威力小，易受潮，但制作简便，起爆容易（不用雷管）	水中不能用。常用于小型水利工程中的小型岩石爆破，以及用作导火线芯药
胶质炸药（硝化甘油）	由硝化棉吸收硝化甘油而制成，为淡黄色半透明体的胶状物，不溶于水，可在水中爆炸，威力大。敏感度高，有毒性，粘于皮肤便可引起头痛中毒，冻结后更为敏感。受撞击、摩擦或折断药包均可引起爆炸，可点燃，当储藏时间过长时，可能产生老化现象，威力降低	主要用于水下爆破

1. 凿岩机

凿岩机的种类很多，按使用动力可分为风动式凿岩机、内燃式凿岩机、电动式凿岩机和液压式凿岩机四种。

目前，在水工隧道开挖中，广泛使用的是风动式凿岩机和液压式凿岩机。

1）风动式凿岩机

风动式凿岩机，俗称风钻。它以压缩空气为动力，具有结构简单，制造维修容易，操作方便，作业安全，不怕超负荷和反复启动，在多水多尘等不良环境中仍能正常工作等优点，目前广泛使用在水利工程施工中。其缺点为压缩空气供应设备复杂，能量利用率低，成本高，噪声大等。

根据支撑和向前推进的方式不同，风动式凿岩机又分为手持式、伸缩式和导轨式三种。手持式凿岩机一般支撑在气腿上凿岩（见图2-4），气腿能起支撑和推进的作用。手持式凿岩机的质量轻，就位转移方便，适用于水利工程分部开挖工程中。风动式凿岩机是电能转换为气压能再转化为机械能的装置，不仅需要装备功率较大的空气压缩机和辅设管路，而且转换和传送效率很低，压力也不是很高，一般为0.5～0.7 MPa。

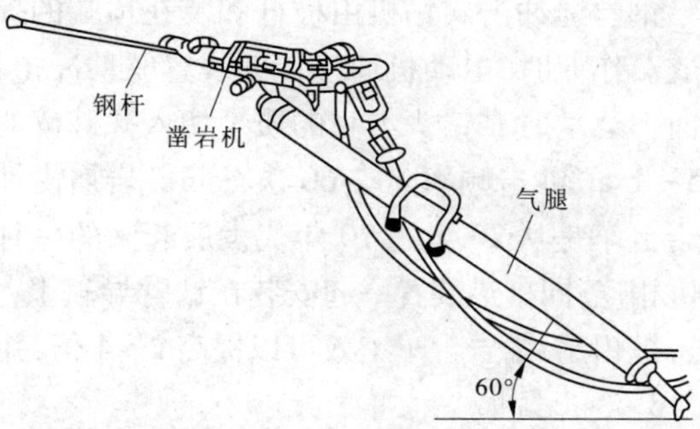

图2-4 气腿式凿岩机

此外，风动式凿岩机工作时，活塞对钎子的冲击、机头和钎肩的碰撞、钎杆的振动等原因，使其产生机械噪声。由于排气产生气体动力噪声，噪声级可达100～130 dB。在井下多台风动式凿岩机工作时振动大，油水雾造成可见度差。

2）液压式凿岩机

液压式凿岩机是以液压为动力的新型凿岩机，通过配油机构，使高压油交替作用于活塞两端，并形成压差，迫使活塞在缸体内做往复运动，完成冲击钎子破碎岩石的功能。而且活塞的冲击功可通过改变供油压力或活塞冲程进行调节。转钎机构大多数采用独立的外回转机构，即由液压马达驱动经一级或二级齿轮减速后带动钎子回转。液压马达的输出扭矩的改变可以通过变化实现，调节范围较大。马达输出扭矩取决于进出口压差和马达排量，与泵流量无关。

液压式凿岩机纯钻速比风动式凿岩机可提高2～3倍，甚至更高；能量利用率比风动式凿岩机高20%～30%；消除了排气噪声，实测噪声在90 dB以下；没有排气，消除了水雾油雾，改善了工作环境；传动介质为油，零部件均在油中运动，不需另设润滑机构；可以钻较深和直径较大的炮眼。

液压式凿岩机采用大液压小流量的参数，不仅可以大大减少在输送管路中的能量损失，而且可以大大减少液压式凿岩机内部各运动部件引起的液能损失。液压油对冲击机构的润滑作用也是液压式凿岩机能量利用率高的原因之一。

2. 冲击式钻机

冲击式钻机靠钻具的垂直往复运动，使钻头冲击井底以破碎岩层。其结构简单，见图2-5。没有循环洗井系统，岩屑的清除与钻机不能同时进行，因而功效较低。钻井深度一般在250 m以内，有时可达500～600 m。冲击式钻机主要有以下两种。

1) 冲抓锥

冲抓锥利用钻具本身的质量冲击地层。钻具的下端是几个可以张合的尖角形抓瓣，当钻具在自身质量作用下向下运动时，抓瓣张开，切入岩层，然后由卷扬机通过钢丝绳提升钻具，抓瓣在闭合过程中将岩屑抓入锥体内，提出井口卸出岩屑。钻井深度通常为40 ~ 50 m，最深达 100 ~ 150 m。

2) 钢丝绳冲击式钻机

钢丝绳冲击式钻机由桅杆和装在顶端的提升滑轮、钢丝绳、冲击机构、钻具、电动机等组成。作业时，电动机通过传动装置驱动冲击机构，带动钢丝绳使钻具做上下往复运动，在向下运动时靠钻头本身的质量切入并破碎岩层，向上运动靠钢丝绳牵引。钻头冲程为 0.5 ~ 1 m，冲击频率 30 ~ 60 次/min。岩屑由抽砂筒清出地面，钻进与清除岩屑同时进行。凿岩台车是从 20 世纪 70 年代发展起来的一种钻孔设备。它是将一台或数台高效率的凿岩机相连，同推进装置一起安装在钻臂导轨上，并配行走机构，使凿岩作业实现机械化。和凿岩机相比，凿岩台车工效可以提高 2 ~ 4 倍，并且可以改善劳动条件，减轻工人劳动强度。

3. 潜孔钻机

潜孔钻机凿岩原理和重型凿岩机一样，是间歇冲击岩(矿)石，连续回转，不同的是潜孔钻机的冲击机机构——潜孔冲击器装于钻杆的前端，潜入孔底，活塞直接冲击钻头，且随钻孔的延伸，不断推进。潜孔钻机即因冲击器潜入孔底而得名。支撑机构可以是支架或钻车。钻孔过程中形成的岩粉，则由流经钻杆与孔壁之间的气体或水排至孔外。

潜孔钻机不像凿岩机接杆钻进那样，能量损失随钎杆接头增多而增加，因它的钻杆不传递冲击能，故冲击能量损失小，因此可打更深的孔。

潜孔钻机结构如图 2-6 所示。

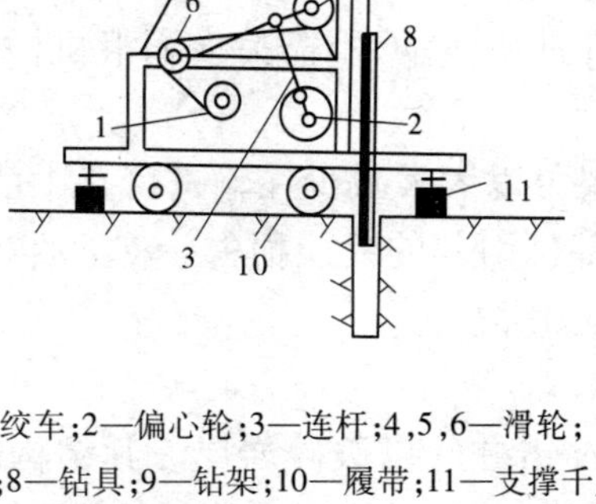

1—绞车；2—偏心轮；3—连杆；4，5，6—滑轮；7—钢索；8—钻具；9—钻架；10—履带；11—支撑千斤顶

图 2-5　冲击式钻机结构示意图

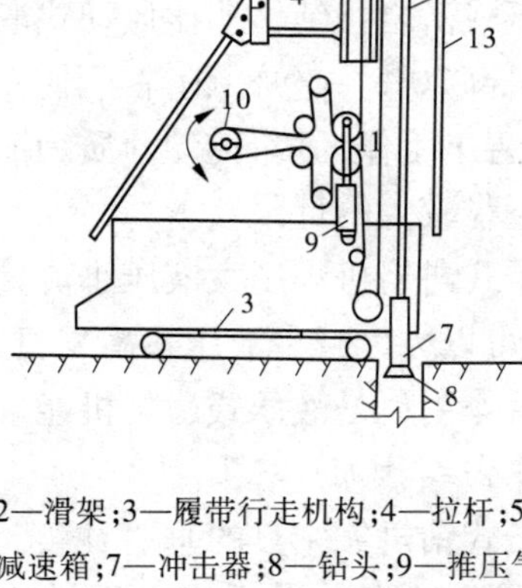

1—钻杆；2—滑架；3—履带行走机构；4—拉杆；5—电动机；6—减速箱；7—冲击器；8—钻头；9—推压气缸；10—卷扬机；11—托架；12—滑板；13—副钻杆

图 2-6　潜孔钻机结构示意图

4. 凿岩台车

凿岩台车按钻臂多少，可分为双臂、三臂和多臂式；按行走机构不同，可分为轨轮式、轮胎式和履带式。凿岩台车的控制有液压控制、压气控制和液压与压气联合控制等三种。图 2-7 为 CTJ－3 型凿岩台车的结构。

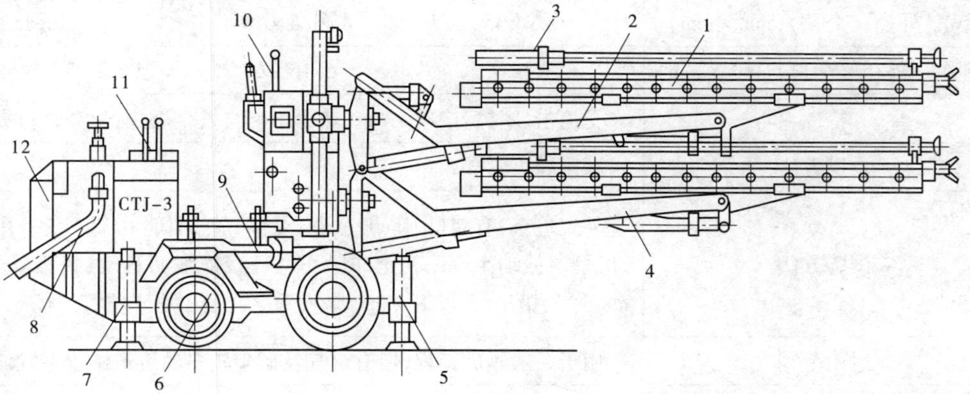

1—推进器；2—侧支臂；3—凿岩机；4—中间支臂；5—前支撑液压缸；6—行走机构；
7—支撑液压缸；8—进风管；9—摆动机构；10—操纵台；11—司机座；12—配重

图 2-7 CTJ－3 型凿岩台车的结构

三、起爆器材

起爆材料包括雷管，导火索和传爆线等。

(一)火雷管

火雷管，即普通雷管，由管壳、正起爆药、副起爆药和加强帽组成，如图 2-8 所示。管壳材料有铜、铝、纸、塑料等。上端开口，中段设加强帽，中有小孔，副起爆药压于管底，正起爆药压在上部。在管沟开口一端插入导火索，引爆后，火焰使正起爆药爆炸，最后引起副起爆药爆炸。根据管内起爆药量的多少分 1～10 个号码，常用的为 6 号、8 号，其规格及主要性能见表 2-7。火雷管具有结构简单，生产效率高，使用方便、灵活，价格便宜，不受各种杂电、静电及感应电的干扰等优点。但由于导火索在传递火焰时，难以避免速燃、缓燃等致命弱点，在使用过程中爆破事故多，因此使用范围和使用量受到极大限制。

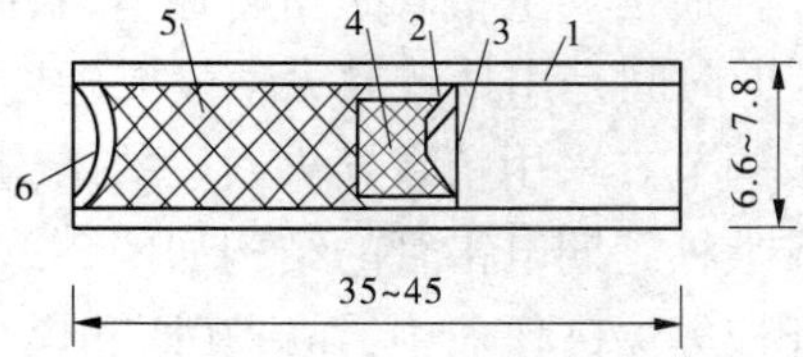

1—管壳；2—加强帽；3—帽孔；4—正起爆药；
5—副起爆药；6—聚能穴

图 2-8 火雷管示意图 （单位：mm）

(二)电雷管

电雷管分即发、延期和毫秒三种。

1. 即发电雷管

即发电雷管是由火雷管和 1 个发火元件组成的，其结构如图 2-9(b)所示。当接通电源后，电流通过桥丝发热，使引火药头发火，导致整个雷管起爆。

表 2-7　火雷管规格及主要性能

项目	雷管号码		
	6 号	7 号	8 号
雷管壳材料	铜铝铁	铜铝铁	纸
管壳(外径×全长)(mm×mm)	6.6×35	6.6×40	7.8×45
加强帽(外径×全长)(mm×mm)	6.16×6.5	6.16×6.5	(6.25~6.32)×6
特性	受撞击、摩擦、按压、火花、热等影响会发生爆炸,受潮容易失效		
点燃方法	利用导火索		
试验方法	外观检查:有裂口、锈点、砂眼、受潮、起爆药浮出等不能使用;振动试验:振动 5 min 不允许爆炸、洒药、加强帽移动;铅板炸孔:5 mm 厚的铅板(6 号用 4 mm 厚),炸穿孔径不小于雷管外径		
适用范围	用于一般爆破工程,但有沼气及矿尘较多的坑道工程不宜使用		
包装方式	内包装为纸盒,每盒 100 袋;外包装为木箱,每箱 50 盒 5 000 发		
有效保证期	2 年		

2. 延期电雷管

普通延期电雷管是雷管通电后,间隔一定时间才起爆的电雷管。延期时间为 0.5 ~ 1 s;延期时间是用精致导火索段或延期药来达到的。延期时间由其长度、药量和延期药配比来调节。采用精致导火索段的结构称为索式结构;采用延期药的结构称为装配式结构。秒或半秒延期电雷管的结构如图 2-9(c)所示,该雷管主要用在基建和隧道掘进、采石、土方开挖等爆破作业中,在有瓦斯和煤尘爆炸危险的工作面不准使用延发电雷管。

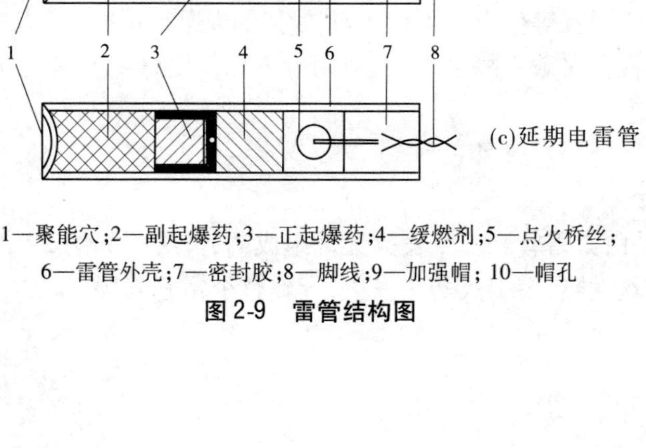

1—聚能穴;2—副起爆药;3—正起爆药;4—缓燃剂;5—点火桥丝;
6—雷管外壳;7—密封胶;8—脚线;9—加强帽;10—帽孔

图 2-9　雷管结构图

3. 毫秒电雷管

毫秒电雷管以延期药的装配关系分为直填式和装配式，装配式又有管式、索式和多芯结构式。毫秒电雷管有等间隔和非等间隔之分，段与段之间的间隔时间相等的称为等间隔，反之称为非等间隔。

毫秒电雷管在爆破工作中作用越来越大，它对降低爆破地震、保护边坡、控制飞石等起了很好的作用；对于控制爆破保护地基的基础也起了重要作用；毫秒电雷管正在向高精度、多段数、多品种、多系列的方面发展，同时还要求它能抗静电、抗杂静电、耐高温、抗深水，以满足各种特殊要求的爆破需要。

（三）导火索

导火索是用来起爆火雷管和黑火药的起爆材料。用于一般爆破工程，不宜用于有瓦斯或矿尘爆炸危险的作业面。它是用黑火药做芯药，用麻、棉纱和纸做包皮，外面并涂有沥青、油脂等防潮剂。

导火索的燃烧速度有两种：正常燃烧速度为 100 ~ 120 s/m，缓燃速度为 180 ~ 210 s/m。喷火强度不低于 50 mm。

国产导火索每盘长 250 m，耐水性一般不低于 2 h，直径 5 ~ 6 mm。

（四）导爆索与继爆管

芯药用强度大、爆速高的烈性黑索金作为药芯，以棉线、纸条为包缠物，并涂以防潮剂，表面涂以红色。索头涂以防潮剂。

导爆索的优点是：不受电的干扰，使用安全；起爆准确可靠，并能同时起爆多个炮孔，同步性好，故在控制爆破中应用广泛；施工装药比较安全，网络敷设简单可靠；可在水孔或高温炮孔中使用。缺点是：价格高，网络连接后孔内无法检查；不能实现炮孔孔底起爆，影响能量充分应用。

继爆管是一种专门与导爆索配合使用的，具有毫秒延期作用的起爆器材。它实质上是由不带点火装置的毫秒延期雷管与一根消爆管组成的。导爆管与继爆管具有抵抗杂散电流和静电引起的爆炸危害的能力，装药时可不停电。

（五）塑料导爆管与非电雷管

导爆管是一种半透明的，具有一定强度、韧性、耐温、不透水的塑料管起爆材料。在塑料软管内壁涂薄薄一层胶状高性能混合炸药（主要为黑索金或奥克托金），涂药量为 (16 ± 1.6) g/m。

导爆管具有抗火、抗电、抗冲击、抗水以及导爆安全等特性。

导爆管主要用于无瓦斯、矿尘的露天、井下、深水、杂散电流大和一次起爆多数炮孔的微差爆破作业中，或上述条件下的瞬发爆破或秒延期爆破。

为了配合非电导爆管起爆系统使用的非电雷管，亦有即发、秒延期和毫秒延期之分。它与电雷管的主要区分在于不用电点火装置，而是用一个与塑料导爆管相连接的塑料链接套，由塑料导爆管传递的爆轰波进行点火，由延期药实现延期的。其结构构造与毫秒电雷管相似，用途、效果与电雷管基本相同。

四、起爆方法

按雷管的起爆方法不同，常用的起爆方法可分为电力起爆法、非电力起爆法和无线起爆法三类。非电力起爆法又包括火花起爆法、导爆管起爆法和导爆索起爆法。

（一）电力起爆法

电力起爆法就是利用电能引爆电雷管进而起爆炸药的起爆方法，它所需的起爆器材有电雷管、导线和起爆源等。电力起爆法可以同时起爆多个药包；可间隔延期起爆，安全可靠。但是操作较复杂；准备工作量大；需较多电线，需一定检查仪表和电源设备。适用于大中型重要的爆破工程。

电力起爆网路主要由电源、导线、电雷管、脚线、端线、连接线、区域线和主线等组成，见图 2-10。

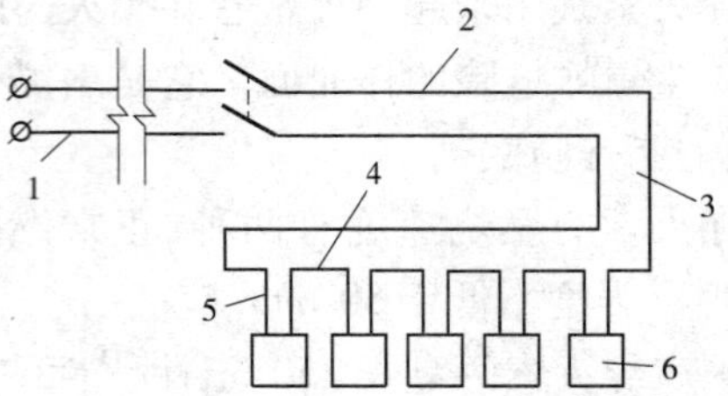

1—电源线；2—主线；3—区域线；
4—连接线；5—端线；6—脚线
图 2-10 电力起爆网路示意图

1. 起爆电源

电力起爆的电源，可用普通照明电源或动力电源，最好是使用专线。当缺乏电源而爆破规模又较小和起爆的雷管数量不多时，也可用干电池或蓄电池组合使用。另外，还可以使用电容式起爆电源，即发爆器起爆。国产的发爆器有 10 发、30 发、50 发和 100 发的几种型号，最大一次可起爆 100 个以内串联的电雷管，十分方便。但因其电流很小，故不能起爆并联雷管。常用的形式有 DF－100 型、FR_{81}－25 型、FR_{81}－50 型。

2. 导线

电爆网路中的导线一般采用绝缘良好的铜线和铝线。在大型电爆网路中的常用导线按其位置和作用划分为端线、连接线、区域线和主线。端线用来加长电雷管脚线，使之能引出孔口或洞室之外。端线通常采用断面 0.2～0.4 mm^2 的铜芯塑料皮软线。连接线是用来连接相邻炮孔或药室的导线，通常采用断面为 1～4 mm^2 的铜芯线或铝芯线。主线是连接区域与电源的导线，常用断面为 16～150 mm^2 的铜芯线或铝芯线。

3. 电爆网路的连接方式

当有多个药包联合起爆时，电爆网路的连接可以采用串联、并联、串并联、并串联等形式，如图 2-11 所示。

（二）火花起爆法

火花起爆法是以导火索、燃烧时的火花引爆雷管进而起爆炸药的起爆方法。将剪截好的导火索插入火雷管插索腔内，制成起爆雷管，再将其插入药卷内成为起爆药卷，而后将起爆药卷放入药包内。导火索一般可用点火线、点火棒或自制导火索点火。导火索长度应保证点火人员安全撤离，且不短于 1.2 m。火花起爆为最早使用的起爆方法，但由于受到安全性、爆破规模及爆破延迟时间等方面的限制，目前仅用于起爆非电起爆网路、大块石解炮或小规模的边坡修整爆破等。

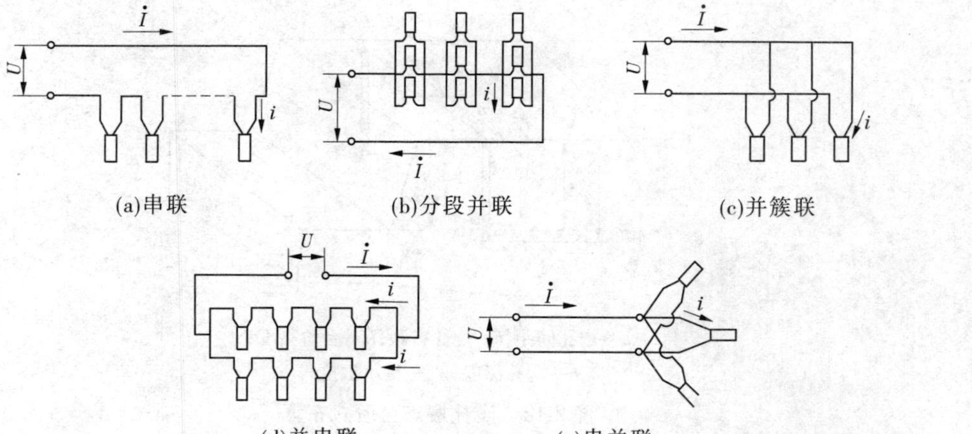

(a)串联　(b)分段并联　(c)并簇联

(d)并串联　(e)串并联

U—电源电压；i—雷管电流；I—网路电流

图 2-11　电爆网路的连接形式

(三)导爆管起爆法

导爆管起爆法是20世纪70年代发展起来的一种新型非电起爆方法。首先通过冲击激发源(工程上一般采用雷管)轴向激发导爆管,并在管内形成稳定传播的爆轰波。该稳定爆轰波及高温爆轰产物流导致末端的导爆雷管起爆进而引起药卷的起爆。

(四)导爆索起爆法

在导爆索起爆网路中,导爆索既传递爆轰波,又直接起爆炸药。首先用雷管侧向起爆导爆索,而后导爆索再侧向起爆药卷。

任务二　爆破方法与施工工艺

一、爆破的基本方法

(一)浅孔爆破法

浅孔爆破法,系在岩石上钻直径小于75 mm、深小于5 m的圆柱形炮孔,装延长药包进行爆破。

炮孔直径通常有35 mm、42 mm、45 mm、50 mm几种。浅孔爆破法常采用阶梯开挖法,其炮孔布置参数如图2-12所示。

1. 炮孔深度 L

坚硬岩石：
$$L = (1.1 \sim 1.5)H \tag{2-10}$$
中硬岩石：
$$L = H \tag{2-11}$$
松软岩石：
$$L = (0.85 \sim 0.95)H \tag{2-12}$$
式中　H——阶梯的高度。

2. 计算抵抗线长度 W_p

$$W_p = (0.6 \sim 0.8)H \tag{2-13}$$

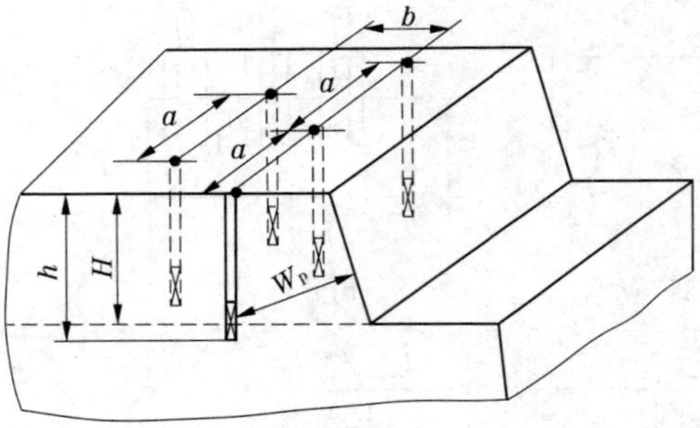

a—炮孔间距；b—炮孔排距；H—台阶高度；
h—炮孔深度；W_p—最小抵抗线

图 2-12　浅孔爆破台阶式布置

3. 炮孔间距 a

$$a = (1.0 \sim 1.5)W_p\text{（火雷管起爆时）}$$

或

$$a = (1.2 \sim 2.0)W_p\text{（电力起爆时）} \quad (2\text{-}14)$$

4. 炮孔排距 b

$$b = (0.8 \sim 1.2)W_p \quad (2\text{-}15)$$

炮孔平面布置见图 2-13。一般为梅花形，依次逐排起爆，同时起爆多个炮孔应采用电力起爆或导爆索起爆。

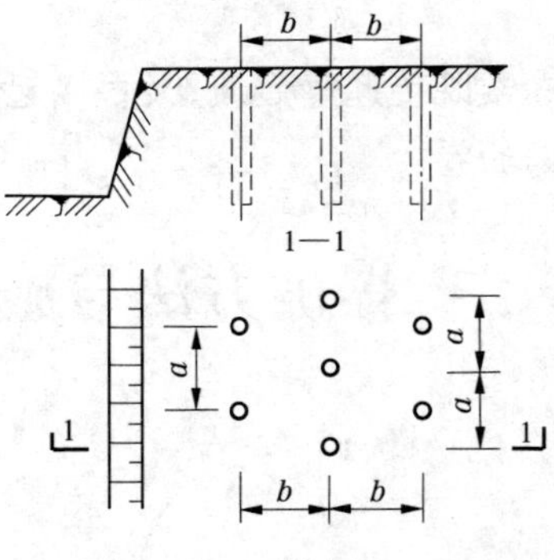

图 2-13　炮孔平面布置

浅孔爆破法一般用于松动爆破，其药包质量按 $Q = 0.33KW_p^3$ 计算。该法不需复杂钻孔设备；施工操作简单，容易掌握；炸药消耗量少，飞石距离较近，岩石破碎均匀，便于控制开挖面的形状和尺寸，可在各种复杂条件下施工，在爆破作业中被广泛采用。但爆破量较小，效率低，钻孔工作量大。适于各种地形和施工现场比较狭窄的工作面上作业，如基坑、管沟、渠道、隧洞爆破或用于平整边坡、开采岩石、松动冻土以及改建工程拆除控制爆破。

（二）深孔爆破法

深孔爆破法系将药包放在直径大于 75 mm、深大于 5 m 的圆柱形深孔中爆破。爆前宜先将地面爆成倾角大于 55°的阶梯形，钻孔用轻、中型露天潜孔钻。深孔爆破法炮孔布置参数如图 2-14 所示。

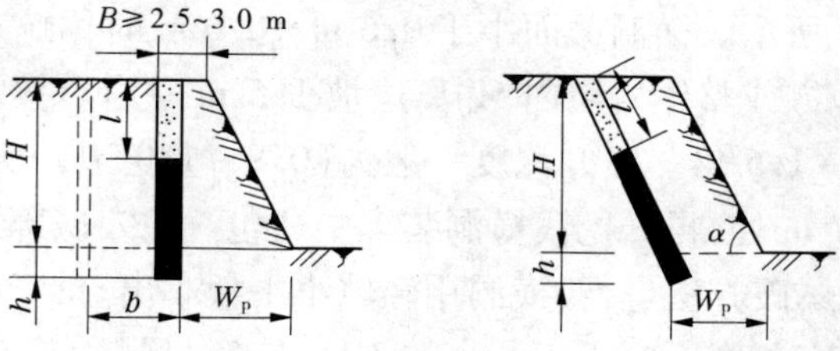

(a)垂直深孔　(b)倾斜深孔

图2-14　深孔爆破法炮孔布置

1. 炮孔深度 L

$$L = H + h \tag{2-16}$$

$$h = (0.12 \sim 0.3)H$$

式中　H——阶梯高度，一般取10~12 m；

h——加超钻长度，m。

2. 抵抗线长度 W_p

$$W_p = HD\eta d/150 \tag{2-17}$$

式中　D——岩石硬度系数，一般为0.46~0.56；

η——阶梯高度影响系数，参见表2-8；

d——炮孔直径，mm。

表2-8　阶梯高度影响系数

阶梯高度 H(m)	7	10	12	15	17	20	22	25	27	30
η	1.2	1.0	0.87	0.74	0.67	0.60	0.56	0.52	0.47	0.42

3. 炮孔间距 a

$$a = W_p m \tag{2-18}$$

式中　m——一般采用0.65~0.80。

4. 排距 b

$$b = a\sin 60° = 0.87a \tag{2-19}$$

5. 药包质量 Q

$$Q = 0.33kHW_p a \tag{2-20}$$

式中　k——单位岩石炸药用量，kg/m^3。

装药采用分段或连续。爆破时，边排先起爆，后排依次起爆。这种方法单位岩石体积的钻孔量少，耗药量少，生产效率高。一次爆落石方量多，操作机械化，可减轻劳动强度。但爆的岩石不够均匀，有10%~25%的大块石需二次破碎，钻孔设备复杂，费用较高。适用于料场、深基坑的松爆，场地整平以及高阶梯中型爆破各种岩石。

(三)洞室爆破法

洞室爆破法又称竖井法、蛇穴法，系在岩石内部开挖导洞(横洞或竖井)和药室进行爆破。导洞截面一般为1 m×1.5 m(横洞)或1 m×1.2 m或直径1.2 m(竖井)。设单药室或双药室如图 2-15 所示。横洞截面小于 0.6 m×0.6 m 时称蛇穴。药室应选择在最小抵抗线 W 比较大的地方或整体岩层内，并离边坡 1.5 m 左右。按洞长度一般为 5～7 m，其间距为洞深的 1.2～1.5 倍。竖井深度一般为 $(0.9\sim1.0)H$，a 及 $b=(0.6\sim0.8)H$，药室应在离底 0.3～0.7 m 处，再开挖浅横洞装集中药包。蛇穴底部即为药室。导洞及药室用人力或机械打炮孔爆破方法进行，横洞用轻轨小平板车出渣；竖井用卷扬机、绞车，或桅杆吊斗出渣。横洞堵塞长度不应小于洞高的 3 倍，堵塞材料用碎石和黏土（或砂）的混合物，靠近药室处宜用黏土或砂土堵塞密实。

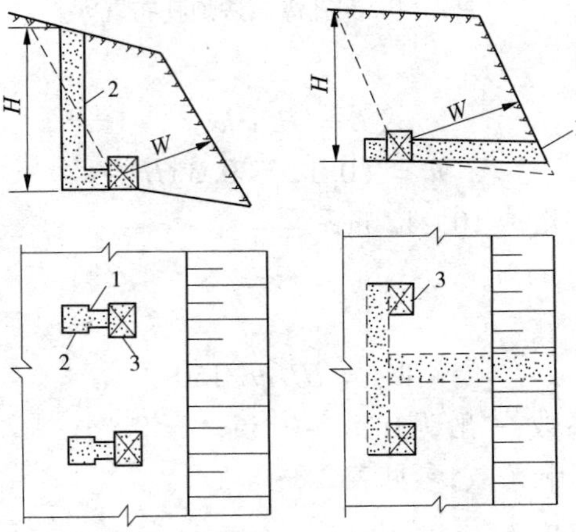

(a)竖井爆破　(b)平洞爆破

1—平洞；2—竖井；3—药室

图 2-15　洞室爆破布置示意图

该法操作简单，爆破效果比炮孔法高，节约劳力，出渣容易（对横洞而言），凿孔工作量少，技术要求不高，同时不受炸药品种限制，可用黑火药。但开洞工作量大，较费时，排水、堵洞较困难，速度慢，比药壶法费工稍多，工效稍低。

洞室爆破法适于六类以上的较大量的坚硬石方爆破；竖井适于场地整平、基坑开挖松动爆破；蛇穴适于阶梯高不超过 6 m 的软质岩石或有夹层的岩石松爆。

（四）药壶爆破法

药壶爆破法又称葫芦炮、坛子炮，系在普通浅孔或深孔炮孔底先放入少量的炸药，经过一次至数次爆破，扩大成近似圆球形的药壶，如图 2-16 所示。然后装入一定数量的炸药进行爆破。爆破前，地形宜先造成较多的临空面，最好是立崖和台阶。一般取 $W=(0.5\sim0.8)H$；$a=(0.8\sim1.2)W$；$b=(0.8\sim2.0)W$；堵塞长度为炮孔深的 50%～90%。

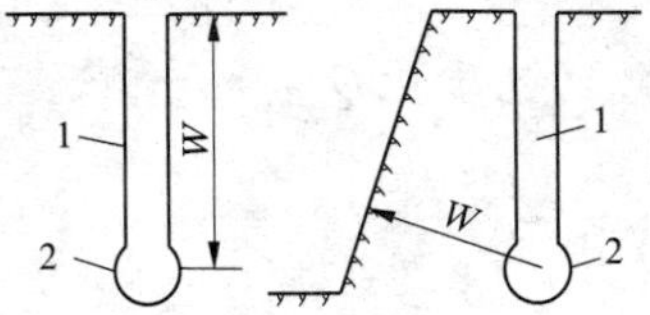

1—炮孔；2—药壶

图 2-16　药壶爆破示意图

每次爆扩药壶后，须间隔 20～30 min。扩大药壶用小木柄铁勺掏渣或用风管通入压缩空气吹出。当土质为黏土时，可以压缩，不需出渣。药壶法一般宜与炮孔法配合使用，以提高爆破效果。

一般宜用电力起爆,并应敷设两套爆破路线;如用火花起爆,当药壶深在 3 ~6 m 时,应设两个火雷管同时点爆。为减少钻孔工作量,可多装药,炮孔较深时,将延长药包变为集中药包,大大提高爆破效果。但扩大药壶时间较长,操作较复杂,破碎的岩石块度不够均匀,对坚硬岩石扩大药壶较困难,不能使用。属集中药包的中等爆破,适用于露天爆破阶梯高度 3 ~8 m 的软岩石和中等坚硬岩层;坚硬或节理发育的岩层不宜采用。

二、爆破的施工工艺

水利工程施工中一般多采用炮眼法爆破。其施工程序大体为炮孔位置选择、钻孔、制作起爆药包、装药、堵塞、起爆等。

(一)炮孔位置选择

选择炮孔位置时应注意以下几点:

(1)炮孔方向尽量不要与最小抵抗线方向重合。

(2)充分利用地形或其他方法增加爆破的临空面,提高爆破效果。

(3)炮孔应尽量垂直于岩石的层面、节理与裂隙,且不要穿过较宽的裂缝以免漏气。

(二)钻孔

钻孔有人工打眼和机械钻孔之分,工程中多用机械钻孔。浅孔作业一般采用轻型手提式风钻钻垂直孔;向上及倾斜钻孔,则多采用支架式重型风钻。国内常用 YT - 23 型、YT - 25 型、YT - 30 型以及带腿的 YTP - 26 型风钻。深孔作业常用的钻机有回转式钻机、冲击式钻机(见图 2-5)和潜孔钻机(见图 2-6)。潜孔钻机钻孔作用既有回转也有冲击,其结构较以上两种钻机有进一步的改进,钻孔效率很高,国内常用 YQ - 150A 型钻机。

(三)制作起爆药包

1. 火线雷管的制作

将导火索和火雷管连接在一起,叫火线雷管。制作火线雷管应在专用房间内,禁止在炸药库、住宅、爆破工点进行。

火线雷管制作的步骤是:

(1)检查火雷管和导火索。

(2)按照需要长度,用锋利小刀切齐导火索,最短导火索不应少于 60 cm。

(3)把导火索插入雷管,直到接触火帽为止,不要猛插和转动。

(4)用铰钳夹夹紧雷管口(距管口 5 mm 以内)。固定时,应使该钳夹的侧面与雷管口相平。如无铰钳夹,可用胶布包裹;严禁用嘴咬。

(5)在接合部包上胶布防潮。当火线雷管不马上使用时,导火索点火的一端也应包上胶布。

2. 电雷管检查

对于电雷管应先做外观检查,把有擦痕、生锈、铜绿、裂隙或其他损坏的雷管剔除,再用爆破电桥或小型欧姆计进行电阻及稳定性检查。为了保证安全,测定电雷管的仪表输出电流不得超过 50 mA。如发现有不导电的情况,应作为不良的电雷管处理。然后把电阻相同或电阻差不超过 0.25 Ω 的电雷管放置在一起,以备装药时串联在一条起爆网路上。

3. 制作起爆药包

起爆药包只许在爆破工点于装药前制作该次所需的数量,不得先做成成品备用。制作好的起爆药包应小心妥善保管,不得震动,亦不得抽出雷管。

制作时分为如下几个步骤:

(1)解开药筒一端。

(2)用木棍(直径5 mm,长10~12 cm)轻轻地插入药筒中央,然后抽出并将雷管插入孔内。

(3)雷管插入深度:易燃的硝化甘油炸药将雷管全部插入即可;其他不易燃炸药,雷管应埋在接近药筒的中部。

(4)收拢包皮纸用绳子扎起来,如用于潮湿处则加以防潮处置,防潮时防水剂的温度不超过60 ℃。

(四)装药、堵塞及起爆

1. 装药

在装药前首先了解炮孔的深度、间距、排距等,由此决定装药量。根据孔中是否有水决定药包的种类或炸药的种类,同时还要清除炮孔内的岩粉和水分。在干孔内可装散药和药卷。在装药前,先用硬纸或铁皮在炮孔底部架空,形成聚能药包。炸药要分层用木棍压实,雷管的聚能穴指向孔底,雷管装在炸药全长的中部偏上处。在有水炮孔中装吸湿炸药时,注意不要将防水包装捣破,以免炸药受潮而拒爆。当孔深较大时,药包要用绳子吊下,不允许直接向孔内抛投,以免发生爆炸危险。

2. 堵塞

装药后即进行堵塞。对堵塞材料的要求是:与炮孔壁摩擦作用大,材料本身能结成一个整体,充填时易于密实,不漏气。可用1:2的黏土粗砂堵塞,堵塞物要分层用木棍压实。在堵塞过程中,要注意不要将导火线折断或破坏导线的绝缘层。

上述工序完成后即可进行起爆。

任务三　常用的控制爆破方法

控制爆破是为达到一定预期目的的爆破,如定向爆破、预裂爆破、光面爆破、岩塞爆破、微差控制爆破、拆除爆破、静态爆破、燃烧剂爆破等。下面仅介绍水利工程常用的几种爆破方法。

一、定向爆破

定向爆破是一种加强抛掷爆破技术,它利用炸药爆炸能量的作用,在一定的条件下,可将一定数量的土岩经破碎后,按预定的方向,抛掷到预定地点,形成具有一定质量和形状的建筑物或开挖成一定断面的渠道的目的。

在水利建设中,可以用定向爆破技术修筑土石坝、围堰、截流戗堤以及开挖渠道、溢洪道等。在一定条件下,采用定向爆破方法修建上述建筑物,较之用常规方法可缩短施工工期、节约劳力和资金。

定向爆破主要是使抛掷爆破最小抵抗线方向符合预定的抛掷方向,并且在最小抵抗线方向事先造成定向坑,利用空穴聚能效应,集中抛掷,这是保证定向的主要手段。造成定向坑的方法,在大多数情况下,都是利用辅助药包,让它在主药包起爆前先爆,形成一个起走向坑作用的爆破漏斗。如果地形有天然的凹面可以利用,也可不用辅助药包。

二、预裂爆破

进行石方开挖时,在主爆区爆破之前沿设计轮廓线先爆出一条具有一定宽度的贯穿裂缝,以缓冲、反射开挖爆破的振动波,控制其对保留岩体的破坏影响,使之获得较平整的开挖轮廓,此种爆破技术为预裂爆破,如图2-17所示。

在水利工程施工中,预裂爆破不仅在垂直、倾斜开挖壁面上得到广泛应用,在规则的曲面、扭曲面以及水平建基面等也取得了一定成果。它对避免超挖、降低工程造价和缩短工期都有好处,应予积极采用。

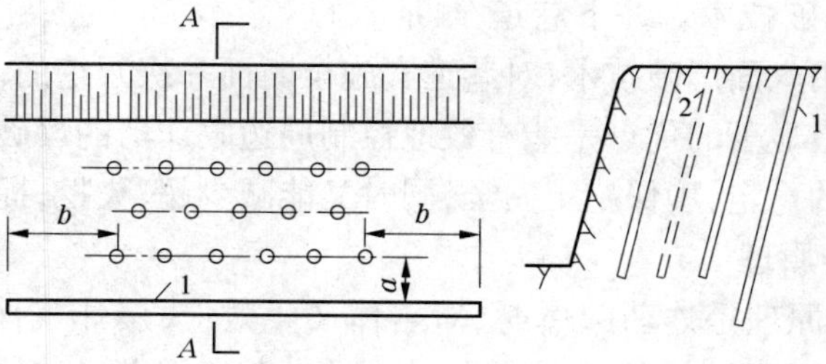

(a)平面图　　(b)$A—A$剖面图

1—预裂缝;2—爆破孔

图2-17　预裂爆破布置图

(一)预裂爆破的质量要求

(1)预裂缝要贯通且在地表有一定开裂宽度,对于中等坚硬岩石,缝宽不宜小于1.0 cm;坚硬岩石缝宽应达到0.5 cm左右;但在松软岩石上缝宽达到1.0 cm时,减振作用并未显著提高,应多做些现场试验,以利总结经验。

(2)预裂面开挖后的不平整度不宜大于15 cm。

预裂面不平整度通常是指预裂孔所形成之预裂面的凹凸程度,它是衡量钻孔和爆破参数合理性的重要指标,可依此验证、调整设计数据。

(3)预裂面上的炮孔痕迹保留率应不低于80%,且炮孔附近岩石不出现严重的爆破裂隙。

(二)预裂爆破的主要技术措施

(1)炮孔直径一般为50~200 mm,对深孔宜采用较大的孔径。

(2)炮孔间距宜为孔径的8~12倍,坚硬岩宜取小值。

(3)不耦合系数(炮孔直径d与药卷直径d_0的比值)建议取2~4,坚硬岩石取小值。

(4)线装药密度一般取250~400 g/m。

(5)药包结构形式,目前较多的是将药卷分散绑扎在传爆线上(见图2-18)。分散药卷的相邻间距不宜大于50 cm和不大于药卷的殉爆距离。考虑到孔底的夹制作用较大,底部药包应加强,为线装药密度的 2 ~5 倍。

(6)装药时距孔口 1 m 左右的深度内不要装药,可用粗砂填塞,不必捣实。填塞段过短,容易形成漏斗;过长则不能出现裂缝。

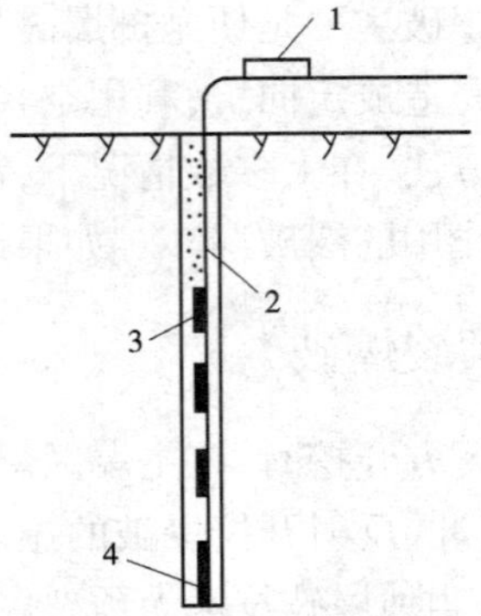

1—雷管;2—导爆索;3—药包;4—底部加强药包

图 2-18　预裂爆破装药结构图

三、光面爆破

(一)光面爆破的概念

光面爆破是先爆除主体开挖部位的岩体,然后再起爆布置在设计轮廓线上的周边孔药包,将光爆层炸除,形成一个平整的开挖面,是通过正确选择爆破参数和合理的施工方法,达到爆后壁面平整规则、轮廓线符合设计要求的一种控制爆破技术。井下巷道全断开挖光面爆破,是应用光面爆破技术,对巷道实施全断面一次开挖的一种施工方法。它与传统的爆破法相比,最显著的优点是能有效地控制周边眼炸药的爆破作用,从而减少对围岩的扰动,保持围岩的稳定,确保施工安全,同时又能减少超、欠挖,提高工程质量和进度。

(二)光面爆破的原理

光面爆破的破岩原理是炸药起爆时,对岩体产生效应,爆炸气体膨胀做功所起的作用。光面爆破是周边眼同时起爆,各炮眼的冲击波向其四周做径向传播,相邻炮眼的冲击相遇,则产生应力波的叠加,并产生切向拉力,拉力的最大值发生在相邻炮眼中心连线的中点,当岩体的极限抗拉强度小于此拉力时,岩体便被拉裂,在炮眼中心连线上形成裂缝,随后,爆炸气的膨胀和裂缝进一步扩展,形成平整的爆裂面。

(三)光面爆破的技术要求

要使光面爆破取得良好效果,一般需掌握以下技术要点:

(1)根据围岩特点,合理选定周边眼的间距和最小抵抗线,尽最大努力提高钻眼质量。

(2)严格控制周边眼的装药量,尽可能将药量沿眼长均匀分布。

(3)周边眼宜使用小直径药卷和低猛度、低爆速的炸药。为满足装药结构要求,可借助导爆索(传爆线)来实现空气间隔装药。

(4)采用毫秒微差有序起爆。要安排好开挖程序,使光面爆破具有良好的临空面。

(5)边孔直径小于等于 50 mm。

(四)质量控制标准

开挖壁面岩石的完整性用岩壁上炮孔痕迹率来衡量,炮孔痕迹率也称半孔率,为开挖壁面上的炮孔痕迹总长与炮孔总长的百分比率。在水电部门,对节理裂隙极发育的岩体,一般应使炮孔痕迹率达到 10% ~50%;节理裂隙中等发育者应达 50% ~80%;节理裂隙不发育者应达 80% 以上。围岩壁面不应有明显的爆生裂隙。

围岩壁面不平整度(又称起伏差)的允许值为 ±15 cm。

在临空面上,预裂缝宽度一般不宜小于 1 cm。对软岩预裂缝宽度可达 2 cm 以上,而且只有达到2 cm以上时，才能起到有效的隔震作用；但对坚硬岩石，预裂缝宽度难以达到1 cm。地下工程预裂缝宽度比露天工程小得多，一般仅达0.3～0.5 cm。因此，预裂缝的宽度标准与岩性及工程部位有关，应通过现场试验最终确定。

（五）光面爆破的参数

1. 光面爆破层厚度

光面爆破层厚度，即最小抵抗线的大小，一般为炮孔直径的10～20倍。岩质软弱、裂隙发育者，眼距应小而抵抗线应大；坚硬、稳定的岩石上，眼距应大而抵抗线应小。

2. 孔距

孔距一般为光面爆破层厚度的0.75～0.90倍，岩质软弱、裂隙发育者取小值。

3. 装药结构

钻孔直径及装药不耦合系数参照预裂爆破选用。

4. 线装药密度

线装药密度一般取250～400 g/m。

5. 光面爆破的起爆顺序

光面爆破的起爆顺序：掏槽眼—辅助眼—周边眼—底板眼，布孔接线见图2-19。

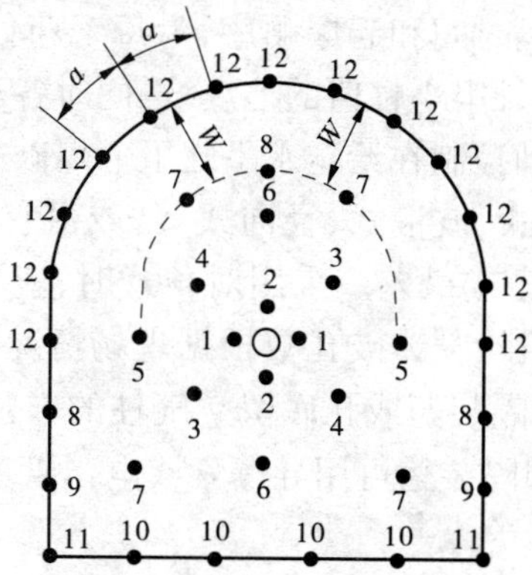

1～12—炮孔孔段编号

图2-19　光面爆破的布孔接线图

四、岩塞爆破

岩塞爆破系一种水下控制爆破。在已成水库或天然湖泊内取水发电、灌溉、供水或泄洪时，为修建隧洞的取水工程，避免在深水中建造围堰，采用岩塞爆破是一种经济而有效的方法。它的施工特点是先从引水隧洞出口开挖，直到掌子面到达库底或湖底邻近，然后预留一定厚度的岩塞，待隧洞和进口控制闸门井全部建完后，一次将岩塞炸除，使隧洞和水库连通。岩塞爆破布置如图2-20所示。

岩塞的布置应根据隧洞的使用要求、地形、地质因素来确定。岩塞宜选择在覆盖层薄、岩石坚硬完整且层面与进口中线交角大的部位，特别应避开节理、裂隙、构造发育的部位。岩塞的开口尺寸应满足进水流量的要求。岩塞厚度应为开口直径的1～1.5倍。太厚，难以一次爆通；太薄，则不安全。

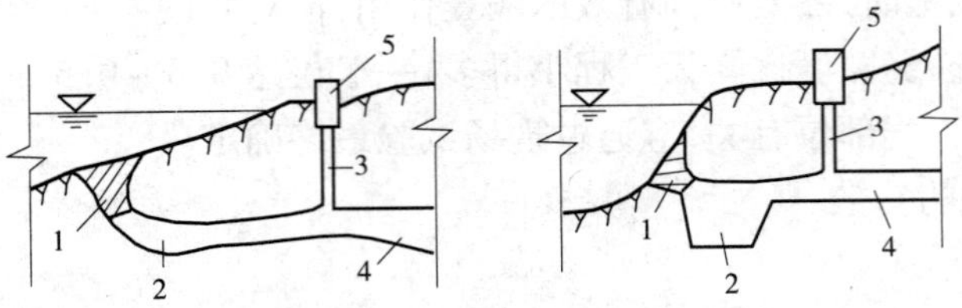

(a)设缓冲坑　　(b)设集渣坑

1—岩塞;2—集渣坑;3—闸门井;4—引水隧洞;5—操纵室

图 2-20　岩塞爆破布置

水下岩塞爆破装药量计算,应考虑岩塞上静水压力的阻抗,用药量应比常规抛掷爆破药量增大20% ~30%。为了控制进口形状,岩塞周边采用预裂爆破以减震防裂。

五、微差控制爆破

微差控制爆破是一种应用特制的毫秒延期雷管,以毫秒级时差顺序起爆各个(组)药包的爆破技术。其原理是把普通齐发爆破的总炸药能量分割为多数较小的能量,采取合理的装药结构、最佳的微差间隔时间和起爆顺序,为每个药包创造多面临空条件,将齐发大量药包产生的地震波变成一长串小幅值的地震波,同时各药包产生的地震波相互干涉,从而降低地震效应,把爆破震动控制在给定水平之下。爆破布孔和起爆顺序有排间微差、排内微差(又称 V 形式)、对角式、波浪式、径向式等,或由它组合变换成的其他形式,其中以对角式效果最好,成排顺序式最差。采用对角式时,应使实际孔距与抵抗线比大于2.5以上,对软石可为6~8;相同段爆破孔数根据现场情况和一次起爆的允许炸药量而定。装药结构一般采用空气间隔装药或孔底留空气柱的方式,所留空气间隔的长度通常为药柱长度的20% ~35%。间隔装药可用导爆索或电雷管齐发或孔内微差引爆,后者能更有效降震。

爆破采用毫秒延迟雷管。最佳微差间隔时间一般取(3~6)W(W为最小抵抗线,m),刚性大的岩石取下限。

一般相邻两炮孔爆破时间间隔宜控制在20~30 ms,不宜过大或过小;爆破网路宜采取可靠的导爆索与继爆管相结合的爆破网路,每孔至少一根导爆索,确保安全起爆。

非电爆管网路要设复线,孔内线脚要设有保护措施,避免装填时把线脚拉断;导爆索网路连接要注意搭接长度、拐弯角度、接头方向,并捆扎牢固,不得松动。

这种爆破能有效地控制爆破冲击波、震动、噪声和飞石;操作简单、安全、迅速;可近火爆破而不造成伤害;破碎程度好,可提高爆破效率和技术经济效益。但网路设计较为复杂;需特殊的毫秒延期雷管及导爆材料。

微差控制爆破适用于开挖岩石地基、挖掘沟渠、拆除建筑物和基础,以及用于工程量与爆破面积较大,对截面形状、规格、减震、飞石、边坡面有严格要求的控制爆破工程。

任务四 爆破施工安全知识

爆破工作的安全极为重要，从爆破材料的运输、储存、加工，到施工中的装填、起爆和销毁均应严格遵守各项爆破安全技术规程。

一、爆破作业安全防护措施

（一）爆破、起爆材料的储存与保管

（1）爆破材料应储存在干燥、通风良好、相对湿度不大于65%的仓库内，库内温度应保持在18～30 ℃；周围5 m内的范围，须清除一切树木和草皮。库房应有避雷装置，接地电阻不大于10 Ω。库内应有消防设施。

（2）爆破材料仓库与民房、工厂、铁路、公路等应有一定的安全距离。炸药与雷管（导爆索）须分开储存，两库房的安全距离不应小于有关规定。同一库房内不同性质、批号的炸药应分开存放。严防虫鼠等啃咬。

（3）炸药与雷管成箱（盒）堆放要平稳、整齐。成箱炸药宜放在木板上，堆摆高度不得超过1.7 m，宽不超过2 m，堆与堆之间应有不小于1.3 m的通道，药堆与墙壁间的距离不应小于0.3 m。

（4）施工现场临时仓库内爆破材料严格控制储存数量，炸药不得超过3 t，雷管不得超过10 000个和相应数量的导火索。雷管应放在专用的木箱内，离炸药不少于2 m距离。

（二）装卸、运输与管理

（1）爆破材料的装卸均应轻拿轻放，不得受到摩擦、震动、撞击、抛掷或转倒。堆放时要摆放平稳，不得散装、改装或倒放。

（2）爆破材料应使用专车运输，炸药与起爆材料、硝铵炸药与黑火药均不得在同一车辆、车厢装运。用汽车运输时，装载不得超过允许载重量的2/3，行驶速度不应超过20 km/h。车顶部须遮盖，用马车运输，单车装载以300 kg为限；双马车以500 kg为限；人力运输不超过25 kg。

（三）爆破操作安全要求

（1）装填炸药应按照设计规定的炸药品种、数量、位置进行。装药要分次装入，用竹棍轻轻压实，不得用铁棒或用力压入炮孔内，不得用铁棒在药包上钻孔安设雷管或导爆索，必须用木棒或竹棒进行。当孔深较大时，药包要用绳子吊下，或用木制炮棍护送，不允许直接往孔内丢药包。

（2）起爆药卷（雷管）应设置在装药全长的1/3～1/2位置上（从炮孔口算起），雷管应置于装药中心，聚能穴应指向孔底，导爆索只许用锋利刀一次切割好。

（3）遇有暴风雨或闪电打雷时，应禁止装药、安设电雷管和联结电线等操作。

（4）在潮湿条件下进行爆破，药包及导火索表面应涂防潮剂加以保护，以防受潮失效。

（5）爆破孔洞的堵塞应保证要求的堵塞长度，充填密实不漏气。填充直孔可用干细砂、砂子、黏土或水泥等惰性材料。最好用1∶(2～3)（黏土∶粗砂）的泥砂混合物，含水量

为 20%，分层轻轻压实，不得用力挤压。水平炮孔和斜孔宜用 2∶1土砂混合物，做成直径比炮孔小 5～8 mm、长 100～150 mm 的圆柱形炮泥棒（或泥蛋）填塞密实。填塞长度应大于最小抵抗线长度的 10%～15%，在堵塞时应注意勿捣坏导火索和雷管的线脚。

（6）导火索长度应根据爆破员在完成全部炮眼和进入安全地点所需的时间来确定，其最短长度不得少于 1 m。

二、爆破安全控制距离

爆破中产生对人、设备、建筑物的主要危险有爆破地震、空气冲击波、水中爆破冲击波、飞石、殉爆、有毒气体（炮烟）、噪声等，因此必须做好安全措施，并保证足够的安全距离；而且为了防止杂散电流、静电、射频电引起雷管、炸药的早爆事故，亦应做好安全工作。

（一）爆破地震安全距离计算

爆破地震安全距离计算公式为

$$R = \sqrt[3]{Q}\left(\frac{K}{V}\right)^{1/a} \tag{2-21}$$

式中 R——爆破地震安全距离，m；

Q——炸药量，kg，齐发爆破为总药量，延时爆破为最大单段药量；

K、a——与爆破点至保护对象间的地形、地质等条件有关的系数和衰减指数，可按表 2-9 选取，或由现场试验确定；

V——保护对象所在地安全允许质点振速，cm/s，根据《爆破安全规程》（GB 6722—2014）规定选取，见表 2-10。

表 2-9　爆区不同岩性的 K、a 值

岩性	K	a
坚硬岩石	50～150	1.3～1.5
中硬岩石	150～250	1.5～1.8
软岩石	250～350	1.8～2

表 2-10　爆破振动安全允许标准

序号	保护对象类别	安全允许质点振动速度 V（cm/s）		
		$f \leq 10$ Hz	10 Hz $< f \leq 50$ Hz	$f > 50$Hz
1	土窑洞、土坯房、毛石房屋	0.15～0.45	0.45～0.9	0.9～1.5
2	一般民用建筑物	1.5～2.0	2.0～2.5	2.5～3.0
3	工业和商业建筑物	2.5～3.5	3.5～4.5	4.5～5.0
4	一般古建筑与古迹	0.1～0.2	0.2～0.3	0.3～0.5
5	运行中的水电站及发电厂中心控制室设备	0.5～0.6	0.6～0.7	0.7～0.9
6	水工隧洞	7～8	8～10	10～15

续表 2-10

序号	保护对象类别	安全允许质点振动速度 V(cm/s)		
		$f \leq 10$ Hz	10 Hz $< f \leq 50$ Hz	$f > 50$Hz
7	交通隧道	10 ~ 12	12 ~ 15	15 ~ 20
8	矿山巷道	15 ~ 18	18 ~ 25	25 ~ 30
9	永久性岩石高边坡	5 ~ 9	8 ~ 12	10 ~ 15
10	新浇大体积混凝土(C20) 龄期:初凝 ~ 3 d 龄期:3 ~ 7 d 龄期:7 ~ 28 d	 1.5 ~ 2.0 3.0 ~ 4.0 7.0 ~ 8.0	 2.0 ~ 2.5 4.0 ~ 5.0 8.0 ~ 10	 2.5 ~ 3.0 5.0 ~ 7.0 10 ~ 12

(二)爆破空气冲击波安全距离计算

爆破空气冲击波安全距离计算公式为

$$R = K\sqrt{Q} \tag{2-22}$$

式中 R——爆破空气冲击波安全距离,m;

Q——装药量,kg;

K——与装药条件和爆破程度有关的系数,见表 2-11。

表 2-11 系数(K)值

破坏程度	安全级别	裸露药包	全埋药包
完全无损	1	50 ~ 150	10 ~ 50
偶然破坏玻璃	2	10 ~ 50	5 ~ 10
玻璃全破坏、门窗局部破坏	3	5 ~ 10	2 ~ 5
隔墙、门、窗、板棚破坏	4	2 ~ 5	1 ~ 2
砖石结构破坏	5	1.5 ~ 2	1.5 ~ 1
全部破坏	6	1.5	—

注:炸药库的设置,空气冲击波对建筑物和人员安全距离,也按式(2-22)计算。

(三)爆破飞石安全距离计算

1. 开挖两端方向的飞石距离 R_1

$$R_1 = 20n^2W \quad (\text{m}) \tag{2-23}$$

式中 n——爆破作用指数;

W——最小抵抗线,m。

2. 开挖两侧方向的飞石距离 R_2

$$R_2 = 40n^2W \quad (\text{m}) \tag{2-24}$$

顺风或下坡方向的飞石距离应增大 25% ~ 50%。

3. 洞室大爆破的飞石距离 R

$$R = 20n^2WK \quad (\mathrm{m}) \tag{2-25}$$

式中　n——最大洞室药包的爆破作用指数；

W——最大洞室药包的最小抵抗线，m；

K——系数，$K = 1.0 \sim 1.5$。

（四）爆破后有毒气体安全距离的计算

$$R = K\sqrt{CQ} \quad (\mathrm{m}) \tag{2-26}$$

式中　Q——装药量，kg；

K——系数，$K = 0.5 \sim 1$；

C——每千克炸药爆炸后放出的有毒气体量（可折算为一氧化碳量计算），L/kg。

对于顺风方向的危害距离增大一倍。

三、瞎炮的处理方法

通过引爆而未能爆炸的药包叫瞎炮。处理之前，必须查明拒爆原因，然后根据具体情况慎重处理。

（一）重爆法

瞎炮系由炮孔外的电线电阻、导火索或电爆网（线）路不合要求而造成的，经检查可燃性和导电性能完好，纠正后，可以重新接线起爆。

（二）诱爆法

当炮孔不深（在 50 cm 以内）时，可用裸露爆破法炸毁；当炮孔较深时，距炮孔近旁 60 cm 处（用人工打孔 30 cm 以上），钻（打）一与原炮孔平行的新炮孔，再重新装药起爆，将原瞎炮销毁。钻平行炮孔时，应将瞎炮的堵塞物掏出，插入一木棍，作为钻孔的导向标志。

（三）掏炮法

可用木制或竹制工具，小心地将炮孔上部的堵塞物掏出；如系硝铵类炸药，可用低压水浸泡并冲洗出整个药包，或以压缩空气和水混合物把炸药冲出来，将拒爆的雷管销毁，或将上部炸药掏出部分后，再重新装入起爆药包起爆。

在处理瞎炮时，严禁把带有雷管的药包从炮孔内拉出来，或者拉动电雷管上的导火索或雷管脚线，把电雷管从药包内拔出来，或掏动药包内的雷管。

项目小结

土石方开挖工程施工钻爆是龙头工序，对工程项目的进度、质量、安全和成本等四大管理目标的实现，起重要作用。工程爆破施工，通过爆破设计指导实施，为此，搞好爆破设计与施工是水利工程施工中的重要环节之一。本项目主要介绍了爆破原理与分类、爆破方法与施工工艺、常用的控制爆破方法以及爆破施工安全知识。通过学习，我们重点掌握爆破器材种类、性能与应用；爆破常用起爆方法；能根据工程需要选择合适的钻孔机具；能进行简单的爆破设计如确定爆破参数、计算爆破装药量等孔网参数等；熟悉控制爆破如预裂爆破和光面爆破技术要求等以及掌握爆破施工安全知识。

复习思考题

一、名词

爆破;抵抗线;爆破圈;爆破漏斗;临空面;爆破作用指数;浅孔爆破;深孔爆破;预裂爆破;光面爆破;不耦合装药

二、问答题

1. 工程中对爆破是如何分级的?
2. 炸药的主要性能有哪些?
3. 简述爆破工程的设计原则与内容。
4. 如何确定浅孔爆破的布孔参数?
5. 简述预裂爆破、光面爆破的技术要点。
6. 简述预裂爆破和光面爆破的区别,定向爆破、微差爆破的原理。
7. 简述爆破操作安全技术要求。

项目实训

【爆破工程课程设计】

1. 课程设计的任务

根据《爆破安全规程》(GB 6722—2014)、《简明爆破工程设计手册》等要求,进行某工程的爆破设计。

2. 课程设计内容及要求

(1)熟悉任务书提供的有关设计资料,认真仔细地分析和研究各种相关文件及工程资料。

(2)爆破参数设计,爆破方式设计。

(3)爆破网路敷设,爆破效果预测。

(4)按时独立完成,字迹清楚、工整。

(5)设计图纸包括孔网参数图、装药结构图、网路敷设图等。

(6)要装订整齐、美观,全班统一封面设计。

3. 设计步骤

(1)审题。

(2)设备选型。根据爆破规模及爆破条件选定供风设备及穿孔设备类型。

(3)确定穿孔爆破参数。包括孔位、孔径、孔深、孔角、超深、孔间距、排间距等。

(4)确定装药结构。确定装药结构类型、装药长度、充填长度及耦合系数等。

(5)网路敷设。确定起爆方式、网路敷设形式,并绘出爆破网路图。

(6)计算爆破工程量。计算爆破体积、爆破工程量、炸药量、穿孔进尺、炸药单耗、延米爆破量等。

(7)计算安全距离。计算飞石、地震波、冲击波安全距离。

(8)预测爆破效果及安全距离。

4. 设计题目：某露天矿台阶爆破设计

某露天矿山，设计开采台阶高度为12 m，矿石坚固系数 $f=9\sim10$，炸药单耗根据岩石性质确定，围岩密度为2.65 t/m^3，矿山设计年生产能力约为60万t，要严格控制爆破安全距离，则应如何进行爆破设计才能满足矿山生产要求。说明：矿山工作时间安排，300 d/a。

项目三　建筑砌体工程

【任务概述】

砖石砌体工程在我国有着悠久的历史,它取材方便、技术成熟、造价低廉,在工业与民用建筑和构筑物中广泛采用。砌体工程是工程中必不可少的施工环节,砌体工程在施工过程中很容易出现质量问题,影响建筑物的安全程度和稳定性。因此,在施工过程中,要严格遵循《砌体工程施工质量验收规范》(GB 50203—2002)。

【知识目标】

1.掌握砌砖工程、砌石工程的施工方法和质量评定。

2.掌握脚手架的搭设技术要点,了解起重机械的类型。

3.掌握钢筋工程的施工方法和质量评定。

4.掌握模板工程施工技术要点和质量评定。

【能力目标】

1.能够制订砌砖工程、砌石工程的施工方法,并进行质量评定。

2.能够指导脚手架的搭设。

3.能够指导钢筋工程的施工和质量评定。

4.能够指导模板工程的施工并进行质量评定。

任务一　砌砖工程

一、施工准备工作

(一)砖的准备

在常温下施工时,砌砖前一天将砖浇水湿润,以免砌筑时因干砖吸收砂浆中大量的水分,使砂浆的流动性降低,砌筑困难,并影响砂浆的黏结力和强度。但也要注意不能将砖浇得过湿而使其不能吸收砂浆中的多余水分,影响砂浆的密实性、强度和黏结力,并且过湿还会产生灰和砖块滑动现象,使墙面不洁净,灰缝不平整,墙面不平直。施工中可将砖砍断,检查吸水深度,如吸水深达到10~20 mm,即认为合格。

砖不能放在脚手架上浇水。砖砌砂浆的稠度应符合规定,拌制砂浆应保证其的配合比和稠度,运输中不漏浆、不离析,以保证施工质量。

(二)施工工具的准备

砌筑工具主要有以下几种:

(1)大铲。用于铲灰、铺灰与刮灰用。大铲分为桃形、长方形、长三角形三种。

(2)瓦刀(泥刀)。打砖、打灰条(披灰缝)、披缝口灰及铺瓦用。

(3)刨锛。用于破砖。

(4)靠尺(托线板)和线锤。检查墙面垂直度用。常用托线板的长度为 1.2~1.5 m。

(5)皮数杆。砌筑时用于标志砖层、门窗、过梁、开洞及埋件,是标志的工具,如图 3-1 所示。

此外,还应准备麻线、米尺、水平尺和小喷壶等。

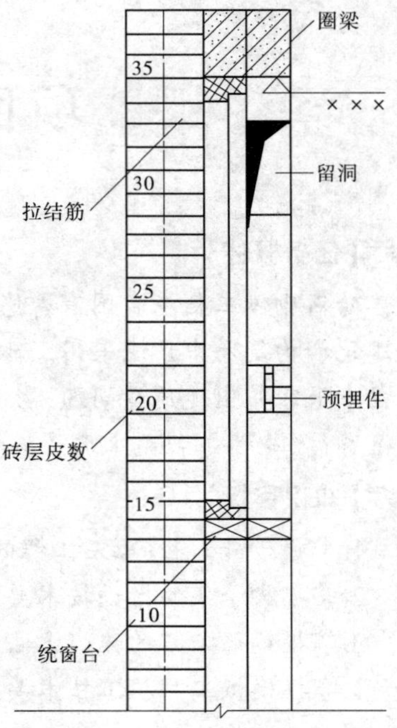

图 3-1　皮数杆

二、砖基础的砌筑

(一)基础结构

砖基础的大放脚通常采用等高式或间隔式两种,如图 3-2 所示。

等高式是两皮一收,每次收进 1/4 砖长,即高为 120 mm 与 60 mm,如图 3-2 (a)所示。间隔式一皮与两皮间隔收进,也是每次收进 1/4 砖长,如图 3-2(b)所示。

(二)砖基础砌筑

1.找平弹线

弹线前,应首先检查基础垫层的施工质量及标高。当垫层低于设计标高 20 mm 以上时,应用 C10 细石混凝土找平。当垫层高于设计标高,但在规范许可范围内时,对于灰土垫层高出部位铲平,对于三合土垫层,则在砌筑时逐皮压小灰缝予以调整。

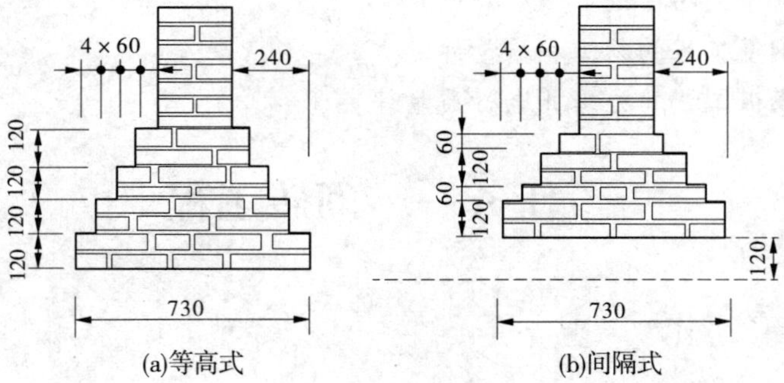

图 3-2　砖基础　(单位:mm)

垫层找平后,依据基础四周龙板或控制板,弹出轴线,再弹出墙基础轴线。轴线弹完后,根据大放脚剖面弹出大放脚最下一皮的宽度线。

2.砖基础砌筑要点

(1)砖基础砌筑前,应先检查垫层施工是否符合质量要求,然后清扫垫层表面,将浮土及垃圾清除干净。

(2)从两端龙门板轴线处拉上麻线,从麻线上挂下线锤,在垫层上锤尖处打上小钉引出墙身轴线,而后向两边放出大放脚的底边线。

(3)在垫层转角、交接及高低踏步处预先立好基础皮数杆。基础皮数杆上应标明皮数退后情况及防潮层位置等。

(4)砌基础时可依皮数杆先砌几层转角及交接处部分的砖,然后在其间拉准线砌中间部分。内、外墙砖基础应同时砌起,如因其他情况不能同时砌起,则应留置斜槎,斜槎的长度不得小于高度的2/3。

(5)大放脚一般采用一顺一丁砌法。竖缝要错开,要注意十字及丁字接头处砌块的拼接,在这些交接处,纵横墙要隔皮砌通。大放脚的最下一皮及每层的上面一皮应以丁砌为主。

(6)若砌基础不在同一深度,则应先由下往上砌筑。在砌筑高低台阶接头处,下台阶要砌一定长度(一般不小于50 cm)实砌体,砌到上面后和上面的砌一起退后。

(7)大放脚到最后一层时,应从龙门板上麻线将墙身轴线引下,以保证最后位置正确。

(8)砖基础中的洞口、管道、沟槽和预埋件等,应于砌筑时正确留出或预埋,宽度过50 cm的洞口,其上方应砌筑平拱或设过梁。

(9)砌完砖基础后,应立即回填土,回填土要在基础两侧同时进行,并分层夯实。

(三)砖墙砌筑

1.砖砌体的组砌形式

砖砌体有组砌要求:上下错缝,内外搭接,以保证砌体的整体性;同时组砌要有规律,少砍砖,提高砌筑效率,节约材料。

规格190 mm×190 mm×190 mm的承重多孔砖一般是整砖顺砌(见图3-3(a)),上下竖缝相互错开1/2砖长(100 mm)。90 mm×190 mm×190 mm多孔有半砖规格,可采用梅花丁组砌形式(见图3-3(b))。

(a)整砖顺砌

(b)梅花丁组砌

图3-3　190 mm×190 mm×190 mm与90 mm×190 mm×190 mm多孔砖砌筑形式

规格为240 mm×115 mm×90 mm的承重多孔砖一般采用一顺一丁或梅花丁组砌形式,见图3-4。

规格为240 mm×180 mm×115 mm的承重多孔砖的组砌与240 mm×115 mm×90 mm的组砌类似,也采用一顺一丁或梅花丁组砌的形式。

非承重空心一般是侧砌的上下皮竖缝相互错开1/2砖长,见图3-5。

多孔砖墙的转角及丁字交接处,应加砌半砖,使灰缝错开。转角处半砖砌在外角上,丁字交接处半砌在横墙端头,见图 3-6。

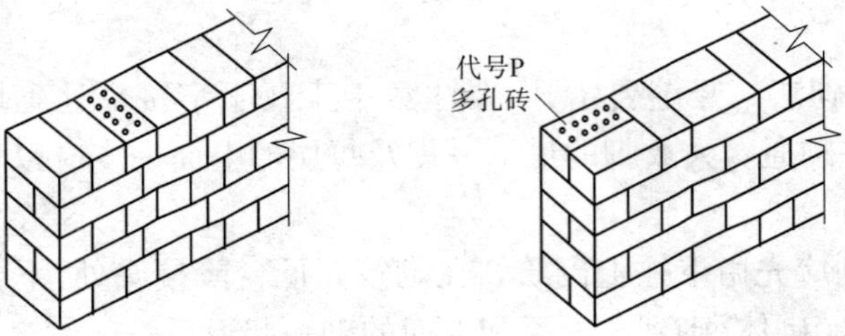

(a)一顺一丁　(b)梅花丁

图 3-4　240 mm×115 mm×90 mm 多孔砖砌筑形式

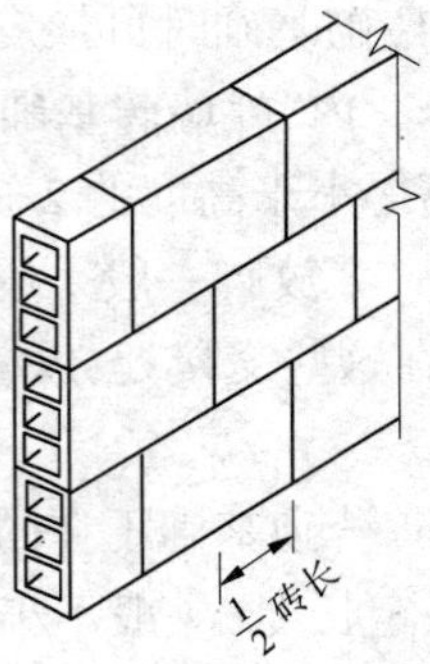

图 3-5　空心砖砌筑形式

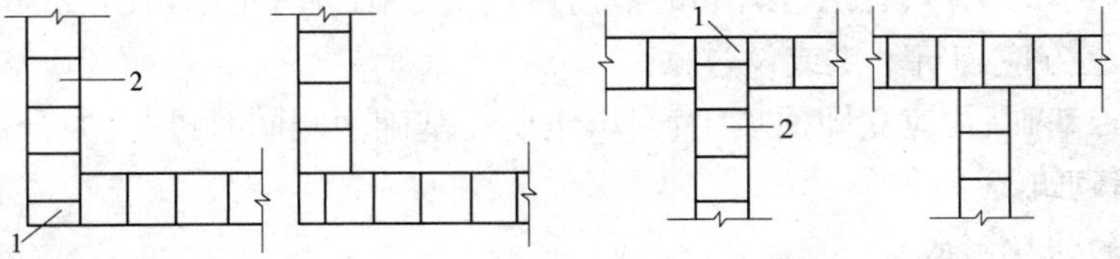

(a)转角　(b)丁字接

1—半砖;2—整砖

图 3-6　多孔砖墙的转角及丁字交接

2.砖砌体砌筑工艺

砖砌体的砌筑过程包括找平、放线、摆砖、立皮数杆和砌砖、清理等工序。

1)找平

砌墙前应在基础防潮层或楼层上定出各层标高,并用 M7.5 水泥砂浆或 C10 细石混凝土找平,使各段砖墙底部标高符合设计要求。找平时,需使上下层外墙之间不致出现明显的接缝。

2)放线

根据龙门板上给定的轴线及图样上标注的墙体尺寸,在基础顶面上用墨线弹出墙的轴线和墙的宽度线,并分出门洞位置线。二楼以上墙的轴线可以用经纬仪和垂球将轴线引上,并弹出各墙的宽度线,画出门洞位置线。

3)摆砖

摆砖是指在放线的基面上按选定的组砌方式用干砖试摆。一般在房屋外纵墙方向摆顺砖,在山墙方向摆丁砖,摆砖由一大角摆到另一个大角,砖与砖留 100 mm 缝隙。摆砖的目的是校对所放出的墨线在门窗洞口、附墙垛等处是否符合砖的模数,以尽可能减少砍砖,并使砌体灰缝均匀,组砌得当。

4)立皮数杆和砌砖

皮数杆是指在其上划有每皮砖和砖缝厚度,以及门窗洞口、过梁、楼板、梁底、预埋件等标高位置的一种木制标杆(见图 3-7)。它是砌筑时控制砌体竖向尺寸的标志,同时还可以保证砌体的垂直度。皮数杆一般立于房屋的四大角、内外墙交接处、楼梯间及洞口等地方，每隔10~15 m立一根。皮数杆的设立，应由两个方向斜撑或锚钉加以固定，以保证其牢固和垂直。一般每次开始砌砖前应检查一遍皮数杆的垂直度和牢固程度。

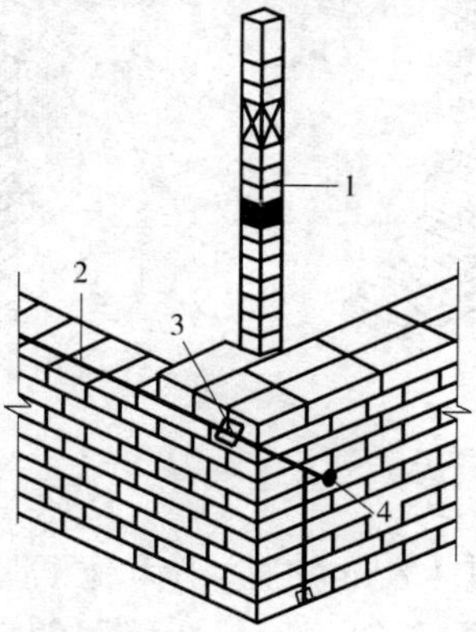

1—皮数杆；2—准线；3—竹片；4—圆铁钉

图3-7　皮数杆示意图

砖砌时，先挂上通线，按所排的干砖位置把砖砌好，然后盘角，在盘角过程中应随时托线检查是否垂直平整，砖层灰缝是否符合皮数杆标志，然后在端墙角安装皮数杆，即可挂线砌第二皮以上的砖。

多孔砖和空心砖竖缝宜采用刮浆法，竖缝应先批砂浆后再砌筑。

5）清理

当该层砖砌体砌筑完毕后，应进行墙面、柱面和落地灰的清理。

3.砌砖的技术要求

全部砖墙应平行砌起，砖层必须水平，砖层位置用皮数杆控制，基面和每楼层砌完后必须校对一次基面、轴线和标高，允许范围内的偏差值在基础或楼板顶面调整。

砖墙的水平灰缝厚度和竖缝宽度一般为10 mm，但不小于8 mm，也不大于12 mm。水平灰缝的砂浆饱满度应不低于80%，砂浆饱满度用百格网检查。竖向灰缝宜用挤浆或加浆方法砌筑，使其砂浆饱满，严禁用水冲浆灌缝。

砖缝的转角和交接处应同时砌筑，不能同时砌筑处，应砌成斜槎，斜槎长度不应小于高度的2/3（见图3-8）。非抗震设防及抗震设防烈度为6度、7度地区的临时间断处、留斜槎有困难时，除转角处外，也可以留直槎，但必须做成凸槎，并加设拉结筋。拉结筋的数量为120 mm墙厚度设置1 Φ 6 mm的钢筋（120 mm厚墙放置2 Φ 6拉结筋），间距沿墙高不得超过500 mm；埋入长度从墙的留槎处算起，每边均不应小于500 mm，对抗震设防烈度为6度、7度的地区，不应小于100 mm；末端应有90°弯钩（见图3-9）。

施工时需在砖墙中留置的临时洞口，其侧边离交接处的墙面不应小于500 mm；洞口顶部宜设置过梁。抗震烈度为9度的建筑物，临时洞口的留置应会同设计单位研究决定。

每层承重墙的最上皮砖、梁和梁垫下面的砖，应用丁砖砌筑；隔墙与填充墙的顶面与上层结构的接触处，待填充墙砌筑完并至少间隔7 d后，再用侧砖或立砖斜砌挤紧。

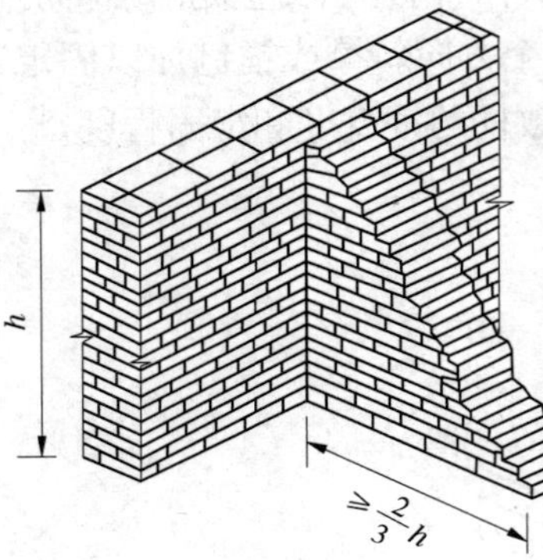

图 3-8 斜槎

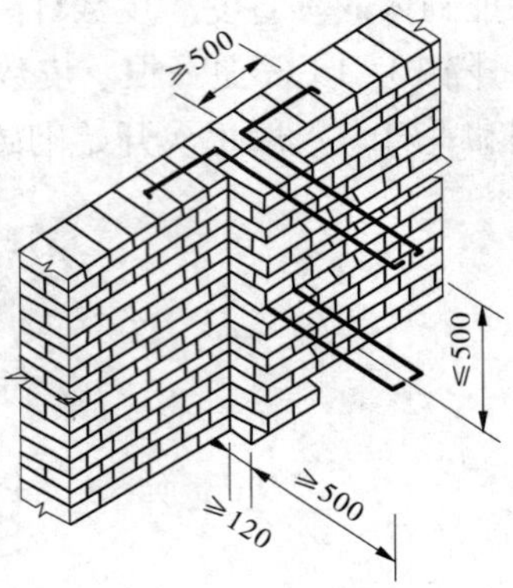

图 3-9 直槎 (单位:mm)

砖墙每天砌筑高度以不超过 1.8 m 为宜,雨天施工时,每天砌筑高度不宜超过 1.2 m。

砖砌体相邻工作段的高度差,不得超过一个楼层的高度,也不宜大于 4 m。工作段的分段位置设在伸缩缝、沉降缝、防震缝和门窗洞口处。砌体临时间断处的高度差不得超过一步脚手架的高度。

尚未安装楼板或屋面的墙和柱,应根据墙、柱厚度、风载大小、墙体净长等条件确定其允许自由高度。如超过一定限值,可能被大风吹倒时必须采用临时支撑和有效措施,以保证墙和柱在施工中的稳定性。

多孔和空心砖墙砌筑前应试摆,在不够整砖处,如无半砖规格,可用普通黏土补砌。多孔砖的孔洞应呈垂直方向砌筑,且长圆孔应顺墙方向。空心砖的孔洞应呈水平方向砌筑。空心砖墙的底部至少砌三皮实心砖,在门洞两侧一砖长范围内,也应用实心砖砌筑。

任务二　砌石护坡施工

一、干砌石护坡

(一)工程石材

砌体用的石料应选用未风化的坚硬石块,石质均匀、表面清洁、强度大、吸水率小、比重大,并且有较好的抗蚀性。常用的岩石有花岗岩、片麻岩、砾岩和大理岩等。石料的抗压强度一般不低于 2.94×10^4 kPa。水利工程常用的石料有以下几种。

1.片石

片石亦称毛石,是开采石料时的副产品,体积较小,而且不规则,常用于护岸和护底工程,或用来填塞砌体的缝隙。

2.块石

块石一般稍经修整,形状大致方正,大小为 0.25~0.3 m^2,并有两个大致平行的面,每块质量以不小于 30 kg 为宜。块石除用于一般防护工程外,还可用于涵洞的砌筑。

3.粗料石

粗料石为四角方正的长方体,宽、厚均不小于 0.25 m。除背面外,其他五个面应加工凿平,表面凸凹深度不大于 10 mm。粗料石常用于闸墩、桥墩台和直墙的砌筑。

4.细料石

细料石要经过细致的加工,其外形方正规则,表面凸凹深度不大于 2 mm,宽、厚不小于 200 mm,且不小于其长度的 1/3。细料石常用于有美观要求的建筑物表面。

5.样石

样石是按设计图样、尺寸加工凿成的细料石,多用于拱石外脸、闸墩圆头及墩墙帽石等。

(二)干砌石

1.砌石前的准备工作

(1)削平或平整底面。砌石前,应先将土坡或底面铲至规定的标准,坡面或底面必须平整,以利铺砂或砌石工作,必要时须将坡面或底面夯实后才能进行铺砌。

(2)放样。土坡削平后,沿建筑物轴线方向每隔 5 m 钉立坡脚、坡中和坡顶木桩各一排,测出高程,在木桩上画出铺反滤料和砌石线,顺排桩方向,拴竖向细铅丝一根,再在两竖向铅丝之间,用活结栓横向铅丝一根,便于此横向铅丝能随砌筑高度向上平行移动。铺砂砌石即以此线为准(见图 3-10)。

(3)铺设反滤层。

为了防止地下渗水逸出时把基础的土粒带走,在干砌石下面应铺设反滤层。在斜坡铺设反滤料时,应与砌石密切配合,自下而上,随铺随砌。分段铺设反滤料时,必须做好接头处各层间的连接工作,以防发生混淆现象。

2.干砌石施工

干砌石施工工序为选石、试放、修凿和安砌。砌石方法有花缝砌石与平缝砌石两种。

1)花缝砌石

这种砌筑方法多用于干砌片石。砌筑时,依石块原有形状,使尖对拐、拐对尖,相互联系砌成。砌石不分层,一般大面向上(见图 3-11)。这种砌筑方法的缺点是底部空虚,容易被水流淘刷发生变形,稳定性较差;优点是表面比较平整。因此,多用于流速不大或不承受风浪淘刷的渠道护坡工程。

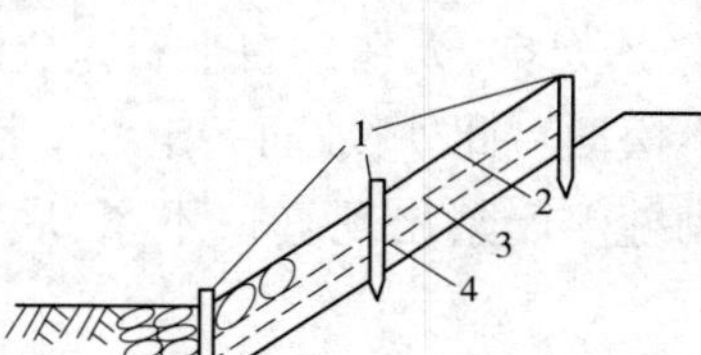

1—样桩;2—砌石线;3—铺砾石线;4—铺砂线

图 3-10 护坡砌石放样示意图

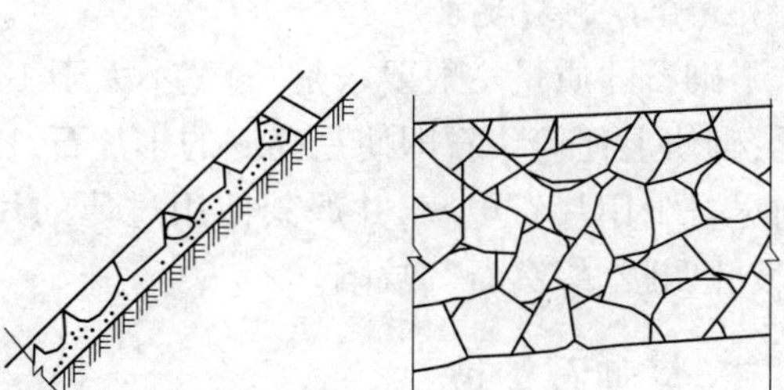

图 3-11 花缝砌石

2)平缝砌石

平缝砌石多用于干砌块石。砌筑时使块石的宽面与坡面横向平行(见图 3-12),在砌筑前应先行试放,不合适处用锤加以修凿,修凿程度以石缝能够紧密接触为准,砌石拐角处如有空隙,可用小片石塞紧。砌石表面应与样线齐平,横向有通缝,但竖向直缝必须错开。砌筑底部如有空隙,均要用合适的片石塞紧,一定要做到底实上紧,以免底砂砾由缝隙中间冲出，而造成塌陷事故。

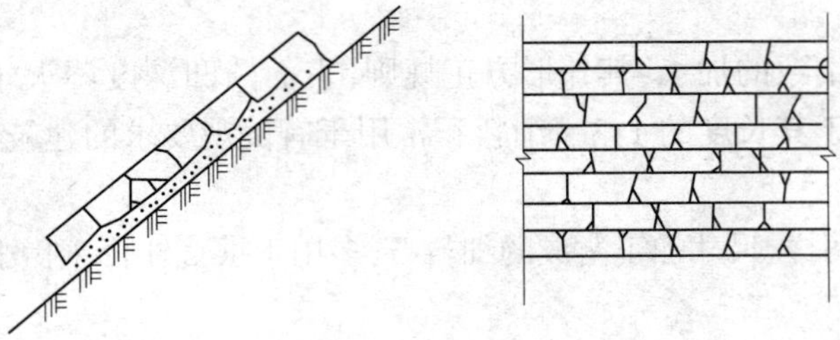

图 3-12　平缝砌石

3）封边

干砌块石是依靠石块之间挤紧的力量维持稳定的。若砌体发生局部移动或变形，将导致整体破坏。边口部位是最易损坏的，均须用较大的块石封边。图 3-13(a)、(b)为坡面封边的两种形式。洪水位以上的坡顶边口如图 3-13(c)所示，多为人行道，可采用较大的方正的石块砌成整齐坚固的封边，使砌成的边口不易损坏。块石封边以外所留空隙，用黏土回填夯实，以加强边口的稳定。

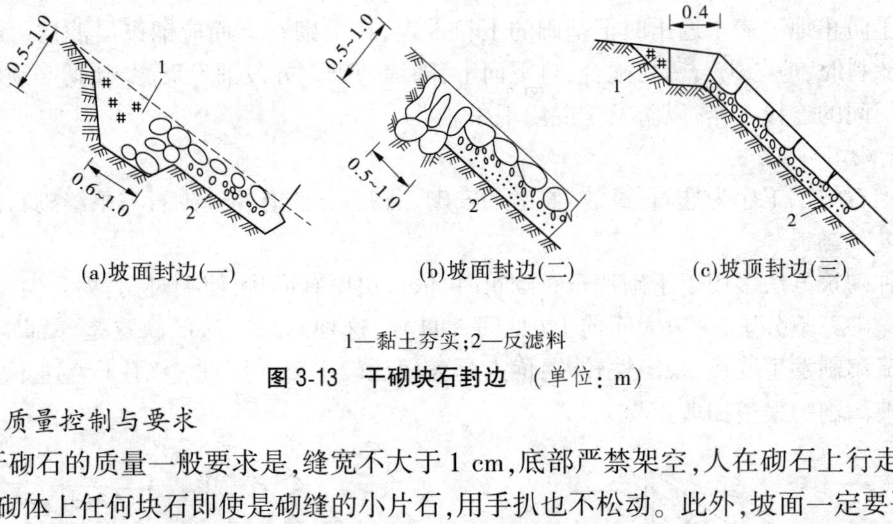

(a)坡面封边(一)　(b)坡面封边(二)　(c)坡顶封边(三)

1—黏土夯实；2—反滤料

图 3-13　干砌块石封边（单位：m）

3.质量控制与要求

干砌石的质量一般要求是，缝宽不大于 1 cm，底部严禁架空，人在砌石上行走无松动感觉；砌体上任何块石即使是砌缝的小片石，用手扒也不松动。此外，坡面一定要平整，砌缝内尽量少用片石填塞，并严禁使用过薄的片石填塞砌缝。严禁出现缝口不紧、底部空虚、鼓肚凹腰、蜂窝石等缺陷。

二、浆砌石护坡

（一）施工程序

浆砌石护坡面的砌筑施工程序包括底面整平、石料准备、放样挂线、砂浆拌制、摊铺砂浆垫层、选择铺置石料、勾缝、养护。

（二）浆砌石护坡施工

1.砌筑方法

浆砌石常采用坐浆砌筑的方法。对于土质坡面，对砌筑前坐浆坡面，先拍打夯实，并在坡面上铺一层 3~5 cm 厚的稠砂浆,然后再安放石块。砌筑用的石块表面必须干净,砌筑前应洒水湿润,以便砂浆黏结。由于护坡砌筑结构厚度较薄,边坡坡度倾斜较缓,砌筑时应由侧边向中部,先底面后表面,由下向上逐层进行。砌筑时,要先试放石料,对不规整的石料应做修凿,再铺砂浆,铺筑砂浆时先铺基面砂浆,再推铺石块之间砂浆,最后翻石坐砌,并使灰浆挤紧。

一般应交错砌筑,灰缝不规则,外观要求整齐的坡面,其外皮石材可做适当加工。在坡底第一皮石应选用较大平整毛石砌筑,第一皮大面向下,以后各皮上下错缝,内外搭接,砌体中不应采用铲口石,也不能出现全部对合石中间填心的砌筑方法,如图 3-14 所示。

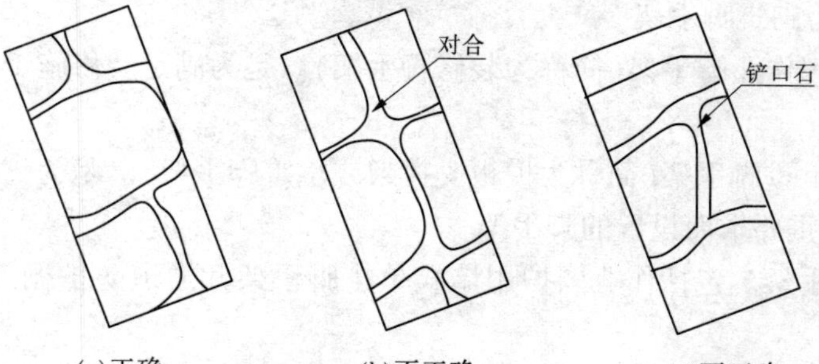

(a)正确　(b)不正确　(c)不正确

图 3-14　毛石砌筑

2.勾缝

浆砌石的外露面应进行勾缝。勾缝就是在砌体砂浆凝固前,先将缝内深度不大于 2 cm 的疏松砂浆刮去,用水将缝内冲洗干净,待砌体达到一定强度后,再用强度等级较高而且较稠的砂浆填充进行勾缝。勾缝宽度一般不大于 3 cm。勾缝形式有凸缝和平缝两种。在水工建筑物中,一般采用平缝。砌体后面与土壤接触面,通常不勾缝。如果为了防止渗水,则可用砂浆抹面。

3.养护

砌体完成后,须用麻袋或草袋覆盖,并应常洒水养护,保持表面潮湿。养护时间一般不小于 5~7 d,在砌体未达到要求的强度之前,不得在其上任意堆放重物或修凿石块,以免砌体受震动而破坏。砌完后,一般经过 28 d,方可进行回填,最早不得小于 12~14 d。

任务三　脚手架与起重机械设备

一、脚手架

(一)脚手架的作用

脚手架是施工作业中不可缺少的手段和设备工具,是为施工现场工作人员生产和堆放部分建筑材料所提供的操作平台。它既要满足施工的需要,又要为保证工程质量和提高工作效率创造条件。脚手架的主要作用如下:

(1)要保证工程作业面的连续性施工。

(2)能满足施工操作所需要的运料和堆料要求,并方便操作。

(3)对高处作业人员能起到防护作用,以确保施工人员的人身安全。

(4)使操作不致影响工效和工程的质量。

(5)能满足多层作业、交叉作业、流水作业和多工种之间配合作业的要求。

(二)脚手架的分类

脚手架的分类方法很多,通常按以下几种方式分类。

1.按脚手架的用途划分

(1)结构工程作业脚手架(简称为结构脚手架)。是为满足结构施工作业需要而设置的脚手架,也称为砌筑脚手架。

(2)装修工程作业脚手架(简称为装修脚手架)。是为满足装修施工作业需要而设置的脚手架。

(3)支撑和承重脚手架(简称为模板支撑架或承重脚手架)。是为支撑模板及其荷载或为满足其他承重要求而设置的脚手架。

(4)防护脚手架。包括作业围护用墙式单排脚手架和通道防护棚等,是为施工安全设置的架子。

2.按脚手架的设置状态划分

(1)落地式脚手架。脚手架荷载通过立杆传递给架设脚手架的地面、楼面、屋面或其他支撑结构物。

(2)挑脚手架。从建筑物内伸出的或固定于工程结构外侧的悬挑梁或其他悬挑结构上向上搭设的脚手架。脚手架通过悬挑结构将荷载传递给工程结构承受。

(3)挂脚手架。使用预埋托挂件或挑出悬挂结构将定型作业架悬挂于建筑物的外墙面。

(4)吊脚手架。悬吊于屋面结构或屋面悬挑梁之下的脚手架。当脚手架为篮式构造时,就称为“吊篮”。

(5)桥式脚手架。由桥式工作台及其两端支柱(一般格构式)构成的脚手架。桥式工作台可自由提升和下降。

(6)移动式脚手架。自身具有稳定结构、可移动使用的脚手架。

3.按脚手架的搭设位置划分

(1)外脚手架。是沿建筑物外墙外侧周边搭设的一种脚手架。它既可用于砌筑墙柱,又可用于外装修。

(2)里脚手架。用于建筑物内墙的砌筑、装修用的脚手架。在施工中,里脚手架搭设在各层楼板上,每层楼板只需搭设两三步。

4.按脚手架杆件、配件材料和连接方式划分

(1)木、竹脚手架。

(2)扣件式钢管脚手架。

(3)碗扣式钢管脚手架。

(4)门式钢管脚手架。

(5)其他连接形式钢管脚手架。

(三)扣件式钢管脚手架

扣件式钢管脚手架是由钢管和扣件组成的。它搭拆方便、灵活,能适应建筑物中平立面的变化,强度高,坚固耐用。扣件式钢管脚手架还可以搭成井字架、栈桥和上料台架等,应用较多。

1.材料要求

1)杆件用料要求

扣件式钢管脚手架的主要杆件有立杆、顺水杆(大横杆)、排木(小横杆)、十字盖(剪刀撑)、压柱子(抛撑、斜撑)、底座、扣件等。

钢管:采用外径 48~51 mm、壁厚 3~3.5 mm 的钢管,长度以 4~6.5 m 和 2.1~2.3 m 为宜。

2)底座

扣件式钢管脚手架的底座,是由套管和底板焊成的。套管一般用外径 57 mm、壁厚 3.5 mm 的钢管(或用外径为 60 mm,壁厚 3~4 mm 的钢管),长为 150 mm。底板一般用边长(或直径)150 mm、厚 5 mm 的钢板,如图 3-15 所示。

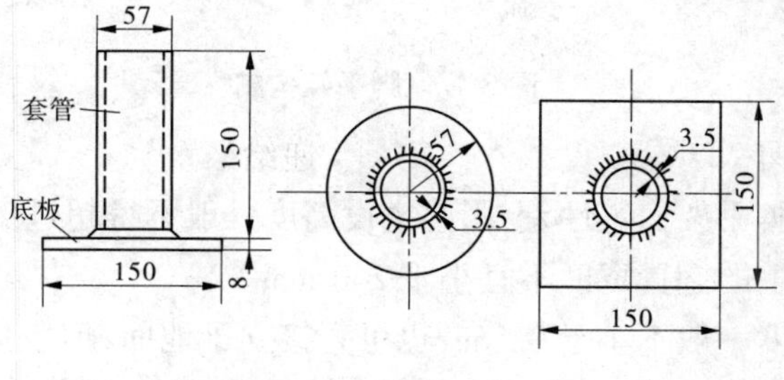

图 3-15　底座　(单位:mm)

3)扣件

扣件是用铸铁锻制而成的,螺栓用 Q235 钢制成,其形式有三种,如图 3-16 所示。

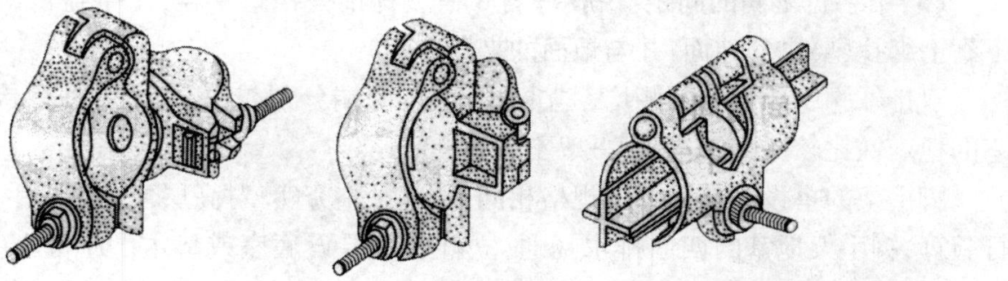

(a)回转扣件　(b)直角扣件　(c)对接扣件

图 3-16　扣件形式

(1)回转扣件。用于连接扣紧呈任意角度相交的杆件,如立杆与十字盖的连接。

(2)直角扣件。又称十字扣件,用于连接扣紧两根垂直相交的杆件,如立杆与顺水杆、排木的连接。

(3)对接扣件。又称一字扣件,用于两根杆件的对接接长,如立杆、顺水杆的接长。

2.扣件式钢管脚手架的搭设

扣件式钢管脚手架的搭设方式通常有单排外脚手架和双排外脚手架,如图 3-17 所示。单排外脚手架外侧只有一排立杆,小横杆一端与立杆或大横杆连接,另一端搁置在建筑物上。

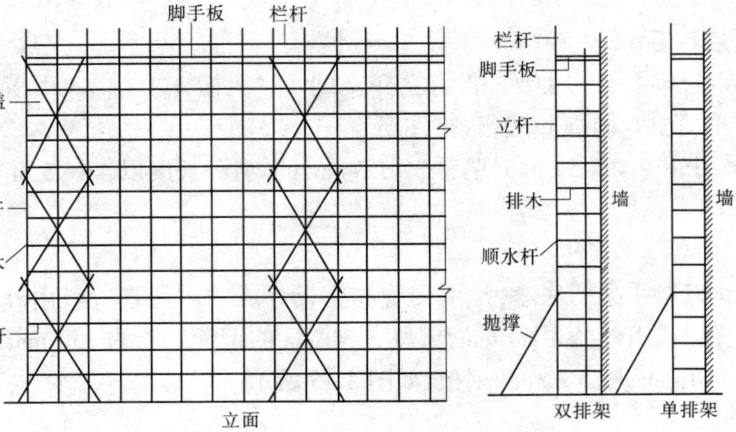

图 3-17　脚手架构成

搭设时应注意以下事项:

(1)由于单排外脚手架稳定性差,因此搭设高度一般不得超过 20 m。

(2)小横杆在墙上的搁置宽度不宜小于 240 mm。

(3)立杆埋设深度一般不小于 0.5 m,也可直接立于地面,但应加设垫板,并用扫地杆帮助稳定。

(4)立杆的间距以 1.5 m 左右为宜,最大不能超过 2 m。横杆的距离一般为 1~1.2 m,最大不得超过 1.5 m。

(5)十字盖之间的间距:一般每隔 6 根立杆设一档十字盖,十字盖占两个立杆档,从下到上绑扎,要撑到地面,并与地面的夹角为 60°。

双排外脚手架内外两侧均设立杆,小横杆两端分别与内、外侧立杆连接的外脚手架。它的稳定性比较好,搭设高度一般不超过 30 m。

脚手架的搭设要求钢管的规格相同,地基平整夯实;对高层建筑物脚手架的基础要进行验算,脚手架地基的四周排水畅通,立杆底端要设底座或垫木。通常脚手架搭设顺序为:放置纵向扫地杆→立杆→ 横向扫地杆→ 第一步纵向水平杆(大横杆)→第一步横向水平杆(小横杆)→ 连墙件(或加抛撑) →第二步纵向水平杆(大横杆)→第二步横向水平杆(小横杆)……

开始搭设第一节立杆时,每 6 跨应暂设一根抛撑,当搭设至设有连墙件的构造层时,应立即设置连墙件与墙体连接,当装设两道墙件后,抛撑便可拆除。双排脚手架的小横杆靠墙一端应离开墙体装饰面至少 100 mm,杆件相交地伸出端长度不小于 100 mm,以防止杆件滑脱;扣件规格必须与钢管外径相一致,扣件螺栓拧紧。除操作层的脚手板外,宜每隔 1.2 m 高满铺一层脚手板,在脚手架全高或高层脚手架的每个高度区段内,铺板不多于

6层，作业不超过3层，或者根据设计搭设。

3.扣件式钢管脚手架的拆除

扣件式钢管脚手架的拆除按由上而下、后搭者先拆、先搭者后拆的顺序进行，严禁上下同时拆除，以及先将整层连墙件或数层连墙件拆除后再拆其余杆件。如果采用分段拆除，其高差不应大于2步架，当拆除至最后一节立杆时，应先加临时抛撑，后拆除连墙件，拆下的材料应及时分类集中运至地面，严禁抛扔。

二、起重机械设备

结构吊装工程中常用的起重机械有桅杆式起重机、履带式起重机、轮胎式起重机、汽车式起重机、门式起重机、塔式起重机和缆式起重机。

(一)桅杆式起重机

工程中常用的桅杆式起重机有独脚把杆、牵缆式桅杆起重机等。这类起重机的特点是构造简单，制作简易，装拆方便，起重量大(可达100 t以上)，能在较窄的工地上使用，能用于吊装一些特殊大型构件和设备。但它灵活性差，服务半径小，移动困难，并需要拉设较多的缆风绳，故多用于安装工程量较集中的工程。

1.独脚把杆

独脚把杆由把杆、起重滑车组、卷扬机、缆风绳和锚碇等组成(见图3-18)。它只能举升重物，不能使重物做水平运动。在使用时，独脚把杆应保持一定的倾角(倾角不得大于10°)，以便在吊装构件时不致撞碰把杆，把杆的底部要设置拖子，供把杆移动时使用。把杆的稳定主要依靠缆风绳，绳的一端固定在把杆顶部，另一端固定在锚碇上，缆风绳一般设6~12根，缆风绳与地面的夹角，一般取30°~45°，角度过大则对把杆产生较大的压力。

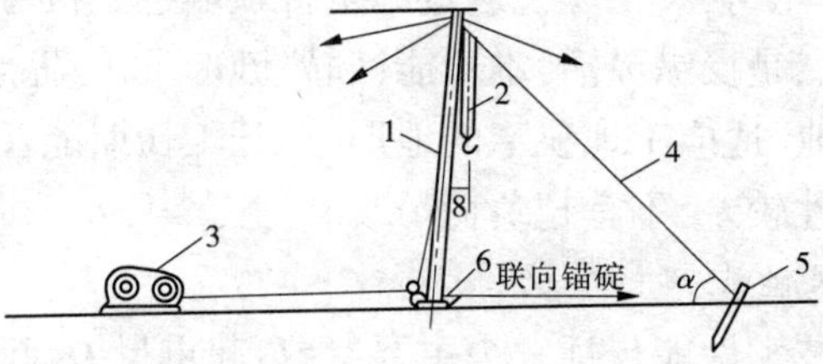

1—把杆；2—起重滑车组；3—卷扬机；4—缆风绳；5—锚碇；6—拖子

图3-18 独脚把杆

2.牵缆式桅杆起重机

牵缆式桅杆起重机是在独脚把杆下端装上一根可以回转和起伏的起重杆而成(见图3-19)。起重杆可回转360°，起重半径大，而且较灵活，可把构件吊到工作范围内任何位置上。起重量在5 t以下的牵缆式桅杆起重机，大多用圆木制作，用于吊装一般小构件。起重量在10 t左右的牵缆式桅杆起重机，大多用无缝钢管制作，桅杆高度可达25 m，用于一般工业厂房的吊装。桅杆和起重杆都是用角钢组成的格构式方形截面的牵缆式桅杆起重机，起重量可达60 t，桅杆高度可达80 m，大多用于重型构件和设备的安装。

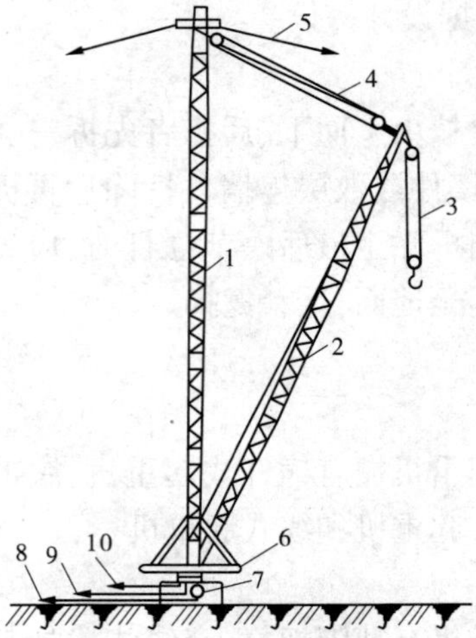

1—桅杆;2—起重杆;3—起重滑车组;4—变幅滑车组;5—缆风绳;
6—回转盘;7—底座;8—回转索;9—起重索;10—变幅索

图 3-19 牵缆式桅杆起重机

(二)履带式起重机

1.履带式起重机的构造及特点

履带式起重机由行走装置、回转机构、机身及起重臂等部分组成。行走装置为链式履带,以减少对地面的压力。回转机构为装在底盘上的转盘,机身可回转 360°。机身内部有动力装置、卷扬机和操纵系统。

起重臂是用角钢组成的格构式杆件,下端铰接在机身的前面,能随机身回转。起重臂可分节接长,设有两套滑轮组,其钢丝绳通过起重臂顶端连到机身内的卷扬机上。

履带式起重机的特点是操纵灵活,本身能回转 360°,可负荷行驶,可在一般平整坚实的场地上行驶和吊装作业,适应工地狭窄的地形,在开工初期能及早投入使用,生产率高。但是履带式起重机稳定性较差,不宜超负荷吊装。

2.履带式起重机技术性能

履带式起重机主要技术性能包括三个主要参数:起重量 Q、起重半径 R、起重高度 H。

起重半径 R 指起重机回转中心至吊钩的水平距离,起重高度 H 指起重吊钩至地面的距离。起重量 Q、起重半径 R 及起重高度 H 这三个参数之间存在相互制约的关系,其数值变化取决于起重臂的长度及其仰角的大小。每一种起重机都有几种臂长,臂长不变时,起重机仰角增大,起重量 Q 和起重高度 H 增大,起重半径 R 减小。起重臂仰角不变时,随着起重臂长度的增加,起重半径 R 和起重高度 H 增加,而起重量 Q 减少。

(三)轮胎式起重机

轮胎式起重机的构造基本上与履带式起重机相同,但其行驶装置采用轮胎,据起重量大小,装有若干根轮轴,配备 4~10 个或更多个轮胎。并有着可伸缩的支腿(见图 3-20)。起重时可使用支腿,以增加机身的稳定,并保护轮胎,必要时支腿下面可以加垫,以扩大支承面。轮胎式起重机具有运行速度快,能迅速转移工作地点或工地,行驶不破坏路面等优点。但这种起重机不适合在松软或泥泞地面工作。

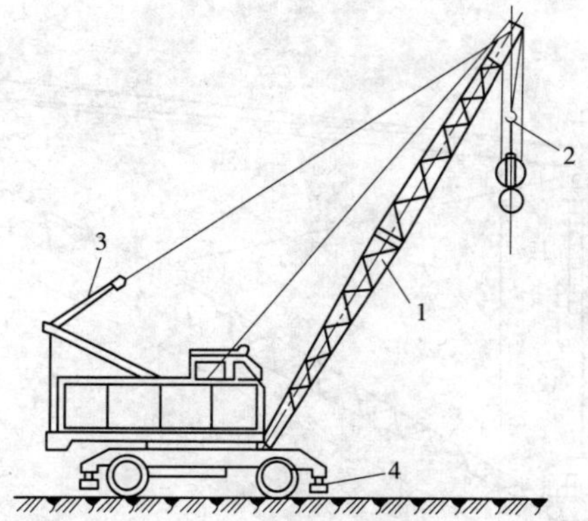

1—起重杆;2—起重滑轮组;3—变幅滑轮组;4—可伸缩支腿

图 3-20 轮胎式起重机

(四)汽车式起重机

汽车式起重机是把机身和起重机构安装在通用或专用汽车底盘上的全回转起重机(见图 3-21),起重机构的所有动力由汽车发动机供给,其行驶的驾驶室与起重的操纵室分开。其优点与轮胎式起重机相同。

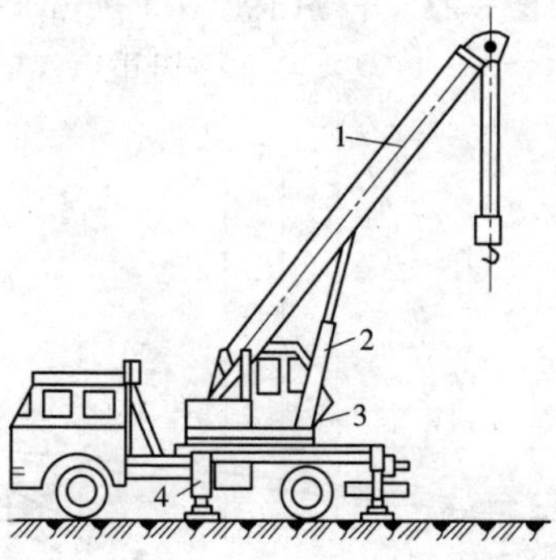

1—可伸缩的起重杆;2—变副液压千斤顶;3—可回转的起重平台;4—可伸缩的支脚

图 3-21 汽车式起重机

(五)门式起重机

门式起重机(简称门机)是一种大型移动式起重设备。它的下部为一钢结构门架,门架底部装有车轮,可沿轨道移动。门架下有足够的净空,能并列通行两列运输混凝土的平台列车。门架上面的机身包括起重臂、回转工作台、滑轮组(或臂架连杆)、支架及平衡重等。整个机身可通过转盘的齿轮作用,水平回转 360°。该机运行灵活、移动方便,起重臂能在负荷下水平转动,但不能在负荷下变幅。变幅是在非工作时,利用钢索滑轮组使起重臂改变倾角来完成的。图 3-22 为 10 t 丰满门机。图 3-23 为 10/30 t 高架门机,起重高度可达 60~70 m。

(六)塔式起重机

塔式起重机(简称塔机)是在门架上装置高达数十米的钢架塔身,用以增加起吊高度。其起重臂多是水平的,起重小车钩可沿起重臂水平移动,用以改变起重幅度,如图 3-24 所示。

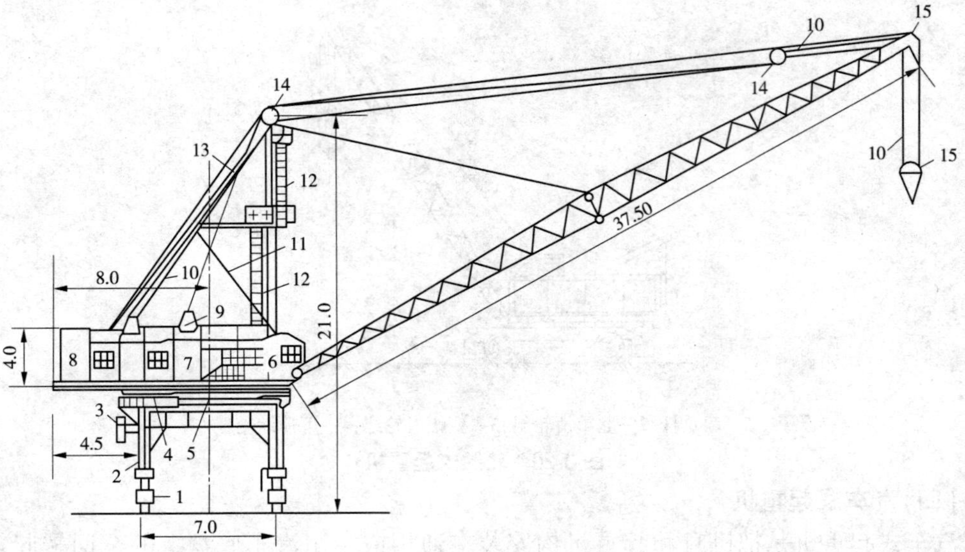

1—车轮;2—门架;3—电缆卷筒;4—回转机构;5—转盘;6—操纵室;7—机器间;8—平衡重;
9、14、15—滑轮;10—起重索;11—支架;12—梯;13—臂架升降索

图 3-22 丰满门机 （单位:m）

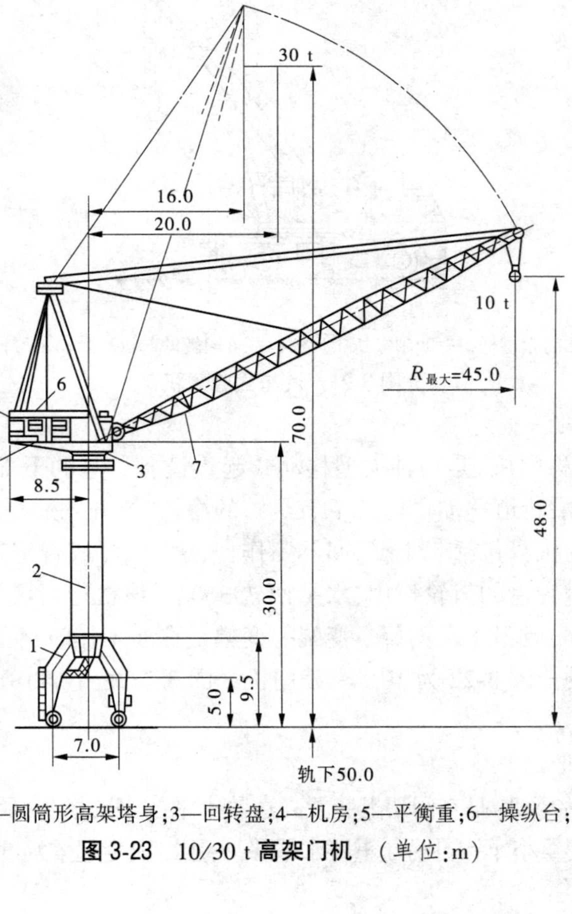

1—门架;2—圆筒形高架塔身;3—回转盘;4—机房;5—平衡重;6—操纵台;7—起重臂

图 3-23 10/30 t 高架门机 （单位:m）

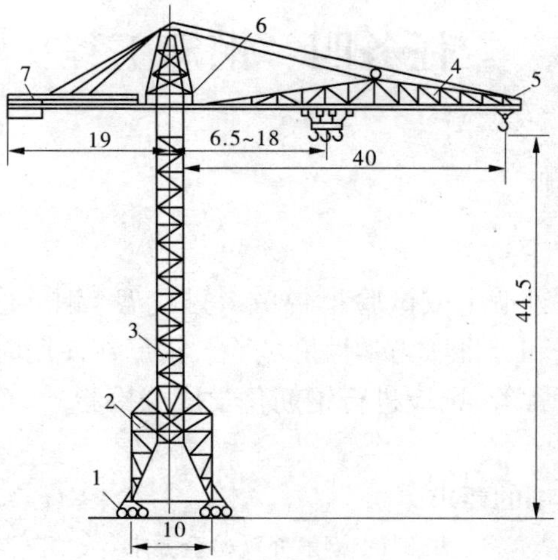

1—车轮；2—门架；3—塔身；4—伸臂；5—起重小机；6—回转塔架；7—平衡重

图 3-24　10/25 t 塔式起重机

（七）缆式起重机

缆式起重机（简称缆机）由一套凌空架设的缆索系统、起重小车、主塔架、副塔架等组成，如图 3-25 所示。主塔内设有机房和操纵室，并用对讲机和工业电视与现场联系，以保证缆机的运行。缆索系统为缆机的主要组成部分，它包括承重索、起重索、牵引索和各种辅助索。承重索两端系在主塔和副塔的顶部，承受很大的拉力，通常用高强钢丝束制成，是缆索系统中的主起重索，垂直方向设置升降起重钩，牵引起重小车沿承重索移动。塔架为三角形空间结构，分别布置在两岸缆机平台上。

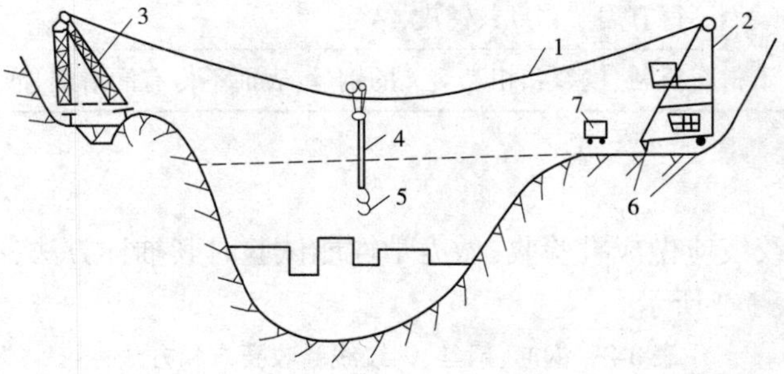

1—承重索；2—主塔；3—副塔；4—起重索；5—吊钩；6—起重机轨道；7—混凝土列车

图 3-25　缆式起重机

缆机的类型，一般按主、副塔的移动情况划分，有固定式、平移式和辐射式三种。

缆机适用于狭窄河床的混凝土坝浇筑，它不仅具有控制范围大、起重量大、生产率高的特点，而且能提前安装和使用，使用期长，不受河流水文条件和坝体升高的影响，对加快主体工程施工具有明显的作用。

任务四　钢筋工程

一、钢筋的验收与配料

(一)钢筋的验收

钢筋进场应具有出厂证明书或试验报告单,每捆(盘)钢筋应有标牌,同时应按有关标准和规定进行外观检查和分批做力学性能试验。钢筋在使用时,如发现脆断、焊接性能不良或机械性能显著不正常等,则应进行钢筋化学成分检验。

1.外观检查

外观检查应满足表3-1的要求。

表3-1　钢筋外观检查要求

钢筋种类	外观要求
热轧钢筋	表面不得有裂纹、结疤和折叠,如有凸块不得超过横肋的高度,其他缺陷的高度和深度不得大于所在部位尺寸的允许偏差。钢筋外形尺寸等应符合国家标准
热处理钢筋	表面不得有裂纹、结疤和折叠,如局部凸块,不得超过横肋的高度。钢筋外形尺寸应符合国家标准
冷拉钢筋	表面不得有裂纹和局部缩颈
冷拔低碳钢丝	表面不得有裂纹和机械损伤
碳素钢丝	表面不得有裂纹、小刺、机械损伤、锈皮和油漆
刻痕钢丝	表面不得有裂纹、分层、锈皮、结疤
钢绞线	不得有折断、横裂和相互交叉的钢丝,表面不得有润滑剂、油渍

2.验收要求

钢筋、钢丝、钢绞线应做成批验收,做力学性能试验时其抽样方法,应按相应标准所规定的规则抽取,如表3-2所示。

表3-2　钢筋、钢丝、钢绞线验收要求和方法

钢筋种类	验收批钢筋组成	每批质量(t)	取样方法
热轧钢筋	同一牌号、规格和同一炉罐号; 同钢号的混合批,不超过6个炉罐号	≤60	在每批钢筋中任取2根钢筋,每根钢筋取1个拉力试样和1个冷弯试样
热处理钢筋	同一处截面尺寸,同一热处理制度和炉罐号; 同钢号的混合批,不超过10个炉罐号	≤60	取10%盘数(不少于25盘),每盘1个拉力试样

续表 3-2

钢筋种类		验收批钢筋组成	每批质量(t)	取样方法
冷拉钢筋		同级别、同直径	≤20	任取 2 根钢筋,每根钢筋取1个拉力试样和1个冷弯试样
冷拔低碳钢丝	甲级		逐盘检查	每盘取1个拉力试样和1个弯曲试样
	乙级	用相同材料的钢筋冷拔成同直径的钢丝	5	任取3盘,每盘取1个拉力试样和1个弯曲试样
碳素钢丝 刻痕钢丝		同一钢号、同一形状尺寸、同一交货状态		取5%盘数(不少于3盘),优质钢丝取10%盘数(不少于3盘),每盘取1个拉力试样和1个冷弯试样
钢绞线		同一钢号、同一形状尺寸、同一生产工艺	≤60	任取3盘,每盘取1个拉力试样

注:拉力试验包括屈服点、抗拉强度和伸长率三个指标。检验要求,如有一个试样一项试验指标不合格,则另取双倍数量的试样进行复检,如仍有一个试样不合格,则该批钢筋不予验收。

(二)钢筋的配料

钢筋的配料是指识读工程图纸、计算钢筋下料长度和编制配筋表。

1.钢筋下料长度

1)钢筋长度

施工图(钢筋图)中所指的钢筋长度是钢筋外缘至外缘之间的长度,即外包尺寸。

2)混凝土保护层厚度

混凝土保护层厚度是指受力钢筋外缘至混凝土表面的距离,其作用是保护钢筋在混凝土中不被锈蚀。

3)钢筋接头增加值

由于钢筋直条的供货长度一般为6~10 m,而有的钢筋混凝土结构的尺寸很大,需要对钢筋进行接长。钢筋接头增加值如表3-3~表3-5所示。

表 3-3　钢筋绑扎接头的最小搭接长度

钢筋级别	Ⅰ级钢筋	Ⅱ级钢筋	Ⅲ级钢筋
受拉区	$30d$	$35d$	$40d$
受压区	$20d$	$25d$	$30d$

注:d 为钢筋直径。

表 3-4　钢筋对焊长度损失值　（单位:mm）

钢筋直径	<16	16~25	>25
损失值	20	25	30

表 3-5　钢筋搭接焊最小搭接长度

焊接类型	Ⅰ级钢筋	Ⅱ、Ⅲ级钢筋
双面焊	$4d$	$5d$
单面焊	$8d$	$10d$

4) 钢筋弯曲调整长度

钢筋有弯曲时，在弯曲处的内侧发生收缩，而外皮却出现延伸，而中心线则保持原有尺寸。一般量取钢筋尺寸时，对于架立筋和受力筋量外皮、箍筋量内皮、下料则量中心线。这样，对于弯曲钢筋计算长度和下料长度均存在差异。

(1) 弯钩增加长度。

根据规定，Ⅰ级钢筋两端做180°弯钩，其弯曲直径 $D=2.5d$，平直部分为 $3d$（手工弯钩为 $1.75d$），见图3-26。量度方法以外包尺寸度量，其每个弯钩的增加长度为

$$EF = ABC + EC - AF = 1/2\pi(D + d) + 3d - (1/2D + d)$$
$$= 0.5\pi(2.5d+d)+3d-(0.5\times2.5d+d) = 6.25d$$

同理，可得135°斜弯钩每个弯钩的增加长度为 $5d$。

(2) 弯折减少长度。

90°弯折时按《混凝土结构工程施工质量验收规范》(GB 50204—2015)有两种情况：Ⅰ级钢筋弯曲直径 $D=2.5d$，Ⅱ级钢筋弯曲直径 $D=4d$，见图3-27。其每个弯曲的减少长度为

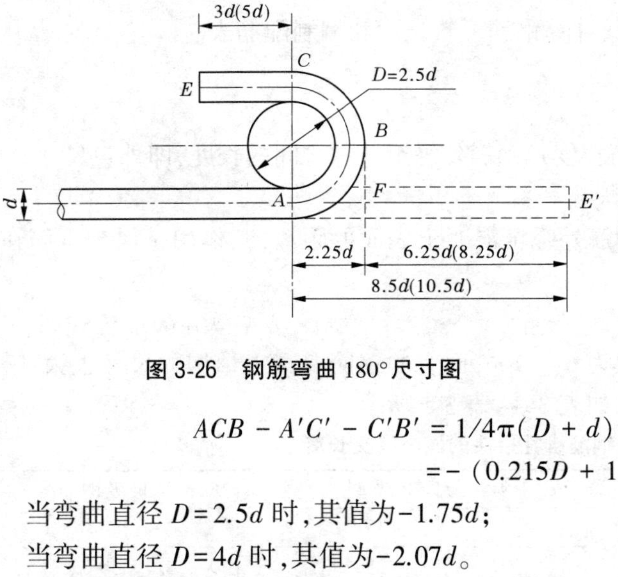

图3-26　钢筋弯曲180°尺寸图

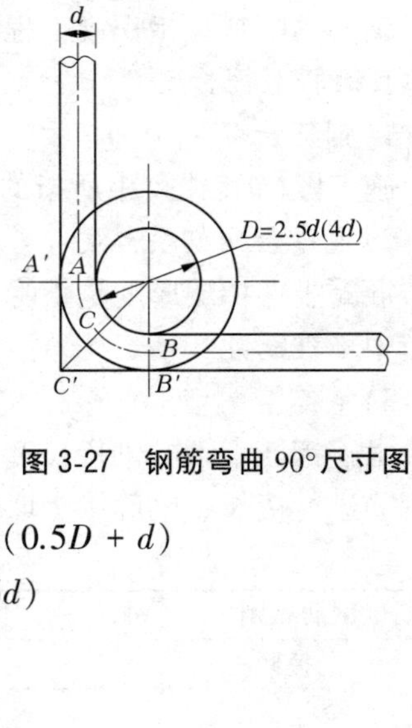

图3-27　钢筋弯曲90°尺寸图

$$ACB - A'C' - C'B' = 1/4\pi(D + d) - 2(0.5D + d)$$
$$= -(0.215D + 1.215d)$$

当弯曲直径 $D=2.5d$ 时，其值为 $-1.75d$；

当弯曲直径 $D=4d$ 时，其值为 $-2.07d$。

为计算方便，两者都取其近似值 $-2d$。

同理，可得45°、60°、135°弯折的减少长度分别为 $-0.5d$、$-0.85d$、$-2.5d$。将上述结果整理成表3-6。

表3-6　钢筋弯曲调整长度

弯曲类型	弯钩			弯折				
	180°	135°	90°	30°	45°	60°	90°	135°
调整长度	$6.25d$	$5d$	$3.2d$	$-0.35d$	$-0.5d$	$-0.85d$	$-2d$	$-2.5d$

为了箍筋计算方便，一般将箍筋的弯钩增加长度、弯折减少长度两项合并成一箍筋调

整值，见表3-7。计算时将箍筋外包尺寸或内皮尺寸加上箍筋调整值即为箍筋下料长度。

表3-7　箍筋调整值　（单位：mm）

箍筋量度方法	箍筋直径			
	4~5	6	8	10~12
量外包尺寸	40	50	60	70
量内皮尺寸	80	100	120	150~170

5）钢筋下料长度计算

直筋下料长度=构件长度+搭接长度-保护层厚度+弯钩增加长度

弯起筋下料长度=直段长度+斜段长度+搭接长度-弯折减少长度+弯钩增加长度

箍筋下料长度=直段长度+弯钩增加长度-弯折减少长度

=箍筋周长+箍筋调整值

2.钢筋配料

钢筋配料是钢筋加工中的一项重要工作，合理地配料能使钢筋得到最大限度的利用，并使钢筋的安装和绑扎工作简单化。钢筋配料是依据钢筋表合理安排同规格、同品种的下料，使钢筋的出厂规格长度能够得以充分利用，或库存各种规格和长度的钢筋得以充分利用。

3.归整相同规格和材质的钢筋

下料长度计算完毕后，把相同规格和材质的钢筋进行归整和组合，同时根据现有钢筋的长度和能够及时采购到的钢筋的长度进行合理组合加工。

4.合理利用钢筋的接头位置

对有接头的配料，在满足构件中接头的对焊或搭接长度，接头错开的前提下，必须根据钢筋原材料的长度来考虑接头的布置。要充分考虑原材料被截下来的一段长度的合理使用，如果能够使一根钢筋正好分成几段钢筋的下料长度，则是最佳方案。但往往难以做到，所以在配料时，要尽量地使被截下的一段能够长一些，这样才不致使余料成为废料，使钢筋能得到充分利用。

5.钢筋配料应注意的事项

（1）配料计算时，要考虑钢筋的形状和尺寸在满足设计要求的前提下，要有利于加工安装。

（2）配料时，要考虑施工需要的附加钢筋，如板双层钢筋中保证上层钢筋位置的撑脚、墩墙双层钢筋中固定钢筋间距的撑铁、柱钢筋骨架增加四面斜撑等。

根据钢筋下料长度计算结果和配料选择后，汇总编制钢筋配单。在钢筋配料单中必须反映出工程部位、构件名称、钢筋编号、钢筋简图及尺寸、钢筋直径、钢号、数量、下料长度、钢筋重量等。

列入加工计划的配料单，将每一编号的钢筋制作成一块料牌作为钢筋加工的依据，并在安装中作为区别各工程部位、构件和各种编号钢筋的标志，如图3-28所示。

钢筋配料单和料牌应严格校核，必须准确无误，以免返工浪费。

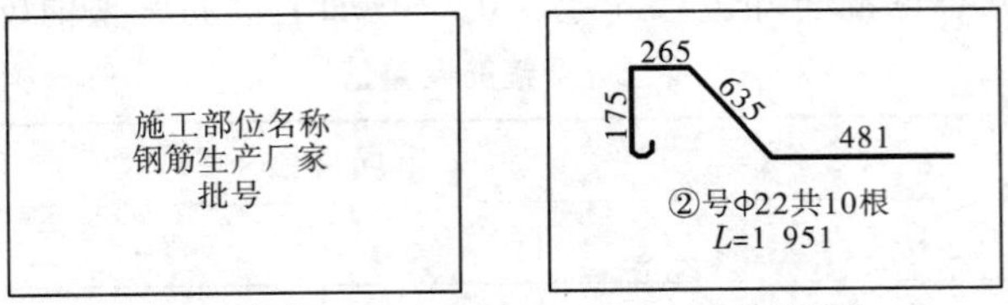

(a)正面　　(b)反面

图 3-28　钢筋料牌

二、钢筋内场加工与连接

(一)钢筋内场加工

1.钢筋除锈

钢筋由于保管不善或存放时间过久,就会受潮生锈。在生锈初期,钢筋表面呈黄褐色,称水锈或色锈,这种水锈除在焊点附近必须清除外,一般可不处理;但是当钢筋锈蚀进一步发展,钢筋表面已形成一层锈皮,受锤击或碰撞可见其剥落,这种铁锈不能很好地和混凝土黏结,影响钢筋和混凝土的握裹力,并且在混凝土中继续发展,需要清除。

钢筋除锈方式有三种:一是手工除锈,如钢丝刷、砂堆、麻袋砂包、砂盘等擦锈;二是机械除锈;三是在钢筋的其他加工工序的同时除锈,如在冷拉、调直过程中除锈。

1)手工除锈

(1)钢丝刷擦锈。

将带锈钢筋并排放在工作台或木垫板上,分面轮换用钢丝刷擦锈。

(2)砂堆擦锈。

将带锈钢筋放在砂堆上往返推拉,直至擦净为止。

(3)麻袋砂包擦锈。

用麻袋包砂,将钢筋包裹在砂袋中,来回推拉擦锈。

(4)砂盘擦锈。

在砂盘里装入掺20%碎石的干粗砂,把锈蚀的钢筋穿进砂盘两端的半圆形槽里来回冲擦,可除去铁锈。

2)机械除锈

除锈机由小功率电动机作为动力,带动圆盘钢丝刷的转动来清除钢筋上的铁锈。钢丝刷可单向或双向旋转。除锈机有固定式和移动式两种形式。

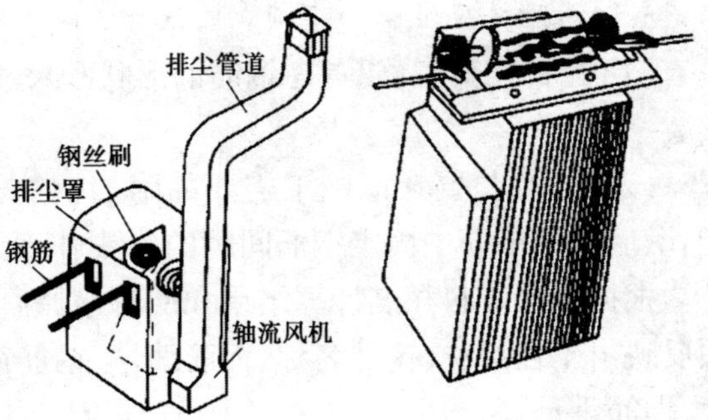

(a)封闭式　　(b)敞开式

图 3-29　固定式除锈机

如图 3-29 所示为固定式除锈机,又分为封闭式和敞开式两种类型。它主要由小功率电动机和圆盘钢丝刷组成。圆盘钢丝刷有厂家供应成品,也可自行用钢丝绳废头拆开取丝编制,直径为 25~35 cm,厚度为 5~15 cm。所用转速一般为 1 000 r/min。封闭式除锈机另加装一个封闭式的排尘罩和排尘管道。

操作除锈机时应注意以下事项：

(1)操作人员启动除锈机，将钢筋放平握紧，侧身送料，禁止在除锈机的正前方站人。钢筋与钢丝刷的松紧度要适当，过紧会使钢丝刷损坏，过松则影响除锈效果。

(2)钢丝刷转动时不可在附近清扫锈屑。

(3)严禁将已弯曲成型的钢筋在除锈机上除锈，弯度大的钢筋宜在基本调直后再进行除锈。在整根长的钢筋除锈时，一般要由两人进行操作。两人要紧密配合，互相呼应。

(4)对于有起层锈片的钢筋，应先用小锤敲击，使锈片剥落干净，再除锈。如钢筋表面的麻坑、斑点以及锈皮已损伤钢筋的截面，则在使用前应鉴定是否降级使用或另做其他处理。

(5)使用前应特别注意检查电气设备的绝缘及接地是否良好，确保操作安全。

(6)应经常检查钢丝刷的固定螺丝有无松动，转动部分的润滑情况是否良好。

(7)检查封闭式防尘罩装置及排尘设备是否处于良好和有效状态，并按规定清扫防护罩中的锈尘。

2.钢筋调直

钢筋在使用前必须经过调直，否则会影响钢筋受力，甚至会使混凝土提前产生裂缝，如未调直直接下料，会影响钢筋的下料长度，并影响后续工序的质量。

钢筋调直应符合下列要求：

(1)钢筋的表面应洁净，使用前应无表面油渍、漆皮、锈皮等。

(2)钢筋应平直，无局部弯曲，钢筋中心线同直线的偏差不超过其全长的1%。成盘的钢筋或弯曲的钢筋均应调直后才允许使用。

(3)钢筋调直后其表面伤痕不得使钢筋截面面积减少5%以上。

1)人工调直

(1)钢丝的人工调直。

冷拔低碳钢丝经冷拔加工后塑性下降，硬度增加，用一般人工平直方法调直较困难，因此一般采用机械调直的方法。但在工程量小、缺乏设备的情况下，可以采用蛇形管或夹轮牵引调直。

蛇形管是用长40~50 cm、外径2 cm的厚壁钢管(或用外径2.5 cm钢管内衬弹簧圈)弯曲成蛇形，钢管内径稍大于钢丝直径，蛇形管四周钻小孔，钢丝拉拔时可使锈粉从小孔中排出。管两端连接喇叭进出口，将蛇形管固定在支架上，需要调直的钢丝穿过蛇形管，用人力向前牵引，即可将钢丝基本调直，局部弯曲处可用小锤加以平直，如图3-30所示。

冷拔低碳钢丝还可通过夹轮牵引调直，如图3-31所示。

(2)盘圆钢筋人工调直。

直径10 mm以下的盘圆钢筋可用绞磨拉直，如图3-32所示，先将盘圆钢筋搁在放圈架上，人工将钢筋拉到一定长度切断，分别将钢筋两端夹在地锚和绞磨的夹具上，推动绞磨，即可将钢筋拉直。

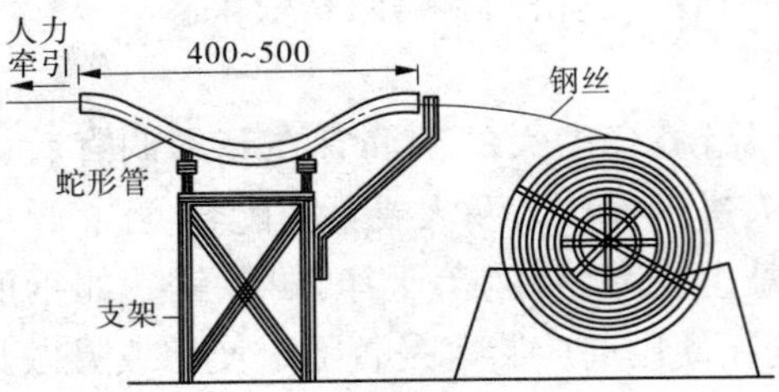

图 3-30　蛇形管调直架　（单位:mm）

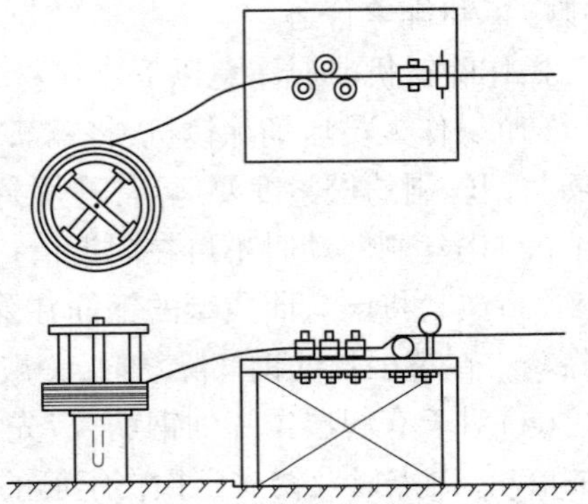

图 3-31　夹轮牵引调直架

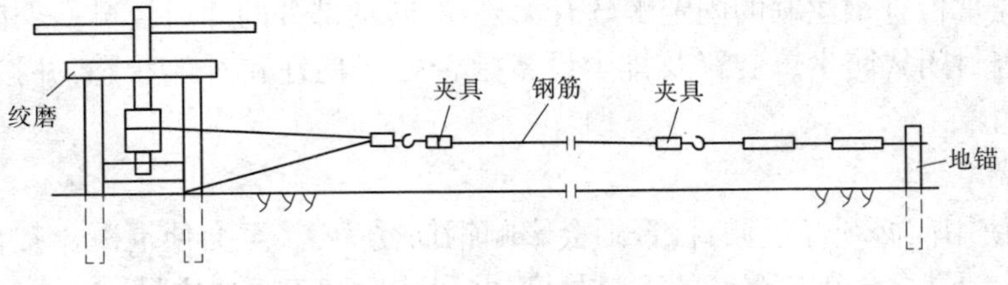

图 3-32　绞磨拉直钢筋装置

(3)粗钢筋人工调直。

直径 10 mm 以上的粗钢筋是直条状,在运输和堆放过程中易造成弯曲,其调直方法是:根据具体弯曲情况将钢筋弯曲部位置于工作台的板柱间,就势利用手工扳子将钢筋弯曲基本矫直,如图 3-33 所示。也可手持直段钢筋处作为力臂,直接将钢筋弯曲处放在扳柱间扳直,然后将基本矫直的钢筋放在铁砧上,用大锤敲直,如图 3-34 所示。

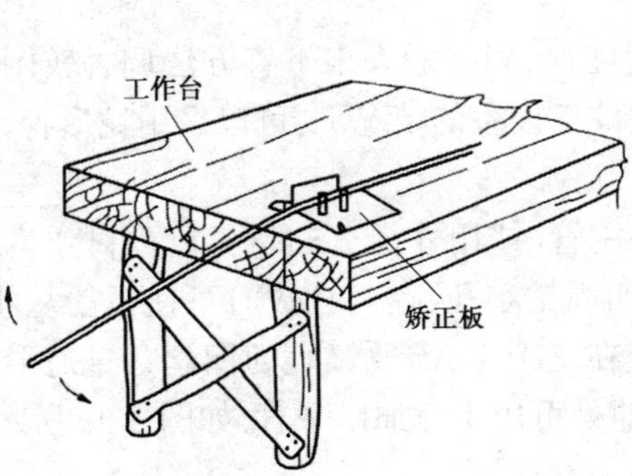

图 3-33　人工矫直粗钢筋

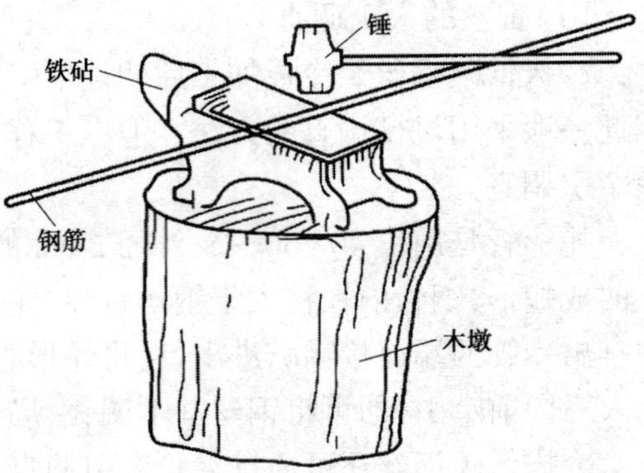

图 3-34　人工敲直钢筋

2)机械调直

钢筋的机械调直可用钢筋调直机、弯筋机、卷扬机等调直。钢筋调直机用于圆钢筋的调直和切断,并可清除其表面的氧化皮和污迹。目前,常用的钢筋调直机有 GT16/4、GT3/8、GT6/12、GT10/16。此外,还有一种数控钢筋调直切断机,利用光电管进行调直、输送、切断、除锈等功能的自动控制。

操作钢筋调直切断机应注意以下事项：

(1)按所需调直钢筋的直径选用适当的调直模、送料、牵引轮槽及速度，调直模的孔径应比钢筋直径大2~5 mm，调直模的大口应面向钢筋进入的方向。

(2)必须注意调整调直模。调直筒内一般设有5个调直模，第1、5两个调直模须放在中心线上，中间3个可偏离中心线。先使钢筋偏移3 mm左右的偏移量，经过试调直，如钢筋仍有宏观弯曲，可逐渐加大偏移量；如钢筋存在微观弯曲，应逐渐减少偏移量，直到调直为止。

(3)切断3~4根钢筋后，停机检查其长度是否合适。如有偏差，可调整限位开关或定尺板。

(4)导向套前部，应安装一根长度为1 m左右的钢管。需调直的钢筋应先穿过该钢管，然后穿入导向套和调直筒，以防止每盘钢筋接近调直完毕时其端头弹出伤人。

(5)在调直过程中不应任意调整传送压辊的水平装置，如调整不当，阻力增大，会造成机内断筋，损坏设备。

(6)盘条放在放盘架上要平稳。放盘架与调直机之间应架设环形导向装置，避免断筋、乱筋时出现意外。

(7)已调直的钢筋应按级别、直径、长短、根数分别堆放。

3.钢筋切断

钢筋切断前应做好以下准备工作：

(1)汇总当班所要切断的钢筋料牌，将同规格(同级别、同直径)的钢筋分别统计，按不同长度进行长短搭配，一般情况下先断长料，后断短料，以尽量减少短头，减少损耗。

(2)检查测量长度所用工具或标志的准确性，在工作台上有量尺刻度线的，应事先检查定尺卡板(见图3-35)的牢固和可靠性。在断料时应避免用短尺量长料，防止在量料中产生累计误差。

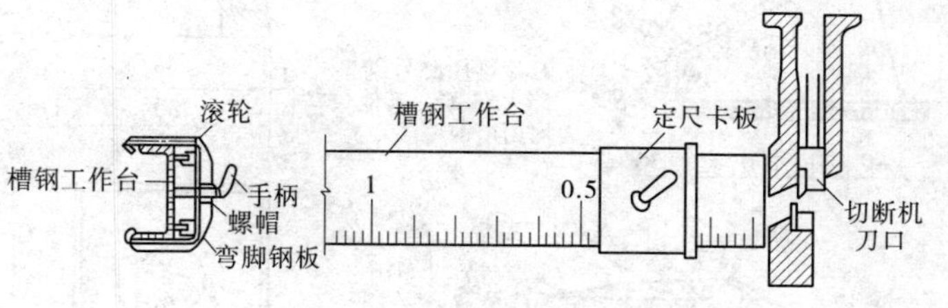

图3-35　切断机工作台和定尺卡板

(3)对根数较多的批量切断任务，在正式操作前应试切2~3根，以检验长度的准确性。

钢筋切断有人工剪断、机械切断、氧气切割等三种方法。直径大于40 mm的钢筋一般用氧气切割。

1)手工切断

手工切断的工具有断线钳、手动液压钢筋切断机、手压切断器等。

(1)断线钳。

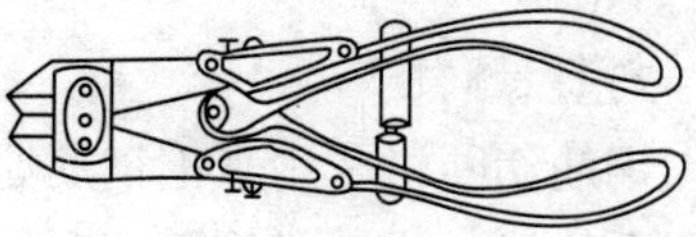

图3-36　断线钳

断线钳是定型产品，见图3-36，按其外形长度可分为 450 mm、600 mm、750 mm、900 mm、1 050 mm 五种,最常用的是 600 mm。断线钳用于切断 5 mm 以下的钢丝。

(2)手动液压钢筋切断机。

手动液压钢筋切断机构造如图 3-37 所示。它由滑轨、刀片、压杆、柱塞、活塞、储油筒、回位弹簧及缸体等组成,能切断直径为 16 mm 以下的钢筋、直径 25 mm 以下的钢绞线。这种机具具有体积小、质量轻、操作简单、便于携带的特点。

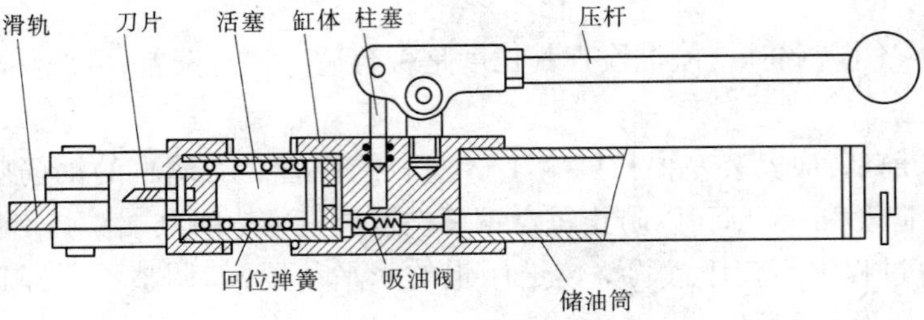

图 3-37　GJ5Y-16 型手动液压钢筋切断机

(3)手压切断器。

手压切断器用于切断直径 16 mm 以下的Ⅰ级钢筋,如图 3-38 所示。手压切断器由固定刀片、活动刀片、底座、手柄等组成,固定刀片连接在底座上,活动刀片通过几个轴(或齿轮)以杠杆原理加力来切断钢筋,当钢筋直径较大时可适当加长手柄。

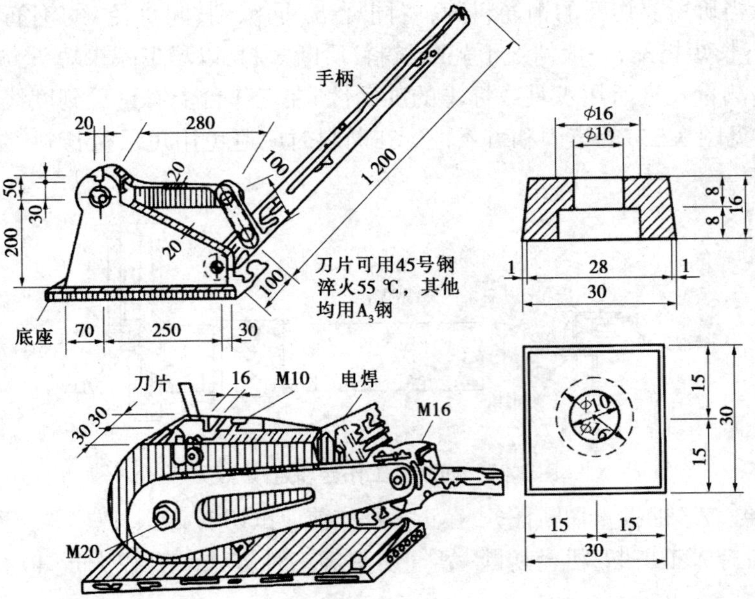

图 3-38　手压切断器　(单位:mm)

2)机械切断

钢筋切断机是用来把钢筋原材料或已调直的钢筋切断。其主要类型有机械式、液压式和手持式。机械式钢筋切断机有偏心轴立式、凸轮式和曲柄连杆式等形式,如图 3-39、图 3-40 所示。

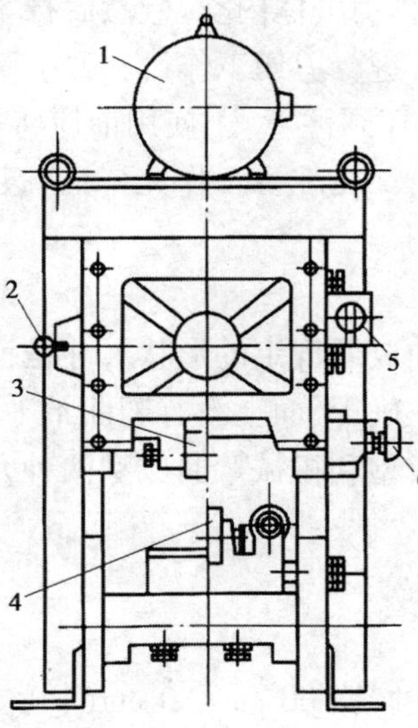

1—电动机;2—离合器操纵杆;3—动刀片;4—定刀片;5—电气开关;6—压料机构

图 3-39　偏心轴立式钢筋切断机

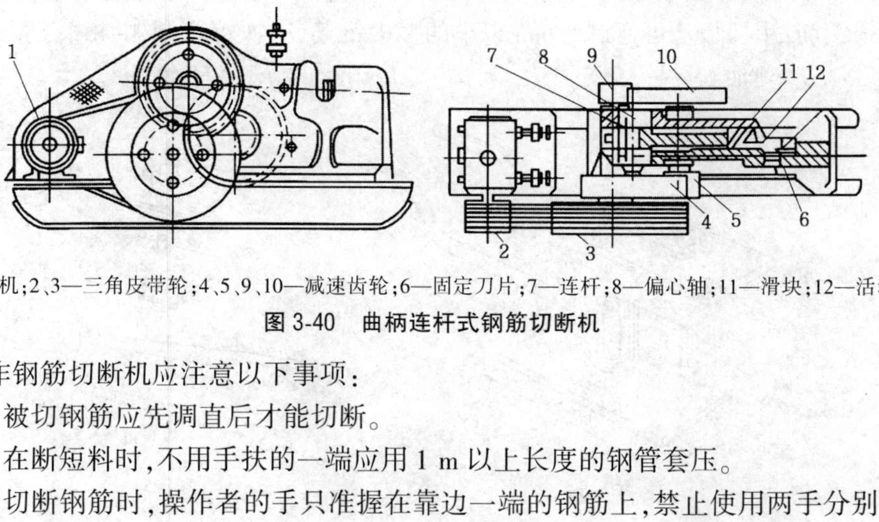

1—电动机;2、3—三角皮带轮;4、5、9、10—减速齿轮;6—固定刀片;7—连杆;8—偏心轴;11—滑块;12—活动刀片

图 3-40　曲柄连杆式钢筋切断机

操作钢筋切断机应注意以下事项:

(1)被切钢筋应先调直后才能切断。

(2)在断短料时,不用手扶的一端应用 1 m 以上长度的钢管套压。

(3)切断钢筋时,操作者的手只准握在靠边一端的钢筋上,禁止使用两手分别握在钢筋的两端剪切。

(4)向切断机送料时,要注意:①钢筋要摆直,不要将钢筋弯成弧形。②操作者要将钢筋握紧。③应在冲切刀片向后退时送进钢筋,如来不及送料,宁可等下一次退刀时再送料;否则,可能发生人身安全或设备事故。④切断 30 cm 以下的短钢筋时,不能用手直接送料,可用钳子将钢筋夹住送料。⑤机器运转时,不得进行任何修理、校正或取下防护罩,不得触及运转部位,严禁将手放在刀片切断位置,铁屑、铁末不得用手抹或嘴吹,一切清洁扫除应停机后进行。⑥禁止切断规定范围外的材料、烧红的钢筋及超过刀刃硬度的材料。⑦操作过程中如发现机械运转不正常,或有异常响声,或者刀片离合不好等情况,要立即停机,并进行检查、修理。

(5)使用电动液压式钢筋切断机需注意:①检查油位及电动机旋转方向是否正确;②

先松开放油阀,空载运转 2 min,排掉缸体内空气,然后拧紧。手握钢筋稍微用力将活塞刀片拨动一下,给活塞以压力,即可进行剪切工作。

(6)手动液压式钢筋切断机还须注意:①使用前应将放油阀按顺时针方向旋紧,切断完毕后,立即按逆时针方向旋开;②在准备工作完毕后,拔出柱销,拉开滑轨,将钢筋放在滑轨圆槽中,合上滑轨,即可剪切。

4.钢筋弯曲成型

将已切断、配好的钢筋,弯曲成所规定的形状尺寸是钢筋加工的一道主要工序。钢筋弯曲成型要求加工的钢筋形状正确,平面上没有翘曲不平的现象,便于绑扎安装。

钢筋弯曲成型有手工弯曲成型和机械弯曲成型两种方法。

1)手工弯曲成型

A.加工工具及装置

a.工作台

弯曲钢筋的工作台,台面尺寸为 600 cm×80 cm(长×宽),高度为 80~90 cm。工作台要求稳固牢靠,避免在工作时发生晃动。

b.手摇板

手摇板是弯曲盘圆钢筋的主要工具,如图 3-41 所示。手摇板甲是用来弯制 12 mm 以下的单根钢筋;手摇板乙可弯制 8 mm 以下的多根钢筋,一次可弯制 4~8 根,主要适宜弯制箍筋。

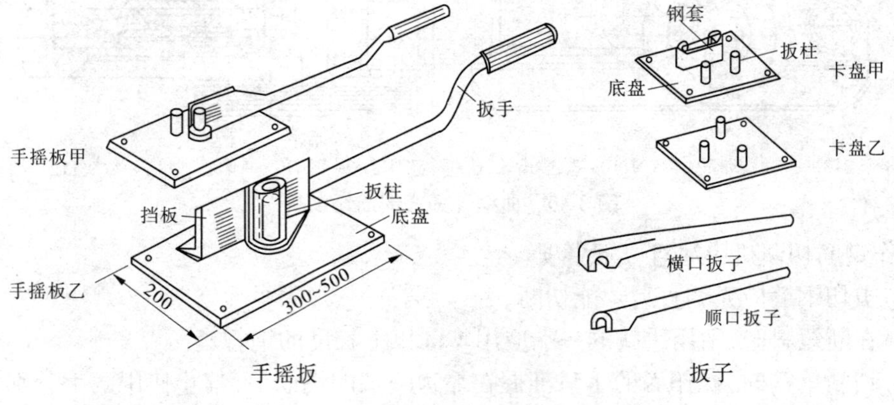

图 3-41　手工弯曲钢筋的工具　(单位:mm)

手摇板为自制,它由一块钢板底盘和扳柱、扳手组成。扳手长度 30~50 cm,可根据弯制钢筋直径适当调节,扳手用 14~18 mm 钢筋制成;扳柱直径为 16~18 mm;钢板底盘厚 4~6 mm。操作时将底盘固定在工作台上,底盘面与台面相平。

如果使用钢制工作台,挡板、扳柱可直接固定在台面上。

c.卡盘

卡盘是弯制粗钢筋的主要工具之一,它由一块钢板底盘和扳柱组成。底盘约厚 12 mm,固定在工作台上;扳柱直径应根据所弯制钢筋来选择,一般为 20~25 mm。

卡盘有两种形式:一种是在一块钢板上焊四个扳柱图,如图 3-41 所示中的卡盘甲,水平方向净距为 100 mm,垂直方向净距为 34 mm,可弯制 32 mm 以下的钢筋,但在弯制 28

mm以下的钢筋时，在后面两个扳柱上要加不同厚度的钢套；另一种是在一块钢板上焊三个扳柱，如图3-41中的卡盘乙，扳柱的两条斜边净距为100 mm，底边净距为80 mm，这种卡盘不需配备不同厚度的钢套。

d.钢筋扳子

钢筋扳子有横口扳子和顺口扳子两种，它主要和卡盘配合使用。横口扳子又有平头和弯头两种，弯头横口扳子仅在绑扎钢筋时纠正某些钢筋形状或位置时使用，常用的是平头横口扳子。当弯制直径较粗钢筋时，可在扳子柄上接上钢管，加长力臂省力。

钢筋扳子的扳口尺寸比弯制钢筋大2 mm较为合适，过大会影响弯制形状的正确。

B.手工弯制作业

a.准备工作

熟悉要进行弯曲加工钢筋的规格、形状和各部分尺寸，确定弯曲操作的步骤和工具。确定弯曲顺序，避免在弯曲时将钢筋反复调转，影响工效。

b.画线

一般画线方法是在画弯曲钢筋分段尺寸时，将不同角度的长度调整值在弯曲操作方向相反的一侧长度内扣除，画上分段尺寸线，这条线称为弯曲点线，根据这条线并按规定方法弯曲后，钢筋的形状和尺寸与图纸要求的基本相符。当形状比较简单或同一形状根数较多的钢筋进行弯曲时，可以不画线，而在工作台上按各段尺寸要求固定若干标志，按标志操作。

c.试弯

在成批钢筋弯曲操作之前，各种类型的弯曲钢筋都要试弯一根，然后检查其弯曲形状、尺寸是否和设计要求相符；并校对钢筋的弯曲顺序、画线、所定的弯曲标志、扳距等是否合适。经过调整后，再进行批量生产。

d.弯曲成型

在钢筋开始弯曲前，应注意扳距和弯曲点线、扳柱之间的关系。为了保证钢筋弯曲形状正确，使钢筋弯曲圆弧有一定曲率，且在操作时扳子端部不碰到扳柱，扳子和扳柱间必须有一定的距离，这段距离称为扳距，如图3-42所示。扳距的大小是根据钢筋的弯制角度和直径来变化的，扳距可参考表3-8。

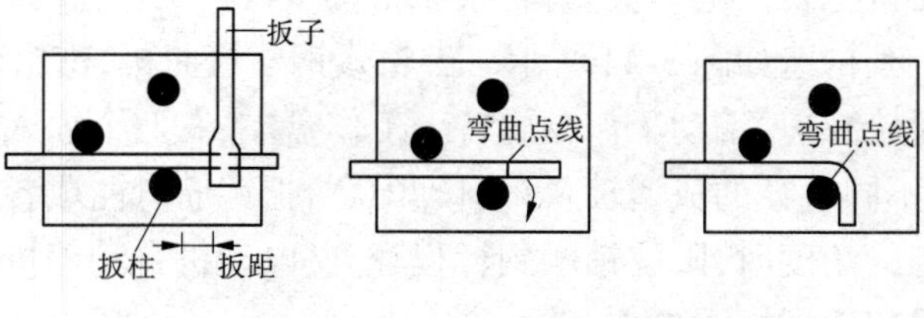

图3-42　扳距、弯曲点线和扳柱的关系

表3-8　弯曲角度与扳距的关系

弯曲角度	45°	90°	135°	180°
扳距	(1.5~2)d	(2.5~3)d	(3~3.5)d	(3.5~4)d

进行弯曲钢筋操作时,钢筋弯曲点线在扳柱钢板上的位置,要配合画线的操作方向,使弯曲点线与扳柱外边缘相平。

2)机械弯曲

钢筋弯曲机有机械钢筋弯曲机、液压钢筋弯曲机和钢筋弯箍机等几种形式。机械钢筋弯曲机按工作原理分为齿轮式钢筋弯曲机及蜗轮蜗杆式钢筋弯曲机两种。

蜗轮蜗杆式钢筋弯曲机由电动机、工作盘、插入座、蜗轮、蜗杆、皮带轮、齿轮及滚轴等组成,也可在底部装设行走轮,便于移动。其构造如图 3-43 所示。弯曲钢筋在工作盘上进行,工作盘的底面与蜗轮轴连在一起,盘面上有 9 个轴孔,中心的一个孔插中心轴,周围的 8 个孔插成型轴或轴套。工作盘外的插入孔上插有挡铁轴。它由电动机带动三角皮带轮旋转,皮带轮通过齿轮传动蜗轮蜗杆,再带动工作盘旋转。当工作盘旋转时,中心轴和成型轴都在转动,由于中心轴在圆心上,圆盘虽在转动,但中心轴位置并没有移动;而成型轴却围绕着中心轴做圆弧转动。如果钢筋一端被挡铁轴阻止自由活动,那么钢筋就被成型轴绕着中心轴进行弯曲。通过调整成型轴的位置,可将钢筋弯曲成所需要的形状。改变中心轴的直径(16 mm、20 mm、25 mm、35 mm、45 mm、60 mm、75 mm、85 mm、100 mm),可保证不同直径的钢筋所需的不同的弯曲半径。

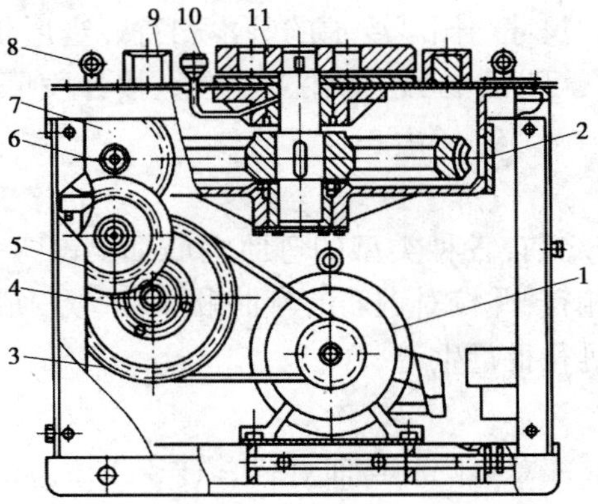

1—电动机;2—蜗轮;3—皮带轮;4、5、7—齿轮;6—蜗杆;8—滚轴;9—插入座;10—油杯;11—工作盘

图 3-43 蜗轮蜗杆式钢筋弯曲机

齿轮式钢筋弯曲机主要由电动机、齿轮减速箱、皮带轮、工作盘、滚轴、夹持器、转轴及控制配电箱等组成。其构造如图 3-44 所示。齿轮式钢筋弯曲机,由电动机通过三角皮带轮或直接驱动圆柱齿轮减速,带动工作盘旋转。工作盘左、右两个插入座可通过调节手轮进行无级调节,并与不同直径的成型轴及挡料轴配合,把钢筋弯曲成各种不同规格。当钢筋被弯曲到预先确定的角度时,限位销触到行程开关,电动机自动停机、反转、回位。

操作钢筋弯曲机应注意以下事项:

(1)钢筋弯曲机要安装在坚实的地面上,放置要平稳,铁轮前后要用三角对称揳紧,设备周围要有足够的场地。非操作者不要进入工作区域,以免扳动钢筋时被碰伤。

(2)操作前要对机械各部件进行全面检查以及试运转,并检查齿轮、轴套等备件是否齐全。

(3)要熟悉倒顺开关的使用方法以及所控制的工作盘的旋转方向,钢筋放置要和成

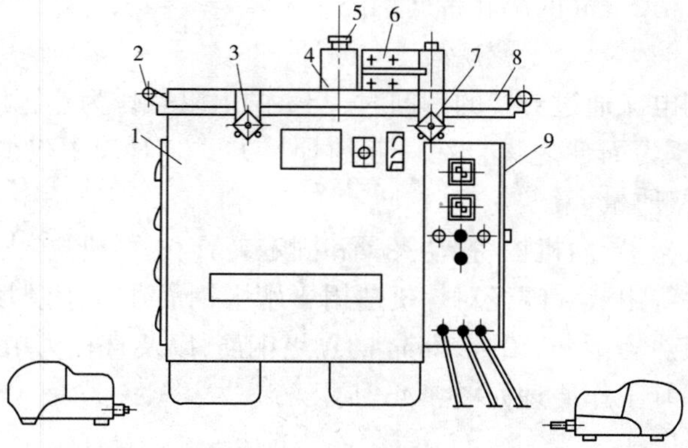

1—机架;2—滚轴;3、7—调节手轮;4—转轴;5—紧固手柄;6—夹持器;8—工作台;9—控制配电箱

图 3-44　齿轮式钢筋弯曲机

型轴、工作盘旋转方向相配合,不要放反。

变换工作盘旋转方向时,要按正转—停—倒转操作,不要直接按正转—倒转或倒转—正转操作。

(4)钢筋弯曲时,其圆弧直径是由中心轴直径决定的,因此要根据钢筋粗细和所要求的圆弧弯曲直径大小随时更换中心轴或轴套。

(5)严禁在机械运转过程中更换中心轴、成型轴、挡铁轴,或进行清扫、加油。如果需要更换,必须切断电源,当机器停止转动后才能更换。

(6)弯曲钢筋时,应使钢筋挡架上的挡板贴紧钢筋,以保证弯曲质量。

(7)弯曲较长的钢筋时,要有专人扶持钢筋。扶持人员应按操作人员的指挥进行工作,不能任意推拉。

(8)在运转过程中如发现卡盘、颤动、电动机温升超过规定值,均应停机检修。

(9)不直的钢筋,禁止在钢筋弯曲机上弯曲。

(二)钢筋连接

1.钢筋焊接连接

钢筋焊接方式有电阻点焊、闪光对焊、电弧焊、气压焊、电渣压力焊等,电阻点焊用于焊接钢筋网,其中闪光对焊用于接长钢筋,电渣压力焊用于现场焊接竖向钢筋。

1)电阻点焊

钢筋点焊机是利用电流通过焊件时产生的电阻热作为热源,并施加一定的压力,使交叉连接的钢筋接触处形成一个牢固的焊点,将钢筋焊合起来。点焊机又分电动凸轮式点焊机、气压传动式点焊机及多头点焊机等。

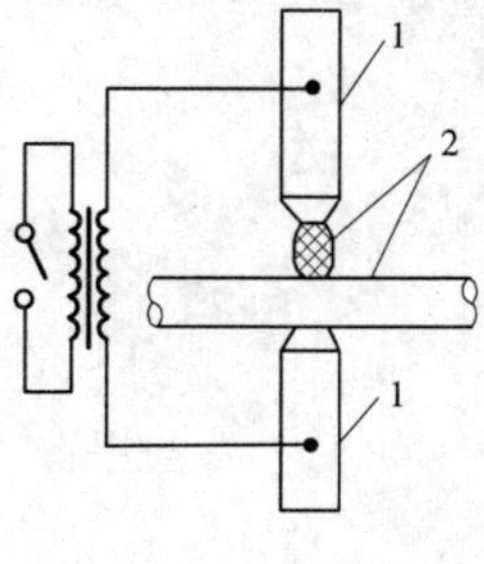

1—电极;2—钢丝

图 3-45　点焊机工作原理

点焊机主要由点焊变压器、时间调节器、电极和加压机构等部分组成,点焊机工作原理如图 3-45 所示。钢筋骨架和钢筋网中交叉钢筋的焊接宜采用电阻点焊,适用的钢筋直径和级别为:直径 6~14 mm 的热轧Ⅰ级、Ⅱ级钢筋,直径 3~5 mm 的冷

拔低碳钢丝和直径 4～12 mm 的冷轧带肋钢筋。

2）闪光对焊

闪光对焊是利用电流通过对接的钢筋时，产生的电阻热作为热源使金属熔化，产生强烈飞溅，并施加一定压力而使之焊合在一起的焊接方式。对焊不仅能提高工效，节约钢材，还能充分保证焊接质量。

闪光对焊机由机架、导向机构、移动夹具和固定夹具、送料机构、夹紧机构、电气设备、冷却系统及控制开关等组成。闪光对焊机适用于水平钢筋非施工现场连接，直径为 10～40 mm 的Ⅰ、Ⅱ、Ⅲ级热轧钢筋，10～25 mm 的Ⅳ级钢筋，以及直径为 10～25 mm 的余热处理Ⅲ级钢筋的焊接。其工作原理如图 3-46 所示。

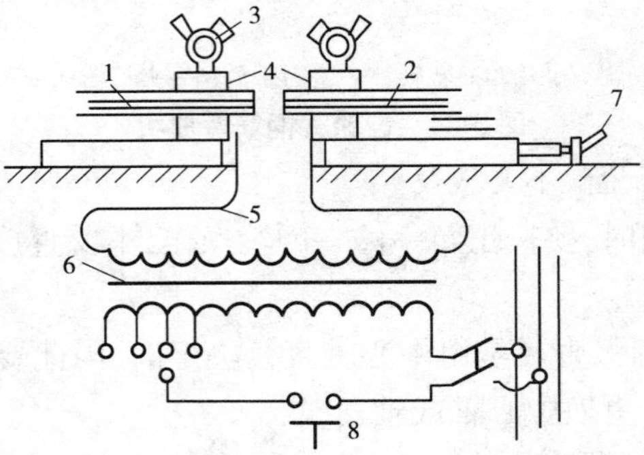

1、2—钢筋；3—夹紧装置；4—夹具；5—线路；6—变压器；7—加压杆；8—开关

图 3-46　闪光对焊机工作原理

3）电弧焊

电弧焊是以焊条作为一极，钢筋或其他钢件为另一极，利用焊接电流通过产生的电弧热进行焊接的一种熔焊方法。

电弧焊具有设备简单、操作灵活、成本低等特点，且焊接性能好，但工作条件差、效率低。适用于构件厂内和施工现场焊接碳素钢、低合金结构钢、不锈钢、耐热钢和对铸铁的补焊，可进行钢筋接长，钢筋骨架、钢筋与钢板等在各种条件、各种位置下的焊接。

电弧焊是利用电焊机（交流变压器或直流发电机）的电弧产生的高温（可达 6 000 ℃），将焊条末端和钢筋表面熔化，使熔化了的金属焊条流入焊缝，冷凝后形成焊缝接头。电弧焊机的工作原理如图 3-47 所示。

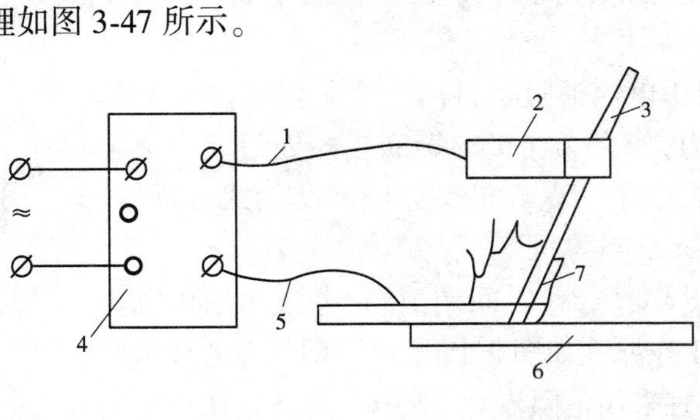

1—电缆；2—焊钳；3—焊条；4—焊机；5—地线；6—钢筋；7—电弧

图 3-47　电弧焊机的工作原理

钢筋电弧焊可分为搭接焊、帮条焊、坡口焊、溶槽焊、窄间隙焊五种接头形式 。

4)气压焊

气压焊是利用氧气和乙炔气,按一定的比例混合燃烧的火焰,将被焊钢筋两端加热,使其达到热塑状态,经施加适当压力,使其接合的固相焊接法。钢筋气压焊适用于14~40 mm热轧Ⅰ~Ⅳ级钢筋,也能进行不同直径钢筋间的焊接,还可用于钢轨焊接。被焊材料有碳素钢、低合金钢、不锈钢和耐热合金等。钢筋气压焊设备轻便,可进行水平、垂直、倾斜等全方位焊接,具有节省钢材、施工费用低廉等优点。

钢筋气压焊机由供气装置(氧气瓶、溶解乙炔瓶等)、多嘴环管加热器、加压器(油泵、顶压油缸等)、焊接夹具及压接器等组成,如图3-48所示。

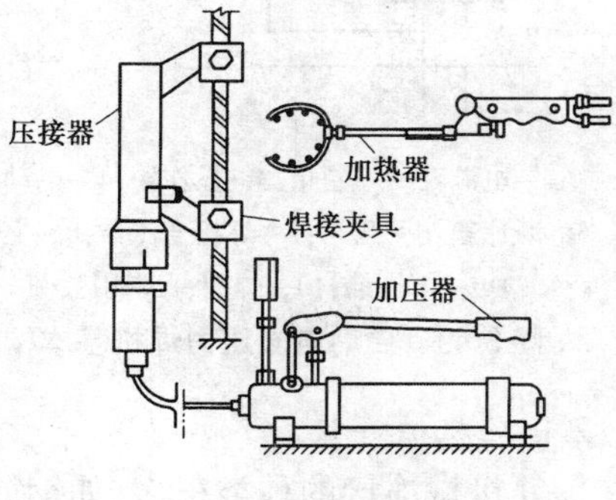

图3-48　钢筋气压焊机

钢筋气压焊采用氧-乙炔火焰对着钢筋对接处连续加热,淡白色羽状火焰前端要触及钢筋或伸到接缝内,火焰始终不离开接缝,待接缝处钢筋红热时,加足顶锻压力使钢筋端面闭合。钢筋端面闭合后,把加热焰调成乙炔稍多的中性焰,以接合面为中心,多嘴加热器沿钢筋轴向,在2倍钢筋直径范围内均匀摆动加热。摆幅由小变大,摆速逐渐加快。当钢筋表面变成炽白色、氧化物变成芝麻粒大小的灰白色球状物继而聚集成泡沫,开始随多嘴加热器摆动方向移动时,再加足顶锻压力,并保持压力到使接合处对称均匀变粗,其直径为钢筋直径的1.4~1.6倍,变形长度为钢筋直径的1.2~1.5倍,即可终断火焰,焊接完成。

5)电渣压力焊

钢筋电渣压力焊是将两根钢筋安放成竖向对接形式,利用焊接电流通过两钢筋端面间隙,在焊剂层下形成电弧过程和电渣过程,产生电弧热和电阻热,熔化钢筋,加压完成的一种焊接方法。钢筋电渣压力焊机操作方便、效率高,适用于竖向或斜向受力钢筋的连接,钢筋级别为Ⅰ级、Ⅱ级,直径为14~40 mm。

电渣压力焊机分为自动电渣压力焊机及手工电渣压力焊机两种。主要由焊接电源(BX2-1000型焊接变压器)、焊接夹具、操作控制系统、辅件(焊剂盒、回收工具)等组成。图3-49为电动凸轮式钢筋自动电渣压力焊机基本构造示意图。图3-50为手工电渣压力焊示意图。将上、下两钢筋端部埋于焊剂之中,两端面之间留有一定间隙。电源接通后,采用接触引燃电燃,焊接电弧在两钢筋之间燃烧,电弧热将两钢筋端部熔化,熔化的金属形成熔池,熔融的焊剂形成熔渣(渣池),覆盖于熔池之上。熔池受到熔渣和焊剂素气的保护,不与空气接触而发生氧化反应。随着电弧的燃烧,两根钢筋端部熔化量增加,熔池和渣池加深,此时应不断将上钢筋下送。至其端部直接与渣池接触时,电弧熄灭。焊接电流通过液体渣池产生的电阻热,继续对两钢筋端部加热,渣池温度可达1 600~2 000 ℃。待上下钢筋端部达到全断面均匀加热的时候,迅速将上钢筋向下顶压,液态金属和熔渣全部挤出;随即切断焊接电源。冷却后,打掉渣壳,露出带金属光泽的焊包。

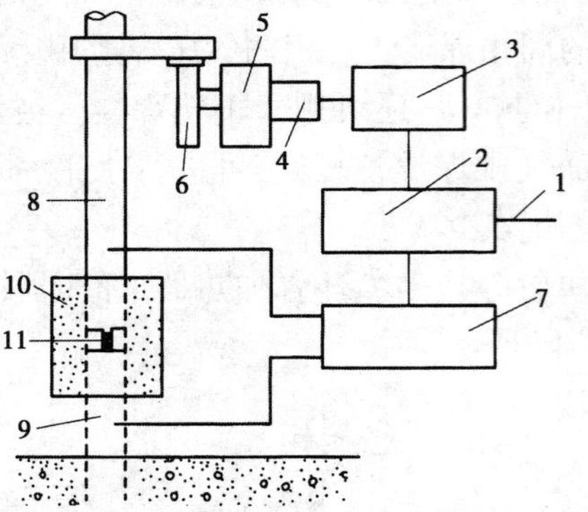

1—电源;2—控制箱;3—操作箱;4—电动机;
5—减速箱;6—凸轮;7—焊接变压器;8—上钢筋;
9—下钢筋;10—焊剂;11—引弧圆

图 3-49 自动电渣压力焊机基本构造

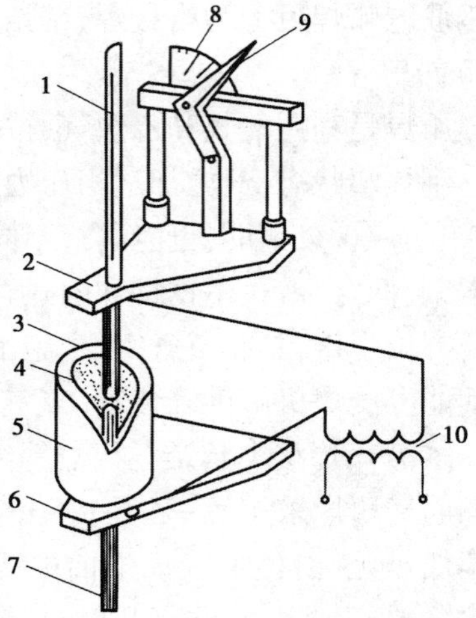

1—钢筋;2—活动电极;3—焊剂;4—导电焊剂;
5—焊剂盒;6—固定电极;7—钢筋;
8—标尺;9—操作杆;10—变压器

图 3-50 手工电渣压力焊示意图

2.钢筋机械连接

钢筋机械连接的种类很多,如钢筋套筒挤压连接、锥螺纹套筒连接、精轧大螺旋钢筋套筒连接、热熔剂充填套筒连接、平面承压对接等。这类连接方式是利用钢筋表面轧制或特制的螺纹(或横肋)和套筒之间的机械咬合作用来传递钢筋所受的拉力或压力。

1)钢筋套筒挤压连接

钢筋套筒挤压连接工艺的基本原理是将两根待接钢筋插入钢连接套筒,采用专用液压压接钳侧向(或侧向和轴向)挤压连接套筒,使套筒产生塑性变形,从而使套筒的内周壁变形而嵌入钢筋螺纹,由此产生抗剪力来传递钢筋连接处的轴向力。

钢筋套挤压连接有径向挤压和轴向挤压两种方式,宜用于连接直径为 20~40 mm 的Ⅱ级、Ⅲ级变形钢筋。当所用套筒外径相同时,连接钢筋直径相差不宜大于两个级差。钢筋接头处宜采用砂轮切割机断料,端部的扭曲、弯折、斜面等应予校正或切除,钢筋连接部位的飞边或纵肋过高应采用砂轮机修磨,以保证套筒能自由套入钢筋。

(1)径向挤压连接。

其主要设备有挤压机、超高压油泵、平衡器、吊挂小车、画标志用工具及检查压痕卡板等。

挤压连接工艺为:钢筋、套筒验收→钢筋断料、画出套筒套入长度定长标志→套筒套入钢筋、安装压接钳→开动液压泵、逐步扣压套筒至接头成型→卸下压接钳→接头外形检查。

(2)轴向挤压连接。

其主要设备有超高液压泵站、半挤压机、挤压机、压模、垫块、手拉葫芦、画线尺、量规等。施工时先用半挤压机进行钢筋半接头挤压,再在现场用挤压机进行钢筋挤压连接。

2)锥螺纹套筒连接

锥螺纹套筒连接是采用锥螺纹连接钢筋的一种机械式钢筋接头。它能在施工现场连接Ⅱ级、Ⅲ级16~40 mm的同径或异径的竖向、水平或任何倾角钢筋，不受钢筋有无花纹及含碳量的限制。它连接速度快，对中性好，工艺简单，安全可靠，无明火作业，不污染环境，节约钢材和能源，可全天候施工，有利于工业化文明施工，有明显的技术、经济和社会效益。所连钢筋直径之差不宜超过9 mm。

锥螺纹套筒连接的设备主要由钢筋套丝机、量规（牙形规、卡规、锥螺纹塞规）、力矩扳手、砂轮锯、台式砂轮等组成。

钢筋套丝机钢筋连接端锥螺纹，加工钢筋直径为16~50 mm。锥形螺纹钢筋接头如图3-51所示。

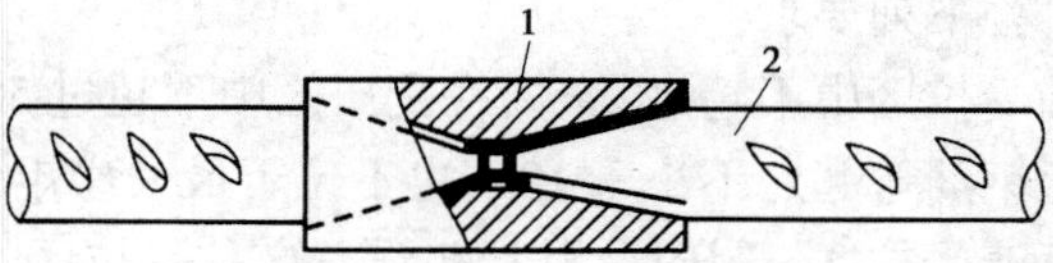

1—锥形螺纹套筒；2—变形钢筋

图3-51　锥形螺纹钢筋接头

锥螺纹套筒连接钢筋作业应注意：

（1）锥螺纹钢筋连接，首先将钢筋用钢筋切断机或砂轮锯下料；然后将被连接的钢筋端部在专用钢筋套丝机上套丝，加工成锥形状外螺纹，最后用手和力矩扳手旋入锥形内螺纹套筒。当听到扳手发出“咔嗒”声响时，表明钢筋接头已拧紧，两根钢筋已连接在一起。

（2）钢筋端部锥形螺纹是在专用套丝机上加工而成的，长度约16d；套丝牙形质量必须与牙形规吻合；钢筋锥螺纹小端直径必须在卡规的容许误差范围。

（3）连接套筒内的锥形螺纹是在锥形螺纹旋切机上加工而成的，套筒材料采用30~40号优质碳素钢，长度为(3.5~4.2)d，直径为(1.3~1.5)d。连接套规格必须与钢筋规格协调一致。

（4）连接好的钢筋接头丝扣，不允许一个完整丝扣外露；如果发现有这样的钢筋接头，必须查明原因重新拧紧到规定的力矩值，并且无一个完整丝扣外露。

（5）连接钢筋时，应先回收钢筋连接端的塑料密封盖和塑料保护帽，检查丝扣牙形是否完好无损、清洁，钢筋规格与连接套筒规格是否一致，确认无误后才能开始拧紧。

三、钢筋绑扎安装及质量控制

（一）钢筋绑扎安装

建基面终验清理完毕或施工缝处理完毕养护一定时间，混凝土强度达到2.5 MPa后，即进行钢筋的绑扎与安装作业。

钢筋的安设方法有两种：一种是将钢筋骨架在加工厂制好，再运到现场安装，叫整装法；另一种是将加工好的散钢筋运到现场，再逐根安装，叫散装法。

1.钢筋的绑扎接头

根据《水工混凝土钢筋施工规范》(DL/T 5169—2002)规定，当采用绑扎接头时，应满足以下要求：

（1）受拉钢筋直径小于等于22 mm，或受压钢筋直径小于等于32 mm。

（2）其他钢筋直径小于等于25 mm。当钢筋直径大于25 mm，采用焊接和机械链接确实有困难时,也可采用绑扎搭接,但要从严控制。

钢筋绑扎应遵守以下规定:

(1)搭接长度不得小于表 3-3 规定的数值。

(2)受拉区域内的光面钢筋绑扎接头的末端,应做弯钩。

(3)梁、柱钢筋的接头,如采用绑扎接头,则在绑扎接头的搭接长度范围内应加密箍钢。当搭接钢筋为受拉钢筋时,箍筋间距不应大于 $5d$(d 为两搭接钢筋中较小的直径);当搭接钢筋为受压钢筋时,箍筋间距不应大于 $10d$。

钢筋接头应分散布置,配置在同一截面内的受力钢筋,其接头的截面面积占受力钢筋总截面面积的比例应符合下列要求:

绑扎接头在构件的受拉区中不超过 25%,在受压区中不超过 50%。

焊接与绑扎接头距钢筋弯起点不小于 $10d$,也不位于最大弯矩处。

在施工中如分辨不清受拉区、受压区,其接头设置应按受拉区的规定。

(4)两根钢筋相距在 $30d$ 或 50 cm 以内,两绑扎接头的中距在绑扎搭接长度以内,均作为同一截面对待。

直径等于和小于 12 mm 的受压Ⅰ级钢筋的末端,以及轴心受压构件中任意直径的受力钢筋的末端,可不做弯钩,但搭接长度不应小于 $30d$。

2.钢筋绑扎准备工作

1)熟悉施工图纸

通过熟悉图纸,一方面校核钢筋加工中是否有遗漏或误差;另一方面也可以检查图纸中是否存在与实际情况不符的地方,以便及时改正。

2)核对钢筋加工配料单和料牌

在熟悉施工图纸的过程中,应核对钢筋加工配料单和料牌,并检查已加工成型的成品的规格、形状、数量、间距是否和图纸一致。

3)确定安装顺序

钢筋绑扎与安装的主要工作内容包括放样画线、排筋绑扎、垫撑铁和保护层垫块、检查校正及固定预埋件等。为保证工程顺利进行,在熟悉图纸的基础上,要考虑钢筋绑扎安装顺序。板类构件排筋顺序一般先排受力钢筋后排分布钢筋;梁类构件一般先排纵筋(摆放有焊接接头和绑扎接头的钢筋应符合规定),再排箍筋,最后固定。

4)做好材料、机具的准备

钢筋绑扎与安装的主要材料、机具包括钢筋钩、吊线垂球、木水平尺、麻线、长钢尺、钢卷尺、扎丝、垫保护层用的砂浆垫块或塑料卡、撬杆、绑扎架等。对于结构较大或形状较复杂的构件,为了固定钢筋还需一些钢筋支架、钢筋支撑。

扎丝一般采用 18~22 号铁丝或镀锌铁丝,如表 3-9 所示。扎丝长度一般以钢筋钩拧 2~3 圈后,铁丝出头长度为 20 cm 左右。

表 3-9　绑扎用扎丝

钢筋直径(cm)	<12	12~25	>25
铁丝型号(号)	22	20	18

混凝土保护层厚度，必须严格按设计要求控制。控制其厚度可用水泥砂浆垫块或塑料卡。水泥砂浆垫块的厚度应等于保护层厚度；平面尺寸，当保护层厚度等于或小于 20 mm 时为 30 mm×30 mm、大于 20 mm 时为 50 mm×50 mm。在垂直方向使用垫块，应在垫块中埋入两根 20 号或 22 号铁丝，用铁丝将垫块绑在钢筋上。

5) 放线

放线要从中心点开始向两边量距放点，定出纵向钢筋的位置。水平筋的放线可放在纵向钢筋或模板上。

3. 钢筋的绑扎

钢筋的绑扎应顺直均匀、位置正确。钢筋绑扎的操作方法有一面顺扣法、十字花扣法、反十字扣法、兜扣法、缠扣法、兜扣加缠法、套扣法等，较常用的是一面顺扣法，如图 3-52 所示。

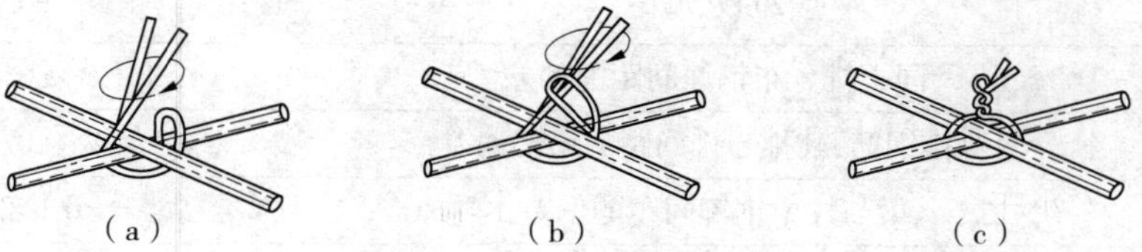

图 3-52　钢筋一面顺扣法

一面顺扣法的操作步骤是：首先将已切断的扎丝在中间折合成 180°弯，然后将扎丝清理整齐。绑扎时，执在左手的扎丝应靠近钢筋绑扎点的底部，右手拿住钢筋钩，食指压在钩前部，用钩尖端钩住扎丝底扣处，并紧靠扎丝开口端，绕扎丝拧转两圈套半，在绑扎时扎丝扣伸出钢筋底部要短，并用钩尖将铁丝扣紧。为使绑扎后的钢筋骨架不变形，每个绑扎点进扎丝扣的方向要求交替变换 90°。

(二) 钢筋施工质量控制

按《水工混凝土钢筋施工规范》(DL/T 5169—2002)，水工钢筋混凝土工程中的钢筋安装，质量应符合以下规定：

(1) 钢筋的安装位置、间距、保护层厚度及各部分钢筋的大小尺寸，均应符合设计要求，其偏差不得超过表 3-10 的规定。

表 3-10　钢筋安装的允许偏差

项次	项目			允许偏差(mm)
1	点焊及电弧焊		帮条对焊接头中心的纵向偏移	0.5d
2			接头处钢筋轴线的曲折	4°
3		焊缝	长度	−0.5d
			高度	−0.5d
			宽度	−0.1d
			咬边深度	0.05d，但不大于 1
			表面气孔夹渣： (1) 在 2d 长度上 (2) 气孔、夹渣直径	 不多于 2 个 不大于 3

续表 3-10

<table>
<tr><th>项次</th><th colspan="2">项目</th><th>允许偏差(mm)</th></tr>
<tr><td>4</td><td rowspan="3">对焊及熔槽焊</td><td>焊接接头根部未焊透深度:
(1)25~40 mm 钢筋
(2)40~70 mm 钢筋</td><td>
0.15d
0.10d</td></tr>
<tr><td>5</td><td>接头处钢筋中心线的位移</td><td>0.1d,不大于 2</td></tr>
<tr><td>6</td><td>焊缝表面(长为 2d)和焊缝截面上蜂窝、气孔排、金属杂质</td><td>不大于 1.5 mm 直径 3 个</td></tr>
<tr><td>7</td><td colspan="2">钢筋长度方向的偏差</td><td>±1/2 净保护层厚度</td></tr>
<tr><td>8</td><td colspan="2">同一排受力钢筋间距的局部偏差:
(1)柱及梁中
(2)板、墙中</td><td>
±0.5d
±0.1 间距</td></tr>
<tr><td>9</td><td colspan="2">同一排分布钢筋间距的偏差</td><td>±0.1 间距</td></tr>
<tr><td>10</td><td colspan="2">双排钢筋,其排与排间距的局部偏差</td><td>±0.1 排距</td></tr>
<tr><td>11</td><td colspan="2">梁与柱中钢箍间距的偏差</td><td>0.1 箍筋间距</td></tr>
<tr><td>12</td><td colspan="2">保护层厚度的局部偏差</td><td>±1/4 净保护层厚度</td></tr>
</table>

检查时先进行宏观检查,没发现有明显不合格处,即可进行抽样检查,对梁、板、柱等小型构件,总检测点数不少于 30 个,其余总检测点数一般不少于 50 个。

(2)现场焊接或绑扎的钢筋网,其钢筋交叉的连接应按设计规定进行。如设计未做规定,且直径在 25 mm 以下,则除楼板和墙内靠近外围两行钢筋之交点应逐根扎牢外,其余按 50%的交叉点进行绑扎。

(3)钢筋安装中交叉点的绑扎,对于Ⅰ、Ⅱ级钢筋,直径在 16 mm 以上且不损伤钢筋截面时,可用手工电弧焊进行点焊来代替,但必须采用细焊条、小电流进行焊接,并严加外观检查,钢筋不应有明显的咬边和裂纹出现。

(4)板内双向受力钢筋网,应将钢筋全部交叉点全部扎牢。柱与梁的钢筋中,主筋与箍筋的交叉点在拐角处应全部扎牢,其中间部分可每隔一个交叉点扎一点。

(5)安装后的钢筋应有足够的刚性和稳定性。整装的钢筋网和钢筋骨架,在运输和安装过程中应采取措施,以免变形、开焊及松脱。安装后的钢筋应避免错动和变形。

(6)在混凝土浇筑施工中,严禁为方便浇筑擅自移动或割除钢筋。

任务五 模板工程

一、概述

(一)模板的作用与重要性

模板在混凝土工程中起成型和支撑作用,同时还具有保护和改善混凝土表面质量的功能。模板是钢筋混凝土工程的重要辅助作业,具有工程量大,材料和劳动力消耗多等特点。在一般混凝土工程中,模板安拆劳动量占总劳动量的30%~60%,模板费用占混凝土工程造价的15%~30%,在大体积混凝土中也占到5%~15%。因此,正确选择模板材料及其形式,对加快混凝土施工速度及降低工程造价有重大意义。

(二)模板的基本要求

(1)应保证混凝土结构和构件浇筑后的各部分形状和尺寸以及相互位置的准确性。

(2)具有足够的稳定性、刚度及强度。

(3)装拆方便,能够多次周转使用,形式要尽量做到标准化、系列化。

(4)接缝应不易漏浆,表面要光洁平整。

(5)所用材料受潮后不易变形。

(6)注意节约木材。

(三)模板分类

(1)按模板形状,分为平面模板和曲面模板。平面模板又称为侧面模板,主要用于结构物垂直面。曲面模板用于廊道、隧洞、溢流面和某些形状特殊的部位,如进水口扭曲面、蜗壳、尾水管等。

(2)按模板材料,分为有木模板、竹模板、钢模板、混凝土预制模板、塑料模板、橡胶模板等。

(3)按模板受力条件,分为承重模板和侧面模板。承重模板主要承受混凝土重量和施工中的垂直荷载;侧面模板主要承受新浇混凝土的侧压力。侧面模板按其支撑受力方式,又分为简支模板、悬臂模板和半悬臂模板。

(4)按模板使用特点,分为固定式、拆移式、移动式和滑动式。固定式模板用于形状特殊的部位,不能重复使用。后三种模板都能重复使用,或连续使用在形状一致的部位。但其使用方式有所不同:拆移式模板需要拆散移动;移动式模板的车架装有行走轮,可沿专用轨道使模板整体移动(如隧洞施工中的钢模台车);滑动式模板是以千斤顶或卷扬机为动力,可在混凝土连续浇筑的过程中,使模板面紧贴混凝土面滑动(如闸墩施工中的滑动式模板)。

二、模板的基本形式

(一)拆移式模板

拆移式模板由面板、肋木和支架三个基本部分组成。拆移式模板适应于浇筑表面为平面的筑块。为增加模板的周转次数,常做成定型的平面标准模板。

1.平面木模板

平面标准木模板尺寸:大型为100 cm×(325~525) cm,小型为(75~100) cm×150 cm。前者适用于3~5 m厚的浇筑块,需小型机具吊装;后者用于薄层浇筑,可人力搬运。平面标准木模板如图3-53所示。

架立模板的支架,常用围囹和桁架梁,如图3-54所示。桁架梁多用方木和钢筋制作。立模时,将桁架梁下端插入预埋在下层混凝土块内的U形铁件中。当浇筑块较薄时,上端用钢拉条对拉;当浇筑块较大时,则采用斜拉条固定,以防模板变形。钢筋拉条直径大于8 mm,间距为1~2 m,斜拉角度为30°~40°。

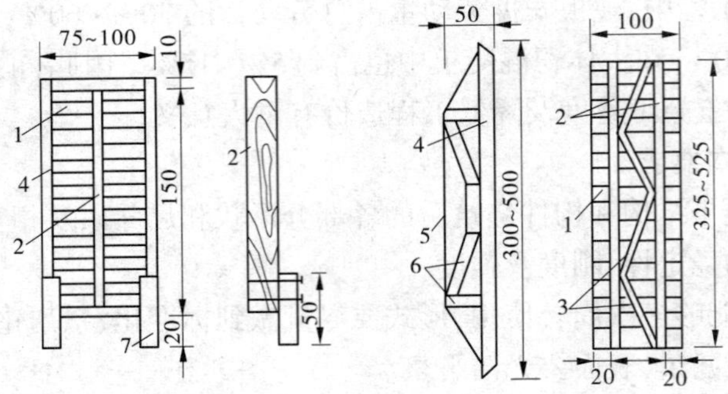

(a)小型　　(b)大型

1—面板;2—肋木;3—加劲肋;4—方木;5—拉条;6—桁架木;7—支撑木

图 3-53　平面标准木模板　(单位:cm)

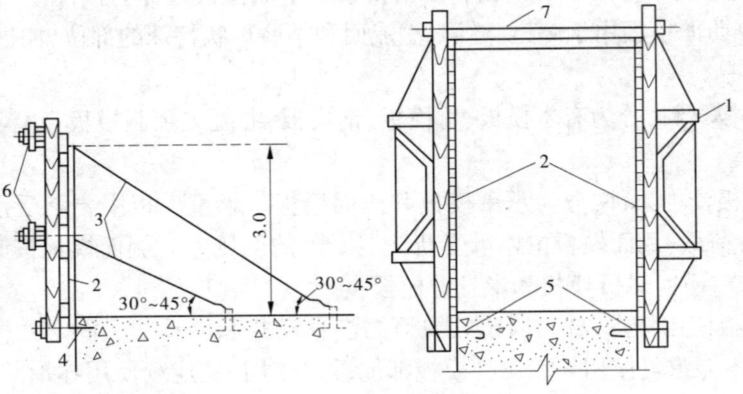

(a)围囹斜拉条架立　　(b)桁架梁架立

1—钢木桁架;2—木面板;3—斜拉条;4—预埋锚筋;5—U 形埋件;6—横向围囹;7—对拉条

图 3-54　拆移式模板的架立图

标准木模板需手工操作架立安装,劳动强度大,烦琐费时;而且仓内用拉筋支撑模妨碍混凝土的运输与平仓振捣,以致经常发生吊罐、平仓机碰坏拉筋的现象,不利于机械化施工,影响混凝土质量和工程进度。另外,标准木模板木材消耗量大,目前已经较少使用。

2.组合钢模板

钢模板由面板和支撑体系两部分组成,一般多以一定基数的整倍数组成标准化、系列化的模数(宽度和长度),形成拼接式组合钢模板。组合钢模板由钢模面板、纵横联系梁及联结件三部分构成。单个钢模板的宽度以 50 mm 进级,长度以 150 mm 进级,面板厚 2.3 mm或 2.5 mm,每 1 m^2重约 30 kg。边框和加劲肋按一定距离(如 150 mm)钻孔,可利用 U 形卡和 L 形插销等拼装成大块模板。钢模板联结件包括 U 形卡、L 形插销、钩头螺栓、蝶形扣件等,用于钢面板之间以及钢面板与联系梁之间的联结。钢模板及联结件见图 3-55和图 3-56。

组合钢模板常用于墙体、梁、柱等现浇钢筋混凝土构筑物的模板工程。在水利工程的施工中,则常用于水闸、混凝土坝、水电站厂房工程。专用于大体积混凝土的悬臂模板的

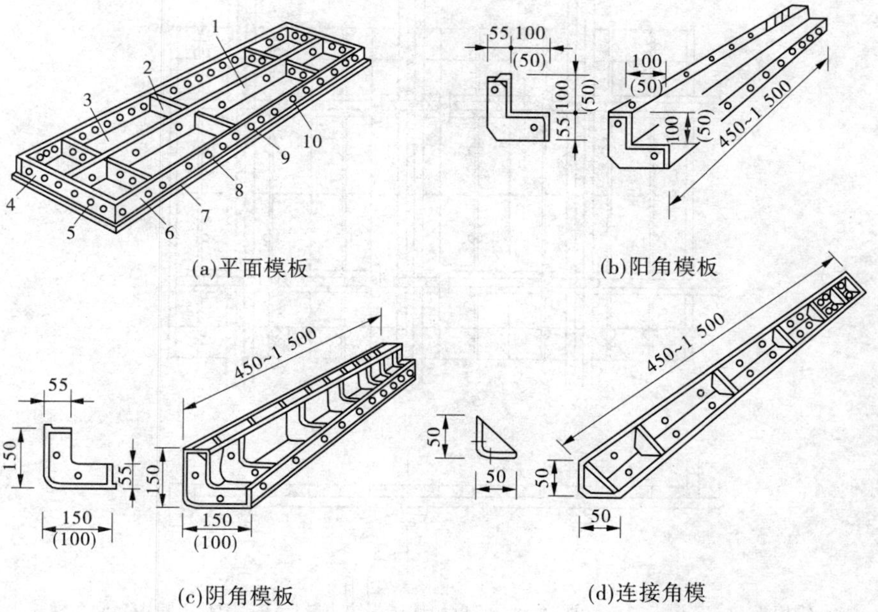

(a)平面模板　(b)阳角模板

(c)阴角模板　(d)连接角模

1—中纵肋；2—中横肋；3—面板；4—横肋；5—插孔；6—纵肋；7—凸棱；8—凸鼓；9—U 形卡孔；10—钉子孔

图 3-55　钢模板类型　（单位：mm）

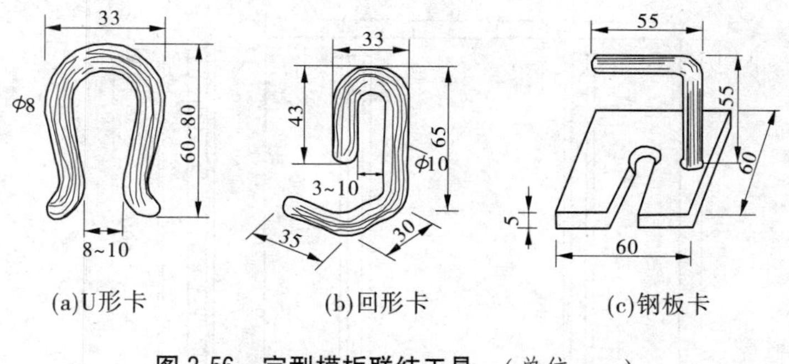

(a)U形卡　(b)回形卡　(c)钢板卡

图 3-56　定型模板联结工具　（单位：mm）

面板也可由组合钢模板组成，还可以组成 6.0 m×7.5 m 的组合梁式大块钢模板，在工程中逐渐取代了木模板。如图 3-57 所示。

钢木组合模板由钢木排架和木面板组成，可有效地克服木模板的缺点，一般标准木模板的重复利用次数（周转率）为 5～10 次，而钢木混合模板的周转率为 30～50 次，木材消耗减少 90%以上。由于是大块组装和拆卸，因此劳力、材料、费用大为降低。

3.悬臂钢模板

悬臂钢模板由面板、支撑臂（悬臂梁）和预埋联结件组成。面板可由木材或钢材制作，也可采用组合钢模板拼装。

悬臂钢模板高度与浇筑块高度相适应，通常采用标准高度。宽度视用途而定。图 3-58 为悬臂钢模板的一种结构形式。

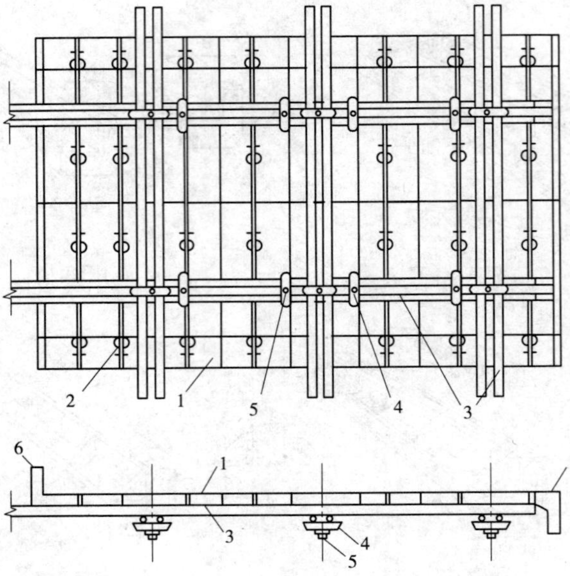

1—钢模板;2—U 形卡;3—钢楞;4—“ ∃ ”形扣件;5—钩头螺栓;6—阳角模板;7—阴角模板

图 3-57　钢模板组合的基本形式

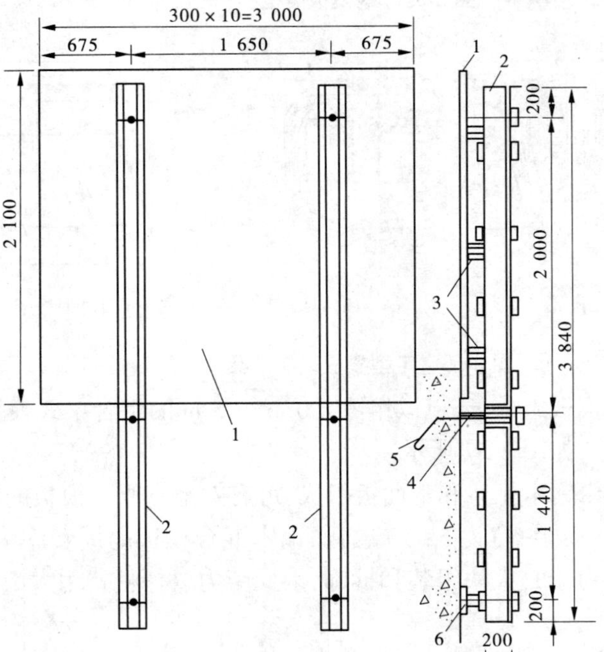

1—面板;2—支臂柱;3—横钢楞;4—紧固螺母;5—预埋螺栓;6—千斤顶螺栓

图 3-58　悬臂钢模板　(单位:mm)

采用悬臂钢模板，由于仓内无拉条，模板整体拼装，为大体积混凝土机械化施工创造了有利条件，且模板本身安装比较简单，重复使用次数高(可达100多次)。但模板质量大(每块模板重0.5~2 t)，需要起重机配合吊装。由于模板顶部容易移位，故浇筑高度受限制，一般为1.5~2 m。用钢桁架和支撑柱时，高度也不宜超过3 m。

4.爬升式模板

爬升式模板是随着混凝土衬砌高度的升高，模板可以随之跟着升高，逐层浇筑。用下一层混凝土内的预埋件，利用杠杆原理，依靠自身的支撑系统使模板固定。在该层混凝土浇筑完成以后，模板被拆除，利用起重设备提升安装在上一层仓号上准备浇筑。爬升式木模板主要使用于直墙段的混凝土衬砌。小浪底枢纽工程DOKA爬升式木模板主要用于直墙段浇筑，该模板背支撑为三角形结构，面板为胶合木面板，见图3-59。爬升式木模板具有安装拆卸方便，成型质量好等优点，目前在水利工程中得到了广泛应用。

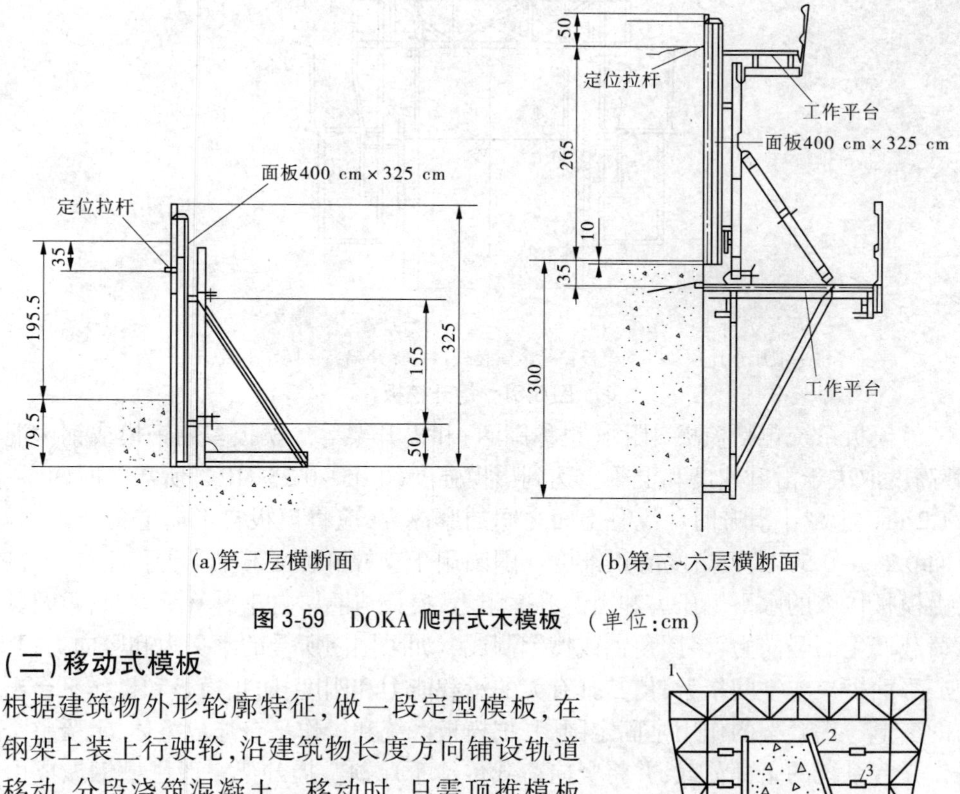

(a)第二层横断面　(b)第三~六层横断面

图3-59　DOKA爬升式木模板　(单位：cm)

(二)移动式模板

根据建筑物外形轮廓特征，做一段定型模板，在支撑钢架上装上行驶轮，沿建筑物长度方向铺设轨道分段移动，分段浇筑混凝土。移动时，只需顶推模板的花篮螺丝或千斤顶收缩，使模板与混凝土面脱开，模板即可随同钢架移动到拟浇筑部位，再用花篮螺丝或千斤顶调整模板至设计浇筑尺寸，如图3-60所示。移动式模板多用钢模板，作为浇筑混凝土墙和隧洞混凝土衬砌使用。

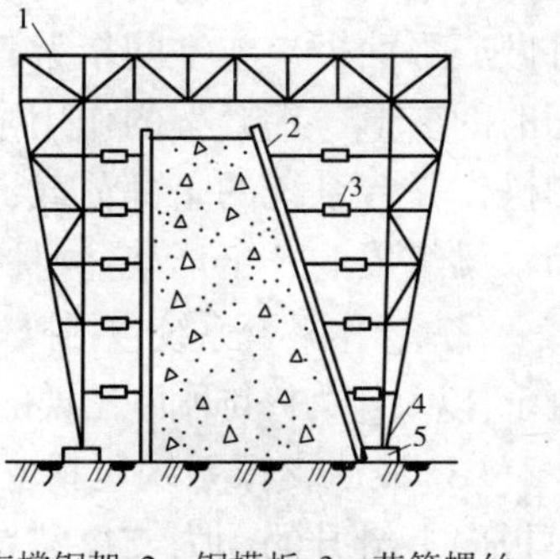

1—支撑钢架；2—钢模板；3—花篮螺丝；
4—行驶轮；5—轨道

图3-60　移动式模板浇筑混凝土墙

(三)滑动式模板

滑动式模板是在混凝土浇筑过程中，随浇筑而滑移(滑升、拉升或水平滑移)的模板,简称滑模,以竖向滑升应用最广。

滑升模板是先在地面上按照建筑物的平面轮廓组装一套 1.0~1.2 m 高的模板,随着浇筑层的不断上升而滑升,直至完成整个建筑物计划高度内的浇筑。

滑模施工可以节约模板和支撑材料,加快施工进度,改善施工条件,保证结构的整体性,提高混凝土表面的质量,降低工程造价。其缺点是滑模系统一次性投资大,耗钢量大,且保温条件差,不宜于低温季节使用。

滑模施工最适于断面形状尺寸高度基本不变的高耸建筑物,如竖井、沉井、墩墙、烟囱、水塔、筒仓、框架结构等的现场浇筑,也可用于大坝溢流面、双曲线冷却塔及水平长条形规则结构、构件施工。

滑升模板由模板系统、操作平台系统和液压支撑系统三部分组成,如图 3-61 所示。

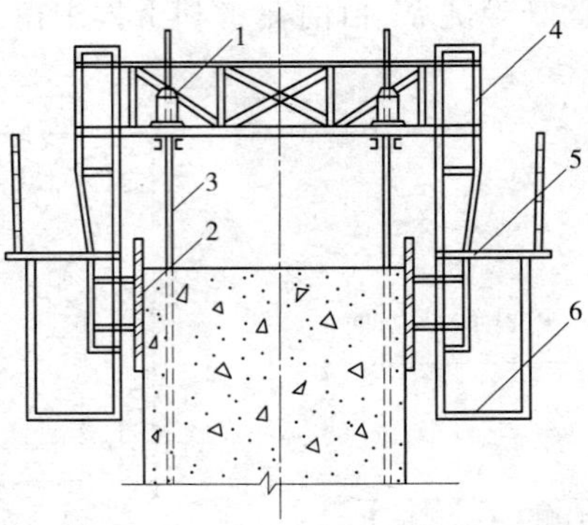

1—液压千斤顶;2—钢模板;3—金属爬杆;4—提升架;5—操作平台;6—吊架

图 3-61　滑升模板

(1)模板系统包括模板、围囹(也称围圈)和提升架等。模板多用钢模或钢木混合模板,其高度取决于滑升速度和混凝土达到出模强度(0.05~0.25 MPa)所需的时间,一般高 1.0~1.2 m。为减小滑升时与混凝土面之间的摩擦力,应将模板自下向上稍向内倾斜,做成单面 0.2%~0.5%模板高度的正锥度。围囹用于支撑和固定模板,上下各布置一道,它承受由模板传来的水平侧压力和由滑升摩阻力、模板与圈梁自重、操作平台自重及其上的施工荷载产生的竖向力,多用角钢或槽钢制成。如果围囹所受的水平力和竖向力很大,也可做成平面桁架或空间桁架,使其具有大的承载能力和刚度,防止模板和操作平台出现超标准的变形。提升架的作用是固定围囹,把模板系统和操作平台连成整体,承受整个模板和操作平台系统的全部荷载,并将竖向荷载传给千斤顶。提升架一般用槽钢做成由双柱和双梁组成的开字形架,立柱有时也采用方木制作。

(2)操作平台系统包括操作平台和内外吊脚手架,可承放液压控制台,临时堆存钢筋或混凝土,以及作为修饰刚刚出模的混凝土面的施工操作场所,一般为木结构或钢木混合结构。

(3)液压支撑系统包括支撑杆、穿心式液压千斤顶、输油管路和液压控制台等,是使模板向上滑升的动力支撑装置。

支撑杆又称爬杆,它既是液压千斤顶爬升的轨道,又是滑模装置的承重支柱,承受施工过程中的全部荷载。支撑杆的规格与直径要与选用的千斤顶相适应,目前使用的额定起重量为 30 kN 的滚珠式卡具千斤顶,其支撑杆一般采用ϕ 25 mm 的 Q235 圆钢。支撑杆的长度一般为 3~5 m,其连接方式可用丝扣连接、榫接连接和剖口焊接,如图 3-62 所示。丝扣连接操作简单,使用安全可靠,但机械加工量大。榫接连接也有操作简单加工量大的特点,滑升过程中易被千斤顶卡头带起。采用剖口焊接时,接口处倘若略有偏斜或凸疤,则要用手提砂轮机处理平整,使能通过千斤顶孔道。当采用工具支撑杆时应用丝扣连接。

滑模所用的千斤顶为穿心液压千斤顶,支撑杆从其中心穿过。按千斤顶卡具可分为滚珠卡具和楔块卡具。液压千斤顶工作时,先将支撑杆由上向下插入千斤顶中心孔,然后开动油泵由油嘴 P 进油[见图 3-63(a)]。由于上卡头与支撑杆锁紧,活塞不能下行,在高压油液的作用下整个缸体被举起,当上升至上、下卡头相互顶紧时,即完成一个提升过程[见图 3-63(b)]。排油时上卡头放松,下卡头锁紧,上卡头及活塞被排油弹簧向上推动复位[见图 3-63(c)]。一次循环的行程一般为 20~30 mm。如此往复运动,千斤顶即带动滑模装置沿着支撑杆不断地爬升。

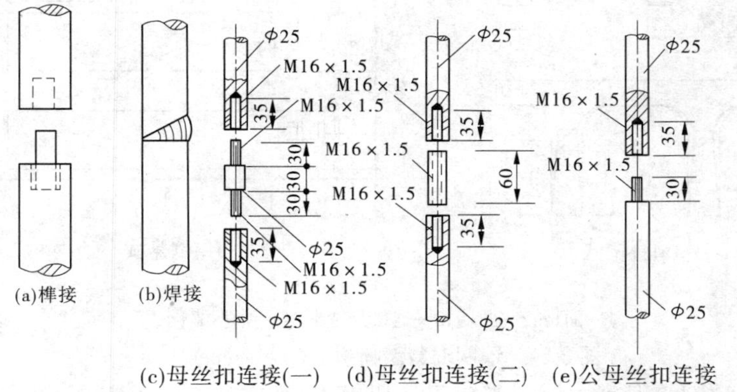

图 3-62　支撑杆的连接　(单位:mm)

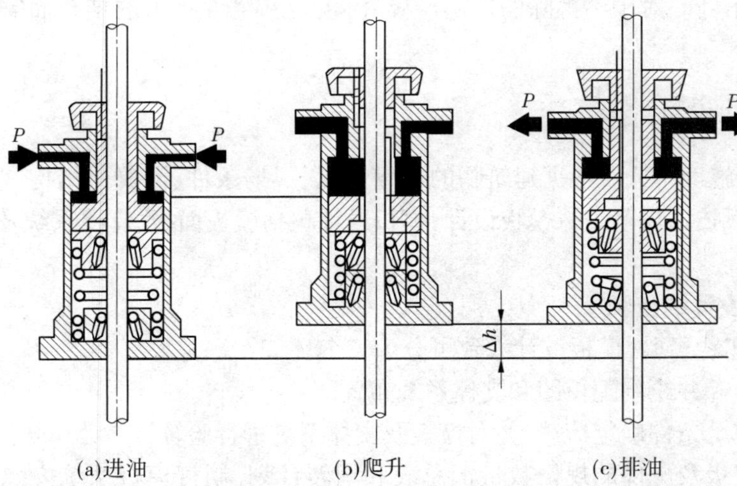

图 3-63　液压千斤顶

液压控制台是液压传动系统的控制中心,主要由电动机、齿轮油泵、溢流阀、换向阀、分油器和油箱等组成。液压控制台按操作方式不同可分为手动和自动两种控制形式。

(四)混凝土及钢筋混凝土模板

混凝土及钢筋混凝土模板既是模板,也是建筑物的护面结构,浇筑后作为建筑的外壳,不予拆除。素混凝土模板靠自重稳定,可做直壁模板,见图 3-64(a);也可做倒悬模板,见图 3-64(b)。水利工程中采用预制混凝土模板,不仅代替木制或钢制的模板,还使混凝土建筑物的表面具有一层防裂、抗冻和耐久性较高的外壳。

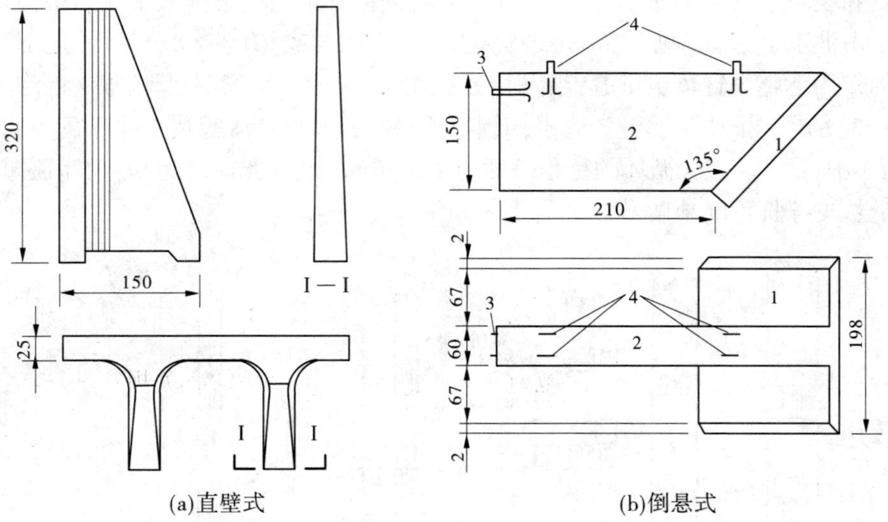

1—面板;2—肋墙;3—连接预埋环;4—预埋吊环

图 3-64　预制混凝土模板　(单位:cm)

预制混凝土和钢筋混凝土模板避免了高架立模,既有利于施工安全,又有利于加快施工进度,节约材料,降低成本。但混凝土模板质量较大,常需起重设备起吊,所以在模板预制时都应预埋吊环。对于不拆除的预制模板,模板与新浇混凝土的结合面需进行凿毛处理。

三、模板的设计

在施工前,施工企业应根据建筑物的实际情况、现场条件、混凝土结构施工与验收规范及有关的模板技术规范进行模板设计,模板设计包括模板面板、支撑系统及连接配件的设计。

(一)模板设计的步骤

根据工程实践经验,模板设计大致可分为三个环节:

(1)配板设计并绘制配板图和支撑系统布置图;

(2)根据施工条件确定荷载,并对模板及支撑系统进行验算;

(3)编制模板及配件的规格数量汇总表和周转计划,制订模板系统安装与拆除的程序与方法以及施工说明书等。

(二)模板的受力及荷载组合

1.设计荷载

设计荷载分基本荷载和特殊荷载两类。

1)基本荷载

(1)模板及其支架自重。根据设计图确定。木材的密度,针叶类按 600 kg/m^3计,阔叶类按 800 kg/m^3计。

(2)新浇混凝土质量。按 2.4~2.5 t/m^3计。

(3)钢筋质量。根据设计图确定:对一般钢筋混凝土,钢筋质量可按 100 kg/m^3计。

(4)工作人员及浇筑设备、工具的荷载。计算模板及直接支撑模板的棱木(围图)时,可按均布荷载 2.5 kPa 及集中荷载 2.5 kN 计算;计算支撑棱木的构件时,可按 1.5 kPa 计算;计算支架立柱时,按 1 kPa 计算。

(5)振捣混凝土时产生的荷载。可按照 1 kPa 计。

(6)新浇混凝土的侧压力。是侧面模板承受的主要荷载。侧压力的大小与混凝土浇筑速度、浇筑温度、坍落度、入仓振捣方式及模板变形性能等因素有关。在无实测资料的情况下,可参考《水工混凝土施工规范》(SL 677—2014)附录中的有关规定选用。

2)特殊荷载

(1)风荷载。根据《建筑结构荷载规范》(GB 50009—2012)确定。

(2)其他荷载。可按实际情况计算,如平仓机、非模板工程的脚手架、工作平台、超过规定堆放的材料重量等。

2.设计荷载组合及稳定校核

1)荷载组合

在计算模板及支架的强度和刚度时,根据承重模板和侧面模板(竖向模板)受力条件的不同,其荷载组合按表 3-11 进行。表列 6 项基本荷载,除侧压力为水平荷载外,其余 5 项均为垂直荷载。表列之外的特殊荷载,按可能发生的情况计算,如在振捣混凝土的同时卸料入仓,则应计算卸料对模板的水平冲击力(kPa),可根据入仓工具的容量大小,按 2~6 kPa 计。

2)稳定校核

(1)在计算承重模板及支架的抗倾稳定性时,应分别计算下列三项荷载产生的倾覆力矩,并取其中最大值。三项荷载为:风荷载,实际可能发生的最大水平作用力,作用于承重模板边缘的 1.5 kN/m 水平力。

模板及支架(包括同时安装的钢筋在内)自重产生的稳定力矩,则应乘以 0.8 的折减系数。

承重模板及支架的抗倾稳定系数应大于 1.4。

(2)竖向模板及内侧模板,必须设置内部支撑或外部拉杆,当其最低处高于地面 10 m 时,应考虑各方向风荷载作用的抗倾稳定。

表 3-11　模板结构的基本荷载组合

项次	模板种类	基本荷载组合	
		计算强度用	计算刚度用
1	承重模板 (1)板、薄壳的模板及支架; (2)梁、其他混凝土结构(厚大于0.4 m)的底模板及支架	①+②+③+④ ①+②+③+⑤	①+②+③ ①+②+③
2	竖向模板	⑥或⑤+⑥	⑥

注:表内①~⑥依次表示模板及其支架自重,新浇混凝土质量,钢筋质量,工作人员及浇筑设备、工具的荷载,振捣混凝土时产生的荷载,新浇混凝土的侧压力。

四、模板的安装与拆除

(一)模板的安装

安装模板之前,应事先熟悉设计图纸,掌握建筑物结构的形状尺寸,并根据现场条件,初步考虑好立模及支撑的程序,以及与钢筋绑扎、混凝土浇捣等工序的配合,尽量避免工种之间的相互干扰。

模板的安装包括放样、立模、支撑加固、吊正找平、尺寸校核、堵设缝隙及清仓去污等工序。在安装过程中,应注意下述事项:

(1)模板竖立后,须切实校正位置和尺寸,垂直方向用垂球校对,水平长度用钢尺丈量两次以上,务使模板的尺寸符合设计标准。

(2)模板各结合点与支撑必须坚固紧密,牢固可靠,尤其是采用振捣器捣固的结构部位,更应注意,以免在浇捣过程中发生裂缝、鼓肚等不良情况。但为了增加模板的周转次数,减少模板拆模损耗,模板结构的安装应力求简便,尽量少用圆钉,多用螺栓、木楔、拉条等进行加固联结。

(3)凡属承重的梁板结构,跨度大于 4 m 以上时,由于地基的沉陷和支撑结构的压缩变形,跨中应预留起拱高度,每米增高 3 mm,两边逐渐减少,至两端同原设计高程等高。

(4)为避免拆模时建筑物受到冲击或震动,安装模板时,撑柱下端应设置硬木楔形垫块,所用支撑不得直接支撑于地面,应安装在坚实的桩基或垫板上,使撑木有足够的支撑面积,以免沉陷变形。

(5)模板安装完毕,最好立即浇筑混凝土,以防日晒雨淋导致模板变形。为保证混凝土表面光滑和便于拆卸,宜在模板表面涂抹肥皂水或润滑油。夏季或在气候干燥情况下,为防止模板干缩裂缝漏浆,在浇筑混凝土之前,需洒水养护。如发现模板因干燥产生裂缝,应事先用木条或油灰填塞衬补。

(6)安装边墙、柱、闸墩等模板时,在浇筑混凝土以前,应将模板内的木屑、刨片、泥块等杂物清除干净,并仔细检查各联结点及接头处的螺栓、拉条、楔木等有无松动滑脱现象。在浇筑混凝土过程中,木工、钢筋、混凝土、架子等工种均应有专人“看仓”,以便发现问题随时加固修理。

(7)模板安装的偏差,应符合设计要求的规定,特别是对于通过高速水流、有金属结构及机电安装等部位，更不应超出规范的允许值。施工中安装模板的允许偏差，可参考表 3-12中规定的数值。

表 3-12 大体积混凝土木模板安装的允许偏差 （单位：mm）

项次	偏差项目		混凝土结构部位	
			外露表面	隐藏内面
1	模板平整度	相邻两面板高差	3	5
2		局部不平（用 2 m 直尺检查）	5	10
3	结构物边线与设计边线		10	15
4	结构物水平截面内部尺寸		±20	
5	承重模板标高		±5	
6	预留孔、洞尺寸及位置		±10	

模板安装前或安装后，为防止模板与混凝土黏结在一起，便于拆模，应及时在模板的表面涂刷隔离剂。常用模板隔离剂见表 3-13。

表 3-13 常用模板隔离剂配比、配置及使用

类别	材料及重量配合比	配制和使用方法	优缺点及使用
水质类隔离剂	肥皂液	用肥皂切片泡水，涂刷模板 1~2 遍	涂刷方便，易脱模，价廉；但冬雨季不能使用。适于木模、混凝土、砖胎模使用
	洗衣粉：滑石粉=1：5	按比例用适量温水搅至浆状使用	优缺点同上，适于钢模、各种胎模
	松香：肥皂：柴油：水=15：12：100：800	松香、肥皂、柴油按比例加好后，冲入水搅拌均匀使用	涂刷干后遇雨仍保持隔离效果，适于长线台座使用
	石灰水	将石灰膏加水拌成糊状，均匀涂 1~2 遍	取材容易，涂刷方便，成本低，但较易脱落。适于土、混凝土脱模使用
	107 胶：滑石粉：水=1：1：1	将建筑胶与水调匀，再将滑石粉加入调匀，涂刷 1~2 遍	材料易得，操作方便，易于脱模。适于钢模板使用
油质类隔离剂	机油：滑石粉：汽油=100：15：10	在容器中按配比搅拌均匀，涂刷 1~2 遍	便于涂刷，易脱模。适于混凝土胎模使用
	废机油（机油）：柴油=1：1~4	将较稠废机油掺柴油稀释搅匀，即可使用	便于涂刷，易脱模，干后下雨仍有效。适于钢、木模、各种胎模使用
	废机油：水泥（滑石粉）：水=1：1.4（1.2）：0.4	将三种组分拌和至乳状，刷 1~2 遍	材料易得，便于涂刷，表面光滑；但钢筋和构件较易沾油

续表 3-13

类别	材料及重量配合比	配制和使用方法	优缺点及使用
石蜡类隔离剂	石蜡	将石蜡均匀涂于模板面,用喷灯熔化,干布均匀涂擦,再均匀喷烤至深入木质内	易脱模,板面光滑;但成本较高,蒸汽养护时不能使用。适于木定型模板使用
	石蜡∶煤油=1∶2	将石蜡与2份柴油混合,用水浴加热溶化,再加入剩余柴油拌匀	便于涂刷,易脱模,板面光滑;但成本稍高,蒸汽养护时不能使用。适于钢模板、混凝土台座使用
乳剂类隔离剂	乳化机油∶水=1∶5	在容器中按配合比混合搅匀,涂刷1~2遍	有商品供应,使用方便,易脱模。适于木模使用
	高分子有机酸+矿物油	即金属切削加工使用的润滑冷却剂	有商品供应,使用方便,易于脱模。适于钢模、混凝土胎模使用

(二)模板的拆除

1.拆模期限

(1)不承重的侧模板在混凝土强度能保证混凝土表面和棱角不因拆模而受损害时方可拆模。一般此时混凝土的强度应达到2.5 MPa以上。

(2)承重模板应在混凝土达到下列强度以后方能拆除(按设计强度的百分率计):

①当梁、板、拱的跨度<2 m时,要求达到设计强度的50%;

②跨度为2~5 m时,要求达到设计强度的70%;

③跨度为5 m以上时,要求达到设计强度的100%;

④悬臂板、梁跨度<2 m为70%,跨度>2 m为100%。

2.拆模注意事项

(1)模板拆除工作应遵守一定的方法与步骤。拆模时要按照模板各结合点构造情况,逐块松卸。首先去掉扒钉、螺栓等连接铁件,然后用撬杠将模板松动或用木楔插入模板与混凝土接触面的缝隙中,以锤击木楔,使模板与混凝土面逐渐分离。拆模时,禁止用重锤直接敲击模板,以免使建筑物受到强烈震动或将模板毁坏。

(2)拆卸拱形模板时,应先将支柱下的木楔缓慢放松,使拱架徐徐下降,避免新拱因模板突然大幅度下沉而担负全部自重,并应从跨中点向两端同时对称拆卸。拆卸跨度较大的拱模时,则需从拱顶中部分段分期向两端对称拆卸。

(3)高空拆卸模板时,不得将模板自高处摔下,而应用绳索吊卸,以防砸坏模板或发生事故。

(4)当模板拆卸完毕后,应将附着在板面上的混凝土砂浆洗凿干净,损坏部分需加修整,板上的圆钉应及时拔除(部分可以回收使用),以免刺脚伤人。卸下的螺栓应与螺帽、垫圈等拧在一起,并加黄油防锈。扒钉、铁丝等物均应收捡归仓,不得丢失。所有模板应按规格分放,妥加保管,以备下次立模周转使用。

(5)对于大体积混凝土,为了防止拆模后混凝土表面温度骤然下降而产生表面裂缝,应考虑外界温度的变化而确定拆模时间,并应避免早、晚或夜间拆模。

项目小结

1.砌砖工程

砖砌体的砌筑过程包括找平、放线、摆砖、立皮数和砌砖、清理等工序。

砖砌体有组砌要求:上下错缝,内外搭接,以保证砌体的整体性;同时组砌要有规律,少砍砖,提高砌筑效率,节约材料。

2.砌石护坡施工

砌体用的石料应选用未风化的坚硬石块,石质均匀、表面清洁、强度大、吸水率小、比重大,并且有较好的抗蚀性。

干砌石施工工序为选石、试放、修凿和安砌。砌石方法有花缝砌石与平缝砌石两种。

浆砌石护坡面的砌筑施工程序。包括底面整平,石料准备,放样挂线,砂浆拌制,摊铺砂浆垫层,选择铺置石料,勾缝,养护。

3.脚手架与起重机械设备

脚手架是施工作业中不可缺少的手段和设备工具,是为施工现场工作人员生产和堆放部分建筑材料所提供的操作平台,它既要满足施工的需要,又要为保证工程质量和提高工作效率创造条件。

结构吊装工程中常用的起重机械有桅杆式起重机、履带式起重机、轮胎式起重机、汽车式起重机、门式起重机、塔式起重机和缆式起重机。

4.钢筋制作与安装

运入加工现场的钢筋,需经检验合格后方可使用。钢筋加工前,应根据设计图纸按不同构件编制配料单,然后进行备料加工。

下料长度计算是配料计算中的关键。钢筋弯曲时,其外壁伸长,内壁缩短,而中心线长度并不改变。但是设计图中注明的尺寸是根据外包尺寸计算的,且不包括端头弯钩长度。显然,外包尺寸大于中心线长度,它们之间存在一个差值,称为“量度差值”。因此,钢筋的下料长度应为

钢筋下料长度=外包尺寸+端头弯钩长度-量度差值

箍筋下料长度=箍筋周长+箍筋调整值

钢筋根据需要和条件,可采用绑扎或焊接方式接长,配料时均应按规定留足相应的接头长度。

钢筋的加工包括调直、去锈、切断、弯曲和连接等工序。钢筋的安装可采用散装和整装两种方式。

5.模板制作、安装与拆除

模板的主要作用是对新浇混凝土起成型和支撑作用,同时还具有保护和改善混凝土表面质量的作用。模板按制作材料、模板形状、受力条件、架立和工作特征可分为不同类型。模板及其支架承受的荷载分基本荷载和特殊荷载两类。

模板安装必须按设计图纸测量放样，对重要结构应多设控制点，以利检查校正。模板安装好后，要进行质量检查；检查合格后，才能进行下一道工序。模板拆模的迟早直接影响混凝土质量和模板使用的周转率。拆模时间应根据设计要求、气温和混凝土强度增长情况而定。

复习思考题

1.护坡砌石工程都有哪些施工方法？

2.砌石前的准备工作有哪些？

3.砖砌墙体是如何砌筑的？有何要求？

4.砖在施工前有哪些准备工作？

5.脚手架有何作用？

6.不同类型脚手架如何连接架立？

7.结构吊装工程中常用的起重机械有哪些类型？

8.简述模板在混凝土结构中的作用及对模板的要求。

9.简述选择模板的原则？

10.简述滑模板与爬升模板的施工工艺。

11.简述模板及其支架承受的基本荷载有哪些？

12.简述钢筋进场验收的要求。

13.简述钢筋的储存要求。

14.简述钢筋加工的工序，及各工序的施工方法。

项目实训

项目背景：渭河某段河堤为土料填筑，堤高 7 m，内坡 1 : 3，外坡 1 : 1.25，河堤迎水面护坡水位以上为干砌石，厚度 0.4 m，水位以下为浆砌石，厚度 0.5 m。砌石底下垫级配砂卵石垫层。

施工要点：河堤水位以上干砌石采用花缝砌筑，水位以下采用坐浆砌筑。

问题：护坡砌石工程都有哪些施工方法？

知识目标：知道石料规格形式，能熟练叙述干砌石与浆砌石的施工工艺方法和质量控制方法。

能力目标：能进行护坡砌石施工。

项目四　基础处理工程

【任务概述】

水工建筑物施工前需要进行基坑的开挖，并根据地基地层性质对基础进行提高承载力和改善地基防渗性能的处理。主要工作任务有：①基坑开挖与地基处理；②灌浆工程；③高压喷射工程；④防渗墙施工；⑤桩基础施工；⑥劈裂灌浆施工。

【知识目标】

1.掌握基坑开挖的方法与地基处理方法。

2.掌握灌浆施工工艺，了解灌浆材料的性质。

3.掌握高压喷射灌浆施工工艺。

4.掌握防渗墙施工技术要点。

5.掌握桩基础施工工艺。

6.掌握土坝劈裂灌浆工程。

【能力目标】

1.能制订基坑开挖的方法，能对不同的地基制订正确处理方案。

2.能指导灌浆施工。

3.能指导防渗墙施工。

4.能指导土坝劈裂灌浆施工。

任何建筑物都建造在一定的地层上，建筑物的全部荷载都由它下面的地层来承担。受建筑物影响的那一部分地层称为地基，建筑物与地基接触的部分称为基础。地基与基础在各种荷载作用下将产生附加应力和变形。为了保证建筑物的正常使用与安全，地基与基础必须具有足够的强度和稳定性，变形也应在允许范围之内。根据地层变化情况、上部结构的要求、荷载特点和施工技术水平，可采用不同类型的地基和基础。

地基可分为天然地基与人工地基。未经人工处理就可以满足设计要求的地基称为天然地基。如果天然地层土质过于软弱或存在不良工程地质问题，需要经过人工加固或处理后才能修筑基础，这种地基称为人工地基。

基础根据埋置深度分为浅基础和深基础。通常，将埋置深度较浅(一般在数米以内)且施工简单的基础称为浅基础；若浅层土质不良，需将基础置于较深的良好土层上且施工较复杂时则称为深基础。基础埋置在土层内深度虽较浅，但在水下部分较深，如深水中桥墩基础，称为深水基础，在设计和施工中有些问题需要作为深基础考虑。桥梁及各种人工构造物常用天然地基上的浅基础。当需设置深基础时，常采用桩基础或沉井基础，而我国公路桥梁应用最多的深基础是桩基础。

地基与基础的关系非常密切，建筑物的稳定取决于地基与基础的强度和稳定性，不仅仅取决于单方面,关键在于地基与基础对建筑物的适宜性,也就是要根据建筑物的类型及对地基的不同要求、覆盖层地基和岩基各自的不同特点,合理选择最优的地基处理方案,保证建造的基础和地基满足运用要求。这就需要勘察、设计和施工方面的共同努力。

水工建筑物要求地基有足够的强度、抗压缩和整体均匀性,能承受建筑物的压力,保证抗滑稳定,且不产生过度的位移和沉陷;有足够的抗渗、耐久性,减少扬压力和渗漏量,不在长期侵蚀下恶化。天然地基一般较难满足上述要求,故需进行地基处理。

地基处理,就是为提高地基的承载、抗渗能力,防止过量或不均匀沉陷,以及处理地基的缺陷而采取的加固、改进措施。地基处理的方法因具体的地基情况和建筑物对地基的要求而不同,水工建筑物地基处理的目的主要是防渗和加固。本项目着重介绍有施工工艺要求的、基本的、先进的地基处理措施和施工方案。

地基处理属隐蔽性工程,必须根据水工建筑物对地基的要求,认真分析地质条件,进行技术经济比较,选择技术可行、效果可靠、工期较短、经济合理的处理措施和施工方案。重要工程须通过现场试验验证,确定地基处理各种参数、施工工序和工艺。研究地基处理施工方案时,应因地制宜地推广应用高压喷射灌浆法、振冲法、固化灰浆等新工艺、新技术、新材料。

任务一　基坑开挖与地基处理

一、基坑开挖

地基开挖即为修建水工建筑物,将其基础范围内底面以上的土和岩石挖除的工程。其目的是将不符合设计要求的风化、破碎、有缺陷和软弱的岩层、松软的土和冲积物等挖掉,使建筑物修建在可靠的地基上;或者是根据结构设计的要求,为将建筑物建在指定的高程上。地基开挖包括松土、爆破、挖掘、装车、运输、卸渣等工序。地基开挖必须按照设计文件、施工图纸和有关规范施工,施工的关键在于选用合适的开挖方法和施工方案。

(一)地基开挖分类

地基开挖分为岩基开挖和软基开挖。

1.岩基开挖

对岩石地基,多采用将岩石破碎,再用人工或机械将石渣挖掉运走。如为软岩,也可用带有松土器的重型推土机或反铲直接用凿裂法开挖,无须爆破。开挖施工中,根据建筑物的特点、开挖范围的大小和深浅、基坑形状、方式等,采用不同的开挖方式和方法。在水利工程的大面积地基开挖中,广泛采用深孔梯段爆破结合光面爆破的施工方法,分层开挖,利用挖掘机配合自卸汽车出渣。在施工前,常先进行爆破试验,选定爆破参数。一般情况下,地基开挖须从岸坡到基坑,自上而下进行,不采用自下而上或造成岩体倒悬的开挖方式。为防止爆破对基岩产生破坏性的影响,保证地基质量,需要采取一定的防护措施。许多国家都采用预留保护层的办法,即在临近基础底建基面的一定范围内,对爆破分层、钻孔深度、孔径、装药量和起爆方式等,均予限制。采用预裂爆破或光面爆破,也是一种防护措施。在坝基或厂房地基的开挖中,还要注意保持要求的体形和断面形状。为防止由于爆破震动影响而破坏基岩和损害邻近的建筑物或已经完工的灌浆地段，须根据被保护对象的质点振动速度允许值，控制爆破规模或采取防振措施。对高边坡开挖，要充分注意，做好稳定分析、观测、排水等方面的工作，并且要采用正确的施工程序和施工方法。

2.软基开挖

对土质或砂砾石地基，包括岩基上的覆盖层的开挖，同样要根据工程条件，采用不同的施工方式和方法。软基开挖需要注意边坡稳定，根据地质条件和开挖深度，确定开挖坡度。如因地质原因或周围条件不允许按要求的坡度放坡开挖，则要设置坑壁支撑，防止塌方和滑坡。还要注意做好施工排水措施，防止外水流入施工场地，并将地表积水、雨水排至场外。开挖低于地下水位的基坑时，可采取集水坑、井点排水或其他措施，降低地下水位，使基坑底部和边坡在施工期间保持无水状态，改善施工条件，稳定施工边坡。对于坝基和坝头岸坡，需按要求的坡度、深度及坝岸结合形态进行开挖。开挖后不能立即回填的部分，要预留保护层，在回填前再行挖除。

（二）岩基开挖方法和施工方案

岩基开挖，多采用钻孔爆破法施工。严禁在设计建基面、设计边坡附近采用洞室爆破法或药壶爆破法施工。

岸坡岩石的开挖，应采用预裂爆破方法。该方法技术成熟，能形成质量好的轮廓面，可减少超（或欠）挖，减轻梯段爆破对保留岩体的影响。

基础下岩石的开挖，应主要采用分层的梯段爆破方法，该方法具有爆破自由面多、爆破药量分散、单位耗药量少、起爆药量便于分段控制等优点。

开挖一般应自上而下分层进行，接近设计开挖线处，应预留一定厚度的保护层，以保证建基面的形状和完整性。保护层的厚度与地质条件、爆破规模和方式等因素有关，应根据爆破对周围岩体的破坏影响，确定保护层的厚度。

保护层以上或以外的岩石开挖，与一般分层钻空梯段爆破基本相同，但要求采用松动爆破，毫秒分段起爆，最大一段起爆药量不超过 500 kg。保护层的开挖是保证基岩质量的关键。在建基面 1.5 m 以外的保护层，宜采用微差爆破，最大一段起爆药量不大于 300 kg；建基面 1.5 m 以内保护层的开挖，要采用手风钻钻斜孔，火花起爆，控制药卷直径不大于 32 mm。最后一层风钻孔的孔底高程，对于坚硬完整的基岩，可达建基面终孔，但孔深不要超过 50 cm；对于软弱破碎的基岩，应留 20~30 cm 的撬挖层。

以上分层开挖、梯段爆破、控制最大一段起爆药量、按药卷直径预留保护层的要求，目的就是控制爆破震动的影响，保证开挖后的岩基质量。此外，其他一些行之有效的减振措施，如延长药包、间隔装药、不耦合装药等，都可以用在岩基开挖中，来提高开挖后的岩基质量。

对于廊道、截水墙和齿槽的开挖，由于部位特殊，应做专题论证进行爆破设计。一般要求对设计坡面先进行预裂爆破，再按留足竖向保护层的要求进行中部爆破开挖。

对于坐落在岩石地基上的土石坝防渗体处的基岩，可参照以上要求进行开挖。

在灌浆完成地段附近，应禁止爆破，可用锤石器和风镐开挖。确实需要爆破的应经过论证同意，才可进行少量的浅孔火花爆破，并应对灌浆区进行爆前与爆后的对比检查，必要时要进行一定范围的重新钻灌。

(三)基坑开挖中应注意的问题

在地基范围内开挖土石方,即基坑开挖,与一般土石方开挖比较,虽无本质区别,但由于基坑开挖的施工条件、施工质量等方面的特殊要求,必须从施工技术和组织措施上满足以下要求。

1.开挖有序,措施有效

开挖前,必须有开挖施工计划和技术措施,必须做好开挖线外的危石清理、削坡和加固。开挖时设置排水沟槽、集水井(坑),及时排除地表水、渗水和施工弃水,尽量干地施工。

2. 挖运协调,便于出渣

出渣运输道路的布置要与开挖分层相协调。开挖分层的高度与地形、地质、施工设备、施工强度、爆破方式等有关,一般范围为5~30 m。所以,运输道路也应分层布置,将各层的开挖工作面与堆渣场或者与运输干线相连。

出渣运输线路的规划应纳入施工总体布置,尽可能结合场内交通一并考虑,统筹开挖及后续的施工,节省临时道路的投资。出渣运输工作的组织,对于开挖进度和费用的影响极大,宜按统筹规划的原理,将开挖、运输、利用和堆存作为一个系统,按照运输距离或运输费用最小的原则进行组织。

3. 利用弃渣,减少堆放

大中型工程土石方的开挖量往往很大,需要大片堆渣场地。如果能够尽量利用开挖的弃渣,不仅可以减少弃渣占地,而且可以节约建设资金。

对于可利用性较高的出渣,可直接运至使用地点或暂存地点。许多工程利用基坑开挖的弃渣来修筑土石副坝或围堰;填塘补坑成为施工场地;修筑其他堆砌石工程或加工成混凝土骨料等。为此,需要进行土石方衡量。所谓土石方衡量,就是对整个工程的土石方开挖量和土石方堆筑量进行全面规划,做到开挖和利用相结合,就近利用有效开挖方量。通过平衡分析,合理确定弃渣的数量,规划弃渣的堆场和使用顺序。

在规划堆渣场时,要考虑施工和运行方面的要求,不能影响围堰防渗闭气,不能抬高尾水和堰前水位,不能阻滞河道水流,不能影响水电站、泄水建筑物和导流建筑物的正常运行,不能影响度汛安全等,尽量避免二次倒运。含有害物质的废渣不准堆入河床,以免污染河流。

二、地基处理

地基处理,就是为提高地基的承载、抗渗能力,防止过量或不均匀沉陷,以及处理地基缺陷而采取的加固、改进措施。首先要说明,桩基是建筑中应用得最多的人工复合地基之一。

地基处理的分类方法也很多,目前我国水利界尚未统一。按照加固地基的原理进行分类,除了清基开挖法,建筑界目前将地基处理的方法分为置换法、排水固结法、灌入固化物法、振密或挤密法、加筋法、冷热处理法、托换法、纠倾法共八大类。

(一)置换法

置换法是用物理力学性质较好的岩土材料,置换天然地基中的部分或全部软弱土或不良土，形成双层地基或复合地基，以达到地基处理的目的。

（二）排水固结法

排水固结法是通过土体在一定荷载作用下的固结，土体强度提高、孔隙比减小来达到地基处理的目的。当天然地基土渗透系数较小时，需设置竖向排水通道，以加速土体固结。常用的竖向排水通道有普通砂井、袋装砂井和塑料排水带等。按加载形式分类，它主要包括加载预压法、超载预压法、真空预压法、真空预压与堆载预压联合作用法以及降低地下水位法等，电渗法也可属于排水固结法。

（三）灌入固化物法

灌入固化物法是向岩土的裂隙和孔隙中灌入或拌入水泥或石灰或其他化学固化浆材，在地基中形成增强体，以达到地基处理的目的。常见的有固结灌浆、帷幕灌浆、砂砾层灌浆（均属渗入性灌浆法）、高压喷射注浆法、深层搅拌法、劈裂灌浆法、压密灌浆法和电动化学灌浆法等，夯实水泥土桩法也可认为是灌入固化物的一种。深层搅拌法又可分为浆液喷射深层搅拌法和粉体喷射深层搅拌法两种，后者又称为粉喷法。

（四）振密或挤密法

振密或挤密法是采用振动或挤密的方法使未饱和土密实，以达到地基处理的目的。它主要包括表层原位压实法、强夯法、振冲密实法、挤密砂石桩法、爆破挤密法、土桩或灰土桩法、柱锤冲孔成桩法、夯实水泥土桩法以及近年发展的一些孔内深层夯扩桩法等。

（五）加筋法

加筋法是在地基中设置强度高、模量大的筋材，以达到地基处理的目的。这里也包括在地基中设置混凝土桩形成复合地基。主要包括加筋土法、树根桩法、低强度混凝土桩复合地基法和钢筋混凝土桩复合地基法等。

（六）冷热处理法

冷热处理法是通过冻结土体或焙烧、加热地基土体改变土体物理力学性质，以达到地基处理的目的。它主要包括冻结法和烧结法两种。

（七）托换法

托换法是指对已有建筑物地基和基础进行处理的加固或改建手段。它主要包括基础加宽托换法、墩式托换法、桩式托换法、地基加固法（包括灌浆托换和其他托换）以及综合托换法等。桩式托换包括静压桩法、树根桩法以及其他桩式托换法。静压桩法又可分锚杆静压桩法和坑式静压桩法等。

（八）纠倾法

纠倾法是指对由沉降不均匀造成倾斜的建筑物进行矫正的手段。它主要包括加载迫降法、掏土迫降法、黄土浸水迫降法、顶升纠倾法、综合纠倾法等。

前六类是对天然地基进行地基处理的方法分类，后两类是对已有建（构）筑物而言的。托换法是指对已有建（构）筑物地基基础的加固。托换法也常用前六类地基处理方法，纠倾法是对已倾斜的建筑物进行矫正，与一般地基处理方法的内涵有所不同。但习惯上常将上述内容统称为地基处理。

任务二　桩基础施工

当地基浅层土质不良，采用浅基础不能满足建筑物对地基强度、变形和稳定性的要求时，往往需要采用深基础。桩基础就是一种常用的深基础。桩基础的作用是将承台以上的结构物传来的外力，通过承台，由桩传到较深的地基持力层中去。各桩所承受的荷载由桩通过桩侧土的摩擦力与桩端岩土的抵抗力传递到岩土中。

为满足各类建筑物的要求，适应地基的特点，形成各种类型的桩基础，如钻孔灌注桩、振冲碎石桩、振动沉管桩等，并具有各自的特点。

一、钢筋混凝土预制桩施工

钢筋混凝土桩坚固耐久，不受地下水和潮湿变化的影响，可做成各种需要的断面和长度，而且能承受较大的荷载，在工程中应用较广。

（一）钢筋混凝土预制桩的类型

钢筋混凝土预制桩分实心桩和管桩两种。为了便于预制，实心桩大多做成方形断面。断面一般为 200 mm×200 mm 至 550 mm×550 mm，如图 4-1 所示。单根桩的最大长度，根据打桩架的高度而定，目前一般在 27 m 以内，必要时可做到 31 m。一般情况下，如需打设 30 m 以上的桩，则将桩预制成几段，在打桩过程中逐段接桩予以接长。管桩系在工厂内采用离心法制成，它与实心桩相比，可大大减轻桩的自重，目前工厂生产的管桩有 400 mm、550 mm（外径）等数种。

钢筋混凝土预制桩施工，包括预制、起吊、运输、堆放、沉桩等过程。对于这些不同的过程，应该根据工艺条件、土质情况、荷载特点予以综合考虑，以便拟出合适的施工方案和技术措施。

钢筋混凝土预制桩沉桩方式可分为锤击沉桩、振动沉桩、静力压桩和射水沉桩等。其中，射水沉桩仅适用于砂土层中，水的压力需达到 0.55～0.7 MPa，必要时，可以用压缩空气代替压力水。

（二）锤击沉桩打桩技术

1.桩锤与桩架选择

锤击沉桩俗称打桩。为了保证沉桩质量，需要合理地选择打桩机具，做好现场准备工作，并拟订相应的技术安全措施。

打桩机具主要包括桩锤、桩架和动力装置三部分。桩锤是对桩施加冲击，把桩打入土中的主要机具。桩架的作用是将桩提升就位，并在打桩过程中引导桩的方向，以保证桩锤能沿所要求的方向冲击。动力装置包括驱动桩锤及卷扬机用的动力设备（锅炉、空气压缩机等）和管道、滑轮组和卷扬机等。

1）桩锤选择

桩锤种类很多，有落锤、单动蒸汽锤、柴油打桩锤和振动锤等。落锤构造简单，使用方便，能随意调整其落锤高度，适合在黏土和含砾石较多的土中打桩，但打桩速度较慢。落锤质量一般为 0.5～1.5 t。

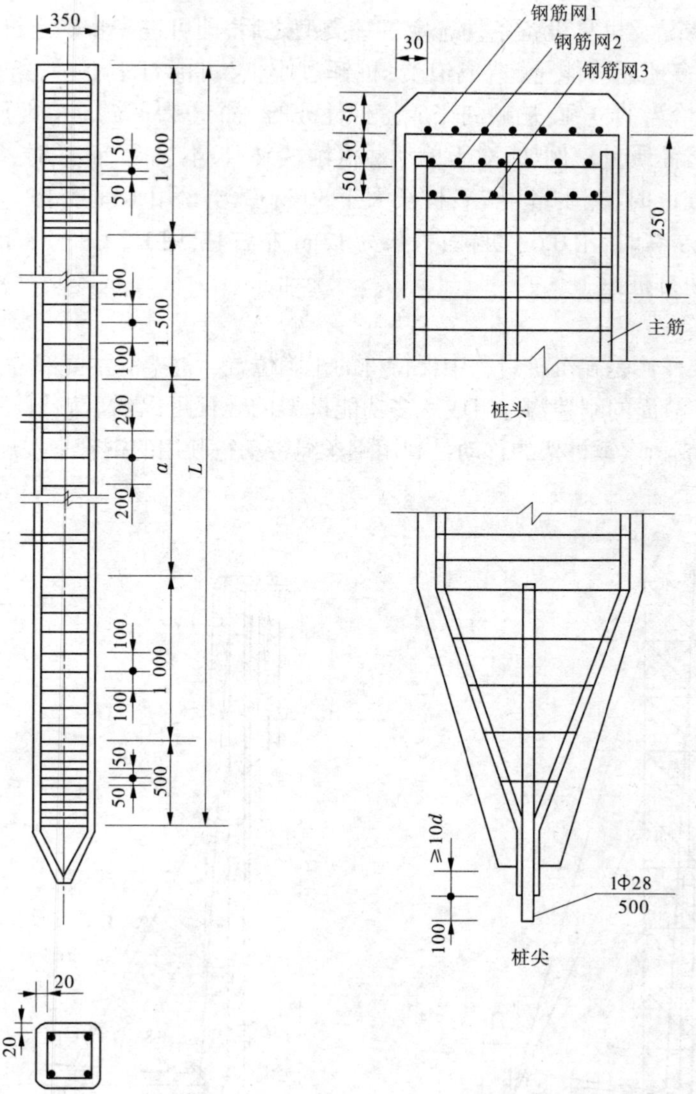

图 4-1　钢筋混凝土预制桩　(单位:mm)

单动蒸汽锤的冲击力较大,打桩速度较落锤快,一般适用于打木桩及钢筋混凝土桩。单动蒸汽锤重有 3 t、7 t、10 t、15 t 等数种。

双动蒸汽锤工作效率高,一般打桩工程都可使用,并能用于打钢板及水下打桩。双动蒸汽锤的锤质量,一般为 0.62~3.5 t。

柴油打桩锤设备轻便,打桩迅速,多用于打钢筋混凝土桩。这种桩锤不适合于松软土中打桩,因为当土很松软时,对于桩的下沉没有多大阻力,以致汽缸向上顶起的距离(与桩下沉中所受阻力的大小成正比)很小,当汽缸再次降落时,不能保证将燃料室中的气体压缩到发火的程度,柴油打桩锤则将停止工作。柴油打桩锤分杆式和筒式两种。杆式柴油打桩锤有 0.6 t、1.2 t、1.8 t、2.5 t、3.5 t 数种;筒式柴油打桩锤近年来采用较多,其规格有

1.8 t、2.5 t、4.0 t、6.0 t。

根据现场情况及机具设备条件选定桩锤类型之后，即可进一步确定桩锤质量的大小。桩锤过大，会过多地耗费能量，造成浪费；桩锤过小，又可能打不下桩，给施工带来困难。因此，选择大小恰当的桩锤，是顺利完成打桩任务的一个重要问题。有些施工单位根据桩的长度来选择桩锤质量。例如，对于单动蒸汽锤，当桩长不大于 20 m 时，锤质量不大于 5 t；桩长为 20~30 m 时，锤质量用 7 t；桩长大于 30 m，锤质量用 10 t 或 15 t。对于柴油打桩锤，桩长在 6 m 左右时，用 0.6 t 桩锤；桩长为 12 m 左右时，用 1.2 t 桩锤；如桩更长，则选用质量更大的柴油打桩锤。

2）桩架选择

桩架的主要作用是在沉桩过程中保持桩的正确位置。桩架的主要部分是导杆。导杆由槽形、箱形、管形截面的刚性构件组成。多功能桩架的导杆可以前后倾斜，其底架可做 360°回转，一般落锤或蒸汽锤桩架的移动是利用钢丝绳带动行驶用的钢管来实现的，见图 4-2。

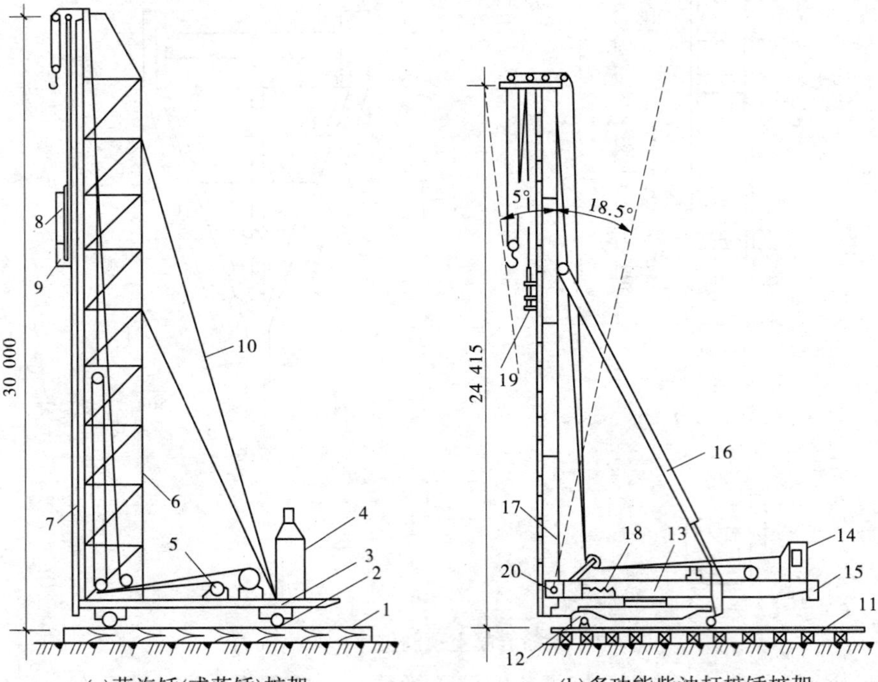

(a)蒸汽锤(或落锤)桩架　　(b)多功能柴油打桩锤桩架

1—枕木；2—滚筒；3—底架；4—钢炉；5—卷扬机；6—桩架；7—龙门导杆；
8—蒸汽锤；9—桩帽；10—缆风绳；11—钢轨；12—底盘；13—回转平台；14—司机室；
15—平衡重；16—撑杆；17—挺杆；18—水平调整装置；19—柴油打桩锤；20—成向节

图 4-2　桩架示意图

2.打桩顺序

打桩顺序是否合理，直接影响打桩进度和施工质量。图 4-3 是两种不合理的打桩顺序。

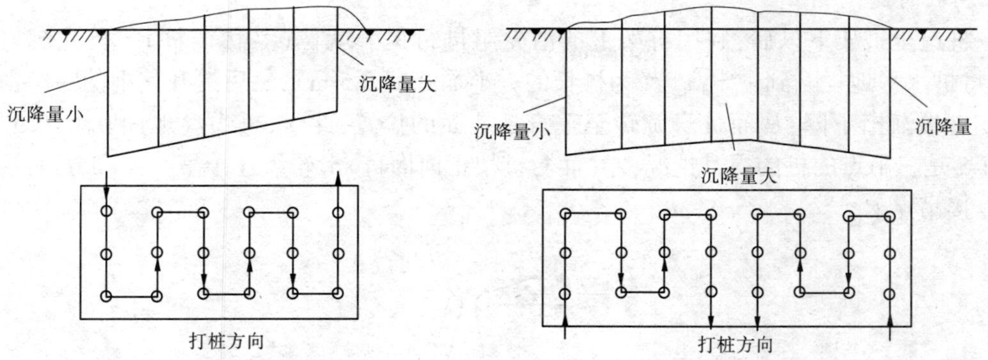

(a)逐排单向打设　　(b)分段迎面打设

图 4-3　不合理的打桩顺序

这样打桩,桩体附近的土朝着一个方向挤压,于是有可能使最后要打入的桩难以打入土中,或者桩的入土深度逐渐减少。这样建成的桩基础,会引起建筑物产生无效的沉降,应予避免。

根据上述原因,当相邻桩的中心距小于 4 倍桩的直径时,应拟定合理的打桩顺序,例如可采用逐排打设,自中部向边沿打设,或分段打设等,见图 4-4。

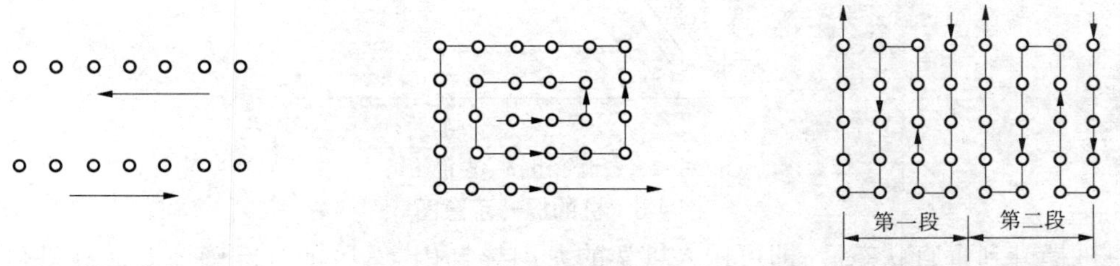

(a)逐排打设　　(b)自中部向边沿打设　　(c)分段打设(可同时施工)

图 4-4　几种合理的打桩顺序

在实际施工中,由于移动打桩架的工作繁重,因此除考虑上述的因素外,有时还考虑打桩架移动的方便与否来确定打桩顺序。

打桩顺序确定后,还需要考虑打桩机是往后"退打"还是往前"顶打"。因为这关系到桩的布置和运输问题。

当打桩地面标高接近桩顶设计标高时,打桩后,实际上每根桩的顶端还会高出地面,这是由于桩尖持力层的标高不可能完全一致,而预制桩又不可能设计成各不相同的长度,因此桩顶高出地面往往是难免的。在这种情况下,打桩机只能采取往后退打的方法。此时,桩不能事先都布置在地面上,只有随打随运。

当打桩后,桩顶的实际标高在地面以下时(摩擦桩一般是这样,端承桩则需采用送桩打入),打桩机则可以采取往前顶打的方法进行施工。这时,只要现场许可,所有的桩都可以事先布置好,这可以避免场内二次搬运。往前顶打时,由于桩顶都已打入地面,所以地面会留有桩孔,移动打桩机和行车时应注意铺平。

3.桩的提升就位

桩运至桩架下以后,利用桩架上的滑轮组进行提升就位(又称插桩)。首先绑好吊索,将桩水平地提升到一定高度(为桩长的一半加0.3~0.5 m),然后提升其中的一组滑轮组使桩尖渐渐下降,从而桩身旋转至垂直于地面的位置,此时,桩尖离地面0.3~0.5 m。图4-5是三吊点的桩的提升情况,左(面对桩架正面而言)滑轮组连接吊点 A 和 B,右滑轮组连接吊点 C。

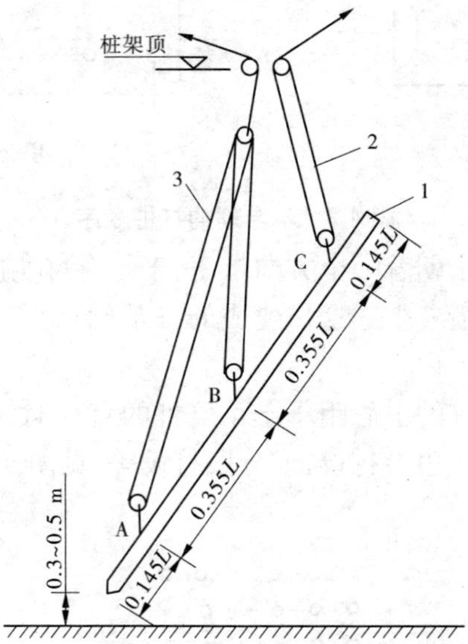

1—桩;2—右滑轮组;3—左滑轮组

图4-5　桩的提升示意图

桩提升到垂直状态后,即可送入桩架的龙门导杆内,然后把桩准确地安放在桩位上,随即将桩和导杆相联结,以保证打桩时不发生移动和倾斜。在桩顶垫上硬木(通称"替打木")或粗草纸,安上桩帽后,即可将桩锤缓缓落到桩顶上面,注意不要撞击。在桩的自重和锤重作用下,桩向土中沉入一定深度而达到稳定的位置。这时,再校正一次桩垂直度,即可进行打桩。

4.打桩

用锤打桩,桩锤动量所转换的功,除去各种损耗外,如还足以克服桩身与土的摩阻力和桩尖阻力时,桩即沉入土中。

打桩时,可以采取两种方式;一种为轻锤高击,另一种为重锤低击,如图4-6所示。设 $Q_2=2Q_1$,而 $H_2=0.5H_1$,这两种方式即使所作的功相同($Q_1H_1=Q_2H_2$),但所得到的效果是不同的。这可粗略地以撞击原理来说明这种现象。轻锤高击,所得到的动量

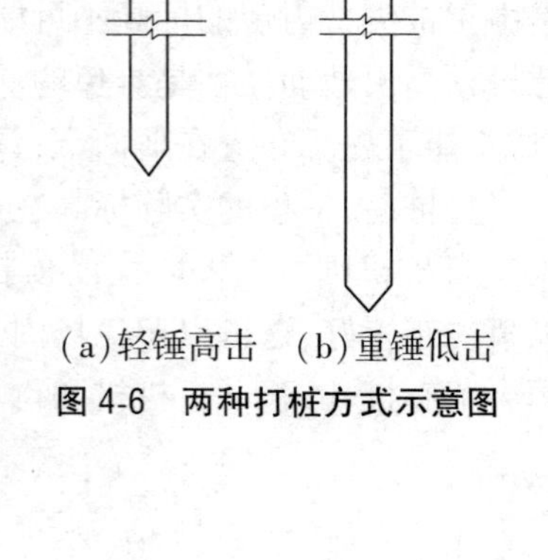

(a)轻锤高击　(b)重锤低击

图4-6　两种打桩方式示意图

较小,而桩锤对桩头的冲击大,因而回弹大,桩头也易损坏。

重锤低击,所得的动量较大,而桩锤对桩头的冲击小,因而回弹也小,桩头不易损坏,大部分能量都可以用来克服桩身与土的摩阻力和桩尖阻力,因此桩能较快地打入土中。

此外,由于重锤低击的落距小,因而可提高锤击频率。桩锤的频率高,对于较密实的土层,如砂或黏土,能较容易地穿过(但不适用于含有砾石的杂填土)。所以,打桩宜用重锤低击法。

至于桩锤的落距究竟以多大为宜,根据实践经验,在一般情况下,单动汽锤以 0.6 m 左右为宜;柴油打桩锤不超过 1.5 m;落锤不超过 1.0 m 为宜。

5.打桩质量要求

打桩质量包括两个方面的内容:一是能否满足贯入度或标高的设计要求;二是打入后的偏差是否在允许范围以内。

打桩的控制原则如下:

(1)桩尖位于坚硬、硬塑的黏性土、碎石土、中密以上的砂土或风化岩等土层时,以贯入度控制为主,桩尖进入持力层深度或桩尖标高可做参考。

(2)贯入度已达到,而桩尖标高未达到时,应继续锤击 3 阵,其每阵 10 击的平均贯入度不应大于规定的数值。

(3)桩尖位于其他软土层时,以桩尖设计标高控制为主,贯入度可做参考。

(4)打桩时,如控制指标已符合要求,而其他的指标与要求相差较大时,应会同有关单位研究处理。

(5)贯入度应通过试桩确定,或做打桩试验与有关单位确定。

按标高控制的预制桩,桩顶允许偏差为-50~+100 mm。

上述所指的贯入度,为最后贯入度,即最后一击时桩的入土深度。在实际施工中,一般是采用最后 10 击桩的平均入土深度作为其最后贯入度。

最后贯入度是打桩质量标准的重要指标,但在实际施工中,也不要孤立地把贯入度作为唯一不变的指标。因为影响贯入度的因素是多方面的,例如,地质情况的变化,有无"送桩"(当桩顶需打入地面以下时,需采用一种一般长 2 ~3 m,多用钢材做成的工具式短桩,置于桩顶,承受锤击。这一工具式短桩称为"送桩"。加上送桩后,贯入度会显著减少),若用汽锤,蒸汽压力的变化(蒸汽压力要正常,否则贯入是假象)等,都足以使贯入度产生较大的差别。因此,打桩中对于贯入度的异常变化,需要具体分析,具体解决。

为了控制桩的垂直偏差(不大于 1%)和平面位置偏差(一般不大于 100 ~150 mm),桩在提升就位时,必须对准桩位,而且桩身要垂直,插入时的垂直度偏差不得超过 0.5%,施打前,桩、帽和桩锤必须在同一垂直线上。施打开始时,先用较小的落距,待桩渐渐入土稳住后,再适当增大落距,正常施打。

二、钻孔灌注桩施工

钻孔灌注桩是用钻(冲或抓)孔机械在岩土中先钻成桩孔,然后在孔内放入钢筋笼,再灌注桩身混凝土而筑成的深基础。其特点是:施工设备简单、操作方便、适应性强、承载力高、节省钢木、造价低廉、适用于各种砂性土、黏性土、碎石、卵砾石类土层和基岩层。施工前应先做试验，以取得经验。我国已施工的灌注桩，入土深度由数米到百米，已积累了丰富的施工经验。

(一)钻孔灌注桩类型

钻孔灌注桩按其支撑岩土的种类和荷载抵抗力的主要分量进行分类，如图 4-7 所示。钻孔桩按其功能分为均质土中的摩擦桩、端承于硬土的硬土桩和端承于岩石的岩石桩三种主要类型。

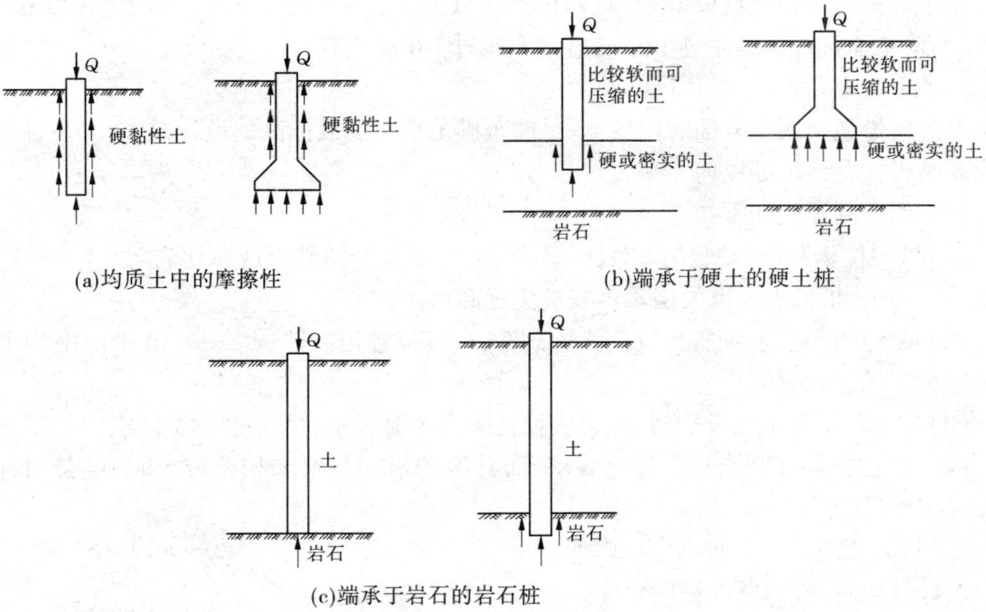

图 4-7　钻孔桩的主要类型

均质土中的摩擦桩，其承载由摩擦阻力和端承阻力两部分组成，一般具有较低到中等的承载力。均质土中的摩擦桩有时常带有扩大的底部，以增加承载力的端承分量。

在软弱和可压缩的地层，而支撑于硬的土层和岩石时，绝大多数作为端承构件使用。此时，在软土中沿钻孔桩长度的摩阻力一般忽略不计，端承桩外部荷载由底部阻力支撑。这种桩常用扩大底部，形成扩底桩，以增加基础的承载力。钻孔桩也可锚进持力层，承载力是锚座周围的抗剪阻力和端承阻力之和。

(二)工程施工准备

1.灌注桩施工应具备的资料

(1)建筑物场地工程地质资料和必要的水文地质资料。

(2)桩基施工图与图纸会审纪要。

(3)建筑场地和邻近区域内的地下管线(管道、电缆)、地下构筑物、危房、精密仪器车间等调查资料。

(4)主要机械设备的技术性能资料。

(5)桩基工程的施工组织设计或施工方案。

(6)水泥、砂、石、钢筋等原材料及其制品的质检报告。

(7)有关荷载、施工工艺的试验参考资料。

2.施工组织设计

施工组织设计应结合工程特点,有针对性地制订质量管理措施,主要包括下列内容:

(1)施工平面图。标明桩位、编号、施工顺序、水电线路和临时设施的位置;采用泥浆护壁成孔时,应标明泥浆制备设备及其循环系统、钢筋笼加工系统、混凝土拌和系统。

(2)确定成孔机械、设备与合理施工工艺的有关资料,泥浆护壁灌注桩必须有泥浆处理措施。

(3)施工作业计划和劳动力组织计划。

(4)机械设备、备件、工具(包括质量检查工具)、材料供应计划。

(5)施工时,对安全、劳动保护、防火、防雨、爆破作业、环境保护等应按有关规定执行。

(6)保证工程质量、安全生产等技术措施。

3.成桩机械设备与工具

(1)钻孔机械。如CZ~22型冲击钻机、CZF-1200型冲击反循环钻机、CZ-1000型冲抓钻机、GJD-1500型钻机、SPJ-300型钻机、QZ-150型钻机、QZ-3型钻机等,可供选用。

(2)泥浆搅拌机。如JW-180型、2 m^3 卧式双轴型等。

(3)混凝土搅拌机。如JZC-350型搅拌机。

(4)泥浆泵与砂石泵。泥浆泵有4PH型、3PH型、3PNL型等型号,砂石泵有4PS、6PSA型、6BS-220型等。

(5)泥浆净化机。如JHB-100型。

(6)空压机。如VY-9/7型、ZV-6/8型等。

(7)汽车吊与汽车。汽车吊有QY-8型、QY-16型等型号。汽车有5 t自卸汽车与1.5 t双排座汽车等。

(8)灌注导管。有螺纹式灌注导管与卡口式灌注导管。后者连接速度快,使用方便,劳动强度低,能大大提高灌注效率,是目前较为理想的灌注工具。

(三)钻孔灌注桩施工

1.施工前的准备工作

1)施工现场

施工前应根据施工地点的水文、工程地质条件及机具、设备、动力、材料、运输等情况,布置施工现场。

(1)场地为旱地时,应平整场地、清除杂物、换除软土、夯打密实。钻机底座应布置在坚实的填土上。

(2)场地为陡坡时,可用木排架或枕木搭设工作平台。平台应牢固可靠,保证施工顺利进行。

(3)场地为浅水时,可采用筑岛法,岛顶平面应高出水面1~2 m。

(4)场地为深水时,根据水深、流速、水位涨落、水底地层等情况,采用固定式平台或浮动式钻探船。

2) 灌注桩的试验(试桩)

灌注桩正式施工前,应先打试桩。试验内容包括荷载试验和工艺试验。

(1) 试验目的。选择合理的施工方法、施工工艺和机具设备:验证明桩的设计参数,如桩径和桩长等;鉴定或确定桩的承载能力和成桩质量能否满足设计要求。

(2) 试桩施工方法。试桩所用的设备与方法,应与实际成孔成桩所用者相同;一般可用基桩做试验或选择有代表性的地层或预计钻进困难的地层进行成孔、成桩等工序的试验,着重查明地质情况,判定成孔、成桩工艺方法是否适宜。试桩的材料与截面、长度必须与设计相同。

(3) 试桩数目。工艺性试桩的数目根据施工具体情况决定;力学性试桩的数目,一般不少于实际基桩总数的 3%,且不少于 2 根。

(4) 荷载试验。灌注桩的荷载试验,一般应做垂直静载试验和水平静载试验。①垂直静载试验的目的是测定桩的垂直极限承载力,测定各土层的桩侧及摩擦阻力和桩底反力,并查明桩的沉降情况。试验加载装置一般采用油压千斤顶。千斤顶的加载反力装置可根据现场实际条件而定,一般均采用锚桩横梁反力装置。加载与沉降的测量与试验资料整理,可参照有关规定。②水平静载试验的目的,是确定桩在容许水平荷载作用下的桩头变位(水平位移和转角),一般只有在设计要求时才进行。加载方式、方法、设备、试验资料的观测、记录整理等,参照有关规定。

3) 测量放样

根据建设单位提供的测量基线和水准点,由专业测量人员制作施工平面控制网。采用极坐标法对每根桩孔进行放样。为保证放样准确无误,对每根桩必须进行 3 次定位,即第一次定位挖、埋设护筒;第二次校正护筒;第三次在护筒上用十字交叉法定出桩位。

4) 埋设护筒

埋设护筒应准确稳定。护筒内径一般应比钻头直径稍大;用冲击或冲抓方法时,约大 20 cm,用回转法则约大 10 cm。护筒一般有木质、钢质与钢筋混凝土三种材质。护筒周围用黏土回填并夯实。当地基回填土松散、孔口易坍塌时,应扩大护筒坑的挖埋直径或在护筒周围填砂浆混凝土。护筒埋设深度一般为 1~1.5 m;对于坍塌较深的桩孔,应增加护筒埋设深度。

5) 制备泥浆

制浆用黏土的质量要求、泥浆搅拌和泥浆性能指标等,均应符合有关规定。泥浆主要性能指标:比重 1.1~1.15,黏度 10~25 s,含砂率小于 6%,胶体率大于 95%,失水量小于 30 mL/min,pH 值 7~9。

泥浆的循环系统主要包括制浆池、泥浆池、沉淀池和循环槽等。开动钻机较多时,一般采用集中制浆与供浆。用抽浆泵通过主浆管和软管向各孔桩供浆。

泥浆的排浆系统由主排浆沟、支排浆沟和泥浆沉淀池组成。沉淀池内的混浆采用泥浆净化机净化后,由泥浆泵抽回泥浆池,以便再次利用。废弃的泥浆与渣应按环境保护的有关规定进行处理。

2.造孔

1)造孔方法

钻孔灌注桩造孔常用的方法有冲击钻进法、冲抓钻进法、冲击反循环钻进法、泵吸反循环钻进法、正循环回转钻进法等,可根据具体的情况进行选用。

2)造孔

施工平台应铺设枕木和台板,安装钻机应保持稳固、周正、水平。开钻前提钻具,校正孔位。造孔时,钻具对准测放的中心开孔钻进。施工中应经常检测孔径、孔形和孔斜,严格控制钻孔质量。出渣时,及时补给泥浆,保证钻孔内浆液面的泥浆稳定,防止塌孔。

根据地质勘探资料、钻进速度、钻具磨损程度及抽筒排出的钻渣等情况,判断换层孔深。如钻孔进入基岩,立即用样管取样。经现场地质人员鉴定,确定终孔深度。终孔验收时,桩位孔口偏差不得大于 5 cm,桩身垂直度偏斜应小于 1%。当上述指标达到规定要求时,才能进入下道工序施工。

3)清孔

(1)清孔的目的。清孔的目的是抽、换孔内泥浆,清除孔内钻渣,尽量减少孔底沉淀层厚度,防止桩底存留过厚沉淀砂土而降低桩的承载力,确保灌注混凝土的质量。

终孔检查后,应立即清孔。清孔时应不断置换泥浆,直至灌注水下混凝土。

(2)清孔的质量要求。清孔的质量要求是应清除孔底所有的沉淀砂土。当技术上确有困难时,允许残留少量不成浆状的松土,其数量应按合同文件的规定。清孔后灌注混凝土前,孔底 500 mm 以内的泥浆性能指标:含砂率为 8%。比重应小于 1.25,漏斗黏度不大于 28 s。

(3)清孔方法。根据设计要求、钻进方法、钻具和土质条件决定清孔方法。常用的清孔方法有正循环清孔、泵吸反循环清孔、空压机清孔和掏渣清孔等。①正循环清孔,适用于淤泥层、砂土层和基岩施工的桩孔。孔径一般小于 800 mm。其方法是在终孔后,将钻头提离孔底 10~20 cm 空转,并保持泥浆正常循环。输入比重为 1.10~1.25 的较纯的新泥浆循环,把钻孔内悬浮钻渣较多的泥浆换出。根据孔内情况,清孔时间一般为 4~6 h。②泵吸反循环清孔,适用于孔径 600~500 mm 及更大的桩孔。清孔时,在终孔后停止回转,将钻具提离孔底 10~15 cm,反循环持续到满足清孔要求为止。清孔时间一般为 8~15 min。③空压机清孔,其原理与空压机抽水洗井的原理相同,适用于各种孔径、深度大于 10 m 各种钻进方法的桩孔。一般是在钢筋笼下入孔内后,将安有进气管的导管吊入孔中。导管下入深度距沉渣面 30~40 cm。由于桩孔不深,混合器可以下到接近孔底,以增加沉没深度。清孔开始时,应向孔内补水。清孔停止时,应先关风后断水,防止水头损失而造成塌孔。送风量由小到大,风压一般为 0.5~0.7 MPa。④掏渣清孔,干钻施工的桩孔,不得用循环液清除孔内虚土,应采用掏渣等或加碎石夯实的办法。

3.钢筋笼制作与安装

1)一般要求

(1)钢筋的种类、钢号、直径应符合设计要求。钢筋的材质应进行物理力学性能或化学成分的分析试验。

(2)制作前应除锈、调直(螺旋筋除外)。主筋应尽量用整根钢筋。焊接的钢材,应做可焊性和焊接质量的试验。

(3) 当钢筋笼全长超过 10 m 时,宜分段制作。分段后的主筋接头应互相错开,同一截面内的接头数目不多于主筋总根数的 50%,两个接头的间距应大于 50 cm。接头可采用搭接、绑条或坡口焊接。加强筋与主筋间采用点焊连接,箍筋与主筋间采用绑扎方法。

2) 钢筋笼的制作

制作钢筋笼的设备与工具有电焊机、钢筋切割机、钢筋圈制作台和钢筋笼成型支架等,制作程序如下:

(1) 根据设计,确定箍筋用料长度。将钢筋成批切割好备用。

(2) 钢筋笼主筋保护层厚度一般为 6~8 cm。绑扎或焊接钢筋混凝土预制块,焊接环筋。环的直径不小于 10 mm,焊在主筋外侧。

(3) 制作好的钢筋笼应在平整的地面上放置,防止变形。

(4) 按图纸尺寸和焊接质量要求检查钢筋笼(内径应比导管接头外径大 100 mm 以上)。不合格者不得使用。

3) 钢筋笼的安装

钢筋笼安装用大型吊车起吊,对准桩孔中心放入孔内。如桩孔较深,钢筋笼应分段加工,在孔口处进行对接。采用单面焊缝焊接,焊缝应饱满,不得咬边夹渣。焊缝长度不小于 10d。为了保证钢筋笼的垂直度,钢筋笼在孔口按桩位中心定位,使其悬吊在孔内。

下放钢筋笼应防止碰撞孔壁。如下放受阻,应查明原因,不得强行下插。一般采用正反旋转,缓慢逐步下放。安装完毕后,经有关人员对钢筋笼的位置、垂直度、焊缝质量、箍筋点焊质量等全面进行检查验收,合格后才能下导管灌注混凝土。

(四) 混凝土的配制与灌注

1. 一般规定

桩身混凝土按条件养护 28 d 后应达到下列要求:

(1) 抗压强度达到相应强度等级的标准强度。

(2) 凝结密实,胶结良好,不得有蜂窝、空洞、裂缝、稀释、夹层和夹泥渣等不良现象。

(3) 水泥砂浆与钢筋黏结良好,不得有脱粘露筋现象。

(4) 有特殊要求的混凝土或钢筋混凝土的其他性能指标,应达到设计要求。

配制混凝土所用材料和配合比除应符合设计规定外,并应满足下列要求:

(1) 水泥除应符合国家标准外,其按标准方法规定的初凝时间不宜小于 3~4 h。

(2) 桩身混凝土,容重一般为 2 300~2 400 kg/m^3、水泥标号不低于 3.25 MPa、水泥用量不得少于 360 kg/m^3。

(3) 混凝土坍落度一般为 18~22 cm。

(4) 粗骨料可选用卵石或碎石,最大粒径应小于 40 mm,并不得大于导入径的 1/6 ~ 1/8 和钢筋小净距的 1/3,一般用 5~40 mm 为宜。细骨料宜采用质地坚硬的天然中、粗砂。

(5) 为使混凝土有较好的和易性,混凝土含砂率宜采用 40%~45%;并宜选用中、粗砂。水灰比应小于 0.5。

(6) 混凝土拌和用水,与水泥起化学作用的水达到水泥质量的 15%~20%即可。多余的水只起润滑作用,即搅成混凝土具有和易性。混凝土灌注完毕后,多余水逐渐蒸发,在混凝土中留下小气孔,气孔越多,强度越低,因此要控制用水量。洁净的天然水和自来水都可使用。

(7)添加剂为改善水下混凝土的工艺性能,加速施工进度和节约水泥,可在混凝土中掺入添加剂。其种类、加入量按设计要求确定。

2.水下混凝土灌注

灌注混凝土要严格按照《建筑地基基础工程施工质量验收标准》(GB 50202—2018)中有关规定进行施工。混凝土灌注分干孔灌注和水下灌注,一般均采用导管灌注法。

混凝土灌注是钻孔灌注桩的重要工序,应予特别注意。钻孔应经过质量检验合格后,才能进行灌注工作。

1)灌注导管

灌注导管用钢管制作,导管壁厚不宜小于 3 mm,直径宜为 200~300 mm。每节导管长度,导管下部第一根为 4 000~6 000 mm,导管中部为 1 000~2 000 mm,导管上部为 300~500 mm。密封形式采用橡胶圈或橡胶皮垫。适用桩径为 600~1 500 mm。

2)导管顶部应安装漏斗和储料斗

漏斗安装高度应适应操作的需要,在灌注到最后阶段时,能满足对导管内混凝土柱高度的需要,以保证上部桩身的灌注质量。混凝土柱的高度,一般在桩底低于桩孔中水面时,应比水面至少高出 2 m。漏斗与储料斗应有足够的容量来储存混凝土,以保证首批灌入的混凝土量能达到 1~1.2 m 的埋管高度。

3)灌注顺序

灌注前,应再次测定孔底沉渣厚度。如厚度超过规定,应再次进行清孔。当下导管时,导管底部与孔底的距离以能放出隔水器和混凝土为原则,一般为 30~50 cm。桩径小于 600 mm 时,可适当加大导管底部至孔底距离。①首批混凝土连续不断地灌注后,应有专人测量孔内混凝土面高度,并计算导管埋置深度,一般控制在 2~6 m,不得小于 1 m 或大于 6 m。严禁导管提出混凝土面。应及时填写水下混凝土灌注记录。如发现导管内大量进水,应立即停止灌注,查明原因,处理后再灌注。②水下灌注必须连续进行,严禁中途停灌。灌注中,应注意观察管内混凝土下降和孔内水位变化情况,及时测量管内混凝土面上升高度和分段计算充盈系数(充盈系数应为 1.1~1.2),不得小于 1。③导管提升时,不得挂住钢筋笼,可设置防护三角形加筋板或设置锥形法兰护罩。④灌注将结束时,由于导管内混凝土柱高度减小,超压力降低,而导管外的泥浆及所含渣土稠度增加,比重增大。出现混凝土顶升困难时,可以小于 300 mm 的幅度上下串动导管,但不许横向摆动,确保灌注顺利进行。⑤终灌时,考虑到泥浆层的影响,实灌桩顶混凝土面应高于设计桩顶 0.5 m 以上。⑥施工过程中,要协调混凝土配制、运输和灌注各个工序的合理配合,保证灌注连续作业和灌注质量。

(五)灌注桩质量控制

混凝土灌注桩是一种深入地下的隐蔽工程,其质量不能直接进行外观检查。如果在上部工程完成后发现桩的质量问题,要采取必要的补救措施以消除隐患是非常困难的。所以,在施工的全过程中,必须采取有效的质量控制措施,以确保灌注桩质量完全满足设计要求。灌注桩质量包括桩位、桩斜、桩径、桩长、桩底沉渣、桩顶浮渣、混凝土强度、桩身结构、钢筋笼,以及有否断桩夹泥、蜂窝、空洞、裂缝等内容。

1.桩位控制

施工现场泥泞较多,桩位定好后,无法长期保存,护筒埋设以后尚需校对。为确保桩位质量,可采取精密测量方法,即用经纬仪定向,钢皮尺测距的办法定位。护筒埋设时,再次进行复测。采用焊制的坐标架校正护筒中心同桩位中心,保持一致。

2.桩斜控制

埋设护筒采用护筒内径上下两端十字交叉法定心,通过两中心点,能确保护筒垂直。钻机就位后,钻杆中心悬垂线通过护筒上下两中心点,开孔定位即能确保准确、垂直。回转钻进时要匀速给进。当土层变硬时应轻压、慢给进、高转速;钻具跳动时,应轻压、低转速。必要时,采用加重块配合减压钻进。遇较大块石,可用冲抓锥处理。冲抓时提吊钢绳不能过度放松。及时测定孔斜,保证孔率小于1%。发现孔斜道大,立即采取纠斜措施。

3.桩径控制

根据地基情况,合理选择钻头直径,对桩径控制有重要作用。在黏性土层中钻进,钻孔直径应比钻头直径大5 cm左右。随着土层中含砂量的增加,孔径可比钻头直径大10 cm。在砂层、砂卵石等松散地层,为防止坍塌掉块而造成超径现象,应合理使用泥浆。

4.桩长控制

施工中对护筒口高程与各项设计高程都要搞清,正确进行换算。土层中钻进,锥形钻头的起始点要准确无误,根据不同土质情况进行调整。机具长度丈量要准确。冲击钻进或冲击反循环钻进要正确丈量钢绳长度,并考虑负重后的伸长值,发现错误应及时更正。

5.桩底沉渣控制

土层、砂层或砂卵石层钻进,一般用泥浆换浆方法清孔。应合理选择泥浆性能指标,换浆时,返出钻孔的泥浆比重应小于1.25,才能保持孔底清洁无沉渣。清孔确有困难时,孔底残留沉渣厚度,应按合同文件规定执行,防止沉渣过多而影响桩长和灌注混凝土质量。

6.桩顶浮渣控制

灌注的混凝土,通过导管从钻孔底部排出,把孔底的沉渣冲起并填补其空间,随着灌注的继续,混凝土柱不断升高,由于沉渣比重比混凝土小,始终浮在最上面,形成桩顶浮渣。浮渣的密实性较差,与混凝土有明显区别。当混凝土灌注至最后一斗时,应准确探明浮渣厚度。计算调整末斗混凝土容量。灌注完以后再复查桩顶高度,达到设计要求时将导管拆除,否则应补料。

7.混凝土强度控制

根据设计配合比,进行混凝土试配和快速保养检测。对混凝土配合比设计进行必要的调整。严格按规范把好水泥、砂、石的质量关,有质量保证书的也要进行核对。

灌注过程中,经常观察分析混凝土配合比,及时测试坍落度。为节约水泥可加入适量的添加剂,减少加水量,提高混凝土强度。

严格按规定制作试块,应在拌和机出料口取样,保证取样质量。

8.桩身结构控制

制作钢筋笼不能超过规范允许的误差,包括主筋的搭接方式和长度。定型块是控制保护层厚度的主要措施,不能省略。钢筋笼的全部数据都应按隐蔽工程进行验收、记录。钢筋笼底应制成锥形,底面用环筋封端,以便顺利下放。起吊部位可增焊环筋,提高强度。起吊钢绳应放长,以减少两绳夹角,防止钢盘笼起吊变形。确保导管密封良好,灌注时串动导管提高不能过多,防止夹泥、断桩等质量事故发生,如发生这些事故,应将导管全部提出,处理好以后再下入孔内。

9.原材料控制

(1)对每批进场的钢筋应严格检查其材质证明文件,抽样复核钢筋的机械性能,各项性能指标均符合设计要求才能使用。

(2)认真检查每批进场水泥的强度等级、出厂日期和出厂试验报告。使用前,对出厂水泥、砂、石的性能进行复核,并做水下混凝土试验,严禁使用不合格或过期硬化水泥。

(六)工程质量检查验收

工程施工结束后,应按《建筑地基基础工程施工质量验收标准》(GB 50202—2018)有关规定,对桩基工程验收应提交的图纸、资料进行绘制、整理、汇总及施工质量的自检评价工作。同时会同建设单位、设计单位和监理单位,根据现场施工情况、施工记录与混凝土试块抗压强度报告表,选定适量的单桩若干根,委托建筑工程质量检测中心进行单桩垂直静载试验和桩基动测试验,评价桩的承载力和混凝土强度是否满足设计要求。

任务三　防渗墙工程施工

一、防渗墙类型

防渗墙是修建在挡水建筑物松散透水地层中的地下连续墙。防渗墙之所以得到如此广泛的应用和迅速的发展,其主要原因是它与其他同类工程措施,如打设板桩、灌浆等相比,具有结构可靠、防渗效果好、能适应各种不同的地层条件,施工时几乎不受地下水位的影响;它的修建深度较大,可以在距已有建筑物十分邻近的地方施工,并具有施工速度快、工程造价不高等优点。西藏旁多水利枢纽大坝基础防渗墙最终成槽深度达到 155 m,是目前世界上最深的防渗墙。

在水利水电工程建设中,防渗墙的应用有以下几个方面:①控制闸坝基础的渗流;②坝体防渗和加固处理;③控制围堰堰体和基础的渗流;④防止泄水建筑物下游基础的冲刷;⑤做一般水工建筑物基础的承重结构等。

总之,它可用来解决防渗、防冲、加固、承重等多方面的工程问题。

地下连续墙的施工方法主要有两种:一是排桩成墙;二是开槽筑墙。目前,国内外应用最多的是开槽筑墙。

开槽筑墙的施工工艺,是在地面上用一种特殊的挖槽设备,沿着铺设好的导墙工程,在泥浆护壁的情况下,开挖一条窄长的深槽,在槽中浇筑混凝土(有的在浇筑前放置钢筋笼、预制构件)或其他材料,筑成地下连续墙体。地下连续墙按其材料可分为土质墙、混凝土墙、钢筋混凝土墙和组合墙。

槽型防渗墙的施工是分段分期进行的：先建造单号槽段的墙壁，称为一期槽段；再建造双号槽段的墙壁，称为二期槽段。一、二期槽段相接而成一道连续墙，如图 4-8 所示。

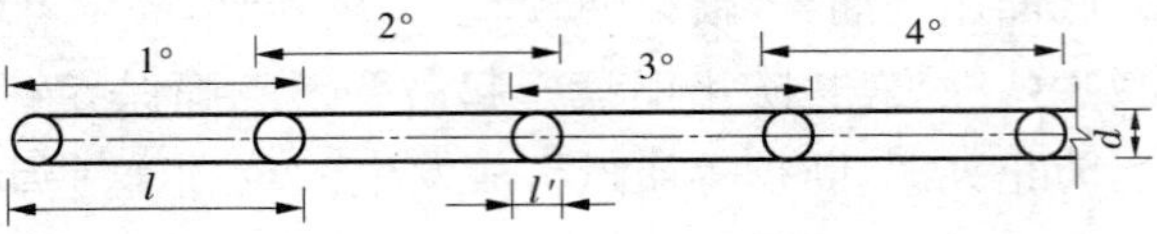

1°、3° — 一期槽孔；2°、4°—二期槽孔

图 4-8　槽型防渗墙

二、防渗墙钻孔施工流程

混凝土防渗墙的施工程序一般可分为：①成槽前的准备工作；②用泥浆固壁进行成槽；③终槽验收和清槽换浆；④防渗墙浇筑前的准备工作；⑤防渗墙的浇筑；⑥成墙质量验收等。

混凝土防渗墙的基本形式是槽孔型，它是由一段段槽孔套接而成的地下连续墙，先施工一期槽孔，后施工二期槽孔，见图 4-8。

（一）造孔前的准备工作

根据防渗墙的设计要求和槽孔长度的划分做好槽孔的测量定位工作，并在此基础上，设置导向槽。

1.槽段的宽度及长度

槽段的宽度即防渗墙的有效厚度，视筑墙材料和造孔方法而定。一般钢板桩水泥砂浆和水泥黏土砂浆灌注的防渗墙，厚度为 10~20 cm，泥浆槽的级配混合料填筑的防渗墙，厚度达 300 cm；混凝土及钢筋混凝土防渗墙，厚度为 60~80 cm。

槽段长度的划分，原则上为减少槽段间的接头，尽可能采用比较长的槽段。但由于墙基地形地质条件的限制，以及施工能力、施工机具等因素的影响，槽孔又不能太长。所以，槽孔长度必须满足下述条件：

$$L \leqslant \frac{Q}{kBV} \tag{4-1}$$

式中　L——槽段长度，m；

Q——混凝土生产能力，m^3/h；

B——防渗墙厚度，m；

V——槽段混凝土面的上升速度，一般要求小于 2 m/h；

k——墙厚扩大系数，可取 1. 2~1.3。

一般槽段长度为 10~20 m。

2.导墙施工

导墙是建造防渗墙不可缺少的构筑物，必须认真进行设计，最后通过质量验收合格后才能进行施工。

1）导墙的作用

（1）导墙是控制防渗墙各项指标的基准。导墙和防渗墙的中心线必须一致，导墙宽度一般比防渗墙的宽度多 3~5 cm,它指示挖槽位置,为挖槽起导向作用。导墙竖向面的垂直度是决定防渗墙垂直度的首要条件。导墙顶部应平整,保证导向钢轨的架设和定位。

(2)导墙可防止槽壁顶部坍塌,保证地面土体稳定。在导墙之间每隔 1~3 m 加设临时木支撑。

(3)导墙经常承受灌注混凝土的导管、钻机等静、动荷载,可以起到重物支撑台的作用。

(4)维持稳定液面的作用。特别是地下水位很高的地段,为维持稳定液面,至少要高出地下水位 1 m。导墙顶部有时高出地面。

(5)导墙内的空间有时可作为稳定液的贮藏槽。

2)导墙的施工

钢筋混凝土导墙常用现场浇筑法。其施工顺序是:平整场地、测量位置、挖槽与处理弃土、绑扎钢筋、支模板、灌注混凝土、拆模板并设横撑、回填导墙外侧空隙并碾压密实。

导墙的施工接头位置,应与防渗墙的施工接头位置错开,另外还可设置插铁以保持导墙的连续性。

导向槽沿防渗墙轴线设在槽孔上方,支撑上部孔壁;其净宽一般等于或略大于防渗墙的设计厚度,深度以 1.5~2.0 m 为宜。导向槽可用木料、条石、灰拌土或混凝土做成;灰拌土导墙如图 4-9 所示。

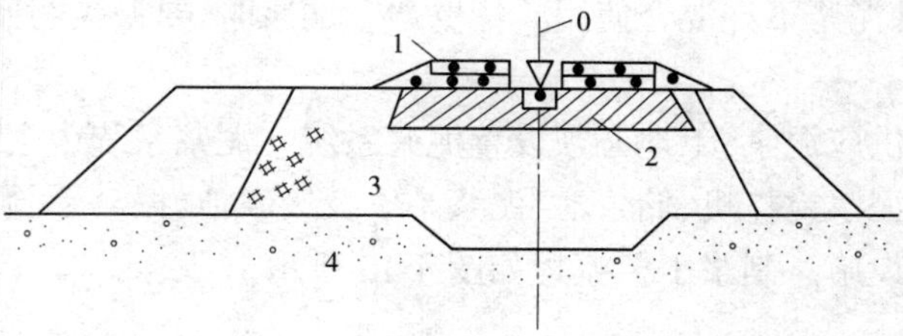

0—防渗墙轴线;1—钻机轨枕;2—灰拌土;3—黏土心墙;4—透水砂卵石

图 4-9　灰拌土导墙

为了维持槽孔的稳定,要求导向槽底部高程应高出地下水位 0.5 m 以上。为防止地表积水倒流和便于自流排浆,其顶部高程要高于两侧地面高程。

导向槽安设好后,在槽侧铺设钻机轨道,安装钻机,修筑运输道路,架设动力和照明线路及供水浆管路,做好排水排浆系统,并向槽内灌泥浆,保持液面在槽顶以下 30~50 cm,即可开始造孔。

3.泥浆制备

泥浆在造孔中的主要作用如下:

(1)固壁作用,其具有较大的比重(一般为 1. 1~1.2),以静压力作用于槽壁借以抵抗槽壁土压力及地下水压力。

(2)在成槽过程中,泥浆尚有挟砂作用、冷却润滑钻头作用。

(3)成墙以后,渗入孔壁的泥浆和胶结在孔壁的泥皮,还有防渗作用。它直接影响墙底与基岩,墙间结合质量。一般槽内泥浆面应高出地下水位 0.6~2.0 m。

由于泥浆的特殊重要性,对于泥浆的制浆土料、配比以及施工过程中的质量控制等方面,都提出了严格的规定。要求固壁泥浆比重小(新浆比重小于 1.05,槽内比重不大于 1.15,槽底比重不大于 1.20),黏度适当(25~30 s),掺 CMC(羧甲基纤维素)可改善黏度,且稳定性好,失水量小,国外一般都要求用膨润土制浆。

根据经验,对制浆土料可以用下列指标作为初步鉴定和选择的参考:①黏粒含量>50%;②塑性指数>20%;③含砂量<1%;④土料矿物成分中二氧化硅(SiO_2)与三氧化二铝(Al_2O_3)含量的比值,以 3~4 为好。

对于泥浆的技术指标,则必须根据地层的地质和水文地质条件、成槽方法和使用部位等因素综合选定。如在松散地层中,浆液漏失严重,应选用黏度较大、静切力较高的泥浆;土坝加固补强时,为了防止坝体在泥浆压力作用下,使原有裂缝扩展或产生新的裂缝,宜选用比重较小的泥浆;在成槽过程中,泥浆因受压失水量大,容易形成厚而不牢的固壁泥皮,故应选用失水量较小的泥浆,黏土在碱性溶液中容易进行离子交换,为提高泥浆的稳定性,故应选用泥浆的 pH 值大于 7 为好,但是 pH 值也不宜过大,否则泥浆的胶凝化倾向增大,反而会降低泥浆的固壁性能。一般 pH 值以 7~9 为宜。

在施工过程中,必须加强泥浆生产过程中各个环节的管理和控制。一方面在施工现场要定时测定泥浆的比重、黏度和含砂量,在实验室内还要进行胶体率、失水量(泥皮厚)、静切力等项试验,以全面评价泥浆的质量和控制泥浆的技术指标;另一方面要防止一切违章操作,如严禁砂卵石和其他杂质与制浆土料相混,不允许随便往槽段中倾注清水,未经试验的两种泥浆不许混合使用。槽壁严重漏浆时,要抛投与制浆土料性质一样的泥球等。

为了保质保量供应泥浆,工地必须设置泥浆系统。泥浆系统中主要包括土料仓库、供水管路、量水设备、泥浆搅拌机、储浆池、泥浆泵以及废浆池、振动筛、旋流器、沉淀池、排渣槽等泥浆再生净化设施。制浆工艺流程如图 4-10 所示。

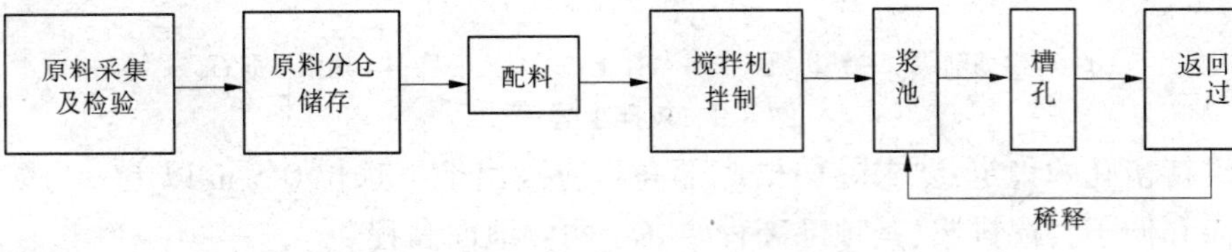

图 4-10　制浆工艺流程

搅拌机通常有 2 m^3或 4 m^3等不同容量的卧式搅拌机,如 NJ-1500 型泥浆搅拌机。

过滤用振动除砂机、除砂过滤机。

槽孔返回的悬渣浆液可采用泥浆净化系统对泥浆进行筛分和旋流处理,除去粒径大于0.075 mm 的颗粒后又重新回到浆池中重复利用。泥浆的再生净化和回收利用,不仅能够降低成本,而且可以改善环境,防止泥浆污染。

根据统计,如果泥浆不回收利用,则其费用约占防渗墙总造价的 15%。而根据国外经验,在黏土、淤泥中成槽,泥浆可回收利用 2~3 次;在砂砾石中成槽,可回收利用6~8次。由此可见,泥浆回收利用的经济价值。

回收利用泥浆,就必须对准备废弃的泥浆进行再生净化处理。泥浆的再生净化处理有物理处理和化学处理。

所谓物理再生净化处理，主要是将成槽过程中含有土渣的泥浆通过振动筛；旋流器和沉淀池，利用筛分作用、离心分离作用和重力沉淀作用，分别将粗细颗粒的土渣从泥浆中分离出去，以恢复泥浆的物理性能，如图4-11所示。

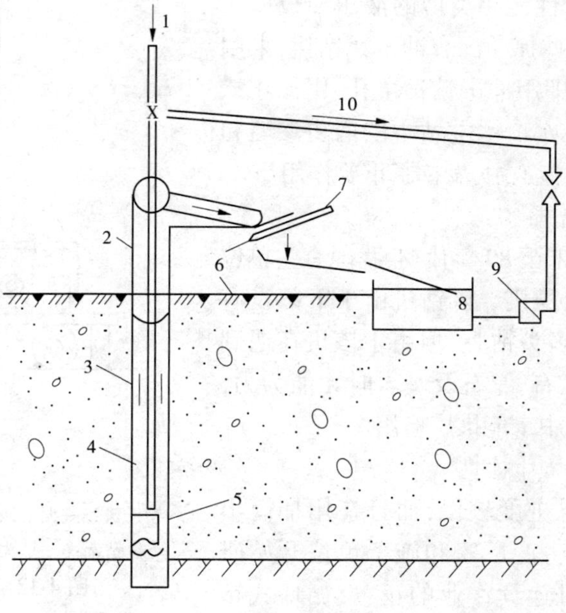

1—新鲜泥浆；2—孔口管；3—钻杆；4—钻孔；5—钻头；
6—弃渣皮带；7—振动筛；8—泥浆池；9—泥浆泵；10—净化泥浆

图4-11　泥浆物理再生净化处理工艺流程图

所谓化学再生净化处理，主要是对发生化学变化的泥浆进行再生净化处理。例如，浇筑混凝土时所置换出来的泥浆，由于混凝土中水泥乳状液所含大量钙离子的作用，产生凝化，其结果是使泥浆形成泥皮的能力减弱，固壁性能降低，黏性增高，土渣分离困难。处理的办法，可掺加适量的分散剂，如碳酸钠、碳酸氢钠等，混合后再做物理再生净化处理，使泥浆恢复应有的性能。

（二）造孔

1.防渗墙施工机具

为适应各工程对防渗墙的不同要求，防渗墙施工机具有CZ型冲击式钻机，抓斗挖槽机，多头钻式挖槽机，回转式正、反循环钻机，冲击式正、反循环钻机，双轮液压铣槽机以及射水法造墙机、锯槽成墙机等。

1）CZ型冲击式钻机

我国最早建成的槽孔式混凝土防渗墙——密云水库白河主坝混凝土防渗墙就是用冲击式钻机成槽的。钻头重1.5~3.0 t。开挖是借偏心工作轮的回转通过连杆带动活动滑轮使“十”字形钻头做上下运动，周而复始不断地冲击地层。在冲击过程中用泥浆固壁，使之在槽壁上形成致密的泥皮，而孔内浆柱的压力又通过泥皮作用在槽壁上，以维持槽壁的稳定。与此同时，泥浆又将被击碎的卵砾石悬浮起来，由带底活门的抽筒抽携出孔外。这样循环往复从而获得进尺。用该钻机冲击孤石、漂石和坚硬基岩，一般需配合表面聚能爆破或钻孔爆破等辅助措施，以加快钻孔速度。冲击式钻机示意如图 4-12 所示。

2）抓斗挖槽机

我国自行研制了性能相类似的液压导板抓斗和钢丝绳抓斗。用这些抓斗配合冲击式钻机，采用"两钻一抓"施工法（即用冲击钻钻主孔，用抓斗抓取副孔中的土体），在水口水电站主围堰防渗墙和小浪底上围堰防渗墙施工中，发挥了重要作用。

3）多头钻式挖槽机

20 世纪 70 年代末至 80 年代初，我国有些单位开始研制多头钻式挖槽机。该钻机由于下部设有五个旋转钻头又称"多头钻"。但由于该机在遇到大颗粒砂砾石层和孤石、漂石及基岩时无能为力，因此在水利水电工程中未能推广应用。

4）回转式正、反循环钻机

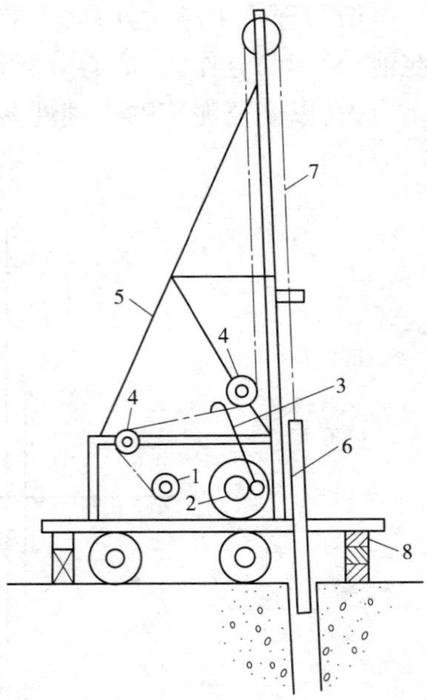

1—卷扬机；2—偏心工作轮；3—连杆；4—滑轮；5—钻架；6—钻头；7—钢丝绳；8—垫木

图 4-12　冲击式钻机

由于冲击式钻机进度较慢，而且在用抽筒出渣时大量浪费泥浆，生产厂家和施工单位开始研制一种能回收泥浆且连续作业的正、反循环式钻机。所谓正循环，是由一根伸到孔底的泥浆管向孔底注入泥浆，然后泥浆携着钻渣自孔口溢出。所谓反循环，是由孔口注入泥浆，而从设在孔底的吸浆管吸出携带钻渣的泥浆。周而复始，不停地工作。钻进的头若为回转钻进的即是回转式钻机，若为冲击钻进的即为冲击式钻机。

回转式钻机一般不适宜于大颗粒地层，仅适用于细颗粒的软土地层的钻进。回转式反循环钻机都附有一个大功率、大流量的砂石泵，以抽吸孔底的泥浆和石渣。由于该种钻机的局限性，因此在我国的防渗墙施工中多不选用。

5）冲击式正、反循环钻机

与回转式正、反循环钻机相比，冲击式正、反循环钻机对地层的适应性较强，各种地层均可钻进。这种钻机没有连续冲击机构，冲击次数取决于人工搬动离合器的速度，由橡胶管向孔底供浆，携带钻渣的泥浆由孔口溢出，经沉淀除渣后再用，泥浆流速慢，大块石渣不易排出。针对这些弱点，又研制了冲击式反循环钻机。GCF1500 型与 CZF 系列冲击式反循环钻机是这类钻机的代表。

6）双轮液压铣槽机

双轮液压铣槽机主要由承重吊车、铣钻机、配制储存及处理泥浆的设施三部分组成。吊车上的液压站向铣槽机提供高压动力。而铣槽机是一个高 15 m、重 16~20 t 的箱架，底部有 3 个功率 100 kW 的小型液压电动机。其中，两个水平轴平行排列，分别带动一个装有挖镐的滚筒，滚筒以 10~20 r/min 的速度切削地层，两筒转动方向相反，施加的力偶超过 40 kN · m，足以使挖镐破碎地层，而第三个电动机则带动一个泥浆泵，通过软管将钻掘出的碎屑连同泥浆一起送到地面的泥浆处理系统，采用反循环排渣，去除了粗颗粒的泥浆又返回到槽孔中。这样随抽随钻进。

7)射水法造墙机

对于有些覆盖层较浅的低坝和大堤上的防渗工程,有时仅需修筑 0.2~0.4 m 厚的防渗墙即可,这时采用冲击式钻机造墙显然是不经济的,需要一种能快速修筑薄墙的施工机械。为此研制成功了一种射水法造墙机。该机可以在砂土和壤土地基中建造深度不超过 30 m、厚度不超过 0.5 m、垂直偏差小于 1/300 的混凝土防渗墙。该机的基本原理是利用水泵及成型器中射水装置形成高速射流的冲击力破坏土层结构,水土混合回流泥沙溢出地面,同时利用卷扬机操作成型器不断上、下冲动,进一步破坏土层并切割修整孔壁,造成有一定规格尺寸的槽孔,施工中用一定密度的泥浆固壁,随后采用常规的水下混凝土直升导管法浇筑混凝土,从而形成单片的混凝土防渗墙板,再利用成型器的特殊侧向装置将单槽板连接成地下混凝土防渗墙。

8)锯槽成墙机

我国于 1990 年研制成功的 DY-40 型锯槽成墙机。该机的工作原理是利用电动机带动减速机,再通过往复机构带动摆梁系统做上下摆动。迫使钻孔内的锯管做上下锯动,以连续不断地切削剥离松散岩层,被切削下来的岩渣沿垂直切削面塌落到槽底后,再用泵吸或气举反循环将岩渣与槽内的护壁泥浆液一起送到旋流除砂器内进行分离,分离后的浆液再送到槽内,岩渣则进入螺旋输送机输出,从而把地层锯成一条长槽。

从我国近 40 年的防渗墙施工实践来看,在水利水电防渗墙施工中用冲击式钻机或冲击式反循环钻机钻打主孔、基岩和孤石,用抓斗抓取副孔中的土体,是最经济、最快捷的施工方法。

2.造孔方法

1)钻劈法

用冲击式钻机开挖槽孔时,一般采用钻劈法(见图 4-13),即“主孔钻进、副孔劈打”,先将一个槽段划分为主孔和副孔,利用钻击钻头自重,冲击钻凿主孔,然后用同样的钻头劈打副孔两侧,用抽砂筒或接渣斗出渣。它是利用冲击式钻机的钻头自重,先将一个槽段划分为主孔和副孔,首先钻凿主孔,当主孔钻到一定深度后,就为劈打副孔创造了临空面。使用冲击钻劈打副孔产生的碎渣,有两种出渣方式:利用泵吸设备将泥浆连同碎渣一起吸出槽外,通过再生处理后,泥浆可以循环使用;也可用抽砂筒及接砂斗出渣,钻进与出渣间歇性作业。这种方法一般要求主孔先导 8~12 m,适用于砂卵石等地层。

2)钻抓法

钻抓法又称为“主孔钻进,副孔抓取”法,如图 4-14 所示。它是先用冲击式钻机或回转式钻机钻凿主孔,然后用抓斗抓挖副孔,副孔的宽度要求小于抓斗的有效作用宽度。这种方法可以充分发挥两种机具的优势,抓斗的效率高,而钻机可钻进不同深度地层。具体施工时,可以两钻一抓,也可以三钻两抓、四钻三抓形成不同长度的槽孔。钻抓法主要适合于粒径较小的松散软弱地层。

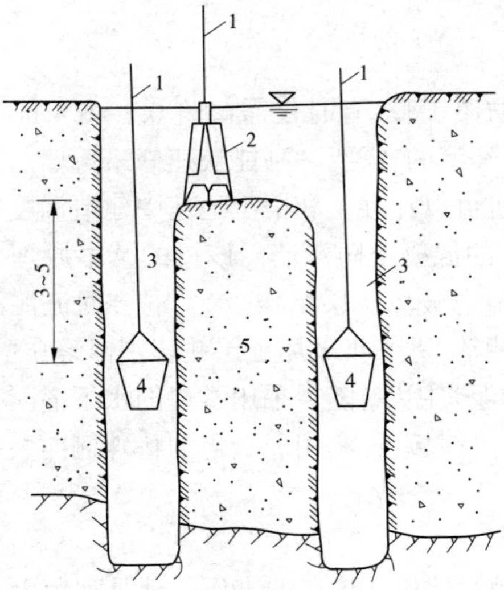

1—钢丝绳；2—钻头；3—主孔；4—接砂斗；5—副孔

图 4-13　主孔钻进、副孔劈打　（单位：m）

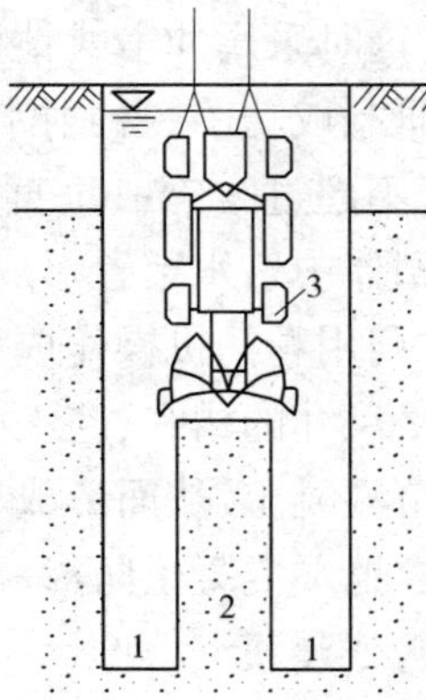

1—主孔；2—副孔；3—抓斗

图 4-14　钻抓法成槽施工

3）分层钻进法

分层钻进法采用回转式钻机造孔，如图 4-15 所示。分层成槽时，槽孔两端应领先钻进，它是利用钻具的重量和钻头的回转切削作用，按一定程序分层下挖，用砂石泵经空心钻杆将土渣连同泥浆排出槽外，同时不断地补充新鲜泥浆，维持泥浆液面的稳定。分层钻进法适用于均质颗粒的地层，使碎渣能从排渣管内顺利通过。

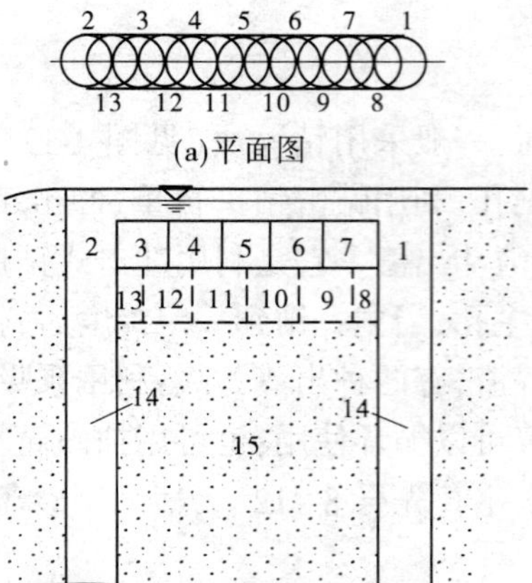

1～13—分层钻进顺序；14—端孔；15—分层平挖部分

图 4-15　分层钻进法成槽施工

铣削法采用液压双轮铣槽机，先从槽段一端开始铣削，然后逐层下挖成槽。液压双轮铣槽机是目前一种比较先进的防渗墙施工机械，它由两组相向旋转的铣切刀轮，对地层进行切削，这样可抵消地层的反作用力，保持设备的稳定。切削下来的碎屑集中在中心，由离心泥浆泵通过管道排出到地面，如图 4-16 所示。

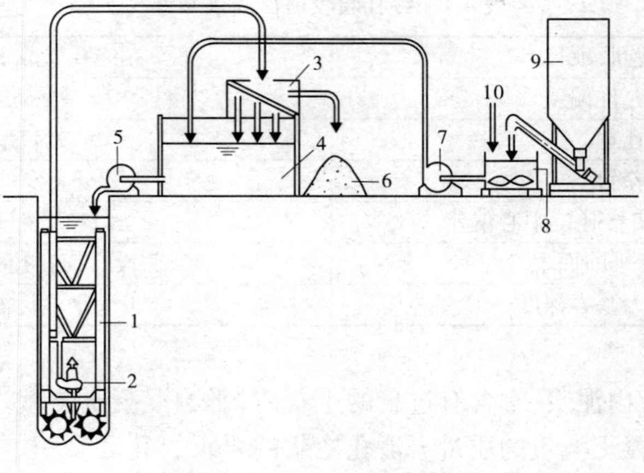

1—铣槽机；2—泥浆泵；3—除渣装置；4—泥浆罐；5—供浆泵；6—筛除的钻渣；
7—补浆泵；8—泥浆搅拌机；9—膨润土储料罐；10—水源

图 4-16　液压铣槽机的工艺流程

以上各种造孔挖槽方法，都是采用泥浆固壁，在泥浆液面下钻挖成槽的。在造孔过程中，要严格按操作规程施工，防止掉钻、卡钻、埋钻等事故发生；必须经常注意泥浆液面的稳定，发现严重漏浆要及时补充泥浆，采取有效的止漏措施；要定时测定泥浆的性能指标，以免影响工作，甚至造成孔壁坍塌；要保持槽壁平直，保证孔位、孔斜、孔深、孔宽及槽孔搭接厚度；嵌入基岩的深度等要满足规定的要求，防止漏钻漏挖和欠钻欠挖。

在钻进粉细砂地层时常常向孔内投黏土球，以改善土层的颗粒组成以加快进度。使用冲击或回转式反循环钻机及抓斗施工时，粉细砂层进度很快，无须采用特殊的工艺。在用冲击式钻机钻进含孤石、漂石地层和基岩时，常用表面聚能爆破或钻孔爆破等方法，先爆破后钻进，往往可提高钻进工效 1~3.5 倍。

上述方法不仅采用冲击式钻机时适用，而且在采用抓斗挖槽机和双轮液压铣槽机时也适用，其他工艺都是不经济的。

(三)终孔工作

1.岩芯鉴定

为了使防渗墙准确地达到设计深度，主孔钻进到预定部位前，应放下抽筒，抽取岩样进行鉴定，编号装袋。

2.终孔验收

终孔后按规范对孔深、槽宽、孔壁倾斜率、槽孔孔底淤积厚度与平整度进行检查验收。

造孔结束后，应进行终孔验收，其验收项目及质量要求可参考表 4-1。

3.清孔换浆

采用钻头扰动、砂石泵抽吸或其他方法清孔，抽吸出的泥浆经净化后，再回到槽孔，将孔内含有大量砂粒和岩屑的泥浆换成新鲜泥浆。将孔段两段已浇筑混凝土弧面上附着的黏稠泥浆、岩屑冲洗干净。

表 4-1　终孔验收项目要求参考

终孔验收项目	终孔验收要求
孔位允许偏差	±3 cm
孔宽	≥设计墙厚
孔斜	<4‰
一、二期槽孔搭接孔位中心偏差	≤1/3 设计墙厚
槽孔水平断面上	设有梅花孔、小墙
槽孔嵌入基岩深度	满足设计深度

造孔完毕后的孔内泥浆，常含有过量的土石渣，影响混凝土与基岩的连接，因此必须清孔换浆，以保证混凝土浇筑的质量。清孔换浆的要求为孔底淤积厚度≤10 cm，泥浆比重≤1.3，黏度≤30 s（指体积为 500 cm^3的浆液从一标准漏斗中流出来的时间），含砂量≤10%；且清孔换浆后 4 h 内应开始浇筑混凝土。

在用冲击式钻机施工时，孔底沉渣清理通常抽筒出渣，尽管施工验收时一般都满足孔底泥浆含砂率小于 12%的要求，但当混凝土浇筑进度较慢而槽孔又较深时，泥浆中的砂粒就会沉积到混凝土的表面，而随着混凝土面的上升，这些泥沙就有可能被裹入混凝土中，形成夹泥，或推向两边与相邻槽孔的连接处，形成接缝夹泥，这对防渗墙来说是致命的缺点。近年来，由于冲击循环采用泵吸法并经泥浆处理装置去除了孔内泥浆中粒径大于 0.075 mm 的颗粒，这一问题得以解决。不过在单独使用冲击钻和抓斗施工时，也开始采用一种可置于孔底的潜水泵抽吸孔底泥浆以清孔，使防渗墙的质量大大提高。

（四）混凝土浇筑

防渗墙的墙体材料，按其抗压强度和弹性模量，一般分为刚性材料和柔性材料。可根据工程性质及技术经济比较后，选择合适的墙体材料。

刚性材料包括普通混凝土、黏土混凝土和掺粉煤灰混凝土等，其抗压强度大于 5 MPa，弹性模量大于 10 000 MPa。柔性材料的抗压强度则小于 5 MPa，弹性模量小于 10 000 MPa，包括塑性混凝土、自凝灰浆（减少了墙身的浇筑工序，简化了施工程序，使建造速度加快、成本降低。在水头不大的堤坝基础及围堰工程中使用较多）、固化灰浆（可省去导管法混凝土浇筑工序，提高接头造孔工效，减少泥浆废弃，使劳动强度减轻，施工进度加快）等。另外，现在有些工程开始使用强度大于 25 MPa 的高强混凝土，以适应高坝深基础对防渗墙的技术要求。

1.泥浆下浇筑混凝土的主要特点

（1）不允许泥浆和混凝土掺混成泥浆夹层。

（2）确保混凝土与基础以及一、二期混凝土间的结合。

（3）连续浇筑，一气呵成。

2.泥浆下浇筑混凝土的方法

泥浆下浇筑混凝土常采用导管提升法，导管由若干根直径 20～25 cm 的钢管用法兰盘连接成，导管顶部为受料斗；每根钢管长 2 m 左右；整个导管悬挂在导向槽上，并通过提升机升降。导管布置如图 4-17 所示。由于防渗墙混凝土坍落度一般为 18～22 cm，其扩散半径为 1.5~2. 0 m，导管间距以小于 3~4 m 为宜。

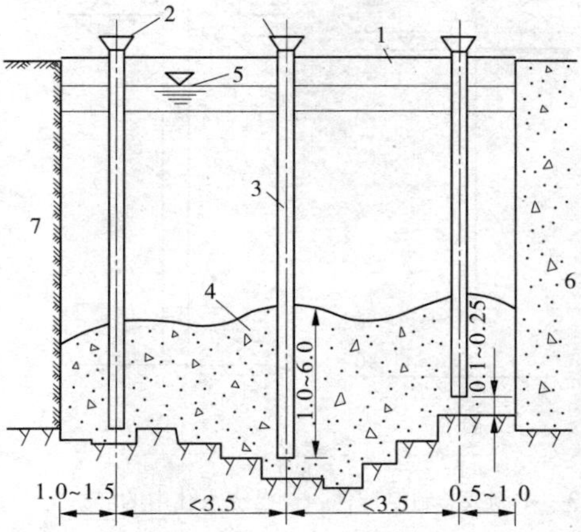

1—导向槽；2—受料斗；3—导管；4—混凝土；5—泥浆液面；6—已浇槽孔；7—未挖槽孔

图 4-17　导管布置　（单位：m）

3.浇筑前的准备工作

泥浆下混凝土浇筑前的准备工作包括制订浇筑方案，准备好导管及孔口用具并下设导管，检查混凝土搅拌与运输机械及导管提升机械的完好情况，检查运输道路情况，搭设孔口料台，准备好孔内混凝土顶面深度测量用具及混凝土顶面上升指示图，制订好孔内泥浆排放与回收方案等。

浇筑前，应仔细检查导管的形状、接头和焊缝的质量，过度变形和破损的不能使用，并按预定长度在地面进行分段组装和编号，然后安装布置到槽段中。

导管的开浇顺序应严格遵循先深后浅的原则，即从最深的导管开始，由深到浅一个个依次开浇，直到全槽混凝土面浇平以后，再全槽均衡上升。相邻混凝土面高差控制在 0.5 m 范围以内。

孔口料台的结构应当既稳固又简单，能够方便地均匀分料给每一根导管，并应在清孔验收合格后 2 h 内搭设完毕；一般使用钢管装配式孔口料台。孔内混凝土顶面常用钢丝芯测绳或细钢丝绳起吊测锤测量，测锤绳索上的刻度标记应准确并应经常校核。

4.泥浆下混凝土的浇筑

每个导管开浇时，将导管下至距槽底 10~25 cm 处，管内放一直径略小于导管内径的、能漂浮在浆面上的木球，以便在开浇时把混凝土与泥浆隔开；开浇时，先用坍落度为 18~20 cm 的水泥砂浆，再用体积稍大于整根导管容积、有同样坍落度的混凝土一次把木球压至管底；混凝土满管后，提管 20~30 cm，使球体跑出管外，混凝土流入槽内，再立即将导管放回原处，使导管底孔插入已浇入的混凝土中；然后迅速检查导管连接处是否漏浆，若不漏浆，立即开始连续浇筑混凝土，维持全槽混凝土面均衡上升，其上升速度不小于 2 m/h，随着混凝土顶面的不断上升，继续拆管，始终使导管底口埋入混凝土内 1~6 m 的深度，直至混凝土顶面浇筑至规定高程，如图 4-18 所示。混凝土浇筑施工包括压球、满管、提管排球、埋管、查管、连续浇筑、终浇等工序。

当混凝土面上升到距槽口 4~5 m 时，由于混凝土柱压力减小，槽内泥浆浓度增加，混

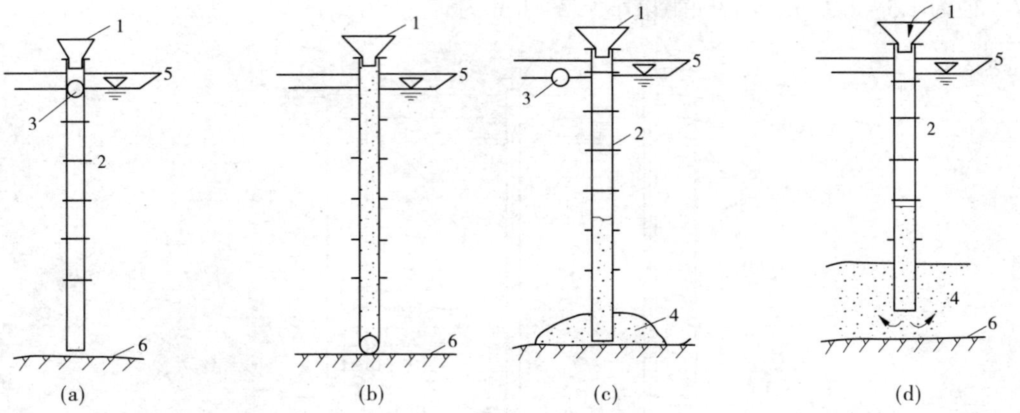

1—浇筑漏斗；2—导管；3—木制或塑料制球体；4—已浇入孔内的混凝土；5—泥浆液面；6—基岩面

图 4-18　泥浆下混凝土浇筑施工要点

凝土扩散能力相对减弱，易发生堵管和夹泥等，可采取加强排浆、稀释泥浆、抬高漏斗、增加起拔次数、经常提动导管及控制混凝土坍落度等措施来解决。

(五)墙段接头的施工工艺

目前，我国水利水电工程中的混凝土防渗墙在接头施工时有五种不同的方式。

1.套打一钻的接头方式

该方式在一期墙段的两面端孔处套打一钻与二期墙段混凝土呈半圆弧相接，主要采用冲击式钻机施工。

2.双反弧的接头方式

该方式在两个已浇筑混凝土的槽段中间预留一个孔的位置，待两个墙段形成后，再用双反弧钻头钻凿中间的双反弧形的土体，然后浇混凝土将两个墙段连接。这种方法多在墙体混凝土强度等级较高时采用。

3.预埋接头管的接头方式

该方式是在一期槽段的两端放置与墙厚尺寸相同的圆钢管，待混凝土凝固后，再将接头管拔出即形成光滑的半圆珠笔形墙段接头。铜街子水电站工程左深槽混凝土防渗墙的部分接头就是采用此种方式，葛洲坝大江围堰防渗墙的部分接头也是用此法连接的。

4.预埋塑料止水带的接头方式

该方式是一期槽孔两端放置一个与墙厚尺寸相同的接头板，板上可以卧入塑料止水带，待一期混凝土凝固后，露在槽孔内的塑料止水带就被浇筑在一期混凝土中；而二期槽孔造成后，再将接头板拔除，则原卧入此接头板中的另外一半塑料止水带就又留在了二期槽中；待二期槽孔混凝土浇筑完毕，这两期槽孔混凝土之间的接缝就被塑料止水带封堵，如图 4-19 所示。

5.低强度等级混凝土包裹的接头方式

该方式的施工程序是先用抓斗在设计的墙段接头部位沿垂直于墙轴线方向取一个单个槽孔，该槽的长度和宽度即是抓斗的长度和宽度，成槽后浇筑低强度等级混凝土，此即为包裹接头槽段。然后在每两个包裹接头中间抓取一期槽孔，并浇筑一期槽孔混凝土，这

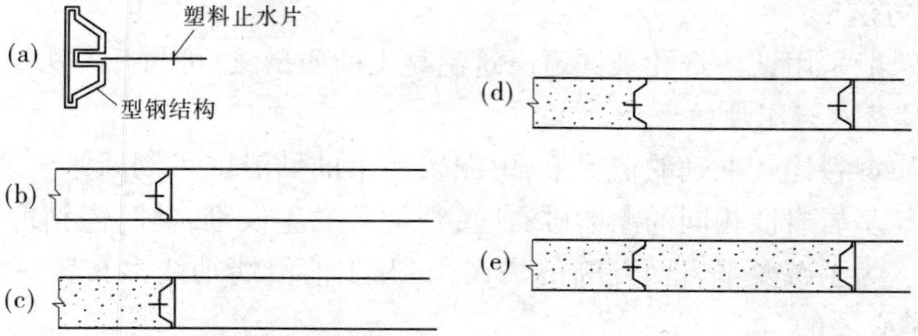

图 4-19　地下连续墙接头塑料止水板的接头施工法

时每个包裹接头槽段的混凝土均被抓去一部分。此后再在每两个一期槽段之间抓取二期槽段,同时也将包裹接头的另一部分抓出,并用双轮液压铣槽机铣削一期槽孔混凝土接头端面,待二期槽孔混凝土浇筑完毕后,每个槽段接头就被原已浇筑好的包裹接头槽段包裹住,见图 4-20。

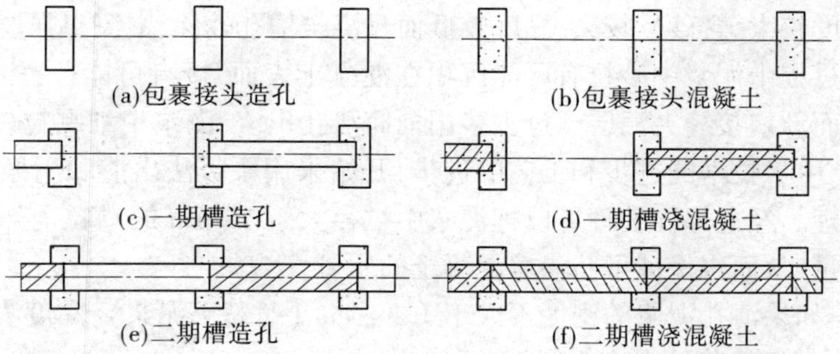

图 4-20　低强度等级混凝土包裹接头法施工工艺过程

此种接头的优点是不易漏水,即使有少量漏水,渗径也比较长。我国的小浪底工程大坝防渗墙(左岸部分)就是采用此种接头。

从目前来看,预埋接头管的接头方式和预埋塑料止水带的接头方式一般只适用于 30~50 m 深的槽孔,而双反弧接头方式可适用于较深的槽孔,且此法十分经济。低强度等级混凝土包裹的接头方式只适用于用抓斗施工的工程。套打一钻的接头方式由于工效低,且浪费混凝土,已逐渐被淘汰。

三、防渗墙检测

(一)检查内容

对混凝土防渗墙的质量检查应按规范及设计要求进行,主要包括以下几个方面:

(1)槽孔检查,包括几何尺寸和位置、钻孔偏斜、入岩深度等。

(2)清孔检查,包括槽段接头、孔底淤积厚度、清孔质量等。

(3)混凝土质量检查,包括原材料、新材料的性能、浇筑时间、导管位置以及导管埋深、浇筑速度、浇筑工艺,硬化后的物理力学性能等。

(4)墙体的质量检测。

(二)检查方法

检查方法一般采用钻检查孔来评定浇筑混凝土的质量,也可与开挖法结合检查评定。

1.基岩岩性及入岩深度的检查

一般在地质资料比较准确的情况下,由泥浆挟出的钻渣即可判断基岩岩性和入岩深度。但当遇有与基岩岩性相同的漂卵砾石时,则常常发生误判,此时需钻取岩芯,才能得到可靠的结果。为了减少基岩面判断的失误,在开工前沿墙轴线多布置一些勘探孔(间距 10~12 m)是必要的。

2.墙段接缝的检查

墙段接缝的检查主要针对墙段接缝间是否有夹泥以及判定夹泥的厚度。如果夹泥过厚,在高水头的作用下接缝中的夹泥可能被冲蚀,形成集中渗漏通道,严重时将在墙后产生管涌甚至危及大坝的安全。我国早期(20 世纪 60 年代初)修建的防渗墙,由于采用当地黏土制浆,清孔的手段比较原始,并且对泥浆絮凝的机制缺乏了解,因此墙段接缝夹泥较厚。

当泥浆密度较大、含砂量较大、黏度较低而且浇筑槽孔较深,混凝土强度又不高时,在长时期的浇筑过程中泥浆中砂粒有可能沉积在混凝土表面,极有可能被裹入混凝土中或被挤向接缝处而形成接缝夹泥层。过去多用抽筒清孔出渣,泥浆中细颗粒(粉粒)不易被清除。近年来,由于技术的进步和工艺的进步,开始采用泵吸法出渣和用振动筛、施流器对泥浆进行处理。经过这样处理可以把泥浆中粒径大于 75 μm 的颗粒全部清除,保证了清孔泥浆的质量,从而也保证了防渗墙混凝土的质量。

一般来说,如果清孔泥浆的密度不大于 1.2 g/cm^3(对黏土泥浆),黏度为 25~30 s,含砂量不大于 10%,墙缝将不会产生夹泥。

槽孔混凝土的浇筑速度是影响混凝土浇筑质量的另一重要因素。浇筑速度太低时会大大延长浇筑时间,而时间越长混凝土的坍落度损失也越大,也越容易造成堵管等各种事故。20 世纪 60 年代初,由于缺乏现代化的浇筑施工机械,浇筑速度一般仅为 0.35~1.5 m/h。如密云水库为 1~1.5 m/h,崇各庄水库为 0.35~1.0 m/h。随着施工机械化程度的提高,自动化拌和大容量混凝土搅拌车的采用已使浇筑速度提高到 4~5 m/h,甚至更快。例如,小浪底上游围堰防渗墙的浇筑速度一般为 6~7 m/h,最高时可达 9 m/h。无疑这对混凝土浇筑质量是大为有益的。

由于防渗墙混凝土是流态的,又是用导管在泥浆下浇筑,如果和易性不好,极易造成堵管。不少工程都曾发生过因堵管而影响墙体混凝土质量,甚至使整个槽孔报废。因此,对混凝土坍落度、和易性的检查应当十分认真。

任务四 灌浆工艺与原理

一、灌浆材料

灌浆材料基本上可分为两类:一类是固体颗粒的灌浆材料,如水泥、黏土、砂等,用固体颗粒浆材制成的浆液,其颗粒处于分散的悬浮状态,是悬浮液。另一类是化学灌浆材料,如环氧树脂、聚氨酯、甲凝等,由化学浆材制成的浆液是真溶液。

岩石地基固结灌浆和帷幕灌浆均以水泥浆液为主,遇到一些特殊地质条件,如断层、破碎带、微细裂隙等,当使用水泥浆液难以达到预期效果时,方采用化学灌浆材料作为补充,而且化学灌浆多在水泥灌浆基础上进行。砂砾石地基帷幕灌浆则多以水泥黏土浆为主。

(一)浆液的选择

在地基处理灌浆工程中,浆液的选择非常重要,在很大程度上直接关系到帷幕的防渗效果、地基岩石在固结灌浆后的力学性能以及工程费用。由于灌浆的目的和地基地质条件的不同,组成浆液的基本材料和浆液中各种材料的配合比例也有很大的变化。在选择灌注浆液时,一般满足如下要求:

(1)浆液在受灌的岩层中应具有良好的可灌性,即在一定的压力下,能灌入到受灌岩层的裂隙、孔隙或空洞中,充填密实。这对微细裂隙岩石尤为重要。

(2)浆液硬化成结石后,应具有良好的防渗性能、必要的强度和黏结力。帷幕灌浆在长期高水头作用下,应能保持稳定,不受冲蚀,耐久性强;固结灌浆则应能满足地基安全承载和稳定的要求。

(3)为便于施工和增大浆液的扩散范围,浆液须具有良好的流动性。

(4)浆液应具有较好的稳定性,析水率低。

基岩灌浆以水泥灌浆最普遍。灌入基岩的水泥浆液,由水泥与水按一定配比制成,水泥浆液呈悬浮状态。水泥灌浆具有灌浆效果可靠,灌浆设备与工艺比较简单,材料成本低廉等优点。

水泥浆液所采用的水泥品种,应根据灌浆目的和环境水的侵蚀作用等因素确定。一般情况下,可采用强度等级不低于 C45 的普通硅酸盐水泥或硅酸盐大坝水泥,如有耐酸等要求,则选用抗硫酸盐水泥。矿渣水泥与火山灰质硅酸盐水泥由于其析水快、稳定性差、早期强度低等缺点,一般不宜使用。

水泥颗粒的细度对于灌浆的效果有较大影响。水泥颗粒越细,越能够灌入细微的裂隙中,水泥的水化作用也越完全。对于帷幕灌浆,对水泥细度的要求为通过 80 μm 方孔筛的筛余量不大于 5%。灌浆用的水泥要符合质量标准,不得使用过期、结块或细度不合要求的水泥。

对于岩体裂隙宽度小于 200 μm 的地层,普通水泥制成的浆液一般难以灌入。为了提高水泥浆液的可灌性,自 20 世纪 80 年代以来,许多国家陆续研制出各类超细水泥,并在工程中得到广泛采用。超细水泥颗粒平均粒径约 4 μm,比表面积 8 000 cm^2/g,它不仅具有良好的可灌性,同时在结石体强度、环保及价格等方面都具有优势,特别适合细微裂隙基岩的灌浆。

由于浆液的类型日益增多,为满足灌浆需要,常需在浆液中掺用一些外加剂。其主要类别如下:①速凝剂,如水玻璃、氯化钙、三乙醇胺等。②高效减水剂,如萘系减水剂。它对浆液的强烈分散和流动性的提高有明显作用,常用的有 NF、UNF 等。③稳定剂,如膨润土和其他高塑性黏土等。④其他各种外加剂。

所有外加剂凡能溶于水的均以水溶液状态加入。

在水泥浆液中掺入一些外加剂,可以调节或改善水泥浆液的一些性能,满足工程对浆液的特定要求,提高灌浆效果。外加剂的种类及掺入量应通过试验确定。有时为了灌注大坝基础中的细砂层,也常采用化学灌浆材料。

(二)浆液的类型

1.水泥浆

水泥浆的优点是胶结情况好,结石强度高,制浆方便。缺点是水泥价格高;颗粒较粗,细小孔隙不易灌入;浆液稳定性差,易沉淀,常会过早地将某些渗透断面堵塞,因而影响灌浆效果;灌浆时间较长时,易将灌浆器胶结住,难以起拔。灌注水泥浆时,其配比也常分为10∶1、5∶1、3∶1、2∶1、1.5∶1、1∶1、0.8∶1、0.6∶1、0.5∶1等九个比级,也可采用稍少一些的比级。灌浆开始时,采用最稀一级的浆液,以后根据砂砾石层单位吸浆量的情况,逐级变浓。

2.水泥黏土浆

水泥黏土浆是一种最常使用的浆液,国内外大坝砂砾石层灌浆绝大多数都是采用这种浆液,其主要优点是稳定性好,能灌注细小孔隙,且天然黏土材料较多,可就地取材,费用比较低廉,防渗效果也好。国内有的学者曾对砂砾石层灌浆帷幕的渗透破坏机制做过研究,认为为了提高砂砾石层灌浆帷幕的稳定性,防止细颗粒流失和产生管涌,关键是要设法降低帷幕本身的透水性,而不是提高浆液结石的强度,因而没有必要在浆液中过多地提高水泥含量。一般认为,浆液结石28 d的强度如果达到$(4\sim5)\times10\ N/cm^2$,即可满足要求。

水泥黏土浆中水泥和黏土的比例多为1∶1~1∶4(质量比),浆液浓度范围,多为干料和水重量比为1∶1~1∶3。

有的大坝通过灌浆试验,对灌注的水泥黏土浆液提出下列控制指标:①浆液结石28 d龄期的强度不小于$(4\sim3)\times5\ N/cm^2$;②浆液黏度不超过60 s;③浆液稳定性应小于0.02;④浆液自由析水率应小于2%,可供参考。

对于多排孔构成的帷幕,在边排孔中,宜采用水泥含量较高的浆液;中间排孔中,则可采用水泥含量较低的浆液。

当灌注水泥黏土浆时,为简便起见,从灌浆开始直至结束,多采用一种固定比例的水泥黏土浆,灌浆过程中不再变换。但也有少数工程,灌浆开始时使用稀浆,以后逐级变浓,例如岳城水库大坝基础帷幕灌浆就是采用了这样的方法。

水泥黏土浆浆液浓度若是分级,比较常用的方法是,浆液中水泥与黏土的掺量比例固定不变,而用加水量的多少来调制成不同浓度的浆液。

3.黏土浆

黏土浆胶结慢,强度低,多用于砂砾石层较浅,承受水头也不大的临时性的小型防渗工程,如白莲河坝围堰砂砾石层基础的防渗帷幕就是采用黏土浆进行灌注的。但也有极少数大坝,其基础防渗帷幕基本上是采用黏土浆进行灌注的。如日本船明坝(坝高24.5 m,砂砾石层厚60 m,防渗帷幕灌的是黏土浆,但其中也掺用了少量水泥),印度可达坝(坝高37.2 m,需要处理段的长度65 m,该部位砂砾石层厚约8 m,要求黏土浆的比重为1.27,每60 L的黏土浆中加入水泥2 kg、硅酸钠150 mg)的防渗帷幕就是灌的黏土浆。

4.水泥黏土砂浆

为了有效地堵塞砂砾石层中的大孔隙,当吸浆量很大,采用上述浆液难以奏效时,有时在水泥黏土浆中掺入细砂,掺量的多少,视具体情况而定。这种浆液仅用于处理特殊地层,一般情况下不常采用。

5.硅酸盐浆液、丙凝、聚氨酯及其他灌浆材料

为了进一步降低帷幕的渗透性,有一些大坝的防渗帷幕在使用水泥黏土浆灌注后,再用硅酸盐浆液或丙凝进行附加灌浆。如阿斯旺大坝、马特马克大坝和谢尔庞桑大坝在灌注了水泥黏土浆后,又用硅酸盐浆液进行了附加灌浆。美国哥伦比亚河上的洛克利奇坝在灌注水泥黏土浆后,又加灌了 AM-9(即丙凝)浆液。

(三)浆液性能试验

由于纯水泥灌浆工艺比较简单,实践经验丰富,技术成熟,如无特殊要求对于纯水泥浆液可不进行室内试验,如有特殊要求可再补做试验。对于其他类型浆液,则应根据工程需要,有选择地进行下列各项性能试验:

(1)细水泥颗粒或掺合料的细度和颗分曲线。

(2)浆液的流动性和流变参数(塑性屈服强度、塑性黏度)。

(3)浆液的析水率和稳定性。

(4)浆液的初凝时间、终凝时间。

(5)结石的密度、强度、弹性模量、渗透性等。

二、灌浆设备

灌浆采用以下设备和机具:

(1)钻探机。宜采用回转式钻机,如 XY-2 型液压立轴式钻机或其他各式适宜的钻机。

(2)搅拌机。常用搅拌机有 ZJ-400L 型、GZJ-200 型高速搅拌机、NJ-100L 型低速搅拌机和 200 L×2 型双层贮浆筒。

(3)灌浆泵。常用灌浆泵有 TBW-100/100 型灌浆泵或 BW250/50 型泥浆泵等。灌注纯水泥浆液应采用多缸柱塞式灌浆泵。容许工作压力应大于最大灌浆压力的 1.5 倍。

(4)压力表。使用压力宜为压力表最大标准值的 1/4~3/4。压力表应经常进行检定,不合格的压力表严禁使用,压力表与管路之间应设隔浆装置。

(5)灌浆管路。应保证能承受 1.5 倍的最大灌浆压力。

(6)水泥湿磨机。常用的水泥湿磨机有长江科学院研制的 JTM135S -1 型湿磨机和 JTM 胶体磨(转速为 3 000 r/min)。

(7)自动记录仪。可采用 GJY-Ⅲ型、GY-Ⅳ型或 J-31 型等微机自动记录仪,以提高灌浆记录的准确性和工作效率。

(8)灌浆压力大于 3 MPa 时,应采用高压灌浆泵、高压灌浆塞、耐蚀灌浆阀门、钢丝编织胶管、大量程压力表、孔口封闭器或专用高压灌浆塞。

(9)集中制浆站的制浆能力应满足灌浆高峰期所有机组用浆需要。制浆站应配置除尘设备。

(10)所有灌浆设备应做好维护保养,保证正常工作状态,并应有必要的备用量。

三、帷幕灌浆施工

灌浆施工程序包括灌浆孔位放样、钻孔,钻孔(裂隙)冲洗,压水试验,浆液配制,灌注浆液,灌浆结束,灌浆质量检查。

(一)放样

一般用测量仪器放出建筑物边线或中线后,再根据建筑物中线或边线定灌浆孔的位置,钻孔的开孔位置与设计位置的偏差不得大于10 cm,帷幕灌浆还应测出各孔高程。

(二)钻孔

灌浆孔有铅直孔和斜孔两种。钻孔原则上应尽可能多地和岩石裂隙层理互相交叉。倾角较大的裂隙一般打斜孔,裂隙倾角小于40°的可打直孔,打直孔比打斜孔可提高工效30%~50%,因此最好多打直孔。钻孔应按设计好的顺序进行。

帷幕灌浆的钻孔宜采用回转式钻机和金刚石钻头或硬质合金钻头,其钻进效率较高,不受孔深、孔向、孔径和岩石硬度的限制,还可钻取岩芯。钻孔的孔径一般在75~90 mm。固结灌浆则可采用各式合适的钻机与钻头。

钻孔的质量对灌浆效果影响很大。钻孔质量包括:①确保孔深、孔向、孔位符合设计要求;②力求孔径上下均一、孔壁平顺;③钻进过程中产生的岩粉细屑较少。

孔径均一,孔壁平顺,则灌浆栓塞能够卡紧卡牢,灌浆时不致产生返浆。钻进过程中产生过多的岩粉细屑,容易堵塞孔壁的缝隙,影响灌浆质量。

钻孔的方向与深度是保证帷幕灌浆质量的关键。如果钻孔方向有倾斜,钻孔深度达不到要求,则通过各钻孔所灌注的浆液,不能联成一体,将形成漏水通路,如图4-21所示。

孔深的控制可根据钻杆钻进的长度推测。孔斜的控制相对较困难,特别是钻设斜孔,掌握钻孔方向更加困难。在工程实践中,按钻孔深度不同规定了钻孔偏斜的允许值,如表4-2所示,当深度大于60 m时,则允许的偏差不应超过钻孔的间距。钻孔结束后,应对孔深、孔斜和孔底残留物等进行检查,不符合要求的应采取补救处理措施。

表4-2 钻孔孔底最大允许偏差值

钻孔深度(m)	20	30	40	50	60
允许偏差(m)	0.25	0.50	0.80	1.15	1.50

(三)钻孔(裂隙)冲洗

钻孔后,进入冲洗阶段,冲洗工作通常分为:①钻孔冲洗,将残存在钻孔底和黏滞在孔壁的岩粉铁屑等冲洗出来;②岩层裂隙冲洗,将岩层裂隙中的充填物冲洗出孔外,以便浆液进入到腾出的空间,使浆液结石与基岩胶结成整体。在断层、破碎带和细微裂隙等复杂地层中灌浆,冲洗的质量对灌浆效果影响极大。

一般采用灌浆泵将水压入孔内循环管路进行冲洗,如图4-22所示。将冲洗管插入孔内,用阻塞器将孔口堵紧,用压力水冲洗。也可采用压力水和压缩空气轮换冲洗或压力水和压缩空气混合冲洗的方法。

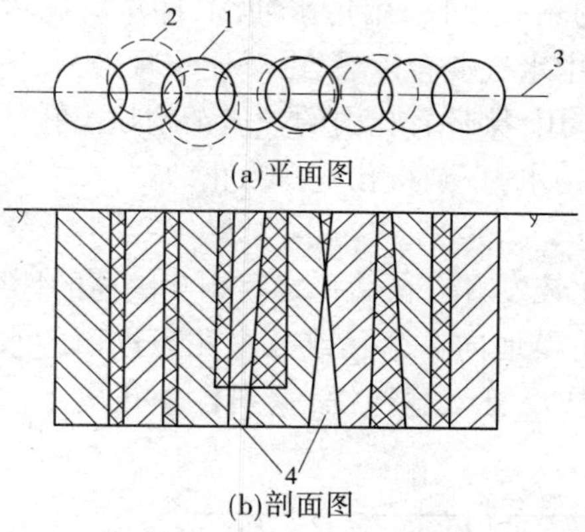

1—孔顶灌浆范围；2—孔底灌浆范围；
3—帷幕轴线；4—漏水通道

图 4-21　钻孔质量对帷幕的影响

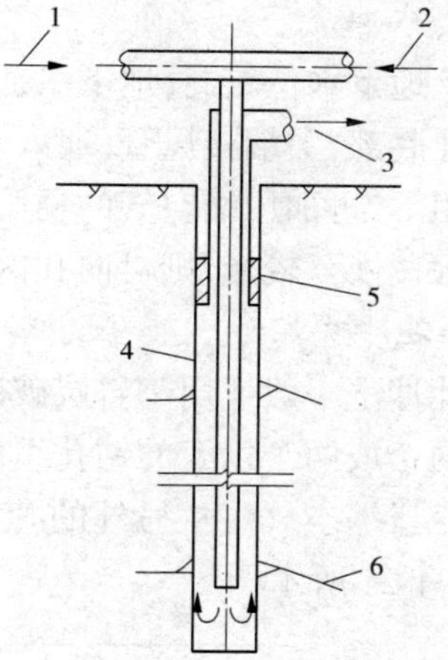

1—压力水进口；2—压缩空气进口；3—出口；
4—灌浆孔；5—阻塞器；6—岩层裂隙

图 4-22　钻孔冲洗方法

钻孔冲洗时，将钻杆下到孔底，从钻杆通入压力水进行冲洗。冲孔时流量要大，使孔内回水的流速足以将残留在孔内的岩粉铁末冲出孔外。冲孔一直要进行到回水澄清 5~10 min 才结束。

岩层裂隙冲洗方法分单孔冲洗和群孔冲洗两种。

1.单孔冲洗

在岩层比较完整，裂隙比较少的地方，可采用单孔冲洗。冲洗方法有高压水冲洗、高压脉动冲洗和扬水冲洗等。

1）高压水冲洗

整个冲洗过程均在高压下进行，裂隙中的充填物沿着加压的方向推移和压实。冲洗压力可以采用同段灌浆压力的 70%~80%，但当冲洗压力大于 1 MPa 时，采用 1 MPa。当回水洁净，流量稳定 20 min 就可停止冲洗。有的工程则根据冲洗试验中得出的升压降压过程和流量的关系图（见图 4-23），来判断岩层裂隙冲洗后透水性增值情况。在同一级压力下，降压时的流量和升压时的流量相差愈大，则透水性增值愈大，说明冲洗效果愈好。

2）高压脉动冲洗

高压脉动冲洗即采用高压低压水反复变换冲洗。先用高压水冲洗，冲洗压力为灌浆压力的 80%，经 5~10 min 以后，将孔口压力在几秒钟内突然降低到零，形成反向脉冲水流，将裂隙中的碎屑带出。通过不断的升压降压循环，对裂隙进行反复冲洗，直到回水洁净，最后延续 10~20 min 后就可结束冲洗。高压脉动的压力差愈大，冲洗效果愈好。

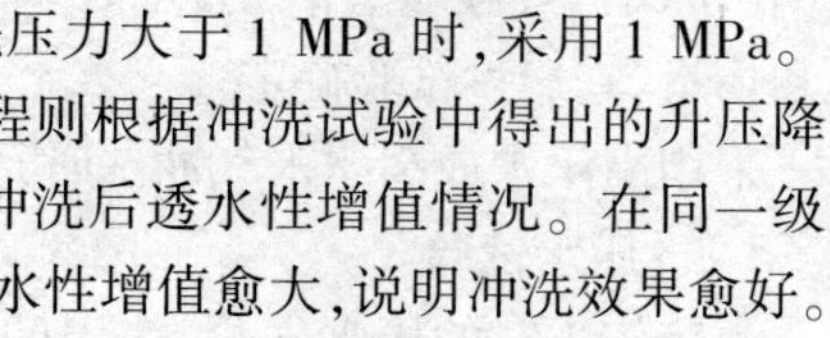

1—孔深小于 50 m；2—孔深 50~100 m

图 4-23　高压水冲洗流量变化

3) 扬水冲洗

对于地下水位较高,地下水补给条件良好的钻孔,可采用扬水冲洗,冲洗时先将管子下到钻孔底部,上端接风管,通入压缩空气。孔中水气混合以后,由于比重减轻,在地下水压力作用下,再加压缩空气的释压膨胀与反流作用,挟带着孔内的碎屑杂物喷出孔外。如果孔内水位恢复较慢,则可向孔内补水,间歇地扬水,直到将孔洗净为止。

2.群孔冲洗

群孔冲洗一般适用于岩层破碎,节理裂隙比较发育且在钻孔之间相互串通的地层中。它是将两个或两个以上的钻孔组成一个孔组,轮换地向一个孔或几个孔压进压力水或压力水混合压缩空气。从另外的孔排出污水,这样反复交替冲洗,直到各个孔出水洁净为止,如图 4-24 所示。

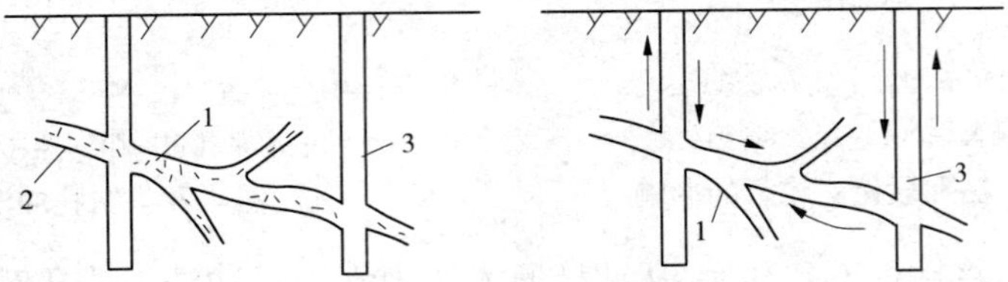

(a)冲洗前　　(b)冲洗后

1—裂隙;2—充填物;3—钻孔

图 4-24　群孔冲洗示意图

群孔冲洗时,沿孔深方向冲洗段的划分不宜过长,否则冲洗段内钻孔通过的裂隙条数增多,这样不仅分散冲洗压力和冲洗水量,并且一旦有部分裂隙冲通以后,水量将相对集中在这几条裂隙中流动,使其他裂隙得不到有效的冲洗。

为了提高冲洗效果,有时可在冲洗液中加入适量的化学剂,如碳酸钠(Na_2CO_3)、氢氧化钠(NaOH)或碳酸氢钠($NaHCO_3$)等,以利于促进泥质充填物的溶解。加入化学剂的品种和掺量,宜通过试验确定。

采用高压水或高压水气冲洗时,要注意观测,防止冲洗范围内岩层的抬动和变形。

(四)压水试验

灌浆施工时的压水试验,使用的压力通常为同段灌浆压力的 80%,但一般不大于 1 MPa。试验时,可在预定压力之下,压水 20 min,每隔 5 min 记录一次流量读数,直到流量稳定 30~60 min,取最后的流量作为计算值,其成果以透水率表示。

帷幕灌浆孔压水试验结果符合下列标准之一时,试验工作即可结束,且以最终压入流量读数作为计算流量。

(1)当流量大于 5 L/min 时,连续 4 次读数的最大值与最小值之差小于最终流量的 10%。

(2)当流量小于 5 L/min 时,连续 4 次读数的最大值与最小值之差小于最终值的 20%。

(3)连续 4 次读数流量均小于 0.5 L/min。

帷幕灌浆采用自下而上分段灌浆法时,先导孔仍应自上而下分段进行压水试验,分段的长度一般为 5 m。对于透水性较强的岩层、构造破碎带、裂隙密集带、岩层接触带以及岩溶洞穴等部位,应根据具体情况确定试段的长度。同一试验段不宜跨越透水性相差悬殊的两种岩层,这样获得的试验资料更具有代表性。如果地层比较单一完整,透水性又较小,试验段长度可适当延长,但不宜超过 10 m。

(五)灌浆的方法与工艺

为了确保岩基灌浆的质量,必须注意以下问题。

1.钻孔灌浆的次序

基岩的钻孔与灌浆应遵循分序和加密的原则进行。一方面可以提高浆液结石的密实性;另一方面通过后灌序孔透水率和单位吸浆量的分析,可推断先灌序孔的灌浆效果,若经过压水试验,透水率达到设计要求,除省去后序孔的灌浆,同时还有利于减少相邻孔串浆现象。

单排帷幕孔的钻灌次序是先钻灌第Ⅰ序孔,然后依次钻灌第Ⅱ、Ⅲ序孔,如有必要再钻灌第Ⅳ序孔,见图 4-25。

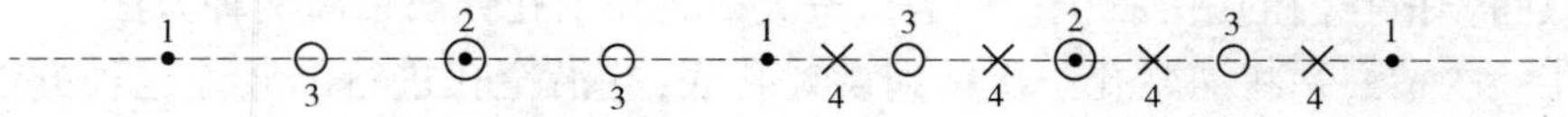

1—第Ⅰ序孔;2—第Ⅱ序孔;3—第Ⅲ序孔;4—第Ⅳ序孔

图 4-25 单排帷幕孔的钻灌次序

双排和多排帷幕孔,在同一排内或排与排之间均应按逐渐加密的次序进行钻灌作业。双排孔帷幕通常是先灌下游排,后灌上游排;多排孔帷幕是先灌下游排,再灌上游排,最后灌中间排。在坝前已经壅水或有地下水活动的情况下,更有必要按照这样的次序进行钻灌作业,以免浆液过多地流失到灌浆区范围以外。

帷幕灌浆各个序孔的孔距视岩层完好程度而定,一般多采用第Ⅰ序孔孔距 8~12 m,然后内插加密,第Ⅱ序孔孔距 4~6 m,第Ⅲ序孔孔距 2~3 m,第Ⅳ序孔孔距 1~1.5 m。

对于岩层比较完整、孔深 5 m 左右的浅孔固结灌浆,可以采用两序孔进行钻灌作业;孔深 5 m 以上的中深孔固结灌浆,则以采用三孔施工为宜。固结灌浆最后一个序孔的孔距和排距,与基岩地质情况及应力条件等有关,一般为 3~6 m。

2.注浆方式

按照灌浆时浆液灌注和流动的特点,灌浆方式有纯压式和循环式两种。对于帷幕灌浆,应优先采用循环式。

纯压式灌浆,就是一次将浆液压入钻孔,并扩散到岩层裂隙中。灌注过程中,浆液从灌浆机向钻孔流动,不再返回,如图 4-26(a)所示。这种灌注方式设备简单,操作方便,但浆液流动速度较慢,容易沉淀,造成管路与岩层缝隙堵塞,影响浆液扩散。纯压式灌浆多用于吸浆量大,有大裂隙存在,孔深不超过 12~15 m 的情况。

循环式灌浆,灌浆机把浆液压入钻孔后,浆液一部分被压入岩层缝隙中,另一部分由回浆管返回拌浆筒中,如图 4-26(b)所示。这种方法一方面可使浆液保持流动状态,减少浆液沉淀;另一方面可根据进浆和回浆浆液比重的差别,来了解岩层吸收情况,并作为判定灌浆结束的一个条件。

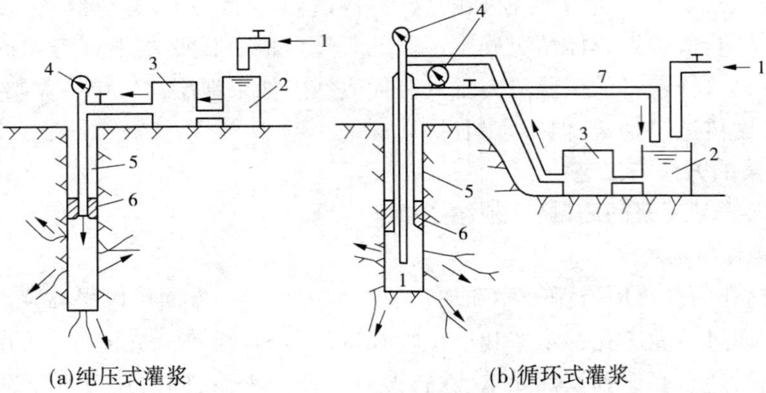

1—水;2—拌浆桶;3—灌浆泵;4—压力表;5—灌浆管;6—灌浆塞;7—回浆管

图 4-26　纯压式灌浆和循环式灌浆示意图

3.钻灌方法

按照同一钻孔内的钻灌顺序,有全孔一次钻灌和全孔分段钻灌两种方法。

全孔一次钻灌系将灌浆孔一次钻到设计孔底,并沿全孔进行灌浆。这种方法施工简便,多用于孔深不超过 6 m,地质条件良好,基岩比较完整的情况。

全孔分段钻灌又分自上而下法、自下而上法、综合灌浆法及孔口封闭法等。

1)自上而下分段钻灌法

其施工顺序是:钻一段,灌一段,待凝一定时间以后,再钻灌下一段,钻孔和灌浆交替进行,直到设计深度,如图 4-27 所示。这种方法的优点是:随着段深的增加,可以逐段增加灌浆压力,借以提高灌浆质量;由于上部岩层经过灌浆,形成结石,下部岩层灌浆时,不易产生岩层抬动和地面冒浆等现象;分段钻灌,分段进行压水试验,压水试验的成果比较准确,有利于分析灌浆效果,估算灌浆材料的需用量,这种方法的缺点是钻灌一段以后,要待凝一定时间,才能钻灌下一段,钻孔与灌浆须交替进行,设备搬移频繁,影响施工进度。

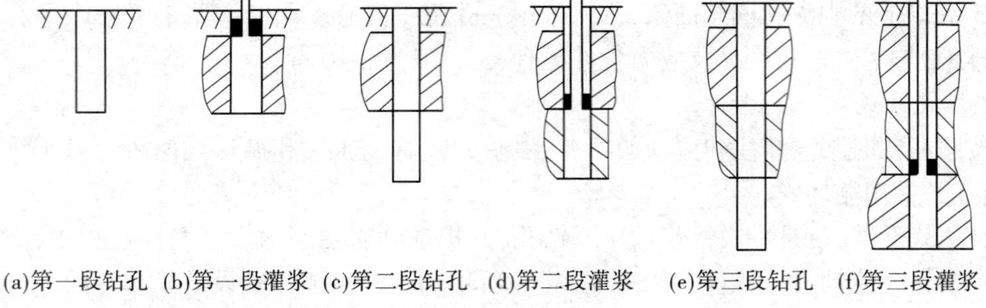

图 4-27　自上而下分段灌浆

2)自下而上分段钻灌法

一次将孔钻到全深,然后自下而上逐段灌浆,如图 4-28 所示。这种方法的优缺点与自上而下分段灌浆刚好相反。一般多用在岩层比较完整或基岩上部已有足够压重不致引起地面抬动的情况。

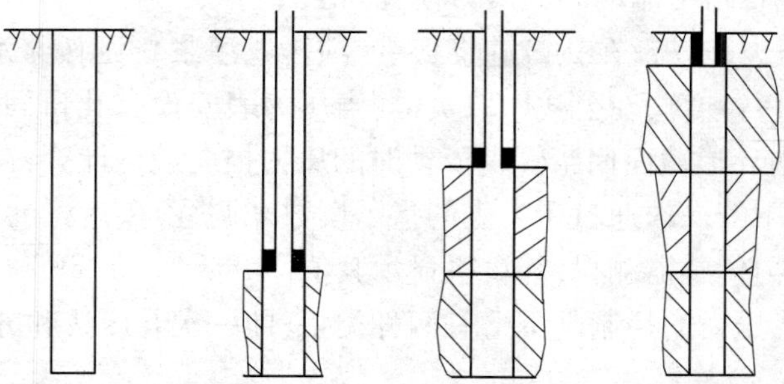

图 4-28　自下而上分段灌浆

3)综合钻灌法

在实际工程中,通常是接近地表的岩层比较破碎,愈往下岩层愈完整。因此,在进行深孔灌浆时,可以兼取以上两种方法的优点,上部孔段采用自上而下法钻灌,下部孔段则用自下而上法钻灌。

4)孔口封闭灌浆法

其要点是:先在孔口镶铸不小于 2 m 的孔口管,以便安设孔口封闭器;采用小孔径(直径 55~60 mm)的钻头,自上而下逐段钻孔与灌浆;上段灌后不必待凝,进行下段的钻灌,如此循环,直至终孔;可以多次重复灌浆,可以使用较高的灌浆压力。其优点是:工艺简便、成本低、效率高,灌浆效果好。其缺点是:当灌注时间较长时,容易造成灌浆管被水泥浆凝住的现象。该法对孔口封闭器的质量要求较高,以保证灌浆管灵活转动和上下活动。

孔口封闭灌浆法是一种灌浆新技术,在许多工程中相继得到应用。在喀斯特发育的地层,如乌江渡、隔河岩、观音岩等水利工程,其帷幕灌浆采用孔口封闭灌浆法,均取得了较好的防渗效果。

需要说明的是,灌浆孔段的划分对灌浆质量有一定影响。原则上说,灌浆孔段的长度应该根据裂缝分析情况确定,每一孔段的裂隙分布应大体均匀,以便施工操作和提高灌浆质量。一般情况下,灌浆孔段的长度多控制在 5~6 m。如果地质条件好,岩层比较完整,段长可适当放长,但也不宜超过 10 m;在岩层破碎,裂隙发育的部位,段长应适当缩短,可取 3~4 m;而在破碎带、大裂隙等漏水严重的地段以及坝体与基岩的接触面,应单独分段进行处理。

4.灌浆压力控制

在灌浆过程中根据设计的压力施灌时,应合理有效地控制灌浆压力,是提高灌浆效果的重要保证。灌浆压力可以通过灌浆管路上的压力表测读,即

$$P = P_1 + P_2 \pm P_f \tag{4-2}$$

式中　P——灌浆压力,MPa;

P_1——灌浆管路中压力表的指示压力,MPa;

P_2——计入地下水水位影响以后的浆液自重压力,浆液的密度按最大值计算,MPa;

P_f——浆液在管路中流动时的压力损失，MPa。

计算 P_f 时，如压力表安设在孔口进浆管上（纯压式灌浆），则按浆液在孔内进浆管中流动时的压力损失进行计算，在公式中取负号；当压力表安设在孔口回浆管上（循环式灌浆），则按浆液在孔内环形截面回浆管中流动时的压力损失进行计算，在公式中取正号。

所以，压力控制中的操作通过压力表的指示读数来调整，在计算机自动控制的灌浆作业中，压力可通过压力传感器测得，计算机显示其值。

灌浆过程中灌浆压力的控制基本上有两种类型，即一次升压法和分级升压法。

1）一次升压法

灌浆开始后，一次将压力升高到预定的压力，并在这个压力作用下，灌注由稀到浓的浆液。当每一级浓度的浆液注入量和灌注时间达到一定限度以后，就变换浆液配比，逐级加浓。随着浆液浓度的增加，裂隙将被逐渐充填，浆液注入率将逐渐减少，当达到结束标准时，就结束灌浆。这种方法适用于透水性不大，裂隙不甚发育，岩层比较坚硬完整的地方。

2）分级升压法

分级升压法是将整个灌浆压力分为几个阶段，逐级升压直到预定的压力。开始时，从最低一级压力起灌，当浆液注入率减少到规定的下限时，将压力升高一级，如此逐级升压，直到预定的灌浆压力。

分级升压法的压力分级不宜过多，一般以三级为限，例如可分为 $0.4P$、$0.7P$ 及 P 三级，P 为该灌浆段预定的灌浆压力。浆液注入率的上、下限，视岩层的透水性和灌浆部位、灌浆次序而定，通常上限可定为 80～100 L/min，下限为 30～40 L/min。在遇到岩层破碎透水性很大或有渗透途径与外界连通的孔段时，常采用分级升压法。如果遇到大的孔洞或裂隙，则应按特殊情况处理。处理的原则是低压浓浆，间歇停灌，直到规定的标准结束灌浆。待浆液凝固以后再重新钻开，进行复灌，以确保灌浆质量。

5.浆液稠度控制

浆液稠度一般以水和干料的质量比表示，如水泥浆即以水灰比表示。灌浆过程中，必须根据灌浆压力或吸浆率的变化情况，适时调整浆液的稠度，使岩层的大小缝隙既能灌饱，又不浪费。浆液稠度的变换按先稀后浓的原则控制，这是由于稀浆的流动性较好，宽细裂隙都能进浆，使细小裂隙先灌饱，而后随着浆液稠度逐渐变浓，其他较宽的裂隙也能逐步得到良好的充填。对于帷幕灌浆的浆液配比即水灰比，采用水泥浆的稠度一般有 8、5、3、2、1.5、1.0、0.8、0.6、0.5 等九个比级。

变浆时，增加水泥，或增加水量，一般有表格可参考。

浆液比重 $r_{浆}$ 与水灰比 n 的关系为

$$r_{浆} = \frac{r_{灰}(1+n)}{1+r_{灰}n} \tag{4-3}$$

式中　$r_{灰}$——水泥比重。

在灌浆施工中，一般从 8∶1 稀浆开始。这样稀浆可以进入细微裂隙，并压送到远处。然后逐渐加浓，用浓液充填大的裂隙、空穴，也有按所灌地区单位吸水率选用起始水灰比，见表 4-3。

表 4-3　起始水灰比

单位吸水率［L/(min·m·m)］		<0.01（1 Lu）	0.01~0.10（1~10 Lu）	0.10~0.50（10~50 Lu）	0.50~2.00（50~200 Lu）	>2.00（200 Lu）
起始水灰比（质量比）	对不良混凝土或破碎岩石	8∶1	5∶1	3∶1	2∶1	1.5∶1
	集中漏水处	3∶1	2∶1	1.5∶1	1∶1	0.8∶1

注：透水率单位 Lu，1 Lu=0.01 L/(min·m·m)。

不同的岩层，因其缝隙大小不同，所需要的稀浆量和浓浆量也各不相同，所以在灌浆过程中应根据条件及时变换浆液稠度。

灌浆中，当灌浆压力保持不变、吸浆率均匀减少，或吸浆率不变、压力均匀升高时，不得改变水灰比。一般情况下，当某一级水灰比浆液的灌入量已超过规定值，而灌浆压力及吸浆率均无改变或改变不明显时，应改浓一级水灰比。当其吸浆率大于 6 L/(min·m·m)时，可根据具体情况适当越级变浓。但越级变浓后，如灌浆压力突增或吸浆率突减，应立即查明原因，并改回到原水灰比进行灌注。

6.灌浆的结束条件与封孔

灌浆结束条件，一般用两个指标来控制：一个是残余吸浆量，又称最终吸浆量，即灌到最后的限定吸浆量；另一个是闭浆时间，即在残余吸浆量不变的情况下保持设计规定压力的延续时间。

帷幕灌浆时，在设计规定的压力之下，灌浆孔段的浆液注入率小于 0.4 L/min 时，再延续灌注 60 min（自上而下法）或 30 min（自下而上法）；或浆液注入率不大于 1.0 L/min 时，继续灌注 90 min 或 60 min，就可结束灌浆。

对于固结灌浆，其结束标准是浆液注入率不大于 0.4 L/min，延续时间 30 min，灌浆可以结束。

灌浆结束以后，应随即将浆孔清理干净，然后进行封孔，对于帷幕灌浆孔，宜采用浓浆灌浆法填实，再用水泥砂浆封孔；对于固结灌浆，孔深小于 10 m 时，可采用机械压浆法进行回填封孔，即通过深入孔底的灌浆管压入浓水泥浆或砂浆，顶出孔内积水，随浆面的上升，缓慢提升灌浆管。当孔深大于 10 m 时，其封孔与帷幕孔相同。

（六）灌浆效果检查

基岩灌浆属于隐蔽性工程，必须加强灌浆质量的控制与检查，为此，一方面要认真做好灌浆施工的原始记录，严格灌浆施工的工艺控制，防止违规操作；另一方面，要在一个灌浆区灌浆结束以后，进行专门的质量检查，做出科学的灌浆质量评定。基岩灌浆的质量检查结果是整个工程验收的重要依据。

灌浆质量检查的方法很多，常用的有：①在已灌地区钻设检查孔，通过压水试验和浆液注入率试验进行检查。②通过检查孔，钻取岩芯进行检查，或进行钻孔照相和孔内电视，观察孔壁的灌浆质量。③开挖平洞、竖井或钻设大口径钻孔，检查人员直接进去观察检查，并在其中进行抗剪强度、弹性模量等方面的试验；利用地球物理勘控技术，测定基岩的弹性模量、弹性波速等,对比这些参数在灌浆前后的变化,借以判断灌浆的质量和效果。

四、固结灌浆、回填灌浆、接缝灌浆施工

(一)固结灌浆

固结灌浆的目的是提高基岩的整体性与强度,并降低基础的透水性。当基岩地质条件较好时,一般可在坝基上、下游应力较大的部位布置固结灌浆孔;在地质条件较差而坝体较高的情况下,则需要对坝基进行全面的固结灌浆,甚至在坝基以外上、下游一定范围内也要进行固结灌浆。灌浆孔的深度一般为5~8 m,也有深达15~40 m的,各孔在平面上呈网格交错布置。通常采用群孔冲洗和群孔灌浆。

固结灌浆宜在一定厚度的坝体基层混凝土上进行,这样可以防止基岩表面冒浆,并采用较大的灌浆压力,提高灌浆效果,同时也兼顾坝体与基岩的接触灌浆。如果基岩比较坚硬、完整,为了加快施工进度,也可直接在基岩表面进行无混凝土压重的固结灌浆。在基层混凝土上进行钻孔灌浆,必须在相应部位混凝土的强度达到50%设计强度后,方可开始。或者先在岩基上钻孔,预埋灌浆管,待混凝土浇筑到一定厚度后再灌浆。

同一地段的基岩灌浆必须按先固结灌浆后帷幕灌浆的顺序进行。

固结灌浆是对水工建筑物基础浅层破碎、多裂隙的岩石进行灌浆处理,改善其力学性能,提高岩石弹性模量和抗压强度。它是一种比较常用的基础处理方法,在水利水电工程施工中应用广泛。

1.施工程序

施工程序为:钻进抬动观测孔、安装观测装置→弹性波钻孔钻进、压力、测试→静弹模测试孔钻进、压水、测试→弹性波与静弹模测试孔封孔→灌浆Ⅰ、Ⅱ序孔,分序施工→灌后14 d弹性波测试孔扫孔、测试→灌后28 d静弹模孔扫孔、测试→加密孔钻进、压水、灌浆→灌后压水检查孔钻进、压水。

2.施工工艺

1)钻孔的布置

(1)无混凝土盖重固结灌浆,钻孔布置有规则布孔和随机布孔两组。规则布孔形式有正方形布孔和梅花形布孔两种。正方形布孔分三序施工。随机布孔形式为梅花形布孔。断层构造岩可采用三角形加密或梅花形加密布置。

(2)有盖重固结灌浆,钻孔布置按正方形和三角形布置。正方形中心布置加密灌浆孔,在试区四周布置物探孔,在正方形孔区设静弹模测试孔。断层地区采用梅花形布孔,并布设弹性波测试孔和静弹模测试孔。

2)灌浆设备与仪器安装

灌浆设备与仪器安装情况,如图4-29所示。

3)有盖重固结灌浆区清基和浇筑混凝土

对基岩面的泥土、破碎岩块和松动块体进行清除,并排除积水。由地质工程师进行地质描述,经监理人员验收签证后,立模浇筑混凝土,采用一个仓次浇筑,形成盖重混凝土平台。浇筑时采用振捣器振捣密实。

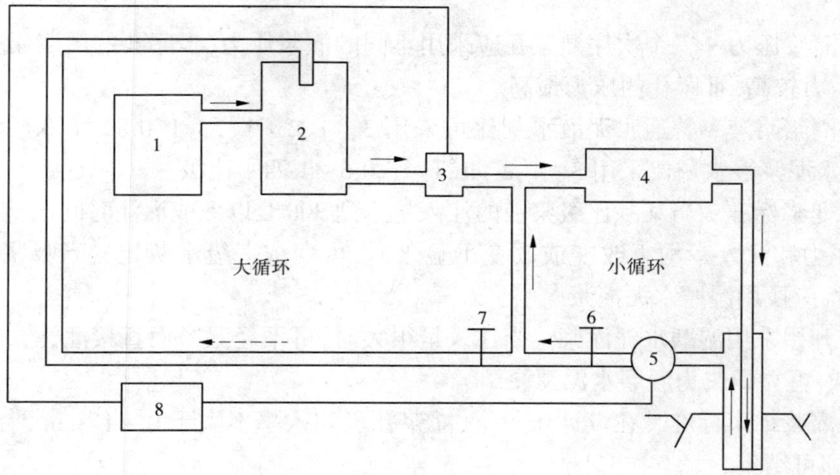

1—高速搅拌机;2—双层储浆桶;3—流量传感器;4—灌浆泵;
5—压力传感器;6—压力控制阀;7—大循环阀门;8—自动记录仪

图 4-29 灌浆设备与仪器安装示意图

4)钻进抬动观测孔、安装观测装置

为进行压力、流量与岩体变形监测,要求安设抬动观测装置。首先钻进观测孔,孔深应深入基岩一定深度。然后下入两种规格的观测管。将两层管间隙及观测管与孔壁间隙灌入粉细砂,并密实填满间隙。接着在外观测管上部伸出部分与地表浇筑在一起,防止地面水泥浆进入孔内。在进行压水、灌浆前,将千分表用管夹固定在内观测管上,使伸缩杆与地面观测平台接触,以便进行抬动变形观测。

5)灌前测试孔钻进与压水

弹性波测试孔与静弹模测试孔均进行钻进、取芯描述,并自上而下分段压水或自下而上综合压水,或全孔一段压水。压力为 0.1 MPa、0.2 MPa 或 0.3 MPa ,每 5 min 读一次压力与流量,连续四次读数。如符合规范要求,即可结束压水。

6)灌浆孔钻进

(1)钻孔。按两排或三排分三序施钻,每孔采取自上而下分段钻进、分段灌浆或钻进终孔后进行灌浆。钻进时应进行岩芯描述。

(2)钻孔冲洗与裂隙冲洗。采用风水轮换冲洗钻孔,将孔内岩粉等杂物冲洗干净。反复冲洗,直至孔内沉积物不超过 20 cm 为止。然后进行裂隙冲洗,压力可为该段灌浆压力的 80%,该值若大于 1 MPa,即采用 1 MPa。地质条件复杂或有特殊要求时,是否需要冲洗及如何冲洗,通过现场试验确定。

(3)压水试验。进行灌前简易压水试验,采用单点法,按《水工建筑物水泥灌浆施工技术规范》(SL 62—2014)执行。试验孔数不宜少于总孔数的 5%。

7)灌浆工作

(1)建立制浆站统一制浆。制浆站由水泥台、高速双桶搅拌机和输浆泵组成,按一定比例配制纯水泥浆,然后泵送到湿磨机,经磨细后再送到低速搅拌机内供灌浆使用。

(2)灌浆方法。采用自上而下分段孔内循环式灌浆法,射浆管距灌浆段底部小于 50

cm。

(3)灌浆压力。三个次序灌浆孔应采用不同的灌浆压力,Ⅰ序孔的灌浆压力较低,Ⅱ序孔的压力较高,Ⅲ序孔的压力最高。

(4)灌浆浆液。普通水泥液水灰比可采用 3∶1、2∶1、1∶1、0.8∶1、0.6∶1 五个比级,湿磨水泥浆液水灰比采用 3∶1、2∶1、1∶1、0.6∶1 四个比级。

(5)变浆标准。当某一比级浆液的注入量达到 300 L 以上或灌注时间已达到 1 h 时,而灌浆压力和注入率均无改变或改变不显著时,可变浓一级水灰比。当吸浆量小于 10 L/min 时,应换用湿磨水泥灌浆。

(6)开始采用湿磨水泥灌浆。当注入量很大时,可不经湿磨而直接灌注,一旦注入量明显降低,可立即改为湿磨水泥灌注。

(7)灌浆结束标准。在设计压力下,灌浆孔段注入率不大于 0.4 L/min 时,持续灌注 30 min,即可结束。

(8)封孔。采用"置换和压力灌浆封孔法",先将孔内余浆置换成水灰比为 0.5∶1 的浓浆,再将灌浆塞塞在孔口,进行压力灌浆封孔。

8)观测工作

在进行压水试验和灌浆的同时,应进行抬动观测和记录工作。

9)灌浆质量检查孔

(1)压水试验检查。灌浆结束 3~7 d 后,钻进检查孔,进行压水试验检查。采用单点法进行简易压水。当灌浆压力为 1~3 MPa 时,压水试验压力采用 1 MPa;当灌浆压力小于或等于 1 MPa 时,压水试验压力为灌浆压力的 80%压水检查后,应按规定进行封孔。

(2)测试孔检查。弹性波速检查、静弹性模量检查应分别在灌浆结束后 14 d、28 d 后进行。

(二)回填灌浆

1.回填灌浆技术概述

回填灌浆技术主要是指为了增强围岩或建筑结构密实性,在混凝土和围岩或是混凝土和钢结构收缩间产生的空隙中填充浆液,见图 4-30。这种技术可以有效增强隧洞的防渗效果及控制围岩压力和变形的扩展,还能加大衬砌的强度,使围岩和衬砌的混凝土成为一体。

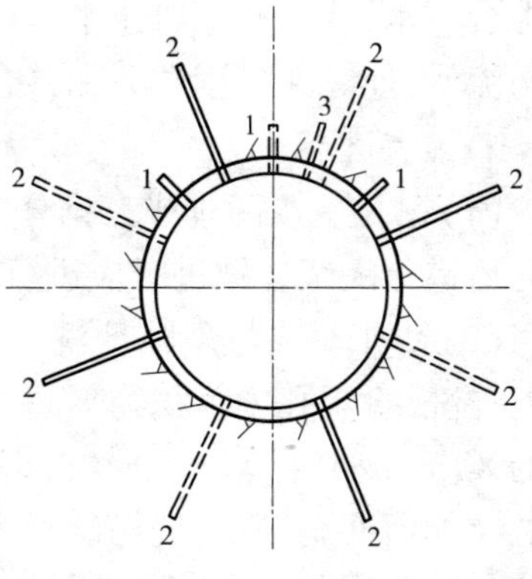

1—回填灌浆管;2—固结灌浆管孔;3—检查管

图 4-30　灌浆管孔的布置

2.回填灌浆的技术要求

(1)采用"先回填灌浆、再固结灌浆"的方式进行隧洞混凝土衬砌段的灌浆,并且在衬砌混凝土达到设计强度 70%后尽早进行回填灌浆,固结灌浆则在该部分的回填灌浆结束 7 d 后进行。若是隧洞工程中含有帷幕灌浆,应当先进行回填灌浆,然后再依次进行固结灌浆和帷幕灌浆的施工。灌浆结束后,应封闭孔口返浆的灌浆孔等待凝固。

(2)必须分区段进行灌注,要分两个次序进行,从较高的一段开始推进,同一区段的同一次序孔可以在全部或者部分钻孔后灌浆,也可单孔分序进行灌浆。后序孔为顶孔,要先灌一序孔,再灌二序孔,施工时要从低段向高段推进。

(3)施工时要在双层钢筋衬砌段、钢板衬砌段和施工支洞封堵段预先埋设灌浆管。回填灌浆孔的位置不能与设计孔位相差超过 20 cm,并且孔深要钻透空腔或者深入围岩 10 cm。

(4)灌浆压力要控制在设计规定的压力下,且当注浆孔不再吸浆,要立即结束回填灌浆。

(5)回填灌浆必须重复进行才能灌注密实。第一次大都灌水灰比为 1∶1 左右的水泥砂浆或浓水泥浆,压力为 1~4 kg/cm^2;第二次大都灌水灰比为 2∶1 左右较稀的浆液,压力为 1.5~8 kg/cm^2。每次自下游至上游分段分序灌注,在设计规定的压力下灌入量小于或等于 0.4 L/min 时,延续 30 min,即可结束灌浆。灌浆前要掌握隧洞开挖过程中塌方或超挖部位的位置、尺寸、衬砌厚度、浇筑程序和质量事故等情况。灌浆结束后,应在当地最低气温时在洞顶打检查孔,通过取芯和压水试验来检查浆液结石与混凝土衬砌层以及与岩石结合的质量,并检查其本身的密实程度。

(三)接缝灌浆

混凝土坝用纵缝分块进行浇筑,有利于坝体温度控制和浇筑块分别上升,但为了坝的整体性,必须对纵缝进行接缝灌浆,纵缝属于临时施工缝。坝体横缝是否进行灌浆视坝型和设计要求而异。重力坝的横缝一般为永久温度沉陷缝;拱坝和重力拱坝的横缝属于临时施工缝。临时施工的横缝,要进行接缝灌浆。

1.接缝灌浆系统

混凝土坝的接缝灌浆,需要在缝面上预埋灌浆系统。根据缝的面积大小,将缝面自上划分为若干灌浆区。每一灌浆区高为 10~15 m,面积为 200~300 m^2,四周用止浆片封闭,自成一套灌浆系统。灌浆时利用预埋在坝体内的进浆管、回浆管、支管及出浆盒向缝送水泥浆,迫使缝中空气(包括缝面上的部分水泥浆)从排气槽、排气管排出,直至灌满设计稠度的水泥浆为止。

(1)止浆片。沿每一灌浆区四周埋设,其作用是阻止水与浆液的外溢。止水片过去多采用镀锌铁皮,这类材料易于锈蚀,或因形状不好而与混凝土结合不良,引起止浆片失效。近年来,广泛采用塑料止水带,其宽度以 250~300 mm 为宜。

垂直及水平止浆片距坝体表面距离应不小于 30 cm,如止浆片距坝面的距离过小,混凝土不易振捣密实,容易出现架空或漏振,影响止浆效果。

(2)灌浆管路。包括进浆管、回浆管、支管、出浆盒等。支管间距 2 m,支管上每隔 2~3 m 有一孔洞,其上安装出浆盒。出浆盒由喇叭形出浆孔(采用木制圆锥或铁皮制成)盒盖(采用预制砂浆盖板或铁皮制成)组成,分别位于缝面两侧浇筑块中,进行后浇块施工时,盒盖要盖紧出浆孔,并在孔边钉上铁钉,以防止浇筑时堵塞。待以后接缝张开,盒盖也相应张开以保证出浆。

(3)排气槽和排气管。排气槽断面为三角形,水平设于每一灌浆区的顶端,并通过排气管和灌浆廊道相通。其作用是:在灌浆过程中排出缝中气体,排出部分缝面浆液,判断接缝灌浆情况,保证灌浆质量。

2.接缝灌浆的次序

(1)同一接缝的灌区,应自基础灌区开始,逐层向上灌注。上层灌区的灌浆,应待下层和下层相邻灌区灌好后才能进行。

(2)为了避免各坝块沿一个方向灌注形成累加变形,影响后灌接缝的张开度,横缝灌浆应自河床中部向两岸进展,或自两岸向河床中部进展。纵缝灌浆宜自下游向上游推进。主要是考虑到接缝灌浆的附加应力与坝体蓄水后的应力叠加,不致造成下游坝趾出现较大的压应力,同时还可抵消一部分上游坝踵在蓄水后的拉应力。但有时也可先灌上游纵缝,然后再自上游向下游顺次灌注,预先改善上游坝踵应力状态。

(3)当条件可能时,同一坝段、同一高程的纵缝,或相邻坝段同一高程的横缝最好同时进行灌注。此外,对已查明张开度较小的接缝,最好先行灌注。

(4)在同一坝段或同一坝块中,如同时有接触灌浆、纵缝及横缝灌浆,应先进行接触灌浆。其好处是可以提高坝块的稳定性,对于陡峭岩坡的接触灌浆,则宜安排在相邻纵缝或横缝灌浆后进行,以利于提高接触灌浆时坝块的稳定性。

(5)纵缝及横缝灌浆的先后顺序,一般是先灌横缝,后灌纵缝。但也有的工程考虑到坝块的侧向稳定,先灌纵缝,后灌横缝。

(6)同一接缝的上、下层灌区的间歇时间,不应少于 14 d,并要求下层灌浆后的水泥结石具有 70%的强度,才能进行上层灌区的灌浆。同一高程的相邻纵缝或横缝的间歇日应不少于 7 d。同一坝块同一高程的纵缝、横缝间歇时间,如果属于水平键槽的纵直缝崩浆,须待 14 d 后方可灌注横缝。

(7)在靠近基础的接触灌区,如基础有中、高压帷幕灌浆,接缝灌浆最好是在帷幕灌浆之前进行。此外,如接触灌区两侧的坝块存在架空、冷缝或裂缝等缺陷,应先处理缺陷,然后再进行接触灌浆。

3.接缝灌浆施工

1)通水检查

通水检查主要目的是查明灌浆管道及缝面的通畅情况,以及灌区是否外漏,从而为浆前的事故处理方法提供依据。其步骤及要求如下:

(1)单开式通水检查。分别从两进浆管进水,随即将其他管口关闭,依次有一个管口开放,在进水管口达到设计压力的情况下,测定各个管口的单开出水率,其通畅标准是:进水量大于 70 L/min,单开出水率大于 50 L/min。若管口单开出水率大于 50 L/min,可结束单开式通水检查,若管口出水率小于 50 L/min,则应从该管口进水,测定其余管口出水量和关闭压力,以便查清管和缝面情况。

(2)封闭式通水检查。从一通畅进浆管口进水,其他管口关闭,待排水管口达到设计压力(或设计压力 70%),测定各项漏水量,并观察外漏部位,灌区封闭标准为稳定漏水量应小于 15 L/min(不是集中渗漏),串层漏水量及串块漏水量应分别小于 5 L/min。

(3)缝面充水浸泡及冲洗。每一接缝灌浆前应对缝面进行浸泡,浸泡时间一般不少于 24 h,然后用风水轮换洗各管道及缝面,直至排气管回清水,当水质清洁无悬浮或沉淀物时,方能灌浆。

(4)灌浆前预习性压水检查。采用灌浆压力压水检查,其目的是:选择与缝面排气管较为通畅的进浆管与回浆管环线路,核实接缝容积、各管口单开出水量与压力,以及漏水量等数值,同时检查灌浆运行可靠性。

2）接缝灌浆的程序和方法步骤

接缝灌浆的整个施工程序是，缝面冲洗、压水检查、灌浆区事故处理、灌浆、进浆结束。其中，灌浆工序本身，是由稠度较稀的初始浆液（水灰比 3：1）开灌，经中级浆液（水灰比 1：1）变换为最终浆液（水灰比 0.6：1），直到进浆结束。

初始浆液稠度较稀，主要是润湿管路及缝面，并排出缝中大部分空气；中级浆液主要起过渡作用，但也可以充填一些较细的裂缝；最终浆液用来最后充填接缝，保证设计要求的稠度。在灌浆过程中各级浆液的变换，可由排气管口控制。开灌时，最先灌入初始浆液，当排气管口出浆 3~5 min 后，即可改换中级浆液；当排气管口出浆稠度与注入浆液稠度接近时，即可改换最终浆液。由此可知，排气管间断放浆是为了变换浆液的需要，即排出空气和稀浆，并保持缝面畅通。在此阶段，还应适当地采取沉淀措施，即暂时关闭进浆阀门，停止向缝内进浆 5~30 min，使缝内浆液变浓，并消除可能形成的气泡。这种沉淀措施，在施工中又称为间断进浆。

灌浆转入结束阶段的标准是，排气管出浆稠度达到最终浆液稠度，排气管口压力达到设计压力，缝面吸浆率小于 0.4 L/min。达到上述三项标准后，即可持续灌浆 30 min 后结束（或关闭全部管口进行缝内进浆 30 min，或从排气管倒灌 30 min 结束）。

接缝灌浆的压力必须慎重选择，过小不易保证灌浆质量，过大可能影响坝的安全。一般采用的控制标准是，进浆管压力（3.5~4.5）×100 kPa，回浆管压力（2~2.5）×100 kPa。

4.灌浆质量检查与灌区事故处理

1）质量检查

灌区的接缝灌浆质量，应以分析灌浆资料为主，结合钻孔取芯、槽检等质检成果，进行综合评定。主要评定项目有：

（1）灌浆时坝块混凝土的温度。

（2）灌浆管路通畅，缝面通畅以及灌区密封情况。

（3）灌浆施工情况。

（4）灌浆结束时排气管的出浆密度和压力。

（5）灌浆过程中有无中断、串浆、漏浆和管路堵塞等情况。

（6）灌浆前、后接缝张开度的大小及变化。

（7）灌浆材料的性能。

（8）缝面注入水泥量。

（9）钻孔取芯、缝面槽检和压水检查成果以及孔内探缝、孔内电视等测试的成果。

经过通水检查，可基本判明灌区事故部位及事故类型，灌区事故类型及处理方法分述如下。

2）灌浆管道不通的处理

（1）进回浆管道不通的处理。处理前，先将灌区充分浸泡 7 d 左右，再用风和水轮换冲洗，风压限制为 0.2 MPa，水压不超过 0.8 MPa（逐级加压，每 0.05 MPa 为一级），风和水轮换冲洗时，应将所有管口敞开，以免一旦疏通后缝面压力骤增。如堵塞部位距表面较近，可凿开混凝土，割除管道堵塞段，恢复进回浆管。当上述措施无效时，可视具体情况采用骑缝钻孔或斜穿钻孔代替进回浆管。

(2)排气系统不通的处理。当排气管不互通,或排气管与进回浆管不互通时,可初步判断为排气系统不通(也存在缝面不通的可能性),如经疏通无效,一般采用风钻孔或机钻孔穿过灌区顶层,代替原管道,一侧排气管至少布置三个风钻孔或一个机钻孔,机钻孔单孔出水率大于 50 L/min,风钻孔单孔出水率大于 25 L/min 时,可认为畅通。

3)缝面不通的处理

当进回浆管互通,排气管本身也互通,但进回浆管与排气管之间不互通时,可判断为缝面不通。缝面不通的原因有三种可能:缝面被杂物堵塞、细缝或压缝。如系前者,可以用反复浸泡、风和水轮换冲洗的办法;如为压缝,则可打风钻孔或机钻孔代替出浆盒,用联孔形成新的灌浆系统;如为细缝,则只能采取细缝灌浆措施。

4)止浆片失效引起外漏的处理

一般采用嵌缝堵漏的方法,根据外漏部位及漏量大小,可先沿外漏接缝凿槽,再用水泥砂浆、环氧砂浆或棉絮等材料嵌堵,能比较有效地阻止浆液外漏。

5)特殊情况的灌浆方法

(1)灌区与混凝土内部架空区串漏时的灌浆。当灌区与混凝土内部架空区互串时,由于漏量大,灌浆时间必然延续较长。若管道及缝面又不太通畅,则不宜采取降压沉淀的方法,否则,缝面由下至上泌水,阻力增大,最终可能导致梗塞。通常在变换至最终级浓浆,缝面起压正常后,保持 50%~70%的设计压力灌注,当吸浆量急剧下降时,再升到设计压力灌注,直至达到正常标准时结束。

(2)止浆片失效引起外漏的灌浆。灌区由于止浆片失效而引起的外漏,一般先嵌缝堵漏,再进行灌浆。当灌浆过程中发现外漏严重时,如缝面处于充填初级浆液阶段可及时冲掉,嵌缝再灌。如缝面处于充填中级或终级浆液,可边嵌边灌,同时在灌浆工艺上采取间歇沉淀或降压循环的措施,迅速增大缝面浆液黏度,促使缝面尽早形成塑性状态,当吸浆率明显减少时,在设计压力下正常灌注至结束。

(3)止浆片失效引起相邻灌区串漏的灌浆。一般处理方法有两种:一种是先将表面外漏处嵌缝,然后多区同灌,每个灌区配一台灌浆机,可灌性差或漏量大的灌区先进浆,以利于各灌区同时达到在设计压力下灌注。当某一灌区先具备结束条件时,须待串漏区的吸浆率在设计压力下明显减小,才能先行并浆,互串区先后结束间隔时间,一般控制不超过 3 h;另一种处理方法是,当不允许互串灌区同灌时,也可采取下层灌浆,上层通水平压防止下层浆液串入上层的措施,上层通水时的层底压力,应与下层灌浆的层顶压力相等。

(4)进回浆管道全部失效时的灌浆。布置条件许可,可做骑缝钻孔代替进回浆管(孔距一般 3 m),风钻孔代替排气管,灌浆方法与正常条件下的灌浆方法基本相同。如无条件布置骑缝机钻孔,可采用风钻斜穿孔,一般 3~6 m^2 布置一孔,各孔均设内管(进浆管),孔口设回浆管,从灌区下层至上层将进回浆管分别并联成若干孔组,并留出排气孔,灌浆时,下层孔组进浆,上层孔组回浆,中层孔组放浆,灌至达到结束条件时停止。

(5)细缝灌浆。细缝一般指冷却至灌浆温度后,张开度仅为 0.3~0.5 mm 的灌区,在灌浆施工中,一般采取下列措施:

①用细度为通过 6 400 孔/cm^2 的筛余量在 2%以下的 42.5 级硅酸盐磨细水泥。

②在灌浆初始阶段,提高进浆管口压力,尽快使排气管口升压,有利于细缝张开,其张

开度应严格控制在 0.5 mm 以内。

③采取四级水灰比,即 4∶1、2∶1、1∶1、0.6∶1 浆液灌注。先用 4∶1 浆液润滑管道与缝面,2∶1 浆液过渡,尽快以 1∶1 浆液灌注,尽可能按终级浆液结束,最后从排气管倒灌补填。浆液中可掺用塑化剂(掺量不超过水泥重量的 3‰为宜),以改善浆液流动性。

④灌浆过程中,当变浆后排气管放出稀浆时,即从两侧进浆管同时进浆,或与排气管同时进浆,以改善缝面浆压分布(因缝面出浆盒有时局部阻塞)。

⑤在经过论证的情况下,采用坝块超冷(即比灌浆温度低 2~4 ℃),力求改善缝面张开状况。

⑥化学灌浆(使用不多),必须谨慎选用化学灌浆材料和施工工艺。

任务五　高压喷射灌浆施工

20 世纪 70 年代初,日本将高压水射流技术应用于软弱地层的灌浆处理,成为一种新的地基处理方法——高压喷射灌浆法。它是利用钻机造孔,然后将带有特制合金喷嘴的灌浆管下到地层预定位置,以高压把浆液和水、气高速喷射到周围地层,对地层介质产生冲切、搅拌和挤压等作用,同时被浆液置换、充填和混合,待浆液凝固后,就在地层中形成一定形状的凝结体。

通过各孔凝结体的连接,形成板式或墙式的结构,不仅可以提高基础的承载力,而且成为一种有效的防渗体。由于高压喷射灌浆具有对地层条件适用性好、浆液可控性好、施工简单等优点,在大颗粒地层、动水、淤泥地层和堆石堤(坝)等场合,应用高压喷射灌浆技术具有显著的技术和成本优势。

一、高压喷射灌浆的作用分析

高压喷射灌浆的浆液以水泥浆为主,其压力一般为 10~30 MPa,它对地层的作用和机制有如下几个方面:

(1)冲切掺搅作用。高压喷射流通过对原地层介质的冲击、切割和强烈扰动,使浆液扩散充填地层,并与土石颗粒掺混搅和,硬化后形成凝结体,从而改变原地层结构和组分,达到防渗加固的目的。

(2)升扬置换作用。随高压喷射流喷出的压缩空气,不仅对射流的能量有维持作用,而且造成孔内空气扬水效果,使冲击切割下来的地层细颗粒和碎屑升扬至孔口,空出部分由浆液代替,起到了置换作用。

(3)挤压渗透作用。高压喷射流的强度随射流距离的增加而衰减,至末端虽不能冲切地层,但对地层仍能产生挤压作用;同时,喷射后的静压浆液在地层中渗透凝结,有利于进一步提高抗渗性能。

(4)位移握裹作用。对于地层中的小块石,由于喷射能量大,加之上述提升置换作用,浆液可填满块石四周空隙,并将其握裹;对大块石或块石集中区,如降低提升速度,提高喷射能量,可以使块石产生位移,浆液便深入到孔(空)隙中去。

总之,在高压喷射、挤压、余压渗透以及浆气串升的综合作用下,产生握裹凝结作用,从而形成连续和密实的凝结体。

二、高压喷射灌浆的基本方法、材料及施工设备

(一)高压喷射灌浆的基本方法

目前,高压喷射灌浆的基本方法有单管法、二管法、三管法及多管法等几种,它们各有特点,应根据工程要求和地层条件选用。

1.单管法

采用高压灌浆泵以大于 20 MPa 的高压将浆液从喷嘴喷出,冲击、切割周围地层,并产生搅和、充填作用,感化后形成凝结体。该方法施工简易,但有效范围小。

2.二管法

有两个管道,分别将浆液和压缩空气直接射入地层,浆压达 45~50 MPa,气压 1~1.5 MPa。由于射浆具有足够的射流强度和比能,易于将地层加压密实。这种方法工效高,效果好,尤其适合处理地下水丰富、含大粒径块石及孔隙率大的地层。

3.三管法

用水管、气管和浆管组成喷射杆,水、气的喷嘴在上,浆液的喷嘴在下。随着喷射杆的旋转和提升,先有高压水和气的射流冲击扰动地层,再以低压注入浓浆进行掺混搅拌。常用参数为:水压 38~40 MPa,气压 0.6~0.8 MPa,浆压 0.3~0.5 MPa。如果将浆液也改为高压(浆压达 20~30 MPa)喷射,浆液可对地层进行二次切割、充填,其作用范围就更大。这种方法称为新三管法。

4.多管法

其喷管包含输送水、气、浆管、泥浆排出管和探头导向管。采用超高压水射流(40 MPa)切削地层,所形成的泥浆由管道排出,用探头测出地层中形成的空间,最后由浆液、砂浆、砾石等置换充填。多管法可在地层中形成直径较大的柱状凝结体。

(二)高压喷射灌浆材料

选用高压喷射灌浆材料应根据工程特点和高喷目的及要求而定。高喷多采用水泥浆,水泥为 32.5 MPa 或 42.5 MPa 普通硅酸盐水泥。为增加浆液的稳定性,有时在水泥浆液中加入少量的膨润土。对凝结体性能有特殊要求时,有时需在水泥浆液中加入较多的膨润土或其他类掺合料。

地基防渗高喷施工使用三管法,为简便计,多用纯水泥浆,一般规定进浆密度不小于 1.60 g/cm^3,变化范围为 1.60~1.80 g/cm^3(相应水灰比为 0.8∶1~0.5∶1)。

地基加固的高喷施工一般均采用纯水泥浆。实践表明,浆液水灰比 0.8∶1~1∶1 范围内对凝结体抗压和抗折强度的影响不很大,而影响凝结体抗压强度的主要因素是地层组成的成分和颗粒的强度及级配。

采用新三管法施工,由于先是气、水喷射,而后压灌浆液,灌浆易被先喷入的水稀释,故通常使用水灰比不大于 1∶1 的浓浆。采用双管法施工,因不用水喷射,无稀释作用,所以水泥浆的水灰比值相对来讲可以稍大些。

重要工程高喷材料和配合比应根据设计对防渗体提出要求,通过室内和现场试验确定。

(三)高压喷射灌浆施工设备

1.钻机

高喷施工钻孔深度多不超过 50 m,遇一般砂卵(砾)石层,可使用钻孔深度 100 m 或 300 m 的钻机泥浆固壁钻孔。如果钻进效率或遇地质条件复杂,含大粒径块石地层使用泥浆固壁无效,可改用跟管钻进钻机,边钻进,边跟入套管的方法,护住孔壁。

2.高压水泵

仅在三管法和新三管法中采用高压水泵,压力和流量需满足高喷技术要求。

3.灌浆泵和空压机

双管法高喷施工的特点就是超高压力和特大流量,所以要求浆泵的压力高(宜达 60~80 MPa),流量大(宜大于 10 m^3/min)。新三管法是 1996 年在长江三峡工地围堰生产性高喷试验首次试用的,由原三管法的低压灌浆改进为 20~30 MPa 的高压灌浆,随之也要求适当提高气压,所以需采用相应的高压灌浆泵和气压稍高的空压机。三管法对灌浆泵和空压机无特殊要求。

4.搅浆、制浆系统设备

搅浆、制浆系统设备能满足供浆(三管法 100 L/min,双管法 150 L/min)需要即可。

5.测斜仪

要求备用高精度的测斜仪器,满足偏斜率≤1%的要求。

6.高喷自动检测系统

我国高喷自动检测系统仍处于研制和试用阶段,定型产品尚未问世,今后应继续研制,促其尽快实现。

三、高压喷射灌浆的施工工艺

高压喷射灌浆的施工程序主要有钻孔、下注浆管、喷射提升(旋转或摆动)、成桩或成墙,如图 4-31 所示。

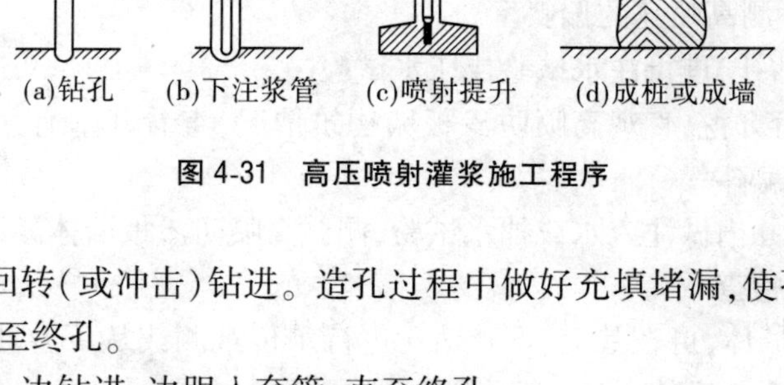

图 4-31 高压喷射灌浆施工程序

(一)钻孔

(1)泥浆固壁回转(或冲击)钻进。造孔过程中做好充填堵漏,使孔内泥浆保持正常循环,返出孔外,直至终孔。

(2)跟管钻进。边钻进,边跟入套管,直至终孔。

钻进时应注意保证钻机垂直,偏斜率宜≤1%,对于深度大于 30 m 的高喷钻孔,难度较大。例如,小浪底围堰高喷灌浆试验,总计 29 个孔,孔深 32~40 m,偏斜率最大 1.12%,最小 0.45%,平均 0.89%,其中大于 1%的 9 个孔,占 31%;小于 1%的 20 个孔,占 69%(其中小于 0.5%的 3 个孔)。

(二)下入喷射杆

(1)泥浆固壁的钻孔,可以将喷射杆直接下入孔内,直到孔底。

(2)跟管钻进的钻孔,有两种情况:①拔管前在套管内注入密度大的塑性泥浆,注满后,起拔套管,边起拔,边注浆,使浆面长期保持与孔口齐平,直至套管全部拔出;而后再将喷射杆下入孔内直至孔底。②也可先在套管内下入管壁有窄缝的 PVC 塑料管,直至套管底部,起护壁作用,而后将套管全部拔出,再将喷射杆下入到塑料管底部。

(三)高喷施工

施工中所用技术参数因使用主喷的方法不同而异,所用的灌浆压力不同,提升速度也有差异。在同类地层中,双管法超高压灌浆的提升速度比三管法快。

对各类地层而言,若使用同一种施工方法,则水压、浆压、气压的变化不大,唯有提升速度变化比较大,是影响高喷质量的主要因素。一般情况下,确定提升速度应注意下列几个问题:

(1)因地层而异,在砂层中提升速度可稍快,砂卵(砾)石层中应放慢些,含有大粒径(40 cm 以上)块石或块石比较集中的地层应更慢。

(2)因分序而异,先序孔提升速度可稍慢,后序孔相对来讲可略快。

(3)高喷施工中发现孔内返浆量减少时宜放慢提升速度。

四、高压喷射灌浆的质量检查

(一)钻孔检查

当高喷凝结体具有必要强度后,进行钻孔检查。

(1)钻取岩芯,观察浆液注入和胶结情况,测试岩芯密度、抗压强度和抗折强度、弹性模量等物理力学性能以及渗透系数、渗压比降等防渗性能。

(2)在钻孔内进行注水或压水试验,实测高喷凝结体的渗透系数。

(3)利用钻孔,对高喷凝结体进行贯入试验,测试高喷凝结体密实程度。

(二)对围井进行质量检查

在高喷防渗板墙一侧加喷几个孔,与原板墙形成三角形或四边形围井,底部用高喷或其他方法封闭,还可测高喷孔的偏斜率。

(1)在井中心钻孔,进行注水试验或压水试验。

(2)在井内进行开挖,直观高喷防渗板墙构筑情况,查看井壁有无较为集中的渗流,还可测试高喷孔的偏斜率。

(3)开挖后,在井内做注入水或抽水试验,测试高喷防渗板墙体渗透系数。

(三)整体效果检查

作为坝基防渗墙体,可在其上、下游钻孔进行水位观测或从下游孔中抽水,观测水位恢复情况。通过高喷前后的水位变化,分析防渗效果。

作为围堰防渗墙体，待基坑开挖后，测试基坑排水量，这是最直接检验防渗质量的方法，以此为依据对高喷防渗墙质量作出整体评价。

（四）其他检查方法

必要时还可以利用各种物探手段进行检测。

任务六　土坝劈裂灌浆

土坝劈裂灌浆是利用“水力劈裂原理”，对存在隐患或质量不良的土坝在坝轴线上钻孔、加压灌注泥浆形成新的防渗墙体的加固方法。

一、土坝劈裂灌浆加固机制

位于河槽段的均质土坝或黏土心墙坝，其横断面基本对称，当上游水位较低时，荷载也基本对称，如该坝段又较长，则属于弹性力学的平面应变问题，坝轴线上任一点处，土体的大、中、小主应力作用面分别是水平面、坝体横断面和通过坝轴线的纵断面。如果在该点施以灌浆压力，则只要该压力大于小主应力和土体抗拉强度之和，土体就会沿纵断面开裂。如能维持该压力，裂缝就会由于其尖端的拉应力集中作用而不断延伸（即所谓水力劈裂），从而形成一个相当大的劈裂缝，而且，坝体一旦被劈裂，在劈裂段阻止裂缝横向扩展的土体抗拉强度也不再起作用。因此，即使只是维持起始灌浆压力，劈裂缝也会在横向得到一定的加宽。实际上，灌浆是在钻孔内进行的，也就是在坝体的水平面上形成了孔口，由于孔口的应力集中作用，孔口在坝轴线处的压应力会比小主应力显著增大，所以该点的灌浆压力只有相应地加大，才有可能起裂。

劈裂灌浆裂缝的扩展是多次灌浆形成的，因此浆脉也是逐次加厚的。一般单孔灌浆次数不少于5次，有时多达10次，每次劈裂宽度较小，可以确保坝体安全。

每次灌浆劈裂的厚度，沿裂缝长度各不相同，其关系如下：

$$\delta(x)=\frac{4AB}{E}(p-\sigma_3)\sqrt{c^2-x^2} \tag{4-4}$$

式中　E——弹性模量，Pa；

p——缝内平均压力，Pa；

σ_3——垂直于劈裂缝的坝体应力，Pa；

c——裂缝半长，m；

B——考虑空间作用的修正系数，小于1.0；

A——考虑土的弹塑性、沉陷等性质的修正系数。

由式(4-4)可知：裂缝最大开展宽度在 $x=0$ 处，裂缝最大开展宽度 δ 与压力差（$p-\sigma_3$）、裂缝长度 c 成正比，与弹性模量 E 成反比。随着灌浆次数的增多，坝体密度加大，

σ_3和 E 增加，裂缝开展宽度将减小，单位时间进浆量将减少，或者进浆量相同而压力有所增加。当 p 值减小或 σ_3增大，δ 将减小。所以，灌浆停止后（p 减小），裂缝将在增大后的 σ_3的作用下回弹压缩泥浆脉。

灌浆时的浆压坝和停灌后的坝压浆，是浆、坝互压的两个不同阶段，其结果既加密了

坝体,使σ_3增大有利于以后的抗裂,同时泥浆被压密促进固结,可达到一定的密实度要求。劈裂灌浆利用这一规律达到提高灌浆质量的目的。

泥浆的含水量高达90%,这些水会对一些坝体产生湿陷作用,湿陷作用的大小与土坝施工质量和土料性质有关。坝体湿陷的规律是:湿陷作用主要产生于无水坝段,在坝顶出现对称于灌浆轴线的凹陷。湿陷率可达坝高的1%~3%。湿陷不可能均匀,会在坝顶出现湿陷裂缝,宽0.5~2 cm,深1~3 m,方向很不规则,常称为"假劈裂"。这些缝经多次复灌后,有的会闭合,未闭合的在灌浆后期可用辅助灌浆工艺处理。

粉质土、黄土、碾压不好的黏性土、结构不稳定的松堆土,湿陷都比较明显;而压实好的土、黏粒含量大的土(如红黏土等),湿陷很少。

基于劈裂灌浆的原理,只要施加足够的灌浆压力,任何土坝都是可灌的,但只在下列情况下才考虑采用劈裂灌浆:①松堆土坝;②坝体浸润线过高;③坝体外部、内部有裂缝或大面积的弱应力区(拉应力区、低压应力区);④分期施工土坝的分层和接头处有软弱带和透水层;⑤土坝内有较多生物洞穴等。

二、劈裂灌浆施工

劈裂灌浆属于纯压式灌浆,其工艺流程如图4-32所示。

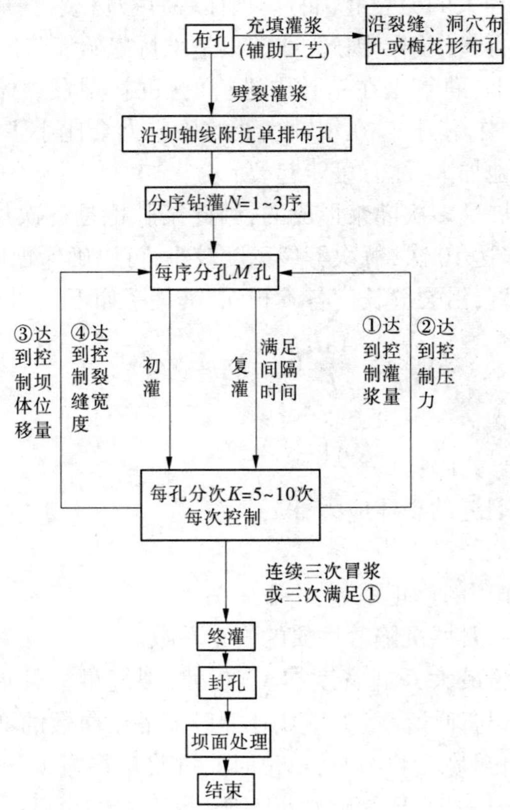

图4-32　劈裂灌浆工艺流程

劈裂灌浆施工的基本要求是:土坝分段,区别对待;单排布孔,分序钻灌;孔底注浆,全孔灌注;综合控制,少灌多复。

(一)土坝分段,区别对待

土坝灌浆一般根据坝体质量、小主应力分布、裂缝及洞穴位置、地形等情况,将坝体区分为河槽段、岸坡段、曲线段及特殊坝段(裂缝集中、洞穴、塌陷和施工结合部位等),提出不同的要求,采用不同的灌浆方法施灌。

河槽段属平面应变状态,小主应力面是过坝轴线的铅直面,可采用较大孔距、较大压力进行劈裂灌浆。岸坡段由于坝底不规则,属于空间应力状态,坝轴线处的小主应力面可能是与坝轴线斜交或正交的铅直面,如灌浆导致贯穿上、下游的劈裂则是不利的,所以应压缩孔距,采用小于0.05 MPa的低压灌注,用较稠的浆液逐孔轮流慢速灌注,并在较大裂缝的两侧增加2~3排梅花形副孔,用充填法灌注。曲线坝段的小主应力面偏离坝轴线(切线方向),应沿坝轴线弧线加密钻孔,逐孔轮流灌注,单孔每次灌浆量应小于5 m^3,控制孔口压力小于等于0.05 MPa,轮灌几次后,每孔都发生沿切线的小劈裂缝,裂缝互相连通后,灌浆量才可逐渐加大,直至灌完,形成与弯曲坝轴线一致的泥浆防渗帷幕。

(二)单排布孔,分序钻灌

单排布孔可以在坝体内纵向劈裂,构造防渗帷幕,工程集中,简便有效。

钻孔遵循分序加密的原则,一般分为三序。第一序孔的间距一般采用坝高的2/3左右,土坝高、质量差、黏性低时,可用较大的间距。当定向劈裂无把握时,可采用一序密孔,多次轮灌。

孔深应大于坝体隐患深度2~3 m。如果坝体质量普遍较差,孔深可接近坝高,但坝基为透水性地层时,孔深不得超过坝高的2/3,以免劈裂贯通坝基,造成大量泥浆损失。孔径一般以5~10 cm为宜,太细则阻力大,易堵塞。钻孔采用干钻或少量注水的湿钻,应保证不出现初始裂缝,影响沿坝轴线劈裂。

(三)孔底注浆,全孔灌注

应将注浆管底下至离孔底0.5~1.0 m处,不设阻浆塞,浆液从底口处压入坝体。泥浆劈裂作用自孔底开始,沿小主应力面向左右、上下发展。孔底注浆可以施加较大灌浆压力,使坝体内部劈裂,能把较多的泥浆压入坝体,更好地促进浆、坝互压,有利于提高坝体和浆脉的密度。孔底注浆控制适度,可以做到“内劈外不劈”。

浆液自管口涌出,在整个劈裂范围流动和充填。灌浆压力和注浆量虽大,但过程缓慢容易控制。全孔灌注是劈裂灌浆安全进行的重要保证。

(四)综合控制,少灌多复

如土坝坝体同时全线劈裂或劈裂过长,短时间内灌入大量泥浆,会使坝肩位移和坝顶裂缝发展过快,坝体变形接近屈服,将危及坝体安全。灌浆施工中,应绝对避免上述情况出现。最好采用坝体内部分段分层劈裂法(即内劈外不劈),孔口压力即使达到数百千帕,坝肩位移与坝顶裂缝也很少。

要达到确保安全的目的,对灌浆必须进行综合控制,即对最大灌浆压力、每次灌浆量、坝肩水平位移量、坝顶裂缝宽度及复灌间隔时间等均应予以控制。非劈裂的灌浆控制压力应小于钻孔起裂压力,无资料时,该值可用0.6~0.7倍土柱重。

第一序孔灌浆量应占总灌浆量的60%以上,所需灌浆次数多一些。第二、三序孔主要起均匀帷幕厚度的作用;因坝体质量不均,并且初灌时吃浆量大,以后吃浆渐少,故每次灌入量不能按平均值控制,一般最大为控制灌浆量的2倍。坝体灌浆将引起位移,对大坝稳定不利。一般坝肩的位移最明显,应控制在3 cm以内,以确保坝体安全。复灌多次后坝顶即将产生裂缝,长度应控制在一序孔间距内,宽度控制在3 cm内,以每次停灌后裂缝能回弹闭合为宜。

为安全起见,灌浆应安排在低水位时进行,库水位应低于主要隐患部位。无可见裂缝的中小型土坝,可以在浸润线以下灌浆。每次灌浆间隔时间,对于松堆土坝,浸润线以上干燥的坝体部分,不宜少于5 d,浸润线以下的则不宜少于10 d。

(五)浆液的选择

根据灌浆要求、坝型、土料隐患性质和隐患大小等因素选择浆液,常用土料的物理性质指标和泥浆的物理性质指标如表4-4、表4-5所示。

表4-4　常用土料的物理性质指标

名称	项目	指标(%)	备注
土料	流限	30左右	砂以细、中砂为主,并可用矿渣
	塑限	20左右	
	黏粒含量	25~35	
	粉粒含量	30~50	
	砂粒含量	20~30	
	有机质含量	<2	

表4-5　泥浆的物理性质指标

名称	项目	指标(%)
泥浆	容重(g/cm³)	1.3~1.6
	黏度(s)	30~60
	稳定性(g/cm³)	0.1~0.15
	胶体率(%)	>80
	失水量(cm³/30 min)	10~30
	浆液干容重(g/cm³)	>1.45
	浆体渗透系数(cm/s)	10^{-6}~10^{-3}

项目小结

1.基坑开挖与地基处理

基坑开挖即为修建水工建筑物,将其基础范围内底面以上的土和岩石挖除的工程。地基开挖包括松土、爆破、挖掘、装车、运输、卸渣等工序。地基开挖必须按照设计文件、施工图纸和有关规范施工,施工的关键在于选用合适的开挖方法和施工方案。

地基处理,就是为提高地基的承载、抗渗能力,防止过量或不均匀沉陷,以及处理地基缺陷而采取的加固、改进措施。

2.桩基础施工

桩基础是一种常用的深基础。桩基础的作用是将承台以上的结构物传来的外力,通过承台,由桩传到较深的地基持力层中去。各桩所承受的荷载由桩通过桩侧土的摩擦力与桩端岩土的抵抗力传递到岩土中。

为满足各类建筑物的要求,适应地基的特点,形成各种类型的桩基础,如钻孔灌注桩、振冲碎石桩、振动沉管桩等,并具有各自的特点。

3.防渗墙工程施工

防渗墙是修建在挡水建筑物松散透水地层中的地下连续墙。防渗墙的特点是结构可靠、防渗效果好、能适应各种不同的地层条件,施工时几乎不受地下水位的影响,并且具有施工速度快、工程造价不高等优点。

防渗墙的应用有以下几个方面:①控制闸坝基础的渗流;②坝体防渗和加固处理;③控制围堰堰体和基础的渗流;④防止泄水建筑物下游基础的冲刷;⑤做一般水工建筑物基础的承重结构等。

防渗墙可用来解决防渗、防冲、加固、承重等多方面的工程问题。

4.灌浆工艺与原理

灌浆材料基本上可分为两类:一类是固体颗粒的灌浆材料,如水泥、黏土、砂等,用固体颗粒浆材制成的浆液,其颗粒处于分散的悬浮状态,是悬浮液。另一类是化学灌浆材料,如环氧树脂、聚氨酯、甲凝等,由化学浆材制成的浆液是真溶液。

岩石地基固结灌浆和帷幕灌浆均以水泥浆液为主,遇到一些特殊地质条件,也可采用化学灌浆材料作为补充,而且化学灌浆多在水泥灌浆的基础上进行。砂砾石地基帷幕灌浆则多以水泥黏土浆为主。

5.高压喷射灌浆施工

它是利用钻机造孔,然后将带有特制合金喷嘴的灌浆管下到地层预定位置,以高压把浆液和水、气高速喷射到周围地层,对地层介质产生冲切、搅拌和挤压等作用,同时被浆液置换、充填和混合,待浆液凝固后,就在地层中形成一定形状的凝结体。

由于高压喷射灌浆具有对地层条件适用性好、浆液可控性好、施工简单等优点,在大颗粒地层、动水、淤泥地层和堆石堤(坝)等场合,应用高压喷射灌浆技术具有显著的技术和成本优势。

6.土坝劈裂灌浆

土坝劈裂灌浆是利用"水力劈裂原理",对存在隐患或质量不良的土坝在坝轴线上钻孔、加压灌注泥浆形成新的防渗墙体的加固方法。

劈裂灌浆施工的基本要求是:土坝分段,区别对待;单排布孔,分序钻灌;孔底注浆,全孔灌注;综合控制,少灌多复。

复习思考题

1.常见的地基处理方法有哪些?
2.基坑开挖中应注意哪些问题?
3.钢筋混凝土预制桩施工包括哪些过程?
4.打桩的控制原则是什么?
5.灌注桩质量控制包括哪些内容?
6.防渗墙的作用是什么?
7.防渗墙的宽度、厚度、深度如何确定?
8.防渗墙的施工程序是什么?
9.防渗墙的成墙材料除了素混凝土外,还可以考虑哪些材料?
10.泥浆在防渗墙施工当中的作用是什么?
11.防渗墙施工有哪些造孔机具?特点是什么?
12.什么是帷幕灌浆?
13.水工建筑物的岩石基础,一般需要进行哪些灌浆?灌浆的目的是什么?
14.基岩灌浆浆液材料有哪些?有何特点?
15.钻孔冲洗,如何操作?
16.什么是循环式灌浆?
17.压水试验什么时候进行?目的是什么?
18.高压喷射灌浆的基本方法有哪些?如何选用?
19.高压喷射灌浆质量检查包括哪些内容?
20.劈裂灌浆施工的基本要求是什么?
21.劈裂灌浆中每孔每次平均灌浆量应如何控制?

项目实训

【案例】

小浪底工程拦河大坝为设有内铺盖的壤土斜心墙堆石坝、最大坝高 154 m。大坝基础河床覆盖层防渗墙轴线地质情况十分复杂,河床覆盖深厚,最深处达 80 m,自上而下大致可分 4 层,表层砂层,上部卵石层,底砂层和底部砂卵石层,在上部砂卵石层中分布有厚 1~4 m 的类砂层透镜体,底砂层位于高程 80~100 m,厚 10~20 m,河床基岩为二叠系的黏土岩和三叠系的砂岩。河床深槽右侧有高约 45 m 的基岩陡坎,岩坎坡度 1 : 0.60。

防渗墙设计情况:墙厚 1.2 m,墙体嵌入基岩 1~4 m,墙顶设计高程分别为 126、130 m 和 138 m,并在 126 m 高程以上的墙内设置钢筋笼,墙段之间采用套打一钻连接,要求接头孔孔斜率不大于 2‰,其余部位孔斜率不大于 4‰。墙体混凝土设计强度等级 $R_{90}=35$ MPa(保证率 85%)变形模量 $E=30\ 000$ MPa,抗渗等级不小于 S8,混凝土坍落度 18~20 cm,扩散度 34~38 cm,防渗墙纵剖面图如图 4-33 所示。

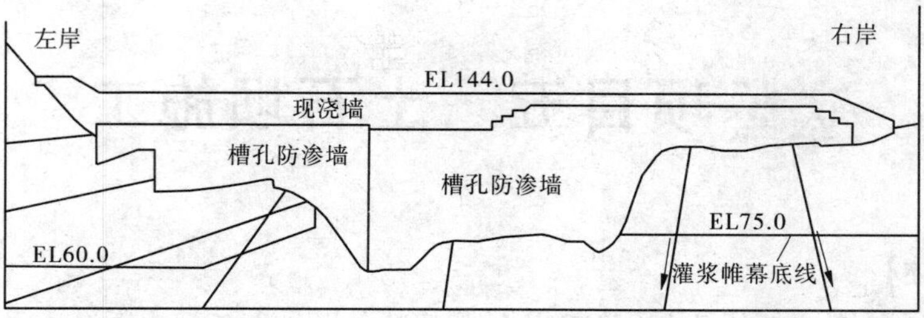

图 4-33　小浪底工程主坝防渗墙纵剖面图

防渗墙工程施工分右岸和左岸两期进行，右岸部分为一期，左岸部分为二期。

右岸一期防渗墙轴线长 259.6 m，最大造孔深度 81.9 m；右岸二期墙长 151 m，最大深度 70.3 m，防渗墙右岸共分 43 个槽段，单号槽段为Ⅰ期槽，双号槽段为Ⅱ期槽，槽孔长度 6.6~8.7 m，主孔长均为 1.2 m，副孔长为 1.3~1.95 m，其中大部分槽长 7.2 m，副孔长 1.8 m。左岸共分 23 个主槽孔和 22 个横向接头槽孔。

槽孔开挖：泥浆固壁造孔，右岸槽孔采用 CZ30 型和 CZ20 型冲击式钻机造主孔，液压导板抓斗抓部分副孔，另一部分副孔采用钻劈法施工，左岸采用机械式抓斗和双轮液压铣槽机并配合重 11 t 的重锤成槽。

制浆：

①泥浆材料一期用当地黏土（黏粒含量 35%）加膨润土 12.5 kg/m^3 及碱粉。二期用优质膨润土，主要指标密度 $P \leqslant 1.1$ g/cm^3，马氏漏斗黏度为 35~45 s，含砂量小于 3%，pH 值 8~12。

②泥浆系统：采用循环浆液制备系统。该系统包括 2 m^3 泥浆搅拌机一台、450 m^3/h 的振动除砂机一台和 100 m^3/h 的除砂过滤机一台、三个 300 m^3 的贮浆池。

③泥浆循环通过泥浆泵压入槽底，悬浮钻渣由槽口返回至浆池，经过滤二次利用。

混凝土浇筑：

①混凝土系统一座 60 m^3/h 的混凝土自动拌和楼，7 m^3 的混凝土搅拌车运输。

②混凝土浇筑泥浆之下直升导管法，混凝土面的平均上升速度为 2.5~5.22 m/h。

低强度等级混凝土包裹头法：用横向接头槽孔并浇低强度等级混凝土后进行一序槽孔施工，一序槽孔应超过横向接头槽中线 10 cm，二序槽孔的开挖，须将一序槽孔超浇的 10 cm 混凝土用双轮液压铣槽机自上而下削铣干净形成新鲜的混凝土接触面，以达到新老混凝土紧密结合的目的，而留下的横向槽两端的低强度等级混凝土包裹在接缝的两端，对接缝起着加厚的保护作用。

问题：

混凝土防渗墙如何施工？质量如何进行控制？

知识目标：熟知地下成槽（孔）及导管浇筑的工艺方法。

能力目标：能进行混凝土防渗墙等地下混凝土结构设施的施工作业和有效的组织施工。

项目五 土石坝施工

【任务概述】

土石坝包括各种碾压式土坝、堆石坝和土石混合坝。土石坝由于可以就地取材,结构简单,易于施工,对坝基要求相对不高,所以随着大型高效施工机具的应用及机械化程度的提高,对筑坝材料及坝址条件的放宽、防渗结构和材料的改进、工期的缩短及费用的降低,为土石坝开辟了广阔的发展前景。主要工作任务有:①料场规划;②土方工程;③碾压式土石坝施工;④面板堆石坝施工;⑤土石坝季节性施工。

【知识目标】

1.掌握料场规划原则。

2.掌握土石坝开挖与运输的组织安排。

3.掌握坝体填筑压实施工技术要点及质量控制参数。

4.掌握面板施工工艺。

5.掌握季节施工措施。

【能力目标】

1.能够选择合适的料场。

2.能制订土方施工挖运组织方案。

3.能指导坝体施工,并进行质量监控。

4.会指导面板堆石坝的施工。

5.能处理土石坝冬雨期施工问题。

土石坝由于可以就地取材,结构简单,易于施工,对坝基要求相对不高,所以随着大型高效施工机械的应用以及对筑坝材料及坝址条件的放宽、坝体防渗结构和材料的改进、工期的缩短以及费用的降低等,为土石坝工程的发展开辟了广阔的前景。土石坝包括各种碾压式土坝、堆石坝和土石混合坝等,是一种充分利用当地材料的坝型。土石坝施工主要包括料场规划、土料开采与运输、坝体填筑与压实、土石坝质量控制等施工任务。

任务一 料场规划

土石坝用料量很大,在坝型选择阶段应对土石料场全面调查,在施工前还应结合施工组织设计,对料场做进一步勘探、规划和选择。料场的规划包括空间、时间、质和量等方面的全面规划。

一、料场规划的基本内容

料场的规划和使用是土石坝施工的关键,它不仅关系到坝体的质量、工期和造价,甚至还会影响到周围的农林业生产和生态环境。

施工前应结合施工组织设计,对各类料场做进一步的勘探,并从空间、时间与程序、质与量等方面进行总体规划,制订分期开采计划,使各种坝料有计划、有次序地使用,以满足坝体施工的要求。

空间规划,是指对料场空间位置、高程进行恰当选择和合理布置。土石料场的设置尽可能离大坝近,高程方面要有利于重车下坡。坝的上下游以及左右岸最好都有料场,有利于从各个方向同时向大坝供料,减少上坝的干扰,保证坝体均衡上升。用料的原则,就近取料,低料低用,高料高用,以减少垂直运输。

时间规划,是指料场的选择要考虑施工强度、季节和坝前水位的变化。在用料规划上力求做到近料和上游易淹的料场先用,远料和下游不易淹的料场后用;含水量高的料场旱季用,含水量低的料场雨季用。上坝强度高时充分利用运距近、开采条件好的料场,上坝强度低时用运距远的料场,以平衡运输任务。在料场使用计划中,还应保留一部分近料场供合龙段填筑和拦洪度汛施工高峰期时使用。

料场质与量的规划,是指对料场的质量和储备量进行合理规划。在选择规划和使用料场时,应对料场的地质成因、产状、埋深、储量以及各种物理力学性能指标进行全面勘探和试验,选择料场应满足坝体设计施工质量要求。

料场规划时还应考虑主要料场和备用料场。主要料场,是指质量好、储量大、运距近的料场,且可常年开采;备用料场,是指在淹没范围以外,当主要料场被淹没或因库水位抬高而导致土料过湿或其他原因不能使用时,使用备用料场取料,保证坝体填筑的正常进行。在规划料场时,还应考虑到开采自然方与上坝压实方的差异,杂物和不合格土料的剔除、开挖、运输、填筑、削坡、施工道路和废料占地不能开采以及其他可能产生的损耗等,实际可开采总量与坝体填筑量之比一般为:土料2~2.5,砂砾料1.5~2,水下砂砾料2~3,石料1.5~2;反滤料应根据筛后有效方量确定,一般不宜小于3。

此外,为了降低工程成本,提高经济效益,料场规划时应充分考虑利用永久建筑物和临时建筑物的开挖料作为大坝填筑用料。如建筑物的基础开挖时间与上坝填筑时间不相吻合,则就考虑安排必要的堆料场地储备开挖料。

二、料场规划的基本要求

土石坝工程,既有大量的土石方开挖,又有大量的土石方填筑。开挖可用料的充分利用,废弃料的妥善处理,补充料场的选择与开采数量的确定,备用料场的选择以及物料的存储、调度等是土石坝施工组织设计的重要内容。

土石方平衡的原则是充分而合理地利用建筑物开挖料。根据建筑物开挖料和料场开采料的料种与品质,安排采、供、弃规划,优料优用,劣料劣用,保证工程质量,便于管理、便于施工。充分考虑挖填进度要求,物料储存条件,且留有余地,妥善安排弃料,做到保护环境。

(一)填挖料的平衡计算

根据建筑物设计填筑工程量统计各料种填筑方量。根据建筑物设计开挖工程量、地质资料、建筑物开挖料的可用与不可用分选标准,并进行经济比较,确定并计算可用料和不可用料数量；根据施工进度计划以及渣料存储规划，确定可用料的直接上坝数量和需要存储的数量；根据折方系数、损耗系数，计算各建筑物开挖料的设计使用数量（含直接上坝数量和堆存数量）、舍弃数量和由料场开采料的数量，进行挖、填、堆、弃综合平衡。

（二）土石方调度优化

土石方调度优化的目的，是找出总运输量最小的调度方案，从而使运输费用最低，降低工程造价。土石方调度是一个物资调动问题，可用系统规划和计算机仿真技术等进行优化处理。对于大型土石坝，可进行土石方平衡及坝体填筑施工动态仿真，优化土石方调配，论证调度方案的经济性、合理性和可行性。

（三）对筑坝材料的要求

土石坝最大的特点是对材料的适应性，能够根据近坝材料的特性，设计坝体断面，因此土石坝又称为当地材料坝。

作为防渗的土料最基本的要求就是防渗性，渗透系数不大于 10^{-5} cm/s 时，一般可满足要求。同时还需要具有一定的抗剪强度，具有较好的渗流稳定性，具有适应坝体变形的塑性。在施工性方面，一般要求土料的天然含水量在最优含水量附近，无影响压实的超径材料，压实后的坝面具有较高的承载力，以便于施工机械正常作业。

任务二　土方工程施工

一、土的施工分级和可松性

水利水电工程施工中常用的土石分级，依开挖方法、开挖难易、坚固系数等，共划分为16 级，其中土分 4 级，岩石分 12 级。

（一）土的施工分级

在水利水电工程施工中，根据开挖的难易程度，将土壤分为Ⅰ～Ⅳ级，土的分类如表 5-1 所示。

表 5-1　土的分类

土的级别	土的名称	自然湿容重（kg/m³）	外形特征	开挖方法
Ⅰ	砂土、种植土	1 650～1 750	疏松，黏着力差或易透水，略有黏性	用锹或略加脚踩开挖
Ⅱ	壤土、淤泥和含壤种植土	1 750～1 850	开挖时能成块，并易打碎	用锹需用脚踩开挖
Ⅲ	黏土、干燥黄土、干淤泥和含少量砾石黏土	1 800～1 950	黏手，看不见砂粒或干硬	用镐、三齿耙开挖或用锹需用力加脚踩开挖
Ⅳ	坚硬黏土、砾质黏土和含卵石黏土	1 900～2 100	土壤结构坚硬，将土分类后成块状或含黏粒砾石较多	用镐、三齿耙工具开挖

（二）土的可松性

自然状态下的土，经过开挖后，其体积因松散而增加，后虽然经过回填压实，仍不能恢

复原来的体积,这种性质称为土的可松性。土的可松性程度可用可松性系数表示,即

最初可松性系数

$$K_s = V_2/V_1 \tag{5-1}$$

最后可松性系数

$$K_s' = V_3/V_1 \tag{5-2}$$

式中　V_1——土在自然状态下的体积,m^3;

V_2——土挖出后的松散状态下的体积,m^3;

V_3——土经回填压实后的体积,m^3。

土的可松性与土质有关。可松性系数对土方的调配、土方量的计算、运输、填筑等都有影响。可松性系数可参考表 5-2。

表 5-2　可松性系数

土的级别	土的名称	K_s	K_s'
Ⅰ	砂土、种植土	1.08~1.17	1.01~1.03
Ⅱ	壤土、淤泥和含壤种植土	1.14~1.28	1.02~1.05
Ⅲ	黏土、干燥黄土、干淤泥和含少量砾石黏土	1.24~1.30	1.04~1.07
Ⅳ	坚硬黏土、砾质黏土和含卵石黏土	1.26~1.32	1.06~1.09

二、土方开挖与运输

(一)土方的边坡

土方边坡的坡度以挖方深度(或填方深度)h 与底宽 b 之比表示,即

$$坡度 = h/b = 1/(b/h) = 1 : m \ (m\ 称为边坡系数)$$

若土壁高度较高,土方边坡可根据各层土质及土体所受的压力,做成一定形状的边坡,如图 5-1 所示,以减少土方量。

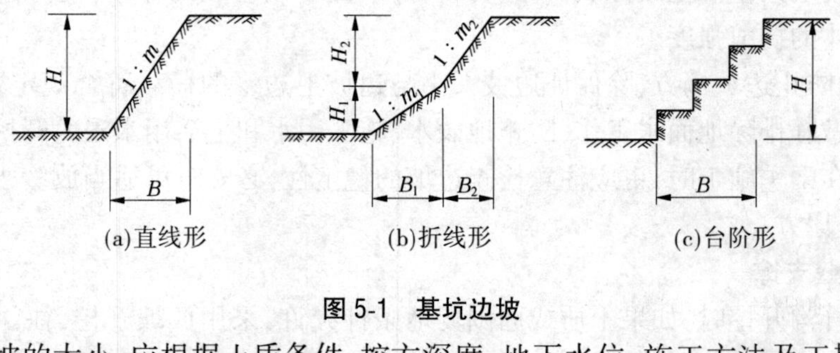

图 5-1　基坑边坡

土方边坡的大小,应根据土质条件、挖方深度、地下水位、施工方法及工期长短、附近堆土及相邻建筑物情况等因素确定。当土质均匀且地下水位低于基槽(坑)或管沟底面标高,其挖方深度不超过表 5-3 规定时,挖方边坡可做成直立壁不加支撑。

表 5-3　直立壁不加支撑挖方深度

土的类别	挖方深度(m)
密实、中密的砂土和碎石类土(填充物为砂土)	1.00
硬塑、可塑的轻亚黏土及亚黏土	1.25
硬塑、可塑的黏土和碎石类土(填充物为黏性土)	1.50
坚硬的黏土	2.00

当地质条件良好,土质均匀且地下水位低于基槽(坑)或管沟底面标高时,挖方深度在 5 m 以内,不加支撑的边坡的最陡边坡应符合表 5-4 的规定。

表 5-4　深度在 5 m 内的基坑(槽)、管沟边坡的最陡坡度

土的类别	边坡坡度(高∶宽)		
	坡顶无荷载	坡顶有静载	坡顶有动载
中密的砂土	1∶1.00	1∶1.25	1∶1.50
中密的碎石类土(充填物为砂土)	1∶0.75	1∶1.00	1∶1.25
硬塑的素土	1∶0.67	1∶0.75	1∶1.00
中密的碎石类土(充填物为黏性土)	1∶0.50	1∶0.67	1∶0.75
硬塑的粉质黏土、黏土	1∶0.33	1∶0.50	1∶0.67
老黄土	1∶0.10	1∶0.25	1∶0.33
软土(经井点降水后)	1∶1.00	—	—

注:静载指堆土或材料等,动载指机械挖土或汽车运输作业等。

为了保证边坡和直立壁的稳定性,在挖方边坡上侧堆土或材料以及有施工机械行驶时,应与挖方边缘保持一定距离。当土质良好时,堆土或材料应距挖方边缘 0.8 m 以外,高度不宜超过 1.5 m。在软土地区开挖时,挖出的土方应随时运走,不得堆放在边坡顶上,避免由于地面上加荷载引起边坡塌方事故。

根据工程实践分析,造成边坡塌方的主要原因有以下几点:雨水、地下水或施工用水渗入边坡,使土体的重量增大及抗剪能力降低,这是造成边坡塌方的最主要原因。基坑边坡留得太陡,使土体本身的稳定性不够而发生塌方,尤其是在土质差、开挖深度大的坑槽。基坑槽边缘附近大量堆土或停放机具、材料等,或由于动荷载的作用,使土体中产生的剪应力超过土体的抗剪强度。

因此,为防止边坡塌方,除保证边坡大小与边坡上边缘的荷载符合规定要求外,在施工中还必须做好排除地面水工作,防止地表水、施工用水和生活用水浸入开挖场地或冲刷土方边坡。在雨季施工时,更应注意检查边坡的稳定性,必要时可适当放缓边坡坡度或设置支撑,以防塌方。

(二)土壁支撑

基坑或管沟开挖时,如果土质或周围场地条件允许,采用放坡开挖,往往是比较经济的。但是,在建筑物稠密的地区施工,有时不允许按规定的坡度进行放坡,或深基坑开挖时,放坡所增加的土方量过大,就需要用设置土壁支撑的施工方法,以保证土方开挖的顺利进行和安全,并减少对相邻已有建筑物的不利影响。

土壁支撑方法,根据工程特点、土质条件、开挖速度、地下水位和施工方法等不同情

况,可以选择钢(木)支撑、板桩支撑、土层锚杆。

1.钢(木)支撑

开挖基坑或管沟常用的钢(木)支撑有横撑式支撑和锚锭式支撑等。

1)横撑式支撑

在开挖狭窄的基槽(坑)或管沟时,可采用横撑式支撑,如图5-2所示。横撑式支撑根据挡土板放置方式的不同,可以分为水平挡土板支撑和垂直挡土板支撑。水平挡土板支撑由水平挡土板、竖棱木和横撑三部分组成,又可分为断续式和连续式两种。断续式水平挡土板支撑,如图5-2(a)所示,在湿度小的黏性土及挖土深度小于3 m时采用。连续式水平挡土板支撑用于较潮湿的土或散粒的土,挖土深度可达5 m。垂直挡土板支撑,如图5-2(b)所示,用于松散和潮湿度很高的土,挖土深度不限。

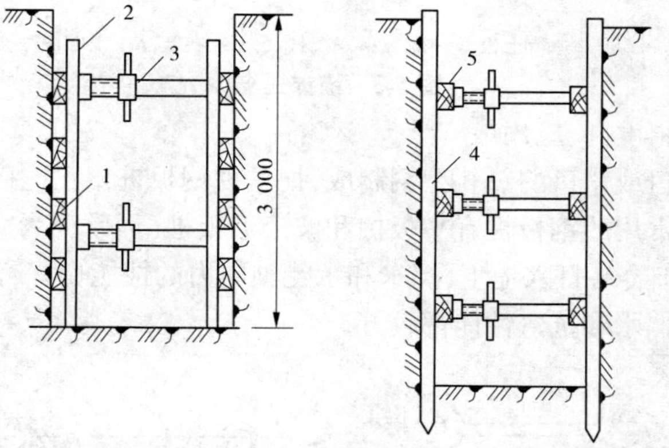

(a)水平挡土板支撑　(b)垂直挡土板支撑

1—水平挡土板;2—竖棱木;3—工具式横撑;4—垂直挡土板;5—横棱木

图5-2　横撑式支撑　(单位:mm)

采用横撑式支撑时,应随时开挖随时支撑,支撑牢固。施工中应经常检查,如有松动变形等现象,应及时加固或更换。支撑的拆除,应按回填土顺序,依次进行。多层支撑拆除时,应按自下而上的顺序,在下层支撑拆除并回填土完成后才能拆除上层的支撑。拆除支撑时,应防止附近建筑物和构筑物等产生下沉和破坏,必要时应采取妥善的保护措施。

2)锚锭式支撑

当基坑宽度较大,横撑自由长度(跨度)过大而稳定性不足或采用机械挖土基坑内不允许有水平支撑阻拦时,则可设置锚锭式支撑,如图5-3所示,即用拉锚的方式来代替横撑,锚桩应设置在土体被破坏的范围以外,以保证锚锭不失去应有的作用。

2.板桩支撑

板桩是一种支护结构,可用来抵抗土和水所产生的水平压力,既挡土又挡水。当开挖的基坑较深,地下水位较高又有可能出现流沙现象时,如果没有采用井点降水法,则宜采用板桩打入土中的方法,使地下水在土中渗流的路线延长,降低水力坡度,阻止地下水渗入基坑内,从而防止流沙产生。在靠近原有建筑物开挖基槽(坑)时,为了防止原有建筑物基础下沉,通常也采用打板桩方法进行支护。

板桩的种类有钢板桩、木板桩和钢筋混凝土板桩等。钢板桩在临时工程中可重复多

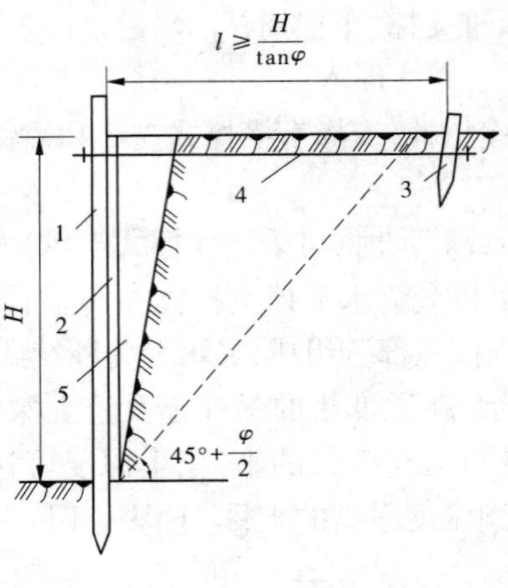

1—柱桩；2—挡土板；3—锚桩；4—拉杆；5—回填土；φ—土的内摩擦角

图 5-3　锚锭式支撑

次使用，打设方便，强度高，应用最广泛。

钢板桩由带锁口或钳口的热轧型钢制成，把这种钢板桩相互连接就形成钢板桩墙，可用于挡土和挡水。常用的钢板桩有平板桩和波浪形板桩（通常称为"拉森"板桩）两类，如图 5-4 所示。平板桩容易打入地下，挡水和承受轴向力的性能良好，但长轴方向抗弯能力较小。波浪形板桩挡水和抗弯性能都较好。

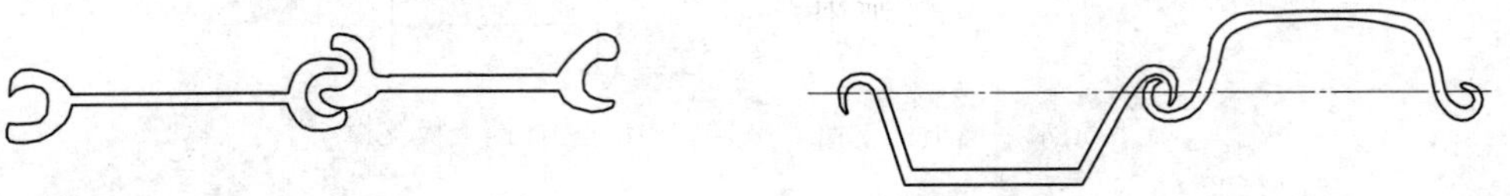

(a)平板桩　　(b)波浪形板桩（"拉森"板桩）

图 5-4　常用的钢板桩

板桩支撑根据有无设置锚锭结构，分为无锚锭板桩和有锚锭板桩两类。无锚锭板桩即为悬臂式板桩，这种板桩对土的性质、荷载大小等非常敏感，由于它仅依靠入土部分的土压力来维持板桩的稳定，所以其高度一般不大于 4 m，否则就不经济，这种板桩仅适用于较浅的基坑土壁支护。有的锚锭板桩是在板桩上部用拉锚装置加以固定，以提高板桩的支护能力。单锚板桩是常用的有锚锭板桩的一种支护形式，它由板桩、横梁、拉杆、锚锭桩和螺母等组成，如图 5-5 所示，钢板桩顶端通过横梁（槽钢）、钢拉杆、螺母固定在锚锭桩上。

单锚板桩的设计主要取决于板桩入土深度、截面弯矩和锚杆拉力三个要素，应使板桩支护结构的强度和稳定性有足够的保证。

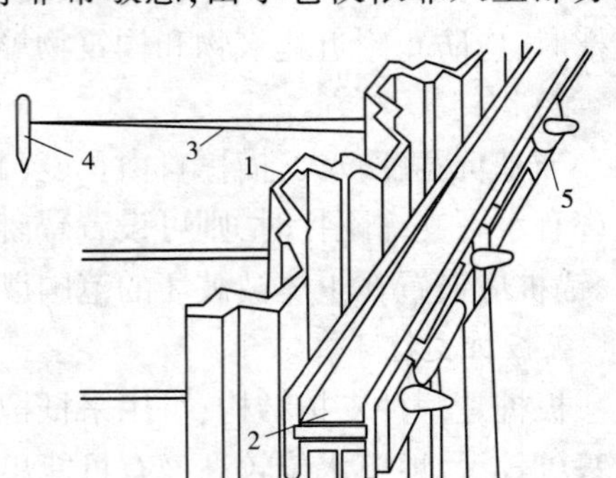

1—钢板桩（"拉森"板桩）；2—横梁（槽钢）；
3—钢拉杆；4—锚锭桩；5—垫板

图 5-5　单锚板桩

工程实践表明,单锚板桩破坏主要有下列几种情况:

(1)板桩底端向外移动。当板桩入土深度不够或由于挖土超深及坑底土过于软弱等,在土压力作用下,都可能产生板桩绕拉锚点转动,使板桩底端向外移动,如图 5-6(a)所示。

(2)板桩弯曲破坏。板桩本身断面太小,刚度不够,在土压力作用下失稳而发生弯曲破坏,如图 5-6(b)所示。

(3)锚锭系统破坏。锚锭系统破坏可能是拉杆强度不够被拉断,也可能是锚锭桩失效等,使板桩在土压力作用下,向前倾倒,使土体滑动,如图 5-6(c)所示。

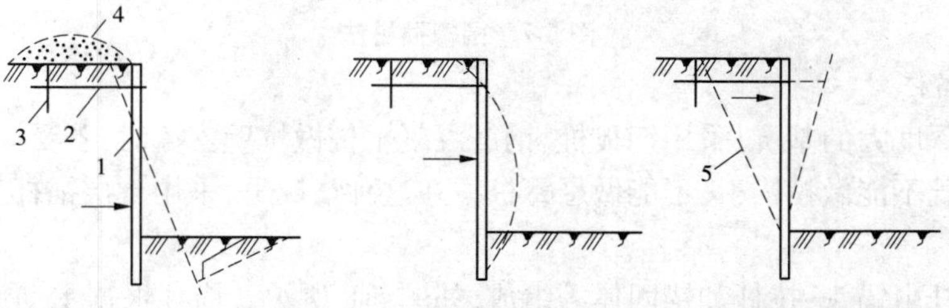

(a)板桩底端向外移动　(b)板桩弯曲破坏　(c)锚锭系统破坏

1—板桩;2—拉杆;3—锚锭;4—堆土;5—破坏面

图 5-6　板桩破坏情况

此外,也可能因为软黏土发生圆弧滑动而引起整个板桩墙的破坏。

后两种破坏情况,常常是在施工时,大量弃土无计划堆置于板桩后面的地面上所引起的,尤其是在雨季施工时更容易发生这种情况,因此要特别注意这一点。

板桩施工时要正确选择打桩方法、打桩机械和流水段划分,以便使打设后的板桩墙有足够的刚度和良好的挡水作用。对封闭式的钢板桩墙要求做到墙面平直、平面尺寸准确,封闭合拢好,打桩流水段大小的划分,直接影响合拢点的数量和误差积累。如流水段长则合拢点少,而误差积累大,封闭合拢时需调整的范围就大;如流水段短,则合拢点多,误差积累小,轴线位置较准确,但封闭合拢时调整次数多。一般情况下,打桩流水段大小,要根据打桩工程规模和打桩机械的特点加以正确的划分。

钢板桩的打设,通常采用下列方法:

(1)单独打入法。是从板桩墙一角开始逐根打入,直至打桩工程结束。其优点是:板桩打设时不需要辅助支架,施工简便,打设速度快;缺点:易使桩的一侧倾斜,且误差积累后不容易纠正。因此,这种打法只适于对板桩墙质量要求一般,且板桩长度较小(如小于10 m)的情况。

(2)围檩插桩法,如图 5-7 所示。是打桩前先在地面上沿板桩墙两侧每隔一定距离打入围檩桩,并在其上面安装单层围檩或双层围檩,然后根据钢围檩上的画线,将钢板桩逐根插入,并以 10~20 根桩为一组,每组桩打设时,先将两端的钢板桩打入地下,作为定位板桩,而后再按阶梯状打设其他钢板桩。这样一组一组地进行打设。这种打桩方法的优点是可以减少桩倾斜误差积累,防止板桩过大的倾斜和扭转,且易于实现封闭合拢,板桩墙施工质量较好。其缺点是插桩的自立高度较大,要注意插桩的稳定和施工安全。一般情况下多采用此法打设板桩墙。如果对板桩墙质量要求很高,可以采用双层围檩插桩法。

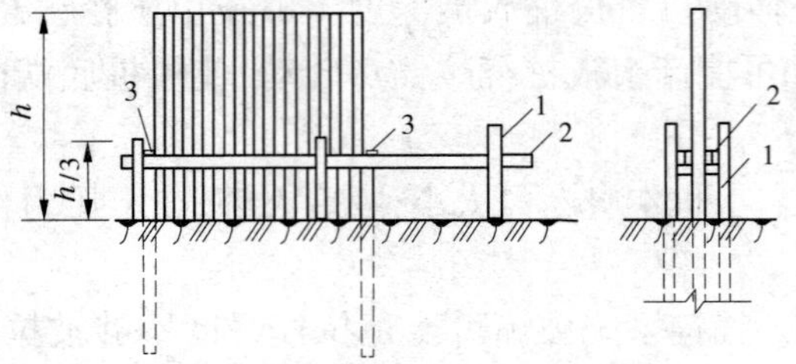

1—围檩桩;2—围檩;3—两端先打入的定位钢板桩

图 5-7 围檩插桩法

3.土层锚杆

当开挖深度大的基坑,采用钢板桩、钢筋混凝土桩做坑壁支撑时,若受周围场地限制,挡土桩顶端既不能做拉锚,又不能做悬臂桩。在这种情况下,采用土层锚杆是一种好的方法。

土层锚杆由锚头、拉杆和锚固体等组成,如图 5-8 所示。锚杆根据主动滑动面分为锚固段(有效锚固长度)和非锚固段(自由长度)。施工时,先在基坑侧壁钻倾孔(沿水平线向下倾斜 10°~15°),然后在孔中插入拉杆(螺纹钢筋、高强度钢丝束或钢绞线等),再灌注水泥砂浆,必要时进行预应力张拉锚固。

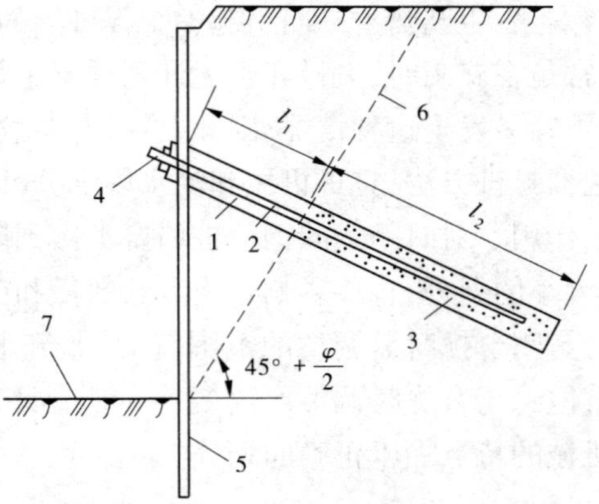

1—钻孔;2—拉杆;3—锚固体;4—锚头;5—挡土桩;6—主动滑动面;7—基坑;

l_1—非锚固段长度;l_2—锚固段长度

图 5-8 土层锚杆示意图

土层锚杆一端插入土层中,另一端与挡土桩拉结,借助锚杆与土层的摩擦阻力产生的水平抗力来抵抗土的侧压力,维护挡土桩的稳定。

土层锚杆的类型主要有以下几种:

(1)一般灌浆锚杆。用水泥砂浆(或水泥浆)灌注入孔中,将拉杆锚固于地层内部,拉杆所承受的拉力通过锚固段传递到周围地层中。

(2)预压锚杆。与一般灌浆锚杆不同的是在灌浆时施加一定压力,在压力下水泥砂浆渗入孔壁四周的裂缝中,并在压力下固结,从而使锚杆具有较大的抗拔力。

(3)预应力锚杆。先对锚固段用快凝水泥砂浆进行一次压力灌浆,然后将锚杆与挡土桩相连接,并施加预应力和锚固,最后再在非锚固段进行不加压力的灌浆。这种锚杆往往用于穿过松软地层而锚固在稳定的土层中,并使穿过的地层和砂浆都受有预加压力,在土压力作用下,可以减少挡土桩的位移。

(4)扩孔锚杆。一般土层锚杆钻孔直径为90~130 mm,如用特制的内部扩孔钻头扩大锚固段的钻孔直径,一般可将直径加大3~5倍,或用炸药爆扩法扩大钻孔端头,均可提高锚杆的抗拔力。这种扩孔锚杆主要用于松软土层中。

深基础施工中,采用挡土桩并加设单层或多层锚杆,对维护坑壁稳定,防止塌方,保证施工安全,改善施工条件,加快施工进度等起着很大的作用。土层锚杆是一项新技术,在我国北京、上海等地一些高层建筑深基础施工中,已成功地加以应用,并取得了良好的效果。

(三)土方的开挖与运输机械

开挖和运输是土方工程施工的两项主要过程,承担这两项过程施工的机械是各类挖掘机械、挖运组合机械和运输机械。

土方开挖常用的方法有人工开挖法和机械开挖法,一般采用机械开挖。

1.挖掘机械

1)单斗挖掘机

单斗挖掘机由工作装置、动力装置和行驶装置等组成。工作装置由铲土斗、斗柄、推压和提升装置组成。按挖掘机的铲土方向和铲土原理分为正铲、反铲、拉铲和抓铲,可用钢索或液压操作。行驶装置一般为履带式和轮胎式。动力装置可分为内燃机拖动、电力拖动和复合式拖动等几种类型。

A.正铲挖掘机

这种挖掘机,由推压和提升完成挖掘,开挖断面是弧形,最适用于挖停机面以上的土方,也能挖停机面以下的浅层土方。由于稳定性好,铲土能力大,可以开挖各种土料及软岩,并进行装车。它的特点是循环式开挖,由挖掘、回转、卸土、返回构成一个工作循环,生产率的大小取决于铲斗大小和循环时间长短。正铲的斗容从5 m^3 至几十立方米,工程中常用1~4 m^3。

其作业特点是:前进向上,强制切土,如图5-9所示。

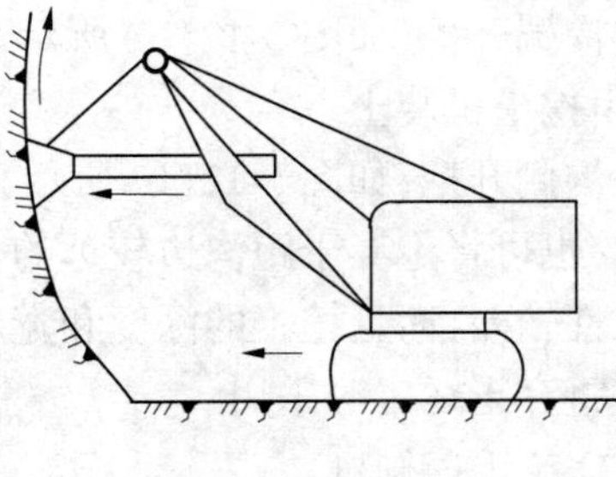

图5-9 正铲挖掘机

挖掘机的工作面称为掌子面,正铲挖掘机主要用于停机面以上的掌子面开挖。根据掌子面布置的不同,正铲挖掘机有不同的作业方式:

(1)正向挖土,侧向卸土,如图5-10(a)所示。挖掘机沿前进方向挖土,运输工具停在挖掘机的侧面装土(可停在停机面或高于停机面上)。这种挖掘运输方式在挖掘机卸土时,动臂回转角度很小,卸料时间较短,挖运效率较高,可避免汽车倒开和转弯多的情况,施工中应尽量布置成这种施工方式。

(2)正向挖土,后方卸土,如图5-10(b)所示。挖掘机沿前进方向挖土,运输工具停在挖掘机的后面装土。卸土时挖掘机动臂回转角度大,运输车辆需倒退对位,运输不方便,生产效率低。适用于开挖深度大、施工场地狭小的场合。

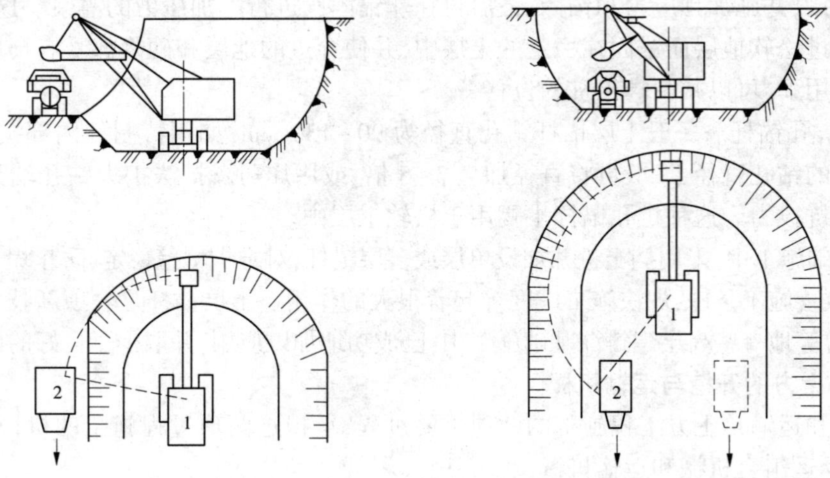

(a)正向开挖，侧向卸土　(b)正向开挖，后方卸土

1—正铲挖掘机;2—自卸汽车

图 5-10　正铲挖掘机作业方式

B.反铲挖掘机

反铲挖掘机为液压操作方式时,适用于停机面以下土方开挖。其作业特点是:后退向下,强制切土,如图 5-11 所示,挖掘力比正铲挖掘机小,适用于开挖基坑、基槽和管沟,有地下水的土壤或泥泞土壤。反铲挖土时,可用自卸汽车配合运土,也可直接弃土于坑槽附近。由于稳定性及铲土能力均比正铲差,只用来挖Ⅰ~Ⅱ级土,硬土要先进行预松。一次开挖深度主要取决于挖土机的最大挖掘深度等技术参数。

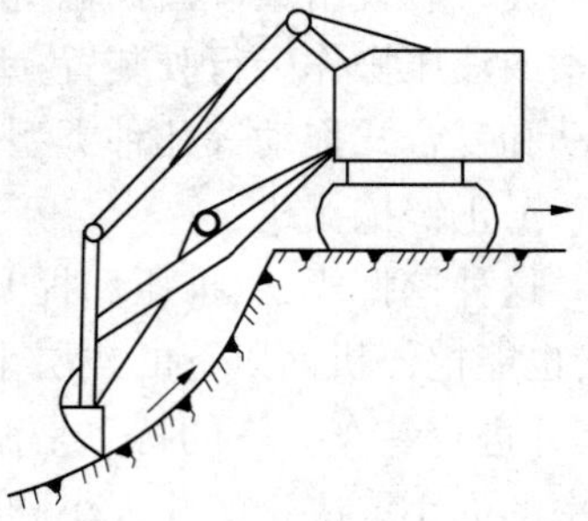

图 5-11　反铲挖掘机

反铲挖掘机工作方式有两种,如图 5-12 所示。

沟端开挖,如图 5-12(a)所示,即挖土机停在沟端,向后倒退挖土,运输工具停在两旁,由挖土机装土。

沟侧开挖,如图 5-12(b)所示,即挖土机沿着沟的一侧移动,边走边挖,可用汽车配合运土,也可将土弃于距沟边较远的弃土区。由于挖掘机前进方向与开挖方向垂直,挖掘机稳定性较差,而且挖土的深度和宽度均较小,故这种开挖方式只有在无法采用沟端开挖或不需将弃土运走时采用。

C.拉铲挖掘机

拉铲挖掘机的铲斗用钢索控制,利用臂杆回转将铲斗抛至较远距离,回拉牵引索,靠铲斗自重下切铲土装满铲斗,然后回转装车或卸土。挖掘半径、卸土半径、卸土高度较大,最适用于水下及含水量大的土方开挖,在大型渠道、基坑及水下砂卵石开挖中应用广泛。拉铲挖掘机的开挖方式和反铲挖掘机一样,有沟端开挖和沟侧开挖两种,如图 5-13 所示。当开挖宽度和卸土半径较小时,用沟端开挖;当开挖宽度大,卸土距离远时,用沟侧开挖。

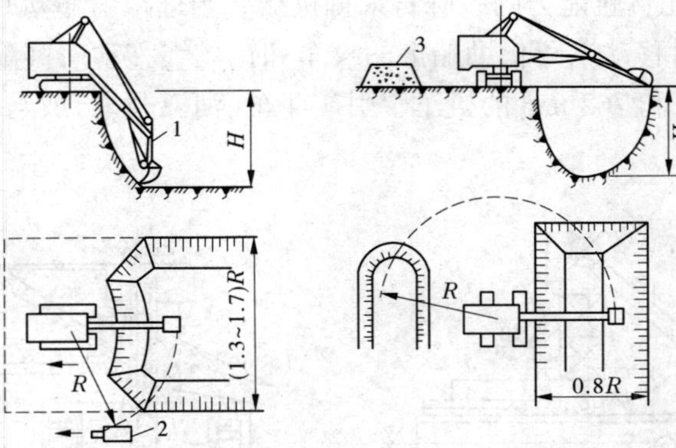

(a)沟端开挖　　(b)沟侧开挖

1—反铲挖掘机；2—自卸汽车；3—弃土堆

图 5-12　反铲挖掘机作业方式

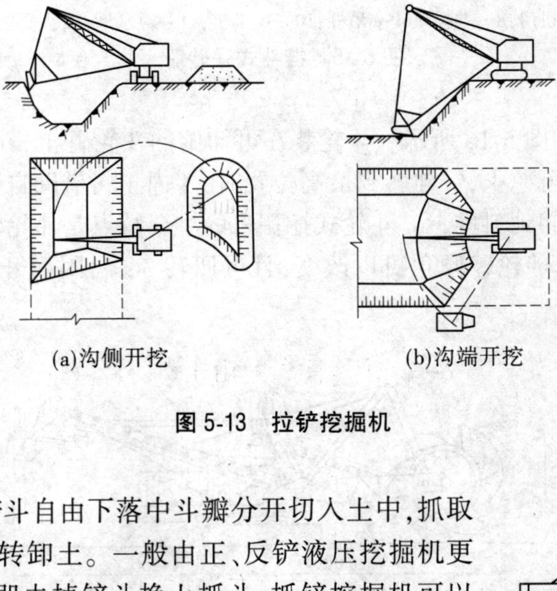

(a)沟侧开挖　　(b)沟端开挖

图 5-13　拉铲挖掘机

D.抓铲挖掘机

抓铲挖掘机靠铲斗自由下落中斗瓣分开切入土中，抓取土料合瓣后提升，回转卸土。一般由正、反铲液压挖掘机更换了工作装置而成，即去掉铲斗换上抓斗，抓铲挖掘机可以挖掘停机面以下的土石料，最适宜于进行水中挖土，如图 5-14所示。水利水电工程中常用于开挖集水井、深井及挖掘深水中的物料，其挖掘深度可达 30 m 以上。

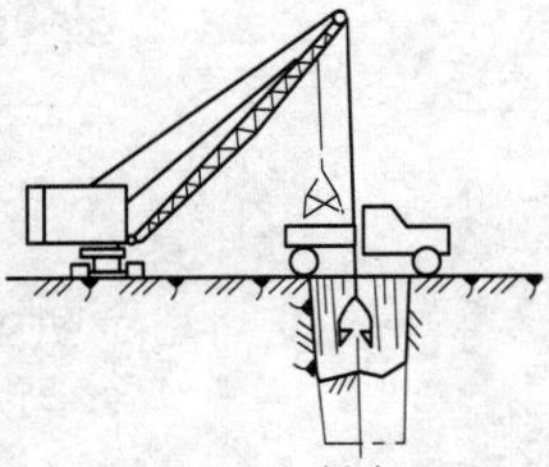

图 5-14　抓铲挖掘机

2）多斗挖掘机

多斗挖掘机是一种连续作业式挖掘机械，按构造不同，可分为链斗式和斗轮式两类。链斗式是由传动机械带动固定在传动链条上的土斗进行挖掘的，多用于挖掘河滩及水下砂砾料；斗轮式是用固定在转动轮上的土斗进行挖掘的，多用于挖掘陆地上的土料。

A.链斗式采砂船

链斗式采砂船如图 5-15 所示，水利水电工程中常用的国产采砂船有 120 m^3/h 和 250

m^3/h 两种，采砂船是无自航能力的砂砾石采掘机械。当远距离移动时，须靠拖轮拖带；近距离移动时（如开采时移动），可借助船上的绞车和钢丝绳移动。其配合的运输工具一般采用轨距为 1 435 mm 和 762 mm 的机车牵引矿斗车（河滩开采）或与砂驳船（河床水下开采）配合使用。

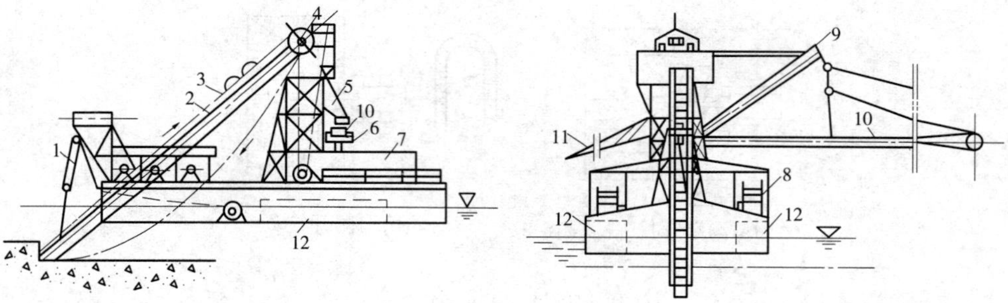

1—斗架提升索；2—斗架；3—链条和链斗；4—主动链轮；5—卸料漏斗；6—回转盘；
7—主机房；8—卷扬机；9—吊杆；10—皮带机；11—泄水槽；12—平衡水箱

图 5-15　链斗式采砂船

B.斗轮式挖掘机

斗轮式挖掘机，如图 5-16 所示。斗轮装在可仰俯的斗轮臂上，斗轮上装有 7~8 个铲斗，当斗轮转动时，即可挖土，铲斗转到最高位置时，斗内土料借助自重卸到受料皮带机上卸入运输工具或直接卸到料堆上。斗轮式挖掘机的主要特点是斗轮转速较快，连续作业，因而生产率高。此外，斗轮臂倾角可以改变，且可回转 360°，因而开挖范围大，可适应不同形状工作面的要求。

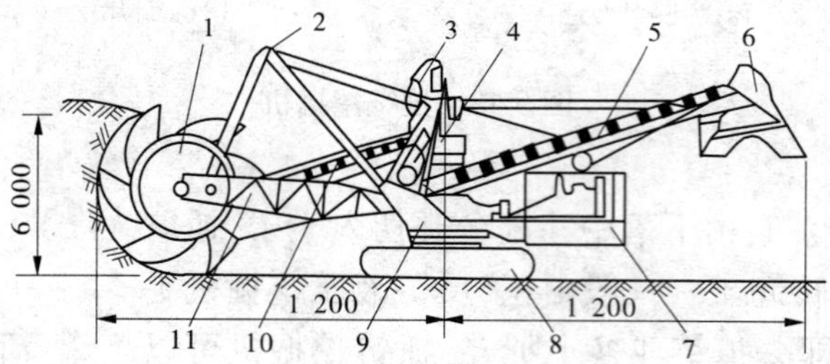

1—斗轮；2—升降机构；3—司机室；4—中心料仓；5—卸料皮带机；6—双槽卸料斗；
7—动力装置；8—履带；9—转台；10—受料皮带机；11—斗轮臂

图 5-16　斗轮式挖掘机　（单位：mm）

2.挖运组合机械

挖运组合机械是指由一种机械同时完成开挖、运输、卸土任务，有推土机、铲运机及装载机。

1）推土机

推土机如图 5-17 所示，在水利水电工程施工中应用很广，可用于平整场地、开挖基坑、推土填方、堆积土料、回填沟槽等。推土机的运距不宜超过 60~100 m。挖深不宜大于 1.5~2.0 m，填高不宜大于 2~3 m。

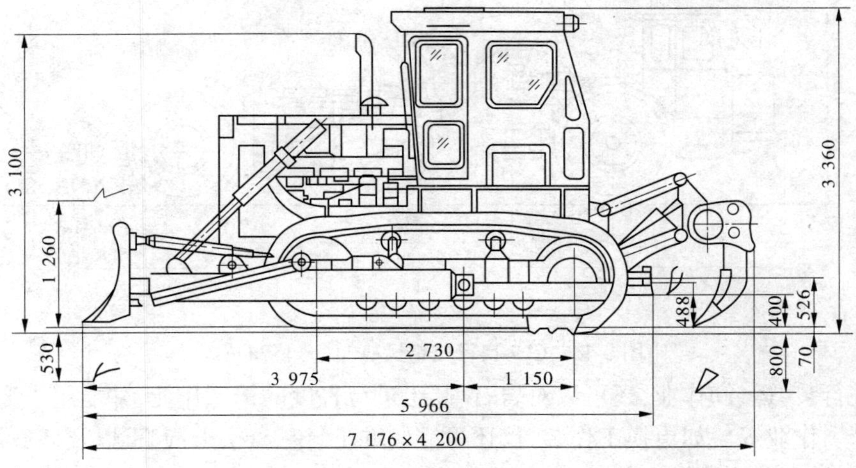

图 5-17　T180 型推土机　（单位:mm）

推土机按安装方式可分为固定式和万能式两种;按操纵方式可分为索式及液压式两种;按行驶方式可分为履带式和轮胎式两种。

固定式推土机的推土器仅能上下升降,强制切土能力差;而万能式推土机不仅能升降,还可在左右、上下调整角度。但固定式推土机结构简单,应用广泛。

索式推土机的推土器升降是利用卷扬机和钢索滑轮组进行的,升降速度较快,操作较方便,缺点是推土器不能强制切土,铲硬土有困难。液压式推土机升降是利用液压装置来进行控制的,因而可以强制切土,但提升高度和速度不如索式推土机。由于液压式推土机具有重量轻、构造简单、操作容易、震动小、噪声低等特点,应用较为广泛。

履带式推土机附着力大,可以在不良地面上作业;轮胎式推土机行驶速度快、机动性能好,作业循环时间短,转移场地迅速且不损坏路面,适合城市建设和道路维修工程中使用。

推土机开挖的基本作业是铲土、运土、卸土和回程四个过程。为了提高推土机的生产率,应尽量减少推土器两侧散失土料,一般可采用槽行式开挖、下坡推土、分段铲土、集中推运及多机并列推土等方法。

2) 铲运机

铲运机如图 5-18 所示,是一种能铲土、运土和填土的综合性土方工程机械。它一次能铲运几立方米到几十立方米的土方,经济运距达几百米。铲运机能开挖黏性土和砂卵石,多用于平整场地、开采土料、修筑渠道和路基以及软基开挖等。

铲运机按操纵系统分为钢索式和液压式两种,按牵引方式分为拖式和自行式两种,按卸土方式分为自由卸土、强制卸土和半强制卸土三种。

铲运机的特点是运土距离较远,铲斗容量较大。为了提高铲运机的生产率,常采用下坡铲土、沟槽铲土和助铲等方法。

3) 装载机

装载机如图 5-19 所示,是一种工作效率高、用途广泛的工程机械,它不仅可对堆积的

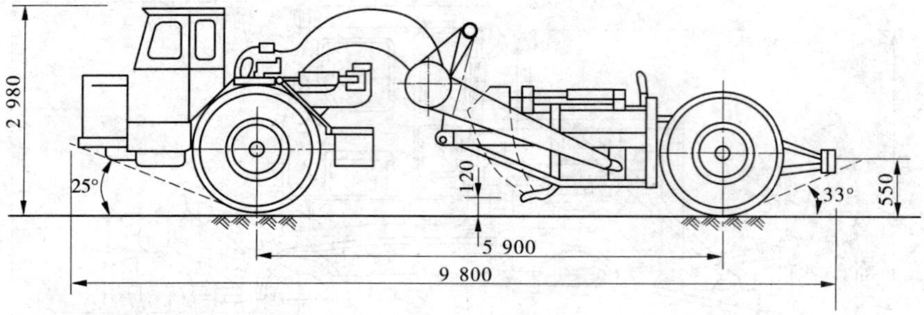

图 5-18 CL7 自行式铲运机 (单位:mm)

松散物进行装、运、卸作业,还可以对岩石、硬土进行轻度的铲掘作业,并能用于清理、刮平场地及牵引作业等。如更换工作装置,还可完成堆土、挖土、松土、起重以及装载棒状物等工作,因此被广泛应用。

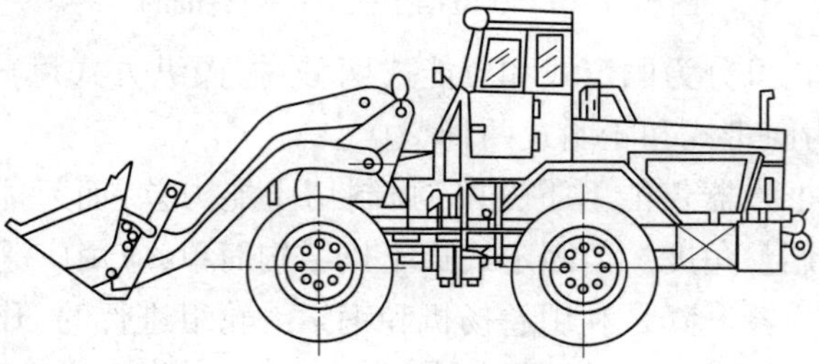

图 5-19 装载机

装载机按行走装置可分为轮胎式和履带式两种;按卸载方式可分为前卸式、后卸式和回转式三种;按铲斗的额定重量可分为小型(<1 t)、轻型(1~3 t)、中型(4~8 t)、重型(>10 t)四种。

3.运输机械

水利工程施工中,常见的运输机械有无轨运输、有轨运输和皮带机运输等。

1)无轨运输

水利水电工程中因汽车运输操作灵活,机动性大,能适应各种复杂的地形,已成为广泛采用的运输工具。但自卸汽车运输效率易受气候条件的影响,燃料消耗多,维修费用高。自卸汽车运输的运距一般不小于 300 m,重车上坡最大允许坡度为 8%~10%,转弯半径不宜小于 20 m。

施工道路要求质量优良,路面应按工程需要而定,一般多为泥结碎石路面,运输量大、运输强度大的可采用混凝土路面。路面要加强保养,这样可提高汽车运输能力和延长汽车使用寿命。运输路线的布置,一般是双线式和环线形,应依据施工条件、地形条件等具体情况确定。

车型的选择应与装载汽车的机械斗容量匹配,一般自卸汽车应为挖装机械斗容量的 3~5 倍较合适。

自卸汽车生产率计算公式为

$$p = V\frac{8 \times 60}{T}K_{时} \tag{5-3}$$

式中　p——运输车辆生产率(松方),m^3/台时;

V——每一工作循环的载运量,一般以车厢堆装容积(m^3)计,但实际载重不得超过车辆的重量;

$K_{时}$——时间利用系数;

T——运输车辆工作循环时间,min。

其中,运输车辆工作循环时间的计算公式为

$$T = t_1 + t_2 + t_3 + t_4 \tag{5-4}$$

式中　t_1——装车时间,min;

t_2——包括重车运输和空车返回的行驶时间,min;

t_3——卸车和倒车转向时间,min,参见表5-5;

t_4——在装载机旁的调车时间,但不包括因等候装车耽误的时间,min,参见表5-6。

表5-5　运输车辆的卸车和倒车转向(即调头)时间 t_3　(单位:min)

作业条件	后卸车	底卸车	侧卸车
顺利	1.0	0.4	0.7
一般	1.3	0.7	1.0
不顺利	1.5~2.0	1.0~1.5	1.5~2.0

表5-6　运输车辆的调车转向(即定位)时间 t_4　(单位:min)

作业条件	后卸车	底卸车	侧卸车
顺利	0.15	0.15	0.15
一般	0.30	0.50	0.50
不顺利	0.80	1.00	1.00

装车时间 t_1 的计算公式为

$$t_1 = \frac{V}{P} \times 60 \tag{5-5}$$

式中　P——装载机械的生产率(松方),m^3/h。

行驶时间 t_2 由行驶距离和平均行驶速度而定,应根据具体情况计算。

2)有轨运输

水利水电工程施工中所用的有轨运输,除巨型工程外,其他工程均为窄轨铁路。窄轨铁路的轨距有1 000 mm、762 mm、610 mm几种。轨距1 000 mm和762 mm窄轨铁路的钢轨质量为11~18 kg/m,其上可行驶3 m^3、6 m^3、15 m^3 可倾翻的车厢,用机车牵引。轨距610 mm的钢轨质量为8 kg/m,其上可行驶1.5~1.6 m^3 可倾翻的铁斗车,可用人力推运或电瓶车牵引。

铁路运输的线路布置方式，有单线式、单线带岔道式、双线式和环形式四种。线路布置及车型应根据工程量的大小、运输强度、运距远近以及当地地形条件来选定。需要指出的是，随着大吨位汽车的发展和机械化水平的提高，目前国内水电工程一般多采用无轨运输方式，仅在一些有特殊条件限制的情况下才考虑采用有轨运输(如小断面隧洞开挖运输)。若选用有轨运输，为确保施工安全，工人只许推车不许拉车，两车前后应保持一定的距离：当为坡度小于0.5%的下坡道时，不得小于10 m；当为坡度大于0.5%的下坡道或车速大于3 m/s时，不得小于30 m。每一个工人在平直的轨道上只能推运重车一辆。

3)皮带机运输

皮带机是一种连续式运输设备，适用于地形复杂、坡度较大、通过地形较狭窄和跨越深沟等情况，特别适用于运输大量的粒状材料。

按皮带机能否移动，可分为固定式和移动式两种。固定式皮带机，没有行走装置，多用于运距长而路线固定的情况。移动式皮带机则有行走装置，一般长5~15 m，移动方便，适用于需要经常移动的短距离运输，按承托带条的托辊分，有水平和槽形两种形式，一般常用槽形。皮带宽度有300 mm、400 mm、500 mm、650 mm、800 mm、1 000 mm、1 200 mm、1 400 mm、1 600 mm等几种，其运行速度一般为1~2.5 m/s。

任务三　碾压式土石坝施工

碾压式土石坝施工，包括准备作业、基本作业、辅助作业和附加作业。准备作业包括：平整场地、通车、通水、通电、架设通信线路，以及修建生产、生活、行政办公用房以及排水清基等项工作。基本作业包括料场土石料开采，挖、装、运、卸以及坝面铺平、压实、质检等项工作。辅助作业是保证作业准备及基本作业顺利进行，创造良好工作条件的工作。辅助作业包括清除施工场地及料场的覆盖，从上坝土料中剔除超径石块、杂物，坝面排水，层间刨毛和加水等。附加作业是保证坝体长期安全运行的防护及修整工作。附加作业包括坝坡修整，铺砌护坡块石及铺植草皮等。

一、坝体填筑与压实

(一)影响土料压实的因素

填土压实质量与很多因素有关，其中主要影响因素为压实功、含水量以及铺土厚度。

1.压实功

压实功是指压实工具的重量、碾压遍数或锤落高度、作用时间等。填土压实后的密度与压实机械在其上所施加的功有一定的关系。当土的含水量一定，在开始压实时，土的密度急剧增加，待到接近土的最大密度时，压实功虽然增加许多，而土的密度则没有变化，如图5-20所示。在实际施工中，对不同的土应根据选择的压

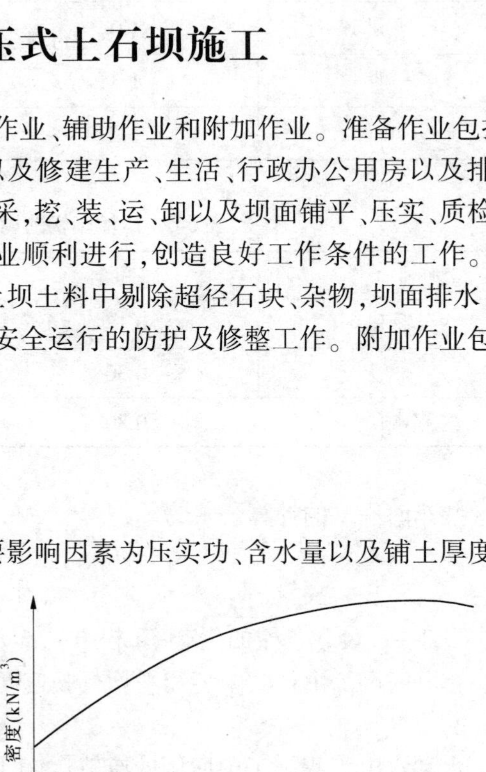

图5-20　土的密度与压实功的关系

实机械和密实度要求选择合理的压实遍数，可参考表5-7。此外，松土不宜用重型碾压机械直接碾压，否则土层有强烈起伏现象，效率不高。

表5-7　不同压实机械分层厚度及压实遍数

压实机具	分层厚度(mm)	每层压实遍数
平碾	250~300	6~8
振动压实机	250~350	3~4
柴油打夯机(蛙式打夯机)	200~250	3~4
人工打夯	<200	3~4

2.含水量

在同一压实功的条件下，填土的含水量对压实质量有直接影响。较为干燥的土，由于土颗粒之间的摩阻力较大而不易压实。当土含有一定量的含水量时，水起了润滑作用，土颗粒之间的摩阻力减小，从而易压实，此时含水量为最优含水量。土在最优含水量的条件下，使用同样的压实功进行压实，所得到的密度最大，如图5-21所示。各种土的最优含水量和所能获得的最大干密度，可由击实试验取得。施工中，土的含水量与最优含水量之差可控制在-4%~+2%范围内。

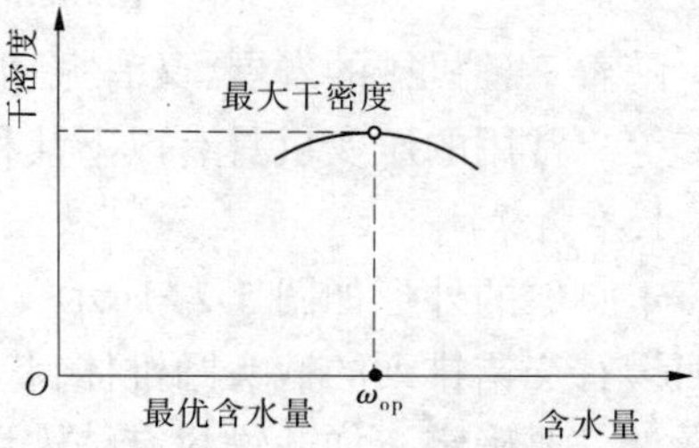

图5-21　土的干密度与含水量的关系曲线

3.铺土厚度

土在压实功的作用下，压应力随深度增加而逐渐减小，其影响深度与压实机械、土的性质和含水量等有关。铺土厚度应小于压实机械压土时的有效作用深度，而且还应考虑最优土层厚度。根据压实工具类型、土质及填方压实的基本要求，每层铺筑压实厚度有具体规定数值，可参考表5-7。铺土过厚，下部土体所受压实作用小于土粒本身的黏结力和摩擦力，土颗粒不能相互移动，无论压实多少遍，填方也不能被压实；铺土过薄，则下层土体压实次数过多，而受剪切破坏，所以规定了一定的铺土厚度。最优的铺土厚度应能使土方压实而机械的功耗费最少。

(二)土料压实方法与机械

土料不同其物理力学性质也不同，因此采用不同外力使其密实。黏性土料黏结力是主要的，要求压实作用外力能克服黏结力；非黏性土料(砂性土料、石渣料、砾石料)内摩擦力是主要的，要求压实作用外力能克服颗粒间的内摩擦力。不同的压实机械产生的压实作用外力不同，大体可分为碾压、振动和夯击三种基本类型，如图5-22所示。

碾压的作用力是静压力，其大小不随作用时间变化，如图5-22(a)所示。

振动的作用力为周期性的重复动力，其大小随时间呈周期性变化，振动周期的长短，随振动频率的大小而变化，如图5-22(b)所示。

夯击的作用力为瞬时动力，有瞬时脉冲作用，其大小随时间和落高而变化，如图5-22(c)所示。

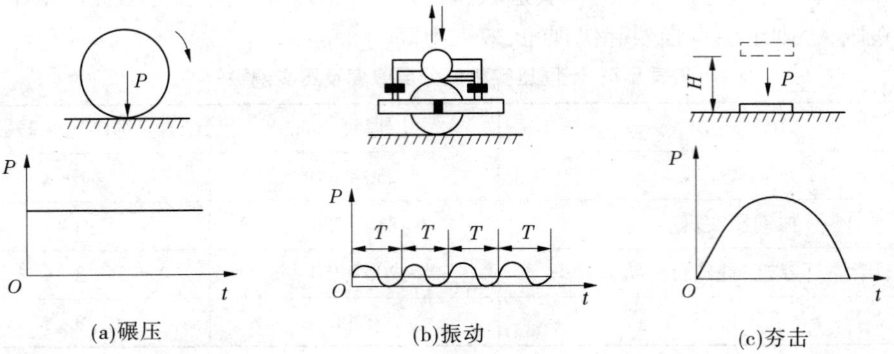

图 5-22 土料压实作用外力示意图

随着工程机械的发展,又有振动和碾压同时作用的振动碾,产生振动和夯击作用的振动夯等。常用的压实机具有以下几种。

1.羊脚碾

羊脚碾的外形如图 5-23 所示,它适于黏性土料的压实。它与平碾不同,在碾压滚筒表面设有交错排列的截头圆锥体,状如羊脚。钢铁空心滚筒侧面设有加载孔,加载大小根据设计需要确定。加载物料有铸铁块和砂砾石等。碾滚的轴由框架支撑,与牵引的拖拉机用杠辕相连。羊脚碾的羊脚插入土中,不仅使羊脚端部的土料被压实,而且使侧向土料受到挤压,从而达到均匀压实的效果,如图 5-24 所示。在压实过程中,羊脚对表层的土有翻松作用,有利于上下层间结合。

1—羊脚;2—加载孔;3—碾滚筒;4—杠辕框架

图 5-23 羊脚碾外形

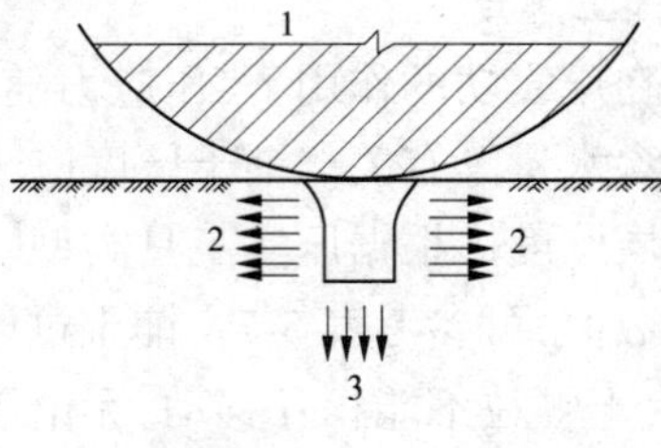

1—碾滚;2—侧压力;3—正压力斗

图 5-24 羊脚对土料的压力

羊脚碾压实有两种方式:圈转套压法和进退错距法。后一种方式压实效果较好。羊脚碾的碾压遍数,可按土层表面都被羊脚压过一遍,即可达到压实要求考虑。

碾压遍数的计算公式为

$$n = K\frac{S}{mF} \tag{5-6}$$

式中 K——考虑羊脚碾在碾压时分布不均匀的修正系数,一般取 1.3;

S——滚筒表面面积,cm^2;

m——滚筒上羊脚的个数;

F——每个羊脚的底面面积,cm^2。

2.振动碾

振动碾是一种振动和碾压相结合的压实机械,如图 5-25 所示。

它是由柴油机带动与机身相连的附有偏心块的轴旋转,迫使碾滚产生高频振动,将振动力传至碾滚表面,并以压力波的形式传到土体内。非黏性土料在振动作用下,土料间的内摩擦力迅速降低,同时由于颗粒大小不均匀,质量有差异,导致惯性存在差异,从而产生相对位移,使细颗粒填入粗颗粒间的空隙而达到密实。因此,振动碾主要用于压实非黏性土。

由于振动作用,振动碾的压实影响深度比一般碾压机械大 1~3 倍,可达 1 m 以上。它的碾压面积比振动夯、振动器压实面积大,生产率很高。振动碾的压实效果好,使非黏性土料的相对密度大为提高,坝体的沉陷量大幅度降低,稳定性明显增强,使土工建筑物的抗震性能大为改善。振动碾结构简单,制作方便,成本低廉,生产率高,是压实非黏性土石料的高效压实机械。

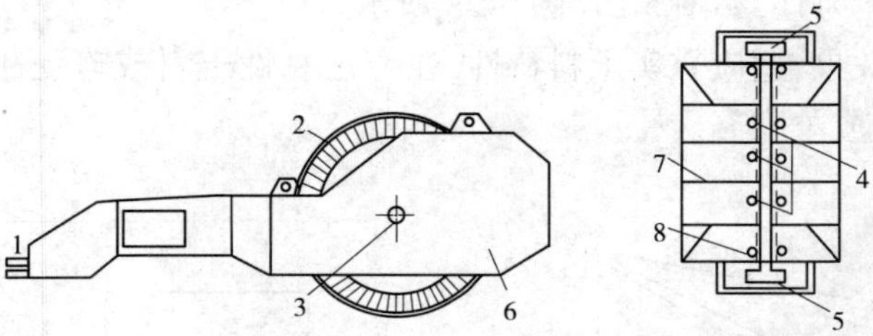

(a)外形图　(b)碾滚构造图

1—牵引挂钩;2—碾滚;3—轴;4—偏心块;5—皮带轮;
6—车架侧壁;7—隔板;8—弹簧悬架

图 5-25　SD-80-13.5 振动碾示意图

3.气胎碾

气胎碾是由拖拉机牵引,以充气轮胎作为压实构件,利用碾的重量来压实土料的一种碾压机械。气胎碾在碾压土料时,气胎随着土体的变形而变形,随着土体压实密度的增加,气胎的变形也相应增加,从而使气胎与土体的接触面积增大,始终能保持较为均匀的压实效果,如图 5-26 所示。它与刚性平碾比较,气胎碾不仅对土体的接触压力分布均匀而且作用时间长,压实效果好,压实土料厚度大,生产效率高;缺点是需加刨毛等工序,以加强碾压上下层的结合。

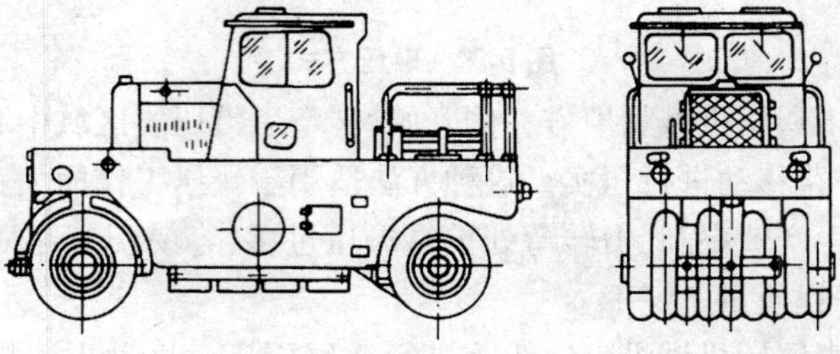

图 5-26　气胎碾

气胎碾适用范围广,不仅对黏性土和非黏性土都能压实,特别用在多雨地区或含水率较高的土料更能突出优点,还能一机多用,有利于防渗土料与坝壳土料平起同时上升,用途很广泛。尤其与羊脚碾联合作业时效果更佳,如用气胎碾压实,羊脚碾收面,有利于上下层结合;羊脚碾碾压,气胎碾收面,有利于防雨。

4.夯板

夯击机械是利用冲击作用来压实土方,具有单位压力大、作用时间短的特点,既可用来压实黏性土,也可用来压实非黏性土。把夯板吊装在挖掘机臂杆上,借助卷扬机操纵绳索系统使夯板上升,夯击土料时将索具放松,使夯板自由下落,夯实土料,其压实铺土厚度可达 1 m,生产效率较高。

夯板工作时,机身在压实地段中部后退移动,随夯板臂杆的回转,土料被夯实的夯迹呈扇形。为避免漏夯,夯迹与夯迹之间要套叠,其重叠宽度为 10~15 cm,夯迹排与排之间也要搭接相同的宽度。为充分发挥夯板的工作效率,避免前后排套压过多,夯板的工作转角以不大于 80°~90°为宜,如图 5-27、图 5-28 所示。

为了提高夯实效果,适应夯实土料特性,在夯击黏性土料或略受冰冻的土料时,尚可将夯板装上羊脚,即成羊脚夯。

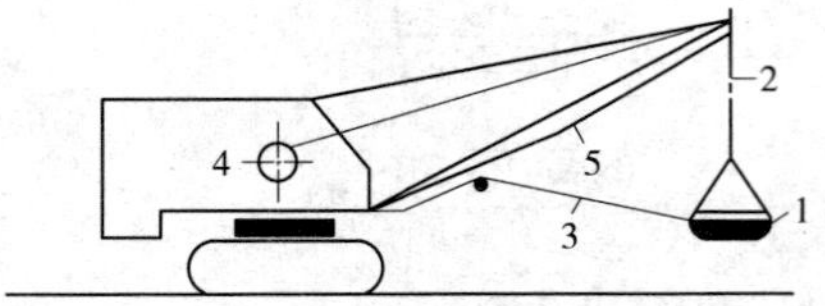

1—夯板;2—提升索;3—操纵索;
4—机房;5—支杆

图 5-27　夯板示意图

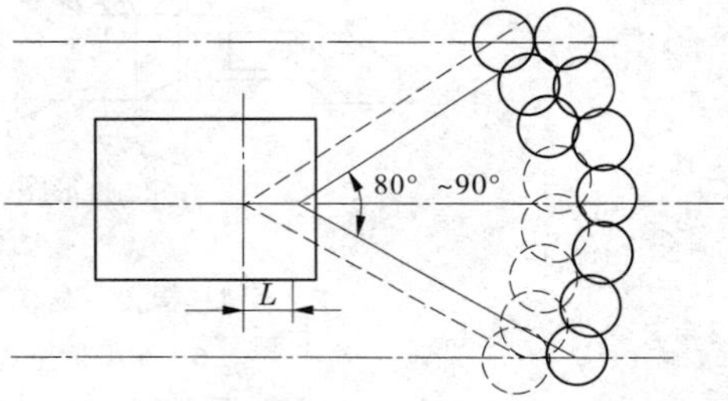

图 5-28　夯板工作示意图

5.压实方法

碾压机械碾压实土料的开行方法有两种:圈转套压法和进退错距法,如图 5-29 所示。

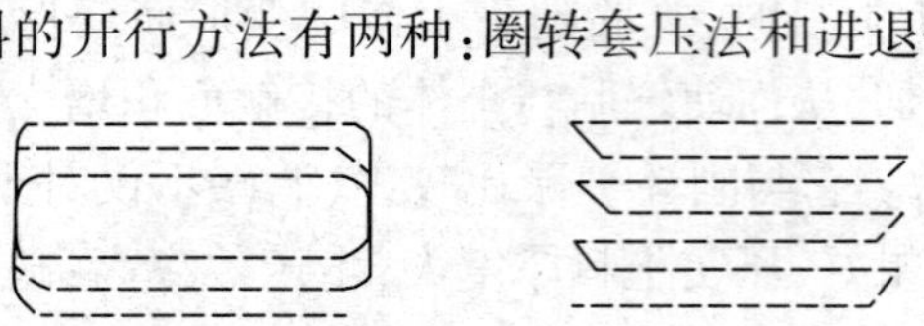

(a)圈转套压法　(b)进退错距法

图 5-29　碾压方式

圈转套压法是指碾压机械从填方一侧开始,转弯后沿压实区域中心线另一侧返回,逐圈错距,以螺旋形线路移动进行压实。这种方法适用于碾压工作面大,多台碾滚同时碾压的情况。其优点是生产效率高,但转弯处重复碾压过多,容易引起超压剪切破坏,转角处易漏压,难以保证工程质量。

进退错距法是指碾压机械沿直线错距进行往复碾压。这种方法操作简单,容易控制碾压参数,便于组织分段流水作业,漏压重压少,有利于保证压实质量,适用于工作面狭窄的情况。目前大多数采用这种碾压方法,为避免漏压,可在碾压带的两侧先往复压够遍数后,再进行错距碾压。

错距宽度 b(m)的计算公式为

$$b = \frac{B}{n} \tag{5-7}$$

式中 B——碾滚净宽,m;

n——设计碾压遍数。

(三)压实参数的确定

土石坝施工中,通过压实试验确定压实机械的压实参数。通常先通过理论计算并参照已建类似工程的经验,初选几种碾压机械和拟定几组碾压参数,采用逐步收敛法进行试验。

确定压实参数的步骤如下:

(1)土料填筑压实参数主要包括碾压机具的重量、含水量、碾压遍数及铺土厚度等,对于振动碾还应包括振动频率及行走速率等。

(2)黏性土料压实含水量可取 $\omega_1=\omega_P+2\%$;$\omega_2=\omega_P$;$\omega_3=\omega_P-2\%$三种进行试验,ω_P 为土料塑限。

(3)选取试验铺土厚度和碾压遍数,并测定相应的含水量和干密度,做出对应的关系曲线。再按铺土厚度、压实遍数和最优含水量、最大干密度进行整理并绘制相应的曲线,根据设计干密度 ρ_d,从曲线上分别查出不同铺土厚度所对应的压实遍数和对应的最优含水量。最后分别计算单位压实遍数的压实厚度进行比较,以单位压实遍数的压实厚度最大者为最经济合理。

(4)对非黏性土料的试验,只作铺土厚度、压实遍数和干密度(相对密度)ρ_d 的关系曲线,据此便可得到与不同铺土厚度对应的压实遍数,根据试验结果结合现场施工情况,选择压实参数。

(四)土石坝填筑碾压试验

由于影响土石料压实的因素很复杂,目前还不能通过理论计算或由实验室确定各项压实参数,一般通过现场压实试验进行选择。现场的压实试验是土石坝施工中的一项技术措施,通过压实试验核实坝料的设计填筑指标的合理性,作为选择施工参数的依据。土料的压实试验,是根据已选定的压实机械来确定铺土厚度、压实遍数及相应的含水量,试验土料应选择有代表性料场的土料,当所选料场土性差异较大时,应分别进行碾压试验。

1.压实标准

对于黏性土,施工中以设计干密度作为压实指标来控制质量。对于非黏性土,则以土料的相对密度来控制,通常将相对密度换算成干密度。

2.压实参数的选择

对于黏性土,主要是确定含水量、铺土厚度和压实遍数。对于非黏性土,主要是确定铺土厚度和压实遍数。

3.碾压试验

根据设计要求和参考已建工程资料,可以初步确定压实参数,并进行现场碾压试验。

1)试验场地选择及布置

试验场地可选择在建筑物附近地势平坦的地方或在建筑物的不重要地位,要求场地地面密实,地势平坦开阔。

一般布置成60 m×6 m的条带形,然后将此条带分为四段,每段长15 m,各段含水量依次为ω_1、ω_2、ω_3、ω_4,其误差不超过1%,再将每段沿长边等分为4块,段内各块碾压遍数依次为n_1、n_2、n_3、n_4,如图5-30所示。

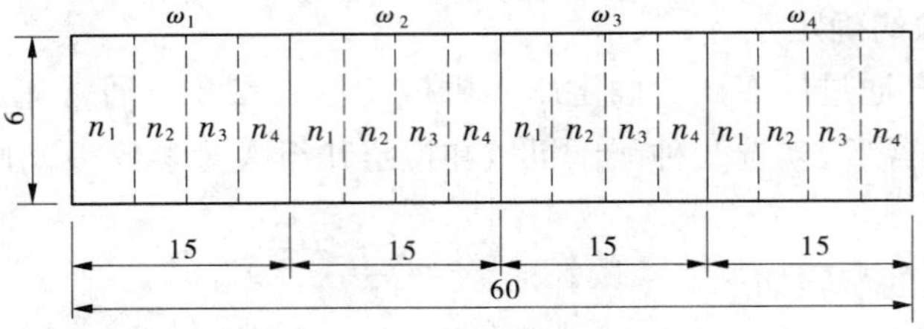

图5-30　土料压实试验场地布置示意图　(单位:m)

压实试验土料的含水量可根据土料性质分别确定。黏性土料一般采用4种含水量:$\omega_1=\omega_P+2\%$;$\omega_2=\omega_P$;$\omega_3=\omega_P-2\%$;$\omega_4=\omega_P-4\%$;ω_P为土的塑性下限。

试验的铺土厚度和压实遍数,可参照表5-8所示。

表5-8　试验用铺土厚度和压实遍数

压实机械	铺土厚度h(cm)	压实遍数n	
		黏性土	非黏性土
10 t平碾	16—20—24	4—6—8—10	2—4—6—8
5 t双联羊脚碾	19—23—27	8—11—14—18	
30 t双联羊脚碾	50—58—65	4—6—8—10	
58.5 kW履带拖拉机	10—13—16	6—8—10—12	4—6—8—10
13.5 t振动碾	50—75—100—150		2—4—6—8
25 t气胎碾	28—34—40	4—6—8—10	2—4—6—8
50 t气胎碾	40—50—60	4—6—8—10	2—4—6—8
2~3 t夯板	80—100—150	2—4—6	2—3—4

2)现场碾压试验记录

试验时依次按规定碾压遍数进行碾压。将每段压n_1遍的小块各取9个试样组成一组,依次对各段压n_2、n_3、n_4遍的小块,各取9个试样,组成相应的组,然后分别测定其含水量和干密度。以上试验是在同一铺土厚度下进行的,如果要确定不同铺土厚度的压实参数,试验在不同铺土厚度的地段进行。试验土料的土质、含水量应与筑坝土料一致。现场碾压试验记录可填入干密度测定成果表,如表5-9所示。

表 5-9　干密度测定成果表

n	h_1				h_2				h_3				h_4			
	ω_1	ω_2	ω_3	ω_4	ω_1	ω_2	ω_3	ω_4	ω_1	ω_2	ω_3	ω_4	ω_1	ω_2	ω_3	ω_4
n_1																
n_2																
n_3																
n_4																

3)试验成果整理与分析

根据碾压试验成果,进行综合整理分析,以确定满足设计干密度要求的最合理碾压参数。

(1)根据干密度测定成果表,绘制不同铺土厚度、不同压实遍数土料含水量和干密度的关系曲线,如图 5-31 所示。当以几种铺土厚度进行碾压试验时,对于每一种铺土厚度须分别描绘其干密度与含水量关系曲线图。

(2)从图 5-31 上查出最大干密度对应的最优含水量,填入最大干密度与最优含水量汇总表,如表 5-10 所示。

表 5-10　最大干密度与最优含水量汇总表

h	h_1	h_2	h_3	h_4
n				
最大干密度				
最优含水量				

(3)根据表 5-10,绘制出铺土厚度、压实遍数和最优含水量、最大干密度关系曲线,如图 5-32 所示。

(4)根据设计干密度 ρ_d,从图 5-32 上分别查出不同铺土厚度时所对应的压实遍数 a、b、c 和最优含水量 d、e、f,分别计算 h_1/a、h_2/b、h_3/c 之值(即单位压实遍数的压实厚度)进行比较,以单位压实遍数的压实厚度最大者,为最经济合理,所对应的参数即为我们所求的碾压参数,作为施工依据。

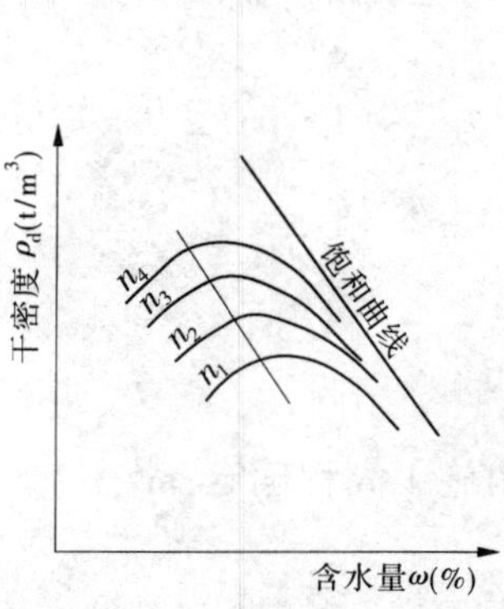

图 5-31　不同铺土厚度、不同压实遍数土料含水量和干密度的关系曲线

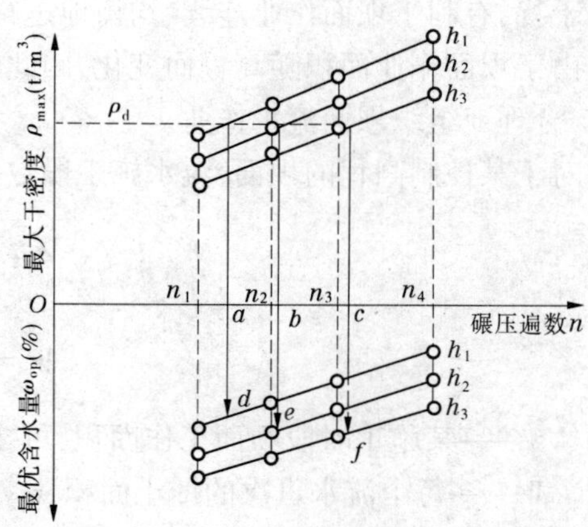

图 5-32　铺土厚度、压实遍数、最优含水量、最大干密度的关系曲线

对于非黏性土的压实试验,也可用上述类似的方法进行,但因含水量的影响较小,可以不作考虑。根据试验结果,按不同铺土厚度绘制干密度(或相对密度)与压实遍数的关系曲线,如图 5-33 所示。然后根据设计干密度(相对密度)即可由曲线查得在某种铺土厚度情况下所需的压实遍数,再选择其中压实工作量最小(即 n/h 最小)的铺土厚度和压实遍数作为施工的依据。

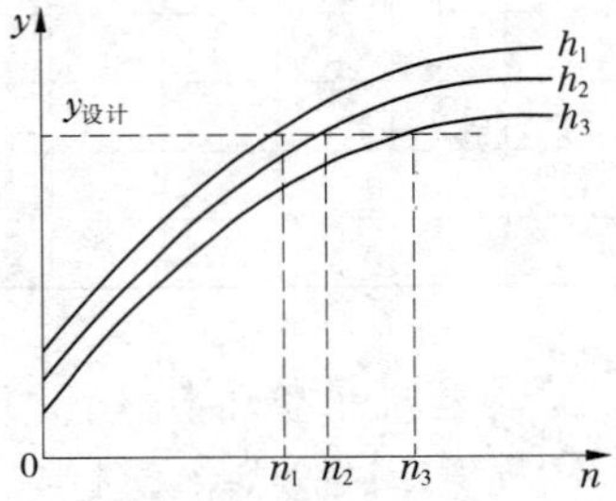

图 5-33　非黏性土干密度与压实遍数的关系曲线

选定经济压实厚度和压实遍数后,应首先核对是否满足压实标准的含水量要求,然后将选定的含水量控制范围与天然含水量比较,看是否偏于施工控制,否则可适当改变含水量和其他参数。有时对同一种土料采用两种压实机具、两种压实遍数是最经济合理的。

二、土石坝填筑施工方法

(一)坝面作业施工组织

基坑开挖和地基处理结束后即可进行坝体填筑。坝体土方填筑的特点是:作业面狭窄、工种多、工序多、机械设备多,施工干扰大,若组织不好将导致窝工,影响工程进度和施工质量。坝面作业包括铺土、平土、洒水或晾晒(控制含水量)、压实、刨毛(平碾碾压时)和质量检查等工序。为了避免施工干扰、影响施工进度及质量,充分发挥各不同工序施工机械的生产效率,常采用流水作业法组织坝面施工。

采用流水作业法组织施工时,首先应根据施工工序将坝面划分成若干工作段或工作面。工作面的划分,应尽可能平行坝轴线方向以减少垂直坝轴线方向的交接。同时还应考虑平面尺寸适应于压实机械工作条件的需要。然后组织各工种专业施工队依次进入所划分的区段施工。于是,各专业施工队按工序依次连续在同一施工区段施工;对各专业施工队而言,则不停地轮流在各个施工区段完成本专业的施工工作。实现了施工队作业专业化,有利于工人操作熟练程度的提高;同时在施工过程中充分利用了人、机、地,避免了施工干扰,有利于坝面作业连续、均衡地进行。

由于坝面作业面积随高程而变化,因此施工技术人员应根据作业面积变化,采取有效措施,合理地组织坝面流水作业。

对于某控制高程的坝面,流水施工段数 m 计算公式为

$$m = \frac{S}{W} \tag{5-8}$$

$$W = \frac{Q_T \Delta t}{h} \tag{5-9}$$

式中　S——某施工时段坝面工作面积,可按设计图纸由施工高程确定,m^2;

W——每个流水班次的铺土面积,m^2;

Δt——每个流水班次的作业时间,h;

Q_T——坝体分期施工的运输强度,m^3/h;

h——铺土厚度,m。

对坝面流水作业的实施要求，如以 m' 表示流水工序数目。当 $m=m'$ 时，表明流水作业是在人、机、地等三不闲的情况下正常施工；当 $m>m'$ 时，表明流水作业是在“地闲”，机、人不闲的情况下进行施工；当 $m<m'$ 时，表明流水作业不能正常进行。出现第三种情况是坝体升高，工作面减少，所划分的流水工序过多所致的。解决的方法：增大 m 值，采用缩小流水单位时间的办法；或合并一些工序，减小 m' 值，使 $m=m'$。坝面流水作业示意图，如图 5-34 所示。

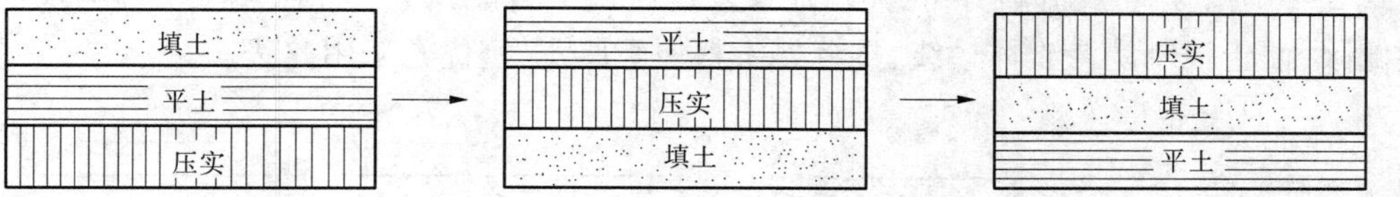

图 5-34　坝面流水作业示意图

(二)坝面填筑施工要求

1.基本要求

卸料和铺料有三种方法，即进占法、后退法和综合法。一般采用进占法，对于厚层填筑也可采用混合法铺料，以减小铺料工作量。进占法铺料层厚易控制，表面容易平整，压实设备工作条件较好。

铺料宜沿坝轴线方向进行，厚度要均匀，超径土块应打碎，石块应剔除。在防渗体上用自卸汽车铺土时，宜用进占法倒退铺土，使汽车在松土上行驶，以免破坏压实的土层。其他填筑料(如砾质土、风化料等)视具体情况选择铺料方式。在坝面上每隔 40~60 m 应设置专用道口，以免汽车因穿越反滤层将反滤料带入防渗体内，并要对路口段超压土体进行处理。防渗体分段碾压时，相邻两段交接带碾迹应彼此搭接，垂直碾压方向搭接带宽度应不小于 0.3~0.5 m，顺碾压方向搭接带宽度应为 1~1.5 m。

平土要求厚度均匀，以保证压实质量，对于自卸汽车或皮带机上坝，由于卸料集中，多采用推土机或平土机平土。具体操作时可采用“算方上料、定点卸料、随卸随平、铺平把关、插杆检查”的措施，铺填时不应使坝面起伏不平，避免降雨积水。斜墙坝坝面铺筑时应向上游倾斜 1%~2%；均质坝、心墙坝应使坝面中部凸起，并分别向上下游倾斜 1%~2% 的坡度，以便排除降水。

压实是坝面作业的重要工序。防渗料、砂砾料、堆石料的碾压施工参数应通过现场碾压试验确定。碾压方式主要取决于碾压机械的开行方式，通常有进退错距法和圈转套压法两种。

2.心墙、斜墙、反滤料施工

斜墙宜与下游反滤料及部分坝壳料平起填筑，也可滞后于坝壳料填筑，待坝壳料填筑到一定高程或达到设计高程，削坡后方可填筑斜墙，避免防渗体因坝体沉陷而裂缝。已填筑好的斜墙应立即在上游铺好保护层，防止干裂，保护层距铺填面小于 2 m。

心墙施工应使心墙与砂壳平衡上升。若心墙上升快，易干裂影响质量；砂壳上升太快，则会造成施工困难。因此，要求心墙填筑中应保持同上下游反滤料及部分坝壳平起，骑缝碾压。为保证土料与反滤料层次分明，采用土砂平起法施工。根据土料与反滤料填筑先后顺序的不同,分为先土后砂法和先砂后土法。

先土后砂法,如图 5-35(a)所示,先填 2~3 层土料,压实时边缘留 30~50 cm 宽松土带,一次铺反滤料与黏土齐平,压实反滤料,并用气胎碾压实土砂接缝带。此法容易排除坝面积水;因填土料时无侧面限值,施工中有超坡,且接缝处土料不便压实。当反滤料上坝强度赶不上土料填筑时,可采用此法。

先砂后土法,如图 5-35(b)所示,先在反滤料的控制边线内用反滤料堆筑一小堤,再填筑 2~3 层土料与反滤料齐平,然后压实反滤料及土料接缝带。此法填土料时有反滤料做侧限,便于控制防渗土体边线,接缝处土料便于压实,宜优先采用此法。

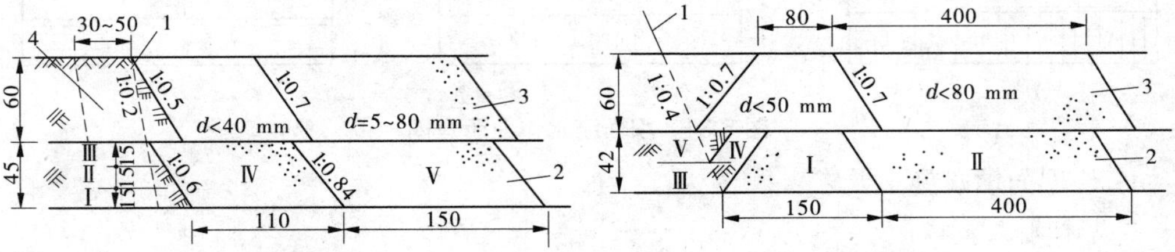

(a)先土后砂法　　　　(b)先砂后土法

1—心墙设计边线;2—已压实层;3—未压实层;4—松土带;Ⅰ、Ⅱ、Ⅲ、Ⅳ、Ⅴ—填料次序

图 5-35　土砂平起施工示意图　(单位:cm)

反滤料的压实,应包括接触带土料与反滤料的压实。当防渗体土料用气胎碾碾压时,反滤料铺土厚度可与黏土铺土厚度相同,并同时用气胎碾碾压,这是施工中压实接触带最好的方法。若防渗体土料采用羊脚碾碾压时,对于土压砂的情况,两者应同时平起,羊脚碾碾压到距土砂结合边 0.3~0.5 m 为止,以免羊脚碾将上下之砂翻出来。然后用气胎碾碾压反滤层,其碾迹与羊脚碾碾迹至少应重叠 0.5 m 以上,如图 5-36(a)所示。若砂压土,土、砂亦同时平起,同样先用羊脚碾碾压土料,且羊脚碾碾压到反滤料上至少 0.5 m 宽,以便把反滤料之下的土料压实,然后用气胎碾碾压反滤料,并压实到土料上的宽度至少为 0.5 m,如图 5-36(b)所示。

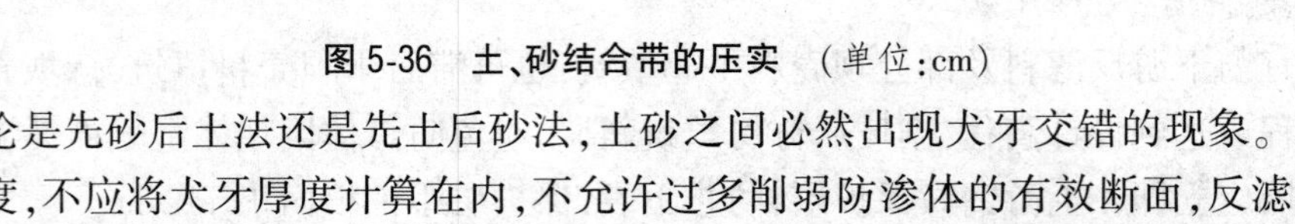

(a)土压砂　　　　(b)砂压土

图 5-36　土、砂结合带的压实　(单位:cm)

无论是先砂后土法还是先土后砂法,土砂之间必然出现犬牙交错的现象。反滤料的设计厚度,不应将犬牙厚度计算在内,不允许过多削弱防渗体的有效断面,反滤料一般不应伸入心墙内,犬牙大小由各种材料的休止角所决定,且犬牙交错带宽不得大于其每层铺土厚度的 1.5~2.0 倍。

无论是先砂后土法还是先土后砂法,土料边沿仍有一定宽度未压实合格,所以需要每填筑三层土料后用夯实机具夯实一次土砂的结合部位,夯实时宜先夯土边一侧,合格后再夯实反滤料一侧,切忌交替夯实,以免影响质量。例如某水库,铺筑黏土心墙与反滤料采用先砂后土法施工。自卸汽车将混合料和砂子先后卸在坝面上施工位置,人工(洒白灰线控制堆筑范围)将反滤料整理成0.5~0.6 m高的小堤,然后填筑2~3层土料,使土料与反滤料齐平,再用振动碾将反滤料碾压8遍。为了解决土砂结合部位土料干密度偏小的问题,在施工中可采取以下措施:用羊脚碾碾压土料时,要求拖拉机履带紧沿砂堤开行,但不允许压上砂堤;在正常情况下,靠砂带第一层有10~15 cm宽的土料干密度不够的土料,第二层有10~25 cm宽的土料干密度不够,施工中要求用人工挖除这些密度不够的土料,并移砂铺填;碾压反滤料时应超过砂界至少0.5 m宽。

在塑性心墙坝施工时,应注意心墙与坝壳的均衡上升,如心墙上升太快,易干裂而影响质量;若坝壳上升太快,则会造成施工困难。塑性斜墙施工,应待坝壳填筑到一定高度甚至达到设计高度后,再填筑斜墙土料,尽量使坝壳沉陷在防渗体施工前发生,从而避免防渗体在施工后出现裂缝。对于已筑好的斜墙,应立即在上游铺好保护层,以防干裂。

当黏性土含水量偏低或偏高,可进行洒水或晾晒。洒水或晾晒工作主要在料场进行。如必须在坝面洒水,应力求"少、勤、匀",为使水分能尽快分布到填筑土层中,可在铺土前洒1/3的水,其余2/3的铺好后再洒。洒水后应停歇一段时间,使水分在土层中均匀分布后再进行碾压。对非黏性土料,为防止运输过程脱水过量,加水工作主要在坝面进行。石渣料和砂砾料压实前应充分加水,确保压实质量。

3.接缝处理

土石坝的防渗体要与地基、岸坡及周围其他建筑物的边界相连接;由于施工导流、施工分期、分段分层填筑等要求,还必须设置纵横向的接坡、接缝。这些结合部位是施工中的薄弱环节,质量控制应采取如下措施。

1)坝基结合面处理

对于基础部位的填土,一般用薄层、轻碾的方法施工,不允许用重碾或重型夯,以免破坏基础,造成渗漏。

对于黏性土、砾质土坝基,将表层土含水量调至施工含水量上限范围,用与防渗体土料相同的碾压参数压实,然后刨毛3~5 cm深,再铺土压实。

对于非黏性土地基,先洒水压实地基,再铺第一层土料,含水量为施工含水量的上限,采用轻型机械压实,压实干密度可略低于设计要求。

对于岩石地基,应先把局部不平的岩石修理平整、清洗干净,封闭岩基表面节理、裂隙,防止渗水冲蚀防渗体。若岩石面干燥可适当洒水,边涂刷浓泥浆、边铺土、边夯实。填土含水量大于最优含水量1%~3%,用轻型碾压实,适当降低干密度。待厚度在0.5~1.0 m以上时方可用选定的压实机具和碾压参数正常压实。

2)与岸坡及混凝土建筑物结合面处理

填土前,先将结合面的污物冲洗干净,清除松动岩石,在结合面上洒水湿润,涂刷一层约5 mm厚的浓黏土浆或水泥砂浆,以提高固结强度,防止产生渗透,搭接处采用黏土,小型机具压实。

防渗体与岸坡结合处,碾压搭接宽度不小于1 m,搭接宽度1.5~2.0 m范围内或边角处，不得使用羊脚碾、夯板等重型机械。

混凝土齿墙或坝下埋管两侧及顶部0.5 m范围内填土，必须用小型机具压实，其两侧填土应保持均衡上升。

岸坡、混凝土建筑物与砾质土、掺合土结合处，应填筑1~2 m宽塑性较高而透水性低的土料，避免直接与粗料接触。

3）坝身纵横缝处理

土石坝施工中，坝体接坡具有高差较大，停歇时间长，要求坡身稳定的特点。一般情况下，土料填筑力争平起施工，斜墙、心墙不允许设纵向接缝。

防渗体及均质坝的横向接坡不应陡于1∶3，高差不超过15 m。均质坝接坡宜采用斜坡和平台相间的形式，坡度和平台宽度应满足稳定要求，平台高差不大于15 m。

坝体接坡面可采用推土机自上而下削坡，留保护层，配合填筑上升，逐层清至合格层，接合面削坡合格后，要控制其含水量为施工含水量范围的上限。坝体分层施工临时设置的接缝，高差通常控制在铺土厚度的1~2倍以内，接缝在不同的高程要错缝。

三、土石坝机械化施工组织原则

（一）综合机械化施工的基本原则

土石坝施工，由于工程量大，为降低劳动强度，保证工程质量，有必要采用综合机械化施工。组织综合机械化施工的原则如下。

1.确保主要机械发挥作用

主要机械是指在机械化生产线中起主导作用的机械，充分发挥它的生产效率，有利于加快施工进度，降低工程成本。如土方工程机械化施工中，施工机械组合为挖掘机、自卸汽车、推土机、振动碾。挖掘机为主要机械，其他为配套机械，挖掘机如出现故障或工效降低，会导致停产或施工强度下降。

2.根据机械工作特点进行配套组合

连续式开挖机械和连续式运输机械配合，循环式开挖机械和循环式运输机械配合，形成连续生产线。

3.充分发挥配套机械作业

选择配套机械，确定配套机械的型号、规格和数量时，其生产能力要略大于主要机械的生产能力，以保证主要机械的生产能力。

4.便于机械使用、维修管理

选择配套机械时，尽量选择一机多能型，减少衔接环节。同一种机械力求型号单一，便于维修管理。

5.合理布置、加强保养、提高工效

严格执行机械保养制度，使机械处于最佳状态，合理布置工作面和运输道路。

（二）挖运方案及其选择

1.人工开挖，拖拉机、翻斗车运土上坝

人工挖土装土，拖拉机、翻斗车运土上坝，适宜运距为2~4 km，坡度不宜大于0.5%~1.5%。

2.挖掘机挖土装车,自卸汽车运输上坝

正铲开挖、装车,自卸汽车运输直接上坝,通常运距小于10 km。自卸汽车可运各种坝料,运输能力高,设备通用性强,能直接铺料,转弯半径小,爬坡能力较强,机动灵活,使用管理方便,设备易于获得。

3.挖掘机挖土装车,胶带机运输上坝

胶带机的爬坡能力强、架设简易,运输费用较低,运输能力也较大,适宜运距小于10 km。胶带机可直接从料场运输上坝;也可与自卸汽车配合,做长距离运输,在坝前经漏斗卸入汽车转运上坝;或与有轨机车配合,用胶带机转运上坝做短距离运输。

4.采砂船挖土装车,机车运输,转胶带机上坝

选择开挖运输方案时,应根据工程量大小、上坝强度高低、料场位置及运距、机械供应条件等综合因素,进行综合经济技术比较后确定。

(三)挖运强度和挖运机械设备数量的确定

1.挖运强度的确定

1)上坝强度 Q_D

单位时间填筑到坝面上的土方量,按坝面压实成品方计。

$$Q_D=\frac{VK_aK}{TK_1}\quad (m^3/d) \tag{5-10}$$

式中　V—— 某时段内填筑到坝面上的土方量,m^3;

K_a——坝体深陷影响系数,取1.03~1.05;

K—— 施工不均衡系数,取1.2~1.3;

K_1——坝面作业土料损失系数,取0.9~0.95;

T—— 某时段内的有效施工天数,等于计算时段内的总天数减去法定假日天数和因雨停工的天数。

2)运输强度 Q_T

为满足上坝强度要求,单位时间内应运输到坝面上的土方量,按运输松方计。

$$Q_T=\frac{Q_DK_c}{K_2}\quad (m^3/d) \tag{5-11}$$

式中　K_c——压实影响系数,为设计干密度 γ_0 与土料运输的松散密度 γ_t 之比;

K_2——土料运输损失系数,取0.95~0.99。

3)开挖强度 Q_c

为了满足坝面土方填筑要求,料场土料开挖应达到强度,按自然方计。

$$Q_c=\frac{Q_DK_c'}{K_2K_3}\quad (m^3/d) \tag{5-12}$$

式中　K'_c——压实系数,为坝体设计干密度 ρ_0 与料场土料天然干密度 ρ_c 之比值;

K_3——料场土料开挖损失系数,随土料性质和开挖方式而异,取0.92~0.97。

2.挖运机械设备数量的确定

1)满足上坝强度要求的挖掘机数量 N_c

满足上坝强度要求的挖掘机数量 N_c 的计算公式为

$$N_c = \frac{Q_c}{P_c} \tag{5-13}$$

式中　P_c——每台挖掘机的生产率，m^3/h。

2）满足上坝填筑强度要求的汽车数量 N_a

满足上坝填筑强度要求的汽车数量 N_a 的计算公式为

$$N_a = \frac{Q_c}{P_a} \tag{5-14}$$

式中　P_a——每辆汽车的生产率，m^3/h。

配合一台挖掘机所需的汽车数量，其总的生产率应略大于一台挖掘机的生产率，即

$$P_a \geqslant \frac{P_c}{n} \tag{5-15}$$

为了充分发挥自卸汽车的运输效能，应根据挖掘机的斗容选择具有适宜容量的汽车型号，挖掘机装满一车斗数的合理范围应为3~5斗，通常要求装满一车的时间不超过3.5~4 min，卸车时间不超过2 min。

四、碾压土石坝施工质量控制

施工质量的检查与控制是土石坝安全的重要保证，它应贯穿于土石坝施工的各个环节和施工全过程。在施工中除对地基进行专门检查外，对料场土料、坝身填筑以及堆石体、反滤料等填筑都应进行严格的检查和控制，在土石坝施工中应实行全面质量管理，建立健全质量保证体系。

（一）料场的质量检查和控制

各种筑坝材料应以料场控制为主，必须是合格的坝料方能运输上坝，不合格坝料应在料场处理合格后方能上坝。对土料场的控制，包括检查所取土料的土质情况、土块大小、含水量和杂质含量是否符合上坝要求；坝料开采加工方法是否符合规定；排水防雨措施等是否完备；坝料级配、含水量是否符合要求等。其中，尤为重要的是含水量的检查和控制。

若含水量偏高，一方面应加强改善料场的排水条件和采取有效防预措施，另一方面应将含水量高的土料进行翻晒，或采取轮换掌子面的办法，使土料的含水量降低到规定的范围再开挖；当土料含水量不均匀时，应考虑堆筑“土牛”，使含水量均匀后再外运；当含水量偏低时，对于黏性土应考虑在料场加水，以提高含水量。

（二）坝面的质量检查和控制

坝面填筑质量是保证土石坝施工质量的关键。在土料填筑过程中，应对铺土厚度、土块大小、含水量、压实后的干密度等进行检查，并提出质量控制措施。对黏性土含水量可采用“手检”法，即手握土料能成团，手搓可成碎块，则含水量合格，准确检测应用含水量测定仪测定。取样所测定的干密度试验结果，其合格率应不小于90%，不合格干密度不得低于设计值的98%，且不能集中出现。黏性土和砂土的密度可用环刀法测定；砾质土、砂砾料、反滤料可用灌水法或灌砂法测定。

对防渗体应选定若干固定断面取样检查，沿坝高5~10 m取一次样，取代表性试样总数不应少于30个，在室内进行物理力学性能试验。对工程特征部位，如坝顶、坝基、削坡

处、坝肩结合部位、与刚性建筑物连接处、各种土料的过渡地带等均应取样进行检查。

对于反滤层、过渡层、坝壳等非黏性土的填筑，除按要求取样外，主要应控制压实参数，发现问题应及时纠正。在填筑排水反滤层时，每层在 25 m×25 m 范围内取样 1～2 个；对于条形反滤层，每隔 50 m 设取样断面，每个取样断面每层取样品不得少于 4 个，且应均匀分布在断面的不同部位，且层间取样位置应对应；对于反滤层铺筑的厚度、是否混有杂物、填筑质量及颗粒级配等应进行全面检查。反滤料和过渡料的级配应在筛分现场进行控制，如不合要求，应重新筛选。

对堆石体主要应检查上坝块石的质量、风化程度、石块的重量、尺寸、形状，堆筑过程中有无离析架空现象发生等。对于堆石的级配、空隙率大小，应分层分段取样，检查是否符合设计规范要求。所有质量检查的记录，应随时整理，分别编号存档备查。

任务四　面板堆石坝施工

混凝土面板坝的防渗系统由基础防渗工程、趾板、面板组成。其特点是：堆石坝体能直接挡水或过水，简化了施工导流与度汛，枢纽布置紧凑，充分利用当地材料。面板坝可以分期施工，便于机械化施工，施工受气候条件的影响较小。

根据施工组织设计，面板堆石坝上游有薄层防渗面板，面板可以是钢筋混凝土的，也可以是柔性沥青混凝土的，坝体主要是堆石结构。

一、堆石坝材料的质量要求及坝体分区

（一）堆石坝材料、质量要求

根据施工组织设计，查明各料场的储量和质量，如果利用施工中开挖料，要进行试验。1、2 级高坝的坝料室内试验项目应包括坝料的颗粒级配、相对密度、抗剪强度和压缩模量，垫层料、砂砾料、软岩料的渗透和渗透变形试验。100 m 以上的坝，应测定坝料的应力应变参数。

为保证堆石体的坚固、稳定，对堆石石料的质量有一定的要求：

（1）主要部位的石料抗压强度不低于 78 MPa，次要部位石料抗压强度应为 50～60 MPa。

（2）石料硬度不应低于莫氏硬度表中的第三级，其韧性不应低于 2 kg · m/cm^2。

（3）石料的天然密度不应低于 22 kN/m^3，石料的密度越大，堆石体的稳定性越好。

（4）石料应具有抗风化能力，其软化系数水上不低于 0.8，水下不低于 0.85。

（5）堆石体碾压后应具有较大的密实度和内摩擦角，且具有一定渗透能力。

（二）面板堆石的坝体分区

根据面板堆石坝不同部位的受力情况，将坝体进行分区，如图 5-37 所示。

1.垫层区

垫层区的主要作用是为面板提供平整、密实的基础，将面板承受的水压力均匀传递给主堆石体。垫层区料要求采用级配良好、石质新鲜的碎石料填筑，压实后具有低压缩性、高抗剪强度、内部渗透稳定，渗透系数为 10～3 cm/s，以及具有良好施工特性的材料。

2.过渡区

过渡区的主要作用是保护垫层区在高水头作用下不产生破坏。其粒径、级配要求符合垫层料与主堆石料间的反滤要求,压实后的过渡料压缩性小、抗剪强度高、排水性好。级配应连续,一般最大粒径不超过 300 mm。

3.主堆石区

主堆石区的主要作用是维持坝体稳定。要求石质坚硬,级配良好,允许存在少量分散的风化料,最大粒径不超过压实层厚度,压实后能自由排水。

4.下游堆石区(次堆石区)

下游堆石区(次堆石区)的主要作用是保护主堆石体和下游边坡的稳定。下游水位以下部分,要求采用坚硬、抗风化能力强的石料填筑,压实后能自由排水;下游水位以上部分,要求可降低。

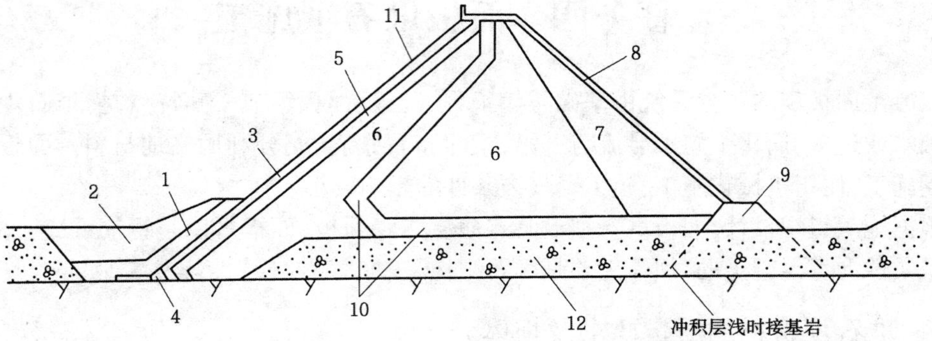

1—上游铺盖区;2—盖重区;3—垫层区;4—特殊垫层区;5—过渡区;6—主堆石(砂砾石)区;
7—下游堆石(砂砾石)区;8—下游护坡;9—滤水坝趾区;10—排水区;11—混凝土面板;12—坝基冲积层

图 5-37 砂砾石坝体材料主要分区示意图

二、填筑工艺及质量控制

(一)填筑工艺

坝体填筑原则上应在坝基、两岸岸坡处理验收以及相应部位的趾板混凝土浇筑完成后进行。坝体填筑的工艺流程为测量放样、卸料、摊铺、洒水、压实、质检等工序。坝体填筑尽量做到平起、均衡上升。垫层料、过渡料和一定宽度的主堆石料区之间必须平起上升,垫层料、过渡料与主堆石料区之间的填筑面高差不得超过一层。各区填筑的厚度、碾压遍数及加水量等严格按碾压试验确定的施工参数执行。

1.堆石坝填筑

可采用自卸汽车后退法或进占法卸料,推土机摊平。后退法的优点是汽车在压实的坝面上行驶,可减轻轮胎磨损;缺点是推土机摊平工作量很大,影响施工进度。进占法卸料自卸汽车在未碾压的石料上行驶,轮胎磨损较严重,卸料时会造成一定分离,但不影响施工质量,推土机摊平工作量显著减小,施工进度加快。

主堆石料、下游堆石料一般采用自行式或拖式振动碾压实。碾压采用错距法,按坝料分区、分段进行,各碾压段之间的搭接不应小于 1.0 m。坝体堆石区纵、横向接坡宜采用台阶收坡法施工，台阶宽度不宜小于1.0 m，填筑高差不宜过大。

2.垫层料、过渡料填筑

垫层料、过渡料的摊铺一般采用后退法，以减少物料的分离。当压实层厚度大时，可采用混合法卸料，即先用后退法卸料呈分散堆状，再用进占法卸料铺平，以减轻物料的分离。垫层坡面一般水平填筑时向外超填15~30 cm，斜坡长度达到10~15 cm时进行修整，坡面修整后进行压实。垫层料粒径较小，又处于倾斜部位，可采用斜坡振动碾或液压平板振动器压实，局部边角地带人工夯实。

未浇筑面板之前的上游坡面，一般采用喷乳化沥青、喷射混凝土、摊铺和碾压水泥砂浆等进行垫层坡面防护处理。防护的作用是防止雨水冲刷垫层坡面；为面板混凝土施工提供良好的工作面；利用堆石坝体挡水或过水时，垫层护面可起到临时防渗和保护作用。

（二）压实参数和质量控制

1.压实参数

填筑标准应通过碾压试验复核和修正，并确定相应的碾压施工参数（碾重、铺料厚度、行车速度、加水量、碾压遍数）。坝体填筑压实标准见表5-11，压实参数需经压实试验确定，振动碾的压实参数可参考表5-12。

表5-11 坝体填筑压实标准

坝料	垫层料	砂砾石料	过渡料	主堆石料	下游堆石料
孔隙率(%)	15~20		18~22	20~25	23~28
相对密度		0.75~0.85			

表5-12 振动碾的压实参数

土石料类型	碾重(t)	铺料厚度(m)	碾压遍数	备注
砂砾料	13.5	1.2~1.6	4~6	
风化料	13.5	1.0~1.5	4~6	
石渣料	13.5	1.0~1.5	4	
堆石料	13.5	1.0~1.5	4~6	堆石最大粒径应比铺料层厚小10~20 cm
	10.0	0.6~0.8	4~6	

2.质量控制

1)料场质量控制

在规定的料区范围内开采，料场的草皮、树根、覆盖层及风化层已清除干净；堆石料开采加工方法符合规定要求；堆石料级配、含泥量、物理力学性质符合设计要求，不合格料不允许上坝。

2)坝体填筑的质量控制

堆石材料、施工机械符合要求。坝面压实，应对压实参数和孔隙率进行控制，以碾压参数为主。铺料厚度、压实遍数、加水量等符合要求，铺料误差不宜超过层厚的10%，坝面保持平整。

3)压实检查方法

坝料压实检查项目和取样次数见表 5-13。

表 5-13　坝料压实检查项目和取样次数

坝料		检查项目	检查次数
垫层料	坝面	干密度、颗粒级配	1 次/(500~1 000 m^3)每层至少一次
		渗透系数	次数不定
	上游坝面	干密度、颗粒级配	1 次/(1 500~3 000 m^3)
	小区	干密度、颗粒级配	每 1~3 层 1 次
过渡料		干密度、颗粒级配	1 次/(3 000~6 000 m^3)
砂砾料		干密度、颗粒级配	1 次/(5 000~10 000 m^3)
堆石料		干密度、颗粒级配	1 次/(10 000~100 000 m^3)

注:渗透系数按设计要求进行检测。

垫层料、过渡料和堆石料压实干密度的检测方法,宜采用挖坑灌水法,或辅以表面波压实密度仪法,垫层料也可用核子密度仪法。

垫层料试坑直径应不小于最大粒径的 4 倍;过渡料试坑直径应为最大粒径的 3~4 倍;堆石料试坑直径为最大粒径的 2~3 倍,试坑直径最大不超过 2 m。以上三种料的试坑深度均为碾实层厚度。

填筑质量检测新方法是直接检测填筑土的力学性质参数 K_{30},称为 K_{30}法。采用 K_{30}法用于坝体填筑质量检测,可以减少挖坑取样的数量,快捷、准确地进行坝体填筑质量的检测。

三、钢筋混凝土面板分块和浇筑

钢筋混凝土面板是面板堆石坝的主要防渗结构,其面积大、厚度薄,在满足抗渗性和耐久性条件下,要求具有一定柔性,以适应堆石体的变形。面板的施工主要包括面板的分块、垂直缝砂浆条铺设、钢筋架立、面板混凝土浇筑、面板养护等工作内容。

(一)钢筋混凝土面板的分块

混凝土防渗面板包括趾板(面板底座)和面板两部分。趾板设伸缩缝;面板设垂直伸缩缝、周边伸缩缝等永久缝和临时水平施工缝。混凝土防渗面板分缝分块如图 5-38 所示。

垂直伸缩缝从底到顶布置,中部受压区分缝间距一般为 12~18 m;两侧受拉区按 6~9 m 布置。受拉区设两道止水,受压区在底侧设一道止水,水平施工缝不设止水,但竖向钢筋必须相连。

(二)钢筋混凝土面板浇筑施工

1.趾板施工

在趾基开挖处理完毕,经验收合格后进行,按设计要求进行绑扎钢筋、设置锚筋、预埋灌浆导管、安装止水片及浇筑上游铺盖。在混凝土浇筑中,应及时振实,注意止水片与混凝土的结合质量,结合面不平整度小于 5 mm。混凝土浇后 28 d 之内,20 m 之内不得进行爆破;20 m 之外爆破要严格控制装药量。

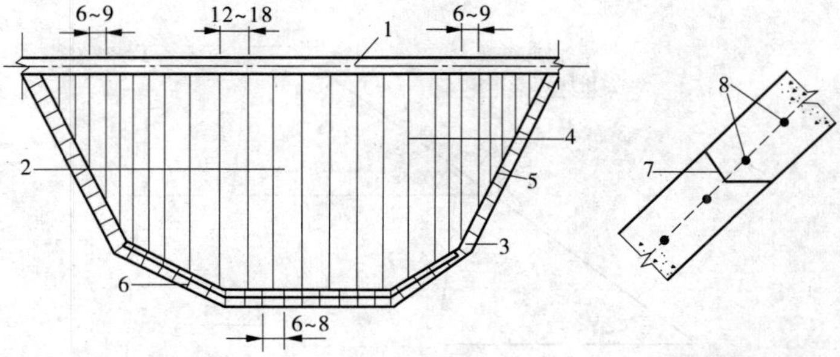

(a)分块示意图 (b)施工缝

1—坝轴线;2—面板;3—趾板;4—垂直伸缩缝;5—周边伸缩缝;6—趾板伸缩缝;7—水平伸缩缝;8—面板钢筋

图 5-38 混凝土防渗面板分缝分块 (单位:m)

2.面板施工

在趾板施工完毕后进行。当坝高在 70 m 以下时,面板在堆石体填筑全部结束后施工,这主要是避免堆石体沉陷和位移对面板产生的不利影响。高于 70 m 的堆石坝,考虑需拦洪度汛和提前蓄水的要求,面板宜分二期浇筑或三期浇筑,分期接缝应按施工缝处理。

面板混凝土浇筑宜采用无轨滑模跳仓浇筑,起始三角块宜与主面板块一起浇筑。面板钢筋采用现场绑扎或焊接,也可用预制网片现场拼接。混凝土浇筑中,铺料要均匀,每层铺料 250~300 mm。止水片周围需人工布料,防止分离。振捣混凝土时,要垂直插入,至下层混凝土内 5 cm,止水片周围用小振捣器仔细振捣。振捣过程中,防止振捣器触及滑模、钢筋、止水片。脱模后的混凝土,要及时修整和压面。

滑模应具有安全措施,固定卷扬机的地锚应可靠,滑模应有制动装置。滑模滑升时,要保持两侧同步,每次滑升距离不大于 30 cm,滑升间隔时间不应超过 30 min。面板浇筑的平均速度为 1.5~2.5 m/h。

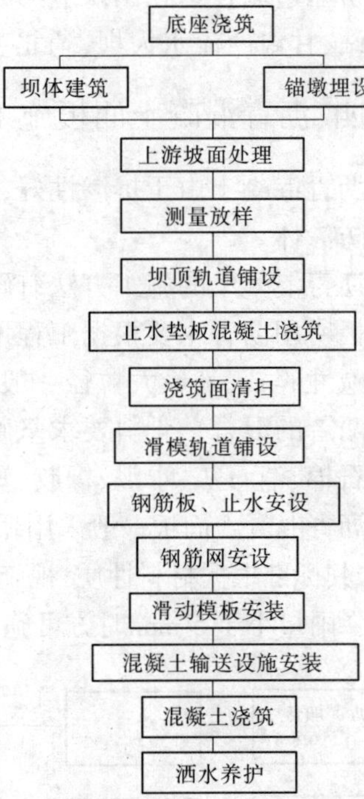

图 5-39 面板施工工艺流程

面板施工工艺流程如图 5-39 所示。

3.混凝土挤压墙

混凝土挤压墙技术是混凝土面板坝上游坡面施工的新方法。是在每填筑一层垫层料前,用边墙挤压机制出一个半透水混凝土小墙,然后在其下游面按设计铺填坝料,用振动碾平面碾压,合格后重复以上工序。挤压式边墙断面如图 5-40 所示。

挤压边墙施工简化了上游坡面传统的超填超碾、坡面整修、斜坡碾压等工序,施工简单易行,施工质量易于控制,降低劳动强度,避免垫层料的浪费,效率较高。

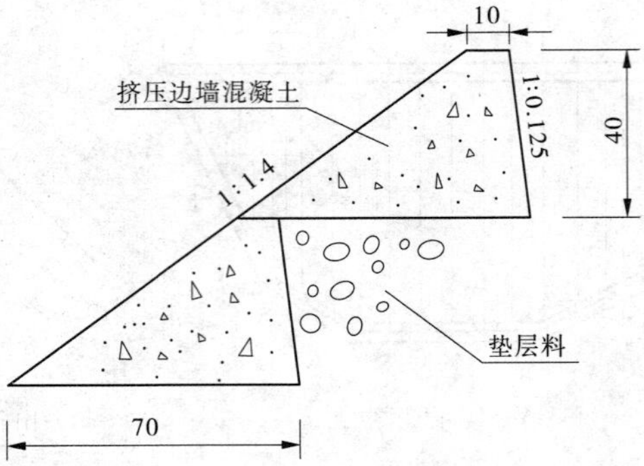

图 5-40　挤压式边墙断面　（单位:cm）

挤压边墙技术在国内应用时间较短,施工工艺还待进一步完善,目前已应用于公伯峡水电站、甘肃西流水大坝、湖北芭蕉鹤峰水电站等。

四、沥青混凝土面板施工

沥青混凝土由于抗渗性好,适应变形能力强,工程量小,施工速度快,被广泛用于土石坝的防渗体。

沥青混凝土的施工方法有碾压法、浇筑法、预制装配法和填石振压法四种。沥青混凝土面板所用沥青主要根据工程地点的气候条件选择,我国目前多采用道路沥青。粗骨料选用碱性碎石,其最大粒径一般为 15~25 mm;细骨料可选碱性岩石加工的人工砂、天然砂或两者的混合。骨料要求坚硬、洁净、耐久。按满足 5 d 以上施工需要量储存。填料种类有石棉、消石灰、水泥、橡胶、塑料等,其掺量由试验确定。

沥青混凝土面板一般采用碾压法施工,工艺流程如图 5-41 所示。施工中对温度要严加控制,其标准根据材料性质,视施工地区和施工季节,由试验确定。在日平均气温高于 5 ℃和日降雨量小于 5 mm 时方可施工,日气温虽然在 5~15 ℃,但风速大于 4 级也不能施工。

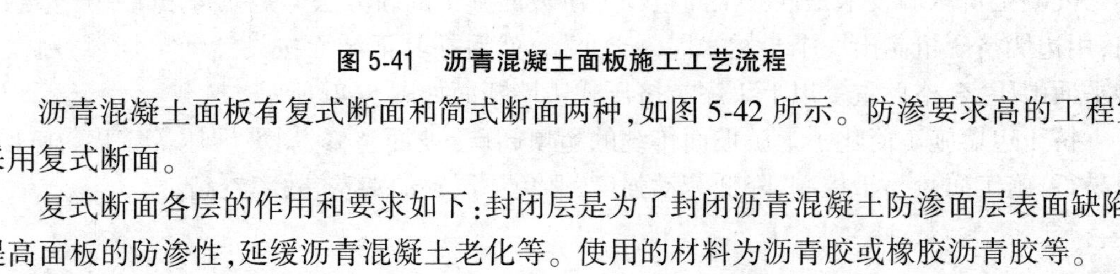

图 5-41　沥青混凝土面板施工工艺流程

沥青混凝土面板有复式断面和简式断面两种,如图 5-42 所示。防渗要求高的工程宜采用复式断面。

复式断面各层的作用和要求如下:封闭层是为了封闭沥青混凝土防渗面层表面缺陷,提高面板的防渗性,延缓沥青混凝土老化等。使用的材料为沥青胶或橡胶沥青胶等。

防渗面层是面板的主要防渗层,其厚度一般为 8~12 cm,分两层或三层铺压。分层铺

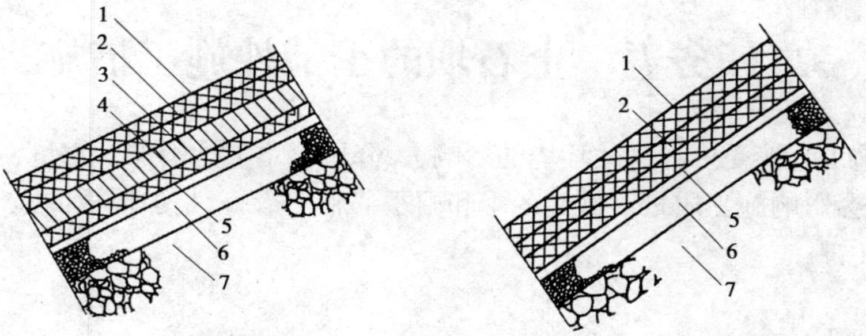

(a)复式断面　(b)简式断面

1—封闭层；2—防渗面层；3—排水层；4—防渗底层；5—整平胶结层；6—垫层；7—填筑体

图 5-42　沥青混凝土面板断面的形式

压时层间要喷涂乳化沥青或稀释沥青结合层以提高防渗面层的整体性。

排水层是汇集防渗面层的渗水，通过排水系统排出填筑体外。一般厚度要求 8~12 cm，并沿坝轴线方向每隔 10~15 cm，用防渗沥青混凝土设一个隔水带，把排水层分区，以便分区观测渗水。

防渗底层是隔断防渗面层的渗水由排水层引走，并将面板后渗水隔断，要求厚度 5~10 cm，分一层或两层铺压。

整平胶结层是使面板与垫层结合良好，有利于铺筑防渗层。一般厚度 5~10 cm，分一层或两层铺压。

简式断面的分层除无排水层和防渗底层外，其他同复式断面。土石坝工程中多采用简式断面。

沥青混凝土面板施工是在坡面上进行的，施工难度较大，尽量采用机械化流水作业。首先进行修整和压实坡面，然后铺设垫层，垫层料应分层压实，并对坡面进行修整，使坡度、平整度和密实度等符合设计要求，在垫层面上喷涂一层乳化沥青或稀释沥青。沥青混凝土面板多采用一级铺筑。当坝坡较长或因拦洪度汛需要设置临时断面时，可采用二级或二级以上铺筑。一级斜坡长度铺筑通常不超过 120~150 m，当采用多级铺筑时，临时断面应根据牵引设计的布置及运输车辆交通的要求，一般不小于 10~15 m。沥青混合料的铺筑方向多采用沿最大坡度方向分成若干条幅，自下而上依次铺筑。

防渗层一般采用多层铺筑，各区段条幅宽度间上下层接缝必须互相错开，水平接缝的错距应大于 1 m，顺坡纵缝的错距一般为条幅宽度的 1/3~2/3。先用小型振动碾进行初压，再用大型振动碾二次碾压，上行振压，下行静压。施工接缝及碾压带间，应重叠碾压 10~15 cm。压实温度高于 110 ℃，二次碾压温度高于 80 ℃。

防渗层的施工缝是面板的薄弱环节，尽量加大条幅摊铺宽度和长度，减少纵向和横向施工缝。防渗层的施工缝以采用斜面平接为宜，斜面坡度一般为 45°。整平胶结层的施工缝可不做处理。上下层的层面必须干燥，间隔不超过 48 h。防渗层层间应喷涂一薄层稀沥青或热沥青，用喷洒法施工或橡胶刮板涂刷。

任务五　土石坝的季节性施工措施

土石坝施工直接受外界气候环境的影响大,降雨会增大土料的含水量,冬季土料又会冻结成块,都会影响施工质量。做好冬季和雨季的施工措施,是加快坝体施工进度和降低工程造价的关键。

一、负温下填筑

在寒冷地区的冬季,气温常在零摄氏度以下,由于土料冻结,给土方工程施工带来很大的困难。《水利水电工程施工组织设计规范》(SL 303—2017)规定:当日平均气温低于0 ℃时,黏性土应按低温季节施工;当日平均气温低于-10 ℃时,一般不宜填筑土料,否则应进行技术经济论证。

冬季施工的主要问题是土料的冻结,使强度增高,不易压实;而冻土的融化却使土体的强度和土坡的稳定性降低,处理不好,土体会产生渗漏。因此,土石坝冬季施工,只要采取适当的技术措施,防止土料冻结,降低土料含水量和减少冻融影响,仍可保证施工质量,加快施工进度。

(一)防冻措施

(1)降低土料含水量。在入冬前,采用明沟截、排地表水或降低地下水位,使砂砾料的含水量降低到最低限度;对黏性土将其含水降低到塑限的90%以下,并在施工中不再加水。

(2)降低土料冻结温度。在填土中加入一定量的食盐,降低土料冻结温度。

(3)加大施工强度,保证填土连续作业。采用严密的施工组织,严格控制各工序的施工速度,挖取深层正温土料,缩小填筑区,使运输和填筑过程中的热量损失最小,快速施工,下层土料未冻结前被新土迅速覆盖,以利于上下层间的良好结合。发现冻土应及时清除。

(二)保温措施

(1)覆盖隔热材料。对开挖面积不大的料场,可覆盖树枝、树叶、干草、锯末等保温材料。

(2)覆盖积雪。积雪是天然的隔热保湿材料,覆盖一定厚度的积雪可以达到一定的保湿效果。

(3)冰层保湿。采取一定措施,在开挖土料表面形成10~15 cm 厚度冰层,利用冰层下的空气隔热对土料进行保湿。

(4)松土保湿。在寒潮到来前,对将要开采的料场表层土料翻松、击碎,并平整至5~35 cm 厚,利用松土内的空气隔热保湿。

一般来讲,开采土料温度不低于5~10 ℃,压实温度不低于2 ℃,便能保证土料的压实效果。

(三)加热措施

当气温低、风速过大,一般保温措施不能满足要求时,则采用加热和保温相结合的暖棚作业,在棚内采用蒸汽或火炉升温措施。暖棚作业费用高,只有在冬季较长,工期较紧,质量要求很高,工作面狭长的情况下使用。

二、雨季施工

在多雨的地区进行土方工程施工,特别是黏性土,常因含水量过大而影响施工质量和施工进度。因此,《水利水电工程施工组织设计规范》(SL 303—2017)要求:土料施工尽可能安排在少雨季节,若在雨季或多雨地区施工,应选用合适的土料和施工方法,并采取可靠的防护措施。

例如,某黏土心墙坝,采用如图 5-43(a)所示的施工工序,在雨季中的晴天,心墙两侧仅填筑部分足以维持心墙稳定的护坝坝壳,其外坡一般不陡于 1∶1.5~1∶2.0,当下雨不能填土时,则集中力量填筑坝壳部分。对于斜墙坝,也应在晴天抢填土料,雨天或雨后填筑坝壳部分,彼此减少干扰,施工协调,如图 5-43(b)所示。

(1)合理组织施工。做好料场周围的排水系统,对含水量高的料场,松土并加以翻晒,以利于降低含水量;充分利用气象预报,晴天安排黏土施工,雨天安排非黏性土施工;快速压实表层松土,防止松土被小雨渗入;坝面填筑力争平起,保持填筑面平整,使填筑面微向上下游倾斜约 2%左右的坡度,以利于排水。

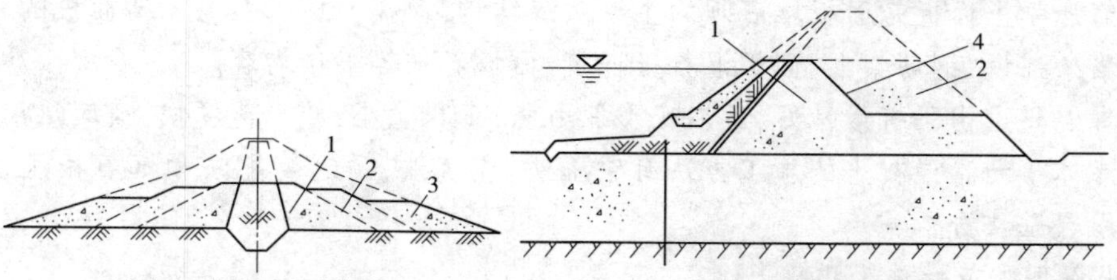

(a)心墙与坝壳雨季填筑平衡上升　(b)斜墙坝临时拦洪断面

1—心、斜墙及坝壳平衡上升部分;2—第二次填筑坝壳部分;3—最后填筑坝壳部分;4—临时拦洪断面

图 5-43　心、斜墙与坝壳雨季施工平衡上升图

(2)合理选用土料。改进黏性土特性,使之适应雨季作业。在土料中掺入一定比例的砂砾料或岩石碎屑,滤出土料中的水分,降低土料含水量。

(3)增加防雨措施。保证更多有效工作日。对作业面不大的土方填筑工程,雨季施工可以采用搭建防雨棚的方法,避免雨天停工;或在雨天到来时,用帆布或塑料薄膜加以覆盖;当雨量不大,降雨历时不长,可在降雨前迅速撤离施工机械,然后用平碾或振动碾将土料表面压成光面,并使其表面向一侧倾斜,以利排水。

项目小结

1.料场规划

结合施工组织设计,进行料场的规划,包括空间、时间、质和量等方面的全面规划,再根据设计的要求,充分考虑各种因素,使料场的规划满足土石方平衡原则。

2.土石方施工

根据土的性质特性以及对土方施工中开挖和运输的要求,结合开挖的方法,合理进行挖运机械的组合利用。

3.碾压式土石坝施工

通过分析影响土料压实的主要因素:压实功、含水量以及铺土厚度,选用土料压实方法与配合机械,确定压实参数,并通过土石方填筑压实试验确定压实参数,从而确定最经济的铺土厚度和压实遍数。

土石坝填筑时,采用流水作业法组织施工,根据施工组织设计和施工规范要求,不同的施工部位施工要求以及处理方法不同,同时应处理与地基、岸坡及周围其他建筑物的边界相连接部位。

采用综合机械化施工时的基本原则、挖运方案的选择、挖运强度和挖运机械数量的确定等,以及达到设计要求时,施工过程中的质量控制和施工质量检查等。

4.面板堆石坝施工

根据堆石坝的特点,进行料场选择,备料和质量检查,根据坝体的不同分区以及对材料的质量要求,选择填筑工艺,确定填筑参数,进行分区分层填筑,并对整个施工过程进行质量控制。

钢筋混凝土面板是面板堆石坝的主要防渗结构,面板的施工主要包括面板的分块、垂直缝砂浆条铺设、钢筋架立、面板混凝土浇筑、面板养护等工作内容。

沥青混凝土由于抗渗性好,适应变形能力强,工程量小,施工速度快,被广泛用于土石坝的防渗体。沥青混凝土的施工方法有碾压法、浇筑法、预制装配法和填石振压法四种,一般采用碾压法进行施工。

5.土石坝季节性施工措施

土石坝施工直接受外界气候环境的影响大,降雨会增大土料的含水量,冬季土料又会冻结成块,都会影响施工质量。做好冬季和雨季的施工措施,是加快坝体施工进度和降低工程造价的关键。

冬季施工应注意的主要问题是土料的冻结,使强度增高,不易压实;冻土的融化却使土体的强度和土坡的稳定性降低等,通常采取的措施有防冻措施、保温措施和加热措施。

雨季施工,常因含水量过大而影响施工质量和施工进度,因此土料施工尽可能安排在少雨季节,若在雨季或多雨地区施工,应选用合适的土料和施工方法,并采取可靠的防护措施。

复习思考题

1.如何进行土石坝施工的料场规划?

2.常见的土石坝施工挖运方案有哪些?

3.组织土石坝综合机械化施工的基本原则是什么?

4.土料的压实参数有哪些? 它们之间有何关系? 如何确定这些参数?

5.土石坝施工坝面如何组织流水作业?

6.先土后砂法和先砂后土法的施工有何不同？各如何施工？

7.碾压土石坝施工的基本作业包括哪些？

8.面板堆石坝如何分区？各区土石料铺筑碾压有什么不同要求？

9.面板堆石坝施工工序是什么？垫层区如何压实施工？挤压边墙是如何进行的？如何进行面板混凝土浇筑？

10.土石坝施工中的质量控制包括哪些内容？

项目实训

某大(2)型水利枢纽工程由拦河坝、溢洪道、泄洪隧洞、发电引水隧洞等组成。拦河坝为混凝土面板堆石坝，坝高100 m。拦河坝断面示意图如图5-44所示。

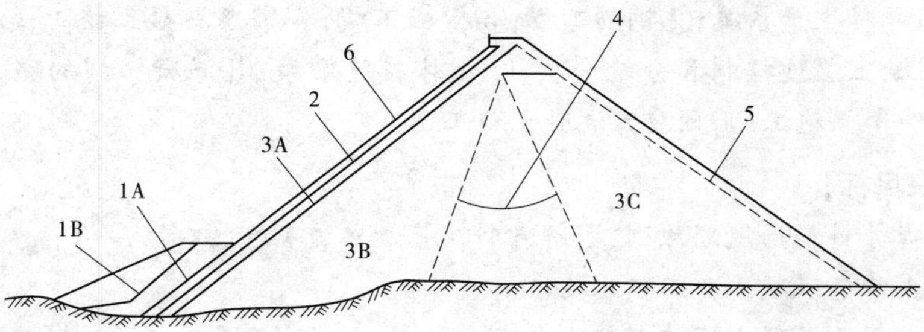

图5-44　拦河坝断面示意图

施工过程中发生如下事件：

事件一：施工单位进驻工地后，对石料料场进行了复核和规划，并进行了坝料开采爆破试验和堆石料碾压试验。面板混凝土采用滑动模板施工。

事件二：堆石坝体施工时采用挖掘机装、自卸汽车运输、振动碾压实。

事件三：混凝土面板堆石坝施工完成了混凝土面板和主坝坝体的施工。

事件四：混凝土面板设计采用金属止水，施工单位将金属止水采用搭接方式直接制作及安装。面板混凝土脱模后，立即采用洒水的方法养护，持续养护28 d。

问题：

(1)指出图5-44拦河坝坝体分区中各部位的名称。

(2)事件一中，坝料开采宜采用什么方法？堆石坝体填筑要确定哪些压实参数？

(3)根据《混凝土面板堆石坝施工规范》(SL 49—2015)，指出事件一中石料料场复核的主要内容。

(4)事件二中堆石坝体填筑采用哪些方法检查？坝料压实检查项目有哪些？各检查项目的取样次数是多少？

(5)指出事件三中混凝土面板的施工工艺。

(6)指出事件四中施工方面的不妥之处，并说明正确做法。

项目六 混凝土坝施工

【任务概述】

20世纪50年代以来,我国已建和在建的装机容量在1.2万kW以上的水电站中,混凝土坝约占70%,其中大型水电站中混凝土坝占84%,共浇筑各种水工混凝土2.48亿m^3。在已建成的100 m以上高坝中,混凝土坝占1/2以上,而混凝土双曲拱坝、碾压混凝土坝更是成为当前我国高坝发展的新趋势。以上数据表明混凝土坝在我国占有主导地位,混凝土工程施工是我国水利水电工程建设中的一个最重要的组成部分。主要工作任务有:①砂石骨料生产系统;②钢筋工程;③模板工程;④常态混凝土施工;⑤碾压混凝土坝施工;⑥混凝土温度控制和分缝分块;⑦坝体接缝灌浆;⑧混凝土坝的施工质量控制;⑨混凝土特殊季节施工;⑩预应力混凝土施工。

【知识目标】

1.掌握骨料料场规划原则,了解骨料生产加工流程。

2.掌握常态混凝土施工技术要求。

3.熟悉碾压混凝土坝施工技术要点。

4.熟悉混凝土温度控制措施。

5.掌握混凝土施工质量控制的技术要求。

6.掌握混凝土冬季施工技术措施。

7.熟悉预应力混凝土施工工艺 。

【能力目标】

1.会控制骨料质量。

2.能指导混凝土坝施工。

3.会解决混凝土温度控制问题。

4.能控制混凝土坝施工质量。

5.能解决混凝土冬季施工技术问题。

6.能指导预应力混凝土施工。

任务一 砂石骨料生产系统

一、骨料料场规划

(一)砂石料料源规划的内容与方法

1.料源规划内容

料源规划贯穿于整个工程的各个设计和施工阶段,料源规划是骨料生产系统设计的基础，是根据混凝土骨料的来源、混凝土浇筑手段、施工工期、施工机械装备、加工厂的设置与施工总体布置之间的协调关系，并结合施工组织设计，以满足工程混凝土对骨料数量、质量、级配及供应能力的要求为指导原则，随着设计阶段的深入和料场勘探精度的提高，组合出最佳的料源利用方案。最佳料源方案取决于料场的布局、开采条件、可利用料的贮量、质量、天然级配、加工条件、弃料量、运输方式、运输距离及生产成本等因素，并结合工程实际进行综合技术经济分析论证。

2. 料源规划方法

料源规划基于工程施工组织设计和资源条件，来满足工程对混凝土和砂石料数量、质量、级配及供料强度的需要为目标。根据以往工程实践经验确定有限的料源组合砂石料料源的选择与规划，经过综合技术经济比较，选定最佳规划方案。这种规划方法可靠性较高，但比选方案有限，易受方案设计人员工程经验限制，且工作量大。对混凝土量十分庞大的工程，勘探提供料源规划的料场往往多达数十个，多个料源的组合具有不同的开采、运输、加工及系统设置方案。尤其是准备开工和开工后的工程，在进行料源规划和需要调整原料源规划方案时，采用传统方法在短时间内很难优选到最佳方案，容易对工程砂石料的生产、供应造成影响。运用系统工程的理论与方法，通过现代计算机技术手段进行数据处理，对砂石料综合规划进行动静态的优化设计，并引入专家系统寻求符合规定条件的最佳方案，快速准确地进行工程各阶段的料源规划与调整。采用现代系统工程理论与先进的计算机技术来优选方案和优化设计，是水利水电工程砂石料规划工作领域的发展方向与趋势。

（二）砂石料料源的分类

水利水电工程砂石料料源有天然砂砾石骨料、人工骨料与工程开挖利用料。部分规模小、部位分散、距离长（如堤防工程、调水工程）的工程亦可结合当地商品砂石料生产情况直接采购成品骨料。一般情况下，各种料源均可生产粗细骨料，但根据料源骨料品质的不同，有的料源则只能用于生产粗骨料（或细骨料），采用何种骨料，一般取决于对料源的物理化学试验结果。

1. 天然砂砾石料场

天然砂砾石料场按其产地、料层位置可分为陆上料场、河滩料场和河床水下料场等几类。天然骨料级配往往与工程要求有较大差距，需通过级配加工或外购骨料补充不足级配料来调整，以满足工程需要。采取何种工艺，需结合料场分布位置、开采条件、贮量、料源品质等因素综合考虑。天然骨料开采、加工条件一般优于人工料场，应创造条件尽量利用。天然砂砾石料场的开采往往受水文条件影响，其开采与贮备必须统筹计划。同时还必须处理好开采对通航、环保及对水资源的影响。

一般覆盖层较厚的陆上料场，杂质含量较高，但开采不受河水的影响。

大部分的天然砂石料场为河滩料场，一般在枯水期出露，在汛期淹没或部分淹没，绝大部分砂石料位于水下。

河床料场实际上就是指常年处于河水面以下的料场，这种料场常与河滩料场连成一片。

2. 人工料场

人工料场是作为人工骨料的原岩料场，也常称为采石场，湿抗压强度在 39.2 MPa 以上的致密块状，厚层状岩石均可做人工骨料的原石，但粗骨料（碎石）细骨料（人工砂）对原岩的要求不尽相同。在确定料源是否满足技术要求时，除须进行探取样试验外，有条件和必要时应做破碎和制砂试验，以检验成品有害成分（如游离云）含量、针片状含量是否符合要求，为系统设计提供设备处理能力、破碎产品粒度特性、可碎性和对加工机械设备磨蚀性等技术数据。

人工料场具有与施工干扰较少，受自然因素影响小等特点，可常年开采，加工出的成品骨料质量稳定，管理相对集中，有利于均衡生产，级配易于按需调整，减少堆料场地。

3. 工程开挖利用料

水利水电工程施工中，诸如导流隧洞、大坝基础、通航建筑物及电站厂房等主体工程的开挖，常有大量工程弃渣要外运弃置，其中有很大一部分可利用作为人工骨料的原材料。工程弃渣的利用大大降低砂石骨料的成本，能减少工程弃渣处置费用，有利于环保，应优先考虑，综合利用。

工程弃渣的利用应尽量使工程开挖施工进度与弃渣利用时间结合。工程弃渣的利用水平亦与工程管理密切相关。

统筹规划、协调管理是充分利用工程弃渣的关键，一般应遵循以下原则：

(1)应在石方开挖出渣前，规划建设好可利用料堆贮场地。

(2)石方开挖工程要选用合适的钻爆参数，以使可利用料的出渣块度适应加工厂粗碎设备的粒径要求。

(3)从施工总进度计划着手，在不影响控制进度的前提下，协调开挖和浇筑进度，以减少利用料堆贮量，提高利用率。

(4)尽量创造条件，使利用料直接从开挖现场运至加工系统，减少二次挖运量，降低成本。

(5)避免有用料与无用料混杂，避免降低系统的加工能力。

（三）砂石料源规划的原则

在进行砂石料场规划时，应遵循如下原则：

(1)砂石料综合规划设计应严格按规范或已经多个工程验证的成熟经验作为设计依据。

(2)砂石料规模必须以相应深度的勘探资料为基础，有序进行。资料内容应包括料场质量、储量、级配组成、产状分布、剥采比和开采条件。砂石料规划一经审查确定，一般不宜做总体方案上的重大变动，除非经过全面论证工作，决策要慎重。

(3)料源规划应与施工承包商普遍采用的施工设备和施工管理水平相适应。

(4)分期施工的工程，应统筹考虑料源在各期的使用及其加工系统的延续性。

(5)在进行料场选择时，先要了解工程的需要和河流梯级（或地区）的近期发展规划、料源状况，以便确定建立梯级共用或分区性的砂石生产基地，或建设专用的砂石系统。

(6)根据工程混凝土工程量、级配资料，结合料源的实际情况，通过综合的技术经济比较确定。成品骨料的利用率，一般宜在 90% 以上，低于 90% 时，应采取级配调整措施，做到经济合理。

(7)根据料源的分布、贮量、质量和采运条件,对采用天然或人工骨料做出初步的判定。只有确认天然或人工骨料有明显的优越性时,才采用一种骨料方案。如有相当数量的工程开挖利用料,应考虑利用开挖利用料的可能性。

(8)对于人工采石场,要从岩性、夹层、埋藏状况来判断其开采和加工条件。一般地说,岩石的强度高,特别是冲击强度高,岩石的可碎性、可磨性差,对设备的磨蚀性大。这对破碎筛分设备及工艺流程的选择极其重要。

对于天然砂砾料场,须进行质量评价。对于不符合质量要求的砂砾料,要研究改善质量的可能性和经济价值。

(9)根据各料场原料的贮量、质量、级配和开采运输条件,拟定料场的组合使用方案在料场选择时,应优先考虑下列料场:

①可采贮量为工程需要量50%以上的料场。

②与砂石料用户或现成准轨铁路、码头距离在5~10 km以内的料场。

③有用成分在80%以上的料场。

④平均剥采比:天然砂砾料场在0.2以下,采石场在0.4以下,覆盖层的厚度不超过12~15 m的料场。

⑤有用料层的厚度:天然砂砾料场在3 m以上,采石场在12~15 m以上。

⑥料场的地形具备建立必要的作业面的条件。

⑦天然料场具备陆上开采条件的料场。

⑧采石场与周围建筑物、交通干线、施工场地有足够的安全距离(500 m以上)。

⑨不占或少占农田,不拆迁或少拆迁现有生活、生产设施的料场。

(10)通过综合的技术经济分析,选定料场规划方案。

在进行料场技术经济分析时,要以满足质量、数量为前提,优先选用开采、运输、加工费用低的方案。

一般来讲,天然料的生产成本低于人工料,应优先考虑利用。但随着大型、高效、耐用的骨料加工设备的发展,以及工程管理水平的提高,人工骨料的成本接近甚至低于天然骨料。人工骨料比天然骨料具有许多优越性,如级配可按需要调整、质量稳定、管理集中、生产均衡、自然条件影响小、堆料场占地少等。工程弃渣是一种低廉的砂石料源,应充分利用其中的有用料。

采用天然料与人工料搭配生产混凝土时,要进行非常认真细致的工作。采用搭配方案通常是天然料储备非常丰富,料源质量指标满足要求,但料场天然级配的可调整性差,采用级配平衡料调整后,仍不能达到混凝土级配要求时,一般通过开采部分人工料进行解决。有时天然料中粗骨料含量特别低,而细骨料储量丰富,粗骨料的利用价值不高,天然料场只提供细骨料,粗骨料全部由人工料加工。陆水工程就采用天然砂和人工碎石作为混凝土骨料。总之,料源规划应因地制宜,就地取材,充分利用现有料源资源,做到经济、可行。

(11)分期使用料源时前后期原料应统筹安排。

(12)人工料场应制订工程完工后的植被恢复计划,以防止水土流失,保护环境。

料源规划是一项十分复杂的系统工程,在遵循以上基本原则的基础上,以往的工程建设经验对拟建工程的料源规划具有积极的参考价值。

对大中型水利水电工程砂石料的生产,宜采用规模化生产,而且应考虑大坝左右岸设置砂石加工系统的可行性和必要性。

砂石料料源的规划应与主体工程的施工布置、施工进度和施工方案的变化相适应。

对不同工程,在料源基本资料的基础上,料源规划不能离开主体工程的施工条件,这也是料源规划的一条重要原则。

(四)砂石料毛料开采量的确定

砂石料毛料开采量是以主体工程混凝土量为计算依据,并考虑工程地质缺陷处理、超挖回填、临建工程、施工损耗等附加混凝土工程量。一般在规划设计时大中型工程可按5% ~8%考虑;施工设计时需结合主体工程的坝型设计及坝址地质条件等因素综合分析确定。对水工混凝土而言,砂石料需要量应按各级配混凝土需要量,按比例分别计算。在初步估算时可按每立方米混凝土约需1.5 m^3 砂石净骨料(其中粗骨料约1.067 m^3,细骨料0.433 m^3)计算,折合成料场开采量需计入开采、加工、运输、储存等损耗系数。人工料和天然料各种系数有所差别,计算时应分别考虑。

1.天然骨料

毛料开采量取决于混凝土中各种粒径的骨料需要量和天然砂砾料中各种粒径骨料的含量。混凝土通常都有几种强度等级,每种混凝土都有各自的配合比用量。设某工程共有 j 种强度等级混凝土,每一种混凝土的工程量 V_j,该强度等级混凝土中 i 种粒径骨料的单位用量 e_{ij},则第 i 组骨料总需要量 q_i 为

$$q_i = (1 + K_c) + \sum_j e_{ij}V_j \tag{6-1}$$

式中　K_c——混凝土出机后的损失系数,为0.01 ~0.02。

为满足第 i 组骨料(净料)的总需要量 q_i,则需要开采的砂砾料总量 Q_i(m^3天然方计)

$$Q_i = (1 + K)\frac{q_i}{K_p p_i} \tag{6-2}$$

式中　K——骨料生产过程中的损耗系数,是各生产环节损耗系数的总和,即 $K = K_1 + K_2 + K_3 + K_4$,其中 K_1、K_2、K_3、K_4参见表6-1;

K_p——砂砾料的松散系数,取1.15 ~1.35;

p_i——天然骨料中第 i 组骨料粒径含量的百分比。

表6-1　天然骨料生产过程骨料损失系数

骨料损失的生产环节		系数	损失系数值		
			砂	小石	大中石
开挖作业	水上	K_1	0.15 ~0.2	0.02	0.02
	水下		0.3 ~0.45	0.05	0.03
加工过程		K_2	0.07	0.02	0.01
运输堆存		K_3	0.05	0.03	0.02
混凝土生产		K_4	0.03	0.02	0.02

由于天然级配与混凝土的设计级配难以吻合,总是存在一些粒径的骨料较一些粒径短缺。为了满足短缺粒径的需要而增大开采量,将导致其余各粒径的弃料增加,造成浪费,为避免上述现象,减少开采总量,可采取如下措施:

(1)调整混凝土骨料的设计级配。在允许的情况下,减少短缺骨料的用量但随之可能会使水泥用量增加,引起水化热温升增高、温度控制困难等一系列问题,需要通过技术经济比较确定。

(2)用加工破碎骨料补充短缺料。如果天然骨料中大石多于中小石,可将大石破碎一部分去满足短缺的中小石。采取这种措施,应利用破碎机的排矿特性,调整破碎机的排料口,使出料中短缺骨料达到最多,尽量减少二次破碎和新的弃料,以降低加工费用。总之,骨料设计方案,应以生产总费用最小为目标。

2. 人工骨料

如需要利用开采石料作为人工骨料料源,则石料开采量 V_r,可按下式计算:

$$V_r = (1 + k)eV_o/\beta\rho \quad (m^3,\text{实方}) \tag{6-3}$$

式中 k——人工骨料损失系数,对碎石,加工损失为2% ~4%,对人工砂,加工损失为10% ~20%,运输储存损失为3% ~6%;

e——每立方米混凝土的骨料用量,t/m^3;

V_o——混凝土的总需用量,m^3;

β——块石开采成品获得率,取80% ~95%;

ρ——块石密度,t/m^3。

在采用或部分采用人工骨料时,若有工程开挖料可供利用,应将利用部分扣除。

二、骨料的加工及加工设备

(一)毛料开采

1. 河滩、河床天然料场的开采

河床和河滩料场的开采受水文条件影响大,规划时必须充分掌握和详细分析相关资料。对于水下开采的河床料场,开采作业主要受河水水位和流速的控制,应根据开采设备允许的作业流速和开采深度确定开采水位的上限,据此计算一年中的有效开采时间。在河床或河滩开采天然砂砾料,一般使用链斗式采砂船开采,配套砂驳作水上运输至岸边,然后用皮带机上岸,最后组织陆路运输至骨料加工厂毛料堆场。

天然料场受施工和自然因素影响较大,在料源规划时,必须充分考虑工程特点、采运设备技术性能、运输线季节性中断及料场的贮量与质量间的相互关系。一般坝上游料场在截流或蓄水后往往淹没在水下,开采运输困难,应安排在截流或蓄水前使用,有的料场则因航深及开采设备自身条件限制,只能在丰水或枯水季节使用。

较大的天然砂砾料场,砂石的天然级配在深度和广度上往往有所变化,因此常需分层分区进行开采,一般应遵循以下原则:

(1)分层分区应保证开采和运输线路的连续性。

(2)应将覆盖层薄、料层厚、易开采、运距近、交通方便的料区安排在工程的高峰施工时段(或年度)开采,以便提高生产效率,减少采运设备。

(3)对于陆基水下开采的河滩料场,应尽可能将洪水位(或汛期开采水位)以上的料层或料区留待汛期开采,枯水期则集中开采洪水位以下部位的料层或料区。

(4)河滩和河床料场的分区开采应注意避免汛期冲走有用料层,对某些料场,还可以创造条件,使开采后形成的料坑被洪水挟带的砂砾石重新淤积起来,枯水期重新加以利用。

(5)料区的开采计划应尽可能照顾各个时期的级配平衡。

2. 人工料场的开采

一般采用钻爆法松动岩体,然后沿作业面用正铲、反铲或装载机装渣,用自卸汽车、列车、皮带机等运至骨料加工厂毛料堆场。与一般土石方开挖作业不同,料场要求采用钻爆作业控制开采块石的粒径,一般采用微差挤压爆破法,控制爆破后的骨料粒径,尽量降低超过粗碎设备允许进料粒径的超径大块石的含量,同时避免过多石渣的产生。一般颚式和旋回破碎机的允许最大进料粒径为进料口尺寸的80% ~85%。

(二)骨料生产

天然河床料场、人工料场、工程开挖利用料的毛料都不能直接用于拌制混凝土,需要通过破碎、筛分、冲洗等加工过程,制成符合级配要求、除去杂质的各级粗、细骨料。把骨料破碎、筛分、冲洗、运输和堆放等一系列生产过程集中布置,成为骨料加工厂。当采用天然骨料时,加工的主要作业是筛分和冲洗;当采用人工骨料时,主要作业是破碎、筛分、冲洗和棒磨制砂。

1. 骨料加工厂生产规模确定

骨料加工厂的设计处理能力应满足高峰时段的平均月需要量,即

$$Q_d = K_s(Q_c A + Q_0) \tag{6-4}$$

式中 Q_d——骨料加工厂的月处理能力,t/月;

Q_c——高峰时段的混凝土月平均浇筑强度,m^3/月;

Q_0——工程其他骨料的月需要量,t/月;

A——每立方米混凝土的砂石用量,t/m^3,一般可取2.15~2.20 t/m^3;

K_s——计骨料加工、转运损耗及弃料在内的综合补偿系数,一般可取1.2~1.3,天然砂石料还应考虑级配不平衡引起的弃料补偿。

骨料加工厂的小时处理能力与作业制度关系很大,在高峰施工时段,一个月可以工作25 d以上,一天也可3班作业。但是为了统计、分析和比较,生产或设计指标要有一个共同的基础,建议采用规范化的计算方法,一般可按每月25 d,每天2班14 h计算。按高峰月强度计算处理能力时,每天可按3班20 h计算。

2. 骨料加工厂厂址的选择

骨料加工厂的设置应综合考虑工程施工总体布置、料源情况、水文、地质、环境保护等因素,一般在砂石系统总体规划时,应与料场位置、骨料运输方案、工程分期、施工标段等条件综合比较选定。

(1)对于分期施工,多品种料源的加工厂设置应充分考虑,统一设置,互为补充,尽量减少工厂设置数量,以减少投资,方便管理。

(2)多料场供料的天然砂石加工厂厂址,一般在主料场附近设厂,也可在距混凝土工

厂较近的地段设厂,要根据方案进行技术经济比较后确定。

(3)人工骨料料场离坝址较近,砂石加工厂宜设在距料场 1～2 km 的范围内,以利提高汽车运输效率;也可设在混凝土工厂附近,以便与混凝土拌和系统共用净料堆场,以减少土建工程量,方便管理。如料场距坝址较远,可将粗碎车间布置在料场附近,以减少汽车运距,粗碎车间至加工厂间可用胶带机运输半成品料,加工厂的位置则根据当地条件,通过方案比较确定。

(4)充分利用自然地形,尽量利用高差进行工艺布置组织料流,降低设施的土建和运转费用。

(5)厂址应尽量选择靠近交通干线,水、电供应方便,有利排水条件的地段。

3. 骨料加工生产流程及主要设备

1)破碎

为了将开采的石料破碎到规定的粒径,往往需要经过几次破碎才能完成。因此,通常将骨料破碎过程分为粗碎(将原石料破碎到 300～70 mm)、中碎(破碎到 70～20 mm)和细碎(破碎到 20～1 mm)三种。

骨料用碎石机进行破碎。碎石机的类型有颚式碎石机、锥式碎石机、辊式碎石机和锤式碎石机等。

A. 颚式碎石机

颚式碎石机,又称为夹板式碎石机,其构造如图 6-1 所示。它的破碎槽由两块颚板(一块固定,另一块可以摆动)构成,颚板上装有可以更换的齿状钢板。工作时,由传动装置带动偏心轮作用使活动颚板左右摆动,破碎槽即可一开一合,将进入的石料轧碎,从下端出料口漏出。

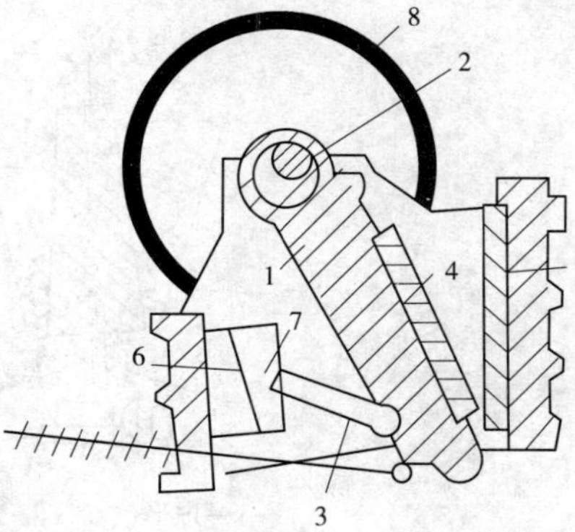

1、4—活动颚板;2—偏心轴;3—撑板;5—固定颚板;
6、7—调节用楔形机构;8—偏心轮

图 6-1　颚式碎石机构造

按照活动颚板的摆动方式,颚式碎石机又分为简单摆动式和复杂摆动式两种,其工作原理如图 6-2 所示。复杂摆动式的活动颚板上端直接挂在偏心轴上,其运动含左右摆动和上下摆动两个方向,故破碎效果较好,产品粒径较均匀,生产率较高,但颚板的磨损较快。

颚式碎石机结构简单,工作可靠,维修方便,适用于对坚硬石料进行粗碎或中碎。但成品料中针片状含量较多,活动颚板需经常更换。

B. 锥式碎石机

它的破碎室由内、外锥体之间的空隙构成。活动的内锥体装在偏心主轴上,外锥体固定在机架上,如图 6-3 所示。工作时,由传动装置带动主轴旋转,使内锥体做偏心转动,将石料碾压破碎并从破碎室下端出料槽滑出。

锥式碎石机是一种大型碎石机械,碎石效果好,破碎的石料较方正,生产率高,单位产品能耗低,适用于对坚硬石料进行中碎或细碎。但其结构复杂,体形和重量都较大,安装维修不方便。

C. 辊式碎石机和锤式碎石机

辊式碎石机是用两个相对转动的滚轴轧碎石块，锤式碎石机是用带锤子的圆盘在回转时击碎石块。适用于破碎软的和脆的岩石，常担任骨料细碎任务。

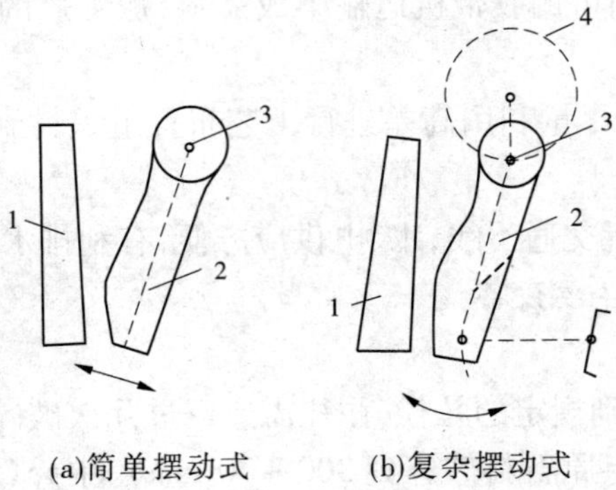

1—固定颚板；2—活动颚板；3—悬挂点；4—悬挂点轨迹

图 6-2　颚式碎石机工作原理

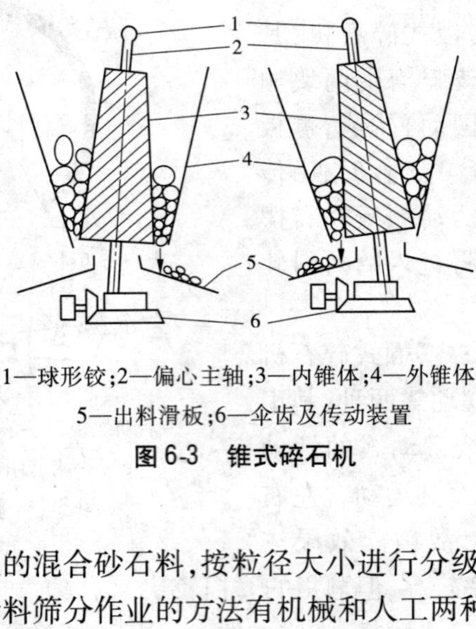

1—球形铰；2—偏心主轴；3—内锥体；4—外锥体；
5—出料滑板；6—伞齿及传动装置

图 6-3　锥式碎石机

2) 筛分与冲洗

筛分是将天然或人工的混合砂石料，按粒径大小进行分级。冲洗是在筛分过程中清除骨料中夹杂的泥土。骨料筛分作业的方法有机械和人工两种。大中型工程一般采用机械筛分。

A. 偏心轴振动筛

偏心轴振动筛又称为偏心筛，其构造如图 6-4 所示。它主要由固定机架、活动筛架、筛网、偏心轴及电动机等组成。筛网的振动，是利用偏心轴旋转时的惯性作用，偏心轴安装在固定机架上的一对滚珠轴承中，由电动机通过皮带轮带动，可在轴承中旋转。活动筛架通过另一对滚珠轴承悬装在偏心轴上。筛架上装有两层不同筛孔的筛网，可筛分三级不同粒径的骨料。偏心筛适用于筛分粗、中颗粒，常担任第一道筛分任务。

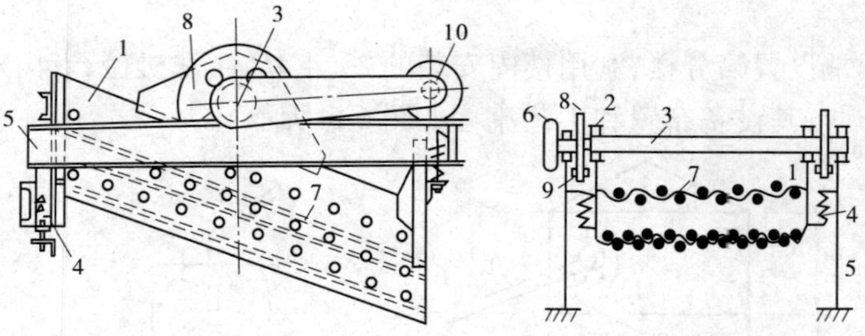

(a)构造简图　　(b)工作原理

1—活动筛架;2—筛架上的轴承;3—偏心轴;4—弹簧;5—固定机架;
6—皮带轮;7—筛网;8—平衡轮;9—平衡块;10—电动机

图 6-4　偏心轴振动筛

B. 惯性振动筛

惯性振动筛又称为惯性筛,其构造如图 6-5 所示。它的偏心轴(或带偏心块的旋转轴)安装在活动筛架上,筛架与固定机架之间用板簧相连。筛网振动靠的是筛架上偏心轴的惯性作用。

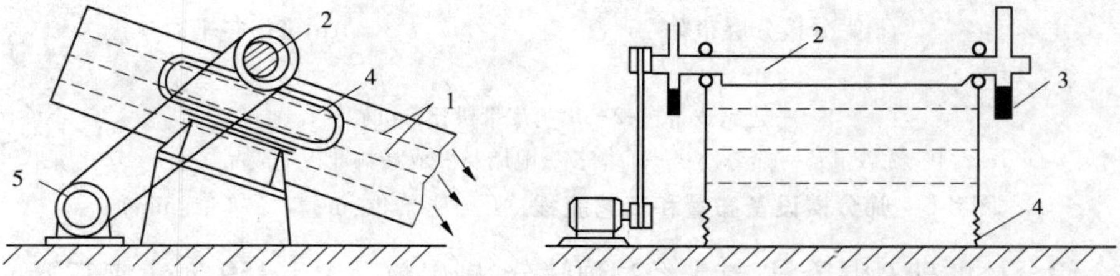

(a)构造简图　　(b)工作原理

1—筛网;2—筛架上的偏心轴;3—调整振幅用的配重盘;4—消振板簧;5—电动机

图 6-5　惯性振动筛

惯性筛的特点是弹性振动,振幅小,随来料多少而变化,容易因来料过多而堵塞筛孔,故要求来料均匀。适用于中、细颗粒筛分。

C. 自定中心筛

自定中心筛是惯性筛上的一种改进形式。它在偏心轴上配偏心块,使之与轴偏心距方向相差 180°,还在筛架上另设皮带轮工作轴(中心线)。工作时向上和向下的离心力保持动力平衡,工作轴位置基本不变。皮带轮只做回转运动,传给固定机架的振动力较小,皮带轮也不容易打滑和损坏。这种筛因皮带轮中心基本不变,故称为自定中心筛。

在筛分的同时,一般通过筛网上安装的几排带喷水孔的压力水管,不断对骨料进行冲洗,冲洗水压应大于 0.2 MPa。

在骨料筛分过程中,由于筛孔偏大,筛网磨损、破裂等因素,往往产生超径骨料,即下一级骨料中混入的上一级粒径的骨料。相反,由于筛孔偏小或堵塞、喂料过多、筛网倾角过大等因素,往往产生逊径骨料,即上一级骨料中混入的下一级粒径的骨料。超径和逊径骨料的百分率(按重量计)是筛分作业的质量控制指标。要求超径石不大于 5%,逊径石不大于10%。

大中型工程常设置筛分楼，利用楼内安装的2~4套筛、洗机械，专门对骨料进行筛分和冲洗的联合作业，其设备布置和工艺流程如图6-6所示。

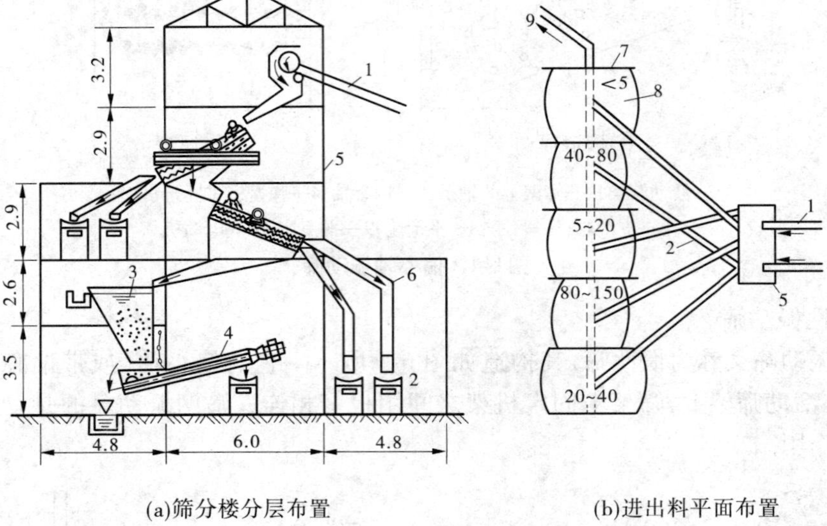

1—进料皮带机；2—出料皮带机；3—沉砂箱；

4—洗砂机；5—筛分楼；6—溜槽；7—隔墙；8—成品料堆；9—成品运输

图6-6　筛分楼设备布置和工艺流程　（尺寸单位：m；料径单位：mm）

进入筛分楼的砂石混合料，首先经过预筛分，剔出粒径大于150 mm(或120 mm)的超径石。经过预筛分运来的砂石混合料，由皮带机输送至筛分楼，再经过两台筛分机筛分和冲洗，四层筛网(一台筛分机设有两层不同筛孔的筛网)筛出了五种粒径不同的骨料，即特大石、大石、中石、小石、砂子，其中特大石在最上一层筛网上不能过筛，首先被筛分出，砂子、淤泥和冲洗水则通过最下一层筛网进入沉砂箱，砂子落入洗砂机中，经淘洗后可得到清洁的砂。

经过筛分的各级骨料，分别由皮带机运送到净料堆贮存，以供混凝土制备的需要。

4. 制砂

制砂工艺是砂石加工厂的关键技术，以前多以棒磨机为主要制砂设备。近年来，随着冲击式破碎机、旋盘式破碎机、“石打石”立轴式破碎机等新机型的出现，制砂工艺由单一棒磨机制砂方式，发展到多种类型及联合型的制砂方式，如反击式破碎机制砂、“石打石”立式冲击破碎机制砂，以及上述机型与棒磨机、筛分石渣的联合式制砂工艺等。在联合式制砂工艺中，棒磨机往往起调整砂细度模数和补充产量的作用。单一方式制砂一般用于中小型或临时工程，联合型则适合大型或特大型工程。

1)冲击式破碎机制砂工艺

该工艺可适用于天然骨料或人工骨料制砂，工艺上常采用两层筛网的检查筛，将其产品分为大于5 mm、5~3 mm、小于3 mm三级，其中大于5 mm和部分5~3 mm料返回制砂机，进行再破碎，其典型制砂工艺流程见图6-7。

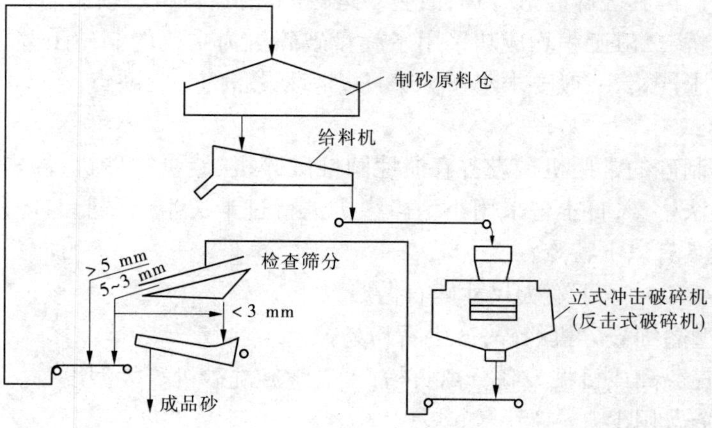

图 6-7　冲击式破碎机制砂工艺流程图

2)旋盘式破碎机制砂工艺

以旋盘式破碎机为制砂主机的典型人工砂工艺如图 6-8 所示。

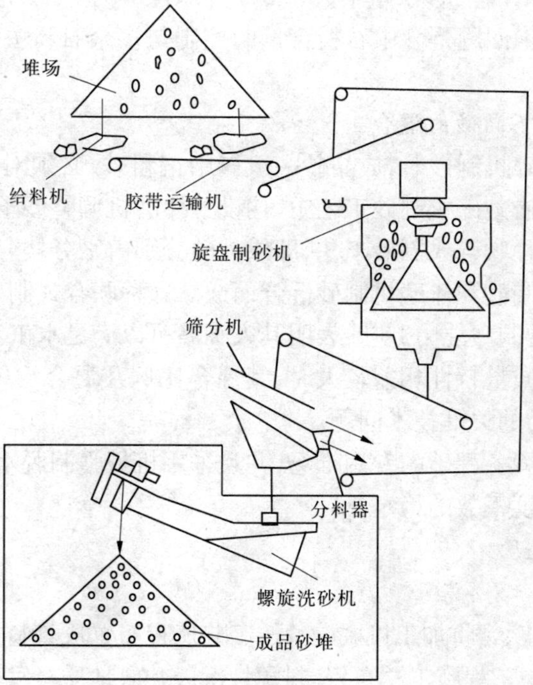

图 6-8　旋盘式破碎机制砂工艺流程

生产流程为将 19 ~ 38 mm 并有一定级配的碎石从料仓经给料机、胶带机送入带有布料器的旋盘破碎机制砂,通过筛分机、分料器形成闭路,来调整最优给料级配,获得预期的最优产品级配。由螺旋洗砂机洗选石粉后,将成品砂运到砂堆。该工艺的优点是生产能力大且稳定,成品颗粒方正,制砂机与筛分机、分料器形成闭路使给料级配、产品级配和细度模数均可调控。因其破碎腔形合理,故生产运行能耗低,衬板磨损周期长、钢耗低、维护简单。我国天生桥、二滩工程均成功采用了旋盘破碎机为主机的制砂工艺。旋盘破碎机对原料含水量要求严格,一般要求小于1%。这是该设备的一大缺点。

3)干法制砂工艺

适用于干法制砂的常用机械设备有惯性圆锥破碎机、旋盘制砂机、冲击式破碎机等。棒磨机更适宜湿法生产,日本曾采用小型棒磨机进行过干法生产试验与应用。干法制砂与湿法制砂比较具有以下特点:

(1)可采用40 mm以下较大尺寸碎石做原料。

(2)采用大型超细破碎机粉碎,产生石粉易控制。

(3)采用空气分离或机械设备分离石粉,不需螺旋洗砂机等大型设备。

(4)初期投资费用少。

(5)运行管理方便,运行费便宜。

(6)能加工出与湿法生产相近的优质人工砂。

(7)原料中含泥不易处理,影响成品砂质量,需在前段破碎工艺中进行处理和控制料场原料块径。

(8)制砂原料要求干燥,含水量不大于2%,否则影响空气或机械分离石粉效果。

干法制砂关键技术问题是砂中石粉含量的控制与多余石粉去除,一般是通过空气分级机来实现的。

4)联合式制砂及不同砂的混合工艺

在采用冲击式破碎机制砂时,成品砂一般属中偏粗砂,必须对这种砂进行级配调整。大型水利水电工程冲击破碎机制砂工艺中,均设置棒磨机调整砂子级配的工艺。二滩、三峡工程制砂采用了这种联合式制砂工艺,即成品砂分别由筛分楼分级石渣、旋盘式破碎机制砂或冲击式破碎机制砂和棒磨机制砂混合而成。这种联合式制砂技术大大降低了制砂成本,提高制砂设备的制砂能力,实践表明其人工砂可以满足水工混凝土对细骨料的级配要求。但当各种砂的质量特性相差较大时,其混合比例及混合均匀程度和含水量稳定等质量要求,成为砂使用的关键技术问题。

对于人工砂应设置各种砂的专用堆场,并且采用机械强制脱水及定量混合等工艺,保证成品砂含水量和细度模数的稳定。

三、骨料加工厂

大规模的骨料加工,常将加工机械设备按工艺流程布置成骨料加工厂。骨料加工厂的布置原则上应综合考虑工程施工总布置、料源情况、水文、地质、环境保护等因素,根据地形情况、料场位置、工程分期、施工标段等条件综合比较选定。做好主要加工设备、运输线路、净料和弃料堆的布置。骨料加工厂宜尽可能靠近混凝土生产系统,以便共用成品堆料场。

四、骨料的储存

为了适应混凝土生产的不均衡性,可利用堆场储备一定数量的骨料,以解决骨料的供求矛盾。骨料储量多少,主要取决于生产强度和管理水平。通常可按高峰时段月平均值的50%～80%考虑。汛期、冰冻期停采时,须按停采期骨料需用量外加20%的余度考虑。

(一)骨料堆存的质量要求

防止跌碎和分离是骨料堆存质量控制的首要任务。为此应控制卸料的跌落高度,避免转运过多,堆料过高。堆料时应分层堆料,逐层上升,或采用动臂堆料机,使卸料跌差保持在3 m以内。跌差过大,应辅以梯式或螺旋式缓降器卸料。

在进入拌和机前,砂料的含水量应控制在5%内,但又保持一定湿度。含水量过高对混凝土质量有一定影响。

堆存中骨料的混级是引起骨料超逊径的重要原因之一,应予防止。堆料场内还应设排污和排水系统,以保持骨料的洁净。砂料堆场的排水尤应良好,应有3 d以上的堆存时间,以利脱水。

(二)骨料堆场形式

堆料仓通常用隔墙划分,隔墙高度可按骨料动摩擦角34°～37°加超高值0.5 m确定。大、中型堆料场一般采用地弄取料。地弄进口高出堆料地面,地弄地板设大于5‰的纵坡,以利排水。各级成品料取料口不宜小于3个,且宜采用事故停电时能自动关闭的弧门。骨料堆场的布置主要取决于地形条件、堆料设备及运输进出料方式,其典型布置如下。

1. 台阶式堆料

如图6-9所示,堆料和进料地面有一定高差,由汽车或机车卸料至台阶下,由地弄廊道顶部的弧门控制给料,再由廊道内的皮带机送料。廊道顶部的料仓常用推土机集料或散料以扩大堆存容积。

2. 栈桥式堆料

如图6-10所示,在平地上堆料可架设栈桥,在栈桥桥面上安装皮带机,经卸料小车向两侧卸料,料堆呈棱柱体,由廊道内的皮带机出料。这种堆料方式,堆料跌落高度大,在自然休止角外的骨料自卸容积小,必须借助推土机扩大堆料和卸料容积。

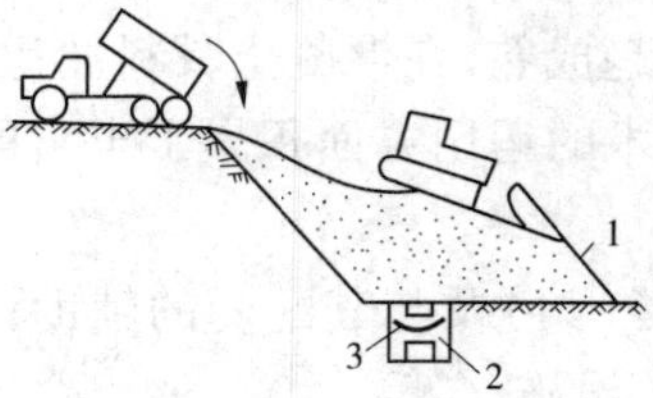

1—料堆;2—廊道;3—出料皮带机

图6-9　台阶式骨料堆

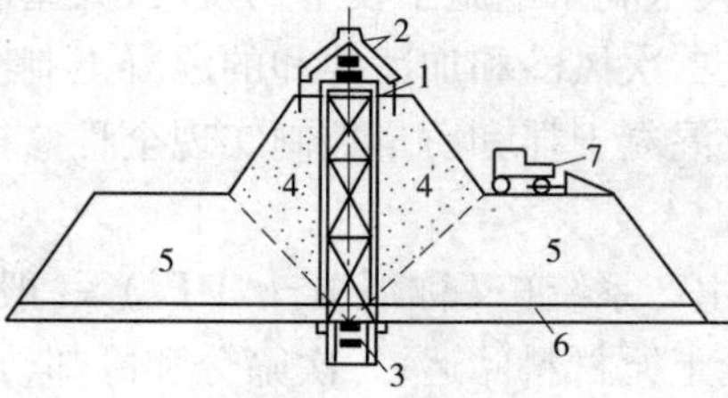

1—进料皮带机栈桥;2—卸料小车;3—出料皮带机;
4—自卸容积;5—死容积;6—垫底损失容积;7—推土机

图6-10　栈桥式骨料堆

3. 堆料机堆料

如图6-11所示,堆料机是机身可以沿轨道移动,有悬臂皮带机送料扩大堆料范围的装置。该装置又分双悬臂和动臂式。后者的卸料皮带机可随动臂旋转仰俯,随堆料的高度和位置而变化,使卸料高度始终保持在允许跌落高度的范围内,避免跌碎骨料产生逊径。为了增大堆料容积,可在堆料机轨道下修筑路堤。

通常，充分利用地形，采用台阶式堆料最经济（三门峡、新安江等工程采用）。美国德沃歇克坝，由于地处陡峻河谷，将碎石厂布置在采石场地下，开凿容积 4 000 m^3 的竖井作为临时料仓，从而节约了占地和堆料的能源。而国内丹江口和葛洲坝工程地形开阔，则采用动臂堆料机堆料。堆料场布置的重要原则是应尽量增大自卸容积，减少死容积，从而尽量减少辅助集料措施，不仅可节省费用，而且也有利于保证出料的级配和避免污染。

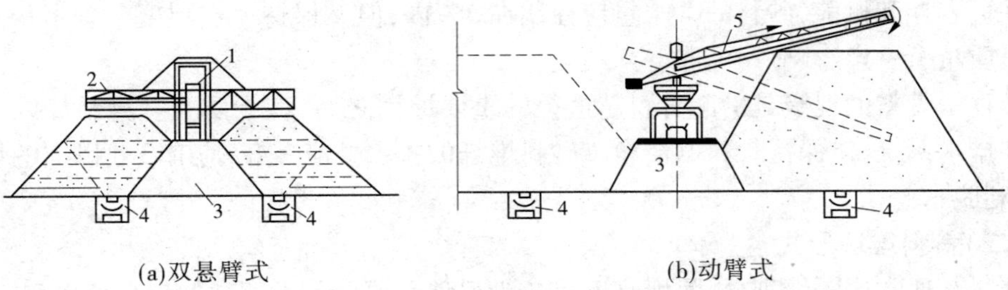

(a)双悬臂式　(b)动臂式

1—进料皮带机；2—可两侧移动的梭式皮带机；3—路堤；4—出料皮带机廊道；5—动臂式皮带机

图 6-11　堆料机堆料

任务二　常态混凝土施工

一、混凝土的制备

以混凝土为主体的大、中型水利水电工程，混凝土工程量大，施工强度高，对混凝土质量、环境保护等都有严格要求，因此必须实行工厂化生产，积极采用新技术、新工艺、新设备，以保证工程施工的顺利进行。

随着现代水利水电施工技术的发展，大型混凝土拌和楼被广泛采用，混凝土粗骨料二次筛分技术、二次风冷和加冰拌和的混凝土制冷工艺日趋成熟，在混凝土骨料储运、配料自动化，以及混凝土拌和质量控制实现全程监控等新技术的运用方面积累了丰富的实践经验。

混凝土生产系统（又称混凝土工厂）一般由拌和楼（站）及与其配套的辅助设施组成，包括混凝土原材料储运、二次筛分和冷却（或加热）等设施。

（一）混凝土生产系统的规划

1. 混凝土生产系统生产能力的确定

混凝土生产系统的生产能力可按混凝土主要浇筑设备生产能力、混凝土施工强度来确定，应能满足供料对象各时段施工进度的要求，一般应根据总的施工进度计划，以高峰月混凝土浇筑强度为依据来确定。

在工程施工阶段，混凝土生产系统生产能力一般根据施工组织安排的高峰月浇筑强度，计算混凝土生产系统小时生产能力，公式如下：

$$P = Q_m/(m \times n \times K_h) \tag{6-5}$$

式中　P——混凝土生产系统小时生产能力，m^3/h；

Q_m——高峰月混凝土浇筑强度,m^3/月;

m——月工作日数,一般取 25 d;

n——日工作小时数,一般取 20 h;

K_h——小时不均匀系数,一般取 1.5。

按式(6-5)计算的小时生产能力,应按设计浇筑安排的最大仓面面积、混凝土初凝时间、浇筑层厚度、浇筑方法等条件,校核所选拌和楼的小时生产能力,以及与拌和楼配备的辅助设备的生产能力等是否满足相应要求。

2. 混凝土生产系统的组成

水利水电工程因河流、地形地貌、坝型、混凝土工程量等因素差别较大,因而混凝土生产系统车间组成不尽相同,应根据混凝土施工和质量控制要求,设置混凝土生产系统车间。通常混凝土生产系统由拌和楼(站)、骨料储运设施、胶凝材料储运设施、二次冲洗筛分、实验室、外加剂车间及其他辅助车间等组成。

1) 拌和楼

拌和楼是混凝土生产系统的主要部分,也是影响混凝土生产系统布置的关键设备。一般根据混凝土质量要求、浇筑强度、混凝土骨料最大粒径、混凝土品种和混凝土运输等要求选择拌和楼。

2) 骨料储运设施

骨料储运设施包括骨料输送和储存设施,按拌和楼生产要求,向拌和楼供应各种满足质量要求的粗细骨料。拌和楼一般采用轮换上料,净骨料(包括细骨料)供料点至拌和楼的输送距离宜在 300 m 以内,当大于 300 m 时,应在混凝土生产系统设置骨料调节堆(仓)。若骨料采用汽车运输,骨料中转较困难,粗骨料调节堆的活容积一般为混凝土生产系统生产高峰日平均需要量 2 ~3 d 的用量,细骨料不宜小于 3 d 需用量;若采用胶带机转运骨料,场地布置困难,粗骨料调节堆活容积为混凝土生产系统生产高峰日平均需要量 1 ~2 d 的用量,细骨料为 2 ~3 d 的用量。混凝土生产系统骨料调节堆可采用料堆堆料和料仓储料两种方式。对混凝土工程量较小,生产时间短的工程可采用料堆堆料,堆料高度 5 ~8 m;对混凝土工程量较大、生产时间长、生产环境要求高、混凝土月强度较高的工程,为减少骨料二次污染,宜采用料仓堆料。

3) 胶凝材料储运设施

混凝土生产系统胶凝材料储运设施一般包括水泥和粉煤灰两部分,距拌和楼距离不宜大于 200 m。目前,大、中型水利水电工程一般不采用袋装水泥,混凝土生产系统应设置一定数量的散装水泥罐。因大、中型水利水电工程施工时间较长,粉煤灰供应不确定因素多,粉煤灰源多而不稳定,质量差异较大,为利于混凝土质量控制,粉煤灰罐不宜少于 2 个。混凝土生产系统胶凝材料从料源到工地运输,必要时可设置胶凝材料中转库,中转库的布置地点,一般由施工总组织确定。混凝土生产系统内胶凝材料宜采用气力输送。

4) 二次冲洗筛分

粗骨料在长距离运输和多次转储过程中,常常发生破碎和二次污染,为了满足骨料质量要求,一般在混凝土生产系统设置二次冲洗筛分设施,控制骨料超逊径含量,排除石渣石屑。二次冲洗筛分有两种形式:其一是地面冲洗二次筛分,冲洗筛分后骨料直接储存在一次风冷料仓,如三峡二期98.7 m高程等五个混凝土生产系统;其二是地面冲洗、楼顶二次筛分,筛分后的骨料直接进拌和楼料仓,如湖南五强溪96 m高程混凝土生产系统。

5)实验室

混凝土生产系统应设置混凝土实验室,承担混凝土材料、混凝土拌和质量控制和检验。混凝土生产系统实验室建筑面积可按混凝土工程量来计算,每1万m^3混凝土实验室建筑面积不宜小于1 m^2(包括监理单位现场实验室),且不宜小于250 m^2。

6)外加剂车间

目前,水利水电工程外加剂成品一般以浓缩液或固体形状运到工地,再配成液剂使用。固体浓缩外加剂在工地一般设置拆包、溶解、稀释、匀化稳定和输送几道工序。外加剂溶解在不能自流时,用提升泵输送至拌和楼,拌和楼外加剂贮液灌应设置回液管至外加剂车间。如三峡二期工程90 m和79 m高程混凝土生产系统。如采用液体外加剂在工地可不设置专用车间,随配随用。如水口工程采用液体外加剂,在拌和楼下配制后,直接用泵输送上楼。

7)其他辅助车间

根据工程需要,混凝土生产系统还设有汽车停车场(如使用铁路运输还应设机车场和机车线)、冲洗间、修理间、仓库、油库、调度控制室、配电所等,承担系统辅助生产任务。

3.混凝土生产系统的布置要点

(1)拌和楼尽可能靠近浇筑点,我国大中型水电站混凝土生产系统到坝址的距离一般在500 m左右,爆破安全距离不宜小于300 m,且厂址宜布置在浇筑部位同侧。

(2)混凝土出线应顺畅,混凝土运输距离应按混凝土出机到入仓的运输时间不宜超过60 min计算,夏季不宜超过30 min。

(3)当采用汽车运输混凝土时,拌和楼位置和浇筑仓面运输距离不宜太大(一般小于3 km),高差不能过大,进仓道路弯道要少,道路坡度应控制在5%~8%的范围内,以便尽量缩短运输时间和提高运输能力。

(4)厂址选择地质良好,地形比较平缓、布置紧凑,拌和楼要尽量布置在地基稳定的基岩上。在山区峡谷地带,混凝土生产系统尽量采用台阶布置,减少土建工程量。

(5)为避免水库蓄水后对混凝土生产系统的影响,混凝土生产系统一般布置在大坝下游,砂石料运输要方便。有的工程大坝上游有建筑物,或上下游需要同时浇筑,为加快施工进度,经方案研究,可选择在大坝的上游布置。

(6)混凝土生产系统车间工艺布置。在进行混凝土生产系统车间工艺布置时,应首先根据混凝土运输方式和线路布置选定拌和楼位置,其次布置混凝土生产系统其他车间。工艺布置时,应保证车间各物流、气流、车流、给水、排水、供配电顺畅,流程线路尽量缩短,且不宜交叉,不宜干扰主体工程布置与施工,同时各车间应按国家有关规定满足安全生产、劳动保护要求。

(7)厂区主要建筑物地面高程应高出当地20年一遇的洪水位;混凝土生产系统设在沟口时,要保证不受山洪或泥石流的威胁;受料坑、地弄等地下建筑物一般应在地下水位以上;厂区系由陡坡上开挖出来时,特别要注意高边坡的稳定和危石处理。

(8)厂区的位置和高程要满足混凝土运输和浇筑施工方案的要求。

(二)混凝土生产与设备选型

1.混凝土配料

混凝土制备的过程包括贮料、供料、配料和拌和。其中,配料和拌和是主要生产环节,也是质量控制的关键,要求品种无误、配料准确、拌和充分。

混凝土配料是按设计要求,称量每次拌和混凝土的材料用量。配料的精度直接影响混凝土质量。混凝土配料要求采用重量配料法,即是将砂、石、水泥、掺和料按重量计量,水和外加剂溶液按重量折算成体积计量。《水工混凝土规范》(SL 677—2014)对配料精度(按重量百分比计)的要求是:水泥、掺和料、水、外加剂溶液为±1%,砂石料为±2%。

设计配合比中的加水量根据水灰比计算确定,并以饱和面干状态的砂子为标准。由于水灰比对混凝土强度和耐久性影响极为重大,绝不能任意变更;施工采用的砂子,其含水量又往往较高,在配料时采用的加水量,应扣除砂子表面含水量及外加剂中的水量。

1)给料设备

给料是将混凝土各组分从料仓按要求供到称料斗。给料设备的工作机构常与称量设备相连,当需要给料时,控制电路开通,进行给料。当计量达到要求时,即断电停止给料。常用的给料设备见表6-2。

表6-2 常用的给料设备

序号	名称	特点	适宜给料对象
1	皮带给料机	运行稳定、无噪声、磨损小、使用寿命长、精度较高	砂
2	给料闸门	结构简单、操作方便、误差较大,可手控、气控、电磁控制	砂、石
3	电磁振动给料机	给料均匀,可调整给料量,误差较大、噪声较大	砂、石
4	叶轮给料机	运行稳定、无噪声、称料准确,可调给料量,满足粗、精称量要求	水泥、混合材料
5	螺旋给料机	运行稳定、给料距离灵活、工艺布置方便,但精度不高	水泥、混合材料

2)配料称量设备

混凝土配料称量的设备,有简易称量(地磅)、电动磅秤、自动配料杠杆秤、电子秤、配水箱及定量水表。

A.简易称量

当混凝土拌制量不大时,可采用简易称量方式,如图6-12所示。磅称量,是将地磅安装在地槽内,用手推车装运材料推到地磅上进行称量。这种方法最简便,但称量速度较慢。台秤称量需配置称料斗、贮料斗等辅助设备。称料斗安装在台秤上,骨料能由贮料斗迅速落入,故称量时间较快,但贮料斗承受骨料的重量大,结构较复杂。贮料斗的进料可采用皮带机、卷扬机等提升设备。

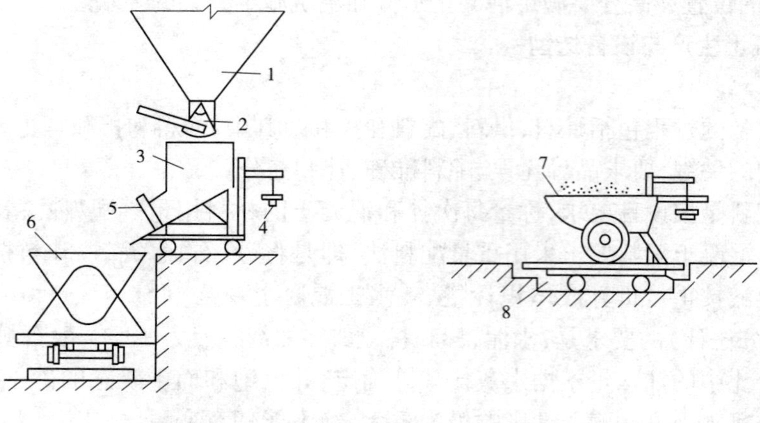

(a)称料斗称料　　(b)地磅称料

1—贮料斗;2—弧形门;3—称料斗;4—台秤;5—卸料门;6—斗车;7—手推车;8—地槽

图 6-12　简易称量设备

B. 电动磅秤

电动磅秤是简单的自控计量装置,每种材料用一台装置,如图 6-13 所示。给料设备下料至主称量料斗,达到要求重量后即断电停止供料,称量料斗内材料卸至皮带机送至集料斗。

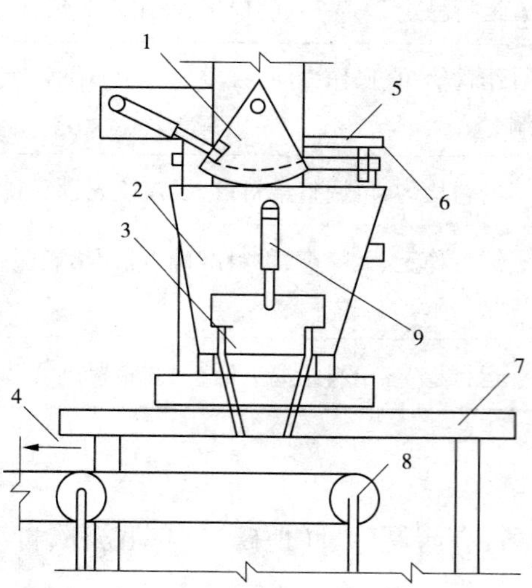

1—扇形给料器;2—称量斗;3—出料口;4—送至集料斗;5—磅秤;
6—电源闭路按钮;7—支架;8—水平胶带;9—液压或气动开关

图 6-13　电动磅秤

C. 自动配料杠杆秤

自动配料杠杆秤带有配料装置和自动控制装置,如图 6-14 所示,自动化水平高,可作砂、石的称量,精度较高。

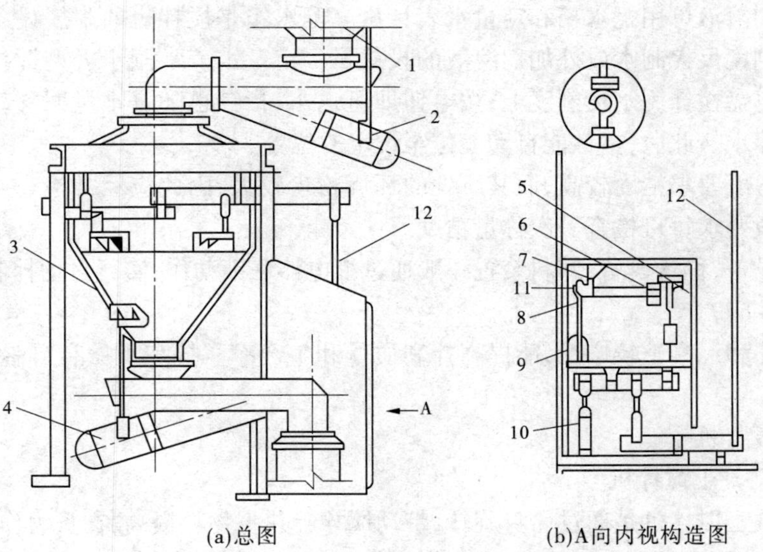

1—储料斗；2、4—电磁振动给料器；3—称料斗；5—调整游锤；6—游锤；7—接触棒；
8—重锤托盘；9—附加重锤(构造如小圆图)；10—配重；11—标尺；12—传重拉杆

图 6-14　自动配料杠杆秤

D. 电子秤

电子秤是通过传感器承受材料重力拉伸，输出电信号在标尺上指出荷重的大小，当指针与预先给定数据的电接触点接通时，即断电停止给料，同时继电器动作，称料斗斗门打开向集料斗供料，如图 6-15 所示。

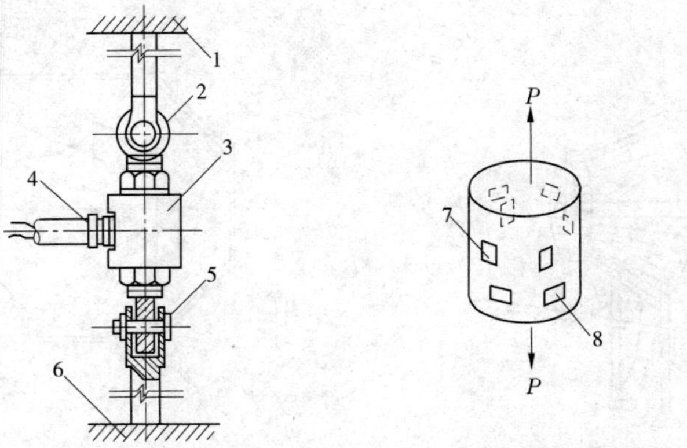

1—储料仓支架；2、5—球铰；3—传感器；4—电路线插头；
6—称量斗；7—竖贴应变片；8—横贴应变片

图 6-15　电子秤

E. 配水箱及定量水表

水和外加剂溶液可用配水箱和定量水表计量。配水箱是搅拌机的附属设备,可利用配水箱的浮球刻度尺控制水或外加剂溶液的投放量。定量水表常用于大型搅拌楼,使用时将指针拨至每盘搅拌用水量刻度上,按电钮即可送水,指针也随进水量回移,至零位时电磁阀即断开停水。此后,指针能自动复位至设定的位置。

称量设备一般要求精度较高,而其所处的环境粉尘较大,因此应经常检查调整,及时清除粉尘。一般要求每班检查一次称量精度。

以上给料设备、称量设备、卸料装置一般通过继电器联锁动作,实行自动控制。

2. 混凝土拌和

用拌和机拌和混凝土较广泛,能提高拌和质量和生产率。拌和机械有自落式和强制式两种。

1) 混凝土搅拌机

A. 自落式混凝土搅拌机

自落式混凝土搅拌机是通过筒身旋转,带动搅拌叶片将物料提高,在重力作用下物料自由坠下,反复进行,互相穿插、翻拌、混合使混凝土各组分搅拌均匀的。

a. 锥形反转出料搅拌机

锥形反转出料搅拌机是中、小型建筑工程常用的一种搅拌机,正转搅拌,反转出料。由于搅拌叶片呈正、反向交叉布置,拌和料一方面被提升后靠自落进行搅拌,另一方面又被迫沿轴向做左右窜动,搅拌作用强烈。

图 6-16 为锥形反转出料搅拌机外形。它主要由上料装置、搅拌筒、传动机构、配水系统和电气控制系统等组成。图 6-17 为搅拌筒示意图,当混合料拌好以后,可通过按钮直接改变搅拌筒的旋转方向,拌和料即可经出料叶片排出。

图 6-16 锥形反转出料搅拌机外形

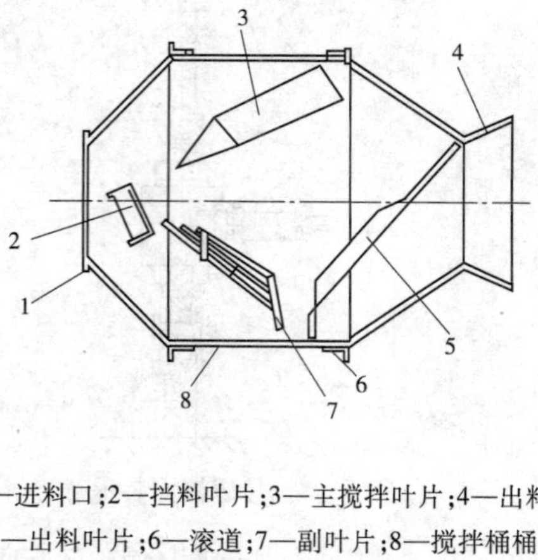

1—进料口;2—挡料叶片;3—主搅拌叶片;4—出料口;
5—出料叶片;6—滚道;7—副叶片;8—搅拌桶桶身

图 6-17 锥形反转出料搅拌机的搅拌筒图

b. 双锥形倾翻出料搅拌机

双锥形倾翻出料搅拌机进出料在同一口,出料时由气动倾翻装置使搅拌筒下旋

50°~60°,即可将物料卸出,如图 6-18 所示,双锥形倾翻出料搅拌机卸料迅速,拌筒容积利用系数高,拌和物的提升速度低,物料在拌筒内靠滚动自落而搅拌均匀,能耗低,磨损小,能搅拌大粒径骨料混凝土。主要用于大体积混凝土工程。

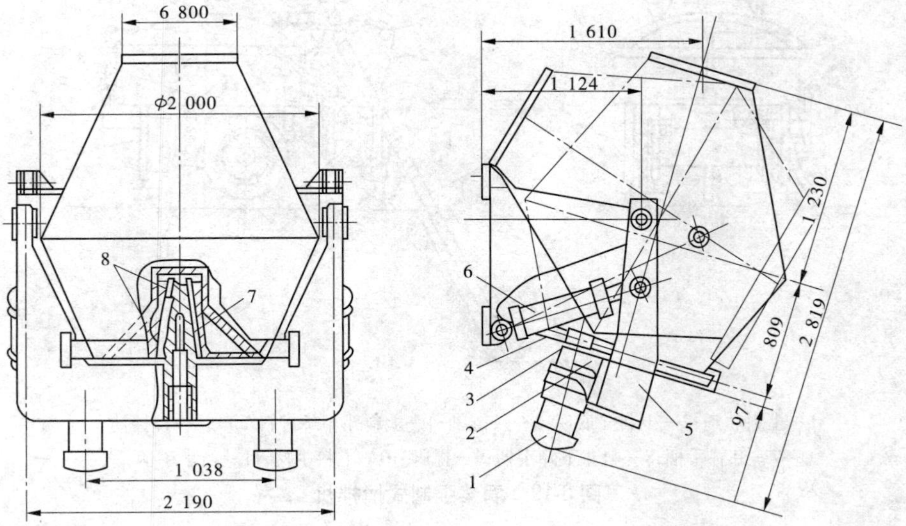

1—电动机;2—行星摆线减速器;3—小齿轮;4—倾翻机架;
5—竖向固定支架;6—倾翻气缸;7—锥形轴;8—单列圆锥滚珠轴承

图 6-18　双锥形倾翻出料搅拌机结构示意图　(单位:mm)

B. 强制式混凝土搅拌机

强制式混凝土搅拌机一般筒身固定,搅拌机片旋转,对物料施加剪切、挤压、翻滚、滑动、混合使混凝土各组分搅拌均匀。

a. 涡桨强制式搅拌机

涡桨强制式搅拌机是在圆盘搅拌筒中装一根回转轴,轴上装有拌和铲与刮板,随轴一同旋转,如图 6-19 所示,它用旋转着的叶片,将装在搅拌筒内的物料强行搅拌使之均匀。涡桨强制式搅拌机由动力传动系统、上料和卸料装置、搅拌系统、操纵机构和机架等组成。

b. 单卧轴强制式混凝土搅拌机

单卧轴强制式混凝土搅拌机的搅拌轴上装有两组叶片,两组堆料方向相反,使物料既有圆周方向运动,也有轴向运动,因而能形成强烈的物料对流,使混合料能在较短的时间内搅拌均匀。它由搅拌系统、进料系统、卸料系统和供水系统等组成,如图 6-20 所示。

c. 双卧轴强制式混凝土搅拌机

双卧轴强制式混凝土搅拌机,如图 6-21 所示,有两根搅拌轴,轴上布置有不同角度的搅拌叶片,工作时两轴按相反的方向同步相对旋转。由于两根轴上的搅拌铲布置位置不同,螺旋线方向相反,于是被搅拌的物料在筒内既有上下翻滚的动作,也有沿轴向的来回运动,从而增强了混合料运动的剧烈程度,因此搅拌效果更好。双卧轴强制式混凝土搅拌机为固定式,其结构基本与单卧强制式相似。它由搅拌系统、进料系统、卸料系统和供水系统等组成。

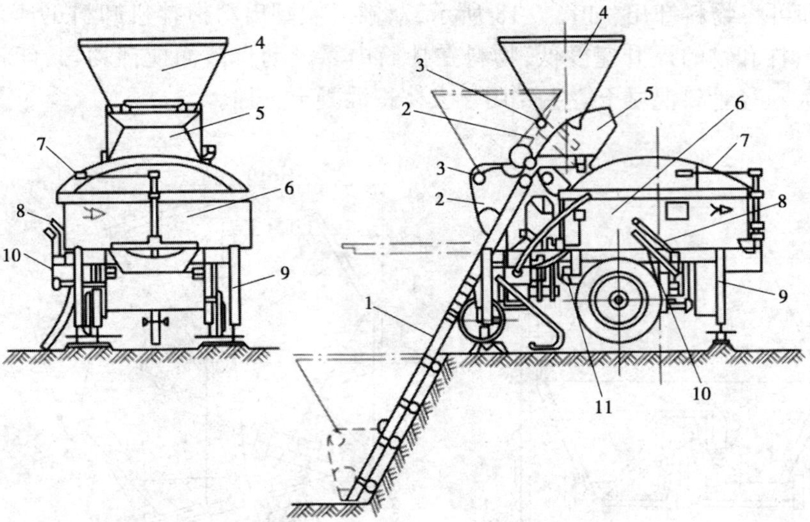

1—上料轨道;2—上料斗底座;3—铰链轴;4—上料斗;5—进料承口;6—搅拌筒;
7—卸料手柄;8—料斗下降手柄;9—撑脚;10—上料手柄;11—给水手柄

图 6-19　涡浆强制式搅拌机

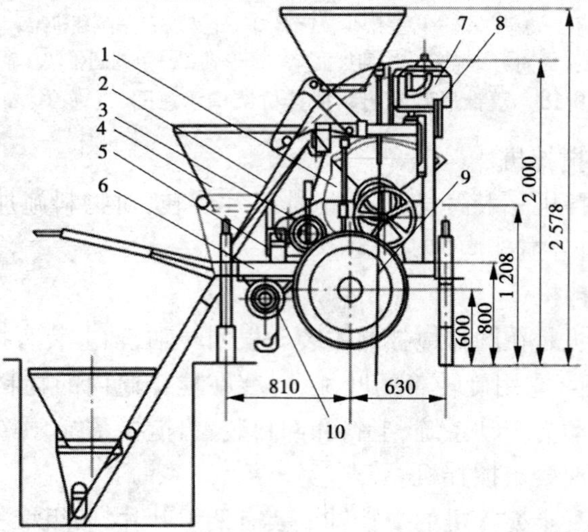

1—搅拌装置;2—上料架;3—料斗操纵手柄;4—料斗;
5—水泵;6—底盘;7—水箱;8—供水装置操纵手柄;9—车轮;10—传动装置

图 6-20　单卧轴强制式混凝土搅拌机　(单位:mm)

混凝土的拌和时间与混凝土的品种类别、拌和温度、拌和机的机型、骨料的品种和粒径及拌和料的流动性有关。轻骨料混凝土的拌和时间比普通混凝土要长,低温季节时混凝土的拌和时间比常温季节要长,流动性小的混凝土比流动性大的混凝土拌和时间要长。

混凝土的拌和时间应通过试验确定,也可参考表 6-3 确定混凝土的最少拌和时间。

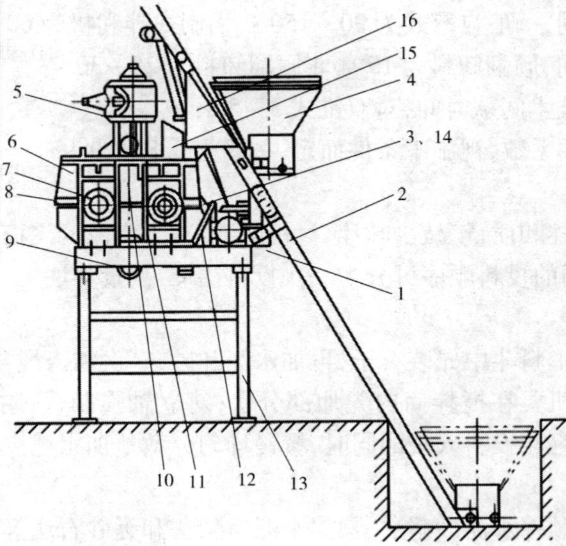

1—上料传动装置；2—上料架；3—搅拌驱动装置；4—料斗；5—水箱；6—搅拌筒；
7—搅拌装置；8—供油器；9—卸料装置；10—三通阀；11—操纵杆；12—水泵；
13—支承架；14—罩盖；15—受料斗；16—电气箱

图 6-21　双卧轴强制式混凝土搅拌机

表 6-3　混凝土的最少拌和时间

搅拌机容量 Q(m^3)	最大骨料粒径(mm)	最少拌和时间(s)	
		自落式拌和机	强制式拌和机
$0.8 \leqslant Q \leqslant 1$	80	90	60
$1 < Q \leqslant 3$	150	120	75
$Q > 3$	150	150	90

注：1. 入机拌和量应在拌和机额定容量的 110% 以内。

2. 加冰混凝土的拌和时间应延长 30 s（强制式 15 s），出机的混凝土拌和物中不应有冰块。

拌和机每一个工作循环拌制出的新鲜混凝土的实方体积(L 或 m^3)，称为混凝土的出料体积(又称拌和机的工作容量)。每拌和一次，装入拌和筒内各种松散体积之和，称为装料体积。出料体积与装料体积之比称拌和机的出料系数，为 0.65～0.7。拌和过程中，应根据拌和机容量大小，确定允许拌和的最大骨料粒径。单台拌和机的生产率主要取决于拌和机的工作容量和循环工作一次所需的时间。

每台拌和机的小时生产率 P 可按下式计算：

$$P = K\frac{3\,600V}{t_1 + t_2 + t_3 + t_4} \tag{6-6}$$

式中　P——单台拌和机生产率，m^3/h；

V——拌和机出料容量，m^3；

t_1——装料时间，自动化配料 10～15 s，半自动化配料 15～30 s；

t_2——搅拌时间，一般自落式为 90 ~ 150 s，强制式拌和机为 60 ~ 120 s；

t_3——卸料时间，倾翻卸料为 15 s，非倾翻卸料为 25 ~ 30 s；

t_4——必要的技术间歇时间，对双锥式 3 ~ 5 s；

K——时间利用系数，视施工条件而定，一般为 0.85 ~ 0.95。

2）投料顺序

为了提高混凝土拌和质量，减少叶片、衬板磨损，减少水泥的飞扬和粘罐，提高混凝土强度，节约水泥。常用的投料顺序可分为一次投料法、二次投料法。

A. 一次投料法

一次投料法是在上料斗中先装石子，再加水泥和砂，一次加入搅拌筒内进行搅拌的方法。对于自落式搅拌机要在搅拌筒内先加部分水；对立轴强制式搅拌机，因出料口在下部，不能先加水，应在翻斗投料入机的同时，缓慢均匀分散地加水。

B. 二次投料法。

二次投料法分为预拌水泥砂浆法、预拌水泥净浆法和裹砂石法等。预拌水泥砂浆法，是先将水泥、砂和水加入搅拌筒内进行充分搅拌，成为均匀的水泥砂浆后，再加入石子搅拌成均匀的混凝土。预拌水泥净浆法，是先将水泥和水充分搅拌成均匀的水泥净浆后，再加入砂和石子搅拌成混凝土。裹砂石法，先将全部石子、砂和 70% 的拌和水倒入搅拌机，拌和 15 s，再倒入全部水泥进行造壳搅拌 30 s 左右，然后加入 30% 的拌和水，再进行糊化搅拌 60 s 左右即完成。

二次投料法搅拌的混凝土比一次投料法搅拌的混凝土和易性好，强度可提高 20% 左右。

（三）混凝土拌和楼（站）

1. 混凝土拌和楼选择的一般原则

在水利水电工程混凝土生产系统设计中，应根据混凝土生产要求选择类型适宜、能力匹配的拌和楼。大型拌和楼生产能力大，自动化程度高，适应混凝土浇筑工程量大、工期长的大中型水利水电工程。小型拌和楼安装简单，便于迁移，生产能力较低，一般适应于小型水电工程或大型工程初期临建工程。在选择拌和楼时，拌和楼搅拌机允许最大骨料粒径应满足混凝土最大骨料粒径的要求。混凝土有温控要求时，应选择与温控相适应的拌和楼形式，拌和楼应配置贮冰库、冰秤称量器，必要时骨料冷却需在拌和楼骨料仓上配置附壁式冷风机。

一个混凝土生产系统拌和楼不宜超过 3 座，也不宜超过 2 种楼形。过多的拌和楼会使混凝土生产系统工艺布置、生产管理和施工组织复杂化，混凝土各种材料供应、储存和运输干扰加大，胶带机上楼布置也困难。

2. 拌和楼生产能力的选取

拌和楼的生产能力在不同程度上受到骨料冷却（或加热）、掺和料、混凝土坍落度、级配标号变换、机械电气设备的运行维修、控制系统等因素的影响，在确定拌和楼生产能力时，应按铭牌生产能力，根据使用条件进行核算，类比国内外相同楼形，相似使用条件下拌和楼实际达到的生产能力，最终确定所选拌和楼的生产能力。部分拌和楼生产能力参见表 6-4。

表6-4　部分拌和楼生产能力统计

拌和楼型号	铭牌生产能力 (m^3/h)	实际生产能力(常态)(m^3)			碾压混凝土 (m^3/月)	备注
		小时	日	月		
2×1.0	48~60	50	800	16 000		
3×1.0	72~90	75	1 200	25 000		
3×1.5	108~135	100	1 600	34 000	26 000	
4×1.5	125	120	2 000	40 000	30 000	
4×3.0	276	240	3 800	75 000	60 000~64 000	
2×3.0	120	150		45 000		
2×4.5	324	289	3 800	76 000	70 000~76 000	强制式
4×4.5	360	300	4 800	88 000	75 000~81 000	
2×6.0	200	180		50 000		
4×6.0	360	260	4 000	76 000	60 000	三峡二期
2×9.0	530	300				

3. 拌和楼形式的选择

拌和楼从结构布置形式上可分为直立式、二阶式、移动式等三种形式，从搅拌机配置可分为自落式、强制式及涡流式等。

1）直立式拌和楼

直立式拌和楼是将骨料、胶凝材料、料仓、称量、拌和、混凝土出料等各工艺环节由上而下垂直布置在一座楼内，物料只做一次提升，这种楼形在国内外广泛采用，用于混凝土工程量大，使用周期长、施工场地狭小的水利水电工程。

2）二阶式拌和楼

二阶式拌和楼是将直立式拌和楼分成两大部分，一部分是骨料进料、料仓及称量，另一部分是胶凝材料、拌和、混凝土出料和控制等，两部分中间一般用胶带，配好的骨料送入搅拌机，骨料分二次提升，两个部分一般布置在同一个高程上，也可按地形高差布置在两个高程上。这种结构布置形式拌和楼安装拆迁方便、机动灵活、时间短。小浪底工程混凝土生产系统4×3 m^3拌和楼采用这种结构形式。

3）移动式拌和楼

移动式拌和楼一般用于小型水利水电工程，混凝土骨料粒径在80 mm以下混凝土。混凝土拌和船是建造在浮动船舶上的拌和站，主要用于石油、海湾港口码头、河防、桥梁工程等。

二、混凝土运输方案

（一）混凝土运输方案选定

混凝土运输是整个混凝土施工中的一个重要环节，对工程质量和施工进度影响较大。

由于混凝土料拌和后不能久存，而且在运输过程中对外界的影响敏感，运输方法不当或疏忽大意，都会降低混凝土质量，甚至造成废品。如供料不及时或混凝土品种错误，正在浇筑的施工部位将不能顺利进行。因此，要解决好混凝土拌和、浇筑、水平运输和垂直运输之间的协调配合问题，还必须采取适当的措施，保证运输混凝土的质量。

混凝土料在运输过程中应满足下列基本要求：

(1)运输设备应不吸水、不漏浆，运输过程中不发生混凝土拌和物分离、严重泌水及过多降低坍落度。

(2)同时运输两种以上强度等级的混凝土时，应在运输设备上设置标志，以免混淆。

(3)尽量缩短运输时间、减少转运次数。运输时间不得超过表6-5的规定。因故停歇过久，混凝土产生初凝时，应做废料处理。在任何情况下，严禁中途加水后运入仓内。

表6-5　混凝土允许运输时间

气温(℃)	混凝土允许运输时间(min)
20～30	30
10～20	45
5～10	60

注：本表数值未考虑外加剂、混合料及其他特殊施工措施的影响。

(4)运输道路基本平坦，避免拌和物振动、离析、分层。

(5)混凝土运输工具及浇筑地点，必要时应有遮盖或保温设施，以避免因日晒、雨淋、受冻而影响混凝土的质量。

(6)混凝土拌和物自由下落高度以不大于2 m为宜，超过此界限时应采取缓降措施。

混凝土运输包括两个运输过程：一是从拌和机前到浇筑仓前，主要是水平运输；二是从浇筑仓前到仓内，主要是垂直运输。混凝土运输方案的选用应保证混凝土质量，并根据混凝土浇筑方案、施工特点、地形条件及施工总布置，通过技术经济比较后确定。

混凝土运输中为了保证混凝土的质量需要一些辅助设备，有吊罐、集料斗、溜槽、溜管等。用于混凝土装料、卸料和转运入仓，对于保证混凝土质量和运输工作顺利进行起着相当大的作用。

(1)溜槽与振动溜槽。溜槽为钢制槽子(钢模)，可从皮带机、自卸汽车、斗车等受料，将混凝土转送入仓。其坡度可由试验确定，常采用45°左右。当卸料高度过大时，可采用振动溜槽。振动溜槽装有振动器，单节长4～6 m，拼装总长可达30 m，其输送坡度由于振动器的作用可放缓至15°～20°。采用溜槽时，应在溜槽末端加设1～2节溜管或挡板，如图6-22所示，防止混凝土料在下滑过程中分离。利用溜槽转运入仓，是大型机械设备难以控制部位的有效入仓手段。

(2)溜管与振动溜管。溜管(溜筒)由多节铁皮管串挂而成。每节长0.8～1 m，上大下小，相邻管节铰挂在一起，可以拖动，如图6-23所示。采用溜管卸料可起到缓冲消能作用，以防止混凝土料分离和破碎。

溜管卸料时，其出口离浇筑面的高差应不大于1.5 m，并利用拉索拖动均匀卸料，但

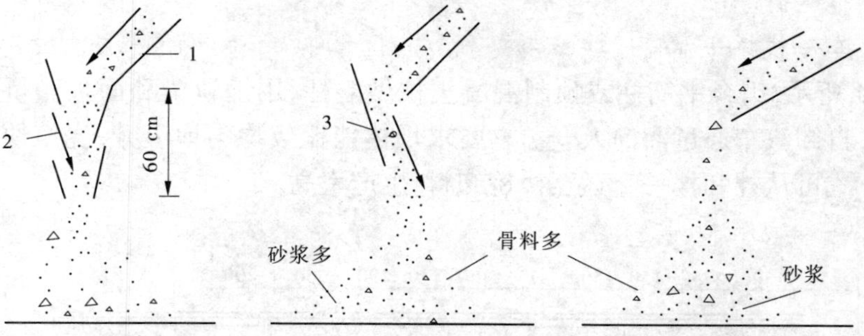

1—溜槽;2—两节溜筒;3—挡板

图 6-22 溜槽卸料

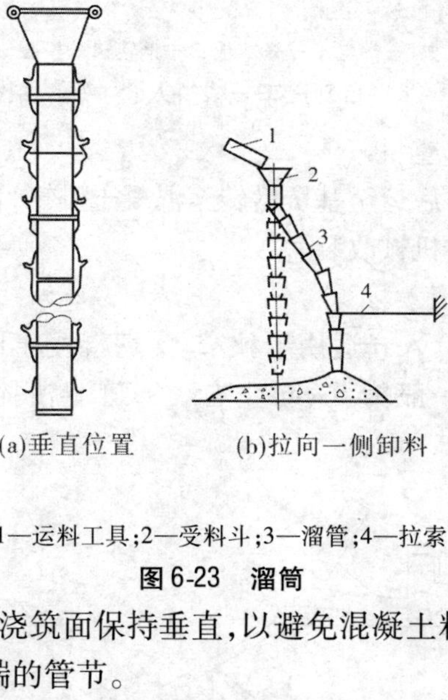

1—运料工具;2—受料斗;3—溜管;4—拉索

图 6-23 溜筒

应使溜管出口段约 2 m 长与浇筑面保持垂直,以避免混凝土料分离。随着混凝土浇筑面的上升,可逐节拆卸溜管下端的管节。

溜管卸料多用于断面小、钢筋密的浇筑部位,其卸料半径为 1 ~ 1.5 m,卸料高度不大于 10 m。

振动溜管与普通溜管相似,但每隔 4 ~ 8 m 的距离装有一个振动器,以防止混凝土料中途堵塞,其卸料高度可达 10 ~ 20 m。

(3)吊罐。是与起重机配套使用的混凝土运输设备,广泛用于大体积混凝土施工的转运入仓作业。吊罐上部为圆形或方形敞口,便于进料;下部为收缩形锥体,并在底部设下料开关装置,便于卸料。吊罐分卧式与立式两种,分别简称为卧罐和立罐。卧罐的容量一般为 1.6 m^3、3 m^3,立罐的容量有 1 m^3、3 m^3、6 m^3、9 m^3等。卧罐通过自卸汽车受料,立罐置于平台列车直接在搅拌楼出料口受料。

(二)混凝土水平运输

由于混凝土运输方量和运输强度非常大,需采用大型运输设备。水利水电工程中常用的混凝土水平运输方案如下。

1. 自卸汽车运输

1) 自卸汽车—栈桥—溜筒

如图 6-24 所示,组合钢筋柱或预制混凝土柱做立柱,用钢轨梁和面板做桥面构成栈桥,下挂溜筒,自卸汽车通过溜筒入仓。它要求坝体能比较均匀地上升,浇筑块之间高差不大。这种方式可从拌和楼一直运至栈桥卸料,生产率高。

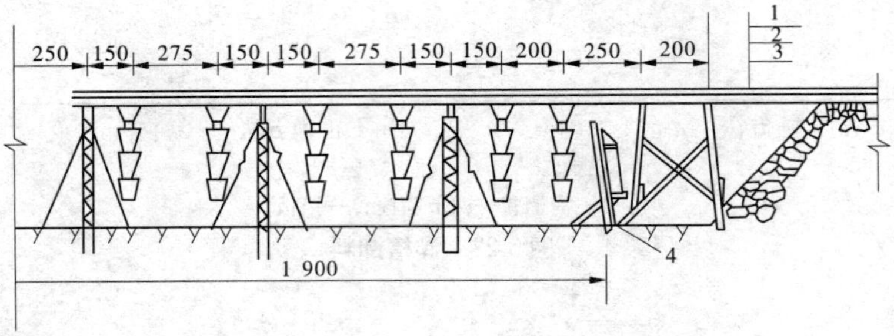

1—护轮木;2—木板;3—钢轨;4—模板

图 6-24　自卸汽车—栈桥入仓　(单位:cm)

2) 自卸汽车—履带式起重机

自卸汽车自拌和楼受料后运至基坑后转至混凝土卧罐,再用履带式起重机吊运入仓。履带式起重机可利用土石方机械改装。

3) 自卸汽车—溜槽(溜筒)

自卸汽车转溜槽(溜筒)入仓适用于狭窄、深塘混凝土回填。斜溜槽的坡度一般在1∶1左右,混凝土的坍落度一般为 6 cm 左右。每道溜槽控制的浇筑宽度 5 ~ 6 m,如图 6-25 所示。

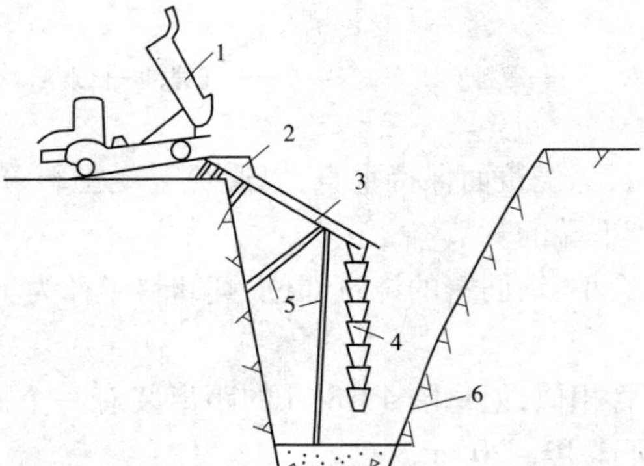

1—自卸汽车;2—储料斗;3—斜溜槽;4—溜筒(漏斗);5—支撑;6—基岩面

图 6-25　自卸汽车转溜槽(溜筒)入仓

4) 自卸汽车直接入仓

(1)端进法。是在刚捣实的混凝土面上铺厚 6 ~ 8 mm 的钢垫板,自卸汽车在其上驶入仓内卸料浇筑,如图 6-26 所示,浇筑层厚度不超过 1.5 m。端进法要求混凝土坍落度小于 3 ~ 4 cm,最好是干硬性混凝土。

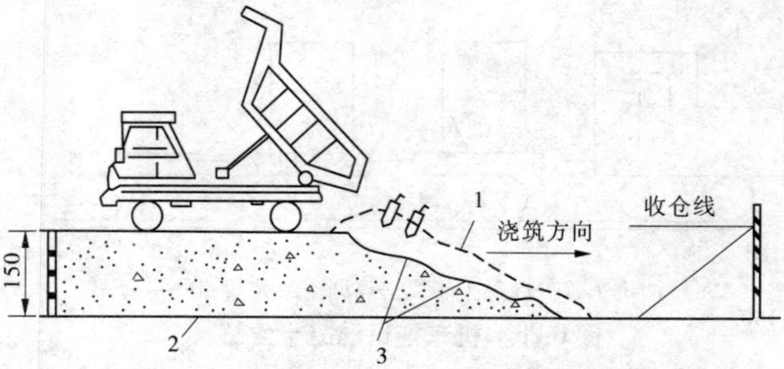

1—新入仓混凝土;2—老混凝土面;3—振捣后的台阶

图 6-26　端进法示意图　(单位:cm)

(2)端退法。自卸汽车在仓内已有一定强度的老混凝土面上行驶。汽车铺料与平仓振捣互不干扰,且因汽车卸料定点准确,平仓工作量也较小,如图 6-27 所示混凝土的龄期应据施工条件通过试验确定。

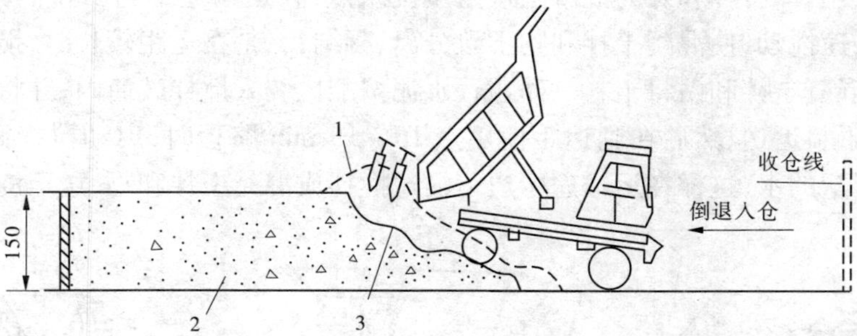

1—新入仓混凝土;2—老混凝土面;3—振捣后的台阶

图 6-27　端退法示意图　(单位:cm)

用汽车运输混凝土时,应遵守下列技术规定:装载混凝土的厚度不应小于 40 cm,车厢应严密平滑,砂浆损失应控制在 1% 以内;每次卸料,应将所载混凝土卸净,并应及时清洗车厢,以免混凝土黏附;以汽车运输混凝土直接入仓时,应有确保混凝土质量的措施。

2. 铁路运输

大型工程多采用铁路平台列车运输混凝土,以保证相当大的运输强度。

铁路运输常用机车拖挂数节平台列车,上放混凝土立式吊罐 2 ~ 4 个,直接到拌和楼装料。列车上预留 1 个罐的空位,以备转运时放置起重机吊回的空罐。这种运输方法,有利于提高机车和起重机的效率,缩短混凝土运输时间,如图 6-28 所示。

3. 皮带机运输

皮带机运输在混凝土有固定式和移动式两种。

固定式皮带机是用钢筋柱(或预制混凝土排架)支撑皮带机通过仓面,每台皮带机控制浇筑宽度 5 ~ 6 m。这种布置方式每次浇筑高度约 10 m。为使混凝土比较均匀地分料入仓,每台皮带机上每间隔 6 m 装置一个固定式或移动式刮板,混凝土经溜槽或溜筒入仓。移动式皮带机用布料机与仓面上的一条固定皮带机正交布置,混凝土通过布料机接溜筒入仓。此外,在三峡等大型工程还有将皮带机和塔机结合的塔带机,它从拌和楼受料

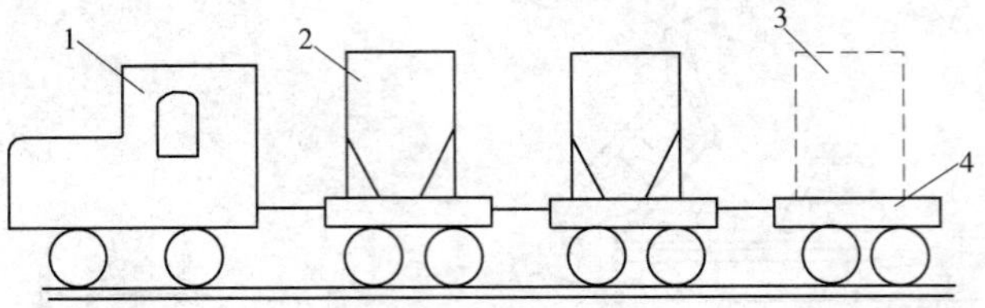

1—柴油机车;2—混凝土罐;3—放回空罐位置;4—平台车

图 6-28　机车拖运混凝土立罐

用皮带送至仓面附近再通过布料杆将混凝土直接送至浇筑仓面。

4. 混凝土搅拌运输车

混凝土搅拌运输车如图 6-29 所示,是输送混凝土的专用设备。它的特点是在运量大、运距远的情况下,能保证混凝土的质量均匀,一般在混凝土制备点(商品混凝土站)与浇筑点距离较远时使用。它的运送方式有两种:一是在 10 km 范围内做短距离运送时,只做运输工具使用,即将拌和好的混凝土接送至浇筑点,在运输途中为防止混凝土分离,让搅拌筒只做低速搅动,使混凝土拌和物不致分离、凝结;二是在运距较长时,搅拌运输两者兼用,即先在混凝土拌和站将干料—砂、石、水泥按配比装入搅拌鼓筒内,并将水注入配水箱,开始只做干料运送,然后在到达距使用点 10 ~ 15 min 路程时,启动搅拌筒回转,并向搅拌筒注入定量的水,这样在运输途中边运输边搅拌成混凝土拌和物,送至浇筑点卸出。

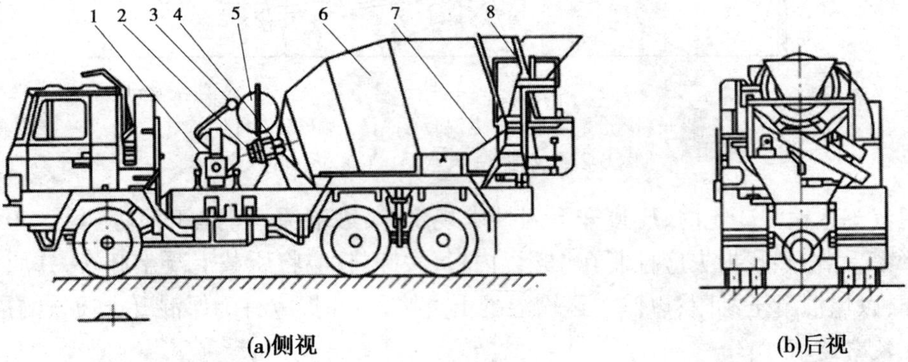

1—泵连接组件;2—减速机总成;3—液压系统;4—机架;5—供水系统;6—搅拌筒;7—操纵系统;8—进出料装置

图 6-29　混凝土搅拌运输车外形图

(三)混凝土垂直运输

1. 履带式起重机

履带式起重机多由开挖石方的挖掘机改装而成,直接在地面上开行,无须轨道。它的提升高度不大,控制范围比门式起重机小。但起重量大、转移灵活、适应于工地狭窄的地形,在开工初期能及早投入使用,生产率高。该机适用于浇筑高程较低的部位。

2. 门式起重机

门式起重机(门机)是一种大型移动式起重设备,有丰满门机、高架门机。具体介绍参见项目三之任务三,起重机械设备。

3. 塔式起重机

塔式起重机(简称塔机)是在门架上装置高达数十米的钢架塔身,用以增加起吊高度。其起重臂多是水平的,起重小车钩可沿起重臂水平移动,用以改变起重幅度,如图 6-30 所示。

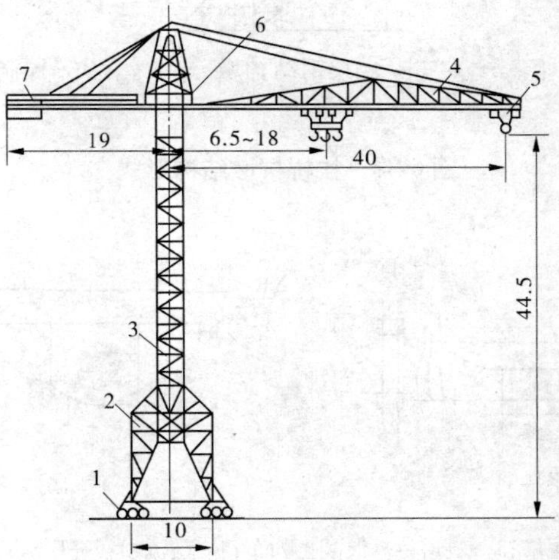

1—车轮;2—门架;3—塔身;4—伸臂;5—起重小车;6—回转塔架;7—平衡重

图 6-30　10/25 t 塔式起重机　(单位:m)

为增加门机、塔机的控制范围和增大浇筑高度,为起重混凝土运输提供开行线路,使之与浇筑工作面分开,常需布置栈桥。大坝施工栈桥的布置方式如图 6-31 所示。

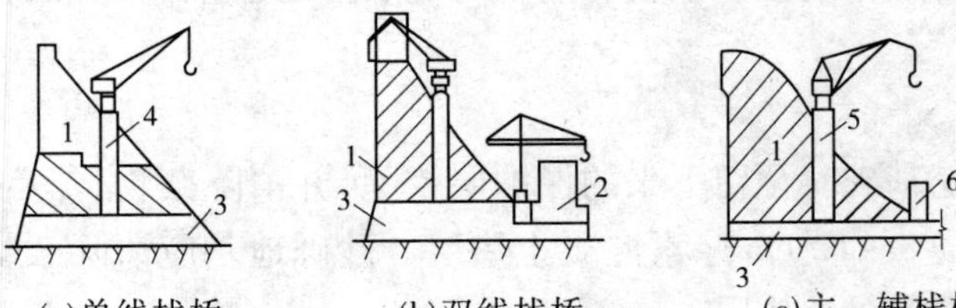

(a)单线栈桥　(b)双线栈桥　(c)主、辅栈桥

1—坝体;2—厂房;3—由辅助浇筑方案完成的部位;4—分两次升高的栈桥;5—主栈桥;6—辅助栈桥

图 6-31　栈桥布置方式

有混凝土墩栈桥桥墩结构、钢结构墩、预制混凝土墩块(用后拆除)等,如图 6-32 所示。

为节约材料,常把起重机安放在已浇筑的坝身混凝土上,即所谓"蹲块"来代替栈桥。随着坝体上升,分次倒换位置或预先浇好混凝土墩作为栈桥墩。

4. 缆式起重机

缆式起重机(简称缆机),具体介绍参见项目三任务三,起重机械设备。

缆机适用于狭窄河床的混凝土坝浇筑,如图 6-33 所示。它不仅具有控制范围大、起重量大、生产率高的特点,而且能提前安装和使用,使用期长,不受河流水文条件和坝体升高的影响,对加快主体工程施工具有明显的作用。

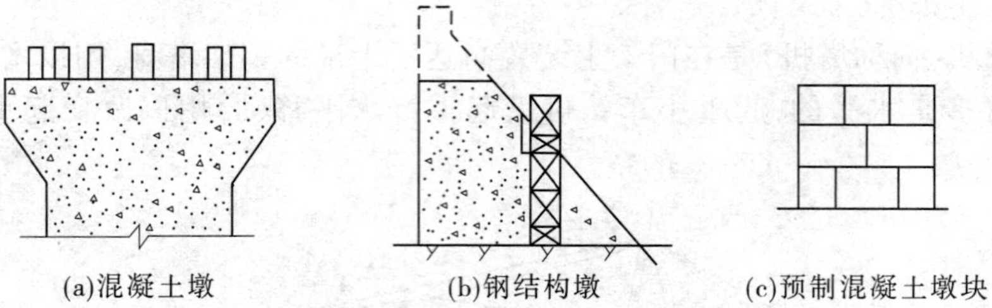

图 6-32 栈桥桥墩结构形式

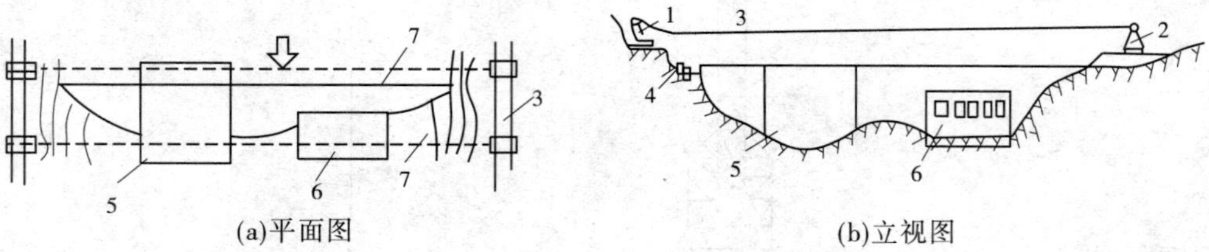

1—首塔;2—尾塔;3—轨道;4—混凝土列车;5—溢流坝;6—厂房;7—控制范围

图 6-33 平行式缆机用于浇筑重力坝

三、混凝土浇筑与养护

(一)混凝土浇筑

1. 混凝土浇筑前准备

混凝土施工准备工作的主要项目有基础处理、施工处理、仓面准备及模板、钢筋及预埋件检查等。

1)基础处理

土基应先将开挖基础时预留下来的保护层挖除,并清除杂物,然后用碎石垫底,盖上湿砂,再进行压实,浇 8 ~ 12 cm 厚素混凝土垫层。砂砾地基应清除杂物,整平基础面,并浇筑 10 ~ 20 cm 厚素混凝土垫层。

对于岩基,一般要求清除到质地坚硬的新鲜岩面,然后进行整修。整修是用铁撬等工具去掉表面松软岩石、棱角和反坡,并用高压水冲洗,压缩空气吹扫。若岩面上有油污、灰浆及其黏结的杂物,还应采用钢丝刷反复刷洗,直至岩面清洁为止。清洗后的岩基在混凝土浇筑前应保持洁净和湿润。

当有地下水时,要认真处理,否则会影响混凝土的质量。处理方法是:做截水墙,拦截渗水,引入集水井排出;对基岩进行必要的固结灌浆,以封堵裂缝,阻止渗水;沿周边打排水孔,导出地下水,在浇筑混凝土时埋管,用水泵抽出孔内积水,直至混凝土初凝,7 d 后灌浆封孔;将底层砂浆和混凝土的水灰比适当降低。

2)施工缝处理

施工缝是指浇筑块之间新老混凝土之间的结合面。为了保证建筑物的整体性,在新混凝土浇筑前,必须将老混凝土表面的水泥膜(又称乳皮)清除干净,并使其表面新鲜整洁、有石子半露的麻面，以利于新老混凝土的紧密结合。但对于要进行接缝灌浆处理的纵缝面，可不凿毛，只需冲洗干净即可。

施工缝的处理方法有以下几种：

(1)风砂枪喷毛。将经过筛选的粗砂和水装入密封的砂箱，并通入压缩空气。高压空气混合水砂，经喷砂喷出，把混凝土表面喷毛。一般在混凝土浇后24～48 h开始喷毛，视气温和混凝土强度增长情况而定。如能在混凝土表层喷洒缓凝剂，则可减少喷毛的难度。

(2)高压水冲毛。在混凝土凝结后但尚未完全硬化以前，用高压水(压力0.1～0.25 MPa)冲刷混凝土表面，形成毛面，对龄期稍长的可用压力更高的水(压力0.4～0.6 MPa)，有时配以钢丝刷刷毛。高压水冲毛关键是掌握冲毛时机，过早会使混凝土表面松散和冲去表面混凝土；过迟则使混凝土变硬，不仅增加工作困难，而且不能保证质量。一般春秋季节，在浇筑完毕后10～16 h开始；夏季掌握在6～10 h；冬季则在18～24 h后进行。如在新浇混凝土表面洒刷缓凝剂，则延长冲毛时间。

(3)刷毛机刷毛。在大而平坦的仓面上，可用刷毛机刷毛，它装有旋转的粗钢丝刷和吸收浮渣的装置，利用粗钢丝刷的旋转刷毛并利用吸渣装置吸收浮渣。

喷毛、冲毛和刷毛适用于尚未完全凝固混凝土水平缝面的处理。全部处理完后，需用高压水清洗干净，要求缝面无尘无渣，然后再盖上麻袋或草袋进行养护。

(4)风镐凿毛或人工凿毛。已经凝固的混凝土利用风镐凿毛或石工工具凿毛，凿深1～2 cm，然后用压力水冲净。凿毛多用于垂直缝。

仓面清扫应在即将浇筑前进行，以清除施工缝上的垃圾、浮渣和灰尘，并用压力水冲洗干净。

3)仓面准备

浇筑仓面的准备工作，包括机具设备、劳动组合、照明、风水电供应、所需混凝土原材料的准备等，应事先安排就绪，仓面施工的脚手架、工作平台、安全网、安全标识等应检查是否牢固，电源开关、动力线路是否符合安全规定。

仓位的浇筑高程、上升速度、特殊部位的浇筑方法和质量要求等技术问题，须事先进行技术交底。

地基或施工缝处理完毕并养护一定时间，已浇好的混凝土强度达到2.5 MPa后，即可在仓面进行放线，安装模板、钢筋和预埋件，架设脚手架等作业。

4)模板、钢筋及预埋件检查

开仓浇筑前，必须按照设计图纸和施工规范的要求，对仓面安设的模板、钢筋及预埋件进行全面检查验收，签发合格证。

(1)模板检查。主要检查模板的架立位置与尺寸是否准确，模板及其支架是否牢固稳定，固定模板用的拉条是否弯曲等。模板板面要求洁净、密缝并涂刷脱模剂。

(2)钢筋检查。主要检查钢筋的数量、规格、间距、保护层、接头位置与搭接长度是否符合设计要求。要求焊接或绑扎接头必须牢固，安装后的钢筋网应有足够的刚度和稳定性，钢筋表面应清洁。

(3)预埋件检查。对预埋管道、止水片、止浆片、预埋铁件、冷却水管和预埋观测仪器等,主要检查其数量、安装位置和牢固程度。

2. 混凝土浇筑方式确定

混凝土坝施工,由于受到温度应力与混凝土浇筑能力的限制,不可能使整个坝段连续不断地一次浇筑完毕。因此,需要用垂直于坝轴线的横缝和平行于坝轴线的纵缝以及水平缝,将坝体划分为许多浇筑块进行浇筑。

1) 混凝土坝分缝分块原则

(1) 根据结构特点、形状及应力情况进行分层分块,避免在应力集中、结构薄弱部位分缝。

(2) 采用错缝分块时,必须采取措施防止竖直施工缝张开后向上、向下继续延伸。

(3) 分层厚度应根据结构特点和温度控制要求确定。基础约束区一般为 1 ~ 2 m,约束区以上可适当加厚;墩墙侧面可散热,分层也可厚些。

(4) 应根据混凝土的浇筑能力和温度控制要求确定分块面积的大小。块体的长宽比不宜过大,一般以小于 2.5:1 为宜。

(5) 分层分块均应考虑施工方便。

2) 混凝土坝的分缝分块形式

混凝土坝的浇筑块是用垂直于坝轴线的横缝和平行于坝轴线的纵缝以及水平缝划分而成的。分缝方式有垂直纵缝法、错缝法、斜缝法、通仓浇筑法等,如图 6-34、图 6-35 所示。

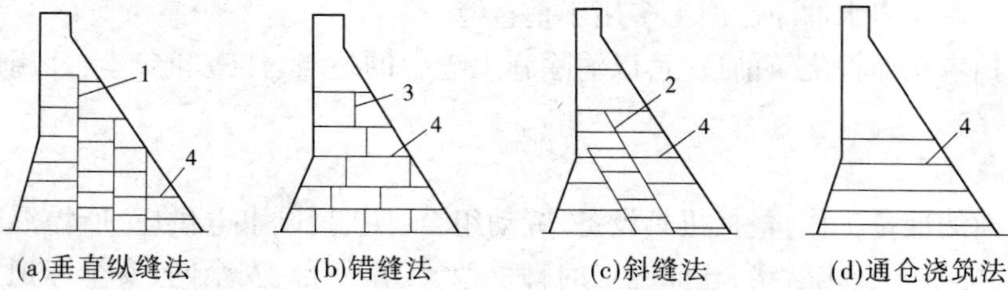

1—纵缝;2—斜缝;3—错缝;4—水平缝

图 6-34 混凝土坝的分缝形式

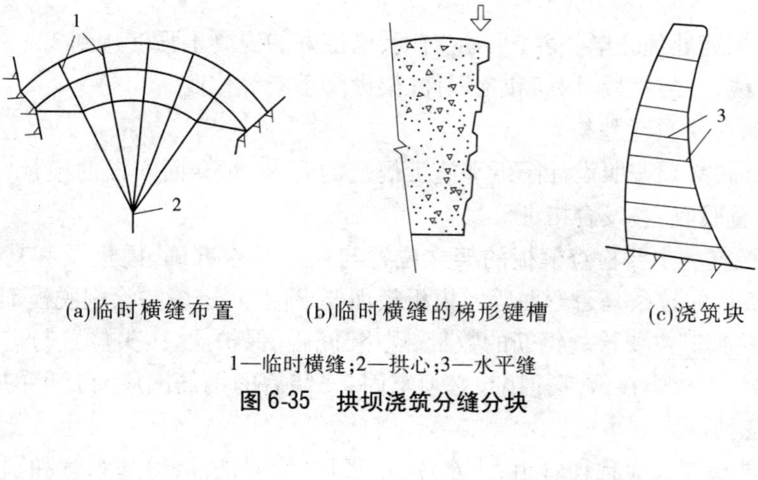

1—临时横缝;2—拱心;3—水平缝

图 6-35 拱坝浇筑分缝分块

A. 纵缝法

用垂直纵缝把坝段分成独立的柱状体,因此又叫柱状分块。它的优点是温度控制容易,混凝土浇筑工艺较简单,各柱状块可分别上升,彼此干扰小,施工安排灵活,但为保证坝体的整体性,必须进行接缝灌浆;模板工作量大,施工复杂。纵缝间距一般为 20 ~ 40 m,以便降温后接缝有一定的张开度,便于接缝灌浆。

为了传递剪应力的需要,在纵缝面上设置键槽,并需要在坝体到达稳定温度后进行接缝灌浆,以增加其传递剪应力的能力,提高坝体的整体性和刚度。

B. 错缝分块法

错缝分块法又称砌砖法。分块时将块间纵缝错开,互不贯通,故坝的整体性好,也不需要进行纵缝灌浆。但由于浇筑块相互搭接,施工干扰很大,施工进度较慢,同时在纵缝上下端因应力集中容易开裂。

C. 斜缝法

斜缝一般沿平行于坝体第二主应力方向设置,缝面剪应力很小,只要设置缝面梯形键槽、加插筋和凿毛处理不必进行接缝灌浆,斜缝法往往是为了便于坝内埋管的安装,或利用斜缝形成临时挡洪面采用的。但斜缝法施工干扰大,斜缝顶并缝处容易产生应力集中,斜缝前后浇筑块的高差和温差需严格控制,否则会产生很大的温度应力。

D. 通缝法

通缝法即通仓浇筑法,它不设纵缝,混凝土浇筑按整个坝段分层进行,一般无须埋设冷却水管。同时由于浇筑仓面大,便于大规模机械化施工,简化了施工程序,特别是大量减少模板作业工作量,施工速度快,但因其浇筑块长度大,容易产生温度裂缝,所以温度控制要求比较严格。

3. 入仓铺料

开始浇筑前,要在岩面或老混凝土面上,先铺一层 2 ~ 3 cm 厚的水泥砂浆(接缝砂浆)以保证新混凝土与基岩或老混凝土结合良好。砂浆的水灰比应较混凝土水灰比减少 0.03 ~ 0.05。混凝土的浇筑,应按一定厚度、次序、方向分层推进。

铺料厚度应根据拌和能力、运输距离、浇筑速度、气温及振捣器的性能等因素确定。

一般情况下,浇筑层的允许最大厚度不应超过表 6-6 规定的数值,如采用低流态混凝土及大型强力振捣设备,其浇筑层厚度应根据试验确定。

表 6-6 混凝土浇筑层的允许最大铺料厚度

项次	振捣器类别或结构类型		浇筑层的允许最大铺料厚度
1	插入式	电动硬轴振捣器	振捣器工作长度的 0.8 倍
		软轴振捣器	振捣器工作长度的 1.25 倍
2	表面式	在无筋或单层钢筋结构中	250 mm
		在双层钢筋结构中	120 mm

混凝土入仓时,应尽量使混凝土按先低后高进行,并注意分料,不要过分集中。应有以下要求:

(1)仓内有低塘或料面,应按先低后高进行卸料,以免泌水集中带走灰浆。

(2)由迎水面至背水面把泌水赶至背水面部分,然后处理集中的泌水。

(3)根据混凝土强度等级分区,先高强度后低强度进行下料,以防止减少高强度区的断面。

(4)要适应结构物特点。如浇筑块内有廊道、钢管或埋件的仓位,卸料必须两侧平起,廊道、钢管两侧的混凝土高差不得超过铺料的层厚(一般 30 ~50 cm)。

常用的浇筑方法有以下三种。

1)平层浇筑法

平层浇筑法是混凝土按水平层连续地逐层铺填,第一层浇完后再浇第二层,依次类推直至达到设计高度,如图 6-36(a)所示。

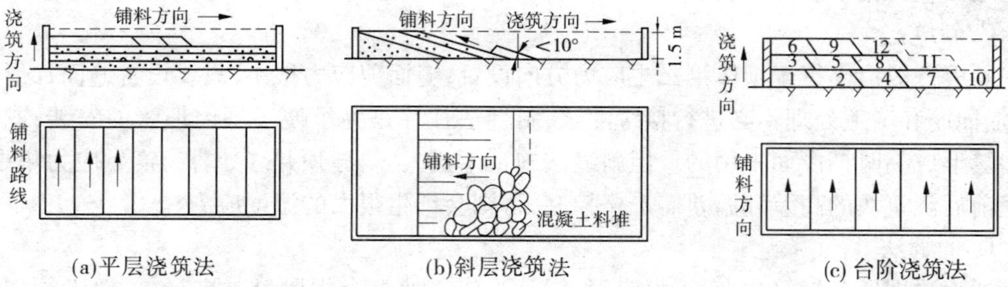

图 6-36 混凝土浇筑法

平层浇筑法,因浇筑层之间的接触面积大(等于整个仓面面积),应注意防止出现冷缝(即铺填上层混凝土时,下层混凝土已经初凝)。为了避免产生冷缝,仓面面积 A 和浇筑层厚度 h 必须满足

$$Ah \leqslant KQ(t_2 - t_1) \tag{6-7}$$

式中 A——浇筑仓面最大水平面积,m^2;

h——浇筑厚度,取决于振捣器的工作深度,一般为 0.3 ~0.5 m;

K——时间延误系数,可取 0.8 ~0.85;

Q——混凝土浇筑的实际生产能力,m^3/h;

t_2——混凝土初凝时间,h;

t_1——混凝土运输、浇筑所占时间,h。

平层铺料法实际应用较多,有以下特点:

(1)铺料的接头明显,混凝土便于振捣,不易漏振。

(2)平层铺料法能较好地保持老混凝土面的清洁,保证新老混凝土之间的结合质量。

(3)适用于不同坍落度的混凝土。

(4)适用于有廊道、竖井、钢管等结构的混凝土。

2)斜层浇筑法

当浇筑仓面面积较大,而混凝土拌和、运输能力有限时,采用平层浇筑法容易产生冷缝时,可用斜层浇筑法和台阶浇筑法。

斜层浇筑法是在浇筑仓面,从一端向另一端推进,推进中及时覆盖,以免发生冷缝。斜层坡度不超过10°,否则在平仓振捣时易使砂浆流动,骨料分离,下层已捣实的混凝土也可能产生错动,如图6-36(b)所示。浇筑块高度一般限制在1.5 m左右。当浇筑块较薄,且对混凝土采取预冷措施时,斜层浇筑法是较常见的方法,因浇筑过程中混凝土冷量损失较小。

3)台阶浇筑法

台阶浇筑法是从块体短边一端向另一端铺料,边前进、边加高,逐步向前推进并形成明显的台阶,直至把整个仓位浇到收仓高程。浇筑坝体迎水面仓位时,应顺坝轴线方向铺料,如图6-36(c)所示。

台阶浇筑法施工要求如下:

(1)浇筑块的台阶层数以3~5层为宜,层数过多,易使下层混凝土错动,并使浇筑仓内平仓振捣机械上下频率调动,容易造成漏振。

(2)浇筑过程中,要求台阶层次分明。铺料厚度一般为0.3~0.5 m,台阶宽度应大于1.0 m,长度应大于2~3 m,坡度不大于1∶2。

(3)水平施工缝只能逐步覆盖,必须注意保持老混凝土面的湿润和清洁。接缝砂浆在老混凝土面上边摊铺边浇混凝土。

(4)平仓振捣时注意防止混凝土分离和漏振。

(5)在浇筑中如因机械和停电等故障而中止工作,要做好停仓准备,即必须在混凝土初凝前,把接头处混凝土振捣密实。

应该指出,不管采用上述何种铺筑方法,浇筑时相邻两层混凝土的间歇时间不允许超过混凝土铺料允许间隔时间。混凝土允许间隔时间是指自混凝土拌和机出料口到初凝前覆盖上层混凝土为止的这一段时间,它与气温、太阳辐射、风速、混凝土入仓温度、水泥品种、掺外加剂品种等条件有关,如表6-7所示。

表6-7　混凝土浇筑允许间隔时间

混凝土浇筑时的气温(℃)	允许间隔时间(min)	
	普通硅酸盐水泥	矿渣硅酸盐水泥及火山灰质硅酸盐水泥
20~30	90	120
10~20	135	180
5~10	195	

注:本表数值未考虑外加剂、混合料及其他特殊施工措施的影响。

4.平仓

平仓是把卸入仓内成堆的混凝土摊平到要求的均匀厚度。平仓不好会造成离析,使骨料架空,严重影响混凝土质量。

1)人工平仓

人工平仓用铁锹,平仓距离不超过3 m,只适用于以下场合:

(1)在靠近模板和钢筋较密的地方,用人工平仓,使石子分布均匀。

(2)水平止水、止浆片底部要用人工送料填满,严禁料罐直接下料,以免止水、止浆片卷曲和底部混凝土架空。

(3)门槽、机组预埋件等空间狭小的二期混凝土。

(4)各种预埋件、观测设备周围用人工平仓,防止位移和损坏。

2)振捣器平仓

振捣器平仓时应将振捣器斜插入混凝土料堆下部,使混凝土向操作者位置移动,然后一次一次地插向料堆上部,直至混凝土摊平到规定的厚度为止。如将振捣器垂直插入料堆顶部,平仓工效固然较高,但易造成粗骨料沿锥体四周下滑,砂浆则集中在中间形成砂浆窝,影响混凝土匀质性。经过振动摊平的混凝土表面可能已经泛出砂浆,但内部并未完全捣实,切不可将平仓和振捣合二为一,影响浇筑质量。

5. 振捣

振捣是振动捣实的简称,它是保证混凝土浇筑质量的关键工序。振捣的目的是尽可能减少混凝土中的空隙,以清除混凝土内部的孔洞,并使混凝土与模板、钢筋及埋件紧密结合,从而保证混凝土的最大密实度,提高混凝土质量。振捣应在平仓后立即进行。

当结构钢筋较密,振捣器难以施工,或混凝土内有预埋件、观测设备,周围混凝土振捣力不宜过大时采用人工振捣。人工振捣要求混凝土拌和物坍落度大于5 cm,铺料层厚度小于20 cm。人工振捣工具有捣固锤、捣固杆和捣固铲,如图6-37所示。捣固锤主要用来捣固混凝土的表面;捣固铲用于插边,使砂浆与模板靠紧,防止表面出现麻面;捣固杆用于钢筋稠密的混凝土中,以使钢筋被水泥砂浆包裹,增加混凝土与钢筋之间的握裹力。人工振捣工效低,混凝土质量不易保证。

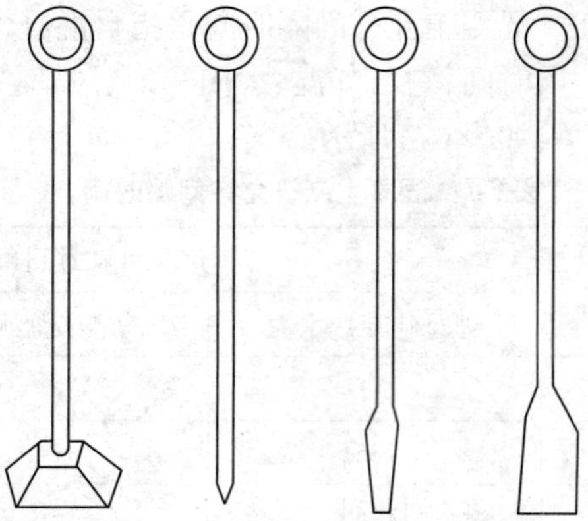

(a)捣固锤　　(b)捣固杆　　(c)捣固铲

图6-37　人工捣固工具

1)振捣器的类型

混凝土振捣主要采用振捣器进行,振捣器产生小振幅、高频率的振动,使混凝土在其振动的作用下,内摩擦力和黏结力大大降低,使干稠的混凝土获得了流动性,在重力的作用下骨料互相滑动而紧密排列,空隙由砂浆所填满,空气被排出,从而使混凝土密实,并填满模板内部空间,且与钢筋紧密结合。

按振捣方式不同,振捣器分为插入式、外部式、表面式三种,如图6-38所示。其中,插

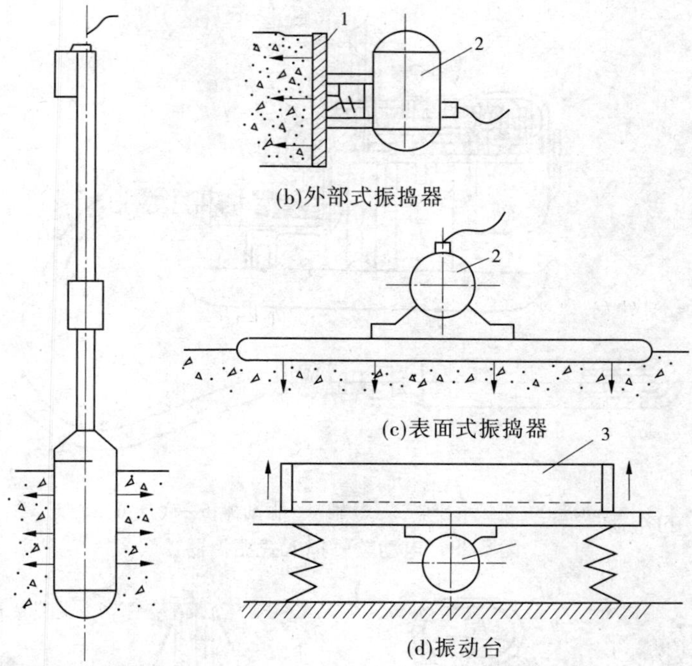

(a)插入式振捣器 (b)外部式振捣器 (c)表面式振捣器 (d)振动台

1—模板;2—振捣器;3—振动台

图 6-38 混凝土振捣器

入式在大体积混凝土工程中运用较广;外部式适用于柱、墙等结构尺寸小且钢筋稠密的构件;表面式适用于路面、薄板等混凝土浇筑。插入式振捣器按动力源又分为电动软轴式、电动硬轴式和风动式三种,以电动式应用最普遍,其振动影响半径大,振捣质量好,使用方便。风动式振动频率不稳定,已逐渐被淘汰。

A. 电动软轴插入式振捣器

如图 6-39 所示,它的电动机和机械增速器(齿轮结构)安装在底盘上,通过软轴(由钢丝股制成)带动振动棒的偏心轴高速旋转而产生振动。偏心轴式软轴振捣器,由于偏心轴旋转的振动频率受制造上的限制,故振动频率不高,应用在钢筋密集、结构单薄的部位。

B. 电动硬轴插入式振捣器

它的电动机装在振动棒内部,直接与偏心块振动机构相连,如图 6-40 所示。同时,采用低压变频装置代替机械增速器,以保证工人安全操作和提高振捣器的振动频率。

2) 振捣器的使用与振实判断

用振捣器振捣混凝土,应在仓面上按一定顺序和间距,逐点插入进行振捣。每个插点振捣时间一般需要 20~30 s,实际操作时的振实标准可按以下一些现象来判断:混凝土表面不再显著下沉,不出现气泡,并在表面出现一层薄而均匀的水泥浆。如振捣时间不够,则达不到振实要求;过振则骨料下沉、砂浆上翻,产生离析。

振捣器的有效振捣范围用振动作用半径 R 表示。R 值的大小与混凝土坍落度和振捣器性能有关,可经试验确定,一般为 30~50 cm。为避免漏振,插入点之间的距离不能过大。要求相邻插入点间距不应大于其影响半径的 1.5~1.75 倍,如图 6-41 所示。

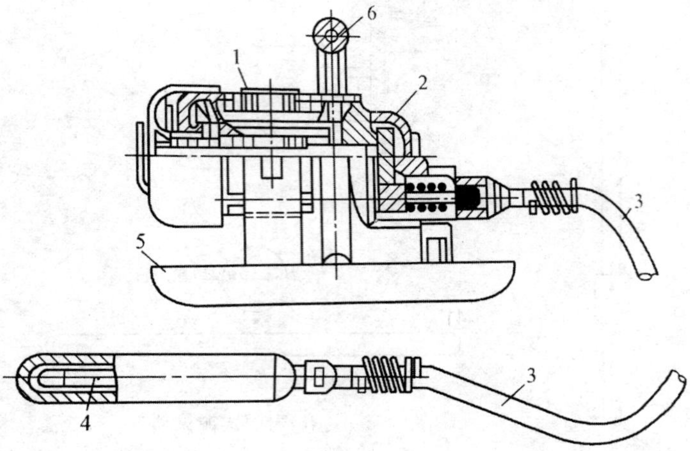

1—电动机;2—机械增速器;3—软轴;4—振动棒;5—底盘;6—手柄

图 6-39 电动软轴插入式振捣器

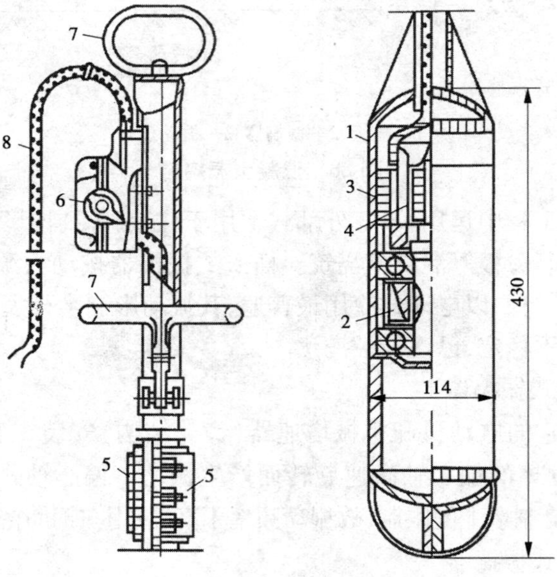

1—振棒外壳;2—偏心块;3—电动机定子;4—电动机转子;
5—橡皮弹性连接器;6—电路开关;7—把手;8—外接电源

图 6-40 电动硬轴插入式振捣器 （单位:mm）

在布置振捣器插点位置时,还应注意不要碰到钢筋和模板。但离模板的距离也不要大于 20 ~ 30 cm,以免因漏振使混凝土表面出现蜂窝、麻面。

在每个插点进行振捣时,振捣器要垂直插入,快插慢拔,并插入下层混凝土 5 ~ 10 cm,以保证上、下层混凝土结合。

(二)混凝土养护

混凝土浇筑完毕后,在一个相当长的时间内,应保持其适当的温度和足够的湿度,以

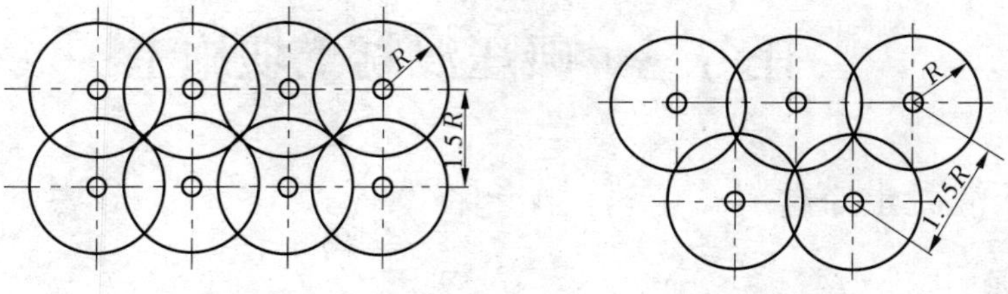

图 6-41　振捣器插入点排列方式

造成混凝土良好的硬化条件,这就是混凝土的养护工作。混凝土表面水分不断蒸发,如不设法防止水分损失,水化作用未能充分进行,混凝土的强度将受到影响,还可能产生干缩裂缝。因此,混凝土养护的目的,一是创造有利条件,使水泥充分水化,加速混凝土的硬化;二是防止混凝土成型后因暴晒、风吹、干燥等自然因素影响,出现不正常的收缩、裂缝等现象。

混凝土的养护方法分为自然养护和热养护两类,如表 6-8 所示。养护时间取决于当地气温、水泥品种和结构物的重要性,如表 6-9 所示。

表 6-8　混凝土的养护

类别	名称	说明
自然养护	洒水(喷雾)养护	在混凝土面不断洒水(喷雾),保持其表面湿润
	覆盖浇水养护	在混凝土面覆盖湿麻袋、草袋、湿砂、锯末等,不断洒水保持其表面湿润
	围水养护	使周围成土埂,将水蓄在混凝土表面
	铺膜养护	在混凝土表面铺上薄膜,阻止水分蒸发
	喷膜养护	在混凝土表面铺上薄膜,阻止水分蒸发
热养护	蒸汽养护	利用热蒸汽对混凝土进行湿热养护
	热水(热油)养护	将水或油加热,将构件搁置在其上养护
	电热养护	对模板加热或微波加热养护
	太阳能养护	利用各种罩、窑、集热箱等封闭装置对构件进行养护

表 6-9　混凝土养护时间　(单位:d)

水泥种类	养护时间
硅酸盐水泥、普通硅酸盐水泥	14
火山灰质硅酸盐水泥、矿渣硅酸盐水泥、粉煤灰硅酸盐水泥、硅酸盐大坝水泥	21

注:重要部位和利用后期强度的混凝土,养护时间不少于 28 d。夏季和冬季施工的混凝土,以及有温度控制要求的混凝土养护时间按设计要求进行。

任务三　碾压混凝土坝施工

一、碾压混凝土原材料

（一）水泥

根据《水工碾压混凝土施工规范》（DL/T 5112—2009）规定，碾压混凝土水泥材料宜选用硅酸盐水泥、普通硅酸盐水泥、中热硅酸盐水泥、低热硅酸盐水泥或矿渣硅酸盐水泥。

（二）掺合料

碾压混凝土中应优先掺入适量的Ⅰ级或Ⅱ级粉煤灰、粒化高炉矿渣粉、磷渣粉、火山灰等活性掺合料。经过试验论证，也可以掺用非活性掺合料。掺入碾压混凝土的掺合料，运到工地后应进行检测。

（三）骨料

与常态混凝土一样，可采用天然骨料或人工骨料，骨料最大粒径一般为 80 mm，迎水面用碾压混凝土自身作为防渗体时，一般在一定宽度范围内采用二级配碾压混凝土。碾压混凝土砂料宜质地坚硬，级配良好。人工砂的细度模数宜为 2.2 ~ 2.9，天然砂的细度模数宜为 2.0 ~ 3.0，应严格控制超径颗粒含量，砂子的含水率应不大于 6%，沙子含水量不稳定时，碾压混凝土施工层面易出现局部集中泌水现象。天然砂的含泥量应不大于 5%。

（四）外加剂

碾压混凝土中应掺用外加剂，其品种及掺量应通过试验确定。一般应掺用与环境、施工条件、原材料相适应的缓凝高效减水剂，有抗冻要求的还应掺用引气剂，增强碾压混凝土抗冻性。

二、碾压混凝土配合比

（一）碾压混凝土配合比设计参数选定

（1）水胶比：应根据设计提出的混凝土强度、抗渗性、抗冻性、拉伸变形等要求确定，其值宜不大于 0.65。

（2）砂率：应通过试验选取最佳砂率值。使用天然粗骨料时，三级配碾压混凝土的砂率为 28% -32%，二级配为 32% -37%；使用人工粗骨料时，砂率应增加 3% ~6%。

（3）单位用水量：可根据碾压混凝土 *VC* 值、骨料种类、最大粒径、砂率、石粉含量、掺合料和外加剂等选定。

（4）掺合料及外加剂的种类和掺量应通过试验确定。

（二）碾压混凝土配合要求

碾压混凝土配合比应满足工程设计的各项指标及施工工艺要求，包括：

（1）混凝土质量均匀，施工过程中粗骨料不易发生分离。

（2）工作度适当，拌和物较易碾压密实，混凝土容重较大。

（3）拌和物初凝时间较长，易于保证碾压混凝土施工层面的良好黏结，层面物理力学性能好。

(4)混凝土的力学强度、抗渗性能等满足设计要求,具有较高的拉伸应变能力。

(5)对于外部碾压混凝土,要求具有适应建筑物环境条件的耐久性。

(6)碾压混凝土配合比经现场试验后调整确定。

三、碾压混凝土浇筑

(一)碾压混凝土上升方式的确定

以美国和日本为代表,形成了两种不同的碾压混凝土浇筑上升方式。采用美国式(RCC)的碾压混凝土施工时,一般为不分纵横缝(必要时可设少量横缝),采用大仓面通仓浇筑,压实层厚一般为 30 cm。对于水平接缝的处理,许多坝以成熟度(气温与层面停歇时间的乘积)作为判断标准,在成熟度超过 200 ~ 260 ℃ · h 时,对层面采取刷毛、铺砂浆等措施处理,否则仅对层面稍作清理。实际上,层面一般只需要清除松散物,在碾压混凝土尚处于塑性状态时浇筑上一层碾压混凝土,因而施工速度快,造价低,也利于层面结合。日本式(RCD)的碾压混凝土坝施工,用振动切缝机切出与常态混凝土坝相同的横缝,碾压混凝土压实层厚 50 ~ 75 cm,甚至达到 100 cm,每层混凝土分几次薄层平仓,平仓层厚为 15 ~ 25 cm,一次碾压。每层混凝土浇筑后停歇 3 ~ 5 d,层面冲刷毛铺砂浆,因而混凝土水平施工缝面质量良好,但施工速度较慢。我国在吸收美、日施工经验的基础上,既有沿用两种方法修筑的碾压混凝土坝,也采用了改进的施工方法,如辽宁观音阁碾压混凝土坝完全采用日本的施工方法,广西岩滩碾压混凝土围堰等则完全采用美国的施工方法。我国大多数碾压混凝土坝则采用自创的碾压混凝土 RCCD 施工方法,即碾压混凝土在一个升程内(一般 2 ~ 3 m 高)采用大面积薄层连续浇筑上升,压实层厚为 30 cm,一个升程混凝土浇筑完毕后,对层面冲刷毛,在下一升程浇筑前铺砂浆。三峡碾压混凝土纵向围堰及二期厂坝导墙即采用该法施工。

对于施工仓面较大,碾压混凝土施工强度受施工设备限制难以满足连续浇筑上升层面允许间歇时间要求时,可采用斜层铺筑法浇筑,该法首先在湖南江垭工程碾压混凝土施工中采用,施工时碾压层向上游或沿坝轴线方向倾斜,坡度根据混凝土施工强度确定,一般为 1∶20 ~ 1∶40,以满足连续浇筑上升层间允许间歇时间要求为准。该法可缩短连续浇筑上升时层间间歇时间,有利于提高层间胶结强度,其施工类似于 RCC 法,升程高度一般为 3 m。

在碾压混凝土施工速度及施工强度上,其最大日浇筑量接近 2 万 m^3,日上升速度达 1.2 m。

(二)碾压混凝土浇筑季节的确定

碾压混凝土采用一定升程内通仓薄层连续浇筑上升,连续浇筑层层面间歇 6 ~ 8 h,高温季节浇筑碾压混凝土时预冷碾压混凝土在仓面的温度回升大;另外,碾压混凝土用水量少,拌制预冷混凝土时加冰量少,高温季节出机口温度难以达到 7 ℃,因而高温季节对碾压混凝土进行预冷的效果不如常态混凝土。经计算分析,高温季节浇筑基础约束区混凝土温度将较大超过坝体设计允许最高温度,因而可能产生危害性裂缝。另外,高温季节浇筑碾压混凝土时,混凝土初凝时间短,表层混凝土水分蒸发量大,压实困难,层面胶结差,从而使本为碾压混凝土薄弱环节的层面结合更难保证施工质量。斜层铺筑法虽然可改善混凝土层面胶结,但难以解决混凝土温度控制等问题。

综上所述,为确保大坝碾压混凝土质量,高温季节不宜浇筑碾压混凝土,根据已建工程施工经验,在日均气温超过 25 ℃时不宜浇筑碾压混凝土,三峡工程在技术设计阶段,研究大坝采用碾压混凝土的可行性时,确定碾压混凝土仅在低温季节浇筑下部大体积混凝土时采用,气温较高时改用常态混凝土浇筑。左导墙碾压混凝土浇筑也规定在 10 月下旬至次年 4 月上旬进行,其余时间停浇。

(三)碾压混凝土拌和及运输

碾压混凝土一般可用强制式混凝土搅拌机或自落式混凝土搅拌机拌和,也可采用连续式混凝土搅拌机拌和,其拌和时间一般比常态混凝土延长 30 s 左右,故而生产碾压混凝土时拌和楼生产率比常态混凝土低 10% 左右。碾压混凝土运输一般采用自卸汽车、皮带机、真空溜槽等方式,也有采用坝头斜坡道转运混凝土。选取运输机具时,应注意防止或减少碾压混凝土骨料分离。

(四)平仓及碾压

碾压混凝土浇筑时一般按条带摊铺,铺料条带宽根据施工强度确定,一般为 4 ~ 12 m,铺料厚度为 35 cm,压实后为 30 cm,铺料后常用平仓机或平履带的大型推土机平仓。为解决一次摊铺产生骨料分离的问题,可采用二次摊铺,即先摊铺下半层,然后在其上卸料,最后摊铺成 35 cm 的层厚。采用二次摊铺后,对料堆之间及周边集中的骨料经平仓机反复推刮后,能有效分散,再辅以人工分散处理,可改善自卸汽车铺料引起的骨料分离问题。一条带平仓完成后立即开始碾压,振动碾一般选用自重大于 10 t 的大型双滚筒自行式振动碾,作业时行走速度为 1 ~ 1.5 km/h,碾压遍数通过现场试碾确定,一般为无振 2 遍有振 6 ~ 8 遍。碾压条带间搭接宽度大于 20 cm,端头部位搭接宽度大于 100 ~ 150 cm。条带从铺筑到碾压完成宜控制在 2 h 左右。边角部位采用小型振动碾压实。碾压作业完成后,用核子密度仪检测其容重,达到设计要求后进行下一层碾压作业;若未达到设计要求,立即重碾,直到满足设计要求。模板周边无法碾压部位一般可加注与碾压混凝土相同水灰比的水泥浓浆后用插入式振捣器振捣密实。仓面碾压混凝土的 *VC* 值控制在 5 ~ 10 s,并尽可能地加快混凝土的运输速度,缩短仓面作业时间,做到在下一层混凝土初凝前铺筑完上一层碾压混凝土。

当采用金包银法(指周边外围常态混凝土与内部碾压混凝土同步浇筑)施工时,尤其要注意周边常态混凝土与内部碾压混凝土结合面的施工质量。

(五)防渗层常态混凝土浇筑

"金包银"结构的外部防渗层常态混凝土铺筑层厚一般与碾压混凝土相同,为 30 cm,可采取先浇常态混凝土,在常态混凝土初凝前铺筑碾压混凝土,或先浇碾压混凝土,再浇筑常态混凝土,结合部位采用振动碾压实,大型振动碾无法碾压的部位,用小型振动碾碾压。

(六)造缝

碾压混凝土一般采取几个坝段形成的大仓面通仓连续浇筑上升,坝段之间的横缝,一般可采取切缝机切缝(缝内填设金属片或其他材料)、埋设隔板或钻孔填砂形成,或采用其他方式设置诱导缝。切缝机切缝时,可采取先切后碾或先碾后切,成缝面积不少于设计缝面的 60%。埋设隔板造缝时,相邻隔板间隔不大于 10 cm,隔板高度宜比压实层面低

2 ~ 3 cm。钻孔填砂造缝则是待碾压混凝土浇筑完一个升程后沿分缝线用手风钻造诱导孔。

（七）施工缝面处理

正常施工缝一般在混凝土收仓后 10 h 左右用压力水冲毛，清除混凝土表面的浮浆，以露出粗砂粒和小石为准。施工过程中因故中止或其他原因造成层面间歇时间超过设计允许间歇时间，视间歇时间的长短采取不同的处理方法，对于间歇时间较短，碾压混凝土未终凝的施工缝面，可采取将层面松散物和积水清除干净，铺一层 2 ~ 3 cm 厚的砂浆后，继续进行下一层碾压混凝土摊铺、碾压作业；对于已经终凝的碾压混凝土施工缝，一般按正常工作缝处理。第一层碾压混凝土摊铺前，砂浆铺设随碾压混凝土铺料进行，不得超前，保证在砂浆初凝前完成碾压混凝土的铺筑。碾压混凝土层面铺设的砂浆应有一定坍落度。

（八）模板

规则表面采用组合钢模板，不规则面一般采用木模板或散装钢模板。为便于碾压混凝土压实，模板一般用悬臂模板，可用水平拉条固定。对于连续浇筑上升的坝体，应特别注意水平拉条的牢固性。廊道等孔洞宜采用混凝土预制模板。碾压混凝土坝下游面为方便碾压混凝土施工，可做成台阶，并可用混凝土预制模板形成。

四、碾压混凝土温度控制

（一）分缝分块

碾压混凝土施工一般采取通仓薄层连续浇筑，对于仓面很大而施工机械生产率不能满足层面间歇期要求时，对整个仓面分设几个浇筑区进行施工。为适应碾压混凝土施工的特点，碾压混凝土坝或围堰不设纵缝，横缝间距一般也比常态混凝土间距大，采用立模、锯缝或在表面设置诱导缝。例如，三峡纵向围堰坝身段下部高程 84.5 m 以下采用了碾压混凝土施工，该坝段顺流向长度为 115 m，横缝间距 36 m 和 32 m，不分纵缝通仓施工，最大仓面面积 4 140 m^2，三峡厂坝导墙采用碾压混凝土，导墙分块长度 30 ~ 34 m，采用 2 ~ 3 块为一碾压仓，人工造缝形成设计分块缝。对于碾压混凝土围堰或小型碾压混凝土坝，也有不设横缝的通仓施工，例如隔河岩上游横向围堰及岩滩上下游横向围堰均未设横缝。对于大中型碾压混凝土坝如不设横缝，难免会出现裂缝，美国早期修建的几座未设横缝的大中型碾压混凝土坝均出现较大裂缝而不得不进行修补。

（二）碾压混凝土温度控制标准

由于碾压混凝土胶凝材料用量少，极限拉伸值一般比常态混凝土小，其自身抗裂能力比常态混凝土差，因此其温差标准比常态混凝土严，《混凝土重力坝设计规范》（NB/T 35026—2014）中规定，当碾压混凝土 28 d 极限拉伸值不低于 0.70×10^{-4} 时，碾压混凝土坝基础容许温差见表 6-10。对于外部无常态混凝土或侧面施工期暴露的碾压混凝土浇筑块，其内外温差控制标准一般在常态混凝土基础上加 2 ~ 3 ℃。

（三）碾压混凝土温度计算

由于碾压混凝土采用通仓薄层连续浇筑上升，混凝土内部最高温度一般采用差分法或有限元法进行仿真计算。计算时每一碾压层内竖直方向设置 3 层计算点，水平方向则根据计算机容量设置不同数量计算点。

表 6-10　碾压混凝土基础容许温差　（单位：℃）

距基础面高度	浇筑块长边长度 L		
	30 m 以下	30 ~ 70 m	70 m 以上
$(0 \sim 0.2)L$	8 ~ 15.5	14.58 ~ 12	12 ~ 10
$(0.2 \sim 0.4)L$	19 ~ 17	16.5 ~ 14.5	14.5 ~ 12

（四）冷却水管埋设

碾压混凝土一般采取通仓浇筑，且为保证层间胶结质量，一般安排在低温季节浇筑，不需要进行初、中、后期通水冷却，从而不需要埋设冷却水管。但对于设有横缝且需进行接缝灌浆，或气温较高，混凝土最高温度不能满足要求时，也可埋设水管进行初、中、后期通水冷却。三峡工程在碾压混凝土纵向围堰及纵堰坝身段下部碾压混凝土中均埋设了冷却水管。施工时冷却水管一般布设在混凝土面上，水管间距为 2 m，开始采用挖槽埋设，此法费工、费时，效果亦不佳。之后改在施工缝面上直接铺设，用钢筋或铁丝固定间距，开仓时用砂浆包裹，推土机入仓时先用混凝土作垫层，避免履带压坏水管。一般在收仓后 24 h 开始进行初期通水冷却，通水流量 18 ~ 20 L/min，通水时间不少于 7 d，一般可降低混凝土最高温度 3 ~ 5 ℃。

（五）温控措施

碾压混凝土主要温控措施与常态混凝土基本相同，仅混凝土铺筑季节受到较大限制，由于碾压混凝土属干硬性混凝土，用水量少，高温季节施工时表面水分散发后易干燥而影响层间胶结质量，故而一般要求在低温季节浇筑。

五、碾压混凝土坝的施工质量控制

（一）施工质量控制内容

碾压混凝土施工过程中的质量控制包括原材料的质量控制、混凝土配料拌和的质量控制、浇筑仓面的质量控制、硬化混凝土试样及钻芯取样测试等。仓面质量控制的主要内容有卸料、平仓、碾压各项作业的控制，碾压时拌和物 *VC* 值的控制，碾压密实度的控制等。

（二）施工质量控制要点

碾压混凝土拌和生产过程的质量控制首先要求衡量的准确。由于碾压混凝土含水量较低，水的衡量应当比常态混凝土要求更严。同时必须保证足够的拌和时间，以利拌和物充分拌和均匀。

在卸料平仓过程中，应减轻或防止碾压混凝土拌和物骨料分离，严格控制铺料厚度，减少碾压层面的扰动破坏和污染。连续上升铺筑的碾压混凝土，层面允许间隔时间（下层混凝土拌和物拌和加水时起至上层混凝土碾压完毕止），应控制在混凝土初凝时间以内，且混凝土拌和物从拌和到碾压完毕的历时应不大于 2 h。

（三）施工质量检测方法

碾压时拌和物合适的 *VC* 值是碾压密实的先决条件。为了掌握仓内拌和物的 *VC* 值，可以在仓面设置 *VC* 值测试仪，也可采用核子水分密度仪测定拌和物的含水率。

碾压混凝土现场压实质量的检测采用表面核子水分密度仪或压实密度计。每铺筑 100～200 m^2碾压混凝土至少应有一个检测点，每层应有3个以上检测点。测试在压实后1 h内进行。

与碾压式土石坝类似，碾压混凝土坝填筑碾压施工中也可利用实时监控技术，实现大坝浇筑碾压质量实时监控，实时监控碾压机械行走速度、碾压遍数、压实厚度以及激振力等质量参数，同时还可实时采集与分析混凝土温度与仓面施工小气候信息，为混凝土施工质量控制提供技术支持。

（四）质量问题处理

碾压混凝土 *VC* 值波动范围，以控制在±5 s为宜，当超出控制界限时，应调整碾压混凝土的用水量，并保持水灰比不变。

任务四　大体积混凝土的温度控制和坝体接缝灌浆

一、混凝土温度控制

（一）制定温度控制标准

一般把结构最小尺度大于2 m的混凝土称为大体积混凝土。大体积混凝土要求控制水泥水化产生的热量及伴随发生的体积变化，尽量减少温度裂缝。

1. 混凝土温度变化过程

水泥在凝结硬化过程中，会放出大量的水化热。水泥在开始凝结时放热较快，以后逐渐变慢，普通硅酸盐水泥最初3 d放出的总热量占总水化热的50%以上。水泥水化热与龄期的关系曲线如图6-42所示。图6-42中 Q_0 为水泥的最终发热量（J/kg），其中 m 为系数，它与水泥品种及混凝土入仓温度有关。

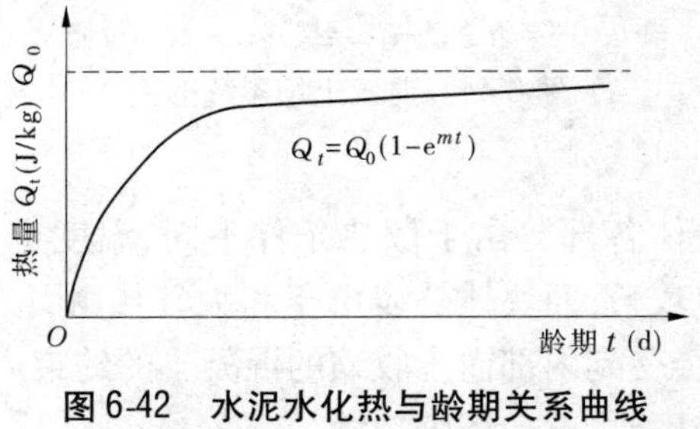

图6-42　水泥水化热与龄期关系曲线

混凝土的温度随水化热的逐渐释放而升高，当散热条件较好时，水化热造成的最高温度升高值并不大，也不致使混凝土产生较大裂缝。而当混凝土的浇筑块尺寸较大时，其散热条件较差，由于混凝土导热性能不良，水化热基本上都积蓄在浇筑块内，从而引起混凝土温度明显升高，有时混凝土块体中部温度可达60～80 ℃。由于混凝土温度高于外界气温，随着时间的延续，热量慢慢向外界散发，块体内温度逐渐下降。这种自然散热过程甚为漫长，大约要经历几年以至几十年的时间水化热才能基本消失。此后，块体温度即趋近于稳定状态。在稳定期内，坝体内部温度基本稳定，而表层混凝土温度则随外界温度的变化而呈周期性波动。由此可见，大体积混凝土温度变化一般经历升温期、冷却期和稳定期等三个时期，如图 6-43 所示。

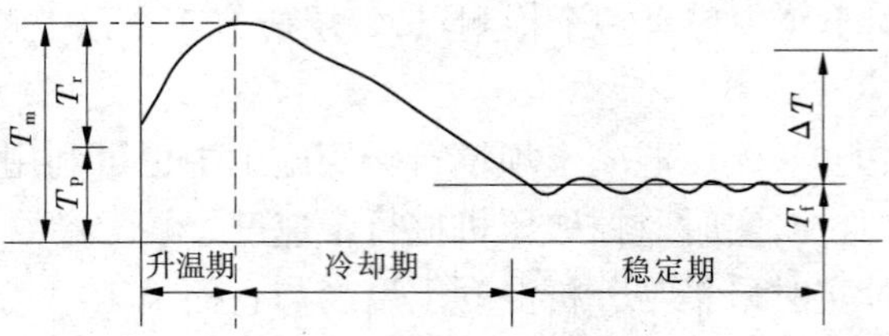

图 6-43　大体积混凝土温度变化过程

由图 6-43 可知：

$$\Delta T = T_m - T_f = T_p + T_r - T_f \tag{6-8}$$

由于稳定温度 T_f 值变化不大，因此要减少温差，就必须采取措施降低混凝土入仓温度 T_p 和混凝土的最大温升 T_r。

2. 温度应力与温度裂缝

混凝土温度的变化会引起混凝土体积变化，即温度变形。而温度变形一旦受到约束不能自由伸缩时，就必然引起温度应力。若为压应力，通常无大的危害；若为拉应力，当超过混凝土抗拉强度极限时，就会产生温度裂缝，如图 6-44 所示。

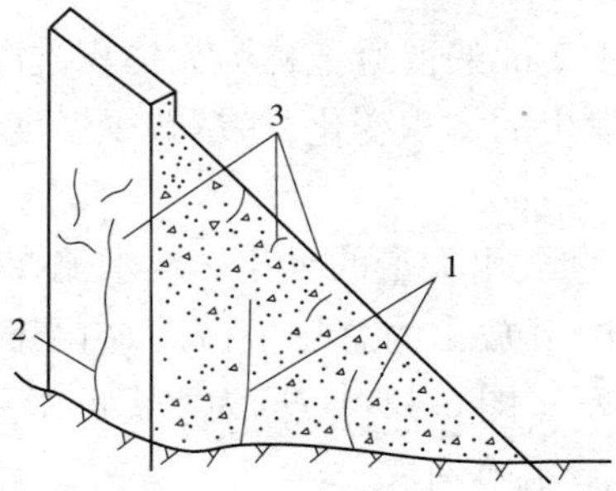

1—贯穿裂缝；2—深层裂缝；3—表面裂缝

图 6-44　混凝土坝裂缝形式

1）表面裂缝

大体积混凝土结构块体各部分由于散热条件不同，温度也不同，块体内部散热条件差，温度较高，持续时间也较长；而块体外表由于和大气接触，散热方便，冷却迅速。当表面混凝土冷却收缩时，就会受到内部尚未收缩的混凝土的约束产生表面温度拉应力，当它超过混凝土的抗拉极限强度时，就会产生裂缝。

一般表面裂缝方向不规则，数量较多，但短而浅，深度小于 1 m，缝宽小于 0.5 mm。有的后来还会随着坝体内部温度降低而自行闭合。因而对一般结构威胁较小。但在混凝土坝体上游面或其他有防渗要求的部位，表面裂缝形成了渗透途径，在渗水压力作用下，裂缝易于发展；在基础部位，表面裂缝还可能与其他裂缝相连，发展成为贯穿裂缝。这些对建筑物的安全运行都是不利的，因此必须采取一些措施，防止表面裂缝的产生和发展。

防止表面裂缝的产生，最根本的是把内外温差控制在一定范围内。防止表面裂缝还应注意防止混凝土表面温度骤降（冷击）。冷击主要是冷风寒潮袭击和低温下拆模引起的，这时会形成较大的内外温差，最容易发生表面裂缝。因此，在冬季不要急于拆模，对新浇混凝土的表面，当温度骤降前应进行表面保护。表面保护措施可采用保温模板、挂保温泡沫板、喷水泥珍珠岩、挂双层草垫等。

2）深层裂缝和贯穿裂缝

混凝土凝结硬化初期，水化热使混凝土温度升高，体积膨胀，基础部位混凝土由于受基岩的约束，不能自由变形而产生压应力，但此时混凝土塑性较大，所以压应力很低。随着混凝土温度的逐渐下降，体积也随之收缩，这时混凝土已硬化，并与基础岩石黏结牢固，受基础岩石的约束不能自由收缩，而使混凝土内部除抵消了原有的压应力外，还产生了拉应力，当拉应力超过混凝土的抗拉极限强度时，就产生裂缝。裂缝方向大致垂直于岩面，自下而上开展，缝宽较大（可达 1 ~ 3 mm），延伸长，切割深（缝深可达 3 ~ 5 m 以上），称之为深层裂缝。当平行坝轴线出现时，常常贯穿整个坝段，则称为贯穿裂缝。

基础贯穿裂缝对建筑物安全运行是很危险的，因为这种裂缝发生后，就会把建筑物分割成独立的块体，使建筑物的整体性遭到破坏，坝内应力发生不利变化，特别对于大坝上游坝踵处将出现较大的拉应力，甚至危及大坝安全。

防止产生基础贯穿裂缝，关键是控制混凝土的温差，通常基础容许温差的控制范围可参考表 6-11。

表 6-11　常态混凝土基础容许温差　（单位：℃）

离基岩面高度 H	浇筑块长边尺寸 L				
	17 m 以下	17 ~ 21 m	21 ~ 30 m	30 ~ 40 m	40 m 至通仓
(0 ~ 0.2)L	26 ~ 24	24 ~ 22	22 ~ 19	19 ~ 16	16 ~ 14
(0.2 ~ 0.4)L	28 ~ 26	26 ~ 25	25 ~ 22	22 ~ 19	19 ~ 17

注：1. 混凝土 28 d 龄期的极限拉伸值 $\geqslant 0.85 \times 10^{-4}$；

2. 混凝土施工质量均匀、良好，基岩与混凝土的弹性模量相近，短间歇均匀上升的浇筑块。

混凝土浇筑块经过长期停歇后，在长龄期老混凝土上浇筑新混凝土时，老混凝土也会对新混凝土起约束作用，产生温度应力，可能导致新混凝土产生裂缝，所以新老混凝土间的内部温差（上下层温差），也必须进行控制，一般允许温差为 15 ~ 20 ℃。

3. 温差标准的拟定

1）基础容许温差

基础温差是指基础约束区内混凝土最高温度与稳定温度（或准稳定温度）之差。基础容许温差一般根据建筑物方块尺寸、混凝土力学性能、基岩弹性模量与混凝土弹性模量的比值和混凝土浇筑上升情况，参照规范及已建或在建工程施工经验确定，对于基岩面上薄层混凝土块及基岩弹性模量比混凝土弹性模量高出较多者，以及基础约束区内混凝土不能连续浇筑上升者，应核算基础约束区内混凝土温度应力，不能满足防裂要求时，应考虑减小分缝分块尺寸。《混凝土重力坝设计规范》（NB/T 35026—2014）对基础容许温差的规定值参见表 6-11。陡坡和填塘部位混凝土基础允许温差：应视所在部位结构要求及其特征尺寸，参照平整基础温差标准适当加严，混凝土浇平相邻基岩面后，应停歇冷却至与周围基岩温度相近时，再继续上升。

2）上下层温差

当下层混凝土龄期超过 28 d 成为老混凝土时，其上层混凝土浇筑时应控制上、下层温差，对上层混凝土短间歇均匀上升的坝块且浇筑高度大于 0.5L（L 为浇筑块长边尺寸）时，允许新老混凝土面上下各 $L/4$ 范围内，上层混凝土最高平均温度与新混凝土开始浇筑时下层实际平均温度之差不大于 15 ~ 20 ℃；浇筑块侧面长期暴露时，或上层混凝土浇筑高度小于 0.5L，或非连续上升时应加严上下层温差标准。

3）防止表面裂缝温控标准

大量工程施工实践表明，混凝土坝温度裂缝中绝大多数为表面裂缝，且大多数表面裂缝是在混凝土浇筑初期遇气温骤降等原因引起的。少数表面裂缝是由于中后期受年变化气温或水温影响内外温差过大造成的。中后期深层裂缝和贯穿裂缝也往往由表面裂缝在一定条件下发展而成。因此，加强表面保护、控制内外温差或坝体混凝土最高温度是防止混凝土表面裂缝或深层裂缝的有效措施。

A. 表面保护标准

a. 初期气温骤降

气温骤降期间对混凝土表面进行保护是防止混凝土表面裂缝的有效措施。新浇混凝土遇日平均气温在 2 ~ 3 d 内连续下降超过 6 ~ 8 ℃时，强约束区和特殊部位龄期 2 ~ 3 d 以上，一般部位龄期 3 ~ 4 d 以上必须进行表面保护。保温层等效放热系数卢值可根据坝址气温骤降情况通过计算确定。

b. 中后期气温年变化及气温骤降的综合影响

在气温年变化和气温骤降的同时作用下，在无保护条件下极可能使混凝土表面产生裂缝。所以，在施工期内除采取必要的表面保护措施外，应视不同浇筑季节和不同部位，对埋有冷却水管部位结合考虑后期通水情况，进行中期通水冷却，对未埋冷却水管部位应加强表面保护。

B. 坝体最高温度控制标准

由于坝体内外温差过大可能引起混凝土表面出现裂缝，必须控制坝体内外温差。在设计中为了便于掌握，一般将内外温差转化为控制坝体最高温度。任何部位，包括基础约束区及脱离基础约束区，其最高温度均不得超过坝体最高温度。坝体最高温度控制标准一般参照部分已建工程经验，兼顾内外温差要求和实际施工条件确定。

4）坝体设计允许最高温度

确定坝体设计允许最高温度的原则：对于基础约束区混凝土，按基础允许温差加上坝体稳定温度与坝体最高温度控制标准比较后取其低值；对于均匀上升的脱离基础约束区混凝土，仅按坝体最高温度控制标准确定；对于老混凝土约束区可参照上述基础约束区混凝土的原则来确定；填塘、陡坡部位混凝土温控原则上按基础强约束区允许最高温度执行，但夏季（5 ~ 9 月）应加 1 ~ 2 ℃。

（二）制订混凝土防裂的措施

1. 减少混凝土发热量

1）采用低热水泥

采用水化热较低的普通大坝水泥、矿渣大坝水泥及低热膨胀水泥。

2)降低水泥用量

(1)掺混合材料。

(2)调整骨料级配,提高骨料最大粒径。

(3)采用低流态混凝土。

(4)掺外加剂(减水剂、加气剂)。

(5)其他措施有采用埋石混凝土、坝体分区使用不同强度等级的混凝土、利用混凝土的后期强度。

2. 降低混凝土的入仓温度

1)料场措施

(1)加大骨料堆积高度。

(2)地弄取料。

(3)搭盖凉棚。

(4)喷水雾降温(石子)。

2)冷水或加冰拌和

采用冷水或加冰拌和的方式,降低混凝土的入仓温度。

3)预冷骨料

(1)水冷,如喷水冷却、浸水冷却。

(2)气冷,在供料廊道中通冷气。

3. 散发浇筑块热量

1)表面自然散热

采用薄层浇筑,浇筑层厚度采用3~5 cm,在基础地面或老混凝土面上可以浇1~2 m的薄层,上、下层间歇时间宜为5~10 d。浇筑块的浇筑顺序应间隔进行,尽量延长两相邻块的间隔时间,以利侧面散热。

2)人工强迫散热—埋冷却水管

利用预埋的冷却水管通低温水以散热降温。冷却水管的作用有:

(1)一期冷却。混凝土浇后立即通水,以降低混凝土的最高温升。

(2)二期冷却。在接缝灌浆时将坝体温度降至灌浆温度,扩张缝隙以利灌浆。

二、坝体接缝灌浆

混凝土坝用纵缝分块进行浇筑,有利于坝体温度控制和浇筑块分别上升,但为了坝的整体性,必须对纵缝进行接缝灌浆。纵缝属于临时施工缝。坝体横缝是否进行灌浆根据坝型和设计要求而异。重力坝的横缝一般为永久温度沉陷缝,拱坝和重力拱坝的横缝属于临时施工缝。临时施工的横缝,要进行接缝灌浆。

(一)接缝灌浆管路埋设

混凝土坝的接缝灌浆,需要在缝面上预埋灌浆系统。根据缝的面积大小,将缝面上划分为若干灌浆区。每一灌浆区高10~15 m,面积200~300 m^2,四周用止浆片盘自成一套灌浆系统。灌浆时利用预埋在坝体内的进浆管、回浆管、支管及出浆盒向缝送水泥浆,迫使缝中空气(包括缝面上的部分水泥浆)从排气槽、排气管排出,直至灌满设计稠度的水泥浆为止。图 6-45(a)为接缝灌浆布置示意图。

接缝灌浆的设备有拌浆筒、灌浆机及压力表等，一般布置在灌浆廊道之内。预埋的灌浆系统如下：

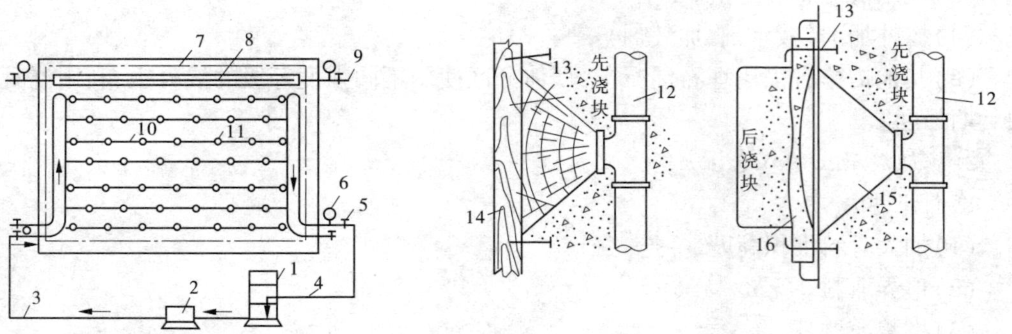

(a)布置示意图　(b)先浇块浇筑时的构造　(c)后浇块浇筑时的构造

1—拌浆筒；2—灌浆机；3—进浆管；4—回浆管；5—阀门；6—压力表；
7—止浆片；8—排气槽；9—排气管；10—支管；11—出浆盒；12—升浆管；13—铁钉；
14—模板；15—出浆口；16—喇叭形出浆孔

图 6-45　接缝灌浆布置示意图

(1)止浆片。沿每一灌浆区四周埋设，一般用镀锌铁皮或塑料止水片跨过接缝埋于侧混凝土中，防止浆液外溢。

(2)灌浆管路。包括进浆管、回浆管、支管、出浆盒等。支管间距 2 m，支管上每隔 2 ~ 3 m 有一孔洞，其上安装出浆盒。出浆盒由喇叭形出浆孔(采用木制圆锥或铁皮制成盒盖(采用预制砂浆盖板或铁皮制成)组成，分别位于缝面两侧浇筑块中，如图 6-45(b)、(c)所示，在进行后浇块施工时，盒盖要盖紧出浆孔，并在孔边钉上铁钉，以防止浇筑时堵塞。待以后接缝张开，盒盖也相应张开以保证出浆。

(3)排气槽和排气管。排气槽断面为三角形，水平设于每一灌浆区的顶端，并通过排气管和灌浆廊道相通。其作用是：在灌浆过程中排出缝中气体，排出部分缝面浆液，判断接缝灌浆情况，保证灌浆质量。

(二)接缝灌浆的次序

(1)同一接缝的灌区，应自基础灌区开始，逐层向上灌注。上层灌区的灌浆，应待下层和下层相邻灌区灌好后才能进行。

(2)为了避免各坝块沿一个方向灌注形成累加变形，影响后灌接缝的张开度，横缝灌浆应自河床中部向两岸进展，或自两岸向河床中部进展。纵缝灌浆宜自下游向上游推进。主要是考虑到接缝灌浆的附加应力与坝体蓄水后的应力叠加，不致造成下游坝趾出现较大的压应力，同时还可抵消一部分上游坝踵在蓄水后的拉应力。但有时也可先灌上游纵缝，然后再自上游向下游顺次灌注，预先改善上游坝踵应力状态。

(3)当条件可能时，同一坝段、同一高程的纵缝，或相邻坝段同一高程的横缝最好同时进行灌注。此外，对已查明张开度较小的接缝，最好先行灌注。

(4)在同一坝段或同一坝块中，如同时有接触灌浆、纵缝及横缝灌浆，应先进行接触灌浆。其好处可以提高坝块的稳定性,对于陡峭岩坡的接触灌浆,则宜安排在相邻纵缝或横缝灌浆后进行,以利于提高接触灌浆时坝块的稳定性。

(5)纵缝及横缝灌浆的先后顺序,一般是先灌横缝,后灌纵缝。但也有的工程考虑到坝块的侧向稳定,先灌纵缝,后灌横缝。

(6)同一接缝的上、下层灌区的间歇时间,不应少于14 d,并要求下层灌浆后的水泥结石具有70%的强度,才能进行上层灌区的灌浆。同一高程的相邻纵缝或横缝的间歇日应不少于7 d。同一坝块同一高程的纵、横缝间歇时间,如果属于水平键槽的纵直缝崩浆,须待14 d后方可灌注横缝。

(7)在靠近基础的接触灌区,如基础有中、高压帷幕灌浆,接缝灌浆最好是在帷幕灌浆之前进行。此外,如接触灌区两侧的坝块存在架空、冷缝或裂缝等缺陷,应先处理缺陷,然后再进行接触灌浆。

(三)接缝灌浆施工

1. 通水检查

通水检查主要目的是查明灌浆管道及缝面的通畅情况,以及灌区是否外漏,从而为浆前的事故处理方法提供依据。其步骤及要求如下。

1)单开式通水检查

分别从两进浆管进水,随即将其他管口关闭,依次有一个管口开放,在进水管口达设计压力的情况下,测定各个管口的单开出水率,其通畅标准是:进水量大于70 L/min,开出水率大于50 L/min。若管口单开出水率大于50 L/min,可结束单开式通水检查,若管口出水率小于50 L/min,则应从该管口进水,测定其余管口出水量和关闭压力,以便查清管和缝面情况。

2)封闭式通水检查

从一通畅进浆管口进水,其他管口关闭,待排水管口达到设计压力(或设计压力70%),测定各项漏水量,并观察外漏部位,灌区封闭标准为稳定漏水量应小于15 L/min(不是集中渗漏),串层漏水量及串块漏水量应分别小于5 L/min。

3)缝面充水浸泡及冲洗

每一接缝灌浆前应对缝面进行浸泡,浸泡时间一般不少于24 h,然后用风水轮换洗各管道及缝面,直至排气管回清水,当水质清洁无悬浮或沉淀物时,方能灌浆。

4)灌浆前预习性压水检查

采用灌浆压力压水检查,其目的是:选择与缝面排气管较为通畅的进浆管与回浆管环线路,核实接缝容积、各管口单开出水量与压力,以及漏水量等数值,同时检查灌浆运行可靠性。

2. 接缝灌浆的程序和方法步骤

接缝灌浆的整个施工程序是,缝面冲洗、压水检查、灌浆区事故处理、灌浆、进浆结束。其中灌浆工序本身,是由稠度较稀的初始浆液(水灰比3:1)开灌,经中级浆液(水灰比1:1)变换为最终浆液(水灰比0.6:1),直到进浆结束。

初始浆液稠度较稀,主要是润湿管路及缝面,并排出缝中大部分空气;中级浆液主要起过渡作用,但也可以充填一些较细的裂缝;最终浆液用来最后充填接缝,保证设计要求的稠度。在灌浆过程中各级浆液的变换，可由排气管口控制。开灌时，最先灌入初始浆液，当排气管口出浆 3 ~ 5 min 后，即可改换中级浆液；当排气管口出浆稠度与注入浆液稠度接近时，即可改换最终浆液。由此可知，排气管间断放浆是为了变换浆液的需要，即排出空气和稀浆，并保持缝面畅通。在此阶段，还应适当地采取沉淀措施，即暂时关闭进浆阀门，停止向缝内进浆 5 ~ 30 min，使缝内浆液变浓，并消除可能形成的气泡。这种沉淀措施，在施工中又称为间断进浆。

灌浆转入结束阶段的标准是，排气管出浆稠度达到最终浆液稠度，排气管口压力达到设计压力，缝面吸浆率小于 0.4 L/min。达到上述三项标准后，即可持续灌浆 30 min 后结束（或关闭全部管口进行缝内进浆 30 min，或从排气管倒灌 30 min 结束）。

接缝灌浆的压力必须慎重选择，过小不易保证灌浆质量，过大可能影响坝的安全。一般采用的控制标准是，进浆管压力（3.5 ~ 4.5）× 100 kPa，回浆管压力（2 ~ 2.5）× 100 kPa。

（四）灌浆质量检查与灌区事故处理

1. 质量检查

灌区的接缝灌浆质量，应以分析灌浆资料为主，结合钻孔取芯、槽检等质检成果，进行综合评定。主要评定项目有：

（1）灌浆时坝块混凝土的温度。

（2）灌浆管路通畅，缝面通畅以及灌区密封情况。

（3）灌浆施工情况。

（4）灌浆结束时排气管的出浆密度和压力。

（5）灌浆过程中有无中断、串浆、漏浆和管路堵塞等情况。

（6）灌浆前、后接缝张开度的大小及变化。

（7）灌浆材料的性能。

（8）缝面注入水泥量。

（9）钻孔取芯、缝面槽检和压水检查成果以及孔内探缝，孔内电视等测试的成果。

2. 灌区事故处理

经过通水检查，可基本判明灌区事故部位及事故类型。灌区事故类型及处理方法分述如下。

1）灌浆管道不通的处理

（1）进回浆管道不通的处理。处理前，先将灌区充分浸泡 7 d 左右，再用风和水轮换冲洗，风压限制为 0.2 MPa，水压不超过 0.8 MPa（逐级加压，每 0.05 MPa 为一级），风和水轮换冲洗时，应将所有管口敞开，以免一旦疏通后缝面压力骤增。如堵塞部位距表面较近，可凿开混凝土，割除管道堵塞段，恢复进回浆管。当上述措施无效时，可视具体情况采用骑缝钻孔或斜穿钻孔代替进回浆管。

（2）排气系统不通的处理。当排气管不互通，或排气管与进回浆管不互通时，可初步判断为排气系统不通（也存在缝面不通的可能性），如经疏通无效，一般采用风钻孔或机钻孔穿过灌区顶层，代替原管道，一侧排气管至少布置三个风钻孔或一个机钻孔，机钻孔单孔出水率大于 50 L/min，风钻孔单孔出水率大于 25 L/min 时，可认为畅通。

2)缝面不通的处理

当进回浆管互通,排气管本身也互通,但进回浆管与排气管之间不互通时,可判断为缝面不通。缝面不通的原因有三种可能:缝面被杂物堵塞、细缝或压缝。如系前者,可以用反复浸泡、风和水轮换冲洗的办法;如为压缝,则可打风钻孔或机钻孔代替出浆盒,用联孔形成新的灌浆系统;如为细缝,则只能采取细缝灌浆措施。

3)止浆片失效引起外漏的处理

一般采用嵌缝堵漏的方法,根据外漏部位及漏量大小,可先沿外漏接缝凿槽,再用水泥砂浆、环氧砂浆或棉絮等材料嵌堵,能比较有效地阻止浆液外漏。

3.特殊情况的灌浆方法

1)灌区与混凝土内部架空区串漏时的灌浆

当灌区与混凝土内部架空区互串时,由于漏量大,灌浆时间必然延续较长。若管道及缝面又不太通畅,则不宜采取降压沉淀的方法;否则,缝面由下至上泌水,阻力增大,最终可能导致梗塞。通常在变换至最终级浓浆,缝面起压正常后,保持50%~70%的设计压力灌注,当吸浆量急剧下降时,再升到设计压力灌注,直至达到正常标准时结束。

2)止浆片失效引起外漏的灌浆

灌区由于止浆片失效而引起的外漏,一般先嵌缝堵漏,再进行灌浆。当灌浆过程中发现外漏严重时,如缝面处于充填初级浆液阶段可及时冲掉,嵌缝再灌。如缝面处于充填中级或终级浆液时,可边嵌边灌,同时在灌浆工艺上采取间歇沉淀或降压循环的措施,迅速增大缝面浆液黏度,促使缝面尽早形成塑性状态,当吸浆率明显减少时,在设计压力下正常灌注至结束。

3)止浆片失效引起相邻灌区串漏的灌浆

一般处理方法有两种:一种是先将表面外漏处嵌缝,然后多区同灌,每个灌区配一台灌浆机,可灌性差或漏量大的灌区先进浆,以利于各灌区同时达到在设计压力下灌注。当某一灌区先具备结束条件时,须待串漏区的吸浆率在设计压力下明显减小,才能先行并浆,互串区先后结束间隔时间,一般控制不超过3 h;另一种处理方法是,当不允许互串灌区同灌时,也可采取下层灌浆,上层通水平压防止下层浆液串入上层的措施,上层通水时的层底压力,应与下层灌浆的层顶压力相等。

4)进回浆管道全部失效时的灌浆

布置条件许可,可做骑缝钻孔代替进回浆管(孔距一般3 m),风钻孔代替排气管,灌浆方法与正常条件下的灌浆方法基本相同。如无条件布置骑缝机钻孔,可采用风钻斜穿孔,一般3~6 m^2布置一孔,各孔均设内管(进浆管),孔口设回浆管,从灌区下层至上层将进、回浆管分别并联成若干孔组,并留出排气孔,灌浆时,下层孔组进浆,上层孔组回浆,中层孔组放浆,灌至达到结束条件时停止。

5)细缝灌浆

细缝一般指冷却至灌浆温度后,张开度仅为0.3~0.5 mm的灌区,在灌浆施工中,一般采取下列措施:

(1)用细度为通过6 400孔/cm^2的筛余量在2%以下的42.5级硅酸盐磨细水泥。

(2)在灌浆初始阶段,提高进浆管口压力,尽快使排气管口升压,有利于细缝张开,其张开度应严格控制在 0.5 mm 以内。

(3)采取四级水灰比,即 4:1,2:1,1:1,0.6:1浆液灌注。先用 4:1浆液润滑管道与缝面,2:1浆液过渡,尽快以 1:1浆液灌注,尽可能按终级浆液结束,最后从排气管倒灌补填。浆液中可掺用塑化剂(掺量以不超过水泥重量的 3‰为宜),以改善浆液流动性。

(4)灌浆过程中,当变浆后排气管放出稀浆时,即从两侧进浆管同时进浆,或与排气管同时进浆,以改善缝面浆压分布(因缝面出浆盒有时局部阻塞)。

(5)在经过论证的情况下,采用坝块超冷(比灌浆温度低 2 ~ 4 ℃),力求改善缝面张开状况。

(6)化学灌浆(使用不多),必须谨慎选用化学灌浆材料和施工工艺。

任务五　混凝土特殊季节施工

一、混凝土冬季施工

(一)混凝土冬季施工的一般要求

《水工混凝土施工规范》(DL/T 5144—2001)规定:寒冷地区的日平均气温连续 5 d 稳定在 5 ℃以下或最低气温连续 5 d 稳定在 -3 ℃以下,温和地区的日平均气温稳定在 3 ℃以下时,均属于低温季节,这就需要采取相应的防寒保温措施,避免混凝土受到冻害。

混凝土在低温条件下,水化凝固速度大为降低,强度增长受到阻碍。当气温在 -2 ℃时,混凝土内部水分结冰,不仅水化作用完全停止,而且结冰后由于水的体积膨胀,使混凝土结构受到损害,当冰融化后,水化作用虽将恢复,混凝土强度也可继续增长,但最终强度必然降低。试验资料表明:混凝土受冻越早,最终强度降低越大。如在浇筑后 3 ~ 6 h 受冻,最终强度至少降低 50% 以上;如在浇筑后 2 ~ 3 d 受冻,最终强度降低只有 15% ~ 20%。如混凝土强度达到设计强度的 50% 以上(在常温下养护 3 ~ 5 d)再受冻,最终强度则降低极小,甚至不受影响。因此,低温季节混凝土施工,首先要防止混凝土早期受冻。

(二)冬季施工措施

低温季节混凝土施工可以采取人工加热、保温蓄热及加速凝固等措施,使混凝土入仓浇筑温度不低于 5 ℃;同时保证混凝土浇筑后的正温养护条件,在未达到允许受冻临界强度以前不遭受冻结。

1. 调整配合比和掺外加剂

(1)对非大体积混凝土,采用发热量较高的快凝水泥。

(2)提高混凝土的配制强度。

(3)掺早强剂或早强减水剂。其中氯盐的掺量应按有关规定严格控制,并不适应于钢筋混凝土结构。

(4)采用较低的水灰比。

(5)掺加气剂可减缓混凝土冻结时在其内部水结冰时产生的静水压力,从而提高混凝土的早期抗冻性能。但含气量应限制在 3% ~5%。因为,混凝土中含气量每增加 1%,会使强度损失 5%,为弥补由于加气剂招致的强度损失,最好与减水剂并用。

2. 原材料加热法

当日平均气温为 -2～-5 ℃时，应加热水拌和；当气温再低时，可考虑加热骨料。水泥不能加热，但应保持正温。

水的加热温度不能超过 80 ℃，并且要先将水和骨料拌和后，这时水不超过 60 ℃，以免水泥产生假凝。所谓假凝是指拌和水温超过 60 ℃时，水泥颗粒表面将会形成一层薄的硬壳，使混凝土和易性变差，而后期强度降低的现象。

砂石加热的最高温度不能超过 100 ℃，平均温度不宜超过 65 ℃，并力求加热均匀。对大中型工程，常用蒸汽直接加热骨料，即直接将蒸汽通过需要加热的砂、石料堆中，料堆表面用帆布盖好，防止热量损失。

3. 蓄热法

蓄热法是将浇筑法的混凝土在养护期间用保温材料加以覆盖，尽可能把混凝土在浇筑时所包含的热量和凝固过程中产生的水化热蓄积起来，以延缓混凝土的冷却速度，使混凝土在达到抗冰冻强度以前，始终保证正温。

4. 加热养护法

当采用蓄热法不能满足要求时可以采用加热养护法，即利用外部热源对混凝土加热养护，包括暖棚法、蒸汽加热法和电热法等。大体积混凝土多采用暖棚法，蒸汽加热法多用于混凝土预制构件的养护。

1）暖棚法

暖棚法，即在混凝土结构周围用保温材料搭成暖棚，在棚内安设热风机、蒸气排管、电炉或火炉进行采暖，使棚内温度保持在 15～20 ℃以上，保证混凝土浇筑和养护处于正温条件下。暖棚法费用较高，但暖棚为混凝土硬化和施工人员的工作创造了良好的条件。此法适用于寒冷地区的混凝土施工。

2）蒸汽加热法

利用蒸汽加热养护混凝土，不仅使新浇混凝土得到较高的温度，而且还可以得到足够的湿度，促进水化凝固作用，使混凝土强度迅速增长。

3）电热法

电热法是用钢筋或薄铁片作为电极，插入混凝土内部或贴附于混凝土表面，利用新浇混凝土的导电性和电阻大的特点，通以 50～100 V 的低压电，直接对混凝土加热，使其尽快达到抗冻强度。由于耗电量大，大体积混凝土较少采用。

上述几种施工措施，在严寒地区往往是同时采用，并要求在拌和、运输、浇筑过程中，尽量减少热量损失。

（三）冬季施工注意事项

（1）砂石骨料宜在进入低温季节前筛洗完毕。成品料堆应有足够的储备和堆高，并进行覆盖，以防冰雪和冻结。

（2）拌和混凝土前，应用热水或蒸汽冲洗搅拌机，并将水或冰排除。

（3）混凝土的拌和时间应比常温季节适当延长。延长时间应通过试验确定。

（4）在岩石基础或老混凝土面上浇筑混凝土前，应检查其温度。如为负温，应将其加热成正温。加热深度不小于 10 cm，并经验证合格方可浇筑混凝土。仓面清理宜采用喷洒温水配合热风枪，寒冷期间亦可采用蒸汽枪，不宜采用水枪或风水枪。在软基上浇筑第一层混凝土时，必须防止与地基接触的混凝土遭受冻害和地基受冻变形。

(5)混凝土搅拌机应设在搅拌棚内并设有采暖设备，棚内温度应高于5 ℃。混凝土运输容器应有保温装置。

(6)浇筑混凝土前和浇筑过程中，应注意清除钢筋、模板和浇筑设施上附着的冰雪和冻块，严禁将冻雪冻块带入仓内。

(7)在低温季节施工的模板，一般在整个低温期间都不宜拆除。如果需要拆除，要求：

①混凝土强度必须大于允许受冻的临界强度。

②具体拆模时间及拆模后的要求，应满足温控防裂要求。当预计拆模后混凝土表面降温可能超过6～9 ℃时，应推迟拆模时间；如必须拆模，应在拆模后采取保护措施。

(8)低温季节施工期间，应特别注意温度检查。

二、混凝土雨季施工

混凝土工程在雨季施工时，应做好以下准备工作：

(1)砂石料场的排水设施应畅通无阻。

(2)浇筑仓面宜有防雨设施。

(3)运输工具应有防雨及防滑设施。

(4)加强骨料含水量的测定工作，注意调整拌和用水量。

混凝土在无防雨棚仓面小雨中进行浇筑时，应采取以下技术措施：

(1)减少混凝土拌和用水量。

(2)加强仓面积水的排除工作。

(3)做好新浇混凝土面的保持工作。

(4)防止周围雨水流入仓面。

无防雨棚的仓面，在浇筑过程中，如遇大雨、暴雨，应立即停止浇筑，并遮盖混凝土表面。雨后必须先行排除仓内积水，受雨水冲刷的部位应立即处理。如停止浇筑的混凝土尚未超出允许间歇时间或还能重塑，应加砂浆继续浇筑，否则应按施工缝处理。对抗冲、耐磨、需要抹面部位及其他高强度混凝土不允许在雨下施工。

任务六　预应力混凝土施工

普通钢筋混凝土构件在荷载作用下，受拉区的混凝土较容易开裂，此时，受拉钢筋的应力只达到30 MPa。对于允许出现裂缝的构件，当裂缝宽度限制在0.2～0.3 mm时，受拉钢筋的应力也只达到200 MPa左右，钢筋的作用没有得到充分发挥。为了提高构件的抗裂性，并使高强度钢材能充分发挥作用，在结构或构件承受荷载以前，在受拉区域通过对高强度钢筋进行张拉后将钢筋的回弹力施加给混凝土，使混凝土受到一个预压应力。当该构件在荷载作用下产生拉应力时，受拉区混凝土的拉伸变形首先与压缩变形抵消，随着荷载的不断增加，受拉区混凝土才逐渐受拉，从而提高了构件的抗裂度和刚度。

预应力混凝土构件与钢筋混凝土构件相比，具有截面小、自重轻、节约钢材（节约钢材20%～40%）、刚度大、抗裂性高和耐久性好等优点，可有效地利用高强度钢筋和高强度等级的混凝土。但预应力混凝土施工工序多，需要专门的机械设备，工艺比较复杂，操作要求较高。

为了使预应力混凝土结构中的钢筋与混凝土共同工作、共同受力，提高两者的黏结力，增加锚固能力，预应力混凝土的强度等级不宜低于C30，若采用碳素钢丝、钢绞线、热处理钢筋做预应力钢筋，混凝土强度等级不小于C40。

预应力混凝土预加应力的方法有先张法和后张法（包括无黏结后张法）两种。

一、先张法

（一）先张法施工工艺

先张法是在浇筑混凝土前张拉预应力筋，并将张拉的预应力筋临时固定在台座上（或钢模上），然后浇筑混凝土，待混凝土强度达到设计强度的75%以上，预应力筋与混凝土之间具有足够的黏结力之后，在端部放松预应力筋，使混凝土产生预压应力，如图6-46所示。

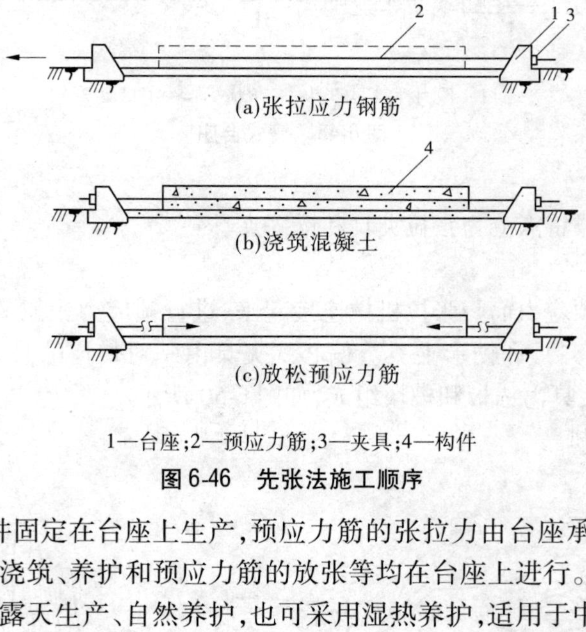

1—台座；2—预应力筋；3—夹具；4—构件

图6-46 先张法施工顺序

先张法是将构件固定在台座上生产，预应力筋的张拉力由台座承受。预应力筋的张拉、锚固与混凝土的浇筑、养护和预应力筋的放张等均在台座上进行。这种方法不需要复杂的机械设备，既可露天生产、自然养护，也可采用湿热养护，适用于中小型预应力混凝土构件的生产。

（二）张拉设备和机具

1. 台座

台座是先张法生产中的主要设备，承受预应力筋的张拉力。台座应有足够的强度和刚度，以免台座变形、倾覆、滑移而引起预应力值的损失。台座按结构形式分为墩式和槽式两种。其选择应根据构件种类、张拉力大小和施工条件确定。

1）墩式台座

墩式台座有重力式和构架式两种，如图6-47所示。重力式台座主要靠自重来平衡张拉力所产生的倾覆力矩;构架式台座主要靠土压力来平衡张拉力所产生的倾覆力矩。

2)槽式台座

浇筑中小型吊车梁时,由于张拉力和倾覆力矩都很大,一般多采用槽式台座。如图 6-48 所示,它由钢筋混凝土立柱、上下横梁和台面组成。为便于拆卸迁移,台座应设计成装配式。此外,在施工场也可利用条石或已预制好的柱、桩和基础梁等构件,装配成简易式台座。

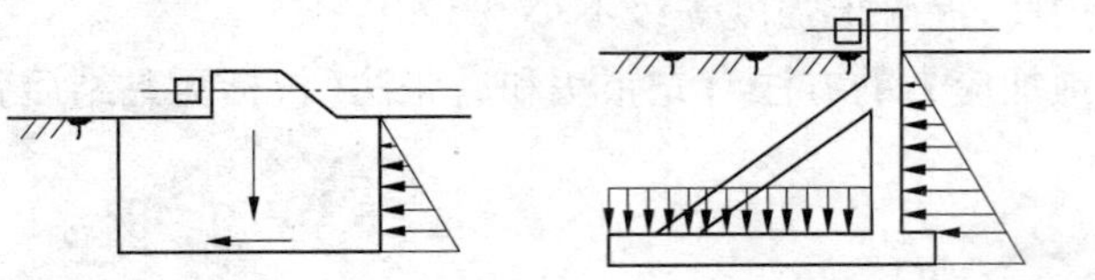

(a)重力式台座　(b)构架式台座

图 6-47　墩式台座

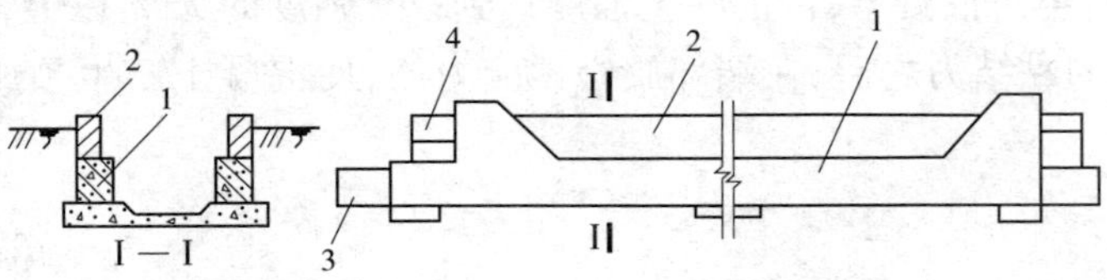

1—传力柱;2—砖墙;3—下横梁;4—上横梁

图 6-48　槽式台座

2. 夹具

夹具根据其工作特点分为张拉夹具和锚固夹具。

1)张拉夹具

张拉夹具是将预应力筋与张拉机械连接起来,进行预应力张拉的工具。常用的张拉夹具有两种:偏心式夹具和楔形夹具。偏心式夹具由一对带齿的月牙形偏心块组成,如图 6-49 所示;楔形夹具由锚板和楔块组成,如图 6-50 所示。

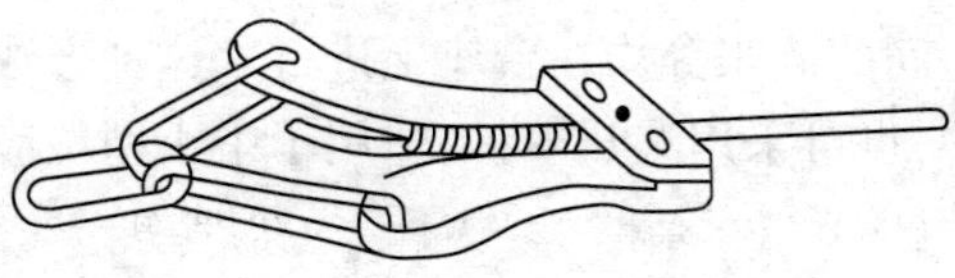

图 6-49　偏心式夹具

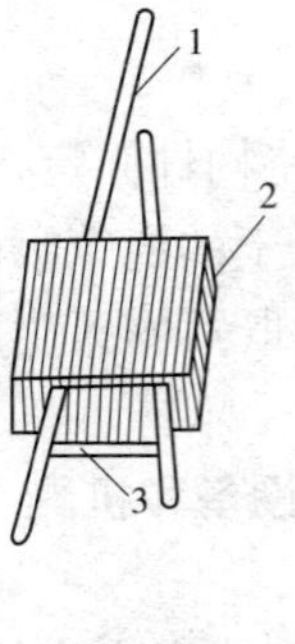

1—钢丝;2—锚板;3—楔块

图 6-50　楔形夹具

2)锚固夹具

锚固夹具是将预应力筋临时固定在台座横梁上的工具。常用的锚固夹具有锥形夹具、圆套筒、三片式夹具、方套筒两片式夹具、镦头夹具等5种。

锥形夹具是用来锚固预应力钢丝的，由中间开有圆锥形孔的套筒和刻有细齿的锥形齿板或锥销组成，分别称为圆锥齿板式夹具和圆锥三槽式夹具，如图6-51和图6-52所示。

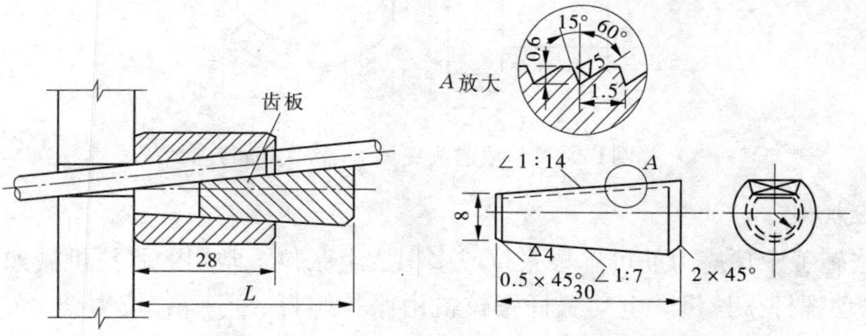

(a)装配图　　(b)工型齿板

图6-51　圆锥齿板式夹具　（单位：mm）

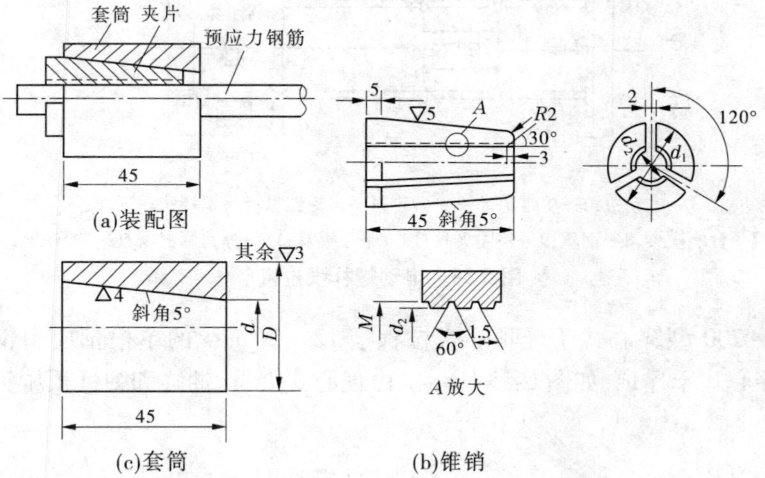

(c)套筒　　(b)锥销

图6-52　圆锥三槽式夹具　（单位：mm）

圆锥齿板式夹具的套筒和齿板均用45号钢制作。套筒无须做热处理，齿板热处理后的硬度应达到HRC40～HRC50。

圆锥三槽式夹具锥销上有三条半圆槽，依锥销上半圆槽的大小，可分别锚固一根Φ^b3、Φ^b4或Φ^b5钢丝。套筒和锥销均用45号钢制作，套筒不做热处理，锥销热处理后的硬度应达到HRC40～HRC45。

锥形夹具工作时依靠预应力钢丝的拉力就能够锚固住钢丝。锚固夹具本身牢固可靠地锚固住预应力筋的能力，称为自锚。

镦头夹具是用来锚固预应力钢丝或钢筋的固定端的夹具。冷拔低碳钢丝可采用冷镦或热镦方法制作镦头；碳素钢丝只能采用冷镦方法制作镦头；直径小于22 mm的钢筋可在对焊机上采用热镦方法制作镦头；大直径的钢筋只能采用热锻方法锻制镦头。镦头夹具如图6-53所示。

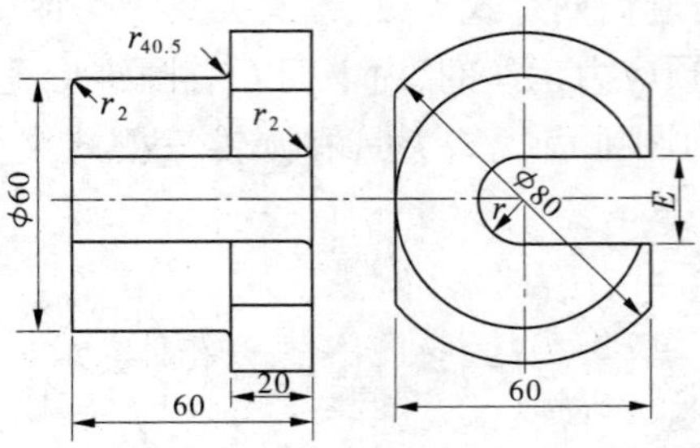

图 6-53　单根镦头夹具　(单位:mm)

3. 张拉机械

先张法施工中预应力筋可单根张拉或多根成组张拉。常用的张拉机械如下:

(1)电动螺杆张拉机。电动螺杆张拉机由张拉螺杆、变速箱、拉力架、承力架和张拉夹具组成。电动螺杆张拉机可以张拉预应力钢筋也可以张拉预应力钢丝,如图 6-54 所示。

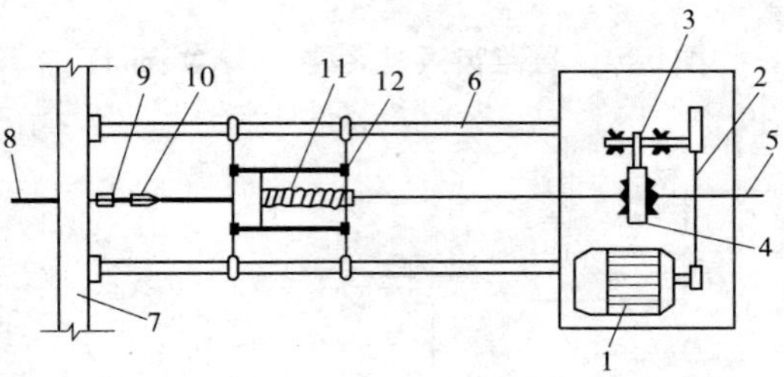

1—电动机;2—皮带传动;3—齿轮;4—齿轮螺母;5—螺杆;6—顶杆;
7—台座横梁;8—钢丝;9—锚固夹具;10—张拉夹具;11—弹簧测力器;12—滑动架

图 6-54　电动螺杆张拉机

(2)YC-200 型穿心式千斤顶。张拉直径 12 ~ 20 mm 的单根预应力钢筋,可采用 YC-200 型穿心式千斤顶,如图 6-55 所示。由偏心式夹具、油缸和弹性顶压头组成。

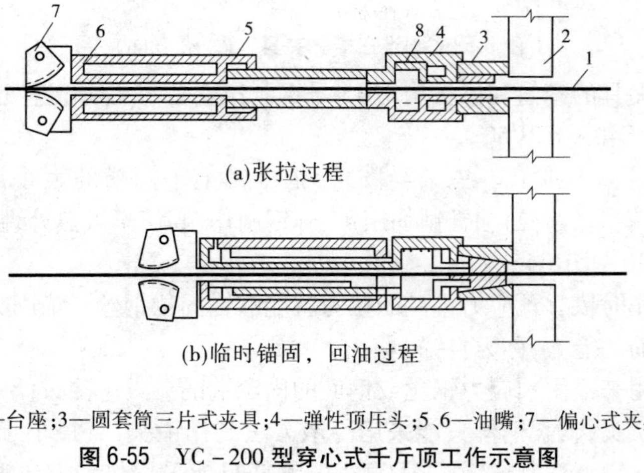

(a)张拉过程

(b)临时锚固,回油过程

1—钢筋;2—台座;3—圆套筒三片式夹具;4—弹性顶压头;5、6—油嘴;7—偏心式夹具;8—弹簧

图 6-55　YC-200 型穿心式千斤顶工作示意图

二、后张法

后张法是先制作构件,并在构件体内按预应力筋的位置留出相应的孔道;待构件的混凝土强度达到规定的强度(一般不低于设计强度的75%)后,在预留孔道中穿入预应力钢筋(或钢丝)进行张拉,并利用锚具把张拉后的预应力筋锚固在构件的端部,依靠构件端部的锚具将预应力筋的预张拉力传给混凝土,使其产生预压应力;最后在孔道中灌入水泥浆,使预应力筋与混凝土构件形成整体。图6-56为预应力混凝土构件采用后张法生产的示意图。

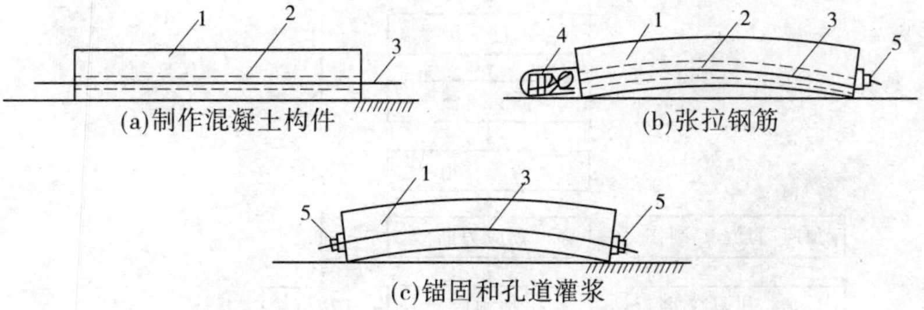

1—混凝土构件;2—预留孔道;3—预应力筋;4—千斤顶;5—锚具

图6-56 预应力混凝土后张法生产示意图

采用后张法施工时,预应力筋的张拉是在构件端部直接进行的,不需要专门的台座,故可在现场进行。它可以现场生产大型构件(薄腹梁、吊车梁、屋架),也可以作为预制构件的拼装手段。采用后张法生产时,因为留设在构件上的锚具,不能重复使用,故耗钢量大;由于孔道留设、穿筋、灌浆及锚具部分预压应力局部集中处需加配筋等,使端部断面构造和施工操作都比先张法复杂。后张法的生产工艺流程如图6-57所示。

(一)锚具、预应力筋和张拉设备

在后张法施工中的锚具、预应力筋和张拉设备是相互配套的。现在常用的预应力筋有单根粗钢筋、钢绞线束(钢筋束)和钢丝束三类。它们的加工方法与钢筋的直径、锚具的形式、张拉设备和张拉工艺有关,其中锚固预应力筋的锚具必须具有可靠的锚固能力,并且不能超过预期的滑移值。

1. 用单根钢筋做预应力筋

1)锚具

用单根粗钢筋做预应力筋时,张拉端通常采用螺丝端杆锚具,固定端采用帮条锚具。

螺丝端杆锚具是由螺丝端杆、螺母、垫板组成的,如图6-58所示。螺丝端杆与预应力钢筋的焊接,应在预应力筋冷拉以前进行。冷拉时螺母的位置应在螺丝端杆的端部,经冷拉后螺丝端杆不得发生塑性变形。

帮条锚具是由衬板与三根帮条焊接而成的,如图6-59所示。这种锚具可作为冷拉Ⅱ级与Ⅲ级钢筋的固定端锚具用。帮条固定时,三根帮条与衬板相接触部分的截面应在同一垂直面上,以免受力时产生扭曲。

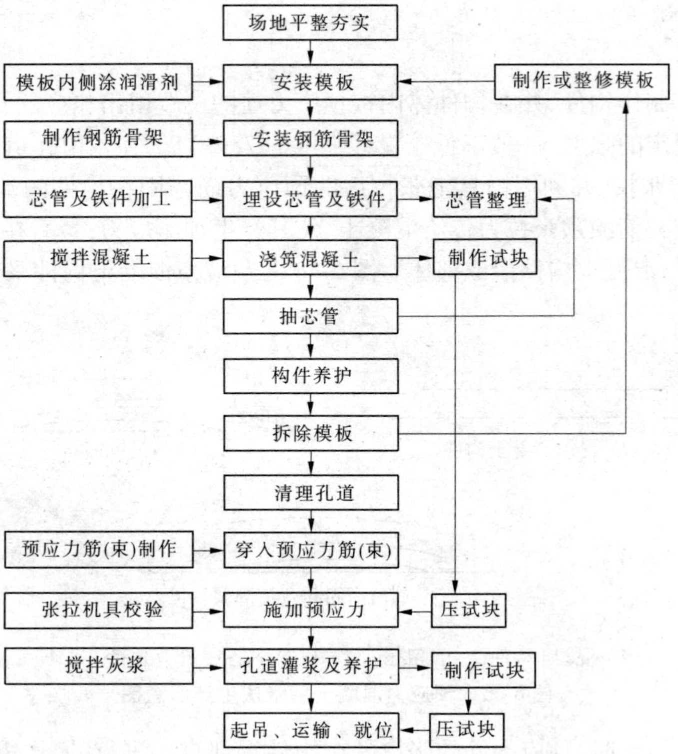

图 6-57　后张法生产工艺流程示意图

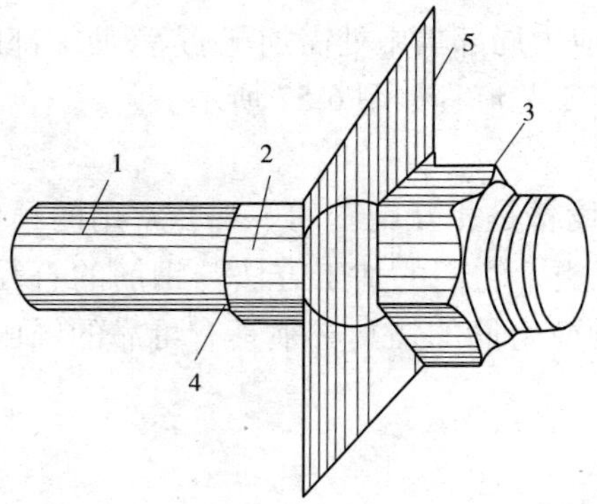

1—钢筋；2—螺丝端杆；3—螺母；4—焊接接头；5—垫板

图 6-58　螺丝端杆锚具

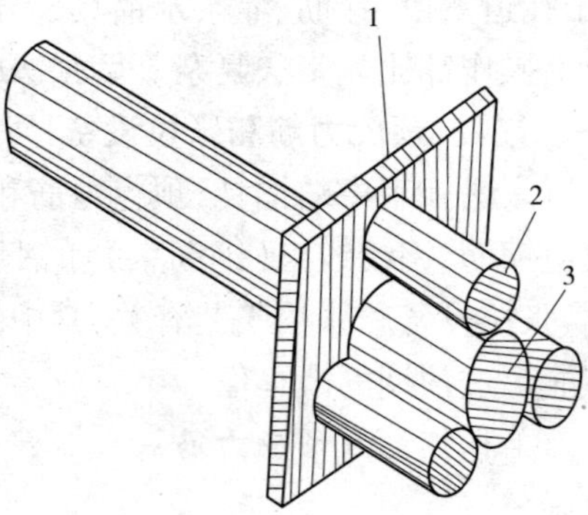

1—衬板；2—帮条；3—主筋

图 6-59　帮条锚具

2）张拉设备

YL－60 型拉杆式千斤顶常用于张拉带有螺丝端杆锚具的预应力钢筋，由主缸、副缸、主副缸活塞、连接器、传力架、拉杆等组成，如图 6-60 所示。这种千斤顶张拉吨位为 600 kN，张拉行程为 150 mm。YC－60 型和 YC－18 型穿心式千斤顶改装后可用于张拉带有螺丝端杆锚具的单根粗钢筋预应力筋。

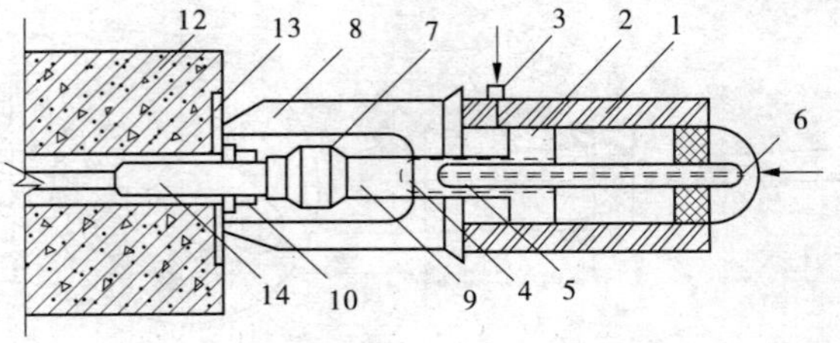

1—主缸；2—主缸活塞；3—主缸进油孔；4—副缸；5—副缸活塞；6—副缸进油孔；7—连接器；8—传力架；9—拉杆；10—螺母；11—预应力筋；12—混凝土构件；13—垫板；14—螺丝端杆

图 6-60　用拉杆式千斤顶张拉单根钢筋的工作原理图

2. 预应力钢筋束和钢绞线束

1) 锚具

钢筋束和钢绞线束常使用 JM 型、QM 型、XM 型等锚具。JM 型锚具是由锚环和夹片组成的，见图 6-61。常用于锚固 3～6 根直径为 12 mm 的光圆钢筋、螺纹钢筋或钢绞线。锚环分甲型与乙型：甲型锚环为一个具有锥形内孔的圆柱体，使用时直接放置在构件端部的垫板上，乙型锚环是在圆柱体外部一端增加一个正方形肋板，使用时，将锚环预先埋在构件端部，不另设置垫板。

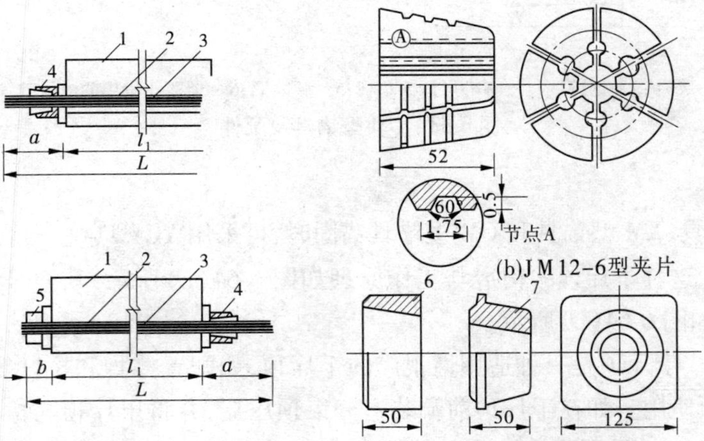

1—混凝土构件；2—孔道；3—钢筋束；4—JM－12 型锚具；5—镦头锚具；6—甲型锚环；7—乙型锚环

图 6-61　JM－12 型锚具

XM 型锚具是一种新型锚具，见图 6-62。它适用于锚固 1～12 根直径为 15 mm 的预应力钢绞线束和钢丝束。这种锚具的特点是每根钢绞线都是分开锚固的，因此任何一根钢绞线的失效（如钢绞线拉断、夹片碎裂等），都不会引起整束锚固失败。

QM 型锚具也是一种新型锚具，适用于锚固 4～31 Φ^j12 和 3～19 Φ^j15 钢绞线束。它与 XM 型锚具的不同点是锚孔是直的，锚板顶面是平的，夹片垂直开缝；此外，备有喇叭形铸铁垫片与弹簧圈等。由于灌浆孔设在垫板上，锚板尺寸可稍小。QM 型锚具及其有关配件的形状见图 6-63。

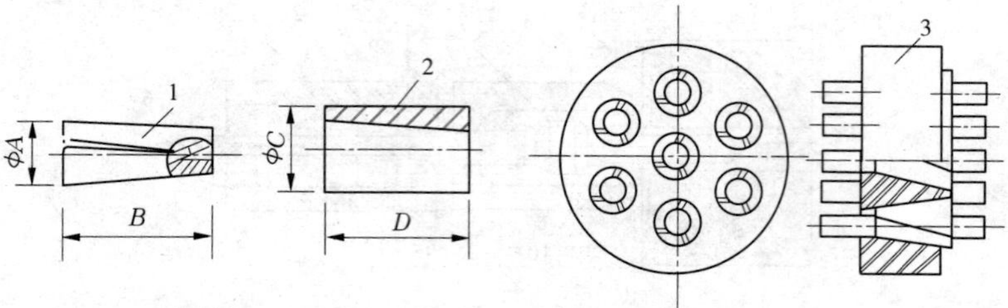

1—夹片;2—锚环;3—锚板

图 6-62 XM 型锚具

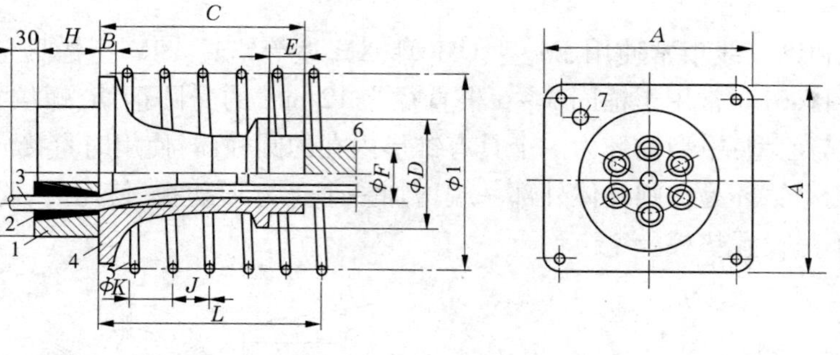

1—锚板;2—夹片;3—钢绞线;4—喇叭形铸铁垫板;5—弹簧圈;6—预留孔道用的波纹管;7—灌浆孔

图 6-63 QM 型锚具及配件

2)张拉设备

使用 JM 锚具、XM 型锚具和 QM 型锚具锚固时,可采用 YC 型穿心式千斤顶张拉钢筋束和钢绞线束。这种千斤顶的构造与工作原理如图 6-64(a)所示,其型号常用加撑脚后的 YC－60 型,如图 6-64(b)所示。

YC 型穿心式千斤顶是一种适用性很广的千斤顶,如配置撑脚和拉杆等附件,还可作为拉杆式千斤顶使用。如在千斤顶前端装上分束顶压器,并将千斤顶与撑套之间用钢管接长,可作为 YZ 型千斤顶张拉钢质锥形锚具。YC 型穿心式千斤顶的张拉力,一般有 180 kN、200 kN、600 kN、1 200 kN 和 3 000 kN 等几种,张拉行程有 150 ~ 800 mm 不等。

3. 钢丝束预应力筋

钢丝束预应力筋一般由几根到几十根直径为 3 ~ 5 mm 的平行的碳素钢丝组成。常用的锚具有钢质锥形锚具、钢丝束镦头锚具和锥形螺杆锚具。钢质锥形锚具由锚环和锚塞组成,见图 6-65。它适用于锚固 6 根、12 根、18 根与 24 根直径为 3 ~ 5 mm 的钢丝束。锚环内孔的锥度应与锚塞的锥度一致;锚塞上刻有细齿槽,以夹紧钢丝防止滑动。

钢丝束镦头锚具用于锚固 12 ~ 54 根直径为 3 ~ 5 mm 碳素钢丝的钢丝束,分为 A 型和 B 型两种,如图 6-66 所示。A 型由锚环与螺母组成,用于张拉端。B 型为锚板,用于固定端。镦头锚具的滑移值应不大于 1 mm。镦头锚具的强度,不得低于钢丝规定抗拉强度的 98%。

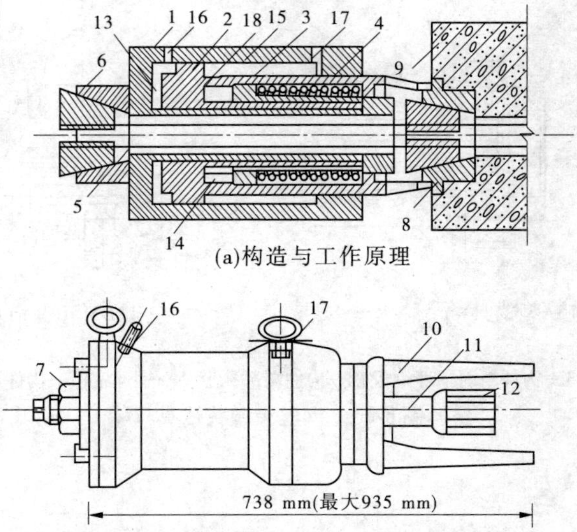

(a)构造与工作原理

(b)加撑脚后的YC-60型千斤顶

1—张拉油缸;2—顶压油缸(张拉活塞);3—顶压活塞;4—弹簧;5—预应力筋;6—工具式锚具;7—螺帽;8—锚具;9—混凝土构件;10—撑脚;11—张拉杆;12—连接器;13—张拉工作油室;14—顶压工作油室;15—张拉回程油室;16—张拉缸油嘴;17—顶压缸油嘴;18—油孔

图 6-64　穿心式千斤顶构造及工作原理

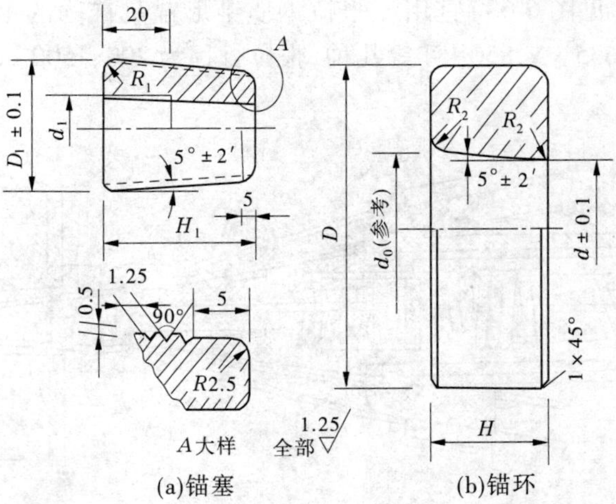

(a)锚塞　　(b)锚环

图 6-65　钢质锥形锚具

张拉时,张拉螺杆一端与锚环内丝扣连接,另一端与拉杆式千斤顶的拉头连接。当张拉到控制应力时锚环被拉出,则拧紧锚环外丝扣上的螺母加以锚固。

锥形螺杆锚具由锥形螺杆、套筒、螺母、垫板组成,如图 6-67 所示。它适用于锚固 14 ~28根直径为 3 ~5 mm 的钢丝束。

对于钢丝束的张拉,钢质锥形锚具用 YZ 型锥锚式双作用千斤顶进行张拉。镦头锚具用 YC 型或 YL 型千斤顶张拉。大跨度结构,长钢丝束等引申量大者,用 YC 型千斤顶

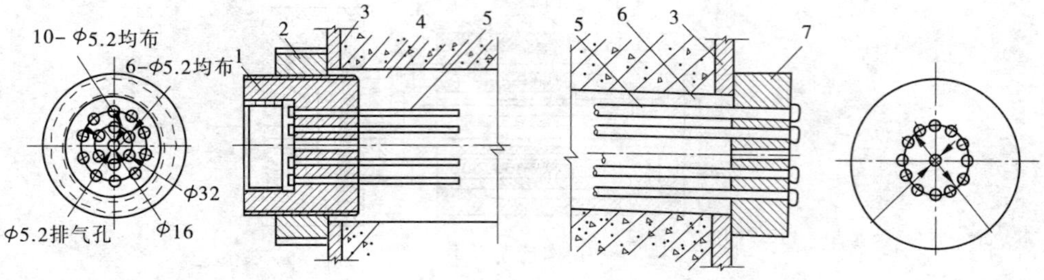

(a)DM5A型锚具　　　　(b)DM5B型锚具

1—A 型锚环；2—螺母；3—构件断面预埋钢板；4—构件端部孔道；5—钢丝束；6—构件预留孔道；7—B 型锚板

图 6-66　钢丝束镦头锚具

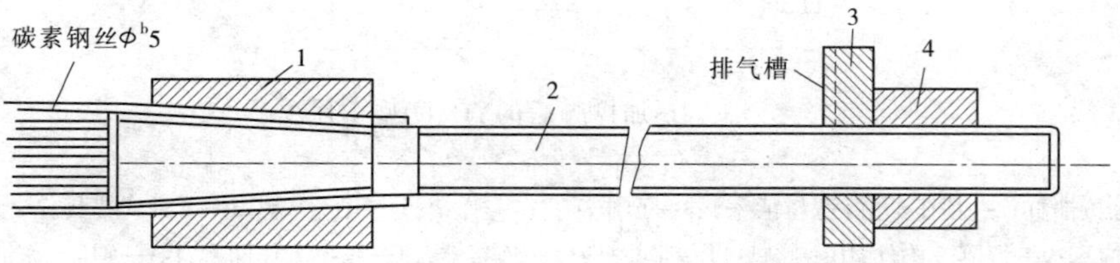

1—套筒；2—锥形螺杆；3—垫板；4—螺母

图 6-67　锥形螺杆锚具

为宜。YZ 型千斤顶(见图 6-68)宜用于张拉钢质锥形锚具锚固的钢丝束。YZ 型千斤顶的张拉力为 380 kN、635 kN、850 kN 等几种，张拉行程为 200 ~ 500 mm，顶压力为 140 kN、330 kN 和 415 kN。

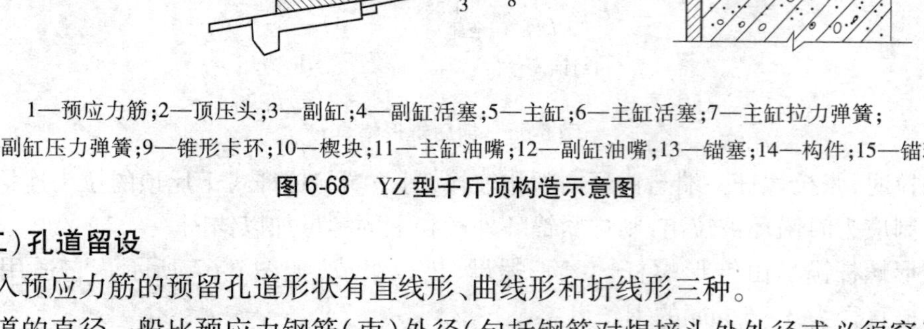

1—预应力筋；2—顶压头；3—副缸；4—副缸活塞；5—主缸；6—主缸活塞；7—主缸拉力弹簧；8—副缸压力弹簧；9—锥形卡环；10—楔块；11—主缸油嘴；12—副缸油嘴；13—锚塞；14—构件；15—锚环

图 6-68　YZ 型千斤顶构造示意图

（二）孔道留设

穿入预应力筋的预留孔道形状有直线形、曲线形和折线形三种。

孔道的直径一般比预应力钢筋（束）外径（包括钢筋对焊接头处外径或必须穿过孔道的锚具外径）大 10 ~ 15 mm，以利于预应力钢筋穿入。孔道的留设方法有抽芯法和预埋波纹管法。

1. 抽芯法

该方法在我国有较长的历史,价格比较便宜,但有一定的局限性。如对大跨度结构、大型的或形状复杂的特种结构及多跨连续结构等,因孔道密集而难以适应。抽芯法一般有两种,即钢管抽芯法与胶管抽芯法。

1)钢管抽芯法

该方法适用于留设直线孔道。采用钢管抽芯法施工时,要预先将钢管埋设在模板内的孔道位置处。钢管要平直,表面要光滑,每根长度最好不超过 15 m,钢管两端应各伸出构件约 500 mm。较长的构件可采用两根钢管,中间用套管连接,如图 6-69 所示。在混凝土浇筑过程中和混凝土初凝后,每间隔一定时间慢慢转动钢管,不让混凝土与钢管黏结牢固,等到混凝土终凝前抽出钢管。抽管过早,会造成坍孔事故;太晚,则混凝土与钢管黏结牢固,抽管困难。一般抽管时间在浇筑后 3 ~6 h。抽管顺序宜先上后下,抽管可采用人工或卷扬机,速度必须均匀,边抽边转,并与孔道保持在一条直线上。抽管后应及时检查孔道情况,做好孔道清理工作。

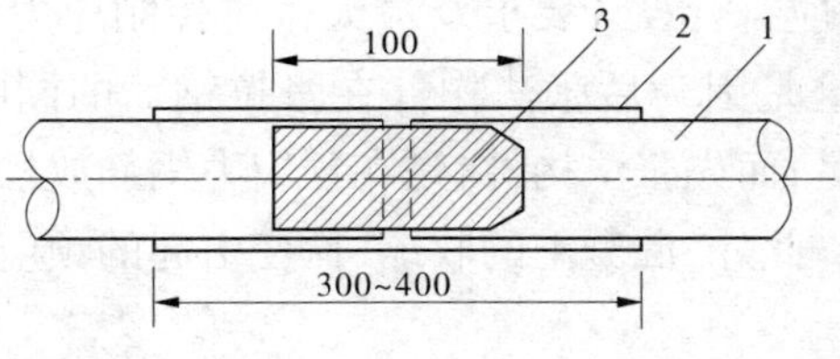

1—钢管;2—白铁皮套管;3—硬木塞

图 6-69　钢管连接方式　(单位:mm)

2)胶管抽芯法

此方法不仅可以留设直线孔道,亦可留设曲线和折线孔道,胶管弹性好,便于弯曲,一般有 5 ~7 层帆布夹层(壁厚 6 ~7 mm)普通橡胶管和钢丝网橡皮管两种。胶管具有一定弹性,在拉力作用下,其断面能缩小,故在混凝土初凝后即可把胶管抽拔出来。夹布胶管质软,必须在管内充气或充水。在浇筑混凝土前,向胶皮管中充入压力为 0.5 ~0.8 MPa 的压缩空气或压力水,此时胶皮管直径可增大约 3 mm,浇筑混凝土时,振动棒不要碰胶管,并应经常检查水压表的压力是否正常,如有变化必须补压。待混凝土初凝后,放出压缩空气或压力水,胶管孔径变小,并与混凝土脱离,随即抽出胶管,形成孔道。抽管顺序一般应为先上后下,先曲后直。

一般采用钢筋井字形网架把管子固定在模内的位置。井字网架间距为钢管 1 ~2 m;胶管直线段一般为 500 mm 左右,曲线段为 300 ~400 mm。

2. 预埋波纹管法

预埋波纹管法中的波纹管是由镀锌薄钢带经波纹卷管机压波卷成的一种金属波纹软管,具有重量轻、刚度好、弯折方便、连接简单、与混凝土黏结较好等优点。波纹管的内径为 50 ~100 mm,管壁厚 0.25 ~0.30 mm。除圆形管外,近年来又研制成一种扁形波纹管,可用于板式结构中,扁管的长边边长为短边边长的 2.5 ~4.5 倍。预埋波纹管法可根据要求做成曲线、折线等各种形状的孔道。所用波纹管施工后留在构件中,可省去抽管工序。

预埋管法一般用于采用钢丝或钢绞线作为预应力钢筋的大型构件或结构中，可直接把下好料的钢丝、钢绞线在孔道成型前就穿入波纹管中，这样可以省掉穿束工序，亦可待孔道成型后再进行穿束。

对连续结构中呈波浪状布置的曲线束，当高差较大时，应在孔道的每个峰顶处设置泌水孔；起伏较大的曲线孔道，应在弯曲的低点处设置排水孔；对于较长的直线孔道，应每隔12～15 m设置排气孔。必要时可考虑将泌水孔、排气孔作为灌浆孔用。波纹管的连接可采用大一号的同型波纹管，接头管的长度为200 mm，用密封胶带或塑料热塑管封口。

（三）预应力钢筋张拉

1. 混凝土的强度要求

预应力钢筋的张拉是制作预应力构件的关键，必须按规范有关规定精心施工。张拉时构件或结构的混凝土强度应符合设计要求，当设计无具体要求时，不应低于设计强度标准值的75%。

2. 张拉控制应力及张拉程序

预应力张拉控制应力应符合设计要求及最大张拉控制应力有关规定。其中，后张法控制应力值低于先张法，这是因为后张法构件在张拉钢筋的同时，混凝土已受到弹性压缩，张拉力可以进一步补足；而先张法构件，是在预应力钢筋放松后，混凝土才受到弹性压缩，这时张拉力无法补足。此外，混凝土的收缩、徐变引起的预应力损失，后张法也比先张法小。

为了减小预应力钢筋的松弛损失等，与先张法一样采用超张拉法，其张拉程序为：$0 \rightarrow 1.05\sigma_{con} \rightarrow \sigma_{con}$或$0 \rightarrow 1.03\sigma_{con}$，$\sigma_{con}$为张拉控制应力。

3. 张拉方法

张拉方法有一端张拉和两端张拉。两端张拉，宜先在一端张拉，再在另一端补足张拉力。如有多根可一端张拉的预应力钢筋，宜将这些预应力钢筋的张拉端分别设在结构的两端。长度不大的直线预应力钢筋，可一端张拉。曲线预应力钢筋应两端张拉。抽芯成孔的直线预应力钢筋，长度大于24 m时应两端张拉，不大于24 m时可一端张拉。预埋波纹管成孔的直线预应力钢筋，长度大于30 m时应两端张拉，不大于30 m时可一端张拉。竖向预应力结构宜采用两端分别张拉的方法，且以下端张拉为主。

安装张拉设备时，应使直线预应力钢筋张拉力的作用线与孔道中心线重合；曲线预应力钢筋张拉力的作用线与孔道中心线末端的切线重合。

4. 张拉顺序

选择合理的张拉顺序是保证质量的重要一环。当构件或结构有多根预应力钢筋（束）时，应同时张拉，如不能同时张拉，也可分批张拉。但分批张拉的顺序应考虑使混凝土不产生超应力，构件不扭转与侧弯、结构不变位等因素来确定。在同一构件上一般应对称张拉，避免引起偏心。在进行预应力钢筋张拉时，可采用一端张拉法，亦可采用两端同时张拉法。当采用一端张拉时，为了克服孔道摩擦力的影响，使预应力钢筋的应力得以均匀传递，反复张拉2～3次，可以达到较好的效果。

采用分批张拉时，应考虑后批张拉预应力钢筋所产生的混凝土弹性压缩对先批预应力钢筋的影响,即应在先批张拉的预应力钢筋的张拉应力中增加$\frac{E_s}{E_h}\sigma_h$。先批张拉的预应力钢筋的控制应力σ_{con}^1应为

$$\sigma_{con}^1 = \sigma_{con} + \frac{E_s}{E_h}\sigma_h \qquad (6\text{-}9)$$

式中　σ_{con}^1——先批预应力钢筋张拉控制应力;

σ_{con}——设计控制应力(即后批预应力钢筋张拉控制应力);

E_s——预应力钢筋的弹性模量;

E_h——混凝土的弹性模量;

σ_h——张拉后批预应力钢筋时在已张拉预应力钢筋重心处产生的混凝土法向应力。

对于平卧叠层浇筑的构件,张拉时应考虑由于上下层间的摩阻引起的预应力损失,可由上至下逐层加大张拉力。对于钢丝、钢绞线、热处理钢筋,底层张拉力不宜比顶层张拉力大5%;对于冷拉Ⅱ～Ⅳ级钢筋,底层张拉力不宜比顶层张拉力大9%,且不得超过最大张拉控制应力允许值。如果隔离层效果较好,亦可采用同一张拉值。

(四)孔道灌浆

后张法预应力钢筋张拉、锚固完成后,利用灰浆泵将水泥浆压灌到预应力孔道中去,这样既可以起到预应力筋的防锈蚀作用,也可使预应力筋与混凝土构件的有效黏结增加,控制超载时的裂缝发展,减轻两端锚具的负荷状况,提高结构的耐久性。灌浆前孔道应湿润、洁净。对于水平孔道,灌浆顺序应先灌下层孔道,后灌上层孔道。对于竖直孔道,应自下而上分段灌注,每段高度根据施工条件确定,下段顶部及上段底部应分别设置排气孔和灌浆孔。

灌浆用的水泥浆,除应满足强度和黏结力的要求外,还应具有较大的流动性和较小的干缩性和泌水性。宜用强度等级不低于42.5级的普通硅酸盐水泥,水灰比宜为0.4～0.45。对于空隙大的孔道可采用水泥砂浆灌浆,水泥浆及水泥砂浆的强度均不得小于20 MPa。为增加灌浆密实度和强度,可使用一定比例的减水剂和膨胀剂。减水剂和膨胀剂均不得含有导致预应力钢材锈蚀的物质。

三、无黏结预应力混凝土施工

无黏结后张预应力起源于20世纪50年代的美国,我国70年代开始研究,80年代初应用于实际工程中。无黏结后张预应力混凝土是在浇灌混凝土之前,把预先加工好的无黏结筋与普通钢筋一样直接放置在模板内,然后浇筑混凝土,待混凝土达到设计强度时,即可进行张拉。它与有黏结预应力混凝土的不同之处在于:不需在放置预应力钢筋的部位预先留设孔道和沿孔道穿筋;预应力钢筋张拉完后,不需进行孔道灌浆。

(一)无黏结预应力钢筋的制作

无黏结预应力筋(见图6-70)的制作是无黏结后张预应力混凝土施工中的主要工序。无黏结预应力筋一般由钢丝、钢绞线等柔性较好的预应力钢材制作而成,当用电热法张拉时,亦可用冷拉钢筋制作。

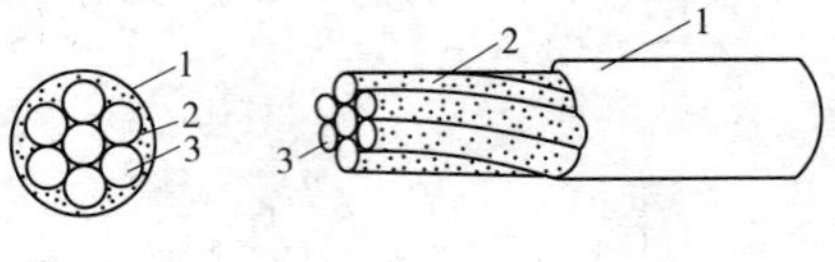

1—塑料外包层;2—防腐润滑脂;3—钢绞线(或碳素钢丝束)

图 6-70　无黏结预应力筋

无黏结预应力筋的涂料层应用防腐材料制作,一般防腐材料可以用沥青、油脂、蜡、环氧树脂或塑料。涂料应具有良好的延性及韧性;在一定的温度范围内(至少在 -20 ~ 70 ℃)不流淌、不变脆、不开裂;应具有化学稳定性,与钢、水泥以及护套材料均无化学反应,不透水、不吸湿、防腐性能好;油滑性能好,摩擦阻力小,如规范要求,防腐油脂涂料层无黏结预应力筋的张拉摩擦系数不应大于 0.12,防腐沥青涂料则不应大于 0.25。

无黏结预应力筋的护套材料可以用纸带或塑料带包缠或用注塑套管。护套材料应具有足够的抗拉强度及韧性,以免在工作现场或因运输、储存、安装引起难以修复的损坏和磨损;要求其防水性及抗腐蚀性强;低温不脆化、高温化学稳定性好;对周围材料无侵蚀性。用塑料作为外包材料时,还应具有抗老化的性能。高密度的聚乙烯和聚丙烯塑料就具有较好的韧性和耐久性;低温下不易发脆;高温下化学稳定性较好,并具有较高的抗磨损能力和抗蠕变能力。但这种塑料目前在我国产量较低,价格昂贵。我国目前使用的高压低密度聚乙烯塑料是通过专门的注塑设备挤压成型,并将涂有防腐油脂层的预应力钢筋包裹上一层塑料。当用沥青防腐剂作涂料层时,可用塑料带密缠作外包层,塑料各圈之间的搭接宽度应不小于带宽的 1/4,缠绕层数不应小于两层。挤压涂层工业流水线如图 6-71 所示。

(二)无黏结筋的铺设

无黏结筋的铺设工序通常在绑扎完底筋后进行。无黏结预应力筋铺设的曲率可用垫铁马凳或其他构造措施控制。其放置间距不宜大于 2 m,用铁丝与非预应力钢筋扎紧。铺设双向配筋的无黏结筋时,应先低后高,应尽量避免两个方向的无黏结筋相互穿插编结。绑扎无黏结筋时,应先在两端拉紧,同时从中间往两端绑扎定位。浇筑混凝土前应对无黏结筋进行检查验收,如各控制点的矢高、塑料保护套有无脱落和歪斜、固定端镦头与锚板是否贴紧、无黏结筋涂层有无破损等。合格后方可浇筑混凝土。

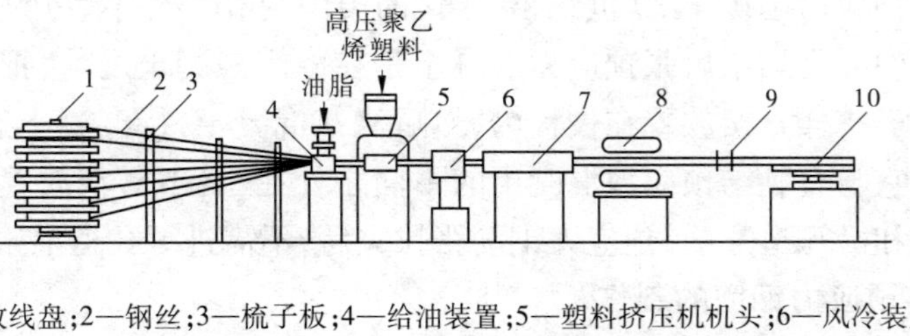

1—放线盘;2—钢丝;3—梳子板;4—给油装置;5—塑料挤压机机头;6—风冷装置;
7—水冷装置;8—牵引机;9—定位支架;10—收线盘

图 6-71　挤压涂层工业流水线

（三）无黏结筋的张拉

无黏结预应力束的张拉与有黏结预应力钢丝束的张拉相似。张拉程序一般采用0→1.03σ_{con}，然后进行锚固。由于无黏结预应力束为曲线配筋，故应两端同时张拉。

成束无黏结筋正式张拉前，宜先用千斤顶往复抽动几次，以降低张拉摩擦损失。试验表明，进行三次张拉时，第三次的摩阻损失值可比第一次降低16.8%～49.1%。在张拉过程中，当有个别钢丝发生滑脱或断裂时，可相应降低张拉力，但滑脱或断裂的根数不应超过结构同一截面钢丝总根数的2%。

（四）锚头端部的处理

无黏结预应力束通常采用镦头锚具，外径较大，钢丝束两端留有一定长度的孔道，其直径略大于锚具的外径。钢丝束张拉锚固以后，其端部便留下孔道，且该部分钢丝没有涂层，必须采取保护措施，以防止钢丝锈蚀。

无黏结预应力束锚头端部处理，目前常用的办法有两种：一是在孔道中注入油脂并加以封闭，如图6-72（a）所示；二是在两端留设的孔道内注入环氧树脂水泥砂浆，将端部孔道全部灌注密实，以防预应力钢筋发生局部锈蚀，如图6-72（b）所示。灌注用环氧树脂水泥砂浆的强度不得低于35 MPa。灌浆的同时，将锚环内也用环氧树脂水泥砂浆封闭，既防止钢丝锈蚀，又起到一定的锚固作用。最后浇筑混凝土或外包钢筋混凝土，或用环氧砂浆将锚具封闭。用混凝土做堵头封闭时，要防止产生收缩裂缝。当不能采用混凝土或环氧砂浆做封闭保护时，预应力钢筋锚具要全部涂刷抗锈漆或油脂，并采取其他保护措施。

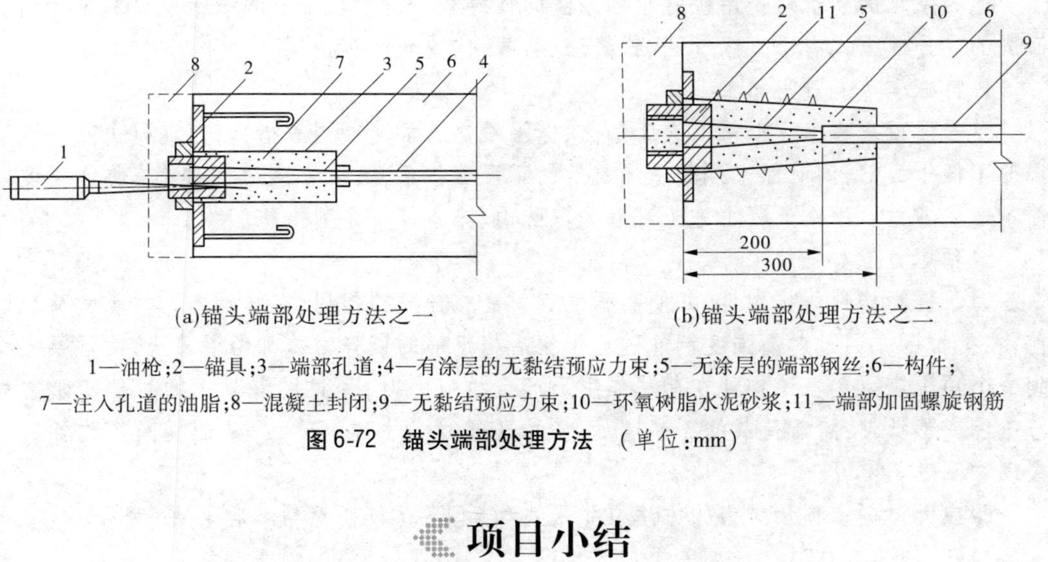

(a)锚头端部处理方法之一　　(b)锚头端部处理方法之二

1—油枪；2—锚具；3—端部孔道；4—有涂层的无黏结预应力束；5—无涂层的端部钢丝；6—构件；7—注入孔道的油脂；8—混凝土封闭；9—无黏结预应力束；10—环氧树脂水泥砂浆；11—端部加固螺旋钢筋

图6-72　锚头端部处理方法　（单位：mm）

项目小结

1.砂石骨料生产

水利水电工程砂石料料源有天然砂砾石骨料、人工骨料与工程开挖利用料。

天然河床料场、人工料场、工程开挖利用料的毛料都不能直接用于拌制混凝土，需要通过破碎、筛分、冲洗等加工过程，制成符合级配要求、除去杂质的各级粗、细骨料。把骨料破碎、筛分、冲洗、运输和堆放等一系列生产过程集中布置，成为骨料加工厂。当采用天然骨料时,加工的主要作业是筛分和冲洗;当采用人工骨料时,主要作业是破碎、筛分、冲洗和棒磨制砂。

2. 混凝土拌和与运输

混凝土拌和必须按照试验部门签发并经审核的混凝土配料单进行配料,混凝土组成材料的配料量均以质量计。一次投料法(常用方法),将砂、石、水、水泥同时加入搅拌筒中进行搅拌。二次投料法可分为预拌水泥砂浆及预拌水泥净浆法。

拌和设备生产能力主要取决于设备容量、台数与生产率等因素。每台拌和机的小时生产率可用每台拌和机每小时平均拌和次数与拌和机出料容量的乘积来计算确定。拌和设备的小时生产能力可按混凝土月高峰强度计算确定。

通常混凝土的水平运输设备主要有有轨运输和无轨运输两种。垂直运输设备主要有门式起重机、塔式起重机、缆式起重机和履带式起重机。

3. 混凝土浇筑、温度控制与分缝分块形式

混凝土浇筑的施工过程包括浇筑前的准备作业,浇筑时入仓铺料、平仓振捣和浇筑后的养护。浇筑前的准备作业包括基础面的处理、施工缝处理及开仓前全面检查。

由于混凝土的抗压强度远高于抗拉强度,在温度压应力作用下不致破坏的混凝土,当受到温度拉应力作用时,常因抗拉强度不足而产生裂缝。大体积混凝土温度裂缝有表面裂缝、贯穿裂缝和深层裂缝。大体积混凝土温控措施主要有减少混凝土的发热量、降低混凝土的入仓温度、加速混凝土散热等。

混凝土坝的浇筑块是用垂直于坝轴线的横缝和平行于坝轴线的纵缝以及水平缝划分而成的。分缝方式有垂直纵缝法、错缝法、斜缝法、通仓浇筑法等。

4. 特殊季节混凝土施工

冬季混凝土施工可以采取人工加热、保温蓄热及加速凝固等措施,使混凝土入仓浇筑温度不低于5 ℃;同时保证混凝土浇筑后的正温养护条件,在未达到允许受冻临界强度以前不遭受冻结。雨季混凝土施工可以采取防雨、排水等一系列措施。

5. 预应力混凝土施工

为了提高构件的抗裂性,并使高强度钢材能充分发挥作用,在结构或构件承受荷载以前,在受拉区域通过对高强度钢筋进行张拉后将钢筋的回弹力施加给混凝土,使混凝土受到一个预压应力。当该构件在荷载作用下产生拉应力时,受拉区混凝土的拉伸变形首先与压缩变形抵消,随着荷载的不断增加,受拉区混凝土才逐渐受拉,从而提高了构件的抗裂度和刚度。

预应力混凝土预加应力的方法有先张法和后张法(包括无黏结后张法)两种。

复习思考题

1. 混凝土坝施工的料厂规划应遵守的原则是什么?
2. 用天然骨料时,为减少弃料、减少总开发量,常采取哪些措施?
3. 混凝土拌和站,在平面上有哪几种布置形式?在立面上如何利用地形进行布置?
4. 在平面上确定拌和楼的位置,对坝线较长的情况与坝区地形较狭窄的情况,各应如

何考虑?

5. 缆式起重机适合于何种情况? 如何提高其生产率?

6. 混凝土坝施工,选择混凝土运输浇筑方案应考虑哪些原则?

7. 随着施工进程,混凝土坝的混凝土垂直运输方案,如何随工程的形象进度变化而变化,以适应工程施工的需要?

8. 混凝土浇筑,在什么情况下采用斜层或阶梯浇筑法? 这两种方法有何限制条件?

9. 已经产生质量事故的混凝土应如何处理?

10. 碾压混凝土具有哪些优点?

11. 试说明贯穿裂缝的形成原因与危害。

12. 降低混凝土的入仓温度有哪些措施?

13. 混凝土坝施工中,什么是并缝? 如何并缝?

14. 采用纵缝法或斜缝法浇筑混凝土坝,采取何种措施消除缝面剪力?

15. 简述混凝土冬季施工可采取的措施。

16. 何谓预应力混凝土结构? 为何施加预应力?

17. 预应力混凝土结构有哪些特点?

18. 施加预应力的方法有哪两种? 两种方法的区别有哪些?

19. 锚具按锚固的原理分为哪几类?

20. 先张法与后张法的施工工艺有何不同?

项目实训

丹江口水电站大坝加高混凝土施工,该工程施工设有砂石料加工系统与混凝土生产系统以及混凝土运输浇捣系统。

骨料系统组成:主要分为毛料堆场、成品加工、成品堆存等工艺单元和与之配套的供排水、废水处理和供配电、控制系统等。系统生产的成品砂石骨料,由装载机在堆场装车。

系统规模:满足混凝土生产最高月强度为4.2万 m^3的浇筑需要。

毛料开采:水下料开采配置250 m^3/h 采砂船2艘,开采的毛料装入砂驳,以拖轮运至砂石转运码头,利用输砂趸船运至砂石系统受料坑。共需毛料开采量122万 m^3。

骨料系统生产能力:高峰期月成品砂石骨料需生产量为 13.86×10^4 t/月。

加工工艺流程为:系统为闭路循环工艺流程。

混凝土生产系统按混凝土高峰浇筑强度3.83万~4.8万 m^3 进行设计。

混凝土拌和系统由1座HL120-3F1500型、1座JL12×1000型拌和楼及其他配套设施组成,系统设置了胶凝材料罐,气力输送装置,骨料仓,胶带输送机,外加剂车间,一、二次风冷车间及制冰系统及其他生产用房等。

混凝土在拌和站定点拌制,采用10 t自卸汽车作为混凝土水平运输的主要施工机械。

问题:(1)在大中小型工程中骨料如何获得? 如何考虑?

(2)如何确定混凝土生产系统生产能力? 相应设备如何选型?

(3)如何完成混凝土运输?

(4)混凝土浇筑如何进行?

项目七　地下工程施工

【任务概述】

本项目主要介绍地下工程施工程序与施工特点、施工方法及注意事项，隧洞现浇钢筋混凝土衬砌施工工艺流程，锚喷施工支护原理及工艺流程。

【知识目标】

1. 隧洞开挖方法、技术要领和出渣方法。
2. 隧洞衬砌方法、技术要点和质量要求。
3. 钻孔爆破设计的主要任务，确定炮孔布置。

【能力目标】

1. 隧洞开挖方法、技术要点，出渣方法和运输组织。
2. 隧洞衬砌施工技术要点、质量标准和评定方法。
3. 隧洞现浇钢筋混凝土衬砌和锚喷支护施工工艺流程。

水利水电工程中的地下工程，包括各种洞室、地下厂房、斜井和竖井等。目前，地下工程施工方法有钻眼爆破法及掘进机法，其中钻眼爆破法应用较为广泛。

地下工程施工主要包括洞室岩石开挖、出渣、临时支护、混凝土衬砌、洞室灌浆及质量检查等，同时还须妥善解决施工动力供应、洞内外交通运输、通风散烟、除尘、排水和照明等问题。

地下工程施工具有以下特点：施工场地受到限制，施工干扰大，施工组织比较复杂；工程地质和水文地质条件复杂多变，围岩安全稳定性问题突出；地下通风、采光、除尘等施工环境条件相对于露天作业有很大差别。

任务一　地下工程开挖方式

地下工程，按体形和布置形式可分为平洞、斜井、竖井和地下厂房。地下工程往往是整个枢纽工程施工进度控制的关键项目。

一、平洞施工过程和施工特点

平洞（坡度小于等于6°的隧洞）施工常用钻眼爆破法开挖，其主要施工工序是钻孔、装药、爆破、通风散烟、清撬、出渣、检查及测量放线，在地质条件较差地段，应增加锚杆支护、混凝土衬砌、灌浆等工序，同时还需要进行排水、照明、供水、供电等辅助工作，保证平洞施工的顺利进行。因此，钻眼爆破法施工有以下特点：

(1)施工作业空间狭小，工序多，交叉作业多，施工干扰大，工期长。在长隧洞施工中,由于施工进度的要求,还需开挖施工支洞以增加工作面,增加了工程造价。

(2)洞线地质条件直接决定平洞的施工方法。岩石是成洞开挖的对象,又是成洞后支护的对象,在施工中应充分了解洞周围岩性质,根据不同围岩类别,采取不同的开挖方法和支护措施,发挥围岩的自承稳定能力,加快施工进度,节省工程造价。

(3)平洞施工基本上不受外界气候影响,但施工条件差,粉尘及有害气体不易排出。因此,在施工中必须严格遵守安全操作规程,制订相应安全技术措施,确保施工人员生命安全。

二、平洞的施工方法

平洞开挖的基本要求是:开挖断面尺寸必须符合设计要求,尽可能减少超欠挖;控制装药量,尽量减小对洞周围岩的破坏,以提高围岩的自稳能力;同时使爆落的岩块大小适度,以便出渣;合理布置炮孔位置、炮孔数量和炮孔深度,以提高爆破效果,加快施工进度,降低工程造价。因此,必须根据洞线地质条件、平洞形式和断面尺寸、工期要求及施工机械特性等综合分析,经过经济技术比较后选定合理的开挖方法。

(一)全断面开挖法

全断面开挖是将平洞整个断面一次性钻孔爆破开挖成洞。衬砌或支护,须待全洞贯通以后或掘进相当距离后进行,并视围岩开挖后允许暴露的时间和总的施工安排而定。

全断面开挖一般适用于围岩坚固稳定,对应岩石坚固系数 $f \geqslant 8 \sim 10$,有大型开挖衬砌设备的情况。目前,国内外的全断面开挖高度一般为 8 ~ 10 m,主要由使用的多臂钻机或全断面掘进机的工作高度(直径)控制。

采用全断面开挖方法,洞内工作场面较大,施工组织较容易安排,施工干扰小,有利于提高平洞施工速度。

当缺乏大型施工机械设备而无法进行全断面开挖时,可采用断面分层开挖方法,即将工作面分为上下两层,上层超前 2 ~ 4 m,上下层同时爆破掘进。具体施工顺序是爆破散烟及安全检查后,清理上台阶的石渣,进行上层工作面的钻孔,同时下台阶出渣,清渣后下层工作面钻孔,钻孔完成后,上下层炮孔同时装药,一起爆破,保持上下工作面掘进深度一致,如图 7-1 所示。

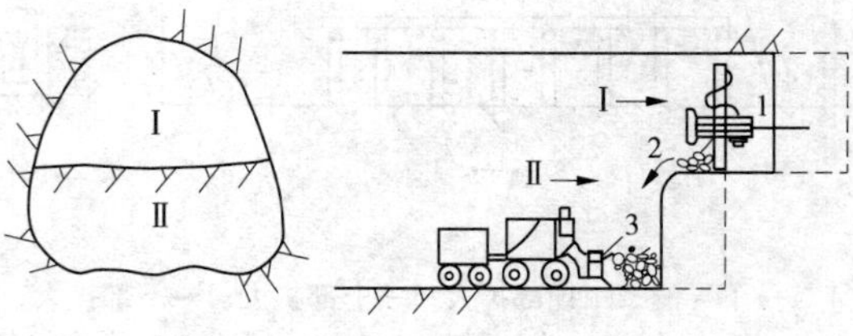

Ⅰ—上台阶;Ⅱ—下台阶;1—上台阶钻孔;2—扒落石渣;3—出渣后钻孔

图 7-1　全断面台阶法掘进示意图

(二)导洞开挖法

导洞开挖就是在平洞中先开挖一个小断面的洞,作为先导,然后扩大至整个设计断面的开挖方法。

导洞的形状和尺寸应根据导洞位置、山岩压力、出渣运输、通风和排水等要求来确定。导洞断面较小有利于围岩的稳定；同时通过导洞开挖，可进一步探明地质情况，并利用导洞解决排水问题；导洞贯通以后还有利于改善洞内通风条件。

按照导洞在设计断面中的相对位置，导洞开挖法可分为下导洞开挖法、上导洞开挖法和上下导洞开挖法等不同方式，如图 7-2 所示。

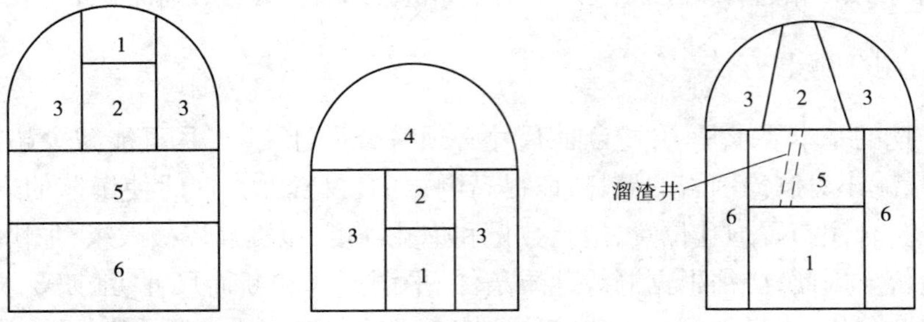

1,2,3,4,5,6—开挖顺序

图 7-2　导洞法开挖

1. 下导洞开挖法

下导洞开挖法是导洞布置在断面下部中央，开挖后向上、向两侧扩大至全断面。其施工顺序是，先开挖下导洞，并架设漏斗棚架，然后向上拉槽至拱顶，再由拱部两侧向下开挖。上部岩渣可经漏斗棚架装车出渣，所以又称为漏斗棚架法，其优点是出渣线路不必转移，排水容易，工序之间施工干扰小。但遇地质条件较差时，施工不够安全。适用于围岩基本稳定的大断面隧洞或机械化程度较低的中小断面平洞。下导洞开挖法施工顺序如图 7-3 所示。

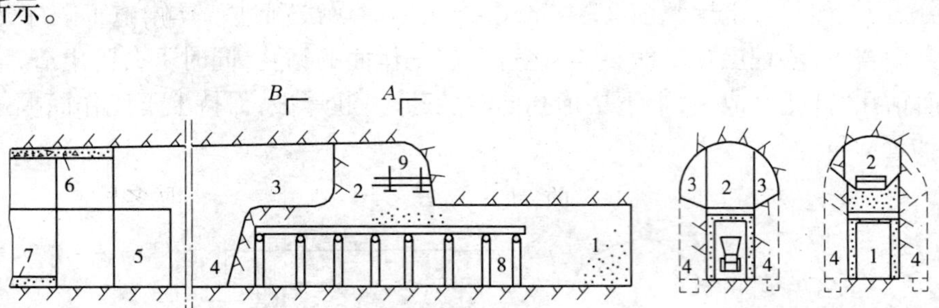

1—下导洞；2—顶部扩大；3—上部扩大；4—下部扩大；
5—边墙衬砌；6—顶拱衬砌；7—底板衬砌；8—漏斗棚架；9—脚手架

图 7-3　下导洞开挖法施工顺序

2. 上导洞开挖法

上导洞开挖法是导洞布置在断面顶拱中央，开挖后由两侧向下扩大。其施工顺序是，先开挖顶拱中部，再向两侧扩拱，及时衬砌顶拱，然后再转向下部开挖衬砌。紧水滩水电站导流隧洞开挖如图 7-4 所示。

此法优点是先开挖顶拱，可及时做好顶拱衬砌，下部施工在拱圈保护下进行，比较安全;缺点是需重复铺设风、水管道及出渣线路,排水困难,施工干扰大,衬砌整体性差,尤其是下部开挖时影响拱圈稳定。

3. 中心导洞法

中心导洞法是导洞布置在断面中央,导洞全线贯通后向四周辐射钻孔开挖。此法适用于围岩基本稳定,不需临时支护,且具有柱架式钻机的大中型断面的平洞。其优点是:利用柱架式钻机,可以一次钻完四周辐射炮孔,钻孔和出渣可平行作业。缺点是:导洞和扩大部分并进时,导洞部分出渣很不方便,所以一般待导洞贯通后再扩大开挖。

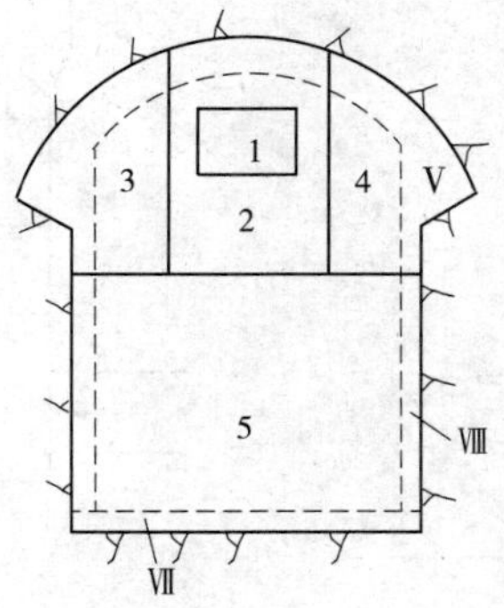

1—上导洞;1、2、3、4、5—开挖顺序;V、Ⅶ、Ⅷ—衬砌顺序

图 7-4 紧水滩水电站导流隧洞开挖

4. 双导洞开挖法

双导洞开挖法有上下导洞开挖法和双侧导洞开挖法两种。上下导洞开挖法适用于围岩稳定性好,但缺少大型开挖设备的较大断面平洞。下导洞出渣和排水,上导洞扩大并对顶拱衬砌。为了便于施工,上下导洞用斜洞或竖井连通。双侧导洞开挖法适用于围岩稳定性差、地下水较严重、断面较大需要边开挖边支护的平洞。

三、大型洞室施工程序

水电站地下厂房的特点是断面很大,交叉洞口多,形成复杂的洞室群。许多地下厂房的吊车梁结构,采用岩锚梁式,与支护、混凝土浇筑等工序交叉施工,具有干扰大、劳动条件差、不安全因素较多等特点。如完建的四川二滩水电站的地下厂房断面面积达 1 620 m^2,其开挖尺寸为 280.29 m×25.5 m×65.58 m。

大型洞室的施工,一般都要考虑变高洞为低洞,变大跨度为小跨度的原则,采取先拱部后底部,先外缘后核心,自上而下分部开挖与衬砌支护交叉的施工方法,以保证施工过程中围岩的稳定。20 世纪 70 年代以前,大断面地下厂房开挖多采取多导洞分层施工方法。自鲁布革水电站地下厂房施工开始,大都采用喷锚支护技术、岩锚吊车梁结构和大型施工机械,简化了分部开挖程序,加快了施工进度,如图 7-5 所示。

地下厂房施工通常可分为拱顶、主体和交叉洞等三大部分。顶拱开挖应根据围岩条件和断面大小,采用全断面法开挖或先开挖中导洞两侧跟进的分部开挖方法,如图 7-6(a)所示。层高一般为 7 ~9 m,采用预裂爆破或光面爆破成型。若围岩稳定性较差,则采取开挖两侧导洞,中间岩柱起支撑作用的先墙后拱法,如图 7-6(b)所示。若围岩稳定性很差,则可采用肋墙肋拱法施工,即先开挖上下侧壁导洞,沿导洞跳格开挖并衬砌边墙(肋墙);然后利用上部侧壁导洞跳格开挖并衬砌顶拱(肋拱);最后再挖除肋拱、肋墙之间的岩体,完成肋拱、肋墙之间的衬砌,如图 7-6(c)所示。

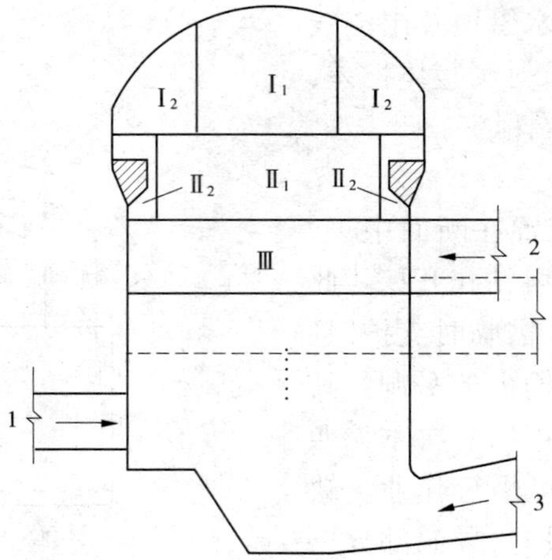

1—引水洞；2—运输洞；3—尾水洞；Ⅰ1、Ⅰ2、Ⅱ1、Ⅱ2、Ⅲ—开挖顺序

图 7-5　地下厂房分层施工示意图

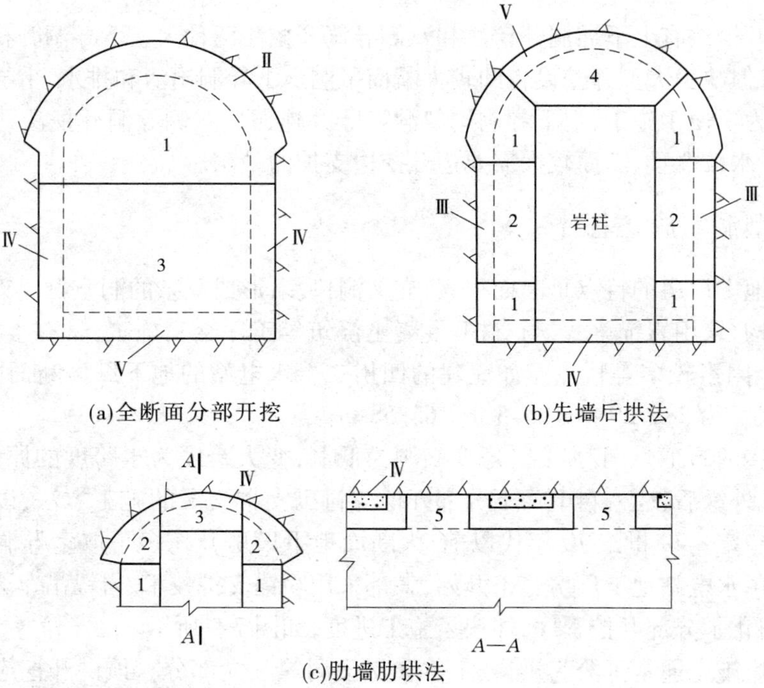

1、2、3、4、5—开挖顺序；Ⅱ、Ⅲ、Ⅳ、Ⅴ—衬砌顺序

图 7-6　地下厂房顶拱部分的施工程序

四、竖井、斜井和斜洞的施工程序

井线与水平夹角大于 75°为竖井，井线与水平夹角 48°～75°为斜井，洞线与水平夹角 6°～48°为斜洞。由于竖井和斜洞具有各自的特点，其施工方法分述如下。

（一）竖井

竖井的施工特点是竖向作业，竖向开挖、出渣和竖向衬砌。竖井往往与水平隧洞相通。可先挖通这些水平通道，为竖井施工的出渣和衬砌材料运输等创造有利条件。一般竖井开挖有全断面法和导井法两种。

1. 全断面法

竖井的全断面施工方法一般按照自上而下的程序进行。该法施工程序简单，但施工时要注意：①做好竖井锁口，确保井口稳定；②起重提升设备应有专门设计，确保人员、设备和石渣的安全提升；③做好井内外排水、防水设施；④在围岩稳定性较差或不良地层中修筑竖井，宜开挖一段衬砌一段，或采用预灌浆方法加固后再进行开挖、衬砌；⑤井壁有不利的节理裂隙组合时，要及时进行锚固。

2. 导井法

导井法即在竖井的中部先开挖导井（断面面积 4 ~ 5 m^2），然后扩大的施工方法。扩大开挖的石渣，经导井落入井底，由井底水平通道运出洞外，以减轻出渣工作量。导井开挖亦可采用自上而下或自下而上的作业。前者常采用普通钻爆法、一次钻孔分段爆破法或大钻机钻进法；后者常需要用钻机钻出一个贯通的小口径导轨，然后再用爬罐法、反井钻机法或吊罐法开挖出断面面积满足溜渣需要的导井。自下而上的导井开挖方法如图 7-7 所示。

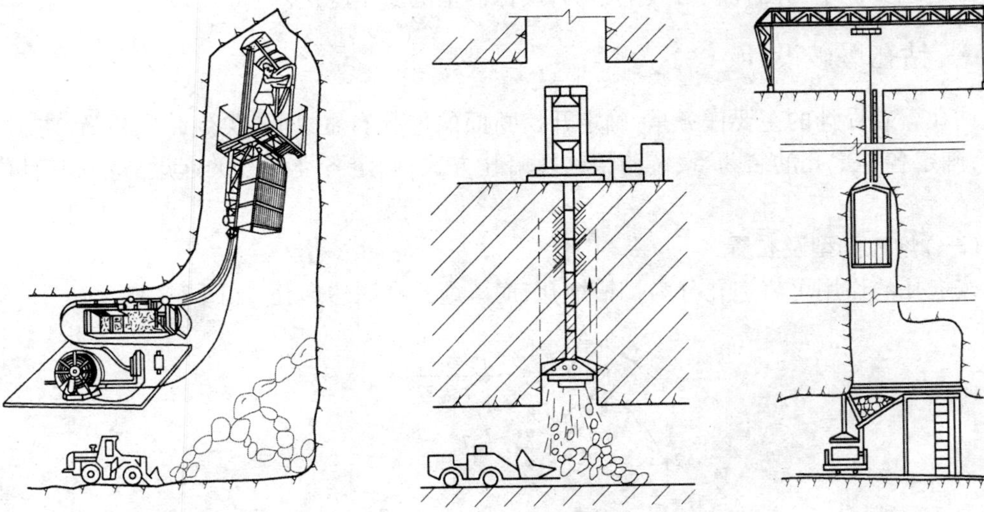
(a) 爬罐法　(b) 反井钻机法　(c) 吊罐法

图 7-7　自下而上的导井开挖方法

钻爆法、大钻机钻进法和吊罐法由于工作条件差，钻孔偏差大，一般只适用于深度不大的井。爬罐法所需劳动力少，开挖进度快，是目前开挖导井的主要方法。反井钻机法具有钻进快、精度高、施工安全、质量好等优点，较适用于中等硬度岩石。

扩大开挖可以自上而下逐层下挖，也可以自下而上，常用溜渣作业，逐层上挖。前者自竖井周边至导井口，应留有适当的坡度，以便出渣，但要控制渣面高于导井井口，以保证井内人员安全。后者多用于围岩稳定性较好的小断面竖井。

（二）斜井和斜洞

倾角大于48°的斜井洞室开挖，施工条件与竖井相近，可按竖井开挖方法施工。倾角为6°～30°的斜洞，一般采用自上而下的全断面开挖法，用卷扬机提升出渣，挖通后衬砌。倾角为30°～48°的斜洞可采用自下而上挖导井，自上而下扩大开挖法，尽可能利用重力溜渣，不能自动溜渣时，应辅以电动扒渣机扒渣，以减轻扩大出渣的劳动强度。

任务二　钻孔爆破法开挖

钻孔爆破法主要施工顺序为钻孔、装药爆破、出渣及相应的辅助工作。

与露天开挖爆破比较，地下洞室岩石开挖爆破施工有如下主要特点：

（1）因照明、通风、噪声及渗水等影响，钻爆作业条件差；钻爆工作与支护、出渣运输等工序交叉进行，施工场面受到限制，增加了施工难度。

（2）爆破自由面少，岩石的夹制作用大，增大了破碎岩石的难度，使岩石爆破的单位耗药量提高。

（3）爆破质量要求高。对洞室断面的轮廓形成一般均有严格的标准，控制超挖、不允许欠挖；必须防止飞石、空气冲击波对洞室内有关设施及结构的损坏；应尽量控制爆破对围岩及附近支护结构的扰动与质量影响，确保洞室的安全稳定。

一、钻孔爆破设计

钻孔爆破设计的主要任务是：确定开挖断面的炮孔布置，即各类炮孔的位置、方向和深度；确定各类炮孔的装药量、装药结构及堵孔方式；确定各类炮孔的起爆方法和起爆顺序。

（一）炮孔类型及布置

按炮孔的作用可将炮孔分为掏槽炮孔、崩落炮孔和周边炮孔，如图7-8所示。

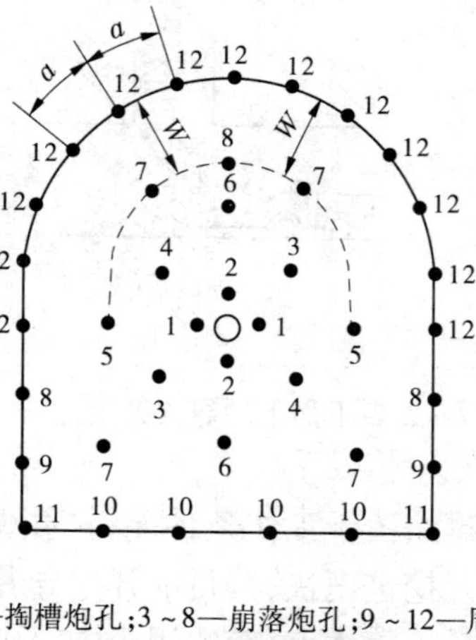

1，2—掏槽炮孔；3～8—崩落炮孔；9～12—周边炮孔

图7-8　光面爆破炮孔布置图

1. 掏槽炮孔

掏槽炮孔的主要作用是增加临空面，以提高爆破效果，常布置于开挖断面的中部。按布孔的形式可分为楔形掏槽、锥形掏槽和直孔掏槽等三类。楔形掏槽与锥形掏槽的钻孔方向与开挖断面是斜交的，故又称为斜孔掏槽。常见掏槽炮孔布置简图如图7-9所示。

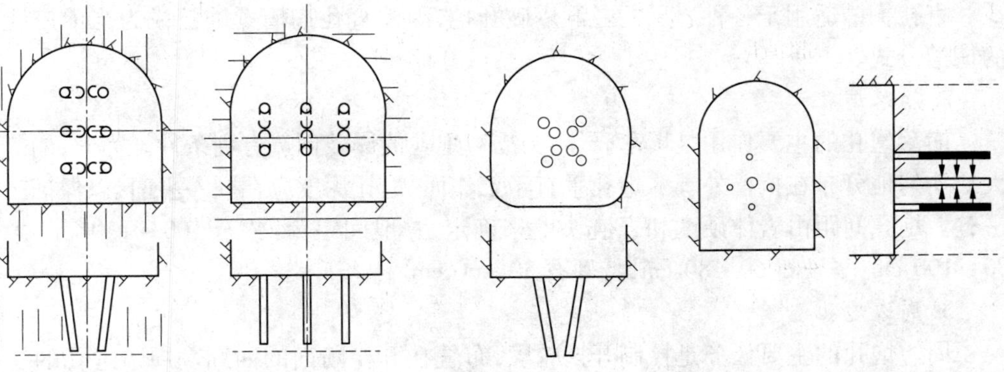

(a)楔形掏槽　(b)锥形掏槽　(c)直孔掏槽

图7-9　常见掏槽炮孔布置简图

1) 楔形掏槽

由2~4对对称的相向倾斜的炮孔组成，爆破后能形成楔形掏槽。对于层理大致垂直或倾斜的岩层，往往采用垂直楔形掏槽。水平楔形掏槽适用于岩层层理接近于水平的围岩或整体均匀的围岩，但因向上倾斜，钻孔作业比较困难，运用较少，楔形掏槽炮孔的夹角与布置可根据岩石的坚固系数值选定，见表7-1。

表7-1　楔形掏槽炮孔的布置

岩石坚固系数f	最少掏槽炮孔数量(个)	对开挖面倾角(°)	成对掏槽炮孔的距离(cm)
2~6	4	70	50
6~8	4~6	68	45
8~10	6	65	40
10~13	6	63	35
13~16	6	60	25
16~18	6	58	20
18~20	6~8	53	20

在较坚硬岩体中，用分层楔形掏槽方法，即第一层掏槽炮孔用较小的倾角，孔深为第二层掏槽炮孔的0.5~0.7倍，第二层掏槽炮孔用较大的倾角(70°~75°)。

2) 锥形掏槽

数个掏槽炮孔呈角锥形布置，各孔以大体相同角度向中心轴线倾斜，孔底趋于集中，但不贯通，爆破后形成锥形掏槽。炮孔倾斜角度一般为60°~70°，岩石越硬，倾角越小。按炮孔数目的不同，分三角锥、四角锥、五角锥等。

3)直孔掏槽

直孔掏槽是由若干个垂直于开挖面彼此距离很近的炮孔组成的掏槽。由于掏槽炮孔与工作面垂直布置,炮孔深度不受开挖面尺寸限制,便于钻孔作业。在钻直孔时,多台凿岩机可同时作业而相互干扰小,有利于提高钻机效率。

直孔掏槽适用于各种岩层的隧洞爆破开挖,因此直孔掏槽爆破已成为当前广泛采用的掏槽方式。

2. 崩落炮孔

崩落炮孔的主要作用是爆落岩体,为周边炮孔的爆破创造有利条件。为此,崩落炮孔大致均匀地分布在掏槽外围。炮孔垂直于工作面,炮孔深度应在同一平面,以保证工作面平整。炮孔间距由岩体硬度和岩渣块度来确定,一般间距为:软石 100 ~ 120 cm,中硬石 80 ~ 100 cm,坚硬石 60 ~ 80 cm,特硬石 50 ~ 60 cm。

3. 周边炮孔

周边炮孔的主要任务是控制开挖轮廓,布置在开挖断面的四周。周边炮孔的孔口应距开挖断面设计边线 10 ~ 20 cm,以利于钻孔作业。钻孔时应控制孔的倾斜角度和深度,使孔底落在同一平面上。孔底距设计边界的距离视岩石的硬度而确定。中硬岩石,孔底可达到设计边界;软岩,孔底在设计边界内 10 cm;坚硬岩石,孔底应超出设计边界 10 ~ 15 cm。

为了减弱对围岩的影响和减少超欠开挖量,对于开挖断面上的周边孔,应采用轮廓控制光面爆破技术。根据工程地质条件,用"类比法"初选爆破参数,然后通过试验调整,据以指导施工。图 7-8 所示为光面爆破全断面开挖法的炮孔布置示意图。常用隧洞光面爆破参数的设计参考值见表 7-2。

表 7-2　隧洞光面爆破参数的设计参考值

岩石类别	岩石极限抗压强度(MPa)	周边孔间距 a(cm)	周边孔抵抗线 W(cm)	周边孔密集系数 $M = a/W$	线装药密度 Q_x(g/m)
硬岩	>59	55 ~ 65	60 ~ 80	0.9 ~ 1.0	300 ~ 350
中硬岩	29 ~ 59	45 ~ 60	60 ~ 75	0.8 ~ 0.9	200 ~ 300
软岩	<29	35 ~ 45	45 ~ 55	0.7 ~ 0.8	80 ~ 120

注:炮孔直径 40 ~ 50 mm;炮孔深度 1.0 ~ 3.5 m;2 号岩石硝铵炸药,药卷直径 20 ~ 25 mm。

(二)炮孔数量和装药量

工作面上炮孔数量和装药量,受岩层性质、炸药性能、爆破时自由面状况、炮孔大小和深度、装药方式、工作面的形状和大小以及岩渣的块度等多种因素的影响。

1. 炮孔数量

初步计算时,可应用装药量平衡原理计算炮孔数量,即炮孔数目正好能容纳该次爆破岩体所必需的炸药用量。常用计算公式为:

$$N = \frac{Q}{\gamma \alpha L} = \frac{KSL}{\gamma \alpha L} = \frac{KS}{\gamma \alpha} \tag{7-1}$$

$$\gamma = 100(\pi/4)d^2\rho k$$

$$L = (0.5 \sim 0.8)B \tag{7-2}$$

式中 N——一次掘进循环中开挖面上的炮孔总数；

Q——一次爆破的炸药用量，kg；

L——炮孔深度，m；

γ——单个炮孔每米装药量，kg/m，见表7-3；

d——药卷直径，cm；

ρ——炸药密度，kg/m^3；

k——装药压紧系数，通常硝铵炸药，$k=1.0$，硝化甘油炸药，$k=1.2$；

α——炮孔的装药影响系数，见表7-4；

B——开挖断面宽度，m；

K——单位耗药量，kg/m^3，见表7-5；

S——开挖断面面积，m^2。

表7-3 2号岩石铵梯炸药 γ 值

药卷直径(mm)	32	35	38	40	45	50
γ(kg/m)	0.78	0.96	1.10	1.25	1.59	1.90

表7-4 炮孔的装药影响系数 a 值

炮孔类型	岩石坚固系数 f	炸药威力		
		低级（猛度10~12 mm）	中级（猛度13~15 mm）	高级（猛度16~17 mm）
掏槽炮孔	12~15	0.72~0.75	0.70~0.72	0.68~0.70
	8~10	0.70~0.72	0.68~0.70	0.66~0.68
	5~7	0.68~0.70	0.65~0.68	0.62~0.66
	3~4	0.65~0.68	0.63~0.65	0.60~0.62
	1.5~2.0	0.63~0.65	0.60~0.63	0.58~0.60
崩落炮孔与周边炮孔	12~15	0.64~0.65	0.62~0.64	0.60~0.62
	8~10	0.62~0.64	0.60~0.62	0.58~0.60
	5~7	0.60~0.62	0.58~0.60	0.56~0.58
	3~4	0.54~0.56	0.52~0.54	0.50~0.52
	1.5~2.0	0.52~0.54	0.50~0.52	0.48~0.50

2. 炮孔装药量

根据炮孔的位置不同，需要不同的装药量，并在爆破开挖过程中加以检验和修正。

1）导洞部分

掏槽炮孔 $$q_{掏} = 1.15Q_{导}/N_{导} \tag{7-3}$$

崩落炮孔 $$q_{崩} = 0.85Q_{导}/N_{导} \tag{7-4}$$

周边炮孔 $$q_{周} = Q_{导} / N_{导} \tag{7-5}$$

式中 $q_{掏}$、$q_{崩}$、$q_{周}$——掏槽炮孔、崩落炮孔、周边炮孔的单孔装药量,kg;

$Q_{导}$、$N_{导}$——导洞一个循环的总装药量、导洞一个循环的炮孔数目。

2)扩大部分

$$q_{扩} = Q_{扩} / N_{扩} \tag{7-6}$$

式中 $q_{扩}$、$Q_{扩}$、$N_{扩}$——扩大部分的单孔装药量、扩大部分一个循环的总装药量、扩大部分一个循环的炮孔数目。

3. 炮孔深度

炮孔深度主要与开挖面的尺寸、掏槽形式、岩层性质、钻机、自由面数目和循环作业时间的分配等因素有关。加大炮孔深度无疑可以提高掘进速度。但是炮孔深度增加,钻孔速度与炮孔利用率将降低,炸药消耗量亦随之增加。合理的炮孔深度,能提高爆破效果、降低开挖费用、加快掘进速度。因此,合理的炮孔深度,应综合分析确定。

表 7-5 单位耗药量 K 值 (单位:kg/m^3)

炸药	部位	开挖断面(m^2)	岩石级别									
			<Ⅵ	Ⅶ	Ⅷ	Ⅸ	Ⅹ	Ⅺ	Ⅻ	XⅢ	XⅣ	XⅤ
硝铵炸药	导洞	4~6	0.99	1.53	1.63	1.83	2.01	2.32	2.66	2.84	3.05	3.28
		6~9	0.81	1.24	1.33	1.49	1.63	1.89	2.11	2.30	2.51	2.67
		9~12	0.76	1.08	1.15	1.29	1.42	1.63	1.83	2.01	2.26	2.31
	扩大		0.55	0.62	0.66	0.71	0.78	0.83	0.90	0.99	1.05	1.17
	挖底		0.49	0.54	0.58	0.61	0.64	0.60	0.70	0.73	0.80	0.86

合理的炮孔深度还应与循环作业时间相协调,循环作业时间常采用 4 h、6 h、8 h、16 h、24 h 等。

(三)周边轮廓控制

1. 周边轮廓控制方法

钻孔爆破法开挖地下工程,周边轮廓的控制普遍采用光面爆破。

光面爆破是一种能够有效控制洞室开挖轮廓的爆破技术。其基本原理是:在断面设计开挖线上布置间距较小的周边孔,采用特定的减弱装药结构(不耦合装药与间隔装药)等一系列施工工艺,于崩落孔爆破后起爆周边孔内的装药,炸除沿洞周留下的厚度为周边孔爆破最小抵抗线的岩体(光爆层),从而获得较为平整的开挖轮廓。

由于光面爆破的运用,不仅可以实现洞室断面轮廓成型规整、减少围岩应力集中和局部落石现象、减少超挖和回填混凝土量,而且能够最大限度地减轻爆破对围岩的扰动和破坏,尽可能保存围岩自身原有的承载能力,改善支护结构的受力状况。光面爆破与锚喷支护相结合,能节省大量混凝土,降低工程造价,加快施工进度。光面爆破已成为"新奥法"施工的三大支柱之一。

评价光面爆破效果的主要标准为:开挖轮廓成型规则,岩面平整;围岩壁上的半孔壁保存率不低于50%,且孔壁上无明显的爆破裂隙;超欠挖符合规定要求,围岩上无危石等。

光面爆破的主要参数包括周边炮孔的间距 a、光爆层厚度(或最小抵抗线)W、周边孔密集系数 m、炮孔线装药密度 Q_x、炮孔装药不耦合系数 k 等。国内部分水工隧洞开挖的光面爆破参数见表7-6。

表7-6　国内部分水工隧洞开挖的光面爆破参数

工程名称	岩性	不耦合系数 k	线装药密度 Q_x(g/m)	炮孔间距 a(cm)	最小抵抗线 W(cm)	密集系数 m
隔河岩引水隧洞	石灰岩 页岩	2.25	150~200 50~100	40~50	60~70	0.65~0.75
天生桥一级引水隧洞	泥岩 砂岩	1.56	250~300	40~50	50~60	0.67~0.83
广东抽水蓄能引水隧洞	花岗岩 片麻岩	1.92	289	60	70	0.86
鲁布革水电站引水洞	石灰岩 白云岩	2.0	425	60	100	0.6
东江水电站导流洞	花岗岩	2.0	485	56	70	0.8
太平驿水电站引水洞	中硬岩		360	50~60	50~60	1.0
察尔森水库输水洞	软岩		300	40~50	50~60	0.8~1.0

影响光面爆破参数选择因素有很多,主要包括地质条件、岩石特性、炸药品种、一次爆破的断面大小、断面形状、凿岩钻孔机具配置等。光面爆破设计参数通常是采取简单的计算并结合工程类比初步确定后,再通过施工生产性试验加以调整和完善。光面爆破爆破参数的选择,目前理论计算还不很成熟,主要还是依靠经验,根据工程地质条件用"类比法"初选爆破参数,然后通过试验或试用,从围岩的振松情况、洞室成形好坏等方面来考察爆破的实际效果,以便调整不合理的参数,据以指导此后的施工。

必须指出,光面爆破要求精确钻孔,控制孔深,使孔底落在同一平面上,控制孔斜,使周边孔的连线恰能形成开挖断面轮廓。起爆时,要控制好起爆顺序,先掏槽,次崩落,后周边,并使同类炮孔同时起爆。

光面爆破装药量以线装药密度 Q_x(g/m)表示。恰当的装药量应是既具有破岩所需的能量,又不造成围岩的过度破坏。施工中应根据孔距、光爆层厚度、岩质及炸药种类等综合考虑确定装药量。

光爆层厚度是由断面最外圈的崩落孔(通常称二圈孔)决定的。因为二圈孔邻近光爆炮孔,所受夹制作用较大,在爆破中如果装药量过大,这些孔爆破所产生的裂缝,可能会扩展到最终形成的断面以外，因此需要进行减弱装药，实际施工中装药一般控制在其他崩落孔的1/2～1/3。

2. 光面爆破的技术措施

钻孔精度对获得良好的光面爆破效果具有关键作用。在施工中，要采取适当措施确保周边孔达到准、正、直、齐的设计要求。

采用不耦合装药结构。光面爆破的不耦合系数 k 一般为1.25～2.50。水工隧洞光面爆破的不耦合系数在2.0左右比较合适。

严格控制装药集中度。装药过于集中或炮孔全长均匀装药都将影响光面爆破质量。在有条件时，应优先考虑选用光面爆破专用炸药卷进行连续装药，并在孔底部位适当加强装药；或者选用导爆索加自制小药卷，用竹片加工成串状装药结构。

在不耦合系数较大并用光面爆破专用炸药连续装药情况下，应在炮孔内装入一根导爆索，以免由于管道效应而引起熄爆现象。同时，周边孔应尽量同时起爆；若同时起爆引起的爆破地震效应过大，可适当分段起爆。

二、钻孔爆破循环作业

钻孔爆破法开挖地下工程，其施工工序包括钻孔、装药、堵塞、设备撤离、起爆、通风排烟、安全检查与处理、临时支护、出渣、延长运输线路和风水电管线铺设等。掘进一次的工序组合称为钻孔爆破循环作业。每完成一次循环作业，工作面大致按炮孔深度向前推进一段，如此周而复始，直到开挖结束。

（一）钻孔作业

钻孔作业强度很大，所花时间常占循环时间的1/4～1/2，且钻孔的质量对洞室开挖规格、爆破效率和施工安全影响极大。目前，常用的钻孔设备有凿岩机和凿岩台车。

凿岩机可分为手持式、柱架式和气腿式。如图7-10所示为目前常见的YT－23型气腿凿岩机。凿岩台车有窄轨式台车，履带式、轮胎式多臂台车，其特点是凿岩机可由支架自由移动至需要位置，并借助推动装置自动推进凿岩，提高了钻孔孔位的精度和钻孔速度，适用于围岩稳定性较好的大中型断面，如图7-11所示。

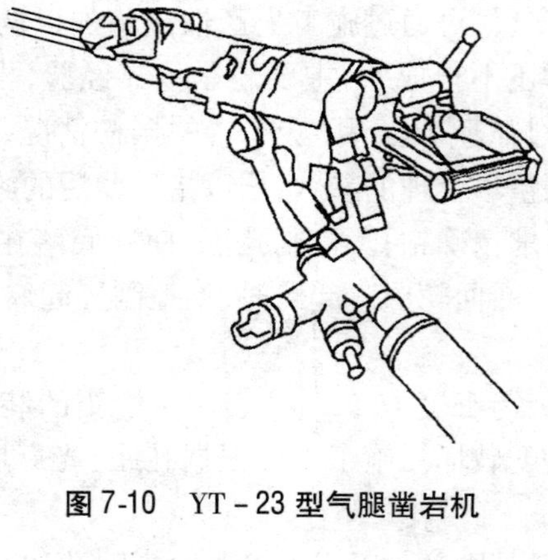

图7-10 YT－23型气腿凿岩机

钻孔前应采用激光系统定位，严格按照标定的炮孔位置及设计钻孔深度、角度和孔径

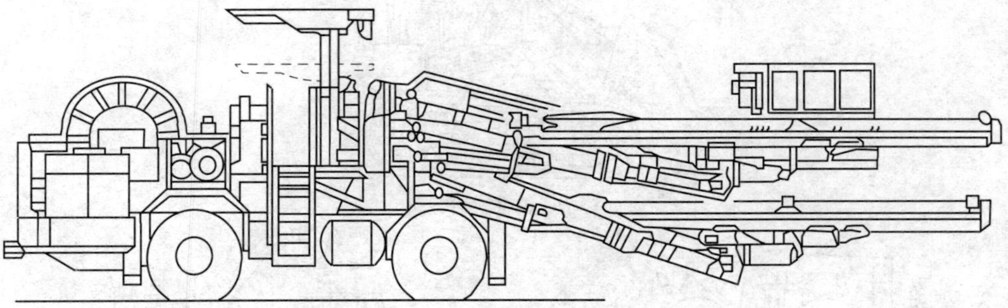

图 7-11　凿岩台车(实腹、轮形)

进行钻孔。国外在钻凿掏槽炮孔时,通常使用带轻便金属模板的掏槽钻孔夹具来保证掏槽炮孔的准确性。

(二)出渣运输

出渣运输是隧洞开挖中费力费时的工作,一般占循环时间的 1/3 ~ 1/2,它是控制掘进速度的关键工序,在大断面洞室中尤其突出。因此,必须制订切实可行的施工组织措施,规划好洞内外运输线路和弃渣场地,通过计算选择配套的运输设备,拟订装渣运输设备的调度运行方式和安全运行措施。

常见配套方式有:棚架漏斗装渣,机车牵引斗车出渣;装载机或挖掘机装渣,自卸汽车出渣;装岩机装渣,机车牵引斗车或矿车出渣。

1. 棚架漏斗装渣,机车牵引斗车出渣

该方式适用于围岩稳定性较好、机械设备较低的平洞,如图 7-12 所示。棚架及出渣漏斗是在下导洞开挖后搭设,棚架应能承受爆破落渣的荷载,棚架下部净空应满足运行操作及错车要求。漏斗布置应满足出渣要求,漏斗口应对准车斗并与车斗尺寸相适应。

1~5—开挖顺序

图 7-12　棚架漏斗装渣

2. 装载机或挖掘机装渣,自卸汽车出渣

该方式适用于中、大断面全断面开挖的平洞。装载机按行走方式可分为履带式和轮胎式,如图 7-13(a)、(b)所示。挖掘机生产效率低,对工作面净空要求较大,适用于大断面洞室开挖。装载机行走速度快,装渣灵活,对工作面净空要求较低,生产率较高。因此,常采用装载机配自卸汽车的方式,如图 7-13(c)所示。

3. 装岩机装渣,机车牵引斗车或矿车出渣

该方式适用于围岩稳定的小断面平洞、施工支洞和导洞。风动或电动装岩机装车,装车和调车的方式可根据开挖断面和设备情况确定,图 7-14 所示是常用的三种调车方式。

(三)临时支护

临时支护形式很多,可分为传统的构架式支撑和锚喷支护两类。喷混凝土和锚杆支护是一种临时性和永久性结合的支护形式,应优先采用。按照使用的材料又可分为木支撑、钢支撑、预制钢筋混凝土支撑等。应根据地质条件、材料来源及安全经济要求来选择。

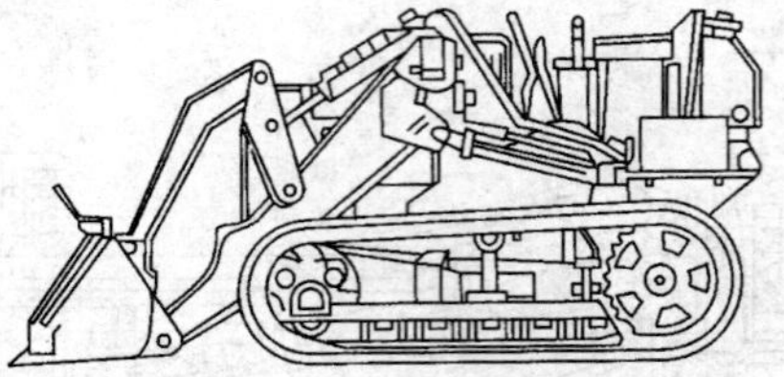

(a) 履带式装载机

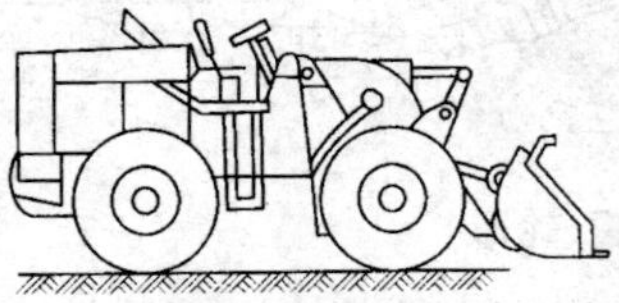

(b)轮胎式装载机

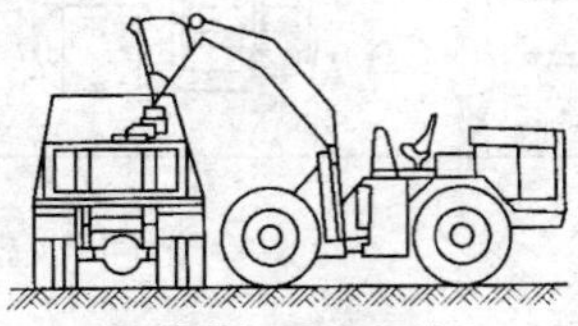

(c)装载机配自卸汽车

图 7-13　装载机及装渣示意图

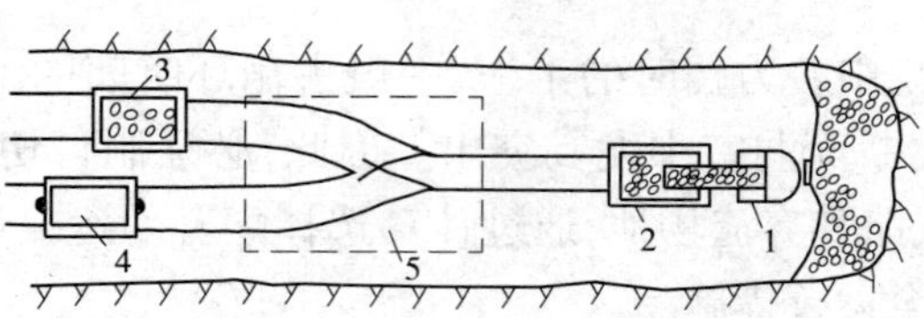

(a)浮放道岔双线调车

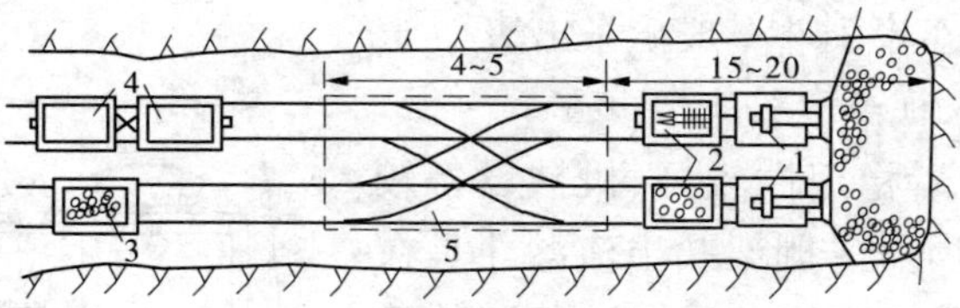

(b)菱形渡线钣双线调车

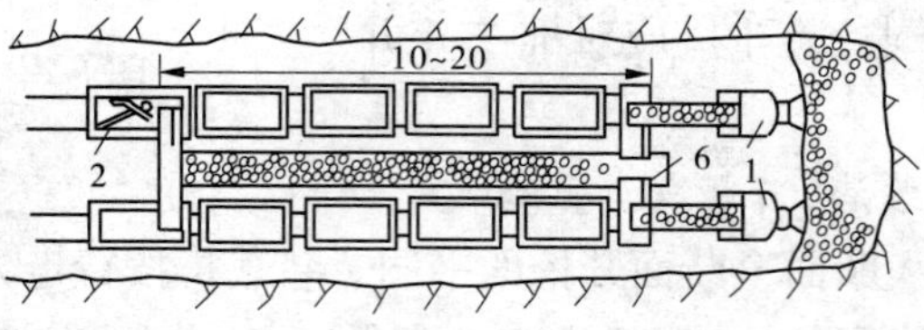

(c)皮带运输机分料双线调车

1—装岩机;2—正在装载的矿车;3—已装满待运的矿车;4—等待装载的空车;
5—浮放道岔或菱形渡线钣;6—皮带运输机

图 7-14　装岩机装车出渣调车方式　(单位:m)

木支撑具有质量轻,加工、架立方便,损坏前有显著变化,不会突然折断等优点。其结构形式分为门框形、拱形和扇形。由于木支撑要耗费大量木材,故已少用。

钢支撑承载能力强,占空间小,可多次使用,但使用钢材多,一次性费用高,其结构形式分为门框形和拱形。在破碎且不稳定的岩层中,当支撑不能拆除需要留在混凝土衬砌中时,也需要采用钢支撑。

预制钢筋混凝土支撑用于围岩软弱，山岩压力大，支撑需留在衬砌内，钢材又缺乏时，但因构件质量轻，安装运输不方便，所以只适用于中小断面。

（四）辅助作业

地下工程施工的辅助作业有通风、防尘、消烟、照明和风水电供应等工作，做好这些辅助作业，可以改善施工人员的工作环境，加快施工进度。

1. 通风、防尘及消烟

通风、防尘及消烟的目的是排除因钻孔、爆破、装岩、内燃机尾气等原因产生的有害气体，降低岩尘含量，及时供给工作面充足的新鲜空气，改善洞室内的温度、湿度和气流速度，使之符合洞室施工卫生要求。

通风方式有自然通风和机械通风两种，小于 40 m 的短洞可以采用自然通风。

一般多采用机械通风，其基本形式有压入式、吸出式和混合式三种，如图 7-15 所示。压入式通风是将新鲜空气通过风管直接送到工作面，混浊空气由洞身排至洞外。其优点是工作面很快获得新鲜空气，缺点是混浊空气容易扩散至整个洞室。风管端部布置离工作面不宜超过 $6\sqrt{S}$ m（S 为开挖面积，m^2）。吸出式通风是通过风管将工作面的混浊空气吸走并排出至洞外，新鲜空气由洞口流入洞内。其优点是工作面混浊空气较快地被吸出，但新鲜空气流入较缓慢。混合式通风是在爆破后进行排烟时用吸出式，经常性通风时用压入式，充分发挥上述两种方式的优点。

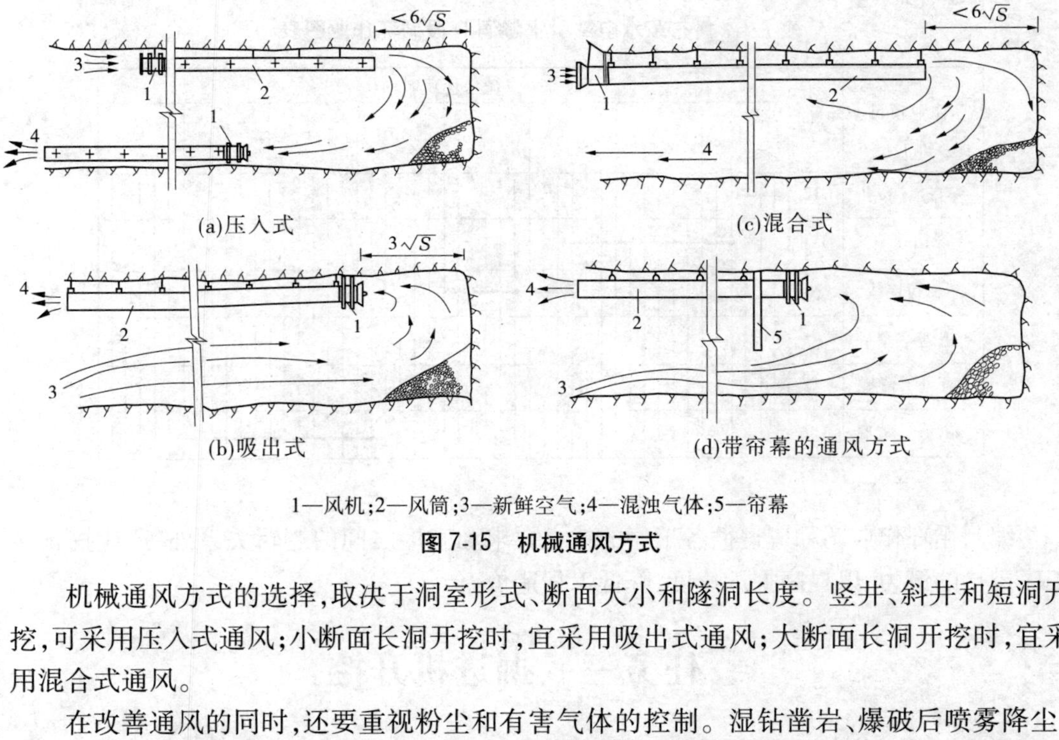

1—风机；2—风筒；3—新鲜空气；4—混浊气体；5—帘幕

图 7-15　机械通风方式

机械通风方式的选择，取决于洞室形式、断面大小和隧洞长度。竖井、斜井和短洞开挖，可采用压入式通风；小断面长洞开挖时，宜采用吸出式通风；大断面长洞开挖时，宜采用混合式通风。

在改善通风的同时，还要重视粉尘和有害气体的控制。湿钻凿岩、爆破后喷雾降尘、出渣前对石渣喷水防尘等都是降低空气中粉尘含量的行之有效的措施。洞内施工严禁使用汽油发动机，使用柴油机时，应加设废气净化装置，降低有害尾气的排放。

2. 风水电供应及排水

洞室在整个开挖循环作业中,风水电供应及排水需统筹考虑。输送到工作面的压缩空气,应保证风量充足,风压不低于500 kPa。施工用水的数量、质量和压力,应满足钻孔、喷锚、衬砌、灌浆等作业的要求。洞内动力、照明、电力起爆的供电线路应按需要分开架设,并注意防水和绝缘;洞内照明应采用36 V或24 V的低压电,保证照明亮度。洞内排水系统必须畅通,保证工作面和路面无积水。

实例:鲁布革水电站引水隧洞D段全长2 589 m,开挖直径8.8 m,底坡0.032。岩层为厚层白云岩和白云质灰岩,完整性好,偶有团块状灰岩与泥质薄层出现,节理断层较不发育,地下水位线位于洞底高程以下。采用全断面钻爆法施工,其施工方案简述如下:

(1)施工设备。测量放线与布孔用激光发生器;钻孔用2台JCH310－C型全液压三臂凿岩台车;通风用1台PF－100SW37型隧洞轴流式送风机;清撬危石及清底用1台斗容量为0.34 m^3的UH04型液压反向铲;装渣用1台斗容量为3.1 m^3的966D型侧翻式轮胎装载机;出渣用4～6辆12 t自卸汽车。

(2)钻爆施工参数。设计开挖断面60.82 m^2,钻孔139个,钻孔直径100 mm和45 mm,钻孔深度3.3 m,循环进尺3.0 m,炮孔密度2.29个/m^2,爆破放率89.8%,平均单位耗药量1.65 kg/m^3,平均单位耗雷管量0.79个/m^3,每天三个循环,施工总人数62人。

(3)循环作业。循环作业图表如表7-7所示。

表7-7　鲁布革水电站引水隧洞D段循环作业图表

作业项目	工作时间(min)	循环作业时间(h) 1	2	3	4	5	6	7	8
测量、布孔	32								
钻孔	124								
装药连线	80								
退避、爆破	17								
通风、清撬	22								
出渣、清底	146								

编制循环作业图除应遵循各工序的技术要求和工序之间的逻辑关系外,还应挖掘各工序搭接的潜力,以提高掘进速度,降低工程造价。

任务三　掘进机开挖

掘进机是一种专用的隧洞掘进设备。它利用机械完成开挖、出渣及混凝土(钢)管片安装的联合作业,连续不断地进行掘进。掘进机从20世纪50年代开始在世界范围内得到应用,我国从20世纪60年代开始,曾先后在云南西洱河一级电站、引滦工程新王庄隧洞、天生桥二级水电站、甘肃引大入秦 30A 隧洞、山西引黄入晋隧洞、万家寨引水工程和秦岭铁道Ⅱ线等工程中应用，为我国隧洞掘进机施工积累了宝贵的经验。

一、掘进机的类型和工作原理

掘进机根据破碎岩石的方法，大致可以分为挤压式和切削式（铣削式）两种类型。挤压式主要是通过水平推进油缸，使刀盘上的滚刀强行压入岩体，并在刀盘旋转推进过程中，用挤压和剪切的联合作用破碎岩体。切削式利用岩石抗弯、抗剪强度低的特点，靠铣削（剪切）加弯折，破碎岩体。

掘进机按照其作业面是否封闭可分为开敞式掘进机、单护盾掘进机和双护盾掘进机。开敞式掘进机适用于围岩稳定性好的场合，护盾式掘进机适用于围岩较软弱、需进行混凝土（钢）管片安装的场合。

掘进机分类简图见图 7-16。

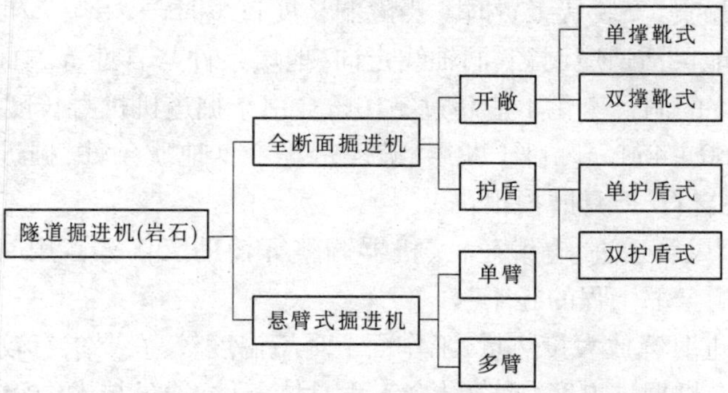

图 7-16　掘进机分类简图

掘进机一般由刀盘、机架、推进缸、套架、支撑缸、皮带机及动力间等部分组成。掘进时，通过推进缸给刀盘施加压力，滚刀旋转切碎岩体，由装在刀盘上的集料斗转至顶部通过皮带机将岩渣运至机尾，卸入其他运输设备运走。为了避免粉尘危害，掘进机头部装有喷水及吸尘设备，在掘进过程中连续喷水、吸尘。

二、掘进机的应用及其优缺点

目前，已生产的掘进机大多适用于圆形断面、地质条件良好、岩石硬度适中、岩性变化不大的隧洞。对于非圆形断面隧洞的开挖，通常通过调整刀盘倾角来实现。掘进机一般多用于平洞的全断面开挖。对于大型隧洞的开挖，也可先采用掘进机开挖导洞，而后采用传统的钻爆方法扩挖。从理论上讲，掘进机可适用于各种水平和倾斜隧洞的施工。但从经济和技术的综合角度考虑，其使用范围尚受到一定的限制。

（一）掘进机开挖的适用范围

（1）地质条件。掘进机对岩性和地质构造有一定的选择，围岩岩性以中硬岩石为佳，岩石抗压强度以 30 ~ 150 MPa 为最经济合理。

（2）工程条件。掘进机适用于圆形隧洞和城门洞形隧洞施工。要求洞线比较顺直，无较大弯道的长隧洞。国外经验认为隧洞直径以 5 ~ 10 m 为最佳，其直径在 2 ~ 4 m 时隧洞长度应大于 800 m;直径大于 4 m 时隧洞长度宜为 2 000 m 以上,或认为开挖长度大于 600 倍洞径是比较经济合理的。单机掘进最佳长度为 10 km 左右。

(3)使用条件。由于掘进机施工单位工程量的开挖成本较钻爆法高,临时性隧洞或衬砌要求低的隧洞,采用掘进机施工就不经济。对于永久性长隧洞、承压或衬砌要求较高的隧洞,使用掘进机就有优势。

(二)掘进机开挖的优点

(1)利用机械切割、挤压破碎,能使掘进、出渣、衬砌支护等作业平行连续地进行,工作条件比较安全,节省劳力,整个施工过程能较好地实现机械化和自动控制。

(2)在地质条件单一、岩石硬度适宜的情况下,可以提高掘进速度。

(3)掘进机挖掘的洞壁比较平整,断面均匀,超欠挖量少,围岩扰动少,对衬砌支护有利。

(三)掘进机开挖的缺点

(1)设备复杂昂贵,安装费工费时。当隧洞长度较短时,采用掘进机并不经济。

(2)掘进机不能灵活适应洞径、洞轴线走向、地质条件与岩性等方面的变化。对于选定的掘进机,其允许的洞径变化不能超过 ±10%。由于掘进机机身长度的限制,隧洞的转弯半径不能小于 150 ~ 450 m。对于断层、破碎带等不良地质条件,掘进机的掘进速度将大大降低。对坚硬岩石,刀具磨损很快。

(3)刀具更换、风管送进、电缆延伸、机器调整等辅助工作等占用时间较长。若掘进机发生故障,会影响全部工程的施工。

(4)掘进机掘进时释放大量热量,工作面上环境温度较高,要求有较大的通风设备。

因此,选择掘进机掘进方案,必须结合工程具体条件,通过技术经济比较确定。

三、盾构机

盾构机是在机身前部安装盾构,在盾构内部安设混凝土管片衬砌的掘进机。它适用于软弱地层或破碎岩层的掘进。盾构机的主要组成部分有:用厚钢板制成的防护罩、带有切割刀具的刀盘、刀盘的驱动系统、压缩空气封闭室、向工作面输送膨润土泥浆的管道、从工作面排除开挖土和膨润土泥浆的输送管道、预制混凝土块安装器、后配套设备和地面泥浆筛分场等。盾构机的特点是:在掘进的同时进行排渣和拼装后面的预制混凝土衬砌块。这种施工方法的机械化程度高,全部工作在盾构壳体保护下进行,施工安全。

盾构机掘进的具体方法:用带有切割刀具的开式刀盘切割破碎岩层或土层,用尾部已安装好的预制混凝土衬砌块为盾构机向前掘进提供反力,用机械或水力出渣,用盾构支撑洞壁,保障施工安全。

盾构机掘进隧洞的出渣方式分为机械式和水力式,发达国家多使用水力式。使用水力式盾构机出渣,在工作面处要建立一个注满膨润土液的密封室。膨润土液既用于平衡工作面上的土压力和地下水压力,又用来和土颗粒相互作用以增加黏结力,并作为出渣输送土料的介质。此外,还要在地面上设置筛分场,以便把土料分离出来,重复使用膨润土液。为了向工作面提供稳定的压力,常采用设置空气垫的办法解决,即在水力盾构机前端压力密封舱的上部设置一块局部隔板,隔板下部稍超过盾构机轴线,将舱室分为前后两部分。前部分完全注满膨润土液,后部分只用膨润土液充填一多半,形成一个自由液面,当从舱室上部输入压缩空气,并作用于自由液面时,便形成空气垫。空气垫的压力由一个特制的调节阀控制。液面下降时,泵输出的膨润土液量上升;液面上升时,泵输出的膨润土液量下降,可根据盾构机的掘进速度进行调节。

任务四　隧洞衬砌与灌浆

地下洞室开挖后,为了防止围岩风化和坍落,保证围岩稳定,往往要对洞壁进行衬砌。衬砌类型有现浇混凝土或钢筋混凝土衬砌、混凝土预制块或条石衬砌、预填骨料压浆衬砌等。本次任务仅介绍隧洞现浇混凝土及钢筋混凝土衬砌施工。

一、隧洞衬砌的分段分块及浇筑顺序

水工隧洞较长,纵向需要分段进行浇筑。分段长度根据围岩条件、隧洞断面尺寸、施工浇筑能力与混凝土冷却收缩等因素而定,一般分段长度以 9 ~ 15 m 为宜。当结构上设有永久伸缩缝时,可利用结构永久缝分段;当结构永久缝间距过大或无永久缝时,可设施工缝分段,并做好施工缝的处理。分段浇筑的顺序有跳仓浇筑、分段流水浇筑和分段留空档浇筑等不同方式,如图 7-17 所示。

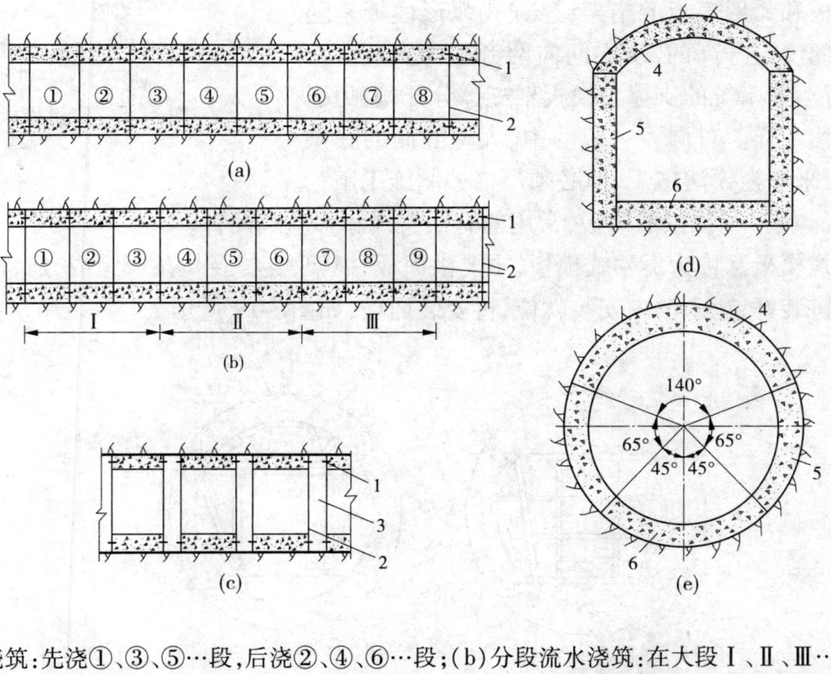

(a)跳仓浇筑:先浇①、③、⑤…段,后浇②、④、⑥…段;(b)分段流水浇筑:在大段Ⅰ、Ⅱ、Ⅲ…之间进行流水作业;(c)分段留空档浇筑,空档宽 1 m 左右,最后浇筑;(d)在结构转折点设施工缝;(e)在内力较小部位设施工缝;①、②、③、…、⑨—分段序号;Ⅰ、Ⅱ、Ⅲ—流水段号;

1—止水;2—分缝;3—空档;4—顶拱;5—边拱(边墙);6—底拱(底板)

图 7-17　平洞衬砌施工中的分段分块

当地质条件较差时，采用肋拱肋墙法施工，这是一种开挖与衬砌交替进行的跳仓浇筑法。对于无压平洞，结构上按允许开裂设计时，也可采用滑动模板连续施工的浇筑方式；以加快衬砌施工，但施工工艺必须严格控制。

衬砌施工在横断面上也常分块进行。一般分成底拱（底板）、边拱（边墙）和顶拱三块。横断面上的浇筑顺序，正常情况是先底拱（底板）、后边拱（边墙）和顶拱，其中边拱（边墙）和顶拱，可以连续浇筑，也可以分开浇筑，由浇筑能力或模板形式而定。地质条件较差时，可以先浇筑顶拱，后浇筑边拱（边墙）和底拱（底板）。当采用开挖和衬砌平行作业时，由于底板清渣无法完成，可采用先边拱（边墙）和顶拱，最后浇筑底拱（底板）的浇筑顺序。

二、隧洞衬砌模板

隧洞衬砌用的模板，按浇筑部位不同，可分为底拱模板、边拱（边墙）和顶拱模板，不同部位的模板，其构造和使用特点各不相同。

对底拱而言，当中心角较小时，可以像平底板浇筑那样，只立端部挡板，不用表面模板，在混凝土浇捣中，用弧形样板将表面刮成弧形。对于中心角较大的底拱，一般采用悬挂式弧形模板，见图 7-18。浇筑前，先立端部挡板和弧形模板的桁架，悬挂式弧形模板是随着混凝土的浇筑升高的，从中间向两旁逐步安装。安装时，应将运输系统的支撑与模板架支撑分开，避免引起模板位移走样。对洞径一致的中、大型隧洞的底拱浇筑，也可采用拖模法施工，但必须严格控制施工工艺。

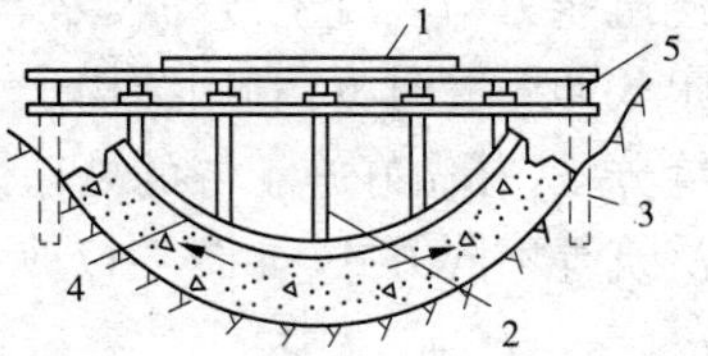

1—仓面板；2—模板桁架；3—桁架支柱；4—弧形模板；5—纵梁

图 7-18　底拱模板

边拱（边墙）和顶拱的模板，常用的有桁架式和移动式两种。

桁架式模板又称为拆移式模板，主要由面板、桁架、支撑及拉条等组成，通常是在洞外先将桁架拼装好，运入洞内安装就位，再安装面板，如图 7-19 所示。

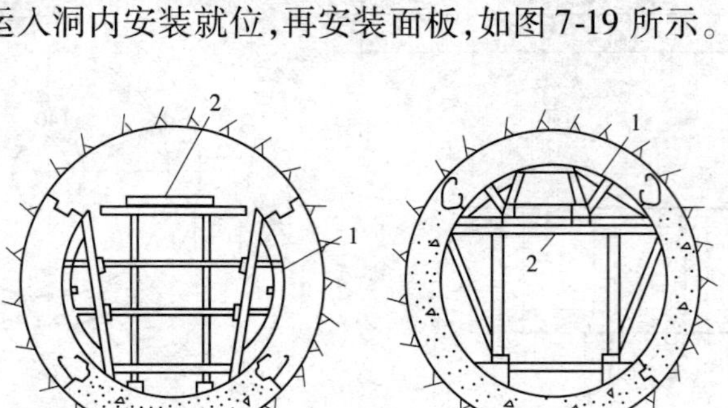

(a)边拱桁架式模板　　(b)顶拱桁架式模板

1—桁架式模板；2—工作平台或脚手架

图 7-19　桁架式模板

移动式模板主要由车架、可绕铰转动的模板支架和钢模板组成。车架和支架用型钢构成,车架可通过行走机构移动,故又称为钢模台车,它具有全断面一次成型、施工进度快及成本低等优点,如图7-20所示。

三、衬砌混凝土的浇筑和封拱

由于隧洞衬砌的工作面狭窄,混凝土的运输和浇筑以及浇筑前钢筋的绑扎安装等工作都较困难,采用合理的施工方案、先进的施工技术和组织设计尤为重要。隧洞衬砌内的钢筋,在洞外制作,运入洞内安装绑扎。绑扎钢筋工作常在立好模板并预留端部挡板的时候进行。钢筋靠预先插入岩壁的锚筋固定。如采用钢筋台车绑扎钢筋,则应先绑扎钢筋后立模板。

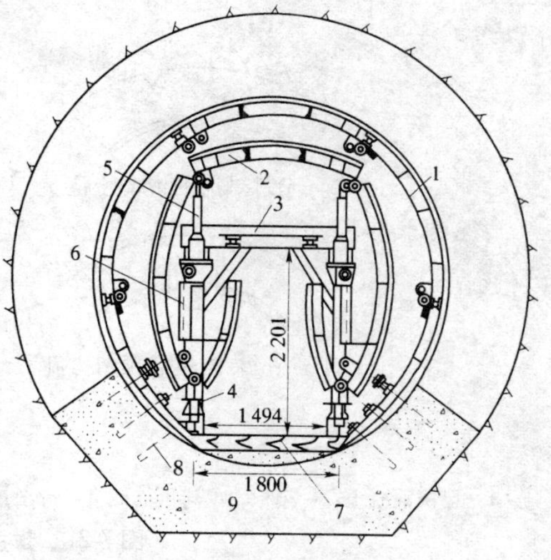

1—架好的钢模;2—移动时的钢模;3—工作平台;
4—台车地梁;5—垂直千斤顶;6—台车车架;
7—枕木;8—拉筋;9—已浇底拱

图7-20 钢模台车简图 (单位:mm)

隧洞衬砌多采用二级配混凝土。对中小型隧洞,混凝土一般采用斗车或轨式混凝土搅拌运输车,由电瓶车牵引运至浇筑部位;对大中型隧洞,则多采用3~6 m^3 的轮式混凝土搅拌运输车运输。在浇筑部位,常用混凝土泵将混凝土压送并浇入仓内。泵送混凝土的配合比,应保证有良好的和易性和流动性,其坍落度一般为8~16 cm。

在浇筑顶拱时,对浇筑段的最后一个预留窗口的封堵称为封拱。由于受仓内工作条件限制,使混凝土形成完整拱圈的封拱工作,常采取以下两种措施。

(一)封拱盒封拱

当最后一个顶拱预留窗口,工人无法操作时,退出窗口,并在窗口四周装上模框,将窗口浇筑成长方形,待混凝土强度达到1 MPa后,拆除模框,洞口凿毛,装上封拱盒封拱,如图7-21所示。

(二)混凝土泵封拱

使用混凝土泵浇筑顶拱混凝土时,封拱布置如图7-22所示。即将导管的末端接上冲天尾管,垂直穿过模板伸入仓内,冲天尾管的位置应用钢筋固定,尾管之间的间距根据混凝土扩散半径确定,一般为4~6 m,离端部约1.5 m,尾管出口与岩面的距离一般为20 cm左右,其原则是在保证压出的混凝土能自由扩散的前提下,越贴近岩面,封拱效果越好。为了排除仓内空气和检查拱顶混凝土充填情况,在仓内最高处设置通气孔。为了便于人进仓工作,在仓的中央设置进人孔。

混凝土泵封拱的步骤如下:当混凝土浇筑至顶拱仓面时,撤出仓内各种器材,并尽量填高;当混凝土浇筑至与进人孔齐平时,撤出仓内人员,封闭进人孔,增大混凝土坍落度(达14~16 cm),并加快泵送深度,直至通气管开始漏浆或压入混凝土超过预计量时止;停止压送混凝土后,拆除尾管上包住预留孔眼的铁箍,从孔眼中插入钢筋,防止混凝土下落,并拆除尾管;待混凝土凝固后,将外伸的尾管割除,用灰浆抹平,如图7-23所示。

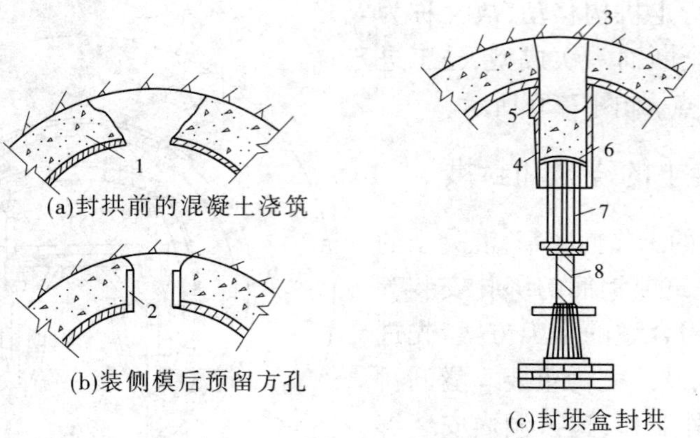

1—已浇混凝土;2—模框;3—封拱部位;4—封拱盒;5—进料盒门;6—活动封拱板;7—顶架;8—千斤顶

图 7-21 封拱盒封拱示意图

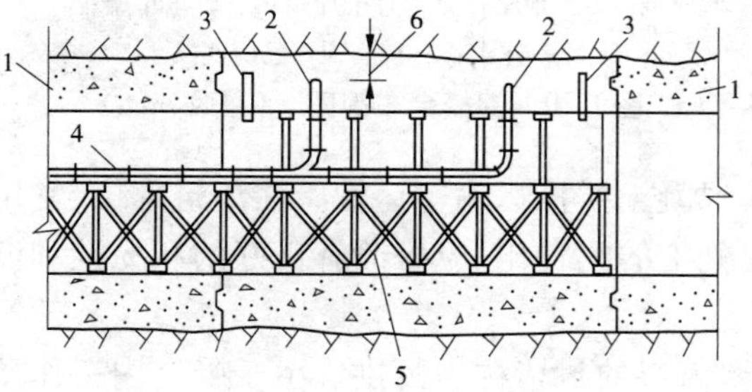

1—已浇段;2—冲天尾管;3—通气管;4—导管;5—脚手架;6—尾管出口与岩面距离

图 7-22 混凝土泵封拱示意图

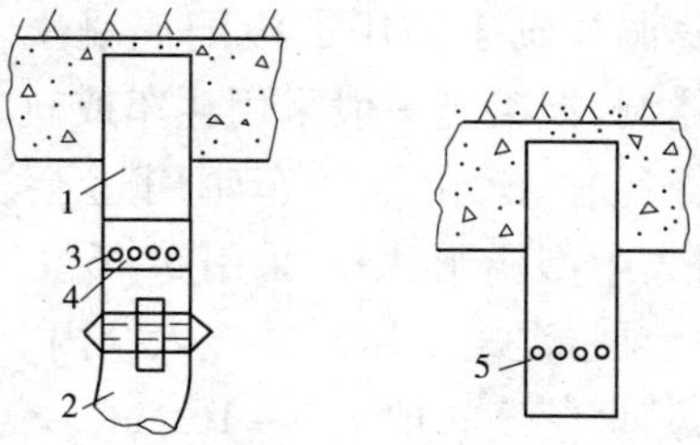

1—尾管;2—导管;3—直径 2 ~ 3 cm 的孔眼;4—铁皮箍;5—插入孔眼中的钢筋

图 7-23 垂直尾管上的孔眼

四、隧洞灌浆

隧洞灌浆有回填灌浆和固结灌浆。前者的作用是填塞围岩与衬砌间的空隙,所以只限于拱顶一定范围内;后者的作用是加固围岩,提高围岩的整体性和强度,其范围包括断面四周的围岩。

灌浆孔可在衬砌时预留,孔径为 38 ~ 50 mm。灌浆孔沿洞轴线 2 ~ 4 m 布置一排,各排孔位交叉排列。同时还需布置一定数量的检查孔,用以检查灌浆质量,如图 7-24 所示。

水工隧洞灌浆应按先回填后固结的顺序进行,回填灌浆应在衬砌混凝土达到 70% 设计强度后尽早进行。回填灌浆结束 7 d 后再进行固结灌浆。灌浆前应对灌浆孔进行冲洗,冲洗压力不宜大于本段灌浆压力的 80%。回填灌浆须按分序加密原则进行,固结灌浆应按环间分序、环内加密的原则进行,灌浆压力、浆液浓度、升压/顺序和结束灌浆标准应符合设计要求。

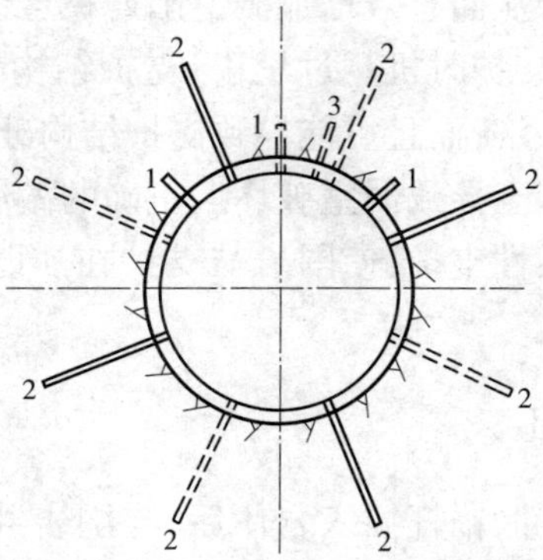

1—回填灌浆孔;2—固结灌浆孔;3—检查孔

图 7-24　灌浆孔的布置

任务五　锚喷支护

地下洞室的开挖及形成,改变了围岩的原有应力场及受力条件,并在一定程度上影响围岩的力学性能,导致洞室变形,严重时出现掉块甚至坍塌等现象。因此,围岩的稳定是决定地下工程施工成败的关键问题。

锚喷支护是地下工程施工中对围岩进行保护与加固的主要技术措施。锚喷支护是在洞室开挖后,将围岩冲洗干净,适时喷上一层厚 3 ~ 8 cm 的混凝土,防止围岩松动。如发现围岩变形过大,可视需要及时加设锚杆或加厚混凝土,使围岩稳定。对于不同地层条件、不同断面大小、不同用途的地下洞室都表现出较好的适用性。

锚喷支护的类型有:锚杆支护,喷射混凝土支护,喷射混凝土和锚杆联合支护,喷混凝土、锚杆、钢丝网、钢拱架等组合的联合支护,预应力锚索支护,喷浆支护等。锚喷支护具有显著的技术经济优势,根据大量工程统计,锚喷支护较之传统的模注混凝土衬砌,混凝土用量减少 50% 以上,开挖量减少 15% ~25%,可省去支模和灌浆工序,节省劳动力 50% 左右,造价降低 50% 左右,加快施工速度 1 倍以上。我国在水电、铁路、矿山、军工及城市建设等行业不同类型的地下洞室施工中,锚喷支护已经得到了广泛的运用。

一、新奥法与锚喷支护原理

20 世纪 50 年代奥地利学者 L. V. 拉布采维兹等,创建了新奥地利隧道工程施工法(简称新奥法)。新奥法核心思想是:在充分考虑围岩自身承载能力的基础上,因地制宜地搞好地下洞室的开挖与支护。作为一个完整的概念,它强调运用光面爆破(或其他破坏围岩最小的开挖方法)、锚喷支护和施工过程中的围岩稳定状况监测,此亦称为新奥法的三大支柱。

新奥法运用锚喷支护,它的原理是:把围岩视为具有弹性、塑性及黏性的连续介质,利用岩体开挖中洞室变形的时间效应,适时采用既有一定刚度又有一定柔性的支护结构主动加固近壁围岩,使围岩的变形受到抑制,同时与围岩共同形成具有抵抗外力作用的承载拱圈或称广义的复合支护系统,从而有效增加洞室围岩稳定性。

锚喷支护特别强调合适的支护时机。过早了,支护结构要承担围岩向着洞室变形而产生的形变压力,这样不仅不经济,而且可能导致支护结构破坏;过迟了,围岩会因过度松弛而使岩体强度大幅度下降,甚至导致洞室破坏。正确的做法是:在洞室开挖后先让其产生一定的变形,再视做一定的柔性支护,使围岩与支护在加以限制的情况下共同变形,不致发展到有害的程度。

二、锚杆支护及其施工工艺

锚杆是锚固在岩体中的杆件,锚杆插入岩体后,与围岩共同工作,提高围岩的自稳能力。

(一)锚杆分类及作用

工程中常用的锚杆,按受力状态可分为张拉型锚杆和非张拉型锚杆。其中,张拉型锚杆又分为张拉锚杆和预应力锚杆。按锚固方式可分为全长黏结型锚杆、端头锚固型锚杆和摩擦型锚杆等。锚杆的类型如图 7-25 所示。

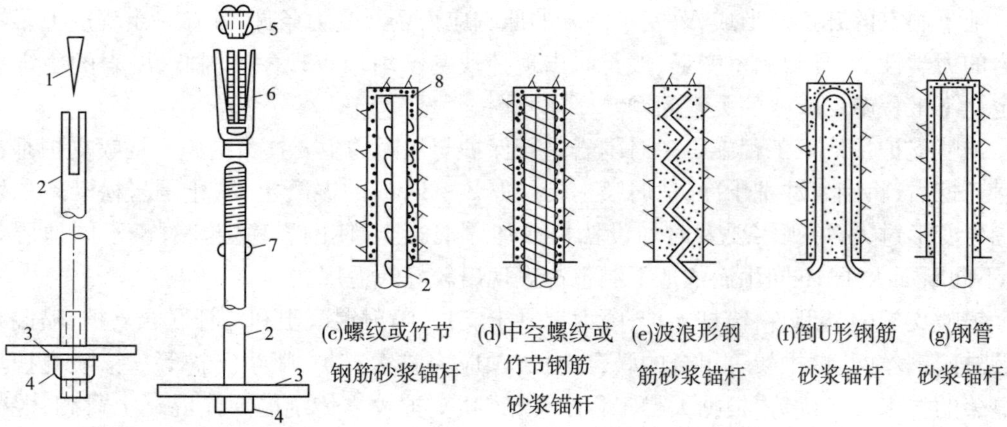

(c)螺纹或竹节钢筋砂浆锚杆　(d)中空螺纹或竹节钢筋砂浆锚杆　(e)波浪形钢筋砂浆锚杆　(f)倒U形钢筋砂浆锚杆　(g)钢管砂浆锚杆

(a)楔缝式锚杆　(b)胀壳式锚杆

1—楔块;2—锚杆;3—垫块;4—螺帽;5—锥形螺帽;6—胀圈;7—突头;8—水泥砂浆或树脂

图 7-25　锚杆的类型

楔缝式锚杆和胀壳式锚杆属于端头锚固型锚杆,如图 7-25(a)、(b)所示。其施工顺序是:将楔块(或锥形螺母)嵌入锚杆端部的楔瓣(或胀圈)内后,同时插入钻孔,使楔块(或锥形螺母)与孔底接触;再用冲击力(楔缝式)或用扳手旋转锚杆(胀壳式)使楔瓣(或胀圈)胀开,紧压孔壁;最后安上垫板,拧紧螺帽,将岩石压紧锚固。端头锚固型锚杆一般用作临时支护。

全长锚固的锚杆有砂浆锚杆和树脂锚杆等。如图 7-25(c)~(g)所示。锚杆可用钢筋,也可用钢丝索或钢丝绳。为了充分发挥锚杆强度,尤其是用钢丝索或钢丝绳作锚杆时,可对锚杆施加预应力而成为预应力锚杆。全长锚固型锚杆一般用于永久支护。

（二）全长黏结型锚杆施工工艺流程

（1）先注浆后插杆。测量定位→钻机就位→造孔（钻头直径比锚杆直径大 15 mm 以上）→洗孔→灌注水泥砂浆→安装锚杆→封孔灌浆→检测。该工艺适用于垂直孔、下倾孔和临时支护锚杆。

（2）先插杆后注浆。测量定位→钻机就位→造孔（孔口注浆，钻头直径比锚杆直径大 25 mm 以上；孔底注浆，钻头直径比锚杆直径大 40 mm 以上）→洗孔→安装锚杆（附加进浆管和排气管）→灌注水泥砂浆斗检测。该工艺适用于水平孔、仰角孔及永久性支护锚杆。

（三）锚杆布置

锚杆有局部锚杆和系统锚杆之分。局部锚杆主要用于加固危石，防止掉块，如图 7-25 所示。系统锚杆用于提高围岩的承载能力和整体性。系统锚杆在岩层中的布置和在围岩中的作用如图 7-26 ~ 图 7-28 所示。

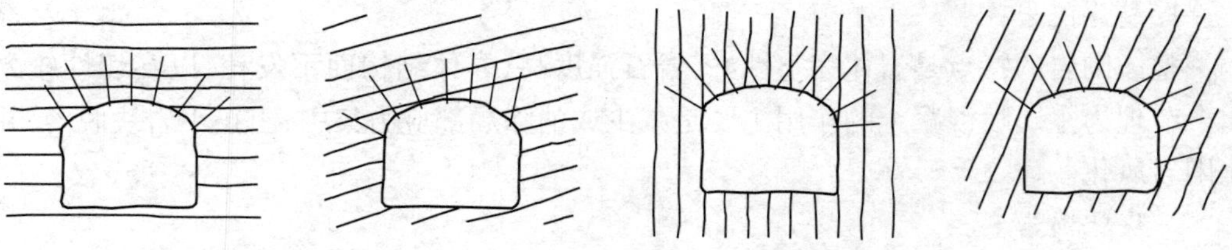

图 7-26　层理岩层中系统锚杆的布置

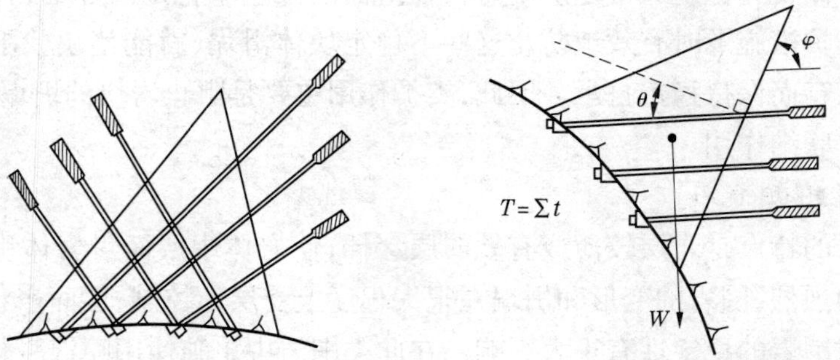

(a)顶拱楔形体　(b)边墙楔形体

图 7-27　围岩楔形体锚杆支护

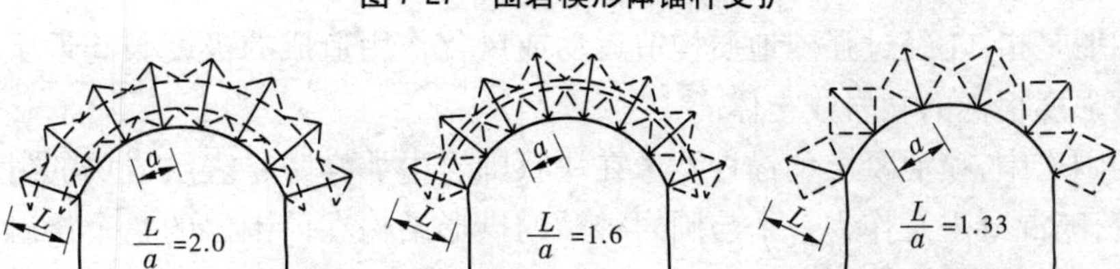

(a)形成较好的预压拱　(b)预压拱很狭窄　(c)形不成预压拱

图 7-28　围岩中的预压拱

锚杆的布置参数一般可参照以下规定选取：

(1)加固危岩的锚杆必须插入稳定的岩体中,插入深度和间距视危岩的质量或滑动力确定。

(2)系统锚杆一般按梅花形排列,锚杆长度视洞室跨度、围岩特性和锚固部位而定,通常插入深度为1.5~3.5 m。间距约为锚固深度的1/2。

(四)锚喷支护的特点

锚喷支护施作及时,喷层紧贴岩面,并且有一定的早强性能,因而能及时控制围岩变形,防止围岩的松散和坍塌。由于它具有柔性,所以它能与围岩共同变形,这样一方面岩体释放变形,另一方面喷层提供抗力阻止变形,因此喷层所受的力不是松散压力而是喷层限制围岩变形过程中所受的变形压力,所以受力条件最好,所受的力最小。

(五)锚喷设计原则

围岩分类是正确地进行隧道设计、施工的基础,不同的衬砌类型和施工方法,要求对围岩作不同的分类,对于锚喷衬砌主要根据岩体结构特点作如下分类。

1. 整体围岩

整体围岩的特点是岩体完整性好,岩石强度高,岩体结构面不发育,以穿切性较差的闭合节理为主。喷混凝土的作用主要是减少或消除局部应力集中,阻止小岩块脱落,并防止围岩风化。

2. 块状围岩

块状围岩的特点是岩石强度较高,但完整性较差,岩体结构面较发育,将岩体切割成块状。块状岩体丧失稳定通常是从出露在临空面的某些不稳定块体的滑塌开始的,一般情况下只要支护措施及时有效地防止这些不稳定块体滑塌,就能使块状围岩由于岩块之间彼此镶嵌咬合而保持稳定自承。因此,支护作用主要是阻止岩块的坍塌,对局部不稳定危石依靠锚杆联结作用。

3. 层状围岩

层状围岩的特点是岩层较薄或有软弱层穿插,使岩体中层面对岩体稳定性的影响较之结构面更为强烈,围岩的变形和坍塌在很大程度上受层面控制,层面产状同隧道轴线间的相对关系对围岩的稳定性有很大影响。在此类围岩中单独使用喷混凝土一般难以取得较好的支护效果,可以主要地通过一些与层面垂直的锚杆来阻止层面错动。

4. 软弱围岩

软弱围堰是指:①经过强烈地质构造运动或风化作用造成的极度破碎近于松散的岩体。②块体强度很低的软岩或土体。

在软弱围岩中,喷混凝土和锚杆不像在块状围岩中那样防止表层岩块的滑塌来使围岩取得稳定,喷混凝土是作为一个与围岩密贴的拱形结构在同围岩的整个接触面上提供连续分布的支护反力,以控制围岩变形,使围岩取得稳定。喷层承受“变形压力”,其量值同支护结构的刚度密切相关,薄层喷混凝土结构具有一定的柔性,在控制变形时并不过分阻止变形,让围岩的变形在喷层的控制下得到一定的释放,这就有利于围岩通过应力调整发挥自承作用,减少传至支护结构物上的变形压力。但是这绝对不应导致支护结构的柔性越大越好,围岩的变形越大越好的结论。

三、喷混凝土支护施工

喷混凝土是将水泥、砂、石和外加剂等材料，按一定配合比拌和后，装入喷射机中，用压缩空气将混合料压送到喷头处，与水混合后高速喷到作业面上，快速凝固在被支护的洞室壁面，形成一种薄层支护结构。这种支护结构的主要作用是，喷混凝土不但与围岩表面有一定的黏结力，而且能充填围岩的缝隙，提高围岩的整体性和强度，增强围岩抵抗位移和松动的能力，同时还可起到封闭围岩、防止风化的作用，是一种高效、早强、经济的支护结构。

(一)喷混凝土支护的特点

喷混凝土支护施工由于能及时施工，且喷层紧贴岩面，有一定的早强性能，因而能及时控制围岩变形，防止围岩的松散和坍塌，由于具有柔性，所以能与围岩共同变形。这样，一方面岩体释放变形，另一方面喷层提供抗力阻止变形，因此，喷层所受的力不是松散压力，而是喷层限制围岩变形过程中所受的变形压力，所以受力条件最好，所受的力最小。

(二)喷混凝土的支护作用

(1)充填裂隙，加强围岩，能把一部分水泥砂浆渗透到围岩的节理裂隙中去，并填补岩面坑洼，将应力松散区一定范围的松动岩块重新胶结起来，因而能够加固围岩，消除局部应力集中。

(2)抑制围岩变形的发展，提高围岩的稳定性，由于喷混凝土能及时施作，具有较高的早期强度，所以围岩的变形被抑制了，同时还封闭了岩面，防止围岩因风化、潮解而产生蚀变。

(3)与围岩共同作用改善衬砌受力条件，喷混凝土具有一定的黏结强度和抗剪强度，它能与围岩紧密地黏结在一起，充分利用围岩的抗力，因而大大降低了衬砌内的弯矩，同时组成了衬砌与围岩共同工作的体系。

(4)喷混凝土的作用视围岩条件而异。

围岩中层理、节理等不连续面支配隧道动态的场合中，像中硬岩、硬岩等节理间距比较大的情形，喷混凝土可按防止局部岩块掉落和弱层补强效果考虑。在节理等间距比较小，呈颗粒状时，应按内压的约束效果、成拱效果等考虑。

①岩体是由各向节理所分割，移动往往是沿着薄弱的倾斜面滑动，当未滑动以前只要很小的力就可以防止滑动，但岩块开始滑动以后，就需要加大很多倍的力才能使岩体停止滑动。因此，岩体变形小，岩体力学特性就降低得少。所以，喷混凝土要及早，不能使岩体开始移动时喷，否则岩体强度降低。

②喷混凝土已成功地用来处理松动岩层和风化潮解岩层问题。只有在喷混凝土和岩层间黏结很好，在喷混凝土厚度足以使它在结构上起连续拱作用时，或者在风化潮解问题只是岩石的唯一问题时，才用喷混凝土做单一支护。在任何情况下，喷混凝土均与其他支护(锚杆、钢筋网等)联合支护。

③喷混凝土越早越好，支护刚度不能要求太大。在复杂的条件下不是加大喷层厚度而是增加锚杆。浅埋土质(隧道)不用锚杆，主要靠喷混凝土支护，深埋隧道主要靠锚杆支护。

（三）喷混凝土的原材料及配合比

（1）喷混凝土的物理力学性能。喷混凝土的设计强度等级不应低于C15；对于竖井及重要隧洞和斜井工程，喷混凝土的设计强度等级不应低于C20；喷混凝土施工后要求具有较高的支护抗力，特别在软弱围岩中，喷混凝土早期强度至关重要，所以要求在添加速凝剂条件下，喷混凝土一天龄期的抗压强度不应低于5 MPa。钢纤维喷混凝土的设计强度等级不应低于C20，其抗拉强度不应低于2 MPa，抗弯强度不应低于6 MPa。

（2）喷混凝土的原材料与普通混凝土基本相同，但在技术要求上有一定的差别，现说明如下：

①水泥。优先选用强度等级不低于42.5 MPa的普通硅酸盐水泥，也可采用强度等级不低于52.5 MPa的矿渣硅酸盐水泥和火山灰质硅酸盐水泥。其目的是保证喷射混凝土的凝结时间与速凝剂有较好的相容性。

②砂石料。优先选用磨圆度较好的天然砂和卵石，也可采用机制砂石料。砂的细度模数应大于2.5，细石粒径不宜大于15 mm，以减少施工操作时的粉尘、回弹量和堵管。最大粒径为15 mm的级配应满足表7-8的要求。

表7-8　喷射混凝土骨料级配

项目	通过各种筛选粒径的累计质量百分数（%）							
	0.15 mm	0.30 mm	0.60 mm	1.20 mm	2.50 mm	5.00 mm	10.0 mm	15.0 mm
优	5~7	10~15	17~22	23~31	35~43	50~60	73~82	100
良	4~8	5~12	13~31	18~41	26~54	40~70	62~90	100

③水。喷混凝土用水与一般混凝土用水的要求相同。地下洞室中的混浊水和一切含有酸、碱侵蚀性的水不能使用。

④外加剂。为提高喷射混凝土的早期强度，增加一次喷射的厚度，宜在喷射混凝土中掺加速凝、早强、减水等外加剂，但掺入外加剂的喷混凝土的各项性能指标不得低于设计要求。在使用速凝剂时，水泥净浆试验的初凝时间应小于5 min，终凝时间不得大于10 min。

⑤硅粉。硅粉是在电弧炉中生产硅金属和硅铁合金的过程中产生的副产品，含有85%~95%的无定形二氧化硅，平均粒径0.1 μm，为水泥颗粒粒径的1/100，颗粒呈圆形。在混凝土中掺入适量的硅粉，可以减少混凝土拌和物的泌水性和混凝土的孔隙率，提高混凝土的强度、抗渗性和耐久性。硅粉的一般掺量为水泥质量的5%~15%。

喷射混凝土的配合比应满足混凝土强度和喷射工艺的要求，可按类比法选择后通过试验确定。喷射混凝土配合比可参考表7-9。

（四）喷混凝土支护设计厚度

喷混凝土支护的厚度，应视其使用目的、围岩条件、断面大小等决定。硬岩中地压几乎不会发生。喷混凝土厚度一般最小不少于50 mm，最大不宜超过250 mm。在含水岩层中喷混凝土厚度不应小于80 mm，抗渗强度不应小于0.8 MPa。喷混凝土的收缩大，若其厚度小于50 mm，喷层中粗骨料的含量甚少，更容易引起收缩开裂。喷层过薄也不足以抵抗岩块的移动，常出现局部开裂或剥落。喷层过厚易导致喷层出现弯曲破坏。

表 7-9　各种喷射混凝土配合比及密度

喷射混凝土类型	水泥:砂石	水灰比	砂率(%)	外加剂占水泥用量(%)	密度(kg/m^3)
干喷法	1.0:4.0~1.0:4.5	0.40~0.45	45~55	2~4	≥2.2×10^3
湿喷法	1.0:3.5~1.0:4.5	0.42~0.50	50~60	2~4	≥2.2×10^3
水泥裹砂喷射混凝土	1.0:4.0~1.0:4.5	0.40~0.52	55~70	2~4	≥2.2×10^3
钢纤维喷射混凝土	1.0:3.0~1.0:4.0	0.40~0.45	50~60	2~4	≥2.4×10^3

注:28 d 龄期抗压强度为 20 MPa,抗拉强度为 1.5 MPa,黏结力≥0.5 MPa,抗渗等级 P8。

喷混凝土厚度的检算,喷混凝土厚度

$$d \geqslant kG/RU \quad (\text{cm})$$

式中　G——危石质量,kg;

k——安全系数,取 3~5;

U——危石周边长度,cm;

R——喷混凝土抗拉强度,kg/cm^2。

(五)喷混凝土的施工工艺

喷射混凝土施工工艺有干喷法、潮喷法、湿喷法和半湿喷法四种,我国现处于大量使用干喷,推行湿喷、研制湿式模喷阶段。宜优先采用湿喷,对于围岩较好且跨度较小的隧道,仍可采用干喷或潮喷工艺。可根据对喷射混凝土的质量要求和作业条件的要求,以及现场的维修养护能力等选定喷射方式。

1. 干喷法和潮喷法

干喷法是将水泥、砂、石和速凝剂加微量水干拌后,装入喷射机,用压缩空气将混合的干骨料压送到喷枪,再在喷嘴处与适量水混合,喷射到岩石表面。也可将干混合料压送到喷嘴处,再加液体速凝剂和水进行喷射。这种施工方法的优点是喷射机械较简单,机械清洗和故障处理容易。但喷射时粉尘较大,回弹量大。由于是在喷头处将水和干拌料混合,因此混凝土的质量受喷射工的熟练程度和能力的影响。其施工工艺流程如图 7-29 所示。

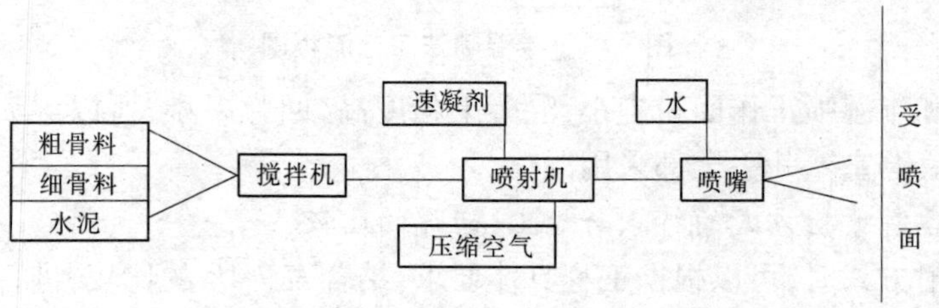

图 7-29　干喷方式工艺流程图

潮喷法是将骨料预加水,浸润成潮湿状,再加水泥拌和,从而降低上料、拌和和喷射时的粉尘。其他方面与干喷工艺一样。由于潮喷可降低一定的粉尘,目前使用较多。

2. 湿喷法

湿喷法是将骨料和水按设计比例拌和均匀后,用湿式喷射机压送到喷嘴处,再添加液体速凝剂，并用压缩空气补给能量进行喷射。优点是粉尘少、回弹量小、混凝土质量容易控制，应当发展应用。缺点是对喷射机械要求较高，机械清洗和故障处理较麻烦。与干喷比较，混凝土质量易控制（管理），但不适于长距离压送。其施工工艺流程如图 7-30 所示。

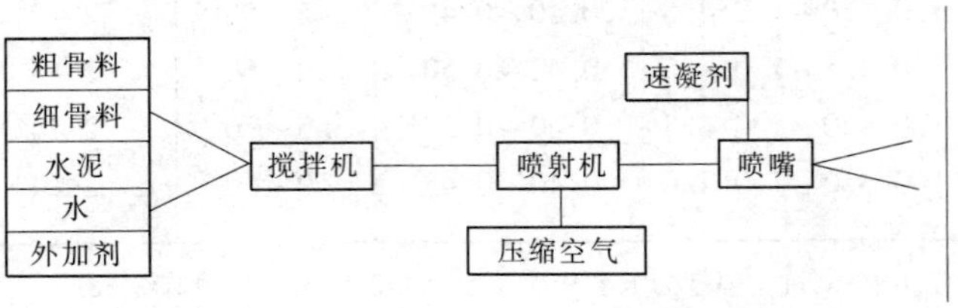

图 7-30　湿喷方式工艺流程图

3. 半湿喷法

半湿喷法又称水泥裹砂法或混合喷射法。其施工程序是先将一部分砂加第一次水拌湿，再投入全部水泥预制搅拌，然后加第二次水和减水剂拌和成 SEC 砂浆，同时将另一部分砂和石强制搅拌均匀。然后分别用砂浆泵和干式喷射机压送到混合管后喷出。半湿喷所使用的主要机械设备与干喷法基本相同。由于半湿喷法是分次投料搅拌，混凝土的质量较干喷时要好，粉尘和回弹率也有大幅度降低。然而机械数量较多，工艺较复杂，机械清洗和故障处理很麻烦。尤其是水泥裹砂造壳技术的质量直接影响到喷射混凝土的质量，施工技术要求高。其施工工艺流程如图 7-31 所示。

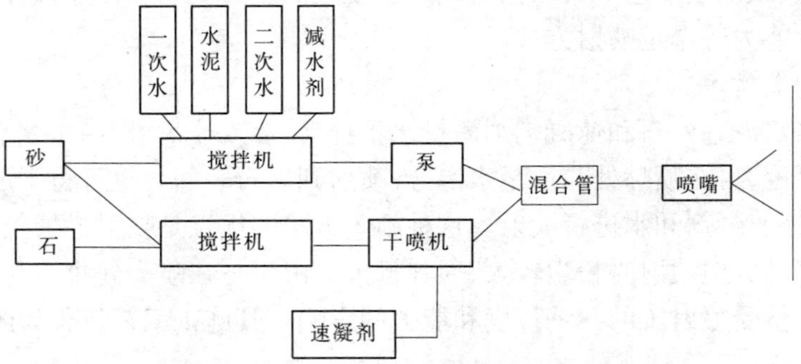

图 7-31　半湿喷法工艺流程图

由于湿喷和半湿喷工作面粉尘小，混凝土强度高，回弹率小，所以湿喷和半湿喷被广泛应用。小浪底洞室壁几乎全部采用湿喷。

4. 混凝土各种喷射方式的特点与粉尘、回弹的比较

在选择喷射方式时，可以根据工程具体要求，结合表 7-10 的比较，进行合理选择。

（六）喷射混凝土机械设备

1. 喷射机

喷射机是喷射混凝土的主要设备，有干式喷射机和湿式喷射机两种。干式喷射机有双罐式、转体式和转盘式，如图 7-32 所示；湿式喷射机有挤压泵式、转体活塞式和螺杆泵式。泵式喷射机要求混凝土具有较大的流动性和大于 70% 的含砂率，机械构造复杂，清洗和故障处理麻烦，机械使用费较高，目前现场使用较少，有待进一步改进推广。

表 7-10　混凝土各种喷射方式的特点与粉尘、回弹的比较

项目	干喷法	潮喷法	湿喷法	半湿喷法
喷混凝土质量	由于在喷嘴处将水与干拌和料混合，所以质量取决于作业人员的熟练程度和能力	由于砂、石料预湿后，再在喷头处第二次加水，水化较好，所以量有所提高	能事先将包括水在内的各种材料正确计量，充分混合，所以质量容易管理	由于集中了干喷、湿喷的优点，所以质量好，强度高
作业条件	由于供应干混合料，所以供应作业的限制少	因在地面对骨料进行预湿，所以供料作业的限制也少	供料较困难，操作也麻烦，设备占空间较大	设备规模大，适用于大断面隧道施工，在作业空间有限的隧道中使用时，其适用范围是有限的，同时操作工艺复杂
水平输送距离	40 ~ 60 m	40 m	20 ~ 40 m	40 m
粉尘	多	较少	少	少
回弹	多(30% ~40%)	较少	少(15% ~20%)	少
故障处理	较容易	较容易	堵管后处理较困难	困难
清洗养护	容易	较容易	麻烦	很麻烦

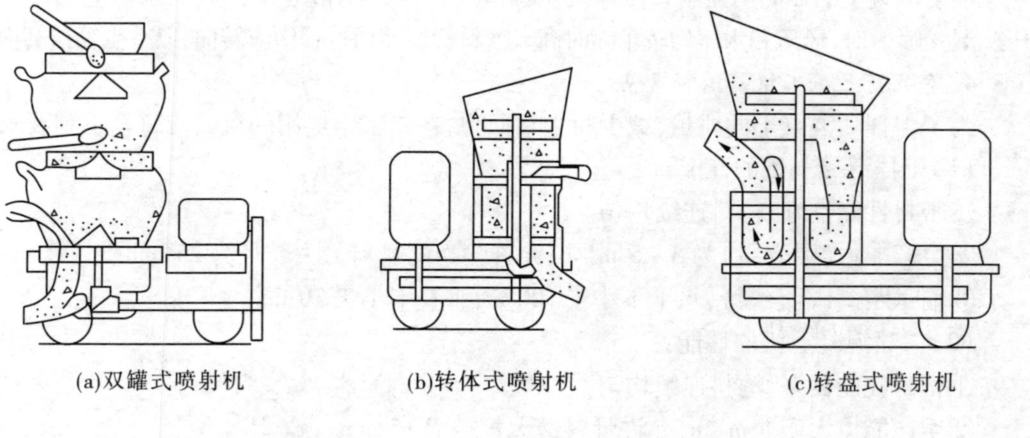
(a)双罐式喷射机　(b)转体式喷射机　(c)转盘式喷射机

图 7-32　干式喷射机

2. 机械手

喷头的喷射方向和距离，可采用人工控制或机械手控制。人工控制虽然可以近距离随时观察喷射情况，但劳动强度大，粉尘危害大，易危及人身安全，现场只用于解决少量和局部的喷射工作。机械手控制可避免以上缺点，喷射灵活方便，工作范围大，效率高，如图 7-33 所示。

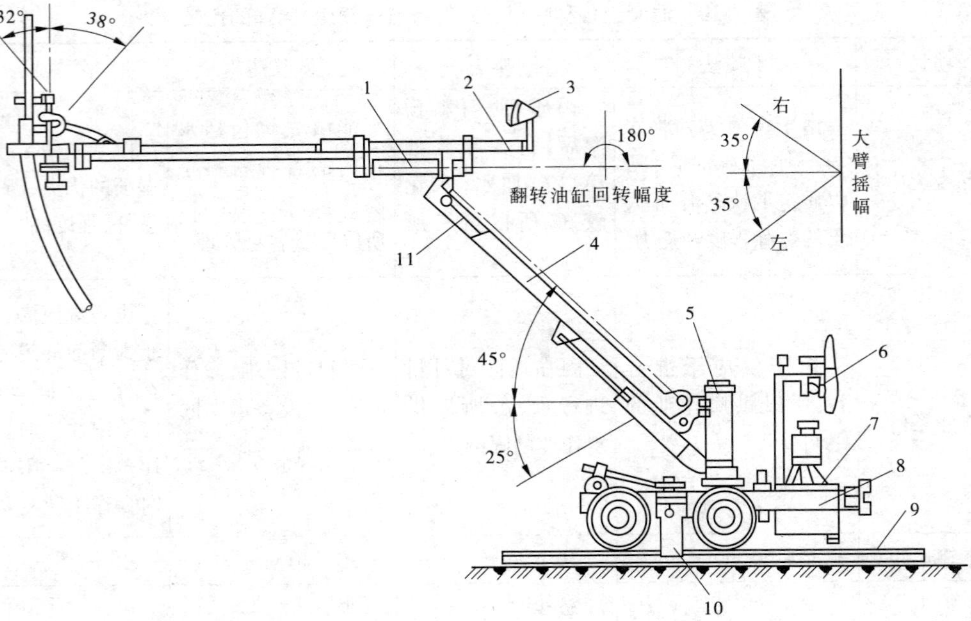

1—翻转油缸;2—伸缩油缸;3—探照灯;4—大臂;5—转筒;6—风水系统;
7—液压系统;8—车架;9—钢轨;10—卡轨器;11—拉杆

图 7-33 喷射机械手

3. 其他

喷射混凝土的拌制用强制式搅拌机,喷射时的风压为 0.1 ~0.2 MPa,水压应稍高于风压。湿式喷射时,风压和水压均较干喷时高。输料管在使用过程中应转向,以减少管道磨损。

4. 喷混凝土施工机具选择要点

为了保证喷混凝土的质量,减少粉尘和回弹,在施工中选用的机具应符合下列要求;

(1)干拌混凝土机的性能:

①密封性能良好,输料连续均匀。

②生产能力(混合料)为 3 ~5 m^3/h;允许输送的骨料最大粒径为 25 mm。

③输送距离(混合料),水平不小于 100 m,垂直不小于 30 m。

(2)湿喷混凝土机的性能:

①密封性能良好,输料连续均匀。

②生产能力大于 5 m^3/h,允许骨料最大粒径为 15 mm。

③混凝土输送距离,水平不小于 30 m,垂直不小于 20 m。

④机旁粉尘小于 10 mg/m^3。

(3)空压机应满足喷射机工作风压和耗风量的要求;当工程需要选用单机工作时,其排风量不应小于 9 m^3/min;压风进入喷射机前,必须进行油水分离。

(4)混合料的搅拌宜采用强制式搅拌机。

(5)输料管应能承受 0.8 MPa 以上压力,并应有良好的耐磨性能。

(6)干喷混凝土施工供水设施应保证喷头处的水压为 0.15 ~0.20 MPa。

5. 喷前检查及准备

喷射混凝土前应做好以下工作:

(1)对开挖断面尺寸进行检查,清除松动危石,用高压风和水清洗受喷面,对欠挖、超挖严重的应予以处理。

(2)挂网应顺坡铺设铁丝网或钢筋网,网间搭接 10 ~ 20 cm,用镀锌铁丝绑扎,如遇坡面不平整,应调整铁丝网与坡面的间距。

(3)受喷岩面有集中渗水处,应做好排水的引流处理,并根据岩面潮湿程度,适当调整水灰比。

(4)埋设喷层厚度检查标志,可采用石缝处钉铁钉、安设钢筋头等方法作标志。

(5)检查调试好各机械设备的工作状态。

6. 施工技术要求

为了保证喷混凝土质量,必须严格控制有关施工参数,注意以下施工技术要求:

(1)喷射时应分段(段长≤6 m)、分部、分块(2 m×2 m)进行,严格按先墙后拱、自下而上的顺序进行,以减少混凝土因重力作用而引发的滑动或脱落现象。

(2)喷头要垂直于受喷面,倾斜角度≤10°,距离受喷面 0.8 ~ 1.2 m;喷头移动可采用 S 形往返移动前进,也可采用螺旋形移动前进。

(3)喷射时一次喷射厚度不得太薄或太厚,一次喷射厚度,边墙控制在 6 ~ 10 cm,顶拱 3 ~ 6 cm,局部超挖处可稍厚 2 ~ 3 cm,掺速凝剂时可厚些,不掺时应薄些。一次喷射太厚,容易因自重而引起分层脱落或与岩面脱开;一次喷射太薄,若喷射厚度小于最大骨料粒径,则回弹率又会迅速提高。

(4)分层喷射时,后一层喷射应在前一层混凝土终凝后进行,但也不宜间隔过久,喷射混凝土的终凝时间与水泥品种、施工温度、速凝剂类型及掺量等因素有关。间隔时间较长时,应将初喷面清洗干净后再进行复喷。

(5)喷射混凝土的养护应在其终凝 1 ~ 2 h 后进行,养护时间不得小于 7 d。

(6)冬季施工时,喷射混凝土作业区的气温不得低于 5 ℃;混凝土强度未达到设计强度的 50% 时,若气温降于 5 ℃以下,则应注意采取保温防冻措施。

(7)回弹物料的利用。采用干喷法喷射混凝土时,一般边墙的回弹为 10% ~20%,拱部的回弹为 20% ~35%,故应将回弹混凝土回收利用。常用的方法是及时将洁净的尚未凝结的回弹物回收后,掺入混合料重新搅拌,但掺量不宜超过 15%,且不宜用于顶拱。也可将回弹混凝土掺入普通混凝土中,但掺量应加以控制。

(七)其他形式的喷混凝土支护施工

目前,常用的喷射混凝土有素喷混凝土、钢纤维喷射混凝土及钢筋网喷射混凝土。

1. 钢纤维喷射混凝土

钢纤维喷射混凝土是在喷射混凝土中加大钢纤维,弥补了素喷混凝土的脆性破坏缺陷,改善了喷射混凝土的物理力学性能。钢纤维的掺量一般为喷混凝土质量的 1.0% ~ 1.5%,钢纤维喷射混凝土比素喷混凝土的抗压强度提高 30% ~60%,抗拉强度提高 50% ~80%,抗冲击性能提高 8% ~30%,抗磨损性能提高 30% 左右。所以,钢纤维喷射混凝土适用于承受强烈震动、冲击的动荷载的结构物,也适用于有耐磨要求,或不便配置钢筋但又要求有较高强度和韧性的工程中。

2. 钢筋网喷射混凝土

钢筋网喷射混凝土是在喷射混凝土之前，在岩面上挂设钢筋网，然后再喷射素混凝土。主要用于软弱破碎围岩，更多的是与锚杆构成联合支护，在我国隧洞工程中应用较多。其施工时应注意以下几点：

(1)钢筋使用前应清除污锈。钢筋网宜在现场预制点焊成网片，也可就地绑扎。

(2)成品钢筋网安设时，其搭接长度不小于200 mm。

(3)钢筋网宜在岩面喷一层混凝土后沿岩面起伏铺设，既可保证作业安全，又可使岩面平整。钢筋与壁面的间隙，宜为30 mm，不宜小于20 mm。当采用光面爆破，岩面比较平整时，也可先挂网，再喷混凝土。（网在锚杆安设后进行）。

(4)采用双层钢筋网时，第二层钢筋网应在第一层钢筋网被混凝土覆盖后铺设。

(5)钢筋网应与锚杆、钢架或其他锚定装置联结牢固，喷射时钢筋不得晃动。当与锚杆尾连接时需3 d后进行。

项目小结

(1)地下工程，按体形和布置形式可分为平洞、斜井、竖井和地下厂房。地下工程往往是整个枢纽工程施工进度控制的关键项目。

平洞（坡度小于等于6°的隧洞）施工常用钻眼爆破法开挖，其主要施工工序是钻孔、装药、爆破、通风散烟、清撬、出渣、检查及测量放线，在地质条件较差地段，应增加锚杆支护、混凝土衬砌、灌浆等工序，同时还需要进行排水、照明、供水、供电等辅助工作，保证平洞施工的顺利进行。

倾角大于48°的斜井洞室开挖，施工条件与竖井相近，可按竖井开挖方法施工。倾角为6°～30°的斜洞，一般采用自上而下的全断面开挖法，用卷扬机提升出渣，挖通后衬砌。倾角为30°～48°的斜洞可采用自下而上挖导井，自上而下扩大开挖法，尽可能利用重力溜渣，不能自动溜渣时，应辅以电动扒渣机扒渣，以减轻扩大出渣的劳动强度。

(2)钻孔爆破法主要施工顺序为钻孔、装药爆破、出渣及相应的辅助工作。

钻孔爆破法开挖地下工程，其施工工序包括钻孔、装药、堵塞、设备撤离、起爆、通风排烟、安全检查与处理、临时支护、出渣、延长运输线路和风水电管线铺设等。掘进一次的工序组合称为钻孔爆破循环作业。每完成一次循环作业，工作面大致按炮孔深度向前推进一段，如此周而复始，直到开挖结束。

(3)掘进机是一种专用的隧洞掘进设备。它利用机械完成开挖、出渣及混凝土（钢）管片安装的联合作业，连续不断地进行掘进。掘进机从20世纪50年代开始在世界范围内得到应用，我国从20世纪60年代开始，曾先后在云南西洱河一级电站、引滦工程新王庄隧洞、天生桥二级水电站、甘肃引大入秦30A隧洞、山西引黄入晋隧洞、万家寨引水工程和秦岭铁道Ⅱ线等工程中应用，为我国隧洞掘进机施工积累了宝贵的经验。

(4)地下洞室开挖后，为了防止围岩风化和坍落，保证围岩稳定，往往要对洞壁进行衬砌。衬砌类型有现浇混凝土或钢筋混凝土衬砌、混凝土预制块或条石衬砌、预填骨料压浆衬砌等。本节仅介绍隧洞现浇混凝土及钢筋混凝土衬砌施工。

(5)地下洞室的开挖及形成,改变了围岩的原有应力场及受力条件,并在一定程度上影响围岩的力学性能,导致洞室变形,严重时出现掉块甚至坍塌等现象。因此,围岩的稳定是决定地下工程施工成败的关键问题。

锚喷支护是地下工程施工中对围岩进行保护与加固的主要技术措施。锚喷支护是在洞室开挖后,将围岩冲洗干净,适时喷上一层厚3~8 cm的混凝土,防止围岩松动。如发现围岩变形过大,可视需要及时加设锚杆或加厚混凝土,使围岩稳定。对于不同地层条件、不同断面大小、不同用途的地下洞室都表现出较好的适用性。

锚喷支护的类型有:锚杆支护,喷射混凝土支护,喷射混凝土和锚杆联合支护,喷混凝土、锚杆、钢丝网、钢拱架等组合的联合支护,预应力锚索支护,喷浆支护等。锚喷支护具有显著的技术经济优势,根据大量工程统计,锚喷支护较之传统的模注混凝土衬砌,混凝土用量减少50%以上,开挖量减少15%~25%,可省去支模和灌浆工序,节省劳动力50%左右,造价降低50%左右,加快施工速度1倍以上。我国在水电、铁路、矿山、军工及城市建设等行业不同类型的地下洞室施工中,锚喷支护已经得到了广泛的运用。

复习思考题

1. 地下工程施工与地面工程施工比较有哪些特点?
2. 简述平洞开挖的主要施工工序、施工特点。
3. 平洞开挖方式有哪些?各有什么特点?
4. 试比较上导洞开挖与下导洞开挖、全断面与断面分层开挖的优缺点和适用条件。
5. 倾角小于48°的斜井与倾角大于48°的斜井开挖方法有何不同?
6. 自上而下全断面法竖井施工应注意哪些问题?
7. 各种类型掏槽炮孔各适用于何种情况?
8. 平洞开挖循环作业的主要工序有哪些?
9. 什么是封拱?用混凝土泵封拱有哪两种方式?
10. 简述用混凝土泵封拱的施工程序。

项目实训

某施工单位中标2 km隧洞项目,按合同要求建造营地,营地建有食堂、宿舍和地面爆破器材库,且彼此相距100 m。作业面距爆破器材库1 km。爆破器材雇用民工用机动三轮车运送。隧洞施工采用钻孔爆破,在一次施工爆破作业后不久,为赶进度,在未采取任何措施的情况下,作业队长就带领工人进入洞内继续施工。施工后,将部分未使用的爆破器材临时存放在民工家里。

问题:上述案例中哪些不符合安全规定?并说明理由。

项目八 渠系建筑物施工

【任务概述】

渠系建筑物主要包括水闸、渠道、渡槽、倒虹吸管、涵洞、跌水与陡坡等。主要工作任务有:①水闸的施工方法;②渠道的施工方法;③渡槽工程的施工方法。

【知识目标】

1. 掌握水闸的施工特点、施工工艺流程。
2. 了解水闸分缝与分块的要求。
3. 掌握渠道的各种衬护技术及施工技术要点。
4. 掌握渡槽的施工方法及施工技术要点。

【能力目标】

1. 能指导水闸各部位施工。
2. 能指导渠道的衬砌施工。
3. 能指导渡槽的施工。

任务一 水闸施工

一、概述

水闸由上游连接段、闸室段和下游段三部分组成。平原地区水闸施工,一般场地比较开阔,便于施工场地布置。地基多为软土地基,开挖时施工排水较困难,基础处理比较复杂。拦河闸施工导流较困难,常需要一个枯水期完成主要工作量。

水闸施工首先要做好"四通一平"与临时设施的准备工作。施工内容主要有:施工导流工程与基坑排水;基坑开挖、基础处理及防渗排水设施的施工;闸室段的底板、闸墩、边墩、胸墙及交通桥、工作桥等施工;上下游连接段工程的铺盖、护坦、海漫、防冲槽的施工;两岸工程的上下游翼墙、齿墙、上下游护坡施工;闸门及启闭设备安装等。

一般大中型水闸的闸室多为混凝土及钢筋混凝土工程,其施工原则是:以闸室为主,两岸翼墙为辅,次要项目服从主要项目,穿插进行上下游连接段施工。

二、混凝土分缝分块与浇筑顺序

(一)分缝分块

水闸常由结构缝(包括沉陷缝和温度缝)分成许多结构块。当结构块较大时,为了施工方便,又须用施工缝分为若干小块,称为浇筑块。应根据施工条件(混凝土的生产、运输能力)以及浇筑的连续性等,对浇筑块的面积、体积和高度进行控制。

1. 浇筑块面积

以混凝土不产生冷缝为控制条件，则浇筑块面积 A

$$A \leqslant \frac{Q_C K_s (t - t_1)}{h} \quad (\mathrm{m}^2) \tag{8-1}$$

式中 Q_C——浇筑仓面混凝土的实际生产能力，m^3/h；

K_s——时间利用系数，可取 0.80～0.85；

t——混凝土的初凝时间，h；

t_1——混凝土的运输、浇筑所占的时间，h；

h——混凝土铺料厚度，m。

当采用斜层浇筑法时，筑块的面积可以不受限制。

2. 浇筑块的体积

浇筑块的体积不应大于混凝土拌和站的实际生产能力（当混凝土浇筑工作采用昼夜三班连续作业时，不受此限制），则浇筑块的体积 V：

$$V \leqslant Q_C m \quad (\mathrm{m}^3) \tag{8-2}$$

式中 m——按一班或两班制施工时拌和站连续生产的时间，h；

其他符号意义同前。

3. 浇筑块的高度

浇筑块的高度一般根据立模条件确定，目前 8 m 高的闸墩可以一次立模浇筑到顶。施工中如果不采用三班制作业，还要受到混凝土在相应时间内的生产量限制，则浇筑块的高度 H：

$$H \leqslant \frac{Q_C m}{A} \quad (\mathrm{m}) \tag{8-3}$$

水闸混凝土浇筑块划分时，在满足上述条件的前提下，划分浇筑块数目应尽可能少些，以减少施工缝，确保混凝土的质量和加快施工速度。

（二）浇筑顺序

水闸施工中混凝土浇筑是施工的主要环节，各部分应遵循以下浇筑顺序：

1. 先深后浅

先深后浅，即先浇深基础，后浇浅基础，以避免深基础的施工而扰动破坏浅基础土体，并可降低排水工作的难度。

2. 先重后轻

先重后轻，即先浇荷重较大的部分，待其完成部分沉陷以后，再浇筑与其相邻的荷重较小的部分，以减少两者间的沉陷差。

3. 先高后低

先高后低，即先浇影响上部施工或高度较大的工程部位。如闸底板与闸墩应尽量先安排施工，以便上部桥梁与启闭设备安装施工。而翼墙、消力池等可安排稍后施工。

4. 穿插进行

穿插进行，即在闸室施工的同时，可穿插铺盖、海漫等上下游连接段的施工。

三、水闸底板施工

水闸底板有平底板与反拱底板两种。目前,平底板较为常用。

(一)平底板施工

闸室地基处理完成后,对软基宜先铺筑 8 ~ 10 cm 的素混凝土垫层,以保护地基,找平基面。垫层达到一定强度后,可进行绑扎钢筋、立模、搭设脚手架、清仓等工作。

底板浇筑时,混凝土入仓方式很多。可选择自卸汽车配合卧罐(载重汽车运立罐)水平运输,起重机吊运入仓和泵送混凝土入仓,不需要在仓面搭设脚手架。在中小型工程中,采用架子车或机动翻斗车等小型运输机具直接入仓时,需搭设仓面脚手架,其布置如图 8-1 所示。

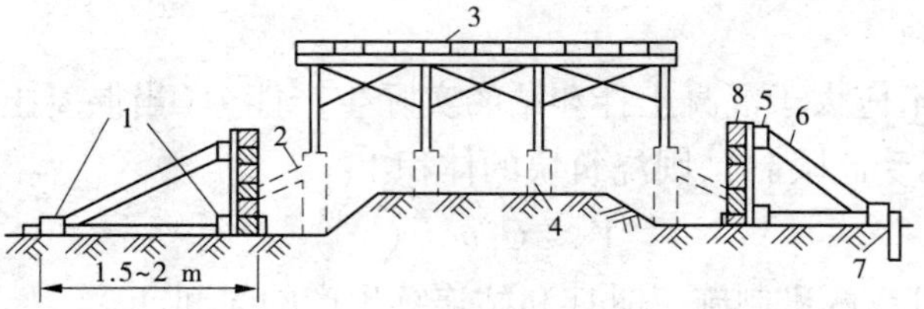

1—地龙木;2—内撑;3—仓面脚手架;4—混凝土柱;
5—横围囹;6—斜撑;7—木桩;8—模板

图 8-1 底板立模与仓面脚手架(剖面图)

在搭设脚手架之前,应先预制混凝土支柱(断面约为 15 cm × 15 cm,高度略大于底板厚度,表面应凿毛洗净)。搭设脚手架时,先在浇筑块的模板内竖立混凝土柱,其间距视横梁的跨度而定,然后在混凝土柱顶上架立短木柱、斜撑、横梁等以组成脚手架。当底板浇筑接近完成时,可将脚手架拆除,并立即对混凝土表面进行抹面。

当底板厚度不大时,由于拌和站生产能力限制,混凝土可采用斜层浇筑法。当底板顺水流长度在 12 m 以内时,可采用连坯滚法浇筑,即安排两个作业组分层平层浇筑。先由两个作业组共同浇筑下游齿墙,待齿墙浇平后,第一组由下游向上游浇筑第一坯混凝土,抽出第二组去浇筑上游齿墙,当第一组浇到底板中部时,第二组的上游齿墙已基本浇平,然后将第二组转到下游浇筑第二坯,当第二坯浇到底板中部时,第一组已达到上游底板边缘,此时第一组再转回浇第三坯。如此连续进行,可缩短每坯间隔时间,因而可以避免冷缝的发生,保证工程质量,加快施工进度。

(二)反拱底板施工

1. 施工程序

反拱底板对地基的不均匀沉陷反应敏感,因此必须注意施工程序,通常采用以下两种施工程序:

(1)先浇闸墩及岸墙,后浇反拱底板。为了减少水闸各部分在自重作用下的不均匀沉陷,可将自重较大的闸墩、岸墙等先行浇筑,并在控制基底不致产生塑性开展的条件下,尽快均衡上升到顶。对于岸墙,还应考虑尽量将墙后还土夯填到顶。这样,使闸墩岸墙预压沉实,然后再浇反拱底板,从而底板的受力状态得到改善。此法目前采用较多,适用于黏性土或砂性土，对于砂土、粉砂地基由于土模较难成型，适宜于较平坦的矢跨比。

(2)反拱底板与闸墩岸墙底板同时浇筑。此法适用于地基较好的水闸，对于反拱底板的受力状态较为不利，但保证了建筑物的整体性，同时减少了施工工序，加快了进度。

2. 施工技术要点

(1)反拱底板一般采用土模，必须先做好基坑排水工作，降低地下水位，使基土干燥，对于砂土地基排水尤为重要。

(2)挖模前必须将基土夯实，然后按设计圆弧曲线放样挖模，并严格控制曲线的准确性，土模挖出后，应先铺垫一层10 cm厚砂浆，待其具有一定强度后加盖保护，以待浇筑混凝土。

(3)采用先浇闸墩及岸墙，后浇反拱底板，在浇筑岸、墩墙底板时，应将接缝钢筋一头埋在岸、墩墙底板之内，另一头插入土模中，以备下一阶段浇入反拱底板。岸、墩墙浇筑完毕后，应尽量推迟底板的浇筑，以便岸、墩墙基础有更多的时间沉陷。为了减小混凝土的温度收缩应力，浇筑应尽量选择在低温季节进行，并注意施工缝的处理。

(4)采用反拱底板与闸墩岸墙底板同时浇筑，为了减少不均匀沉降对整体浇筑的反拱底板的不利影响，可在拱脚处预留一缝，缝底设临时铁皮止水，缝顶设"假铰"，待大部分上部结构荷载施加以后，便在低温期浇二期混凝土。

(5)在拱腔内浇筑门槛时，需在底板留槽浇筑二期混凝土，且不应使两者成为一个整体。

四、闸墩与胸墙施工

(一)闸墩施工

闸墩施工特点是高度大，厚度薄，门槽处钢筋稠密，预埋件多，工作面狭窄，模板易变形且闸墩相对位置要求严格等。所以，闸墩施工中主要工作是立模和混凝土浇筑。

1. 模板安装

(1)"对销螺栓、铁板螺栓、对拉撑木"支模法。此法虽需耗用大量木材、钢材，工序繁多，但对中小型水闸施工仍较为方便。立模时应先立墩侧的平面模板，后立墩头曲面模板。应注意两点：一是要保证闸墩的厚度，二是要保证闸墩的垂直度。单墩浇筑时，一般多采用对销螺栓固定模板，斜撑和缆风固定整个闸墩模板；多墩同时浇筑时，则采用对销螺栓、铁板螺栓、对拉撑木固定，如图8-2～图8-4所示。

(a)对销螺栓和铁板螺栓

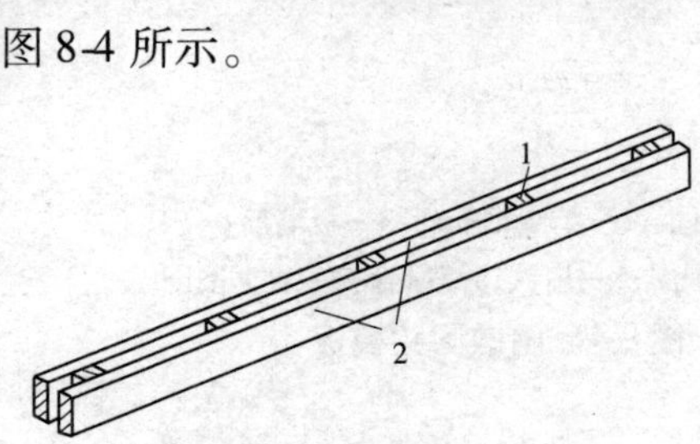

(b)双夹围图

1—每隔1 m一块的2.5 cm厚小木板；2—5 cm×15 cm的木板

图8-2　对销螺栓和铁板螺栓及双夹围图

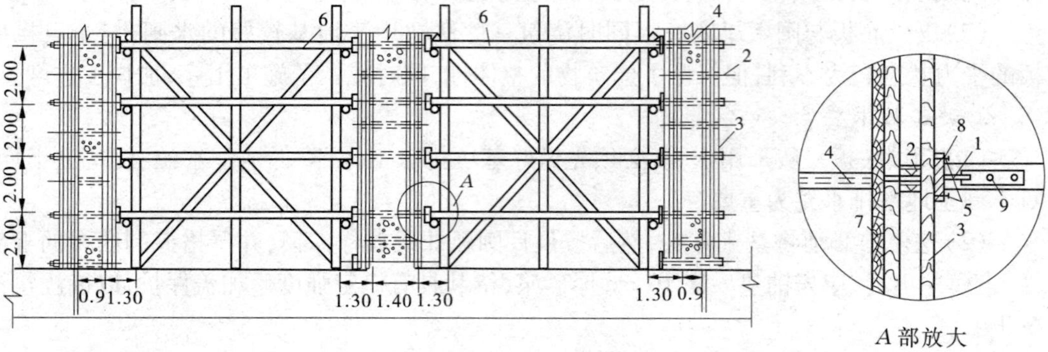

1—铁板螺栓;2—双夹围囹;3—纵向围囹;4—预埋塑料撑管;5—马钉;

6—钢管支撑;7—模板;8—木楔块;9—螺栓孔

图 8-3　铁板螺栓、对拉撑木支撑的闸墩模板　(单位:m)

(2)钢组合模板翻模法。钢组合模板在闸墩施工中应用广泛,常采用翻模法施工。立模时一次至少立三层,当第二层模板内混凝土浇至腰箍下缘时,第一层模板内腰箍以下部分的混凝土须达到脱模强度(以 98 kPa 为宜),这样便可拆掉第一层模板,用于第四层支模,并绑扎钢筋。依次类推,以避免产生冷缝,保持混凝土浇筑的连续性,如图 8-5 所示。

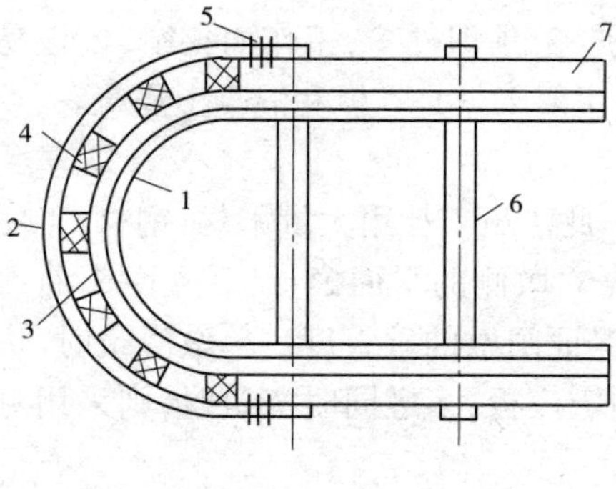

1—模板;2—半圆钢筋环;3—板墙筋;

4—垂直围囹;5—扁铁;6—撑管;7—双夹围囹

图 8-4　闸墩圆头模板

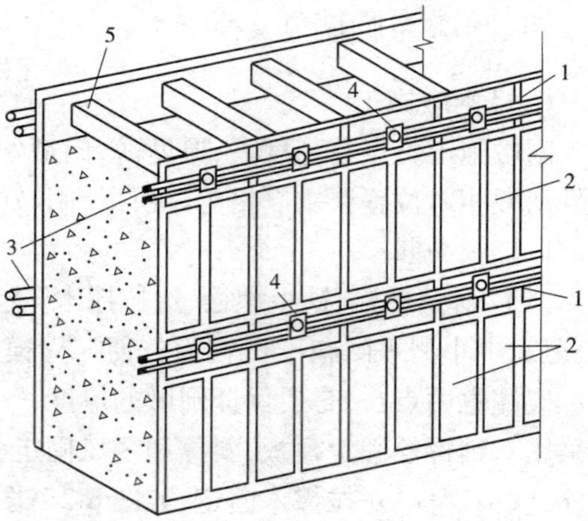

1—腰箍;2—定型钢模;3—双夹围囹;

4—对销螺栓;5—水泥撑木

图 8-5　钢模组装图

2. 混凝土浇筑

闸墩模板立好后,即可进行清仓,用压力水冲洗模板内侧和闸墩底面,污水由底层模板上的预留孔排出,清仓完毕堵塞预留孔,经检验合格后,方可进行混凝土浇筑。闸墩混凝土一般采用溜管进料,溜管间距 2 ~4 m,溜管底距混凝土面的高度应不大于 2 m。施工中要注意控制混凝土面上升速度,以免产生跑模现象,并保证每块底板上闸墩混凝土浇筑的均衡上升,防止地基产生不均匀沉降。

由于仓内工作面窄,浇捣人员走动困难,可把仓内浇筑面划分成几个区段,每区段内固定浇捣工人,这样可以提高工效。每坯混凝土厚度可控制在 30 cm 左右。

(二)胸墙施工

胸墙施工在闸墩浇筑后工作桥浇筑前进行,全部重量由底梁及下面的顶撑承受。下梁下面立两排排架式立柱,以顶托底板。立好下梁底板并固定后,立圆角板再立下游面板,然后吊线控制垂直。接着安放围囹及撑木,临时固定在下游立柱上,待下梁及墙身扎铁后再由下而上地立上游面模板,再立下游面模板及顶梁。模板用围囹和对销螺栓与支撑脚手相连接。胸墙多属板梁式简支薄壁构件,在立模时,先立外侧模板,等钢筋安装后再立内侧模板。最后,要注意胸墙与闸门顶止水设备安装。

五、止水与填料施工

为适应地基的不均匀沉降和伸缩变形,在水闸设计中均设置有结构缝(包括温度缝与沉陷缝)。凡位于防渗范围内的缝,都设有止水设施,止水设施分为垂直止水和水平止水两种,且所有缝内均应有填料。

(一)填料施工

填充材料常用的有沥青油毛毡、沥青杉木板及沥青芦席等。其安装方法有以下两种:

(1)将填充材料用铁钉固定在模板内侧,铁钉不能完全钉入,至少要留有 1/3,再浇混凝土,拆模后填充材料即可贴在混凝土上。

(2)先在缝的一侧立模浇混凝土,并在模板内侧预先钉好安装填充材料的铁钉数排,并使铁钉的 1/3 留在混凝土外面,然后安装填料、敲弯钉尖,使填料固定在混凝土面上。缝墩处的填缝材料,可借固定模板用的预制混凝土块和对销螺栓夹紧,使填充材料竖立平直。

(二)止水施工

1. 水平止水

水闸水平止水大多利用塑料止水带或橡皮止水带,如图 8-6 所示。其安装与沉陷缝填料的安装方法一样,也有两种,具体见图 8-7。

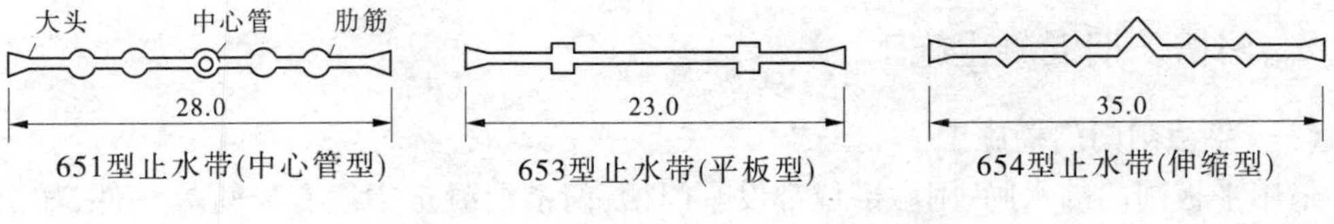

图 8-6 塑料止水带 (单位:mm)

2. 垂直止水

垂直止水可以用止水带或金属止水片(铝片、镀锌或镀铜铁皮、不锈钢片、紫铜片),对重要结构,要求止水片与沥青井联合使用,其施工的方法见图 8-8、图 8-9。

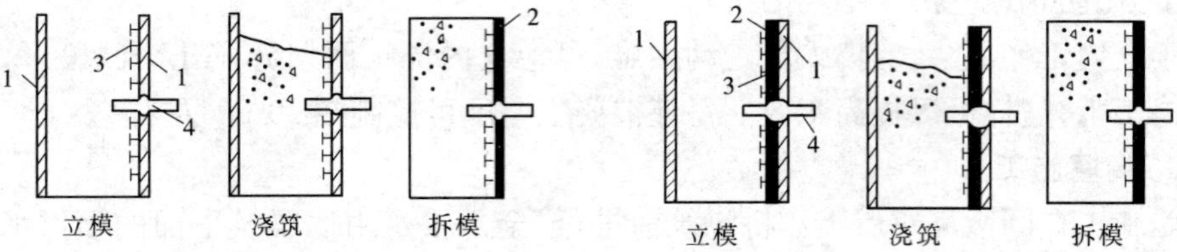

(a)先浇混凝土后装填料　　(b)先装填料后浇混凝土

1—模板；2—填料；3—铁钉；4—止水带

图 8-7　水平止水带安装示意图

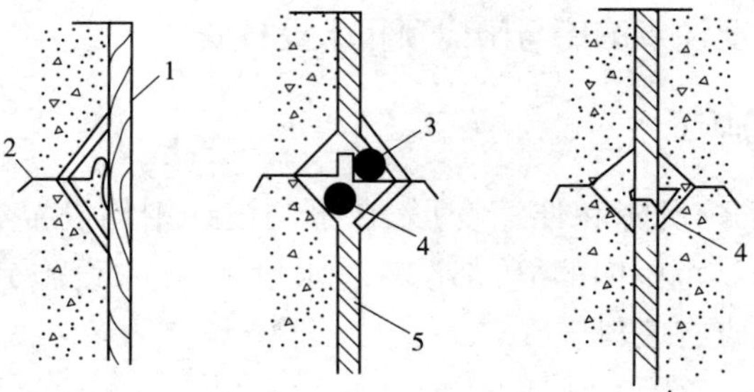

1—模板；2—金属止水片；3—预制混凝土块；4—灌热沥青；5—填料

图 8-8　垂直止水施工方法一（示意图）

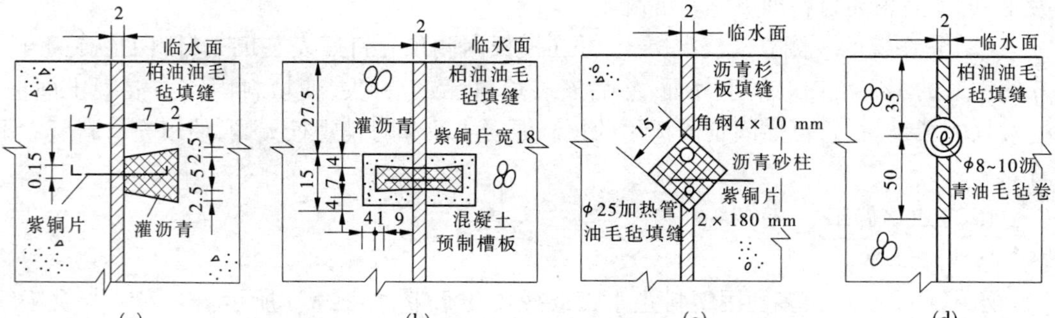

图 8-9　垂直止水施工方法二（示意图）　（单位：mm）

六、门槽二期混凝土施工

（一）平板闸门门槽施工

采用平板闸门的水闸，闸墩部位都设有门槽，门槽混凝土中埋有导轨等铁件，如滑动导轨，主轮、侧轮及反轮导轨，止水座等。这些铁件的埋设有以下两种方法。

1. 直接预埋、一次浇筑混凝土

这种方法是在闸墩立模时将导轨等铁件直接预埋在模板内侧，施工时一次浇筑闸墩混凝土成型，适用于小型水闸，在导轨较小时施工方便，且能保证质量，如图 8-10 所示。

2. 预留槽二期浇筑混凝土

中型以上水闸导轨较大、较重，在模板上固定较为困难，宜采用预留槽二期浇筑混凝土的施工方法。在浇筑第一期混凝土时，在门槽位置留出一个大于门槽宽的槽位，并在槽内预埋一些开脚螺栓或插筋，作为安装导轨的固定埋件，如图 8-11 所示。

安装直升闸门的导轨之前，要对基础螺栓进行校正，再将导轨初步固定在预埋螺栓或钢筋上，然后利用垂球逐点校正，使其铅直无误，最终固定并安装模板。模板安装应随混凝土浇筑逐步进行。

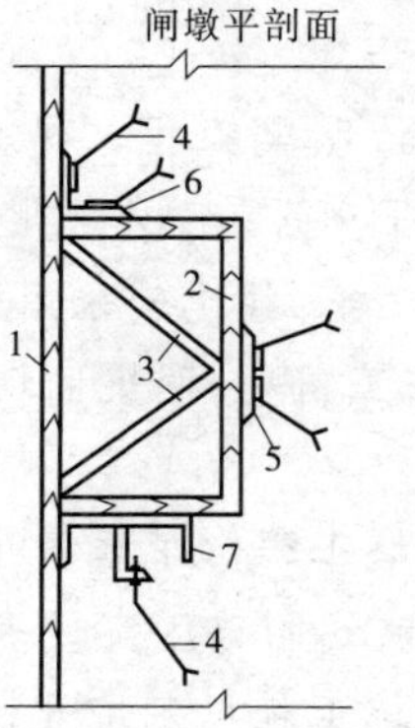

1—闸墩模板；2—门槽模板；3—撑头；4—开脚螺栓；5—侧导轨；6—门槽角铁；7—滚轮导轨

图 8-10　直接预埋、一次浇筑混凝土

（二）弧形闸门的导轨安装及二期混凝土浇筑

弧形闸门虽不设门槽，但闸门两侧亦设置转轮或滑块，因此也有导轨安装及二期混凝土施工。弧形闸门的导轨安装，需在预留槽两侧，先设立垂直闸墩侧面并能控制导轨安装垂直度的若干对称控制点。再将校正好的导轨分段与预埋的钢筋临时点焊接数点，待按设计坐标位置逐一校正无误，并根据垂直平面控制点，用样尺检验调整导轨垂直度后，再焊接牢固，如图 8-12 所示。

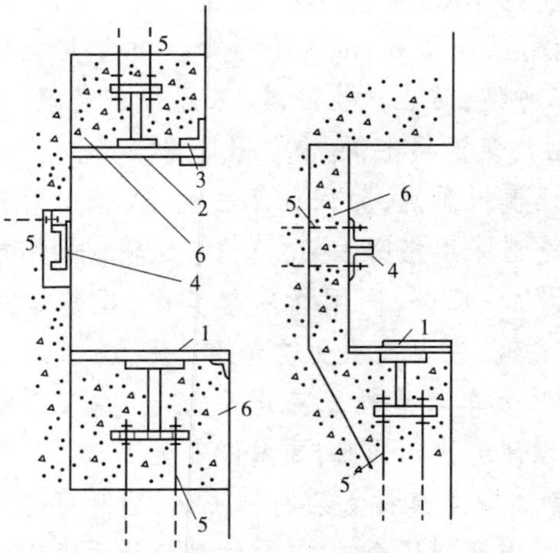

(a)滚轮闸门的门槽　(b)滑动闸门的门槽

1—主轮或滑动导轨；2—反轮导轨；3—侧水封座；4—侧导轨；5—预埋螺栓；6—二期混凝土

图 8-11　门槽二期混凝土

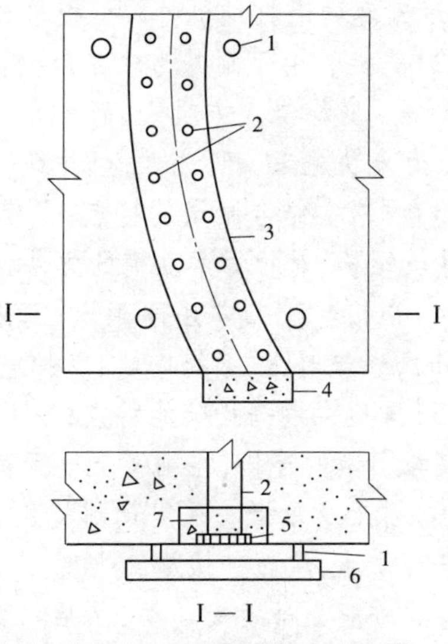

1—垂直平面控制点；2—预埋钢筋；3—预留槽；4—底坎；5—侧轨；6—样尺；7—二期混凝土

图 8-12　弧形闸门导轨安装示意图

导轨就位后即可立模浇筑二期混凝土。二期混凝土应采用较细骨料并细心捣固，不要振动已装好的金属构件。门槽较高时，不能直接从高处下料，可以分段安装和浇筑。二期混凝土拆模后应对埋件进行复测，并做好记录，同时检查混凝土表面尺寸，清除遗留的杂物以免影响闸门启闭。

【案例 8-1】 某水闸施工方法。

1. 土方工程

(1)导流明渠工程。明渠工程量不大,不宜采用大型机械施工,可考虑采用人工开挖,胶轮架子车运输;挖掘机开挖,自卸汽车运输或铲运机挖运等方案,需进行经济比较,选择最优方案。经比较采用自行式铲运机挖运并辅以人工修整较为经济合理。

根据施工情况,明渠回填可采用推土机推土,辅以人工进行回填,运距可按 50 ~ 60 m 计算。

(2)围堰工程。工程量小,工作面狭窄,不宜采用大型机械施工,可采用基坑或明渠的弃土填筑,气胎碾压实。采用人工开挖,翻斗车运输进行拆除。

(3)基坑工程。基坑开挖面积大,而开挖深度不大,可采用明渠开挖的机械进行基坑开挖,细部采用人工开挖。

基坑回填可按两部分进行考虑,以尽快拔掉井点管,减少基坑排水费用。施工时应先施工高程 30.0 m 以下部分,施工完成后,首先对高程 30.0 m 以下的部分进行回填,再拆除井点管,以后进行高程 30.0 m 以上部分回填设计标高。回填时采用推土机推土回填,蛙式打夯机夯实。

2. 闸室施工

(1)板桩。为加快施工进度,采用预制打入桩。在混凝土预制厂内先将板桩预制养护好,运到现场用打桩机打入。板桩打入时要特别小心,防止打坏,否则将失去防渗作用。

(2)底板。由于闸基为软基,将保护层开挖后,先铺 8 cm 厚素混凝土作垫层在底面进行找平。底板浇筑方量大、面积大,为了施工方便,防止产生冷缝,采用平层浇筑、连坯滚法进行分块施工。可先立模、扎筋(人工),后浇筑混凝土,再采用振捣器振捣。

(3)闸墩。结合闸墩的特点,立模时要保证模板垂直,为保证工程质量,采用对销螺栓和铁板螺栓、对拉撑木立模的方法立模。入仓时采用搭脚手架,胶轮车运输,泄槽进料。

(4)岸箱。施工方法同闸墩,可看作闸墩的一部分,同闸墩一起考虑,岸箱壁更薄(0.3 m),浇筑时,要振捣密实,养护充分,强度要高,以便能承受较大的土压力。

(5)排架。根据排架的特点,采用现场预制、汽车起重机吊装进行施工。施工时要注意排架与闸墩的连接,在闸墩上要预留钢筋头以便连接。同时,要做好安全工作。

(6)桥梁及盖板。采用预制装配式,可避免高空立模和复杂的脚手架,同时可与下部工程平行作业,从而加快施工进度。可以在混凝土预制厂养护,然后运到现场用汽车起重机吊装。一般先吊装交通桥,然后吊装检修桥、工作桥。吊装时应注意保证吊装的精确性。

(7)闸门。本工程采用平面焊接钢闸门,采用汽车起重机吊装。

(8)启闭机。本工程采用双吊点卷扬式启闭机,采用汽车起重机吊装。

(9)启闭机房和桥头堡。主要是砖混结构,可采用民工施工。

闸室现浇混凝土采用 0.8 m^3 混凝土搅拌机拌和,胶轮车运输,泄槽或溜槽入仓,插入式振捣器振捣。

3. 上下游连接段

(1)翼墙。采用现浇混凝土,应注意止水的施工。一般 28 d 后进行土方回填。

(2)黏土铺盖。采用人工装胶轮车运黏土,蛙式打夯机夯实。

(3)砌石工程。采用胶轮车运石和水泥砂浆,人工砌石。

(4)消力池。采用与闸底板同时浇筑的方法进行施工。施工时在消力池靠近底板处留一道施工缝,将消力池分成大小两部分,先浇筑与闸底板不相邻的大部分,等过一段时间有一定的沉陷后,再浇筑与闸底板相邻的小部分。

(5)防冲槽。采用胶轮车运石、人工抛石。

任务二 渠道施工

渠道施工包括渠道开挖、渠堤填筑和渠道衬护。其施工特点是工程量大,施工线路长,场地分散,施工工作面宽,可同时组织较多劳力施工,但工种单纯,技术要求较低。

一、渠道开挖

渠道开挖的施工方法有人工开挖、机械开挖和爆破开挖等。选择开挖方法,取决于技术条件、土壤种类、渠道纵横断面尺寸、地下水位等因素。渠道开挖的土方,多堆在渠道两侧用作渠堤,因此铲运机、推土机等机械得到广泛的利用。对于冻土及岩石渠道,以采用爆破开挖最有效。田间渠道断面尺寸很小,可采用开沟机开挖。在缺乏机械设备的情况下,则采用人工开挖。

(一)人工开挖渠道

渠道开挖关键是排水问题。排水应本着上游照顾下游、下游服从上游的原则,即向下游放水的时间和流量应照顾下游的排水条件,同时下游应服从上游的需要。一般下游应先开工,且不得阻碍上游水量的排泄,以保证水流畅通。如需排除降水和地下水,还必须开挖排水沟。渠道开挖时,可根据土质、地下水位、地形条件、开挖深度等选择不同的开挖方法。

1. 龙沟一次到底法

该方法适用于土质(如黏性土)较好、地下水来量小、总挖深2~3 m的渠道。一次将龙沟开挖到设计高程以下0.3~0.5 m,然后由龙沟向左右扩大,如图8-13所示。

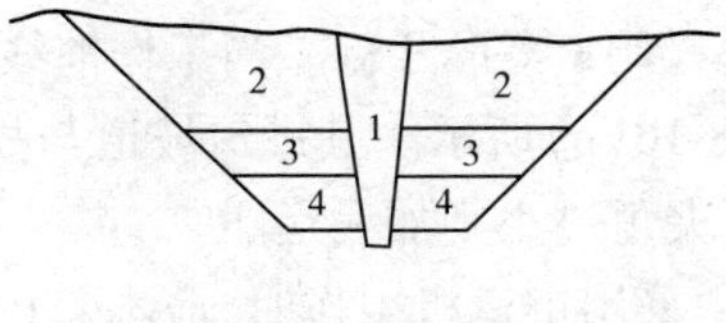

1~4—开挖顺序

图8-13 龙沟一次到底法

2. 分层开挖法

如开挖深度较大,土质较差,龙沟一次开挖到底有困难,可以根据地形和施工条件分层开挖龙沟,分层挖土,如图8-14所示。

3. 边坡开挖与削坡

开挖渠道如一次开挖成坡,将影响开挖进度。因此,一般先按设计坡度要求挖成台阶状,其高宽比按设计坡度要求开挖,最后进行削坡。这样施工削坡方量小,但施工时必须严格掌握,台阶平台应水平,高必须与平台垂直,否则会产生较大误差,增加削坡方量。

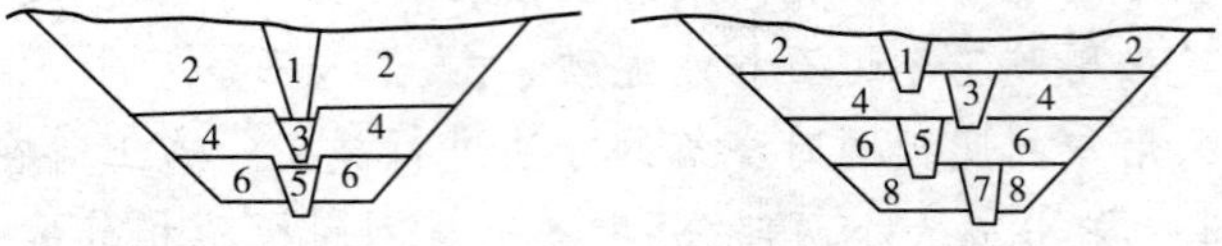

(a)中心龙沟法　　(b)滚龙沟法

1～8—开挖顺序;1,3,5,7—排水沟

图 8-14　分层开挖龙沟

(二)机械开挖渠道

1. 推土机开挖渠道

采用推土机开挖渠道,其深度一般不宜超过 1.5～2.0 m,填筑渠堤高度不宜超过 2.0～3.0 m,其边坡不宜陡于 1∶2(见图 8-15)。在渠道施工中,推土机还可以平整渠底,清除植土层,修整边坡,压实渠堤等。

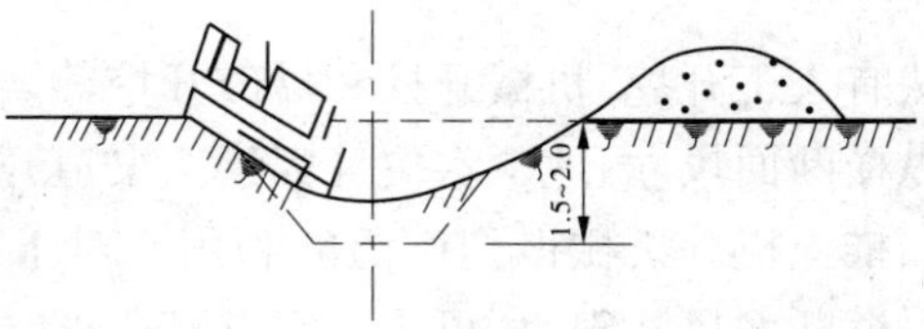

图 8-15　推土机开挖渠道　(单位:m)

2. 铲运机开挖渠道

半挖半填渠道或全挖方渠道就近弃土时,采用铲运机开挖最为有利。需要在纵向调配土方的渠道,如运距不远,也可用铲运机开挖。

铲运机开挖渠道的开行方式有环形开行和 8 字形开行两种:

(1)环形开行;当渠道开挖宽度大于铲土长度,而填土或弃土宽度又大于卸土长度时,可采用横向环形开行,如图 8-16(a)所示。反之,则采用纵向环形开行如图 8-16(b)所示。铲土和填土位置可逐渐错动,以完成所需要的断面。

(2)8 字形开行。当工作前线较长,而填挖高差较大时,则应采用 8 字形开行方式,如图 8-16(c)所示。其进口坡道与挖方轴线间的夹角以 40°～60°为宜,夹角过大则转弯不便,夹角过小则加大运距。

采用铲运机工作时,应本着挖近填远、挖远填近的原则施工。即铲土时先从填土区最近的一端开始,先近后远;填土则从铲土区最远的一端开始,先远后近,依次进行。这样不仅创造了下坡铲土的有利条件,还可以在填土区内保持一定长度的自然地面,以便铲运机能高速行驶。

3. 反向铲挖掘机开挖渠道

当渠道开挖较深时,采用反向铲挖掘机开挖较为理想。该方案有方便快捷、生产率高的特点,在生产实践中应用相当广泛,其布置方式有沟端开挖和沟侧开挖两种,如图 8-17 所示。

(三)爆破开挖渠道

开挖岩基渠道和盘山渠道时,宜采用爆破开挖法。开挖程序是先挖平台再挖槽。开

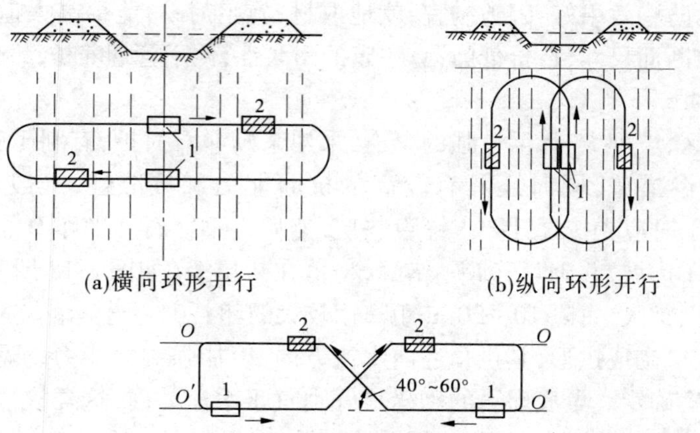

图 8-16　铲运机的开行路线

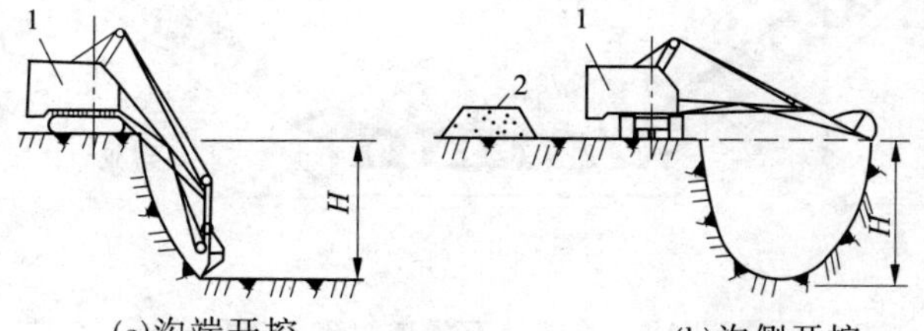

1—挖掘机;2—弃土堆

图 8-17　反向铲挖掘机开挖方式示意图

挖平台时,一般采用抛掷爆破,尽量将待开挖土体抛向预定地方,形成理想的平台。挖槽爆破时,先采用预裂爆破或预留保护层,再采用浅孔小爆破或人工清边清底。

二、渠堤填筑

筑堤用的土料,以黏土略含砂质为宜。如果用几种透水性不同的土料,应将透水性小的填在迎水坡,透水性大的填在背水坡。土料中不得掺有杂质,并应保持一定的含水量,以利于压实。填方渠道的取土坑与堤脚应保持一定距离,挖土深度不宜超过 2 m,且中间应留有土埂。取土宜先远后近,并留有斜坡道以便于运土。半填半挖渠道应尽量利用挖方筑堤,只有在土料不足或土质不适用时,才在取土坑取土。

铺土前应先行清基,并将基面略加平整然后进行刨毛,铺土厚度一般为 20 ~ 30 cm,并应铺平铺匀。每层铺土宽度应略大于设计宽度,以免削坡后断面不足。堤顶应做成坡度为 2% ~5% 的坡面,以利于排水。填筑高度应考虑沉陷,一般可预加 5% 的沉陷量。对于机械不能填筑到的部位和小型渠道土堤填筑夯实,宜采用人力夯或蛙式打夯机。对砂卵石填堤,在水源充沛时可用水力夯实,否则可选用轮胎碾或振动碾。

三、渠道衬护

渠道衬护的类型有灰土、砌石、混凝土、沥青材料及塑料薄膜等。在选择衬护类型时,应考虑以下原则:防渗效果好,因地制宜,就地取材,施工简易,能提高渠道输水能力和抗冲能力,减小渠道断面尺寸,造价低廉,有一定的耐久性,便于管理养护,维修费用低等。

(一)砌石衬护

在砂砾石地区,坡度大、渗漏性强的渠道,采用浆砌卵石衬护,有利于就地取材,是一种经济的抗冲防渗措施,同时还具有较高的抗磨能力和抗冻性,一般可减少渗漏量80% ~90%。施工时应先按设计要求铺设垫层,然后再砌卵石。砌卵石的基本要求是使卵石的长边垂直于边坡,并砌紧、砌平、错缝,坐落在垫层上(如图 8-18 所示)。为了防止砌面被局部冲毁而扩大,每隔 10 ~20 m 距离用较大的卵石砌一道隔墙。渠坡隔墙可砌成平直形,渠底隔墙可砌成拱形,其拱顶迎向水流方向,以加强抗冲能力。隔墙深度可根据渠道可能冲刷深度确定。渠底卵石的砌缝最好垂直于水流方向,这样抗冲效果较好。不论是渠底还是渠坡,砌石缝面必须用水泥砂浆压缝,以保证施工质量。

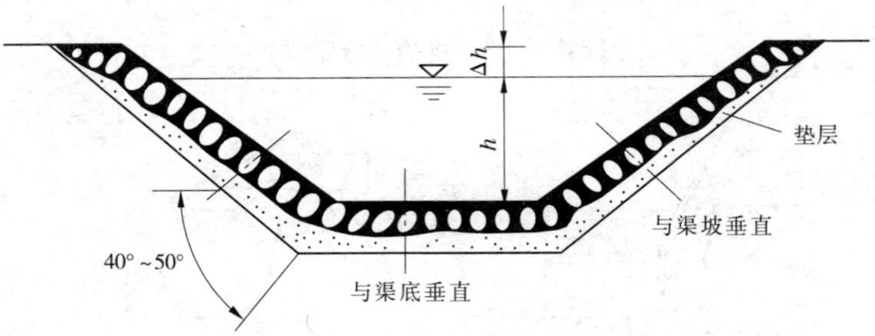

图 8-18 浆砌卵石渠道衬砌示意图

(二)混凝土衬护

混凝土衬护由于防渗效果好,一般能减少 90% 以上渗漏量,耐久性强,糙率小,强度高,便于管理,适应性强,因而成为一种广泛采用的衬护方法。

渠道混凝土衬砌,目前多采用板型结构,但小型渠道也采用槽型结构。素混凝土板常用于水文地质条件较好的渠段,钢筋混凝土和预应力钢筋混凝土板则用于地质条件较差和防渗要求较高的重要渠段,混凝土板按其截面形状的不同,又有矩形板、楔形板、肋梁板等不同形式。矩形板适用于无冻胀地区的各种渠道。楔形、肋梁板多用于冻胀地区的各种渠道。

大型渠道的混凝土衬砌多为就地浇筑,渠道在开挖和压实处理以后,先设置排水,铺设垫层,然后再浇筑混凝土。渠底采用跳仓法浇筑,但也有依次连续浇筑的。渠坡分块浇筑时,先立两侧模板,然后随混凝土的升高,边浇筑边安设表面模板。如渠坡较缓用表面振动器捣实混凝土,则不安设表面模板。在浇筑中间块时,应按伸缩缝宽度设立两边的缝子板。缝子板在混凝土凝固以后拆除,以便灌浇沥青油膏等填缝材料。

装配式混凝土衬砌,是在预制场制作混凝土板,运至现场安装和灌注填缝材料。预制板的尺寸应与起吊运输设备的能力相适应,装配式衬砌预制板的施工受气候条件影响较小,在已运用的渠道上施工,可减少施工与放水间的矛盾。但装配式衬砌的接缝较多,防渗、抗冻性能差,一般在中小型渠道中采用。

(三)沥青材料衬护

沥青材料具有良好的不透水性,一般可减少渗漏量 90% 以上,并具有抗碱类腐蚀能力,其抗冲能力则随覆盖层材料而定。沥青材料渠道衬护有沥青薄膜与沥青混凝土两类。

1. 沥青薄膜

沥青薄膜类防渗按施工方法可分为现场浇筑和装配式两种。现场浇筑又可分为喷洒沥青和沥青砂浆两种。

(1)现场喷洒沥青薄膜施工,首先要将渠床整平、压实,并洒水少许,然后将温度为200 ℃的软化沥青用喷洒机具,在354 kPa压力下均匀地喷洒在渠床上,形成厚6~7 mm的防渗薄膜。各层间需结合良好。喷洒沥青薄膜后,应及时进行质量检查和修补工作,最后在薄膜表面铺设保护层。一般素土保护层的厚度,小型渠道多用10~30 cm,大型渠道多用30~50 cm。渠道内坡以不陡于1∶1.75为宜,以免保护层产生滑动。

(2)沥青砂浆防渗多用于渠底。施工时先将沥青和砂分别加热,然后进行拌和,拌好后保持在160~180 ℃,即可进行现场摊铺,然后用大方铣反复烫压,直至出油,再做保护层。

2. 沥青混凝土

沥青混凝土衬护分现场铺筑与预制安装两种施工方法。现场铺筑与沥青混凝土面板施工相似。预制安装多采用矩形预制板。施工时为保证运用过程中不被折断,可设垫层,并将表面进行平整。安装时应将接缝错开,顺水流方向,不应留有通缝,并将接缝处理好。

(四)钢丝网水泥衬护

该方法是一种无模化施工。其结构为柔性,适应变形能力强,在渠道衬护中有较好的应用前景。钢丝网水泥衬护的做法是,在平整的基底(渠底或渠坡)上铺小间距的钢丝,然后再抹水泥砂浆或喷浆。其操作简单易行。

(五)塑料薄膜衬护

采用塑料薄膜进行渠道防渗,具有效果好、适应性强、重量轻、运输方便、施工速度快和造价较低等优点。用于渠道防渗的塑料薄膜厚度以0.15~0.30 mm为宜。塑料薄膜的铺设方式有表面式和埋藏式两种。表面式是将塑料薄膜铺于渠床表面,薄膜容易老化和遭受破坏。埋藏式是在铺好的塑料薄膜上铺筑土料或砌石作为保护层。由于塑料表面光滑,为保证渠道断面的稳定,避免发生渠坡保护层滑塌,渠床边坡宜采用锯齿形。保护层厚度一般不小于30 cm。

塑料薄膜衬护渠道施工大致可分为渠床开挖和修整、塑料薄膜的加工和铺设、保护层的填筑等三个施工过程。薄膜铺设前,应在渠床表面加水湿润,以保证薄膜能紧密地贴在基土上。铺设时,将成卷的薄膜横放在渠床内,一端与已铺好的薄膜进行焊接或搭接,并在接缝处填土压实,此后即可将薄膜展开铺设,然后再填筑保护层。铺填保护层时,渠底部分应从一端向另一端进行,渠坡部分则应自下向上逐渐推进,以排除薄膜下的空气。保护层分段填筑完毕后,再将塑料薄膜的边缘固定在顺渠顶开挖的堑壕里,并用土回填压紧。

塑料薄膜的接缝可采用焊接或搭接。搭接时为减少接缝漏水,上游一块塑料薄膜应搭在下游一块之上,搭接长度为50 cm。也可用连接槽搭接,如图8-19所示。

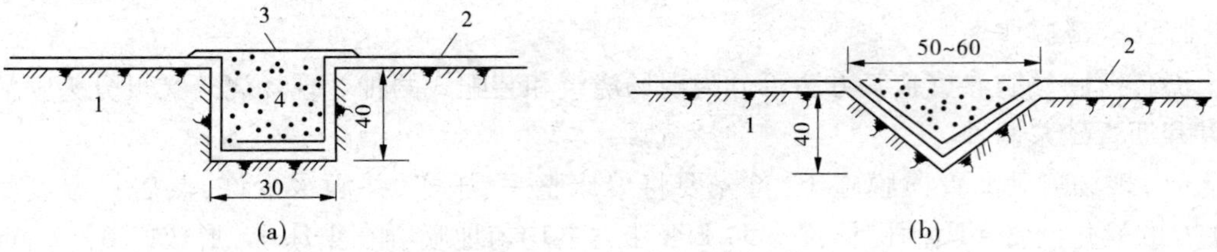

1—渠床;2—塑料薄膜;3—封顶塑料薄膜;4—回填夯实土

图 8-19　有连接槽搭接式接缝示意图　(单位:cm)

任务三　装配式渡槽施工

装配式渡槽施工主要包括预制和吊装两个施工过程。

一、构件的预制

(一)槽架的预制

槽架是渡槽的支承构件,为了便于吊装,一般选择靠近槽址的场地预制。制作的方式有地面立模和砖土胎模两种。

1. 地面立模

在平坦夯实的地面上用 1∶3∶8的水泥、黏土、砂浆抹面,厚约 1 cm,压抹光滑作为底模,立上侧模后就地浇制,拆模后,当强度达到70%时,即可移出存放,以便重复利用场地。

2. 砖土胎模

砖土胎模其底模和侧模均采用砌砖或夯实土做成,与构件的接触面用水泥黏土砂浆抹面,并涂上脱模剂即可。使用土模应做好四周的排水工作。

高度在 15 m 以上的排架,如受起重设备能力的限制,可以分段预制。吊装时,分段定位,用焊接固定接头,待槽身就位后,再浇二期混凝土。

(二)槽身的预制

为了便于预制后直接吊装,整体槽身预制宜在两排架之间或排架一侧进行。槽身的方向可以垂直或平行于渡槽的纵向轴线,根据吊装设备和方法而定。要避免因预制位置选择不当,而在起吊时发生摆动或冲击现象。

U 形薄壳梁式槽身的预制,有正置和反置两种浇筑方式。正置浇筑是槽口向上,优点是内模板拆除方便,吊装时不需翻身,但底部混凝土不易捣实,适用于大型渡槽或槽身不便翻身的工地。反置浇筑是槽口向下,优点是捣实较易,质量容易保证,且拆模快、用料少等,缺点是增加了翻身的工序。

矩形槽身的预制,可以整体预制也可分块预制。中小型工程,槽身预制可采用砖土材料制模,如图 8-20 所示。反置浇筑钢丝网水泥渡槽槽身木内模的结构图如图 8-21 所示。

二、梁式渡槽的吊装

装配式渡槽的吊装工作是渡槽施工中的主要环节,必须根据渡槽的形式、尺寸、构件

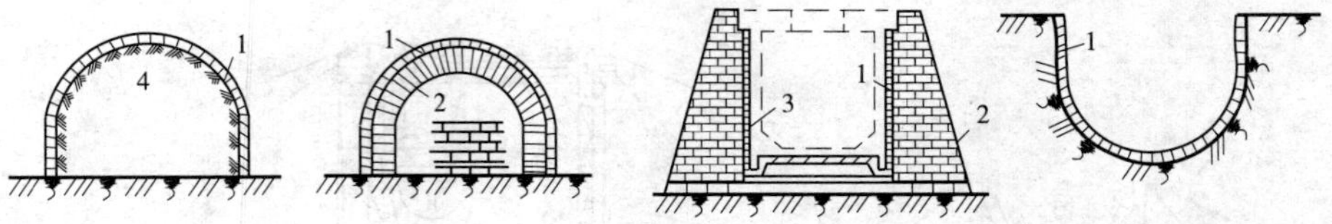

(a)反置泥内模　(b)反置砖内模　(c)正置砖外模　(d)正置泥外模

1—1∶4水泥砂浆层,3～5 mm厚;2—砖砌体;3—渡槽;4—填土

图8-20　砖土材料内外模

质量、吊装设备能力、地形和自然条件、施工队伍的素质以及进度要求等因素,进行具体分析比较,选定快速简便、经济合理和安全可靠的吊装方案。

(一)槽架的吊装

槽架下部结构有支柱、横梁和整体排架等。支柱和排架的吊装通常有垂直起吊插装和就地转起立装两种。垂直起吊插装是用起重设备将构件垂直吊离地面后,插入杯形基础,先用木楔(或钢楔)临时固定,校正标高和平面位置后,再填充混凝土作永久固定。就地转起立装法,与扒杆的竖立法相同。两支柱间的横梁,仍用起重设备吊装。吊装次序由下而上,将横梁先放置在临时固定于支柱上的三角撑铁上。位置校正无误后,即焊接梁与柱联系钢筋,并浇二期混凝土,使支柱与横梁成为整体。待混凝土达到一定强度后,再将三角撑铁拆除。

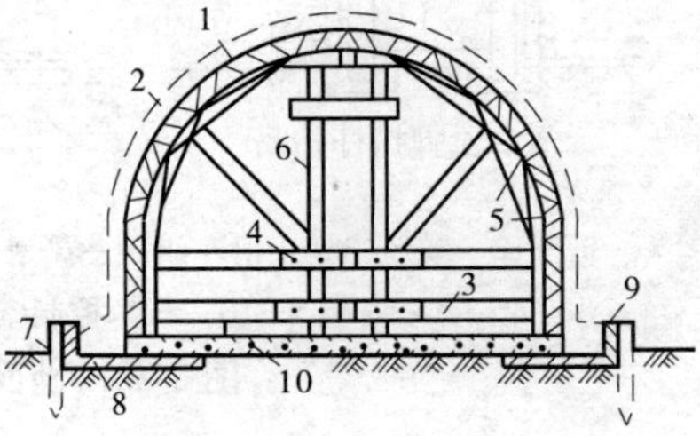

1—木内模;2—待浇槽身;3—活动横撑;4—活动销;5—内龙骨;6—内支架;7—木桩;8—底模;10—预制横拉梁

图8-21　反置浇筑钢丝网水泥渡槽槽身木内模结构图

(二)槽身的吊装

装配式渡槽槽身的吊装,基本上可分为两类,即起重设备架立于地面上吊装及起重设备架立于槽墩或槽身上吊装。起重设备架立在地面上吊装槽身的方法如图8-22所示。

槽身重量和起吊高度不大时,采用两台或四台独脚扒杆抬吊,如图8-22(a)所示。当槽身起吊到空中后,用副滑车组将枕头梁吊装在排架顶上。这种方法起重扒杆移行费时,吊装速度较慢。

龙门架抬吊的顶部设有横梁和轨道,并装有行车,如图8-22(b)所示。操作上使四台卷扬机提升速度相同,并用带蝴蝶铰的吊具,使槽身四吊点受力均匀,槽身平稳上升。横梁轨道顶面要有一定坡度,以便行车在自重作用下能顺坡下滑,从而使槽身平移在排架顶上降落就位。采用此法吊装渡槽者较多。

起重设备架立在槽身或槽墩上吊装槽身的方法如图8-23所示。

双人字扒杆吊装槽身法如图8-23(a)所示。此法不设侧向缆风,起重杆为人字形,以增加吊装的稳定性。

图8-23(b)所示为T形钢架抬吊槽梁法,为了使槽梁能平移就位,在钢架顶部设置横梁和平移小车。图8-23(c)所示为用四副门形钢架抬吊整体槽身。钢架用螺栓连接,以便重复使用。图8-23(d)所示为湖北排子河采用的推拖式钢架吊装槽身法,渡槽跨度25 m、

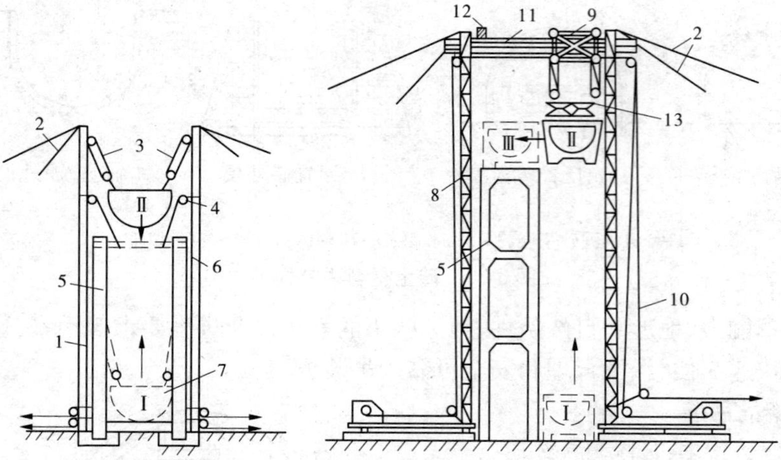

(a)独脚扒杆抬吊　　(b)龙门架抬吊

1—扒杆;2—缆风;3—主滑车组;4—副滑车组;5—排架;6—枕头木;7—预制槽身位置;
8—龙门架;9—行车;10—行车控制索;11—横梁;12—行车止动块;13—蝴蝶铰

图 8-22　地面吊装槽身示意图

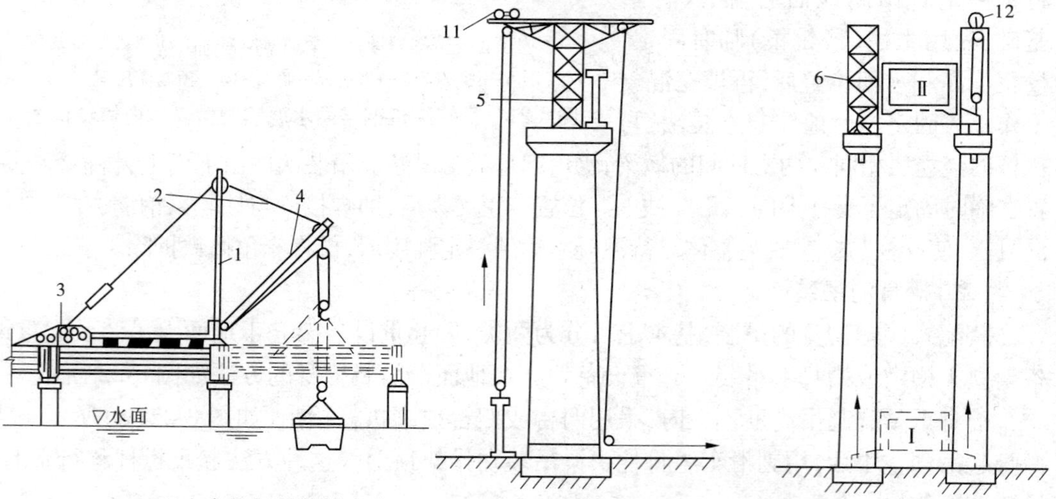

(a)双人字扒杆吊装槽身法　　(b)T形钢架抬吊槽梁法　　(c)四副门形钢架抬吊槽身法

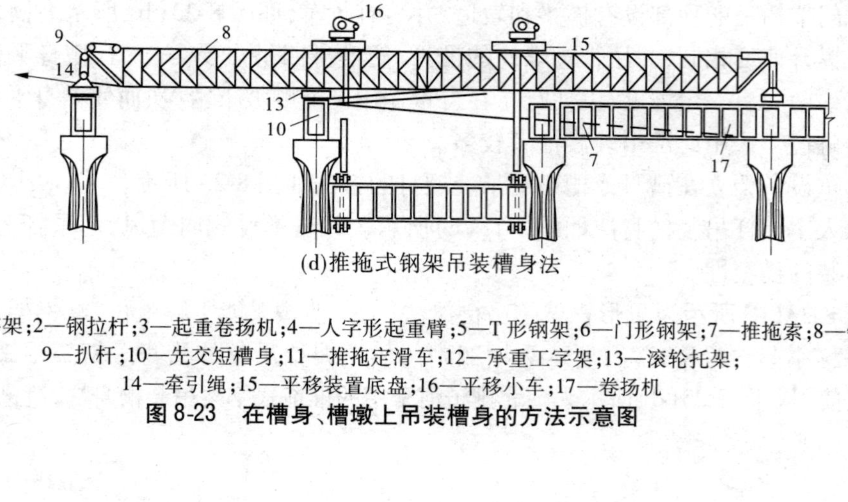

(d)推拖式钢架吊装槽身法

1—钢管人字架;2—钢拉杆;3—起重卷扬机;4—人字形起重臂;5—T 形钢架;6—门形钢架;7—推拖索;8—钢架;
9—扒杆;10—先交短槽身;11—推拖定滑车;12—承重工字架;13—滚轮托架;
14—牵引绳;15—平移装置底盘;16—平移小车;17—卷扬机

图 8-23　在槽身、槽墩上吊装槽身的方法示意图

质量200 t。此桁架包括前端导架、中段起重架和后端平衡架三部分。桁架首尾的摇臂扒杆用来安装和拆除行走用的滚轮托架。为了使槽身在起吊时能错开牛腿，槽身的预制位置偏离渡槽中心线一个距离，并在槽底两端各留一缺口。当槽身上升高出牛腿后，再由平行装置移动到支承位置，平移装置由安装在底盘上的胶木滑道和螺杆驱动装置所组成。钢架是沿临时安放在现浇短槽身顶部的滚轮托架向前移动的，在钢架首部用牵引绳拉紧并控制前进方向，同时收紧推拖索，钢架便向前移动。

项目小结

水闸由上游连接段、闸室段和下游段三部分组成。平原地区水闸施工，一般场地比较开阔，便于施工场地布置。地基多为软土地基，开挖时施工排水较困难，基础处理比较复杂。拦河闸施工导流较困难，常需要一个枯水期完成主要工作量。

水闸施工首先要做好“四通一平”与临时设施的准备工作。施工内容主要有：施工导流工程与基坑排水；基坑开挖、基础处理及防渗排水设施的施工；闸室段的底板、闸墩、边墩、胸墙及交通桥、工作桥等施工；上下游连接段工程的铺盖、护坦、海漫、防冲槽的施工；两岸工程的上下游翼墙、齿墙、上下游护坡施工；闸门及启闭设备安装等。

一般大中型水闸的闸室多为混凝土及钢筋混凝土工程，其施工原则是：以闸室为主，两岸翼墙为辅，次要项目服从主要项目，穿插进行上下游连接段施工。

渠道施工包括渠道开挖、渠堤填筑和渠道衬护。其施工特点是工程量大，施工线路长，场地分散，施工工作面宽，可同时组织较多劳力施工，但工种单纯，技术要求较低。

装配式渡槽施工主要包括预制和吊装两个施工过程。

复习思考题

1. 简述水闸的施工特点、施工内容、施工程序。
2. 水闸浇筑块的浇筑顺序，应依据哪些原则进行编排？
3. 水闸浇筑为什么要逐块划分？浇筑块大小应怎样控制？
4. 水闸底板的施工顺序如何确定？简述平底板浇筑混凝土时的入仓方法。
5. 闸墩施工有何特点？立模时有什么要求？简述其施工方法。
6. 何谓二期混凝土？浇筑时应注意哪些问题？
7. 简述平面闸门槽与弧形闸门槽的施工方法及注意事项。
8. 沉陷缝填料和止水的施工方法有哪些？质量要求如何？
9. 简述铺盖及反滤层填筑的施工方法和要求。
10. 渠道衬护的方式有哪些？简述衬护机械化施工现场检查内容。
11. 简述装配式渡槽施工的主要环节，梁式渡槽吊装方案确定时，应考虑的因素。
12. U形薄壳渡槽槽身预制的方法有哪几种？简述其优缺点及适用条件。

项目实训

某施工单位承建防洪水闸工程,在施工过程中专职质检员发现以下问题:

(1)浇筑闸室底板的混凝土,提交给现场拌和楼所用配合比单,未经工地试验室进行配合比试验确定及监理工程师批准;

(2)闸室底板的钢筋由业主指定的厂商供货,一批某型号钢筋虽然有正式出厂合格证,但现场复检发现材质不合格;

(3)在浇筑闸墩单元工程施工中,早班钢筋绑扎完毕,下午班未进行检查验收,就支立模板,向监理提交了浇筑混凝土申请单;

(4)在 C30 混凝土胸墙施工时预留的混凝土试块经检验达不到设计强度;

(5)在交通桥预制梁钢筋焊接时,有一名无证学徒工在进行钢筋焊接工作。

问题:如果你作为项目经理,应如何处理上述问题?

项目九　施工总布置

【任务概述】

施工总体布置设计,涉及问题比较广泛,每个工程各有特点,所以,在设计过程中,要根据工程规模、特点和施工条件,以永久建筑物为中心进行施工主体工程和辅助设施的总体布置。主要工作任务有:①施工总布置的任务、内容和设计原则;②施工总布置的步骤和方法;③施工临时设施布置及风、水、电供应。

【知识目标】

1. 熟悉施工总布置的任务,掌握布置内容和原则。
2. 熟悉施工总布置的步骤。
3. 熟悉施工临时设施布置及风、水、电供应。

【能力目标】

1. 会收集、分析、整理基本资料。
2. 能编制工程施工总体布置方案。

任务一　施工总布置的任务、内容和规划原则

一、施工总布置的任务和内容

施工总布置设计,涉及的问题比较广泛,且每个工程各有其特点,共性少,难有一定格式可以沿用。所以,在设计过程中,要根据工程规模、特点和施工条件,以永久建筑物为中心,研究解决主体工程施工与其辅助企业、交通道路、仓库、临时房屋、施工动力、给排水管线及其他施工设施等总体布置问题,即正确解决施工地区的空间组织问题,以期在规定期限内完成整个工程的建设任务。

(一)初步设计阶段施工布置

(1)落实选定对外运输方案及具体线路和标准,落实选定场内运输及两岸交通联系方式,布置线路和渡口、桥梁。

(2)确定主要施工设施的项目,计算各项设施建筑面积和占地面积。

(3)选择合适的施工场地,确定场内区域规划,布置各施工辅助企业及其他生产辅助设施、仓库站场、施工管理及生活福利设施。

(4)选择给水排水、供电、供气、供热及通信等系统的位置,布置干管、干线。

(5)确定施工场地的防洪及排水标准,布置排水、防洪、管道系统。

(6)规划弃渣、堆料场地,做好场地土石方平衡以及土石方调配方案。

(7)提出场地平整工程量、运输设备等技术经济指标。

（8）研究和确定环境保护措施。

（二）招标和施工阶段施工布置

（1）工程任务情况和施工条件分析，根据全工程合理分标情况，分别规划出各个合同的施工场地与合同责任区。

（2）对于共用场地设施、道路等的使用、维护和管理等问题做出合理安排，明确各方的权利和义务。

（3）在初步设计施工交通规划的基础上，进一步落实和完善，并从合同实施的角度，确定场内外工程各合同的划分及其实施计划，对外交通和场内交通干线、码头、转运站等由业主组织建设，至各作业场或工作面的支线，由辖区承包商自行建设。

（4）施工总方案、主要施工方法、工程施工进度计划、主要单位工程综合进度计划、施工力量、机具及部署。

（5）施工组织技术措施，包括工程质量、施工进度、安全防护、文明施工以及环境污染防治等各种措施。

（6）施工总体平面布置图。

二、施工总布置的规划原则

水电枢纽工程的布置和地形条件，直接影响到施工场地的布局，对于堤坝式水电站枢纽，由于电站厂房靠近大坝，工程比较集中，如果下游比较平坦开阔，常在枢纽轴线下游的一岸或两岸设立施工场地。当设在一岸时，则这一岸的选择常受电站厂房位置和对外交通线路引入的影响。若分设在两岸，则主要场地的确定，也受上述因素的影响。

在规划施工场地时，要十分注意场内运输干线的布置，主要有：两岸交通联系的线路；混凝土和水泥的运输线路；土石方上坝线路；砂石骨料运输线路，金属结构、机电设备的进厂线路；联系上下游的过坝线路等。一般可采取高低线统筹布置的方式，能结合的则尽量结合。两岸联系最好在坝址下游修建永久性跨河桥，以保证全年运输畅通。当对外交通采用标准轨专用线时，宜将专用线引入混凝土系统和水电站厂房，作为运送水泥、机电设备之用。砂石骨料运输线取决于料场、加工厂和混凝土系统的相对位置，常设专线运输。对外交通干线应从施工场区边沿引入，最好不穿过居住区。场内外交通干线要避免平面交叉。

在进行布置规划时，对于严重不良地质区，滑坡体危害区，泥石流、沙暴、雪崩可能危害区；重点文物、古迹、名胜或自然保护区以及与重要资源开发有干扰的地区，均不应设置施工设施，以确保施工安全和避免发生不可挽回的损失。

施工总布置规划应遵循因地制宜、因时制宜、有利生产、方便生活、节约用地、经济合理的原则，施工总布置方案应与水利工程建设管理要求相适应。

（一）施工布置的考虑因素

（1）工程规模、水利枢纽布置、主体建筑物形式和特点、施工条件以及所在地区社会和自然条件；建设管理模式、工程施工分标因素及其对施工总布置的影响。

（2）工程施工所需的各种临时设施项目组成、规模、布置。

（3）施工临时水设施与永久建筑物相结合以及利用区附近堤防现有设施的可能性。

(4)各施工区、段之间关系和施工场地内外关系。

(5)为保障工程施工质量,有利于施工安全和工程管理,加快施工进度,提高经济效益创造条件。

(6)合理规划工程用地,少占耕地,适应移民安置、环境保护和水土保持要求,明确可利用场地的相对位置、高程、面积。

(7)对外交通的衔接方式、场站位置、主要交通干线及跨河设施的布置情况。

(8)做好土石方挖填平衡,统筹规划堆渣、弃渣场地;弃渣处理应符合环境保护及水土保持要求。

(二)施工总布置一般应遵循的原则

(1)施工临时设施与永久性设施,应研究相互结合、统一规划的可能性。

(2)确定施工临建设施项目及其规模时,应研究利用已有企业设施为施工服务的可能性与合理性。

(3)主要施工设施和主要辅助企业的防洪标准应根据工程规模、工期长短、水文特性和损失大小,采用防御10~20年一遇的洪水。高于或低于上述标准,要进行论证。

(4)场内交通规划,必须满足施工需要,适应施工程序、工艺流程的要求;全面协调单项工程、施工企业、地区间交通运输的连接与配合;力求使交通联系简便,运输组织合理,节省线路和设施的工程投资,减少管理运营费用。

(5)施工总布置应紧凑、合理,节约用地,并尽量利用荒地、滩地、坡地,不占或少占良田。

任务二　施工总布置步骤及方法

一、施工总布置设计步骤

施工总体布置图的设计,由于施工条件多变,不可能列出一种一成不变的格局,只能根据实践经验,因地制宜,按场地布置优化的原理和原则,创造性地予以解决。设计施工总体布置图,大体可以按以下步骤进行。

(一)收集和分析基本资料

所需的基本资料包括:施工场区的地形图,比例尺1/10 000~1/1 000;拟建枢纽的布置图;已有的场外交通运输设施、运输能力和发展规划;施工场区附近的居民点、城镇和工矿企业,特别是有关建筑标准、可供利用的住房、当地建筑材料、水电供应以及机械修配能力等情况;施工场区的土地状况;料场位置和范围;河流水文特征,包括在自然条件下和施工导流过程中不同频率上下游水位资料;施工地区的工程地质、水文地质及气象资料;施工组织设计中的有关成果,如施工方法、导流程序和进度安排等。

(二)列出临建工程项目清单

在掌握基本资料的基础上,根据工程的施工条件,结合类似工程的施工经验,编拟临建工程项目单,估算它们的占地面积、敞棚面积、建筑面积,明确它们的建筑标准、使用期限以及布置和使用方面的要求,对于施工工厂还要列出它们的生产能力、工作班制、水电动力负荷以及服务对象等情况。

（三）具体布置各项临时建筑物

在做出现场布置总体规划的基础上，通常是根据对外交通方式，按实际地形地貌、依一定顺序布置各项临时建筑物和施工设施。

当对外交通采用标准轨铁路或水路时，宜首先确定车站或码头的位置，以满足站台停车线、泊岸航深和线路设计等方面的专门要求，然后布置场内外交通的衔接和场内交通干线，再沿干线布置各项施工工厂和仓库等设施，最后布置办公、生活设施以及水、电和动力供应系统等。

如果对外交通采用公路，则可与场内交通联成一个系统来考虑，再据以确定施工工厂、仓库、办公、生活以及水、电、动力系统的布置。

二、施工总布置方法

（一）施工现场平面布置依据、原则与内容

1. 施工现场布置依据

（1）水利工程项目建设总平面图、竖向布置图和地下设施布置图。

（2）水利工程项目建设施工部署和主要建筑物施工方案。

（3）水利工程项目建设施工用地范围和水电源位置，以及项目安全施工和防火标准。

（4）原有和拟建建筑工程的位置和尺寸。

（5）建设单位可提供的房屋和其他生活设施。

2. 施工现场平面布置原则

（1）施工平面布置要紧凑合理，尽量减少施工用地。

（2）尽量利用原有建筑物或构筑物，降低施工设施建造费用。

（3）合理地组织运输，保证现场运输道路畅通，尽量减少场内运输费。

（4）尽量采用装配式施工设施，减少搬迁损失，提高施工设施安装速度。

（5）临时设施的布置，应便于工人生产和生活，办公用房靠近施工现场。

（6）平面图布置应符合安全、消防、整齐、美观、环保的要求。

（7）现场平面随着工程施工进度进行布置和安排，阶段平面布置要与该时期的施工重点相适应。

（8）施工材料堆放应尽量设在垂直运输机械覆盖的范围内，以减少发生二次搬运为原则。

（9）中小型机械的布置，要处于安全环境中，要避开高空物体打击的范围。

（10）要设置便于大型运输车辆通行的现场道路并保证其可靠性。

3. 施工现场平面布置主要内容

（1）拟建项目的位置，平面轮廓。

（2）施工用机械设备的位置。

（3）施工主材加工位置。

（4）施工运输道路、临时供水、排水管线、消防设施。

（5）临时供电线路及变配电设施位置。

(6)施工临时设施位置。

(7)物料堆放位置与绿化区域位置。

(8)围墙与入口位置。

(二)施工总布置方法

1.施工总布置分区

施工总布置分区为:主体工程施工区;当地建材开采和加工区;仓库、站、场、厂、码头等储运系统;机电、金属结构和大型施工机械设备安装场地;工程存、弃料堆放区;施工管理及生活营区;各施工区域在布置上并非截然分开,它们的生产工艺和布置是相互联系的,应构成一个统一的、高度灵活的、运行方便的整体。在区域规划时,按主体工程施工区与其他各区域互相关联或相互独立的程度,分为集中布置、分散布置、混合布置三种方式,水电工程一般多采用混合布置。

2.现场布置的总体规划

施工现场总体规划是解决施工总体布置的关键,要着重研究解决一些重大原则问题。例如:施工场地是设在一岸还是分布在两岸?是集中布置还是分散布置?如果是分散布置,则主要场地设在哪里?如何分区?哪些临时设施要集中布置?哪些可以分散布置?主要交通干线设几条?它们的高程、走向如何布置?场内交通与场外交通如何衔接?以及临建工程和永久设施的结合、前期和后期的结合等。在工程施工实行分项承包的情况下,尤其要做好总体规划,明确划分各承包单位的施工场地范围,并按总体规划要求进行布置,使得既有各自的活动区域,又能避免互相干扰。

3.施工场地选择的步骤

1)施工场地选择一般遵循下列步骤

(1)根据枢纽工程施工工期、导流分期、主体工程施工方法、能否利用当地企业为工程施工服务等状况,确定临时建筑项目,初步估算各项目的建筑物面积和占地面积。

(2)根据对外交通线路的条件、施工场地条件、各地段的地形条件和临时建筑的占地面积,按生产工艺的组织方式,初步考虑其内部的区域划分,拟订可能的区域规划方案。

(3)对各方案进行初步分区布置,估算运输量及其分配,初选场内运输方式,进行场内交通线路规划。

(4)布置方案的供风、供水、供电系统。

(5)研究方案的防洪、排水条件。

(6)初步估算方案的场地平整工程量、主要交通线路、桥梁隧道等工程量及造价、场内主要物料运输量及运输费用等技术经济指标。

(7)进行技术经济比较,选定施工场地。

2)施工场地选择的基本原则

(1)一般情况下,施工场地不宜选在上游的水库区。如果不得已必须在水库区布置施工场地,其高程应不低于场地使用期间最高设计水位,并考虑回水、涌浪、浸润、坍岸的影响。

(2)利用滩地平整施工场地,尽量避开因导流、泄洪而造成的冲淤、主河道及两岸沟谷洪水的影响。

(3)位于枢纽下游的施工场地,其整平高程应能满足防洪要求。如地势低洼,又无法填高,应设置防汛堤和排水泵站、涵闸等设施,并考虑清淤措施。

(4)施工场地应避开不良地质地段,考虑边坡的稳定性。

(5)施工场地地段之间、地段与施工区之间,联系简捷方便。

(6)研究与地方经济发展规划相结合的可能性。

4. 施工交通运输

1)交通运输设计的主要任务

选定场内、外交通运输方案;确定场内交通与对外交通的衔接方式;确定转运站场、码头等设施的规模和布置;选定重大件设备的运输方式;布置场内主要交通运输道路;确定场内、外交通运输道路的技术标准及主要建筑物的布置和结构形式;铁路运输委托专业设计的有关工作;选择施工期间的过坝交通运输方案;各方案的技术经济指标和主要运输设备需要量;各选定方案施工工期、工程量及所需设备、材料和劳动力。

2)工程所在地区的交通运输资料

准轨铁路运输:拟与接轨的铁路线及其车站的技术条件、车流情况、运输能力、机车、车辆修理设施规模;现有桥梁、隧道的极限通过界限;当地铁路有关部门对该地区的铁路规划和接轨要求。公路运输:工程附近可利用的公路情况,如路况、等级标准、纵坡、路面结构、宽度、最小平曲线半径及昼夜最大行车密度等;桥、隧洞及其他建筑物设计标准、跨度、长度、结构型式和通行能力,最大装载限制尺寸;公路运输有关承运单位能力及费率。水力运输:通航河段、里程、船只吨位、吃水深度、船形尺寸,年运输能力,码头吞吐能力及航运有关费率;利用现有码头的可能性及新建专用码头的地点和要求;有关部门对航运的规划。

5. 施工工厂设施

施工工厂设施的任务应包括制备施工所需建筑材料,供应水、电和压缩空气,建立工地内外通信联系,维修和养护施工设备,加工制作钢筋、非标模板和各种构件。

1)施工工厂规划布置原则

(1)厂址宜靠近主要服务对象和用户中心,设置于交通运输和水电供应方便处,避免物料逆向运输。

(2)砂石加工、混凝土生产系统的厂址应避开较大的断层和滑坡等地质不良地段,系统建筑物和设备基础等的承载力应满足要求。

(3)施工工厂宜与生活区分开布置,供应、协作关系密切的施工工厂宜集中布置。

(4)应满足安全、防火、卫生、节能和环境保护的要求。

2)施工工厂设计原则

(1)施工工厂设计应推广新技术和新型、节能的设备和工艺,提高机械化、自动化水平,力求设计系列化、定型化。

(2)宜选用通用性好、功能先进的定型设备,以提高设备利用率,增强运行可靠性和降低设备生产成本。

3)砂石加工系统

砂石原料需用量根据混凝土和其他砂石原料,以及开采、加工、运输损耗和弃料量确定。砂石加工系统生产规模可按毛料处理能力划分为大型、中型、小型。见表9-1。

表9-1　砂石加工系统生产规模划分标准

类型	砂石加工系统处理能力(t/h)
大型	>500
中型	120～500
小型	<120

砂石加工厂宜设置在料场附近,多料场供料时,宜设在主料场附近,如经论证也可分设砂石加工系统。砂石加工系统主要由破碎系统、筛分系统等组成。砂石加工系统主要生产车间工作制度,可按以下规定:月工作日数25 d;日工作小时数:二班制14 h,三班制20 h。砂石系统宜采用二班制工作,混凝土浇筑高峰月可三班制工作。

主要车间、设施布置有一定的灵活性,既要集中紧凑又要留有余地,应合理利用地形为物料运输创造条件。各车间、设施应结合对外和场内运输道路进行布置,粗碎车间宜靠近料场来料方向,成品堆料场宜靠近混凝土生产系统。

4)混凝土生产系统

混凝土生产系统规模可按生产能力大小划分为大型、中型、小型,划分标准见表9-2。

表9-2　混凝土生产系统规模划分标准

类型	生产能力(m^3/h)	生产能力(万m^3/月)
大型	>180	>6
中型	40～180	1.5～6
小型	<45	<1.5

混凝土生产系统宜集中布置,但对于工程规模较大,枢纽建筑物分散且相对独立,混凝土浇筑强度高,考虑工程分标和运行管理要求需分设混凝土系统的工程;混凝土用料点高低悬殊或坝区两岸混凝土运输线不能沟通,混凝土运距远以及砂石料场分散,可以采用分散布置混凝土生产系统。应以拌和楼为中心,就近布置骨料存储、筛洗、水泥、掺和料储运,预冷、预热等设施。拌和楼宜靠近混凝土浇筑地点布置,原材料进料方向与混凝土出料方向错开。辅助企业宜靠近服务对象,水电供应设施宜靠近主要用户布置。

5)压缩空气、供水、供电和通信系统

根据压缩空气的用户分布、负荷特点、管网压力以及管网设置的经济性,综合分析后确定采用集中或分散供气方式。用户分散、使用期限较短,设置固定式压缩空气站集中供气不经济时,宜采用移动式空气压缩机或随机供气方式。压缩空气站位置宜靠近用气负荷中心,接近供电、供水点。

施工用水、生活用水和消防用水水质应按照规范采用。施工用水量应满足不同时期日高峰生产用水和生活用水需要,并按消防用水量进行校核。生产用水和生活用水水源、管道、取水建筑物设置等具体条件,通过经济技术比较后选择集中或者分散布置。

供电系统应保证生产、生活高峰负荷需要。电源选择应结合工程所在地区电力供应状况和工程施工特点,经比较后确定。宜采用电网供电,大型工程宜设中心施工变电站。施工期间若无其他电源,可建临时发电厂供电,电网供电后,电厂可作备用电源。

施工通信系统设置应符合迅速、准确、安全、方便的原则,施工通信系统宜与地方通信网络相结合。

6. 仓库及临时房屋

1)各种材料存储量的估算

各种材料存储量应根据施工、供应和运输条件确定。对受季节影响的材料,应考虑施工和生产的中断因素;水运系统应考虑洪水、枯水和严寒季节影响。

(1)材料存量方式按照如下规定计算:

$$q = QdK/n \tag{9-1}$$

式中 q——需要材料储存量,t 或 m^3;

Q——高峰年材料总需要量,t 或 m^3;

d——需要材料的存储天数;

K——材料总需要量的不均匀系数,一般取 1.2 ~ 1.3;

n——年工作日数。

(2)施工仓库建筑面积按照如下规定计算:

$$W = na/K \tag{9-2}$$

式中 W——施工设备仓库面积,m^2;

K——面积利用系数,库内有行车时取 0.3,无行车时取 0.17;

n——储存设备台数;

a——每台设备占地面积,m^2,可参照相关规范取值。

(3)材料、器材仓库建筑面积计算:

$$W = q/PK_1 \tag{9-3}$$

式中 W——材料、器材仓库面积,m^2;

P——每平方米有效面积的器材存放量,t 或 m^3;

K_1——面积利用系数,可参照水利水电工程施工组织设计规范取值。

(4)永久机电设备仓库建筑面积计算:

$$F_{总} = 2.8Q \tag{9-4}$$

$$F_{保} = 0.5F_{总} \tag{9-5}$$

式中 $F_{总}$——设备库总面积(包括铁路与卸货场的占地面积),m^2;

$F_{保}$——保管净面积(指仓库总面积中扣除与货场占地面积后的部分),m^2;

Q——保管仓库内机组设备总量,t。

2)施工仓库占地面积的计算

仓库占地面积估算:

$$A = \sum WK_3 \tag{9-6}$$

式中 A——仓库占地面积,m^2;

W ——仓库建筑面积或堆存场面积，m^2；

K_3 ——占地面积系数，参照有关规范选用。

三、施工总平面布置图

（一）施工总平面图的内容

（1）施工用地范围；

（2）一切地上和地下的已有和拟建建筑物、构筑物及其他设施的平面位置与尺寸；

（3）永久性和半永久性坐标的位置，必要时标出建筑物场地的等高线；

（4）场内取土和弃土的区域位置；

（5）为施工服务的各种临时设施的位置；

（6）施工导流建筑物如围堰、隧洞等；

（7）交通运输系统，如公路、铁路、车站、码头、车库、桥涵等；

（8）料场及其加工系统，如土料场、石料厂、砂砾石料场、骨料加工厂等；

（9）各种仓库、堆料、弃料场等；

（10）混凝土制备及浇筑系统；

（11）机械维修系统；

（12）金属结构、机电设备和施工设备安装基地；

（13）风、水、电供应系统；

（14）其他施工工厂，如钢筋加工厂、木材加工厂、预制构件厂等；

（15）办公及生活用房，如办公室、宿舍、实验室等；

（16）安全防火设施及其他，如消防站、警卫室、安全警戒线等。

（二）施工总平面图的设计要求

（1）在保证施工顺利的情况下，尽量少占耕地。在进行大型水电工程施工时，要根据各阶段施工平面布置图的要求，分期分批地征地，以便做到少占土地或者缩短占地时间。

（2）临时设施最好不占用拟建永久性建筑物和设施的位置，以避免拆迁这些设施所引起的损失和浪费。在特殊情况下，当被占用的位置上的建筑物施工时期较晚，并与其上所布置的设施使用时间不冲突时，才可以使用该场地。

（3）在满足施工要求的前提下，最大限度地降低工地运输费用。为了降低工地运输费用，必须合理地布置各种仓库，其中设备、加工厂和其他工厂设施，正确地选择运输方式，和铺设工地运输道路。

（4）在满足施工要求的前提下，临时工程的费用应该尽量减少。

为了降低临时工程费用，首先应该力求减少临时建筑和设施的工程量，主要方法是尽最大的可能利用现有的建筑物以及可供施工使用的设施，争取提前修建拟建的永久性建筑物、道路以及供电线路等。

（5）工地上各项设施，应该明确为工人服务，而且使工人在工地上因往返而损失的时间最少。这就要求最合理的规划行政管理及文化福利用房的相对位置，考虑卫生、防火安全等的要求。

（6）遵循劳动保护和安全生产等要求。必须使各房屋之间保持一定的距离，储存燃料及易燃物品的仓库，如汽油、柴油、等距拟建工程及其他临时性建筑物不得小于 50 m。

在铁路与公路及其他道路交叉处应设立明确的标志。在工地内应设置消防站、消防栓、警卫室等。

任务三　临时设施的布置及风、水、电供应

一、水利工程施工临时设施布置

临时设施搭建由业主指定地点或建设单位自行同地方协调进行选址搭建，规模以满足施工需要为准。临时设施搭建按业主提供场地合理布置。设置材料库房、钢筋加工房、模板加工房、机械停放场、水泥库房、砂堆场等。临时设施按当地有关规定搭建。

如果条件允许，办公用房和生活用房采用就近租用的原则；如果附近条件有限，则采用现场搭设活动板房解决。如办公区可采用两层活动板房，食堂，厕所采用 240 砖墙砌筑。工人宿舍采用两层活动板房，可满足施工高峰期间住宿。

（一）施工水、电、道路

（1）施工用电、施工用水及生活用水按招标人将接驳点提供到施工区考虑，具体接驳点的位置由建设单位根据现场实际情况指定。用水管线采用无毒塑料管埋地铺设至施工现场用水处。

（2）进场后准备备用电源，不得因停电而延误工期。施工期间发生临时停电时，根据实际发电台班办理签证（不计停置台班），按《建设工程工程量清单计价定额》规定结算。考虑到用电高峰临时停电和前期施工用电，同时配备两台 50 kW 发电机，以满足工程需要。

（3）在供电接引电处设电表、配电箱、引出施工用输电缆线，临时埋地敷设，过路时要有套管保护。配电系统要有二级以上保护，做到一机一闸，并就近设开关控制箱。

（4）施工道路。

场外道路：利用现有的城市道路作为材料、机具运输的道路，做好保洁工作。

场内道路：主要联系施工工地内部各工区、料场、堆料场及各生产、生活区之间的交通，根据现场实际情况和施工需要进行规划，若场地允许，可在道路红线外设置便道。便道结构可考虑采用 25 cm 砂砾石基层 + 20 cm C25 混凝土便道路面，道路坡向两侧。

（二）施工围挡

为使施工区与非施工区有效隔断，保证周围居民、路人安全。在施工周围搭设一圈绕施工场地四周的标准围栏，按照《关于开展建筑施工安全质量标准化工作的指导意见》等有关规定，发包人制定以下打围范围及标准。市政基础设施建设项目打围范围包括围挡、大门、五牌一图。

1. 围挡

（1）市政基础设施建设项目施工工地周边应设置围挡，用符合安全和环保的轻型装配式平板（加边框）彩钢板搭设，高度不低于 1.8 m，基础按有关规定要求设计施工。

（2）围墙墙体上端和下端路缘石处应设置黑黄相间的油漆警示标记，有条件的应在

围墙墙角沿线进行绿化,绿化效果应与周围环境协调。

(3)围墙支撑脚手架材采用钢管($\phi 48 \times 3.5$ mm)搭设,脚手架应根据打围场的基础面和大小设计搭设,务必做到"坚固、整洁、美观"。

2. 大门

施工现场主要出入口应设置防锈封闭大门,可为对开或者折叠两式。

3. 五牌一图

建设工地必须配备工程概况、文明施工、消防保卫、安全生产、管理人员名单及监督电话共五牌和施工现场平面布置图,应设置在施工现场大门外明显位置。

(三)弃土场布置

根据设计图纸说明如下:

定弃土场的位置,考虑上路距离,待施工时与相关部门协商确定。弃土场顶面一般设置4%纵坡与2%横坡,四周设有排水沟,弃土场堆放边坡坡比不应大于1:1,弃土压实度不小于80%。弃方应集中到指定的弃土场堆放。弃土场设置不得影响路基安全且不得诱发地质病害。弃土堆堆码要整齐,不宜过高,并采用浆砌挡墙防护。弃土场应在不影响其稳定的情况下复耕或采用植被绿化。

(四)实验室

为保证施工质量,工程项目所有实验项目由施工单位委托具有实验资质的专业实验室进行有关项目的实验工作,且实验室派驻具有丰富经验的实验工程师驻扎现场,进行工程材料,成品及半成品的抽样、检验工作,并监督按工程质量要求进行施工。

(五)医疗卫生与消防设施布置

1. 工地医疗

(1)工程实施期间,为工地人员提供必要的医疗和急救服务,在传染病易发期配合当地防疫、卫生管理部门及医疗机构做好消毒预防、隔离感染人员和抢救等工作;

(2)聘请有行医资格的、在卫生保健与急救方面具有丰富经验的医务人员;

(3)配备的医疗设施(包括房间、器械、药品、急救车辆等)应取得当地医疗卫生管理部门的批准;

(4)针对供水、环境卫生、垃圾与污水处理以及工人健康等方面的有关问题,应遵从有关医疗卫生防疫和管理部门的意见。

2. 消防

按照当地消防管理部门的有关规定,配置消防器材,并设专人负责对工地人员进行防火知识教育。

二、水、电、风供应系统

(一)供水系统

1. 供水系统的任务

工地临时供水系统的任务是保证供应一定数量、质量和水压的施工生产、生活、消防用水。设计临时供水系统时,主要解决以下几个问题:

确定需水量和需水地点;规定水的质量要求和水压要求;选择水源;设计取水、净水建筑物和配水管网。

2. 需水量的估算

工地用水由生产用水、生活用水和消防用水三部分组成，但不应该简单地相加。施工供水量应该满足不同时期日高峰生产用水、生活用水的需要，并按照消防用水量进行校核。

1) 生产用水

生产用水是指完成混凝土工程、土石方工程等所需要的用水量，以及起重运输机械、施工工程设施和动力设备等消耗的水量。生产用水量可按照下式计算：

$$Q_1 = 1.2\sum kq(8 \times 3\,600) \tag{9-7}$$

式中　Q_1 ——生产用水需要量，L/s；

q ——各用水单位每班次用水量，L/8 h，初步估算可按照现行相关用水平均定额；

k ——用水不均匀系数，其数值见表 9-3；

1.2——考虑水量损失和未计入的各种小额用水的扩大系数。

表 9-3　用水不均匀系数

用水对象	土建工程	建筑运输机械	施工工厂	现场生活用水	居住区生活用水
k	1.5	2.0	1.25	2.7	2.0

2) 生活用水

生活用水是指工地职工和家属在生活饮用、食堂、浴室和医疗机构等方面的需水量。其需水量按下式计算：

$$Q_2 = k(N_1q_1 + \sum q_3)/(8 \times 3\,600) + k(N_2q_2 + \sum q_3)/(24 \times 3\,600) \tag{9-8}$$

式中　Q_2——生活用水需要量，L/s；

N_1——施工现场工人人数；

N_2——居住区居民人数；

q_1——施工现场工人用水定额，估算时可用 3 ~ 5 L/班；

q_2——居住区居民用水定额，估算时可用 25 ~ 30 L/d；

q_3——文化福利设施的需水量，估算时可参考表 9-4。

表 9-4　文化福利设施的需水量　(单位：L)

用户对象	浴室	食堂	医院	学校	幼儿园
计算单位	每人一次	每人一餐	每床一昼夜	每一学员	每一儿童
平均用水量	30 ~ 100	10 ~ 15	100 ~ 150	12 ~ 15	75 ~ 90

3) 消防用水

消防用水包括施工现场消防用水和居住区消防用水。施工现场消防用水的需水量与施工现场面积大小有关，当面积在 30 万 m^2 以下时，可取 10 L/s，面积在 30 万 ~ 50 万 m^2 时，取 20 L/s；以后每增加 25 万 m^2 累加 5 L/s。居民区消防用水的需要量，可按居民人数确定,居民人数在1万人以下时,可按5 L/s估算;居民人数大于1万时,可按10 L/s估算。灭火的延续时间可按3 h计算。设计的总需水量,可按下式计算

$$Q = Q_1 + Q_2 \tag{9-9}$$

由上式计算出的总需水量应大于或等于消防用水量;否则,应以消防用水量作为设计的总需水量。

供水水质、水压、水源的要求:饮水和某些生产用水,对水质有一定要求。设计临时供水系统时,首先应对水源的水质进行鉴定,以满足这些要求。饮用水的水质应满足卫生部规定的水质要求。供水水源不外是地面水和地下水,前者指江河、湖泊、池塘及水库的水,一般多为软水,但往往含有有机物和细菌;后者则相反。因此,地面水多用作生产水,地下水则多用于生活水。

(二)施工供电

供电系统应保证生产、生活高峰负荷需要。设计工地供电系统时,主要解决三个问题:确定用电地点和需电量,选择电源,设计供电系统。

工地的需电量,应根据不同施工阶段分别确定。各施工阶段用电最高负荷按需要系数法计算。施工某个阶段中,由一个变电站供应的供电区域所需的总功率可按下式计算:

$$P = 1.1(k_m \sum k_c P_y/\cos\varphi + \sum k_c P_z) \tag{9-10}$$

式中　P——供电区域所需的总功率,kVA;

1.1——考虑输电网络中功率损失的系数;

k_m——动力用电的同时负荷系数,可采用0.75~0.85;

k_c——需电系数,可参照相关规范;

$\cos\varphi$——功率因数的平均计算值,应按照动力用电的总无功功率与总有功功率之比计算,初估时,可采用0.5~0.6;

P_y——动力用电的铭牌功率,kW,详见有关手册;

P_z——照明负荷总功率,kW,可参照相关规范。

除通常采用的需要系数法外,当资料不足时,尚可采用总同时系数法。

施工供电的电源可能是施工区已有的国家电力系统,移动式发电站,临时发电厂。

供电线路及变电站的布置根据工程规模大小、用户位置和用户性质,其线路布置形式有枝状、网状、混合状。枝状节省电线,网状供电可靠。

(三)工地供风

工地供风的主要对象有石方开挖、振捣混凝土、铆接钢结构,以及喷浆、混凝土系统等处。压缩空气可由固定式的空气压缩机站,或移动式空气压缩机供应。由于送风管的长度不宜过长(最好不超过500 m,至多为1 000~2 000 m),因而多采用分散供应的方式,将供风系统设在用风对象附近。各用风对象的供风量可按照下式计算:

$$Q = (1.5 \sim 1.8) \sum knF \tag{9-11}$$

式中　Q——空气压缩机的供风量,m^3/min;

1.5~1.8——考虑空气压缩机和供风管中漏气损失的系数;

n——各类风动机具的台数;

F——各类风动机具的耗风量，m^3/min，可从相应的性能表中查出；

k——各类风动机具的同时工作系数，可参照相关规范要求取用。

组织工地供风，不仅需要满足风量的要求，同时也要满足风压的要求，通常选择空气压缩机的工作压力为6～8个大气压，比风动机具的驱动压力大1～2个大气压。

固定式空气压缩机站内，通常安装2～4台空气压缩机。台数太少将不便于轮换检修，台数太多则动力消耗增多。

为了调节输气管网中的空气压力，以及清除空气中的水分、油脂等，每台空气压缩机需设储气罐，容量可按照下式计算：

$$V = \alpha Q^{\frac{1}{2}} \tag{9-12}$$

式中 V——储气罐的容量，m^3；

Q——空压机的生产率，m^3/min；

α——系数，随空气压缩机的形式和生产率大小而变，具体参见相关手册。

项目小结

水利工程施工建设的总体规划与布置的好坏优劣，直接影响到工程的投资和系统运行的费用，从而影响到工程的工期和工程的质量，水利工程施工总布置有其自己的特点和施工布置原则。只有根据水利工程施工的特点和布置原则对具体水利工程项目进行充分分析，做出确实可行的、高效的施工总体布置，从而为水利工程项目顺利施工打下坚实的基础。

1. 水利工程施工总体布置的特点

(1)总体布置的复杂性。

水利枢纽的工程绝大多数都建在高山峡谷之中，这样的地形地势使得用于施工布置的场地受到很大程度的限制。施工前，在研究施工总布置时要全面考虑可能影响工程的各个方面的因素，包括水利枢纽的组成部分和总体布置、施工现场的自然条件，以及自然因素产生的运输状况，还要考虑卫生环境状况以及经济社会状况。在此基础上合理布置施工方法，导流程序，施工进度安排。

(2)总体布置的不确定性。

通常情况下，在选择布置方案时，需要依据工程的基本资料和遵循各项规定，按照设计步骤合理使用优化方案。在实际操作过程中，由于实际勘察深度受到限制，加上自然生态环境、政治制度以及社会经济情况等影响，导致总体布置方案存在一定的不确定性。

(3)总体布置的动态性。

在施工总体布置方案中，需要确定的内容包括施工的总体特点、具体方案、施工工艺要求以及方案与进度的协调关系等。在施工过程中，辅助企业的生产规模也是重点考虑对象，要依据施工进度来进行动态建造。

(4)总体布置的经济合理性。

(5)总体布置的滞后性。

施工场地的布置协调合理是至关重要的，场地布置存在一定的隐密性。因此，在场地布置规划好以后，不会马上显现出来，只有在施工完成以后才会暴露出问题。对此，组织人员应该时刻做好准备进行调整和控制。

2. 水利工程施工的总布置原则

(1) 场地布置本着有利生产、方便生活、易于管理等原则进行布置。

(2) 根据本合同标段枢纽场区地下水含量极为丰富，水位较高（汛期、雨季可升至地表）的水文地质情况，临建工程基础地面平整应以填筑为主，尽量不开挖或减少开挖。

(3) 尽量少占或不占耕地。

复习思考题

1. 简述水利工程施工总布置的任务和内容。
2. 简述水利工程施工总布置的规划原则。
3. 论述施工总布置的步骤与方法。
4. 施工总布置的临时设施布置包含哪些内容？
5. 如何确定施工总布置中的风、水、电供应量？

项目实训

某水利工程施工总体布置方案编写如下：

拟建地面和地下建筑物及房屋：①大坝；②溢洪道；③厂房；④发电引水系统；⑤开关站(20 m×30 m)；⑥永久房屋(5 300 m^3)；⑦永久性道路（上坝公路、进厂公路等）。

临时建筑物和临时设施如下：

(1) 导流建筑物如下：围堰，导流底孔(6 m×9 m)。

(2) 运输系统。

①场外交通系统(15 km)。

②场内交通道路。

a. 施工中主要由自卸汽车运输混凝土，临时道路随地形和坝体浇筑陆续形成，混凝土运输干线右岸 3 条，左岸 2 条，高程差为 20～30 m。

b. 坝基开挖出渣道路，考虑利用基坑开挖的弃渣来修筑土石围堰，填塘坑，开辟施工场地，将合格的砂石料加工成混凝土骨料，或修筑其他堆砌石工程等。做到开挖和利用相结合，在上下游布置了出渣线路，并兼有布置分散的弃料场。出渣干线右岸 4 条，左岸 3 条。

c. 此外，还有各种建筑物开挖出渣道路，大部分辅助企业布置在下游主线两侧，其开挖出渣道路兼可利用大坝开挖下游出渣道路及弃料场；还有两岸联系线，水泥运输线；围堰拆除修建线；金属结构设备进厂线，上下游联系线；场内临时设施辅助企业，临时房屋的交通线等。

③车库：在下游左、右岸现场入口处，均有布置。

④桥：下游连接左右岸现场入口。

(3)堆料场(面积:1.2 万 m^2)。

各种砂石和土料的毛料堆场,布置在右岸现场入口处上坝公路左侧。弃料场:分散于左右岸上下游布置。

(4)混凝土制备系统。

①混凝土工厂:拌和楼分别布置在左、右岸下游离大坝较近处,与栈桥高程一致,约在大坝的1/2 高程处,即95 m 高程。

②净骨料堆场:布置在拌和楼附近。

③骨料加工厂:布置在净骨料堆场旁边。

④水泥仓库:布置在混凝土工厂附近。

⑤制冷系统:布置在混凝土工厂附近(面积 15 m×15 m)。

(5)机械修配系统:

①机械修配厂:1 000 m^2。

②修钎厂:300 m^2。

③机修厂:300 m^2。

(6)施工辅助企业:

①钢筋加工厂:1 500 m^2。

②木材加工厂:600 m^2。

③混凝土预制厂:1 000 m^2。

④木工厂:1 500 m^2。

(7)机电安装基地:500 m^2。

(8)其他仓库。

①钢筋仓库。

②炸药仓库。

③油库。

④沥青仓库。

⑤石灰仓库。

⑥原木库。

(9)水力和动力系统。

①变电站:100 m^2。

②抽水站:50 m^2。

③水处理设施:20 m×40 m。

④空压站:400 m^2。

⑤输电线路、压缩空气管线、自来水管线主干线。

(10)生产及生活所需临时房屋。

①办公室:2 000 m^2。

②单职工宿舍:1.8 万 m^2。

③家属宿舍:1.2 万 m^2。

④医院:3 000 m^2。

⑤食堂:4 000 m^2。
⑥招待所:500 m^2。
⑦俱乐部:500 m^2。
⑧其他:3 200 m^2。
(11)消防设施:
①消防站:100 m^2。
②警卫室:100 m^2。

参考文献

[1] 闫国新,张梦宇,王飞寒. 水利水电工程施工技术[M]. 郑州:黄河水利出版社,2016.
[2] 李桢,李华鹏. 水利水电工程施工[M]. 郑州:黄河水利出版社,2014.
[3] 刘祥柱,牛根波,冷爱国. 水利工程施工[M]. 郑州:黄河水利出版社,2015.
[4] 中华人民共和国国家质量监督检验检疫总局. 爆破安全规程:GB 6722—2014[S]. 北京:中国标准出版社,2014.
[5] 赵绍华. 土石方工程施工[M]. 北京:中国水利水电出版社,2010.
[6] 袁光裕,胡志根. 水利工程施工[M]. 5 版. 北京:中国水利水电出版社,2010.
[7] 中华人民共和国国家能源局. 混凝土面板堆石坝施工规范:DL/T 5128—2009[S]. 北京:中国电力出版社,2009.
[8] 中华人民共和国国家经济贸易委员会. 碾压式土石坝施工规范:DL/T 5129—2009[S]. 北京:中国电力出版社,2009.
[9] 马振宇,贾丽炯. 水利工程施工[M]. 北京:北京理工大学出版社,2014.
[10] 卜贵贤,朱显鸽. 水利水电工程施工技术[M]. 北京:中国水利水电出版社,2013.
[11] 韦庆辉. 水利水电工程施工技术[M]. 北京:中国水利水电出版社,2014.
[12] 梁建林,胡育. 水利水电工程施工技术[M]. 北京:中国水利水电出版社,2005.